高职高专计算机基础教育精品教材

# 信息技术应用基础

崔发周　主编
刘晓华　张莉敏　张红艳　副主编

清华大学出版社
北京

## 内容简介

本书的编写以职业活动对信息技术的实际需要为依据，以信息技术应用的工作过程为主线，以提高职业人员工作效率为目的，采用由浅入深、由易到难的策略，按照“任务驱动”的方式逐步提升信息技术的应用能力，形成了一种新的结构体系。全书分为初级技能、中级技能、高级技能和扩展技能四个部分，分别介绍了计算机应用基础知识、Windows XP的使用、文字处理、电子表格制作、演示文稿制作、互联网应用基础和常用工具软件使用等方面不同难度的应用实例。本书将知识教学与实践教学融为一体，强化了工作过程的系统性。

本书适合职业院校具有不同基础的学习对象，特别适合于已经具备了初步计算机应用能力的学生，符合中高职衔接的需要。也可供对信息技术应用具有较高要求的本科院校、中职学校和计算机培训班选用。



**图书在版编目(CIP)数据**

信息技术应用基础/崔发周主编. —北京：清华大学出版社，2012.8
(高职高专计算机基础教育精品教材)
ISBN 978-7-302-29319-4

Ⅰ. ①信… Ⅱ. ①崔… Ⅲ. ①电子计算机—高等职业教育—教材 Ⅳ. ①TP3

中国版本图书馆CIP数据核字(2012)第153185号

责任编辑：张龙卿
封面设计：徐日强
责任校对：李 梅
责任印制：何 芊

出版发行：清华大学出版社
网 址：http://www.tup.com.cn，http://www.wqbook.com
地 址：北京清华大学学研大厦A座 邮 编：100084
社 总 机：010-62770175 邮 购：010-62786544
投稿与读者服务：010-62776969，c-service@tup.tsinghua.edu.cn
质 量 反 馈：010-62772015，zhiliang@tup.tsinghua.edu.cn
课 件 下 载：http://www.tup.com.cn，010-62795764
印 刷 者：北京季蜂印刷有限公司
装 订 者：三河市溧源装订厂
经 销：全国新华书店
开 本：185mm×260mm 印 张：23.25 字 数：536千字
版 次：2012年8月第1版 印 次：2012年8月第1次印刷
印 数：1～4000
定 价：37.00元

产品编号：042361-01

# 前言

随着我国信息技术应用水平的不断提高，高职院校计算机基础教学面临的环境发生了一些重大变化：一是学生信息技术基础素养普遍提高，传统教学内容不能满足学生的学习需求；二是学校实训条件显著改善，计算机室教学、网络教学乃至移动教学已成为常态，传统的"大讲堂＋实训"方式在信息技术课程中已成为历史；三是信息技术的迅速发展，特别是网络的普遍应用，使多媒体信息处理越来越重要。针对以上问题，我们在总结信息技术基础课程改革经验的基础上，编写了这本书。

改革的基本思路包括以下三点。

一是实施项目导向的教学。信息技术基础是一门应用性、技能性的课程，客观上采用"做中学"的教学方式，提高教学内容的针对性，强化技能培养。以信息处理工作的实际需要为依据，结合软件工具的功能，选择典型性、实用性、学习性的"任务"作为基本教学内容，可以有效地提高学生的综合职业能力。

二是实施素质教育模式。将课程目标确定为提高高职学生的信息技术素养，将信息技术应用能力作为职业活动中的关键能力，摆脱了传统的应试模式，强化了考试无法涵盖的操作内容。同时注意培养学生的质量意识、创新意识和协作意识。

三是加强与专业教学的结合。针对不同专业的特点，选用不同的学习任务，强化信息技术对专业学习的支撑作用。

通过以上改革，教学效果可以明显改善。学生学习的积极性、主动性增强，不再进行机械的应试性学习；由于本书采用理论与实践一体化的形式，不再使用配套的《实验指导书》，既降低了学生的经济负担，又节约了社会资源，深受师生欢迎。

本书的编写具有以下特点：

一是采用技能梯级递进方式实现信息技术应用技能提升和扩展，将教学分为初级技能、中级技能、高级技能和扩展技能几个阶段，既符合了技能发展的规律，也强化了文字处理、数据处理和幻灯片制作等技能的综合运用。

二是注重信息技术素养对职业能力发展的促进作用，所选"学习性任务"尽可能与职业工作过程相联系，避免单纯地为了"应试"而学习技能、为了技能而学习技能，从而提高学生创造性地分析和解决实际问题的能力。

三是教学目标、教学内容和课后训练三段式结构。每章开始都给出了教学目标，作为该阶段教学的统领；中间部分对学习任务做了具体分析和指导，配置了较为详细的插图，供学生进行模仿性学习；每个任务之后给出了"练习"任务，供学生在课内实习使用；部分章最后给出了相应的"习题"，供学生自主学习和共同学习时使用。

由于"计算机应用基础"为所有专业的必修课程，教材使用量大，各高职院校编写了一大批《计算机应用基础》教材，对于促进教学改革、提高教学效率和教学效果都起到了一定作用。但是，绝大多数教材内容和结构仍旧存在雷同现象，相互模仿，缺乏新意，许多教材仅限于学校内部使用。由此导致了以下弊端：使用面窄，校际之间形成垄断，难以形成社会效益与经济效益相统一的精品教材；低水平重复开发，不仅浪费了宝贵资源，而且阻碍了本课程的发展；对本科教材模式照抄照搬，影响了高职教育特色的形成。本教材力图打破传统模式，为高职院校信息技术基础教学提供一些支持。但由于自身水平的局限，对一些问题仍在进行探索，真心希望广大同人联合起来，携手解决我们面临的共同问题。

编　者

2012年6月

# 目 录

# 第1章 信息技术应用基础知识

**教学目标**

1. 了解信息和信息技术的概念。
2. 基本熟悉计算机系统的组成与基本工作过程。
3. 熟悉计算机的应用领域。

## 1.1 信息技术应用概述

机器替代人的体力劳动,是工业社会的基本特征;计算机替代人的脑力劳动,则是信息社会的基本特征。一般认为,信息是客观世界中事物的运动状态和变化的反映,是客观事物之间相互联系和相互作用的表征,是通过物质载体所发出的消息、情报、指令、信号等可以传递和交换的知识内容。人们搜集、处理、存储和传递信息的技术称为信息技术。在知识经济时代,信息成为比物质更为重要的资源。计算机网络的普遍应用,是知识经济时代的主要技术特征。为了适应信息社会的需要,各行各业的从业人员都应掌握必要的以计算机应用为重点的信息技术应用知识,否则就很难高效地工作。

信息技术涉及的领域包括计算机硬件和软件、网络和通信技术、应用软件开发工具等。人们越来越多地使用计算机和互联网来处理、交换和传播各种形式的信息。由于计算机是信息管理的中心,计算机常常成为信息技术的代名词。事实上,在日常办公中常用的传真机、复印机、电话机、扫描仪、打印机都是信息处理设备,随着物联网时代的到来,这些设备也可以看做是计算机的外部设备。可以说,信息技术是能充分利用与扩展人类信息器官功能的各种方法、工具与技能的总和。

### 1.1.1 信息技术分类

(1) 按表现形态,信息技术可分为硬技术(物化技术)与软技术(非物化技术)。前者指各种信息设备及其功能,如移动电话、通信卫星、计算机等。后者指有关信息获取与处理的各种知识、方法与技能,如语言文字技术、数据统计分析技术、规划决策技术、计算机软件技术等。

(2) 按处理流程,信息技术可分为信息获取技术、信息传递技术、信息存储技术、信息加工技术及信息标准化技术。信息获取技术包括信息的搜索、感知、接收、过滤等,如传感器技术、气象卫星、Internet 搜索技术等；信息传递技术指跨越空间共享信息的技术；信息存储技术指将信息保存起来供未来提取使用的技术，如印刷、照相、录音、录像、缩微、磁盘、光盘等；信息加工技术是对信息进行描述、分类、排序、转换、浓缩、扩充的技术；信息标准化技术是指使信息的获取、传递、存储、加工各环节有机衔接与提高信息交换共享能力的技术，如信息管理标准、字符编码标准、语言文字的规范化等。

(3) 按信息传播模式，信息技术可分为信息发送处理技术、信息通道技术、信息接收处理技术、信息抗干扰技术等。

(4) 按技术功能层次，可将信息技术体系分为基础层次的信息技术（如新材料技术、新能源技术）、支撑层次的信息技术（如机械技术、电子技术、激光技术、生物技术、空间技术等）、主体层次的信息技术（如感测技术、通信技术、计算机技术、控制技术）、应用层次的信息技术（如文化教育、商业贸易、工农业生产、社会管理中用于提高效率和效益的各种自动化、智能化、信息化应用软件与设备）。

本课程学习的主要内容是指在企事业单位、政府部门、社会团体日常工作中所采用的信息应用技术，是职业人员所必备的操作层面的技术。

## 1.1.2 发展趋势

当前信息技术发展的总趋势是以互联网技术的发展和应用为中心，从典型的技术驱动发展模式向技术驱动与应用驱动相结合的模式转变。

微电子技术和软件技术是信息技术的核心。集成电路的集成度和运算能力、性价比按每 18 个月翻一番的速度呈几何级数增长，支持信息技术达到前所未有的水平。现在每个芯片上包含上亿个元件，构成了"单片上的系统"(SOC)，模糊了整机与元器件的界限，极大地提高了信息设备的功能，并促使整机向轻、小、薄和低功耗方向发展。软件技术已经从以计算机为中心向以网络为中心转变。软件与集成电路设计的相互渗透使得芯片变成"固化的软件"，进一步巩固了软件的核心地位。软件技术的快速发展使得越来越多的功能通过软件来实现，"硬件软化"成为趋势。嵌入式软件的发展使软件走出了传统的计算机领域，促使多种工业产品和民用产品的智能化，并逐步走向物联网时代。

三网融合是网络技术发展的大方向。电话网、有线电视网和计算机网的三网融合是在数字化的基础上融为一体，在业务内容上相互覆盖。电话网和有线电视网在技术上都要向互联网技术看齐，其基本特征是采用 IP 协议和分组交换技术；在业务上要从现在的语音为主或单向传输发展成交互式的多媒体数据业务为主。无线宽带接入技术和建立在第三代移动通信技术之上的移动互联网技术，正向信息个人化的目标前进。

## 1.1.3 社会功能

信息技术发展带来的社会变革是深刻而广泛的，应该引起每一位职业人员的关注。

首先，信息技术发展加速了全球化进程。互联网特别是物联网技术的迅速发展，使得一项经济活动可以在全球范围内规划和分配资源，通过全球协作来提高效率。通过外包服务，除了核心技术的设计之外，采购、存储、生产、运输、销售和管理等流程均可由外部完成，甚至财务账目处理都靠外包完成。一件产品的开发，技术中心在美国，而制造中心则可能在中国，运输中心可能在新加坡，财务处理中心可能在印度。

其次，信息技术推动了传统产业升级。信息技术的广泛应用可以推动传统技术的创新和升级，提高社会劳动生产率和社会运行效率。将信息技术嵌入传统设备中，可实现机电一体化；采用计算机辅助设计技术、网络设计技术，可显著提高企业的技术创新能力；利用计算机辅助制造技术或工业过程控制技术实现对产品制造过程的自动控制，可明显提高生产效率、产品质量和成品率；利用信息系统实现企业经营管理的科学化，统一整合调配企业人力、物力和资金等资源，实现整体优化；利用互联网开展电子商务，进行供销链和客户关系管理，促使企业经营思想和经营方式的升级，可提高企业的市场竞争力和经济效益。

再次，信息技术促使劳动力结构发生巨变。随着信息资源的开发利用，社会就业结构正从农业人口为主、工业人口为主向从事信息人口为主转变，蓝领工人将逐步减少，白领人员将成为社会主体。生产性服务业将逐步超越制造业，成为重要的产业领域。

最后，信息技术引起职业技术教育模式改变。计算机仿真技术、多媒体技术、虚拟现实技术和远程教育技术以及信息载体的多样性，使学习者可以克服时空障碍，更加主动地安排自己的学习时间和速度。传统技术条件下通过现场实习才可以学习的内容，通过现代信息技术可以在虚拟教室和远程教室中完成。

## 1.2 计算机应用技术的发展

### 1.2.1 计算机技术的产生与发展

世界上第一台电子计算机在第二次世界大战之后诞生于美国。这是一项划时代的伟大创新，是 20 世纪最卓越的技术成就之一，人们从此敲开了信息时代的大门。

计算机技术中采用了美籍匈牙利人冯·诺依曼的程序存储与控制原理，目前计算机的基本结构仍为“冯·诺依曼结构”。但是，随着电子技术的发展，计算机技术也获得了迅猛发展，短短几十年就经历了电子管、晶体管、集成电路和超大规模集成电路四代。目前的计算机技术，尤其是深入千家万户的微型计算机，是以超大规模集成电路技术为基础的。

### 1.2.2 计算机分类

依据美国电气和电子工程师协会的标准，计算机划分为巨型机、小巨型机、大型机、小型机、工作站和微型计算机六类。

(1) 巨型机。仅用于国防、航天等尖端技术领域，是一个国家科技水平的重要标志。

(2) 小巨型机。出现于20世纪80年代,性能略低于巨型机。

(3) 大型机。数据处理能力较强、运算速度较快、存储容量较大,常用于高校、银行。

(4) 小型机。结构较简单,比大型机价格低得多,适合一般用户使用。

(5) 工作站。性能较强,能进行专业化工作的高档计算机。

(6) 微型计算机。也称PC,是家庭、办公室使用最多的计算机。目前,便携式的"笔记本电脑"正在逐步普及,以适应人们"移动学习"、"移动办公"的需要。

在实际工作中,人们按照计算机的结构和性能还有许多种分类。例如,按照整机结构分为台式机和便携机;按照内部结构分为单片机、单板机和系统计算机;按照用途分为工业控制计算机(简称工控机)和办公计算机;按照CPU的数量分为单核、双核和多核等。

### 1.2.3 计算机应用分类

计算机具有运算速度快、精度高、存储容量大和具有逻辑判断能力的特点,这使它逐步渗透到人类生活的几乎所有领域。通常人们将计算机的应用归结为以下六个方面。

(1) 科学计算。也称数值计算,是计算机最初的应用领域,"计算机"这个名字也是由此产生的。航天设计、天气预报等计算量大、运算精度高的高科技领域属于这类应用。

(2) 信息处理。也称数据处理或计算机管理,主要是在管理领域中的应用。这类处理的特点是:利用计算机的逻辑判断功能和数据存储功能,处理财务、生产、人事等方面的大量管理数据。随着网络的普及,越来越多的计算机应用于数据处理,是应用最广泛的一个领域。

(3) 过程控制。也称实时控制或生产过程控制,对生产过程中的速度、压力、流量、温度等物理量进行自动控制。导弹发射、卫星运行、交通控制及楼宇自动化等方面的应用也属于这一领域。

(4) 计算机辅助工程。包括计算机辅助设计(CAD)、计算机辅助制造(CAM)、计算机辅助教学(CAI)等。

(5) 人工智能。利用计算机模仿人的智能活动,是一个较新的应用领域。常见的应用包括机器人、专家系统、模式识别、自然语言理解、自动定理证明、自动程序设计等。

(6) 网络应用。利用通信技术将计算机连接起来,实现数据共享。网络应用是计算机技术发展最迅速的一个领域,对人类的生活已经产生并且仍在产生着重大影响。利用计算机网络,位于全球不同角落的人们可以同时参加一个视频会议、同时观看一台音乐会,甚至可以为远在千里的病人实施手术。

### 1.2.4 计算机技术的发展趋势

(1) 巨型化。为满足国防、气象、地质等领域的尖端需要,计算机的性能将会逐步提高,不断出现速度更快、精度更高、容量更大的巨型计算机。

(2) 微型化。随着集成电路技术及存储技术的发展,计算机元器件的体积可以变得越来越小，目前已出现了具有文件存储和联网功能的"掌上电脑"。这一趋势加速了电话网、有线电视网和互联网的三网融合。

(3) 网络化。网络化可以满足人们信息共享的需要，使地球真正变成一个村落。目前，32 位的网络地址资源很快即将耗尽，人们正在开发 128 位地址的"下一代互联网"。在不久的将来，不仅可以实现计算机之间的联网，还会实现计算机与家庭轿车、家用冰箱、电视、楼宇门窗等生活设施的联网，人类从此进入物联网时代。

(4) 智能化。尽管智能化技术目前还不成熟，但这是计算机技术发展的必然趋势。一些发达国家正在开发研制以智能化为特征的第五代计算机。随着人脑秘密的破解，第五代计算机将会发生一个质的飞跃。

(5) 多媒体技术。多媒体技术目前已经有了较广泛的应用，但仍是一个研究热点。未来计算机的发展将会更便捷地处理各类媒体信息，以满足人们信息共享的需要。

(6) 并行处理计算机。冯·诺依曼结构体系结构的"程序存储和控制"是一种串行机制，已成为进一步提高计算机性能的制约因素，采用并行处理结构可大大提高计算机性能。"DNA 计算机"、"光子计算机"、"神经元计算机"都属于研制中的并行处理计算机。

# 1.3　计算机中的信息表示

计算机是当今社会重要的信息处理工具。那么它是怎样在内部表示数值、文字、声音、图像等信息的？在计算机内部采用的也是十进制吗？为什么同样篇幅的图像要比文字占用更多的存储空间？本节将介绍一些计算机中信息表示的基础知识。

## 1.3.1　进位计数制

人类最熟悉的数值是十进制数，这是因为人类拥有十根手指，经过长期的劳动和生活逐渐形成了这样的计数方式。在我国发明的算盘中，就是采用"逢十进一"的表示方式，习惯上规定，相邻两挡中左边的一个算珠表示的数值为右边一个算珠的十倍。其实，计算机就是一个更加精密的、自动化的算盘，所不同的是，计算机中的"算珠"是无形的，而且不需要人直接拨动。

**1. 十进制**

先看一个十进制数：517.69。该数共有 5 位数字，自左而右依次表示的数量如表 1-1 所示。

**表 1-1　十进制数的表示方式**

| 数　字 | 5 | 1 | 7 | 6 | 9 |
|---|---|---|---|---|---|
| 表示的数值(1) | 5×100 | 1×10 | 7×1 | 6×0.1 | 9×0.01 |
| 表示的数值(2) | $5\times10^2$ | $1\times10^1$ | $7\times10^0$ | $6\times10^{-1}$ | $9\times10^{-2}$ |

不难看出，十进制数具有以下特征：

(1) 采用 0,1,2,3,4,5,6,7,8,9 共 10 个数字符号。

(2) 采用"逢十进一"的规则，即本位的数值达到"10"时，将本位置"0"，而用左边相邻一位的"1"表示。

(3) 相邻两位的 1 所表示的数量为 10 倍关系，自右向左依次升高。

将一个数位上"1"所表示的数量称为该位的"权"，将相邻两位权的倍数值称为该数的"基"。十进制数的基为 10，各位的权分别为个、十、百、千、万、十万、百万、…，或者是 0.1、0.01、0.001、0.0001…。

**2. 二进制**

类似地，二进制遵循"逢二进一"的计数规则，以 2 为基。

如二进制表示的"1101"所表示的数量如表 1-2 所示。

表 1-2 二进制数的表示方式

| 数　字 | 1 | 1 | 0 | 1 |
|---|---|---|---|---|
| 表示的数值(1) | $1\times2^3$ | $1\times2^2$ | $0\times2^1$ | $1\times2^0$ |
| 表示的数值(2) | 1×8 | 1×4 | 0×2 | 1×1 |

不难看出，二进制数具有以下特征：

(1) 采用 0,1 共 2 个数字符号。

(2) 采用"逢二进一"的规则，即本位的数值达到"2"时，将本位置"0"，而用左边相邻一位的"1"表示。

(3) 相邻两位的 1 所表示的数量为 2 倍关系，自右向左依次升高。

由于二进制数仅有两个数字，在计算机的内部电路中便于用两种状态表示(类似于算盘珠的拨上拨下)，而且可靠性高，所以在计算机内部采用了二进制来表示数据。

二进制数也可带有小数位，从小数点开始自左向右各位的权分别为 0.5，0.25，0.125 等。如二进制数 10.11 相当于十进制的 1×2＋0×1＋1×0.5＋1×0.25＝2.75。

## 1.3.2 数据编码

在计算机内部，不仅数值要用二进制表示，文字、声音、图像也都是用二进制编码表示的。这里仅了解一下几种常用编码。

**1. ASCII 码**

ASCII 码是美国标准信息交换码，如表 1-3 所示。它包括 52 个大写和小写字母、10 个阿拉伯数字、32 个通用控制符和 34 个专用符号，共 128 个，每个代码均为 7 位。

**2. 汉字编码**

在我国应用计算机，首先遇到的就是汉字编码问题。汉字是一种象形文字，数量较大，在计算机内的表示比英文要复杂得多。

表 1-3　ASCII 码表

| 765<br>4321 | 000 | 001 | 010 | 011 | 100 | 101 | 110 | 111 |
|---|---|---|---|---|---|---|---|---|
| 0000 | NUL | DLE | Space | 0 | @ | P | ` | p |
| 0001 | SOH | DC1 | ! | 1 | A | Q | a | q |
| 0010 | STX | DC2 | “ | 2 | B | R | b | r |
| 0011 | ETX | DC3 | # | 3 | C | S | c | s |
| 0100 | EOT | DC4 | $ | 4 | D | T | d | t |
| 0101 | ENQ | NAK | % | 5 | E | U | e | u |
| 0110 | ACK | SYN | & | 6 | F | V | f | v |
| 0111 | BEL | ETB | ’ | 7 | G | W | g | w |
| 1000 | BS | CAN | ( | 8 | H | X | h | x |
| 1001 | HT | EM | ) | 9 | I | Y | i | y |
| 1010 | LF | SUB | * | : | J | Z | j | z |
| 1011 | VT | ESC | + | ; | K | [ | k | { |
| 1100 | FF | FS | , | < | L | \ | l | \| |
| 1101 | CR | GS | — | = | M | ] | m | } |
| 1110 | SO | RS | . | > | N | ˆ | n | ~ |
| 1111 | SI | US | / | ? | O | _ | o | DEL |

(1) 国标码

1981 年我国公布了《通用汉字字符集(基本集)及其交换码标准》(GB 2312—1980),共收录了 7445 个图形字符,其中汉字字符 6763 个,包括一级汉字 3755 个,二级汉字 3008 个。通常将这一编码称为汉字国标码,编码是按汉字表中的区位排列顺序进行的,是一种16 位的二进制编码。

(2) 汉字输入码

计算机的输入键盘上仅有 ASCII 字符,要想将日常使用的汉字通过标准键盘输入计算机中处理,还需要设计一种以 ASCII 字符表示的汉字输入码,经转换后存储为机内汉字编码。常用的汉字输入编码有区位码、拼音码、字形码和音型结合码等。区位码是一种 4 位的数字编码,与汉字国标码一一对应,没有重码,但难以记忆;拼音码采用现代汉语拼音的英文字母来表示(ü 用 v 来表示),记忆量小,但重码较多;字形码是按照汉字的书写结构进行的编码(如五笔字形码),重码较少,但需要经过一段时间的编码练习才能掌握。

(3) 汉字字形码

为了将汉字在显示器、打印机等输出设备上输出出来,还要有描述汉字字形的编码。通常将一个汉字看做一个矩形点阵,每个点有一位二进制数表示,这样就形成了一个汉字点阵的代码。譬如,24×24 的字形点阵,共有 24 行,每行用 24 位二进制数字表示。汉字常用的字体有宋体、黑体、仿宋体和楷体等,每种字体由不同的字形代码来确定。

# 1.4 计算机系统的基本组成

计算机是按照人们事先编好的程序来工作的,就如同一个人严格按照棋谱来对弈一样。这里对弈人的手、棋子、棋盘构成一个物质形态的“系统”,而棋谱构成一个信息形态的“系统”。计算机系统也分为两部分,一部分是由物理实体构成的硬件系统;另一部分是由各种程序和文档构成的软件系统。了解计算机系统的基本组成,对于熟练应用计算机进行信息处理是十分有益的。

## 1.4.1 计算机硬件系统的组成

计算机硬件系统通常分为运算器、控制器、存储器、输入设备和输出设备五部分,这五部分相互联系组成一个整体,如图 1-1 所示。各组成部分的基本功能如下。

**1. 运算器**

运算器是对数据进行处理的部件。运算器的主要部件是算术逻辑运算单元,还包括一些寄存器等。运算器不仅可完成算术运算,还可进行逻辑判断,这使得计算机不仅可用于科学计算,还可广泛用于信息处理。

**2. 控制器**

控制器控制计算机各部分协调地工作,它的工作包括读取指令、分析指令和执行指令 3 个步骤。控制器主要由程序计数器、指令寄存器、指令译码器和操作控制器等组成。

在微型计算机中,运算器和控制器被集成在一个芯片上,称为中央处理器(CPU),如图 1-2 所示。CPU 的性能代表着一台计算机的整体性能水平。

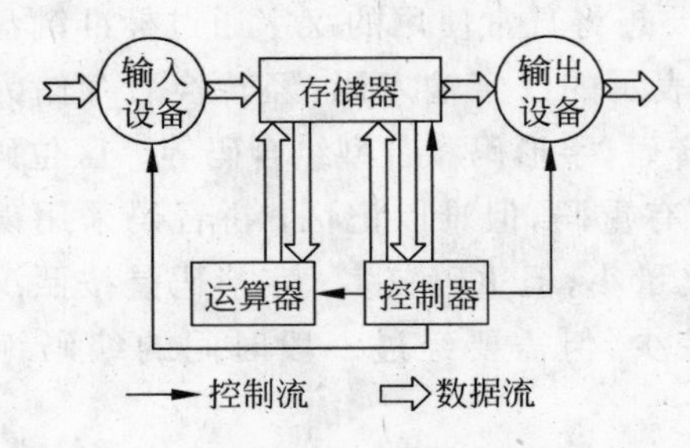


图 1-1 计算机硬件系统组成原理

图 1-2 CPU 芯片

**3. 存储器**

存储器用来存储程序和数据。存储器有内部存储器和外部存储器之分。内部存储器简称内存,用来存储当前要执行的程序和数据,存取速度较快;外部存储器简称外存,是内部存储器的扩展，用来存储暂时不用的程序和数据。存储器由大量的存储单元构成，存储单元的数量称为存储容量。数据处理量越大，需要的存储容量也就越大。一般而言，文字处理需要的存储容量较小，而图像处理、视频制作等工作需要的存储容量较大。目前最常用的外部存储器是硬磁盘、U 盘和光盘，利用外部存储器可进行程序和数据的备份。

在计算机存储技术中，将 8 个二进制位称为一个字节，记为 1B，更大的单位有 KB、MB、GB 和 TB 等。换算关系为

$$1\text{KB} = 2^{10}\text{B} = 1024\text{B}$$
$$1\text{MB} = 2^{10}\text{KB} = 2^{20}\text{B}$$
$$1\text{GB} = 2^{10}\text{MB} = 2^{30}\text{B}$$
$$1\text{TB} = 2^{10}\text{GB} = 2^{40}\text{B}$$

在微型计算机中，通常将 CPU 和内存安装在一个主板上，将主板、硬盘驱动器、光盘驱动器、各种接口电路板以及电源安装在一个主机箱内。

**4. 输入设备**

输入设备的功能是将程序和数据输入内存。键盘是最常用的字符输入设备，此外还有扫描仪(图 1-3)、数码相机、摄像头、录音头等多媒体输入设备。鼠标器是一种使用灵活的辅助输入设备。

图 1-3　台式扫描仪

**5. 输出设备**

输出设备用于输出计算机处理结果。最常用的输出设备是显示器和打印机。

习惯上，将输入/输出设备和外部存储器称为外部设备，简称外设。

## 1.4.2　计算机软件系统的组成

计算机软件是计算机系统的灵魂，没有计算机软件，计算机系统就变成一文不值的垃圾。计算机软件是为了保证计算机系统完成数据处理工作而必不可少的程序、数据和相关文档的总称。通常，将计算机软件分为系统软件和应用软件两部分。

**1. 系统软件**

系统软件是管理、控制和维护计算机各种资源的各种程序的总称，是具有基础性和通用性的软件。通常将系统软件分为操作系统、语言处理程序、数据库管理系统和工具软件四大类。

操作系统是计算机系统工作的平台，是一组具有管理和控制功能的模块，可实现对计算机软、硬资源的管理。目前在我国常用的操作系统是美国微软公司开发的 Windows 系列操作系统，学会使用 Windows 操作系统管理计算机资源是本课程的重点之一。

语言处理程序俗称计算机程序设计语言，支持人们以接近人类习惯的语言编写程序。

语言处理程序的基本功能就是将人们按照规定语句和语法编写的程序转换成 CPU 可执行的二进制指令代码。目前，在数据处理领域应用比较广泛的计算机语言有：C、Visual C++、Visual Basic、Delphi、Java 等。学会使用一种程序设计语言编制程序是全国计算机等级考试二级水平的要求。

数据库管理系统按照一定的结构将大量的数据组织起来，方便用户输入、修改、追加、删除、查找、排序和输出数据。目前常用的数据库管理系统有 Visual FoxPro、Oracle 等。维护大型数据库是一项专业性较强的工作。

工具软件种类较多，包括系统备份工具、系统诊断工具、系统维护工具等。学会使用常用工具软件是计算机应用的一项基本技能，本课程最后将学习一些常用工具软件。

**2. 应用软件**

应用软件是为了解决用户实际工作中的问题而设计的专用程序。与系统软件不同，应用软件不是在计算机购置时由供应商安装，而是由用户自行开发或委托专门的软件公司开发，以满足用户的个性化需要。

需要指出的是，系统软件和应用软件只是一个大体的划分，没有一个严格的界限。一些通用性较强的应用软件已经具备系统软件的特征，而且在计算机销售时就已安装。本课程将要重点学习的 Office 系列软件就是目前应用最广泛的通用软件。

要想充分发挥计算机的功能，必须使硬件系统与软件系统相互协调。软件功能太差，将会使硬件功能处于闲置状态；硬件功能不足，将会降低数据处理的效率，甚至使软件不能正常工作。

**【本章小结】**

通过本章的学习，获得了信息技术和计算机应用的一些基础知识，明确了计算机的应用范围，为以后各章的学习奠定了一个良好的基础。

通过对本章的学习，对计算机系统的基本组成也有了一个大体的了解，可以更好地配合专业人员选配和维护计算机系统。

本章只是为深入学习计算机应用知识和技能提供了一些线索，可根据自身实际需要确定学习方向和学习重点，在工作过程中更好地发挥计算机的作用。

# 习　题　1

**1. 单项选择题**

(1) 计算机采用了(　　)原理，使其成为信息时代广泛使用的一种自动化信息处理工具。

A. 二进制　　B. 大规模集成电路

C. 存储与程序控制　　D. 电子技术

(2) 微型计算机建立在(　　)技术基础上。

A. 晶体管　　B. 超大规模集成电路

C. 光子技术　　　　　　　　　　　D. 通信技术

(3) CPU 是由(　　)集成的芯片,又称为中央处理器。

A. 晶体管和电子管　　　　　　　　B. 运算器和控制器

C. 运算器和存储器　　　　　　　　D. 内存和外存

(4) 显示器是一种(　　)设备。

A. 输入　　　B. 输出　　　C. 外部　　　D. 网络

(5) 键盘是一种(　　)设备。

A. 字符输入　　　　　　　　　　B. 字符输出

C. 程序输入　　　　　　　　　　D. 图像输入

**2. 问答题**

利用网络搜集相关资料,分析和讨论下列问题:

(1) 信息化对我国的社会经济发展具有什么影响?为什么中国要走工业化与信息化相融合的新型发展道路?

(2) 信息化对你将来工作的行业和企业有哪些具体影响?如何根据工作需要提高自身的信息技术素养?

(3) 与上一辈亲友进行沟通,比较一下现在与 20 世纪的学习和生活方式相比发生了哪些重大改变?我们应该如何利用信息技术提高学习效率和综合职业能力?

(4) 目前国内市场上主流的台式计算机、笔记本电脑和平板计算机是什么配置?常用的外部设备都有哪些主要型号?参考价格是多少?

(5) 目前流行的操作系统和工具软件是什么版本?与上一版本相比发生了哪些改变?

(6) 当前 IT 领域有哪些热点问题?下一步的发展方向是什么?

# 第2章　信息技术应用初级技能

**教学目标**

1. 学会计算机系统维护和资源管理的基本技能，能够使用计算机进行信息处理工作。
2. 学会使用 Word 处理一般文档，掌握录入和编辑的基本功能。
3. 学会利用 Excel 解决工作中的一些常见问题，初步实现数据处理信息化。
4. 学会制作一般的幻灯片，满足工作中的基本要求。
5. 学会文档打印的一些基本技巧，能够完成文档处理的全过程。
6. 能够解决企业和学校信息处理中的一些基本问题。

信息处理是各种职业活动中的一个重要组成部分。利用信息技术可以大大提高职业活动效率，使人们摆脱那些繁重、重复、单调的数据处理活动，转而进行一些具有挑战性的分析性、设计性信息处理活动。本章围绕实际工作中的信息处理任务，主要学习系统维护和 Office 软件使用的一些基本技能，使操作者能够完成一项数据处理活动的全过程。

## 2.1　计算机基本操作

计算机是数据处理的基本工具。为了能够顺利地使用计算机完成数据处理工作，首先需要学会计算机的日常维护，学会利用操作系统管理软、硬资源，并学习一些常用外部设备的使用技巧。

### 2.1.1　计算机的基本维护

计算机是一种大规模集成的智能化电子产品，如果正确地加以维护，它就能够处于比较好的工作状态，充分地发挥应有的作用；相反，如果维护得不好，可能会处于糟糕的工作状态，导致系统经常出错，一旦导致数据丢失，就会造成无法挽回的损失。因此，学习一些计算机维护的基本技能，对于信息处理工作是必要的。

下面介绍最基本的计算机维护方法和注意事项。

#### 2.1.1.1　工作环境要求

环境对计算机的正常工作具有重要影响。计算机理想的工作温度应在 10℃～35℃，太高或太低都会影响机器的性能；相对湿度应为 30％～80％，太高会影响配件的性能发挥，甚至引起一些配件的短路。天气较为潮湿时，最好每天都使用计算机或使计算机通电一段时间。如果计算机长时间不用，由于潮湿或灰尘的原因，会引起配件的损坏。当然，如果天气潮湿到了极点，比如显示器或机箱表面有水汽，这时是绝对不能给计算机通电的。湿度太低易产生静电，同样对配件的使用不利。另外，空气中灰尘含量对计算机影响也较大。灰尘太多，天长日久就会腐蚀各配件的电路板。

计算机对电源也有要求。交流电正常的范围应在 220V±10%，频率范围是 50Hz±5%，并且具有良好的接地系统。可能的情况下，使用 UPS（不间断电源）来保护计算机，使计算机运行在正常的电源环境中，并能在外部电源中断后保持一段时间的供电。

#### 2.1.1.2　良好的使用习惯

尽管目前的个人计算机可靠性很高，但使用不当仍然可能造成故障。操作者在使用中应该注意以下方面的问题。

（1）不要频繁地开关主机或外部设备的电源。主机和外部设备中有一些感性或容性负载，反复开关会造成一定的冲击，容易造成器件损坏。

（2）在硬盘驱动器和光盘驱动器工作时，不要移动机器。因为驱动器的运转速度很高，轻微的震动都有可能划伤磁盘或光盘，造成数据丢失。

（3）不要热插拔外部设备。外部设备的功率相对较大，热插拔时会产生较大的冲击波，有可能损坏主板。

（4）关机后一定要切断外部电源。外部电源长期工作不仅消耗电能，而且还容易引起事故。特别是各种稳压电源，长期不间断地工作会影响使用寿命。

（5）在处理数据时经常进行保存，防止突然断电或是出现故障造成数据丢失。

（6）经常对用户文件进行备份，必要时存放纸质备份，防止大量数据丢失造成无法弥补的损失。

（7）不要用力挤压液晶显示器，或接近火源等高温环境，否则可能造成无法修复的损坏。清洁液晶屏幕可采用蘸有清水的无尘软布，避免用酒精或化学清洗剂。

（8）要使用合格的打印纸，纸张太厚或太薄都有可能损坏传动装置；特别要注意纸张中不能带有硬物，否则将会使硒鼓划伤，造成经济损失。

（9）激光打印机上的许多装置采用塑料，使用时应注意轻拿轻放，不要用力过猛。对内部结构不熟悉时，应请有经验的人协助完成更换硒鼓、清除夹纸等操作。

（10）坚决不下载和使用来路不明的软件，不登录内容不健康的非法网站，防止受到木马和流氓软件的侵袭。

（11）定期杀毒、清除垃圾、清理磁盘碎片，发现运行速度明显变慢，或是运行异常，应认真分析原因，以免导致更大的系统故障。

（12）合理运用桌面和“我的文档”，根据工作特点对用户文档合理分类，分清常用文档和非常用文档，无用的文档要及时删除，文档的命名应包含多个关键词。

#### 2.1.1.3　常见故障的清除

遇到故障时，千万要冷静观察，不要贸然采取措施。目前的计算机软件和硬件可靠性都很高,多数故障都是操作不当或是器件松动等原因造成的。养成认真观察的习惯,时间长了就能凭经验判断出故障的原因。如果一时找不到故障原因,可以上网搜索一下,大部分故障都可以找到满意的答案。这也是一种必要的信息素养。

下面是清除故障的一些常见方法。

(1) 观察法。通过观察周围环境、硬件环境(接插头、插座和插槽等)、软件环境发现故障原因。许多故障通过紧固插头、插件就可以解决。

(2) 最小系统法。硬件最小系统由电源、主板和CPU组成。在这个系统中,没有任何信号线的连接,只有电源到主板的电源连接。在判断过程中是通过声音来判断这一核心组成部分是否可正常工作;软件最小系统由电源、主板、CPU、内存、显示卡/显示器、键盘和硬盘组成。这个最小系统主要用来判断系统是否可完成正常的启动与运行。在软件最小系统下,可根据需要添加或更改适当的硬件。比如:在判断启动故障时,由于硬盘不能启动,想检查一下能否从其他驱动器启动。这时,可在软件最小系统下加入一个软驱或干脆用软驱替换硬盘来检查。又如:在判断音视频方面的故障时,应需要在软件最小系统中加入声卡;在判断网络问题时,就应在软件最小系统中加入网卡等。

最小系统法主要是要先判断在最基本的软、硬件环境中,系统是否可正常工作。如果不能正常工作,即可判定最基本的软、硬件部件有故障,从而起到故障隔离的作用。

(3) 隔离法。将可能妨碍故障判断的硬件或软件屏蔽起来的一种判断方法。它也可用来将怀疑相互冲突的硬件、软件隔离开来以判断故障是否发生变化的一种方法。屏蔽方法对于软件来说,即是停止其运行,或者是卸载;对于硬件来说,是在设备管理器中,禁用、卸载其驱动,或干脆将硬件从系统中去除。

(4) 替换法。用好的部件去代替可能有故障的部件,以判断故障现象是否消失的一种维护方法。好的部件可以是同型号的,也可以是不同型号的。

(5) 比较法。比较法与替换法类似,即用好的部件与怀疑有故障的部件进行外观、配置、运行现象等方面的比较,也可在两台计算机间进行比较,以判断故障计算机在环境设置、硬件配置方面的不同,从而找出故障部位。

(6) 敲打法。敲打法一般用在怀疑计算机中的某部件有接触不良的故障时,通过震动、适当的扭曲,甚或用橡胶锤敲打部件或设备的特定部件来使故障复现,从而判断故障部件的一种维护方法。

## 2.1.2 系统资源管理

控制面板是 Windows XP 系统中非常重要的一种实用程序,它的作用主要是:管理和控制计算机系统的硬件与软件资源,查看计算机系统信息、更改桌面显示方式、设置日期和时间、添加/删除账户等。

用户可以使用它来控制操作系统或硬件的某些特征,例如系统时间和日期、键盘特性、屏幕颜色、鼠标移动和网络选项等。

对硬件的管理主要包括控制面板窗口中的多个对象,每一个对象可完成对应的操作,如“键盘”、“鼠标”、“打印机与传真”、“设备管理器”等;对软件的管理主要就是添加/删除程序。

### 2.1.2.1　打开【控制面板】

打开【控制面板】的方法有以下三种。

(1) 单击【开始】菜单下的【控制面板】命令。

(2) 打开【资源管理器】窗口，在左边文件夹中单击【控制面板】文件夹即可。

(3) 双击桌面上【我的电脑】图标，再单击【控制面板】图标即可。

【控制面板】操作界面：对于 Windows XP 操作系统，当打开【控制面板】界面，可显示两种视图，分别为“分类”视图和“经典”视图。

分类视图是指【控制面板】中部分具有相似作用的对象被归为一类，如图 2-1 所示。

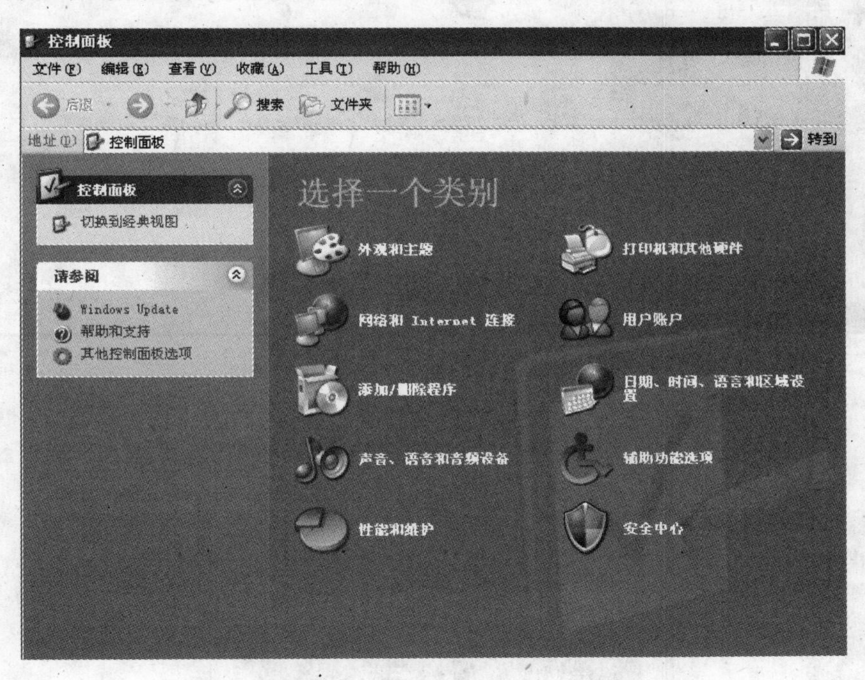


图 2-1　【控制面板】“分类”视图

经典视图是指【控制面板】中所包含的对象均显示出来，如图 2-2 所示。

本章主要以经典视图为标准介绍【控制面板】的使用。

### 2.1.2.2　显示属性设置

#### 1. 进入【显示属性】设置窗口的方法

(1) 在【控制面板】窗口中双击【显示】图标。

(2) 在桌面空白处右击，在弹出的快捷菜单中选择【属性】命令。

在如图 2-3 所示的【显示 属性】窗口中，第一个选项卡是主题，Windows XP 主题是桌面背景、窗口形式和一组声音的综合。当用户选取一个形式的主题后，系统将自动对主题进行更新。完成更新后，桌面背景、按钮及图标形式、窗口样式都会发生变化。

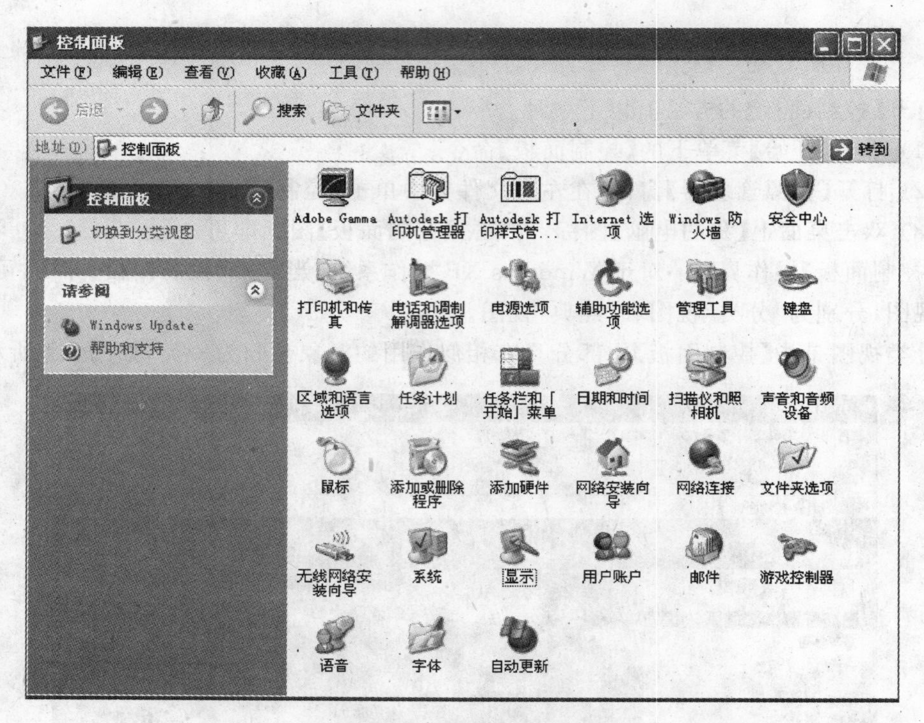


图 2-2 【控制面板】“经典”视图

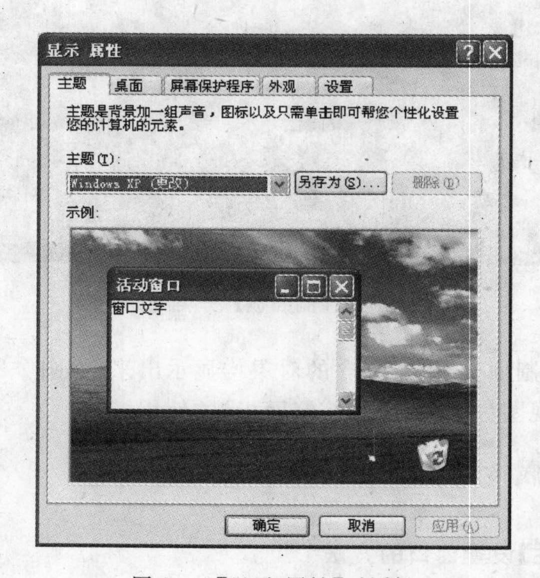


图 2-3 【显示 属性】对话框

**2. 背景的设置**

单击【桌面】选项卡就可设置背景，单击【浏览】按钮，选择自己喜欢的图片作为背景，由于图片未必与桌面大小相同，可以进行显示设置，分为以下三种。

(1) 居中：指以图片的原大小放置在桌面中间位置。

(2) 平铺：从左上角开始平铺图片，如果图片小则按从左到右、从上到下排列平铺。

(3) 拉伸：把图片拉伸到显示器大小，使其占满整个桌面区域，如果宽高比不同就会变形。

【颜色】列表是当没有背景图时用于选择作为桌面的颜色。

【自定义桌面】按钮用于显示/隐藏桌面系统图标以及更改系统桌面图标对象的图标。

**3. 屏幕保护的设置**

在图 2-4 所示的对话框中，单击【屏幕保护程序】选项卡就可以设置屏幕保护和电源选项，根据预览在下拉列表框中选择自己喜欢的屏幕保护程序，微调下面的等待时间，如果在预定时间内不动键盘和鼠标，就会进入屏幕保护程序。如果没有选中【在恢复时使用密码保护】复选框，屏幕保护时操作会回到屏幕保护前界面；如果选中该复选框，则退到登录界面，要重新登录才可以回到屏幕保护前的界面。

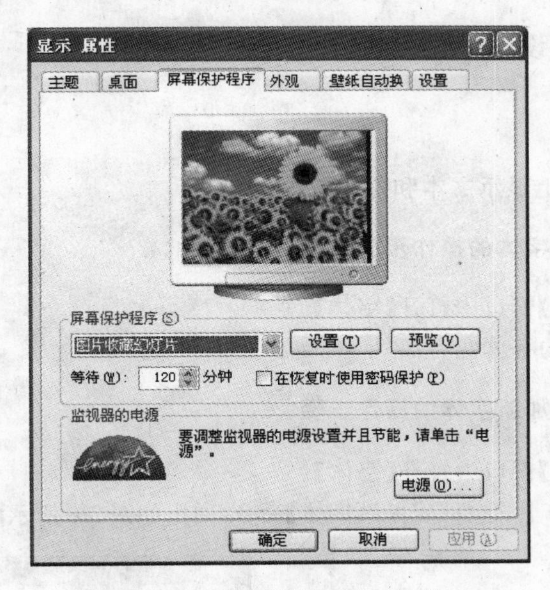


图 2-4　【屏幕保护程序】对话框

**4. 外观设置**

单击【外观】选项卡就可以设置在桌面的外观，可以根据自己的需要设置配色、字体大小等。单击【效果】和【高级】按钮可以细微调整，可便于打造自己的风格。

**5. 显示分辨率和其他显示设置**

单击【设置】选项卡，就可以设置在桌面的显示分辨率和颜色质量，应根据自己的显示器分辨率选择显示分辨率。单击【高级】按钮可以设置显示的刷新率和其他高级的颜色设置。

【基本训练】

➢ 选择一张图片，将其设置成桌面背景，并分别以居中、拉伸、平铺显示。

➢ 改变显示样式为 Windows XP 样式，色彩方案选用绿色，字体大小为大字体，为菜单和工具提示采用淡入、淡出的过渡效果。

➢ 设置显示器分辨率为 1024 像素×768 像素。

➢ 设置屏幕刷新频率为 75Hz。

### 2.1.2.3 日期和时间设置

计算机中的日期和时间是保存在硬件中的，在断电后还可以根据主板上的电池继续工作。Windows XP 中也可以设置。打开日期和时间设置有以下两种方法。

(1) 在【控制面板】窗口中选择【日期和时间】。

(2) 直接双击任务栏右下角的时间。

打开如图 2-5 所示的窗口后可以设置时间和日期、时区和 Internet 时间。

### 2.1.2.4 字体设置

**1. 字体定义**

字体用于在屏幕上显示文本和打印文本。

**2. 查看计算机上字体的操作步骤**

(1) 在【控制面板】窗口中打开【字体】。

(2) 双击要查看的字体。

**3. 在计算机上添加新字体的操作步骤**

(1) 在【控制面板】窗口中打开【字体】。

(2) 在【文件】菜单上，选择【安装新字体】命令，弹出如图 2-6 所示的【添加字体】对话框。

图 2-5 【日期和时间 属性】对话框

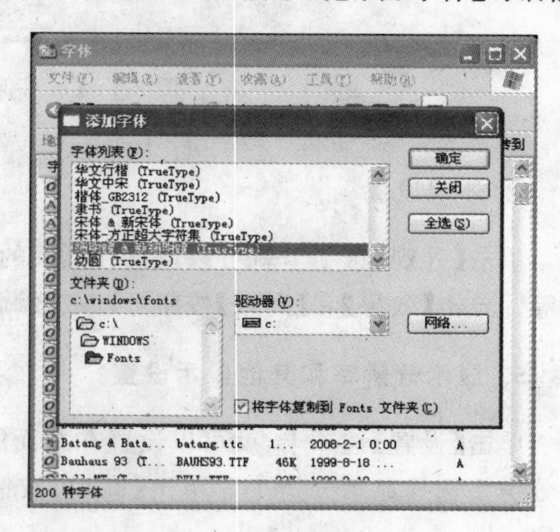


图 2-6 安装新字体

(3) 在【驱动器】下拉列表框中，单击所需的驱动器。

(4) 在【文件夹】列表框中，双击包含要添加字体的文件夹。

(5) 在【字体列表】中，单击要添加的字体，然后单击【确定】按钮。要添加所有列出的字体，应单击【全选】按钮，然后单击【确定】按钮。

### 2.1.2.5 汉字输入法

Windows XP 自带的输入法可以通过【控制面板】窗口中的【区域和语言选项】对话框进行查看、删除、添加以及某种输入法属性的设置，如图 2-7 所示。

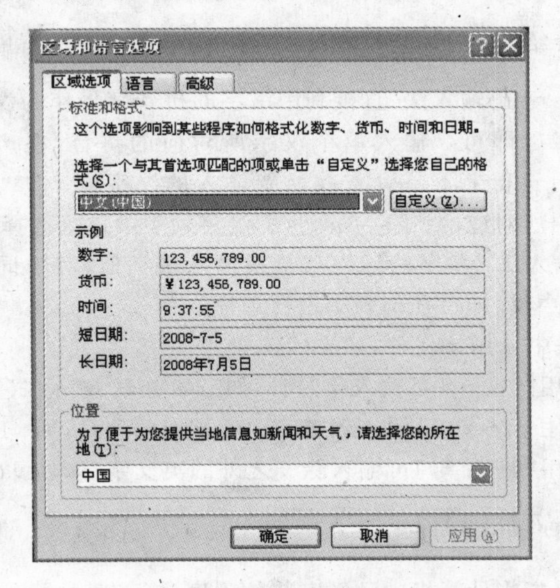


图 2-7 【区域和语言选项】对话框

#### 1. 添加自带的输入法

单击【开始】按钮→打开【控制面板】→双击【区域和语言选项】→单击【语言】选项卡并显示【详细信息】→打开【文字服务和输入语言】对话框→单击【添加】按钮→打开【添加输入法】对话框→选择需要添加的输入法→单击【确定】按钮。添加自带的输入法将会显示在桌面上的语言栏中。

#### 2. 删除自带的输入法

单击【开始】按钮→打开【控制面板】→双击【区域和语言选项】→单击【语言】选项卡→显示【详细信息】→打开【文字服务和输入语言】对话框→选择需要删除的输入法→单击【删除】按钮→单击【确定】按钮，即可删除不再使用的输入法，语言栏中也不显示刚才执行删除的输入法名称。

同时在【文字服务和输入语言】按钮对话框中，选择某一输入法时，单击【属性】按钮，可以改变输入法的属性。

**3. 选择汉字输入法**

(1) 语言栏上查找输入法图标并单击选择。

(2) 使用 Ctrl＋Shift 组合键在所有输入法之间进行转换，用 Ctrl＋Space 组合键在中英文输入法之间转换。

在输入时对于半全角的切换，也可以通过输入法状态条上的字符半全角和标点半全角按钮进行切换，将光标指向所对应的按钮并单击即可。字符半全角切换可以按 Shift＋Space 组合键，标点半全角切换用 Ctrl＋＞组合键，这在中英文输入时非常实用。

**4. 常用输入法介绍**

(1) 全拼输入法：音码输入法，直接利用汉字的拼音字母作为汉字代码，只需依次输入汉字的各个拼音字母即可。输入单个汉字所对应的拼音，在产生汉字列表中使用 PageUp 与 PageDown 进行上下翻页查找所要输入的汉字（“＋”、“－”也可进行上下翻页）。还可以输入词语所对应的拼音，在产生的汉字列表中进行选择。

(2) 智能 ABC 输入法：单字的输入与全拼输入法类似，对于词语其支持声母输入，只需输入每个汉字的声母，即可在列表中进行选择。

① 在拼音输入法中 ü 用 v 代替，如绿(lv)。

② 智能 ABC 中用“i n y r”可输入年月日，如 i2012n5y5r ＝二〇一二年五月五日。

③ 智能 ABC 中用 v1～v9 可输入软键盘中所指定的项目，如 v1 输入特殊符号。

④ 智能 ABC 中用“v＋字母”可输入除 v 之外的英文字母，如 vabcdefg ＝ abcdefg。

## 2.1.2.6 添加/删除程序

添加/删除程序是指将计算机中已经安装的程序进行卸载或者向计算机中重新安装新程序。其操作方法是：打开【控制面板】窗口→双击【添加或删除程序】选项→打开【添加或删除程序】对话框→进行相关操作，如图 2-8 所示。

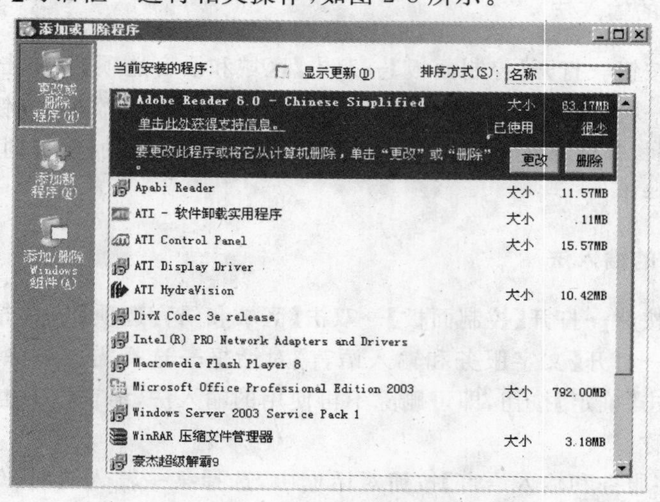


图 2-8 【添加或删除程序】对话框

Windows XP 组件是指系统自带的一些小程序,也称为附件,一般存放于【开始】菜单中,如游戏、画图、写字板、记事本、播放器等。

用户可根据自己的需要对组件进行管理,即进行添加/删除操作。

添加/删除 Windows XP 组件的操作方法是:打开【控制面板】窗口 →双击【添加或删除程序】选项→打开【添加或删除程序】对话框→单击【添加或删除 Windows XP 组件】→弹出【Windows 组件向导】对话框→进行组件的添加/删除操作,如图 2-9 所示。

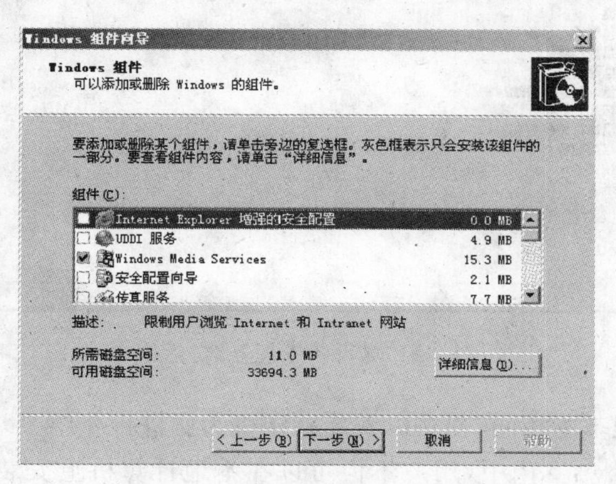


图 2-9　添加/删除 Windows XP 组件

### 2.1.2.7　添加/删除硬件

系统项可以查看计算机的相关属性,主要包括当前所使用操作系统版本、用户名、注册号、CPU、内存以及计算机中所使用的硬件设备。其操作方法是:打开【控制面板】窗口→双击【系统】→打开【系统属性】对话框→进行操作,如图 2-10 所示。单击【硬件】选项卡,再单击【设备管理器】按钮可以查看硬件信息,如图 2-11 所示。如果有问题或添加了新硬件的驱动程序没有安装,会在硬件前标出一个黄色的叹号,一般找到驱动程序重新安装即可。

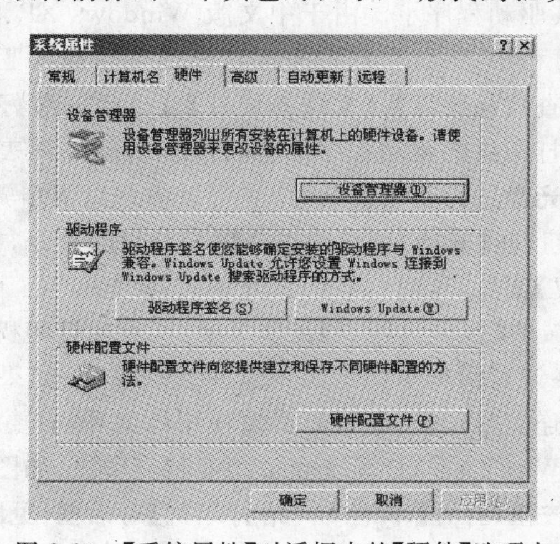


图 2-10　【系统属性】对话框中的【硬件】选项卡

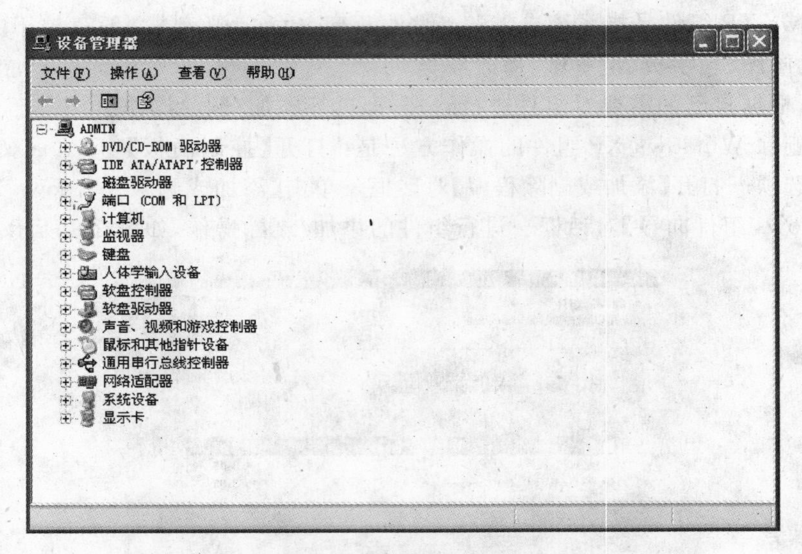


图 2-11 【设备管理器】对话框

安装硬件的过程基本相同，现在以安装打印机为例进行介绍。

在中文版 Windows XP 中，用户不但可以在本地计算机上安装打印机，如果用户是联入网络中的，也可以安装网络打印机，使用网络中的共享打印机来完成打印作业。

例如：安装本地打印机。

**任务要求**

完成本地打印机的安装。

**操作步骤**

在安装本地打印机之前首先要进行打印机的连接，用户可在关机的情况下，把打印机的信号线与计算机的 LPT1 端口或 USB 端口相连，并且接通电源，连接好之后，就可以开机启动系统，准备安装其驱动程序了。由于中文版 Windows XP 自带了一些硬件的驱动程序，在启动计算机的过程中，系统会自动搜索新硬件并加载其驱动程序，在任务栏上会提示其安装的过程，如【查找新硬件】、【发现新硬件】、【已经安装好并可以使用了】等对话框。如果用户所连接的打印机的驱动程序没有在系统的硬件列表中显示，就需要用户使用打印机厂商所附带的光盘进行手动安装，用户可以参照以下步骤安装。

(1) 单击【开始】按钮，在【开始】菜单中选择【控制面板】命令，在打开的【控制面板】窗口中双击【打印机和传真】图标，这时打开【打印机和传真】窗口。

(2) 在窗口链接区域的【打印机任务】选项下单击【添加打印机】图标，即可启动【添加打印机向导】对话框。在该对话框中提示用户应注意的事项，如果用户是通过 USB 端口或者其他热插拔端口来连接打印机，就没有必要使用该向导，只要将打印机的电缆插入计算机，然后打开打印机，Windows XP 系统会自动安装打印机，如图 2-12 所示。

(3) 单击【下一步】按钮，打开【本地或网络打印机】对话框(见图 2-13)，用户可以选择安装本地或网络打印机，在这里选择【连接到此计算机的本地打印机】选项。

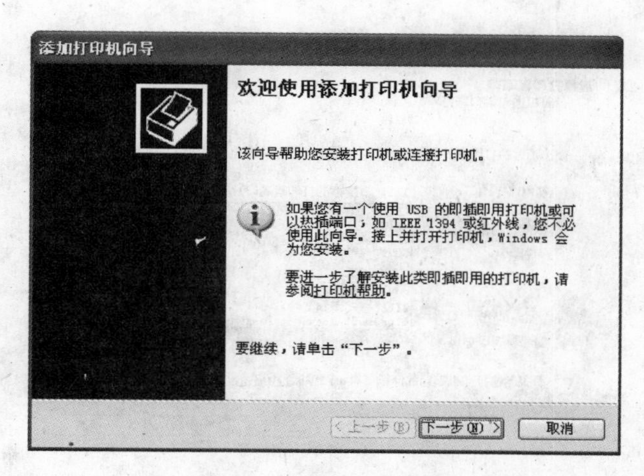


图 2-12　【添加打印机向导】对话框

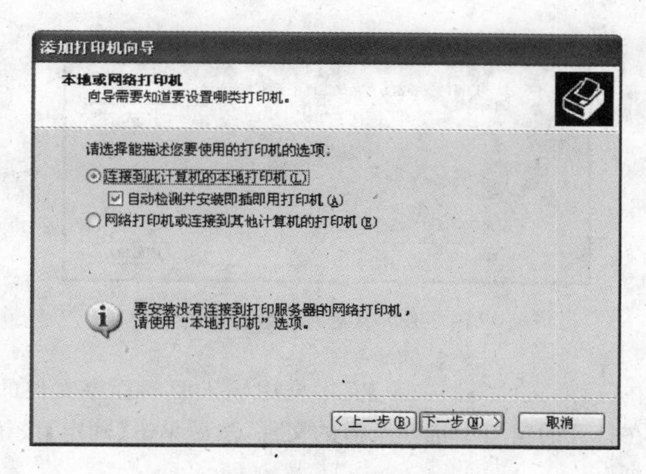


图 2-13　选择安装哪类打印机

当选中【自动检测并安装即插即用打印机】复选框时，随后会出现【新打印机检测】对话框，添加打印机向导自动检测并安装新的即插即用的打印机，当搜索结束后，会提示用户检测的结果，如果用户要手动安装，单击【下一步】按钮继续安装。

(4) 这时向导打开【选择打印机端口】对话框(见图 2-14)，要求用户选择所安装的打印机使用的端口，在【使用以下端口】下拉列表框中提供了多种端口，系统推荐的打印机端口是 LPT1，大多数的计算机也是使用 LPT1 端口与本地计算机通信，如果用户使用的端口不在列表中，可以选择【创建新端口】选项来创建新的通信端口。

(5) 当用户选定端口后，单击【下一步】按钮，打开【安装打印机软件】对话框，在左侧的【厂商】列表中显示了世界各国打印机的知名生产厂商，当选择某制造商时，在右侧的【打印机】列表中会显示该生产厂相应的产品型号。

如果用户所安装的打印机制造商和型号未在列表中显示，可以使用打印机所附带的安装光盘进行安装，单击【从磁盘安装】按钮，打开如图 2-15 所示的对话框，用户要插入厂

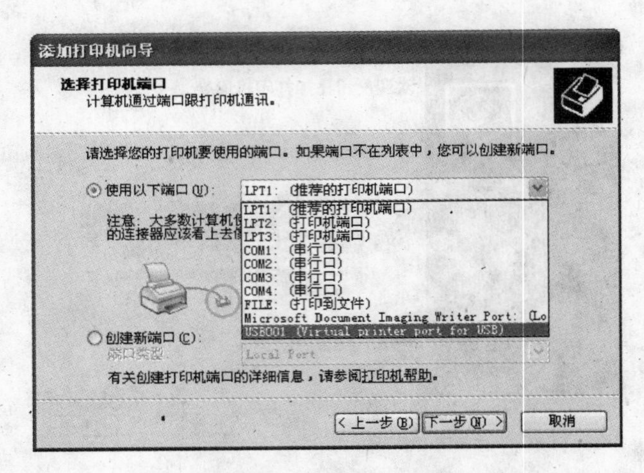


图 2-14 【选择打印机端口】对话框

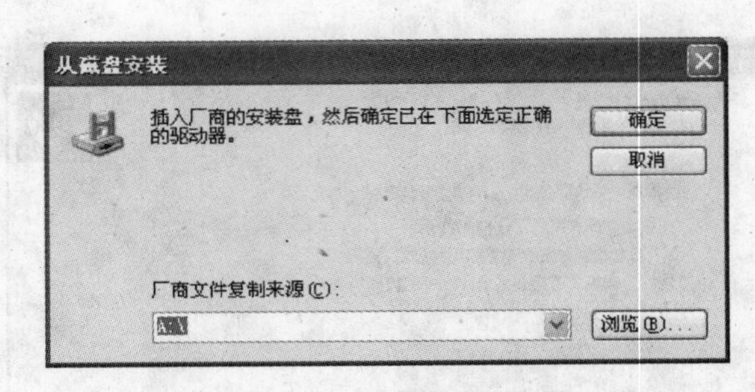


图 2-15 从磁盘安装打印机

商的安装盘，然后在【厂商文件复制来源】文本框中输入驱动程序文件的正确路径。或者单击【浏览】按钮，在打开的窗口中选择所需的文件，然后单击【确定】按钮，可返回到【安装打印机】对话框。

（6）当用户确定驱动程序的文件位置后，单击【下一步】按钮，打开【命名你的打印机】对话框，用户可以在【打印机名】文本框中为自己安装的打印机命名，并提醒用户有些程序不支持超过 31 个英文字符或 15 个中文字符的服务器和打印机名称组合，最好取简短的打印机名称。用户可以在此将这台打印机设置为默认打印机，当设置为默认打印机之后，如果用户是处于网络中，而且网络中有多台共享打印机，在进行打印作业时，如果未指定打印机，将在这台默认的打印机上输出。

（7）用户为所安装的打印机命名后，单击【下一步】按钮，打开【打印机共享】对话框，该项设置主要适用于联入网络的用户，如果用户将安装的打印机设置为共享打印机，网络中的其他用户就可以使用这台打印机进行打印作业，用户可以使用系统建议的名称，也可以在【共享名】文本框中重新输入一个其他网络用户易于识别的共享名。

（8）如果用户个人使用这台打印机，可以选择【不共享这台打印机】选项，单击【下一步】按钮继续该向导，这时会打开【位置和注解】对话框，用户可以为这台打印机加入描述性的内容，如它的位置、功能以及其他注释，这个信息对用户以后的使用很有帮助。

(9) 在接下来会打开【打印测试页】对话框，如果用户要确认打印机是否连接正确，并且是否顺利安装了其驱动程序，在【要打印测试页吗?】选项下单击【是】单选按钮，这时打印机就可以开始进行测试页的打印。

(10) 这时已基本完成添加打印机的工作，单击【下一步】按钮，出现【正在完成添加打印机向导】对话框，在此显示了所添加的打印机的名称、共享名、端口以及位置等信息，如果用户需要改动，可以单击【上一步】按钮返回到上面的步骤进行修改，当用户确定所做的设置无误时，可单击【完成】按钮，关闭【添加打印机向导】对话框。

(11) 在完成添加打印机向导后，屏幕上会出现【正在复制文件】对话框，它显示了复制驱动程序文件的进度，当文件复制完成后，全部的添加工作就完成了，在【打印机和传真】窗口中会出现刚添加的打印机的图标，如果用户设置为默认打印机，在图标旁边会有一个带“√”标志的黑色小圆，如果设置为共享打印机，则会有一个手形的标志。

## 2.1.3 用户资源管理

用户资源是用户在使用的过程中生成的，如文档、音乐、电影、照片和其他应用软件等，计算机中的用户资源的组织是以文件形式存在的，用户资源管理主要是文件管理。

### 2.1.3.1 资源管理器的窗口组成

资源管理器是 Windows XP 中一个重要的文件管理工具。在资源管理器中可显示出计算机上的文件、文件夹和驱动器的树状结构，同时也显示了映射到计算机上的所有网络驱动器名称。

#### 1. 打开资源管理器的方法

(1) 执行【开始】→【所有程序】→【附件】→【Windows 资源管理器】命令。

(2) 右击【开始】按钮，或【我的电脑】、【我的文档】、【回收站】，在弹出的快捷菜单中选择【资源管理器】。

#### 2. 资源管理器窗口

如图 2-16 所示，左窗格(称为结构窗口)的【所有文件夹】列表显示了计算机资源的结构。右窗格(称为内容窗格)显示左窗格中选定对象所包含的内容。

如果左窗格中对象的左侧有标记“+”，表示该对象包含有子对象，单击该标记可展开其包含的内容，同时标记“+”变为标记“-”，再次单击，该对象重新折叠。

左、右窗格使用分隔条隔开，用鼠标拖动分隔条可以改变左右窗格的大小。

**说明**：文件是按一定形式组织的一个完整的、有名称的信息集合，是计算机系统中数据组织的基本存储单位，而操作系统的一个基本功能就是文件管理。如一封信、一个通知、一幅图像、一段视频等都可以是一个文件，它们最终都将以文件的形式存储在计算机的存储器上。

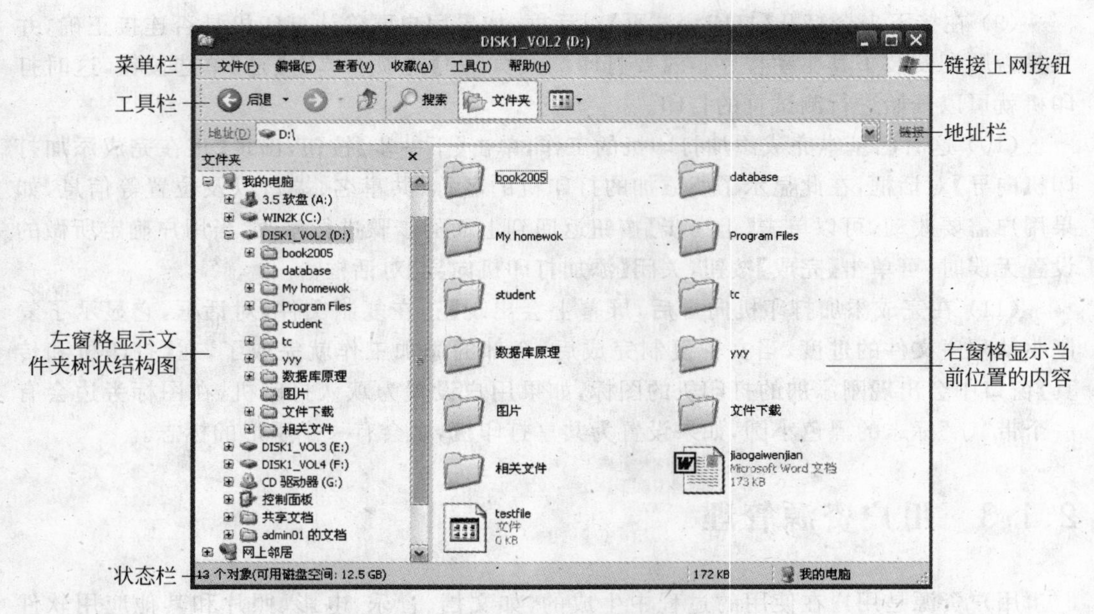


图 2-16 【资源管理器】窗口

在计算机中，每一个文件都有一个文件名，文件名是存取文件的依据，即按名存取。一般来讲，文件名分为文件主名和扩展名两个部分，格式为“文件主名.扩展名”。

文件名的规定如下：

① 不能出现这些字符：\ / ： * ?“ < > |。

② 不区分英文字母大小写(有的操作系统区分)。

③ 查找和显示时可以使用通配符号“?”和“ * ”，“?”代表任意一个字符，“ * ”代表任意一个字符串(即可代表多个字符)。

④ 可以使用多分隔符的名字，如 report. sales. total。

在绝大多数操作系统中，文件的扩展名表示文件的类型。如扩展名为.exe表示可执行程序；.doc表示 Word 文档文件。

包括只读、隐藏和存档属性(NTFS 分区格式有更多的属性)。

### 2.1.3.2 文件与文件夹的基本操作

文件夹是一个存储文件的有组织实体(类似于一个文件袋或存放文件的抽屉)。文件夹内可存放文件，也可存放其他文件夹，形成一个文件夹树(称为一级文件夹、二级文件夹等)。文件夹中包含的其他文件夹称为子文件夹。

#### 1. 新建文件或文件夹

用户可以通过在【桌面】上打开的【我的电脑】窗口或 Windows 资源管理器的【浏览】窗口来创建新的文件或文件夹。

(1) 菜单方式：执行【文件】→【新建】命令，显示相应的文件类型或文件夹，输入相应的文件或文件夹名，按 Enter 键。

(2) 快捷菜单方式：右击选定窗口的空白处，单击【新建】命令，显示相应的文件类型或文件夹，输入相应的文件或文件夹名，按 Enter 键，如图 2-17 所示。

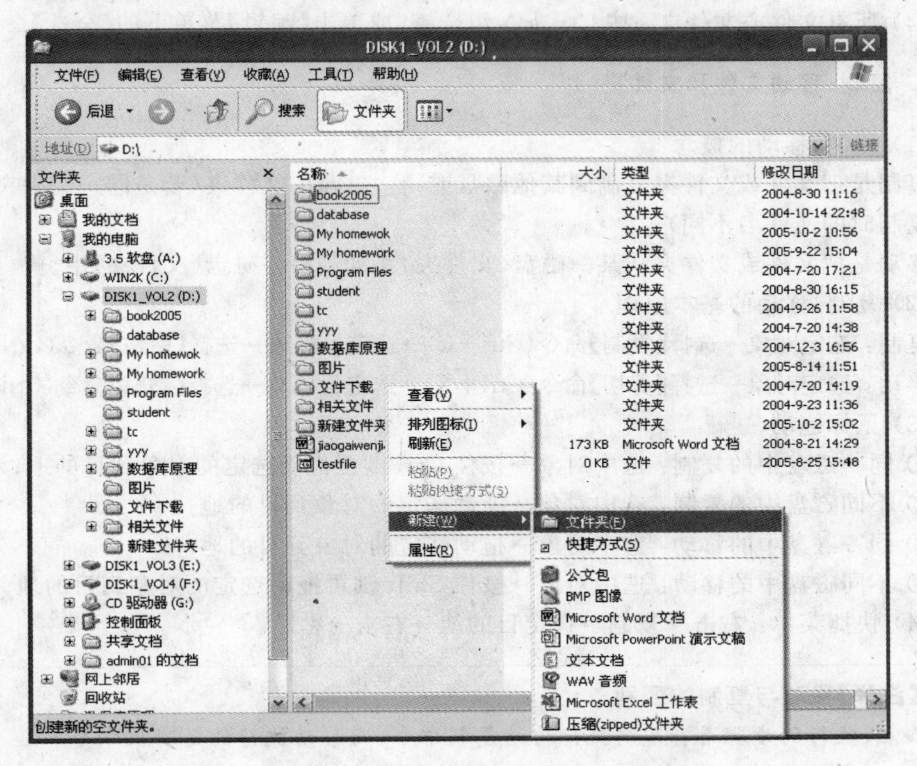


图 2-17　新建文件夹操作

(3) 工具创建法(只适合于部分窗口，前提是有常用工具【新建】按钮)：在【另存为】对话框中，有【新建文件夹】按钮，直接单击即可创建。

**2. 重命名文件和文件夹**

(1) 菜单方式：执行【文件】菜单下的【重命名】命令，在输入新的名称后，按 Enter 键。

(2) 快捷菜单方式：右击文件或文件夹，在弹出的快捷菜单中选择【重命名】命令，输入新的名称后，按 Enter 键。

(3) 鼠标单击方式：分两次单击(区别于双击，间隔时间长)需重命名的文件或文件夹的名字区，输入新的名称后，按 Enter 键。

**3. 选定文件或文件夹**

(1) 单个文件或文件夹：单击该文件或文件夹。

(2) 多个连续的文件或文件夹：

① 按住 Shift 键不放，单击第一个文件或文件夹和最后一个文件或文件夹。

② 在要选择的文件的外围单击并拖动鼠标，则文件周围将出现一虚线框，鼠标

的文件将被选中。

(3) 多个不连续的文件或文件夹：单击第一个文件或文件夹，按住 Ctrl 键，单击其余要选择的文件或文件夹。

(4) 所有文件或文件夹：按 Ctrl＋A 组合键，或单击【编辑】菜单下的【全选】命令。

**4. 复制、移动文件和文件夹**

(1) 复制、移动的概念

复制是把文件或文件夹复制到其他磁盘或同一磁盘的文件夹(若是同一文件夹，则需注意复制时的文件名不同)。

移动是把文件或文件夹从某一磁盘(文件夹)移动到另一磁盘(文件夹)中。

(2) 复制、移动的基本原理

复制：选定对象→选择【复制】命令(Ctrl＋C)→选定目标地→选择【粘贴】命令(Ctrl＋V)。

移动：选定对象→选择【剪切】命令(Ctrl＋X)→选定目标地→选择【粘贴】命令(Ctrl＋V)。

(3) 鼠标拖动

① 同一磁盘中的复制：选中对象→按住 Ctrl 键再拖动选定的对象到目的地；

② 不同磁盘中的复制：选中对象→拖动选定的对象到目的地；

③ 同一磁盘中的移动：选中对象→拖动选定的对象到目的地；

④ 不同磁盘中的移动：选中对象→按住 Shift 键再拖动选定的对象到目的地。

(4) 快捷菜单：右击→复制→选定目的地→右击→粘贴。

**【注释】移动与复制的区别**

- 从执行的步骤看：复制执行的是复制命令，而移动执行的是剪切命令。
- 从执行的结果看：复制之后，在原位置和目标位置都有这个文件；而移动后，只有在目标位置才有这个文件。
- 从执行的次数看：在复制中，执行一次复制命令可以粘贴无数次；而在移动中，执行一次剪切命令却只能粘贴一次。

**5. 删除文件或文件夹**

(1) 删除文件到回收站

① 菜单：执行【文件】菜单下的【删除】命令。

② 快捷键：使用 Delete 键。

③ 鼠标拖动：将文件直接拖动到回收站中。

④ 快捷菜单：右击文件或文件夹，选择【删除】命令。

要还原已经删除并存入回收站的文件或文件夹，可以在回收站窗口中右击要还原的文件或文件夹，在弹出的对话框中选择【还原】命令即可。

(2) 彻底删除文件或文件夹：使用 Shift＋Delete 组合键。

(3) 彻底删除回收站中的文件或文件夹：清空回收站。

(4) 更改回收站的属性：回收站的属性主要是回收站空间占磁盘空间的百分比，一般为默认值即可，如图 2-18 所示。此外，如果选中【删除时不将文件移入回收站，而是彻底删除】复选框，则删除的文件将不可恢复。【显示删除确认】选项可根据需要自行设置。

#### 6. 快捷方式

快捷方式是 Windows 提供的一种快速启动程序、打开文件或文件夹的方法。快捷方式对经常使用的程序、文件和文件夹非常有用。如果没有快捷方式，使用者要想在众多目录下找到自己需要的文件将是非常头痛和费时间的事，创建快捷方式只需用鼠标双击桌面或文件夹里的快捷图标即可。

创建一个快捷方式非常简单，常用的有以下三种方法。

(1) 把鼠标移动到目标软件上，右击，然后拖动鼠标到一个新位置(如桌面)放手，这时会弹出一个菜单，其中一项命令为【在当前位置创建快捷方式】，选中它即可，如图 2-19 所示。按下鼠标左键＋Alt 键也可达到相同效果。

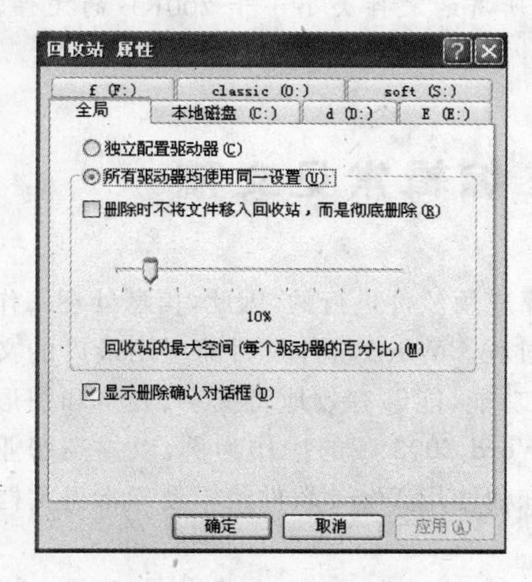


图 2-18　【回收站 属性】对话框

图 2-19　拖动创建/文件的快捷方式

(2) 直接在文件中右击，选择【发送】命令，在【发送】子菜单下有【桌面快捷方式】这个选项，将其选中即可。

(3) 在桌面或其他文件夹空白处右击，在弹出的菜单中选择【新建】→【快捷方式】命令，根据提示浏览到需要的文件，单击【下一步】按钮，然后输入快捷方式的名称，单击【完成】按钮即可，如图 2-20 所示。

其实快捷方式也是一个文件，这个文件的扩展名是“lnk”，在一般情况下看不到它，这个文件区别于其他文件的显著特点是它的图标左下角有一个小箭头。删除快捷方式不影响原文件的使用，如果原文件被删除或移动，快捷方式会失效。

**【基本训练】**

➢ 在 D 盘新建如图 2-21 所示的文件夹结构。

➢ 把 C 盘 Windows 文件夹下的 Explorer.exe 复制到 D 盘下的“复制”文件夹中。

图 2-20 根据向导创建快捷方式

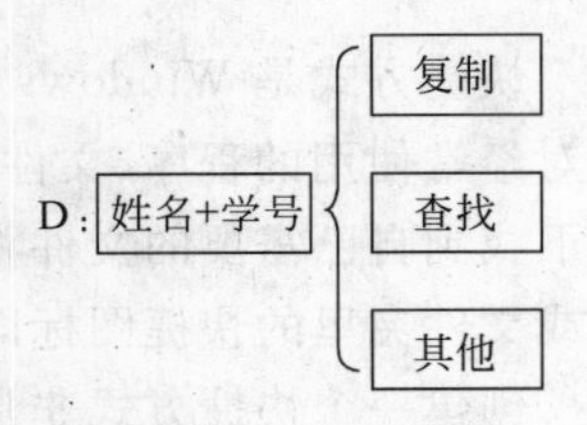


图 2-21 文件夹结构图

查找第一个字母为 C 的文件和文件夹，并把查找到的其中一个文件和一个文件夹复制到 D 盘下的"查找"文件夹中。查找 C 盘下所有的文件大小小于 200KB 的文件，并把其中两个文件复制到 D 盘下的"查找"文件夹中。

# 2.2 使用 Word 编辑常见文稿

用户利用计算机进行数据处理主要是依靠应用软件进行的，因此，信息处理工作的学习过程实际上也是学习相关应用软件操作的过程。Word 软件是目前应用最广的文字处理软件之一，具有强大的文字编辑功能与排版功能，能够有效地将文字、表格和图形结合运用，创建出多种图文并茂的文档。这里以 Word 2003 版的操作为例，以提高职业化文字处理能力为目的，结合日常行文需求，介绍如何使用 Word 软件编辑处理常见文档。

## 2.2.1 打印一份通知

学习使用文字和图形等行文要素处理文档，能有效运用软件功能，提高文档编辑排版效率，改善文档完成质量。

**任务要求**

通过行文流程，用 Word 软件编辑制作一份"关于开展迎国庆节征文活动的通知"。要求版面布局合理，语句通顺，无错别字和标点符号错误，并利用 A4 纸清晰地打印出来。内容如图 2-22 所示。

**分析**：制作完成这样的通知可按照流程分为以下五步。

(1) 环境准备：认识和设定行文环境。

(2) 内容录入：进行有效内容录入和更正。

(3) 编辑修饰：编辑操作对象，修饰操作对象。

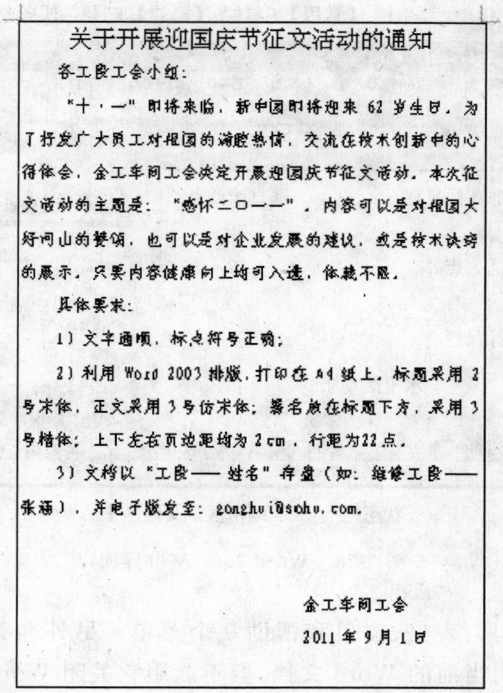

关于开展迎国庆节征文活动的通知

各工段工会小组：

"十·一"即将来临，新中国即将迎来 62 岁生日，为了抒发广大员工对祖国的满腔热情，交流在技术创新中的心得体会，金工车间工会决定开展迎国庆节征文活动，本次征文活动的主题是："感怀二〇一一"，内容可以是对祖国大好河山的赞颂，也可以是对企业发展的建议，或是技术诀窍的展示，只要内容健康向上均可入选，体裁不限。

具体要求：

1）文字通顺，标点符号正确；

2）利用 Word 2003 排版，打印在 A4 纸上，标题采用 2 号宋体，正文采用 3 号仿宋体；署名放在标题下方，采用 3 号楷体；上下左右页边距均为 2 cm，行距为22点。

3）文档以"工段——姓名"存盘（如：维修工段——张涵），并电子版发至：gonghui@sohu.com。

金工车间工会

2011 年 9 月 1 日

图 2-22　通知样文

(4) 排版美化：简单排版设置，插入艺术字、图形等对象美化文档。

(5) 保存打印：保存文档，常规打印输出。

## 2.2.1.1　行文准备

为了又快又好地制作完成一些常见文稿，需要我们先做好行文前的准备，包括认识 Word 软件的界面状态，选择视图环境，进入、新建、命名、保存新文档等。

### 1. 认识工作界面

要做好行文前准备，必须正确认识 Word 软件在计算机屏幕上的界面状态，这也有助于我们在后面的操作中与计算机进行有效地交流。

Word 软件的不同版本，其窗口界面会略有不同，下面以 Word 2003 版为例，说明其窗口基本布局及功能（如图 2-23 所示）。

上述窗口界面中主要栏目的作用如下。

(1) 标题栏

标题栏位于 Word 窗口的顶端，左侧显示 Word 应用程序标识、当前正在编辑的文档名称"文档 1"和应用程序名"Microsoft Word"，右侧是通用窗口控制按钮。

(2) 菜单栏

菜单栏位于标题栏的下方，分类列出了 Word 中提供的各种操作命令。包括文件、编

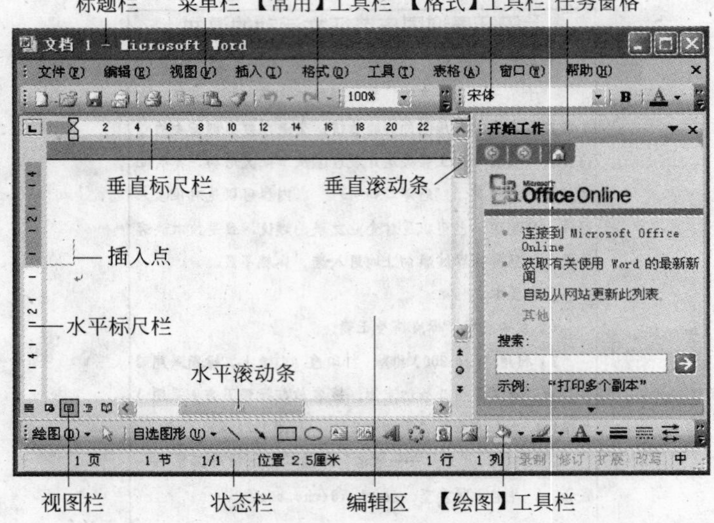


图 2-23　Word 2003 窗口界面

辑、视图、插入、格式、工具、表格、窗口和帮助 9 个菜单。另外在菜单栏的最右方有一个“×”号按钮，可用来关闭当前的 Word 文档，但不能用它关闭 Word 程序窗口。

(3) 工具栏

Word 将常用命令以图标的形式组织在工具栏中，包括【常用】工具栏、【格式】工具栏、【绘图】工具栏等，其位置可以自由拖动放置。用户可以根据需要在【视图】菜单下的【工具栏】命令组来打开或者关闭对应工具栏。工具栏子菜单中显示有“√”的，表示当前打开的工具栏，如图 2-24 所示。

(4) 标尺

标尺有水平标尺和垂直标尺两种，可用来查看正文、图片、文本框、表格等的宽度和高度，还可以直观地设置页边距、段落缩进、制表位等。通过执行【视图】菜单的【标尺】命令，可以使标尺显示或者隐藏。

(5) 编辑区

编辑区是文档内容的编辑处理区。在其中有一个闪烁的光标，它表示当前的插入点，指明文本当前的输入位置。

(6) 滚动条

滚动条是对文档进行定位时使用的。当文档的页数非常多的时候，可以上下拖动垂直滑块，以实现快速定位。如果只是在一页内进行调节，使用【微调】按钮即可。在垂直滑块的下方，还有两个【上一页】和【下一页】的双箭头按钮。

(7) 视图栏

视图栏上共有五个视图按钮，用来切换文档的不同视图方式，包括普通视图、Web 版式视图、页面视图、大纲视图和阅读版式视图。通过单击【视图】菜单下的各命令进行切换(如图 2-25 所示)。

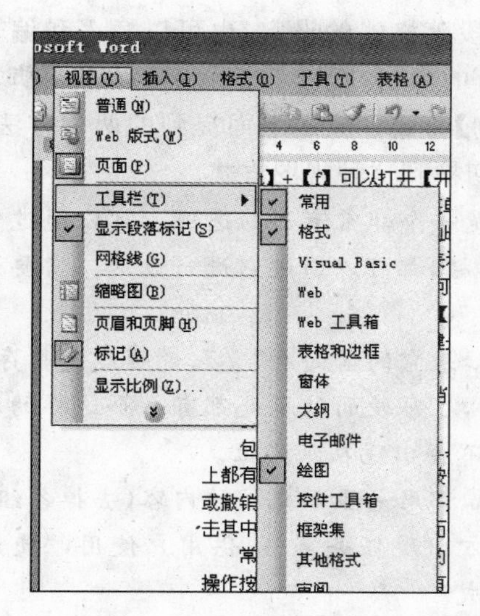


图 2-24　工具栏的选择

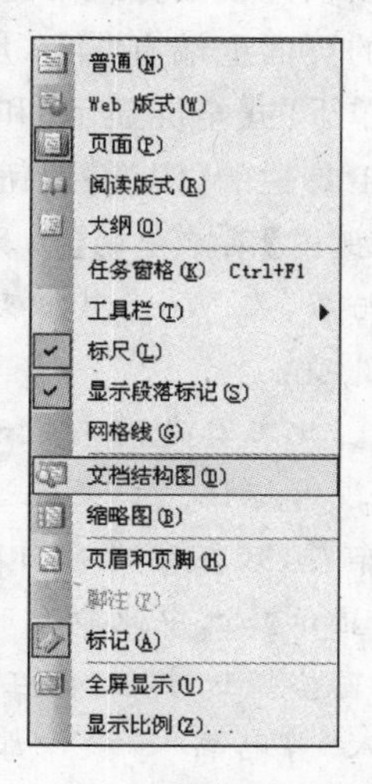


图 2-25　【视图】菜单

① 普通视图方式。普通视图方式是 Word 的基本视图方式。在普通视图方式下，可以录入文字，可以显示完整的文字格式，可以进行编辑和排版，但是它简化了文档的页面布局：分页标记为一条线，在文档中插入页眉、页脚不可见，图形编辑受到限制。其优点是显示速度较快，适合文字的录入阶段。可使用 Ctrl＋Alt＋N 组合键切换到普通视图方式。

② Web 版式视图方式。Web 版式视图方式是可以显示文档在浏览器下显示效果的视图方式，也是唯一按照窗口大小进行折行显示的视图方式（其他几种视图方式均是按页面大小进行显示），这样就避免了 Word 窗口比文字宽度要窄，用户必须左右移动光标才能看到整行文字的尴尬局面。并且 Web 版式视图方式显示字体较大，方便了用户的联机阅读。另外，采用 Web 版式视图方式时，Word 窗口中还包括一个可调整大小的查找窗格，可以输入需要搜索的内容，按 Enter 键，光标就会跳转到本页中“搜索内容”所在位置，方便了用户的阅读。

③ 页面视图方式。页面视图方式即按照用户设置的页面大小进行显示的视图方式，也是 Word 2003 默认的视图方式。这种视图方式的显示效果与打印效果完全一致，用户可从中看到各种对象（包括页眉、页脚、水印和图形等）在页面中的实际打印位置，这对于编辑页眉和页脚，调整页边距，以及处理边框、图形对象及分栏都是很有用的。按 Alt＋Ctrl＋P 组合键，即可切换到页面视图方式。

④ 大纲视图方式。大纲视图方式是按照文档中标题的层次来显示文档的视图方式，用户可以折叠文档，只查看主标题，或者扩展文档，查看整个文档的内容，从而使得用户查看文档的结构变得十分容易。在这种视图方式下，用户还可以通过拖动标题来移动、复制或重新组织正文，方便了用户对文档大纲的修改。用户按 Alt＋Ctrl＋O 组合键，切换到大纲视图方式。

⑤ 阅读版式视图方式。这种视图方式把 Word 窗口分为两页显示，便于用户的阅

读。用户可以在此视图方式下进行字符和段落格式的设定,也可以插入和编辑图片。由于在此视图的页面上端有“第×屏,共×屏”的内容,所以不能设定页眉和页脚。也不能使用【视图】菜单下的【全屏显示】和【显示比例】命令。除了上面提到的两种方法外,还可以使用【常用】工具栏的【阅读】按钮 阅读(R) 切换到这种视图方式。

**说明**:【视图】菜单中的【工具栏】命令是一个非常有用的选项。可以通过它设定各工具栏的显示与否,在 Word 中出现的各工具栏,都可以通过它进行设定。需要注意【视图】菜单中以下选项:

① 标尺。此工具是用来显示标尺的,如果它的前面有“√”,说明此工具存在。

② 显示段落标记。如果此选项被选中,在每段的结尾处都有一个这样的标记。段落标记又称回车符,只在编辑时出现,打印时不会出现在纸张上。

③ 全屏显示。选中此命令时,整个屏幕都用来显示文档的内容(去掉各组件)。

④ 任务窗格。选中后,会在屏幕的右方出现任务窗格,供用户使用,“使用模板创建新文档”、插入“剪贴画”等操作都在这里完成。

⑤ 显示比例。单击此命令,会出现【显示比例】对话框。

(8) 状态栏

位于 Word 窗口的最下方,用来显示当前页状态(当前页码、节数、页数/总页数)、插入点状态(位置、第几行、第几列)、编辑状态(录制、修订、扩展、改写)、插入点文本所使用的语言状态(中文或其他)。可右击【语法状态】图标来设置拼写和语法状态,见表 2-1。

**表 2-1 状态栏内容说明**

| 状态栏内容 | 说明 |
|---|---|
| 1页 | 当前所看到的文本在本文档的第一页 |
| 1节 | 当前所看到的文本在文档中的第一节 |
| 1/1 | 当前所看到的文本在文档中第一页,本文档共1页 |
| 位置 2.5 厘米 | 插入点的位置到页面上边缘的垂直距离 |
| 1行 | 插入点位置在文档的第一行 |
| 1列 | 插入点位置在文档的第一列 |
| 录制 | 宏记录器工作状态框 |
| 修订 | 文档修订状态框 |
| 扩展 | 扩展选定范围键状态框 |
| 改写 | 改写/插入状态框 |

**2. 进入行文环境**

建立新文档有以下三种方法。

(1) 启动软件建立新文档:启动 Word 2003 以后,系统将直接建立一个新的文档,并在标题栏显示“文档 1”。

(2) 从 Word 窗口中建立新文档:在已打开的 Word 窗口中,可通过以下方式建立新文档。

◆ 菜单:选择【文件】→【新建】命令;

◆ 组合键：Ctrl＋N；

◆ 单击【常用】工具栏中的【新建空白文档】按钮。

(3) 使用模板和向导创建文档

Word 2003 还可以使用模板和向导来创建一些有特殊要求的文档。

启动【新建文档】任务窗格(如图 2-26 所示)，单击【本机上的模板】得到【模板】对话框(如图 2-27 所示)，使用该对话框 Word 可以帮助用户很方便地制作网页、名片、日历、个人简历，撰写电子邮件、公文报告、备忘录、传真信函等实用文体。

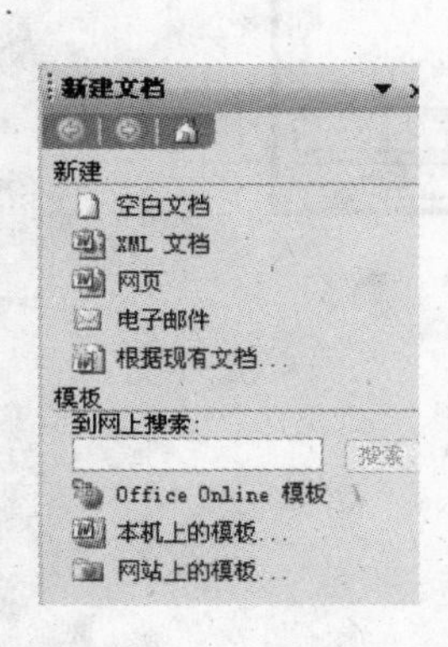


图 2-26 【新建文档】任务窗格

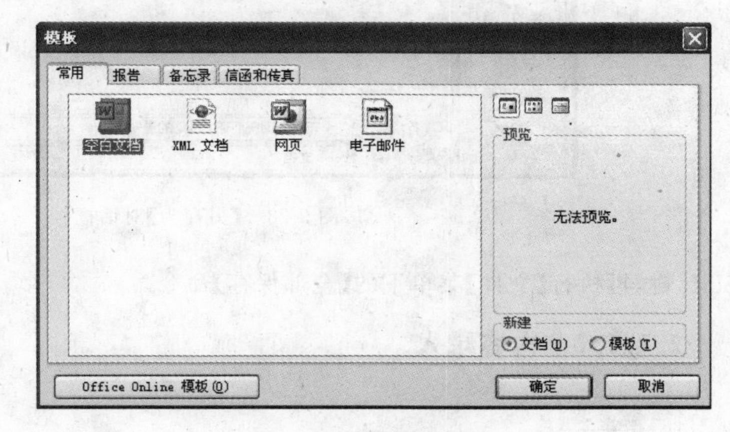


图 2-27 【模板】对话框

### 3. 文档的保存和命名

进入行文环境后，为防止因为一些意外造成制作中的文档丢失，最好先把建立的文档保存在计算机中适当的位置，并且予以命名。同时在制作文档的过程中，也应该阶段性注意保存，以免录入内容或设置丢失。当然，如果用户有事中断文档制作，保存后退出。有时间时只需打开已命名的文档，继续工作即可。文档保存方法如下。

(1) 单击【常用】工具栏的【保存】按钮。如果文档是首次保存，会弹出【另存为】对话框，如图 2-28 所示。在【保存位置】选择文档的保存路径，在下面的【文件名】对应文本框中填写文档名字，注意观察【保存类型】显示是“Word 文档”。然后单击【保存】按钮即可将文档保存至选定的位置。

如果文档不是首次存储，单击【保存】按钮后，修改过的新文档便覆盖了原来的旧文档。

(2) 执行【文件】菜单下的【保存】命令，与使用工具栏中的【保存】按钮效果相同。

如果打开的旧文档修改后，不想覆盖原来文档，而是保存到新的位置，可以使用【文件】菜单下的【另存为】命令，设置过程是一样的。

(3) 使用 Ctrl＋S 组合键。它和【常用】工具栏的【保存】按钮及【文件】菜单下的【保存】命令功能一致。

上述三种方法是对当前活动文档进行保存，如果对打开的多个文档同时保存，可先按

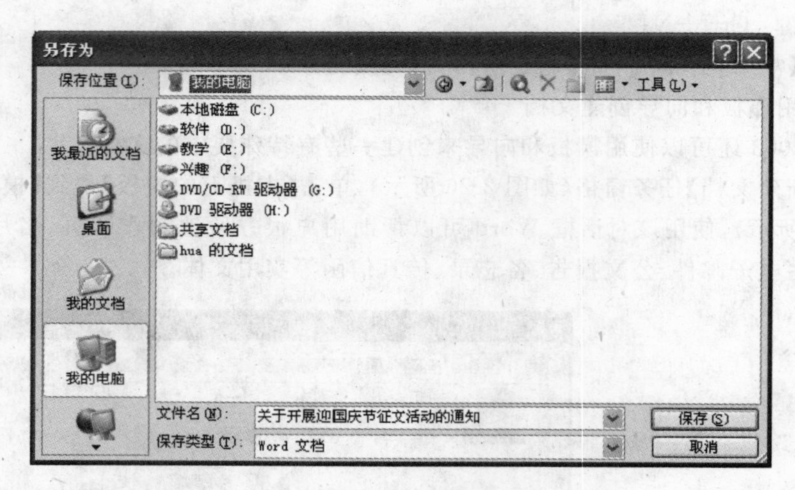


图 2-28 【另存为】对话框

Shift 键,再执行【文件】菜单下的【全部保存】命令。

### 2.2.1.2 内容录入

**任务要求**

在这一部分中,要根据书写文稿内容要求,在新建的 Word 文档中有效录入文稿内容,并且能够根据需要进行内容的更正。现根据通知内容,拟订输入文字,在 Word 中录入以下文字。

关于开展迎国庆节征文活动的通知

各工段工会小组:

"十·一"即将来临,新中国即将迎来 62 岁生日。为了抒发广大员工对祖国的满腔热情,交流在技术创新中的心得体会,金工车间工会决定开展迎国庆节征文活动。本次征文活动的主题是:"感怀二〇一二。"内容可以是对祖国大好河山的赞颂,也可以是对企业发展的建议,或是技术诀窍的展示。只要内容健康向上均可入选,体裁不限。

具体要求:

(1) 文字通顺,标点符号正确;

(2) 利用 Word 2003 排版,打印在 A4 纸上。标题采用 2 号宋体,正文采用 3 号仿宋体;署名放在标题下方,采用 3 号楷体;上下左右页边距均为 2cm,行距为 22 点。

(3) 文档以"工段——姓名"存盘(如:维修工段——张涵),并电子版发至:gonghui@sohu.com。

金工车间工会

2012 年 9 月 1 日

**分析**:要完成上述录入任务,需要能够有效选择鼠标光标的定位,并能分辨光标的不同显示形态。在录入过程中,要认识到各种字符录入时的有效录入方法,并能快速转换录入模式,在发现不当的录入时,能够及时有效地进行更正。因而,在这一任务完成过程中,需要从以下三个方面进行操作。

**操作步骤**

**1. 输入光标的定位**

光标的显示形态一般有两种，即“|”形和“I”形，前者称为“插入点光标”，用于指示页面内具体的行文输入位置，并且成闪烁状态；后者称为“选择光标”，通过移动鼠标光标可在页面上选择输入点的位置。新建文档后插入点光标在左上角位置，即首行首列，如果字符输入在其他位置，可使用“↑”、“↓”、“←”、“→”光标键在文档中移动光标。此外，Word 2003 具有即点即输的功能，即鼠标在文档的任意位置双击就可以将光标定位到这个位置。

**说明**：在文档录入和编辑过程中，有以下几种快速定位光标的方法。

① 按住 Ctrl＋Home 组合键，光标能快速定位到文档的开始；按住 Ctrl＋End 组合键，光标能快速定位到文档的末尾。

② 光标定位在一行的中间位置时，按 Home 键，可以使光标迅速定位到该行的开头，按 End 键可以使光标迅速定位到该行的末尾。

③ 按 PageDown 键，文档翻到下一页；按 PageUp 键，文档便向上翻一页。

**2. 文本的录入**

确定光标的插入点后，即可录入文本内容。在录入过程中，需要注意以下问题：

① 录入文本时，“插入点”不断右移，当到达文档的右边界时，“插入点”会自动移到下一行，不需要按 Enter 键换行。如果要开始新的段落，或者在文档中建立一个空行，才需要按 Enter 键。

② 按 Insert 键可实现插入状态与改写状态的切换。启动 Word 2003 后，默认为插入状态，即在插入点录入内容，后面的字符依次后退。若切换到改写状态，则录入的内容将覆盖插入点的字符。

③ 在录入过程中，有些特殊符号是无法直接从键盘输入的，可以通过执行【插入】→【符号】命令，在打开的【符号】对话框中选择所需要的字符(如图 2-29 所示)。

**3. 内容的更正**

当录入内容出现错误需要更正时，当更正量较小时，选择好插入点，按 BackSpace 键，可以删除插入点左侧的一个字符；按 Delete 键，可以删除插入点右侧的一个字符。

但在出现批量性错误，即整篇文稿中存在一组相同情况的错误，为避免更正过程的烦琐和失误，最好使用查找替换命令处理。

如需要将文中的“国庆节”更正为更简洁的名称“国庆”，其更正步骤如下：

① 执行【编辑】→【替换】命令，弹出【查找和替换】对话框。

② 单击【替换】选项卡，在【查找内容】文本框中输入“国庆节”，在【替换为】文本框中输入“国庆”，如图 2-30 所示。

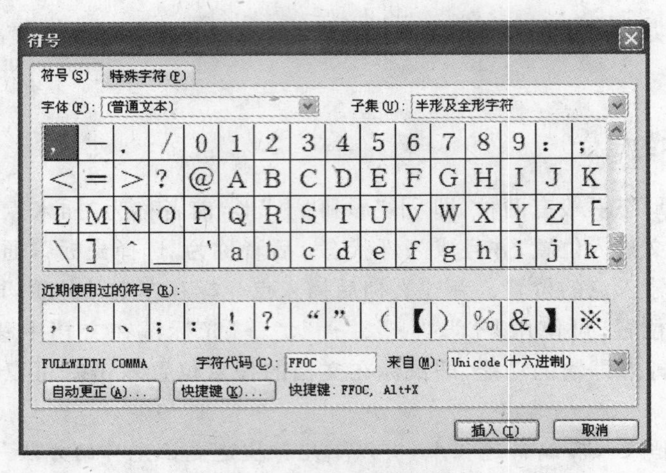


图 2-29 【符号】对话框

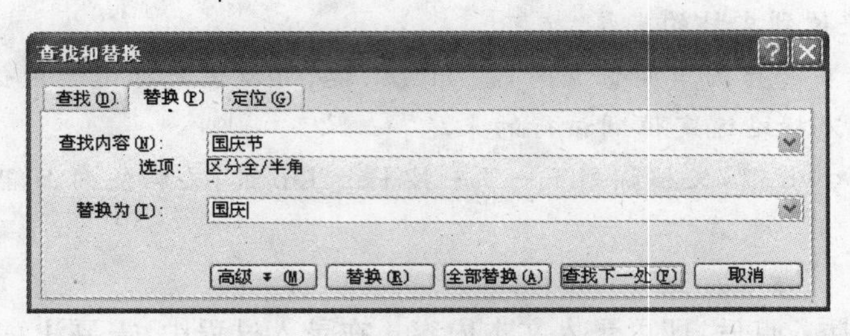


图 2-30 【查找和替换】对话框(1)

③ 将光标定位到文档的开始处,然后单击【查找下一处】按钮开始查找,找到第一个符合条件的字符串后,Word 会暂时停止查找,并将查找的字符串反白显示。这时单击【替换】按钮即可完成字符串替换。

④ 单击【全部替换】按钮,可以将文档中所有的"国庆节"替换为"国庆"。

**说明**:在某些情况下,替换设置需要用到高级设置,即在【查找和替换】对话框中按下【高级】按钮,会显示如图 2-31 所示内容。以下说明了【搜索选项】下方框内各内容。

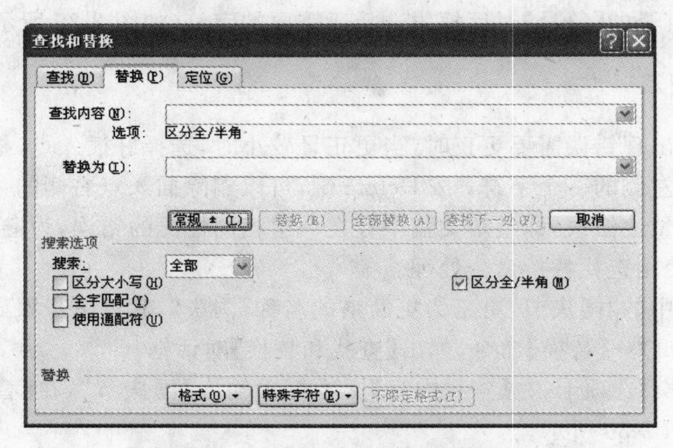


图 2-31 【查找和替换】对话框(2)

【搜索】：选定默认的【全部】。下拉列表框用于指定搜索的范围和方向。

"全部"：默认选项，全部进行搜索。

"向下"：从插入点向文尾方向查找。

"向上"：从插入点向文首方向查找。

【区分大小写】：选中后只搜索大小写完全匹配的字符串，否则忽略大小写。

【全字匹配】：选中后搜索到的字必须为完整的词，而不是字符串的一部分，否则全部查找。

【使用通配符】：选中后可用通配符查找文本，常用的通配符有"*"和"?"两个。"?"可代表任意一个字符，"*"可代表任意一个或多个字符。

【格式】按钮：可显示查找格式的列表，包括字体设置（如字体、字号、颜色等）、段落设置（如对齐方式、缩进、间距等）、制表位等的设置，主要是用来查找带有格式的文本。单击【字体】按钮，弹出【替换字体】对话框，用于设置替换文字的字体格式。单击【特殊字符】按钮，可从打开的列表中选择要查找的特殊字符。单击当中的【不限定格式】按钮，可以取消对所查文本的格式限定。

### 2.2.1.3 编辑修饰

**任务要求**

在前文中录入了通知的内容，但是为了能够打印并张贴通知，便于达到通知目的，还需要对此通知进行适当的编辑修饰，使其符合观感。

**分析**：这一步是制作文档非常重要的部分，也是Word软件功能展示的主要部分，经过这一部分设置，才能得到符合人们观感要求的文档，并且方便打印输出。要完成这一部分任务，需要从三个方面进行设置：一是学习如何选定要编辑的内容；二是对选定对象的编辑，即各类格式的设定；三是一些特定样式的录入，例如项目符号和编号等。

**操作步骤**

**1. 编辑对象的操作**

1）选定要编辑的文本对象

① 选取连续的文本。在所选文字的起始位置按住鼠标左键不放，将光标移动到所选文字的结束位置松开。

② 选取一行。把鼠标移动到某行的左边，当光标变成一个斜向右上方的箭头，左击，即可选中该行。

③ 选取一整句。按住Ctrl键，单击文档中任意一个地方，鼠标单击处的整个句子就被选中。

④ 选取段落。在所选段落的任意位置连续三次左击，即可选中整个段落。

⑤ 选取矩形区域文本。按住Shift＋Alt组合键，同时拖动鼠标在文档中形成矩形区域。

⑥ 选取全文。按Ctrl＋A组合键选取全文；将光标定位到文件的开始位置，再按

Shift＋Ctrl＋End组合键选取全文。

**说明**：对于连续的长文本的选定，可将插入点定位到所选文字的起始位置，将鼠标移动到所选文字的结束位置，然后按住Shift键左击即可。

2）常用编辑操作

（1）文本的移动

如果需要将部分文本移动到另一位置，其具体操作步骤如下。

① 选中需要移动的文本。

② 执行菜单栏中的【编辑】→【剪切】命令，将选中的文本剪切到剪贴板中。

③ 将插入点定位到目标位置。

④ 执行【编辑】→【粘贴】命令，将剪贴板中的内容粘贴到插入点处。

用户也可以通过单击【常用】工具栏中的【剪切】按钮和【粘贴】按钮进行文本的移动，或者使用Ctrl＋X组合键和Ctrl＋V组合键完成。

（2）文本的复制

如果文本中出现重复的内容，可以不必重复录入，可以利用剪贴板复制文本。

① 选中需要复制的文本。

② 执行菜单栏中的【编辑】→【复制】命令，将选中的文本复制到剪贴板中。

③ 将插入点定位到重复部分应在位置。

④ 执行【编辑】→【粘贴】命令，将剪贴板中的内容粘贴到插入点处。

用户也可以通过单击【常用】工具栏中的【复制】按钮和【粘贴】按钮进行文本的复制粘贴，或者使用Ctrl＋C组合键和Ctrl＋V组合键完成。

另外，我们也可以用鼠标拖动法实现文本的移动和复制。先选中要移动的文字，然后在选中的文字上按下鼠标左键并拖动鼠标到目标插入处松开，这样选中的文字就被移动到新的位置。如果拖动鼠标的同时按住Ctrl键，即可实现文本的复制。

（3）撤销和恢复

使用撤销命令可以撤销以前的一步或多步操作，撤销操作有以下几种方法。

① 执行【编辑】→【撤销】命令，可以撤销上一步操作。连续使用可进行多次撤销。

② 单击【常用】工具栏的【撤销】按钮，可以撤销上一步操作。

③ 按Ctrl＋Z组合键完成撤销操作。

使用恢复命令则可以恢复被撤销的操作，具体方式如下。

① 执行【编辑】→【恢复】命令，可以恢复上一步的撤销操作。连续使用可进行多次恢复。

② 使用【常用】工具栏的【恢复】按钮，单击可以恢复上一步的撤销操作。

③ 按Ctrl＋Y组合键完成恢复。

**2. 编辑对象的修饰**

在完成文本的录入后，为了使文档层次分明、版面美观，需要对文档进行必要的修饰，即格式化，也就是对文档中的文本、段落、版面等在显示方式上进行设置，包括字符格式化、段落格式化和版面格式化。

1）字符格式化

字符格式包括字符的颜色、字形、大小以及字符间距等属性。字符格式的设置，可使用【格式】工具栏上的按钮，也可以使用菜单方式设置。下面介绍使用菜单设置方法。

(1) 设置字体属性

① 选中示例文档中的标题文字“关于开展迎国庆节征文活动的通知”，执行【格式】→【字体】命令，或按 Ctrl＋D 组合键，打开【字体】对话框，如图 2-32 所示。

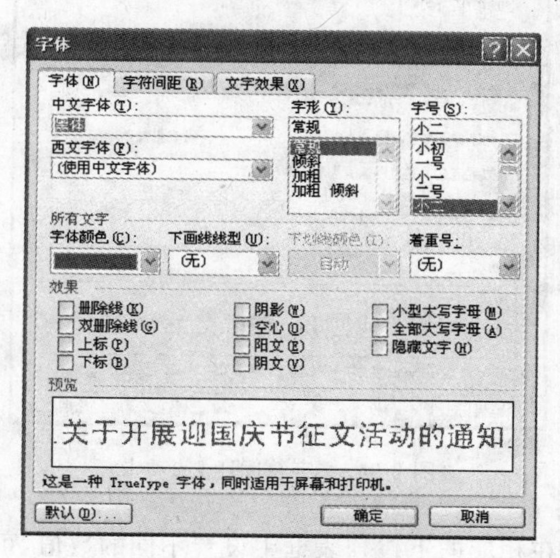


图 2-32　【字体】对话框

② 单击【字体】选项卡，在【中文字体】下拉列表中选择“黑体”，在【字号】列表中选择“小二”，设置【字体颜色】为“红色”即可。

**说明**：在这个对话框中还可以在【字形】列表中选择“倾斜”或者“加粗”效果，在【下画线线型】下拉列表中选择不同的下画线型，选择显示【着重号】等设置。

③ 在【预览】框中查看设置效果，如果满意，单击【确定】按钮可使设置生效。最终效果如图 2-33 所示。

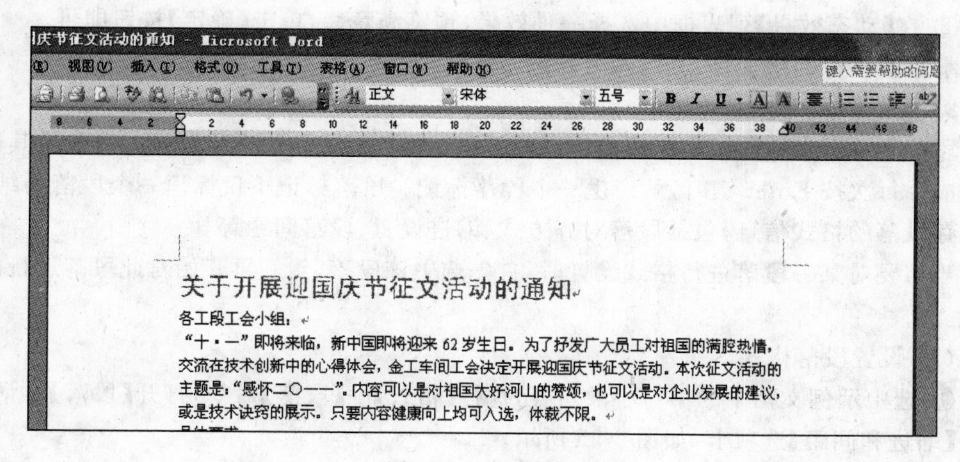


图 2-33　完成效果

(2) 设置字符间距

① 选中示例文档中的标题文字,单击【字体】对话框中的【字符间距】选项卡,如图 2-34 所示。

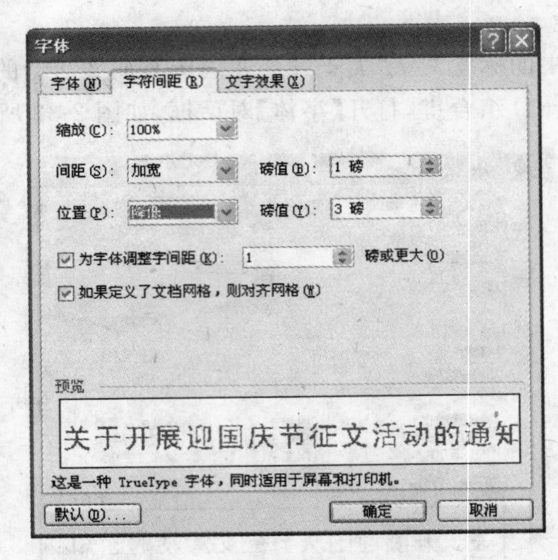


图 2-34 【字符间距】选项卡

② 依照图中参数,在相应的下拉列表框中设置不同的数值,可以更改文字的间距、位置等。

【缩放】:设置字符本身的宽度。

【间距】:设置字符间的水平距离。

【位置】:设置字符的垂直位置。

③ 在【预览】框中查看设置效果,如果满意,单击【确定】按钮可使设置生效。

(3) 设置字符效果

① 选中要设置格式的文字,打开【字体】对话框,单击【文字效果】选项卡。

② 在【动态效果】列表框中选择一种效果,预览满意后,单击【确定】按钮即可。

掌握了字符的格式化之后,就可以把格式化工作扩展到段落的格式化中。

2) 段落格式化

段落是一个文档的基本组成单位。段落可以由任意数量的文字、图形、对象及其他内容组成。每次按 Enter 键时,就产生一个段落标记。段落标记不仅标识一个段落的结束,还保存段落的格式信息,包括段落对齐方式、缩进设置、段落间距等。

当需要对某一段落进行格式设置时,首先选中该段落,然后再开始对此段落进行格式设置。

(1) 设置段落格式

① 选中示例文档中的第一小段内容,执行【格式】→【段落】命令,打开【段落】对话框,单击【缩进和间距】选项卡,如图 2-35 所示。

② 【对齐方式】下拉列表框中提供了五种段落文字对齐方式。默认为左对齐;两端

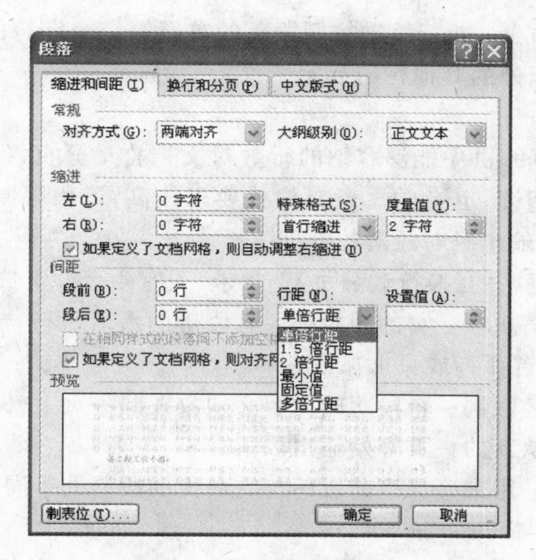


图 2-35　【段落】对话框

对齐、居中对齐、右对齐和分散对齐分别与【格式】工具栏上的按钮对应。

对齐方式的设定还可通过单击【格式】工具栏的按钮进行。这四个按钮从左到右依次为：两端对齐、居中对齐、右对齐和分散对齐。

③【缩进】选项中，定义段落距纸张左右边界的距离。Word 2003 中段落缩进包括左缩进、右缩进、首行缩进和悬挂缩进。

首行缩进很容易理解，就是在每个段落的第一行空出一定空间，一般为 2 个字符。目的是便于阅读，让人可以清楚地看清段落的起点。如果是单行文字，如一句广告词，就没必要作首行缩进。在 PPT 中，如果一个幻灯片中仅有一个段落，也不必进行首行缩进。

悬挂缩进实际上是一种左缩进，就是将选定的一段文本的各行都缩进一定距离。悬挂缩进的目的是将某一段落与其他段落区分开来，使读者易于发现这一段落的首尾。

利用【格式】工具栏的【增加缩进量】按钮和【减少缩进量】按钮也可进行缩进操作。不过这两个按钮控制的是左缩进的内容，而且单击这两个按钮后“悬挂缩进”和“首行缩进”都会随之增加和减少。

④【间距】选项中，设置所选段落与前后段落之间的距离，用行宽来衡量。

⑤【行距】指定段落中各行文字之间的间距，以单倍行距的倍数来衡量。

在【段落】对话框的【缩进和间距】选项卡中有以下选项：

【段前】设定段前距。有“0 行(默认)”、“自动”和在“0 行”基础上进行的增加与减少的操作，最小值是“0 行”。

【段后】同【段前】设置方法相同。

【行距】中【单倍行距】、【1.5 倍行距】和【2 倍行距】这三个选项可分别将行间距设定为“单倍”、“1.5 倍”和“2 倍”；选定【固定值】和【最小值】选项后，分别在右侧框中输入或选择合适的磅值；选定【多倍行距】后，可在右侧框中设定“3 倍”及更多倍数的行距。

另外，使用标尺也可以方便地设置段落缩进。左缩进控制段落左边界的位置；右缩进控制段落右边界的位置；首行缩进控制段落的首行第一个字符的起始位置；悬挂缩进控制段落中的第一行以外的其他行的起始位置。

(2) 换行与分页

Word 2003 会根据一页中能够容纳的行数对文档自动分页，但有时由于在段落中间分页会影响到文章的阅读，也有的文章对格式要求较高，严格限制在段落中分页，为此，Word 提供了有关分页输出时对段落的处理选择。

单击【段落】对话框中的【换行和分页】选项卡，列有 4 个分页选项。

①【孤行控制】：防止在一页的开始处留有段落的最后一行，或在一页的结束处留有段落的第一行(称为页首孤行或页末孤行)。

②【段中不分页】：强制一个段落的内容必须放在同一页上，保持段落的可读性。

③【段前分页】：从新的一页开始输出段落。

④【与下段同页】：用来确保当前段落与它后面的段落处于同一页。

3) 边框和底纹

在文档中可以对选中的文本、段落和页面设置边框与底纹效果。

① 选中示例文档中需要添加底纹的第 3 小段内容。

② 执行【格式】→【边框和底纹】命令，弹出【边框和底纹】对话框。

③ 单击【底纹】选项卡，在【填充】选项组中选择"灰色－5%"，在【应用于】下拉列表框中选择"段落"，如图 2-36 所示。

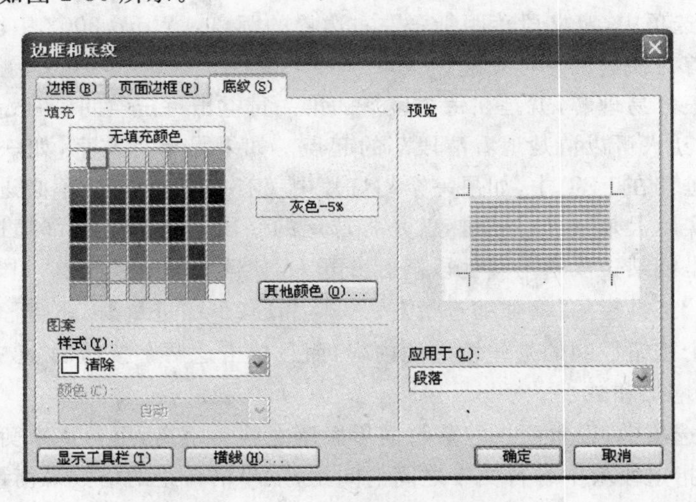


图 2-36 【边框和底纹】对话框

④ 设置完成后，可在【预览】区内查看设置效果，如果满意，则单击【确定】按钮。最终效果如图 2-37 所示。

⑤ 单击【页面边框】选项卡，如图 2-38 所示。在【设置】选项组中选择【方框】类型，在【线型】下拉列表框中选择"横线"，在【应用于】下拉列表框中选择"整篇文档"。

⑥ 设置完成后，可在【预览】区内查看设置效果，如果满意，则单击【确定】按钮，即可为页面添加边框。

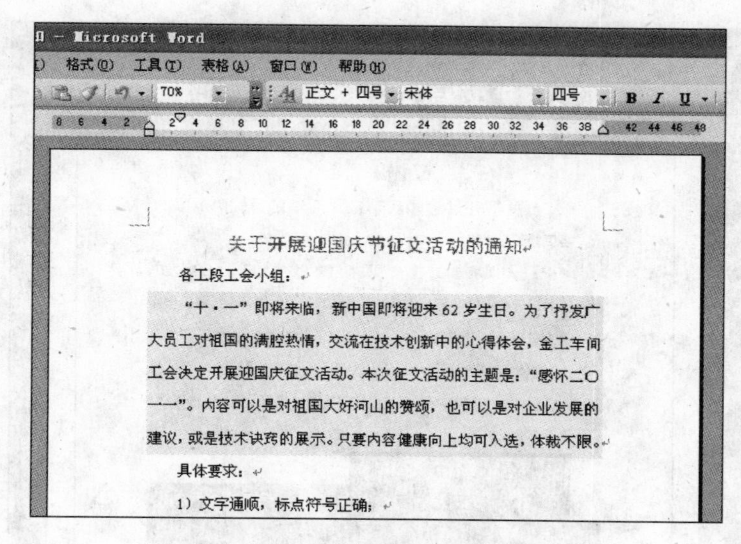


图 2-37　设置效果

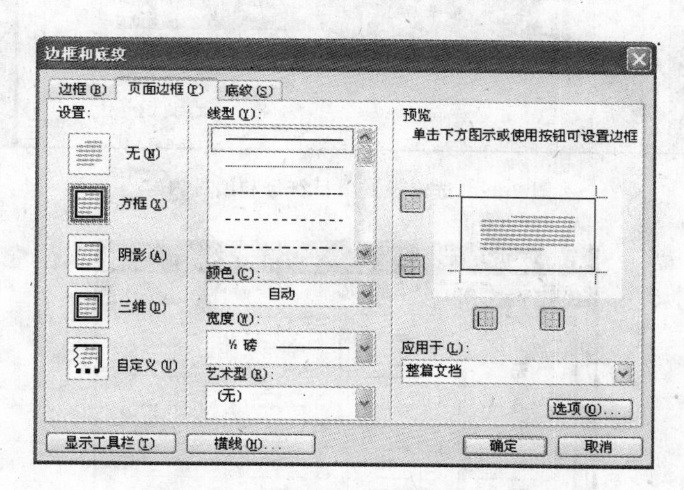


图 2-38　【页面边框】选项卡

4）项目符号和编号

项目符号和编号可以使分类与要点更加突出。对于有顺序的项目使用项目编号，而对于并列关系的项目则使用项目符号。为段落创建项目符号和编号，是 Word 提供的自动输入功能之一。

依照实例，为文档中"具体要求"下的三个段落设置项目符号。

① 先将"具体要求"调整为段落的形式，然后选定如图 2-39 所示的 7 行内容。

② 执行【格式】→【项目符号和编号】命令，打开【项目符号和编号】对话框，如图 2-40 所示。

③ 单击【项目符号】选项卡，选定所需要的第二种符号样式，单击【确定】按钮，即可在文档中插入设置的项目符号。

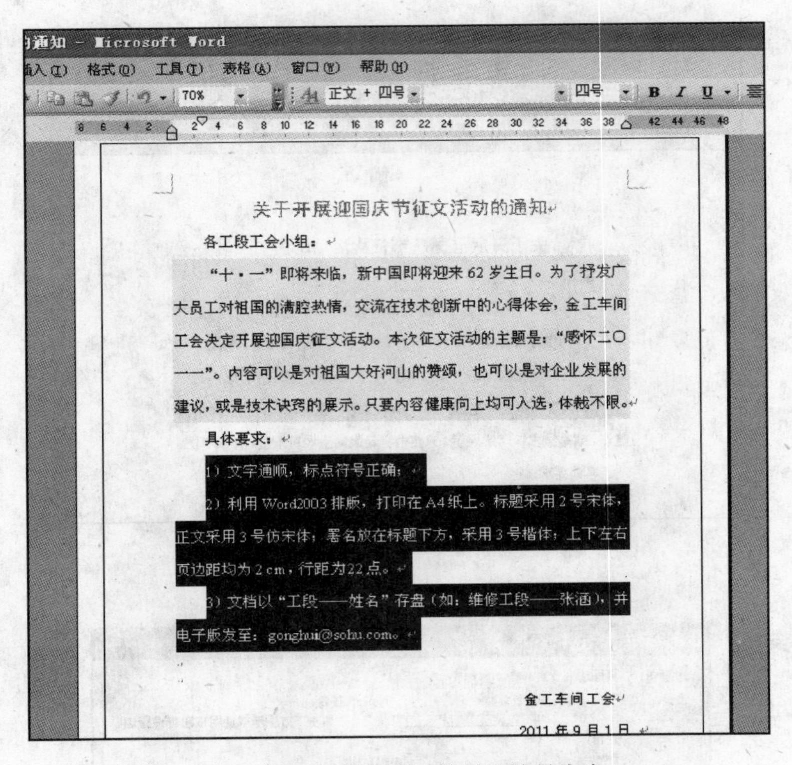
关于开展迎国庆节征文活动的通知

各工段工会小组：

“十·一”即将来临，新中国即将迎来62岁生日。为了抒发广大员工对祖国的满腔热情，交流在技术创新中的心得体会，金工车间工会决定开展迎国庆征文活动。本次征文活动的主题是：“感怀二〇一一”。内容可以是对祖国大好河山的赞颂，也可以是对企业发展的建议，或是技术诀窍的展示。只要内容健康向上均可入选，体裁不限。

具体要求：

1）文字通顺，标点符号正确；

2）利用Word2003排版，打印在A4纸上。标题采用2号宋体，正文采用3号仿宋体；署名放在标题下方，采用3号楷体；上下左右页边距均为2 cm，行距为22点。

3）文档以“工段——姓名”存盘（如：维修工段——张涵），并电子版发至：gonghui@sohu.com。

金工车间工会

2011年9月1日

图 2-39　选定设置项目符号和编号内容

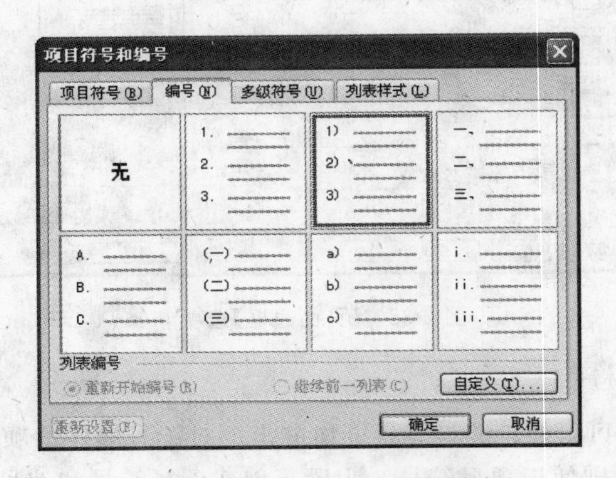


图 2-40　【项目符号和编号】对话框

另外，使用【常用】工具栏中的【编号】按钮和【项目符号】按钮，也可以直接给文本添加简单的项目符号和编号。

5）格式刷

【格式】工具栏上的【格式刷】是一种快速复制格式的工具。如果在文档中频繁使用某种格式，就可以将这种格式复制，从而简化重复设置的操作。

① 选中示例文档中的需要复制格式的第一小段文本内容。

② 单击【格式刷】按钮，此时光标变成刷子形状。

③ 按住鼠标左键并选中要进行格式化的文本内容，然后松开鼠标，该格式将自动应用到选中的文本上，光标也还原成原来的形状。

④ 双击【格式刷】按钮，可进行多次复制，复制完成后，再单击【格式刷】按钮，鼠标光标指针形状即可还原。

**说明**：对于某些字号较小的文档，若感到阅读不便，可以进行分栏设置，具体操作如下：

① 选中示例文档中的第 3 小段，执行【格式】→【分栏】命令，弹出【分栏】对话框，如图 2-41 所示。

② 在【预设】选项组中单击选择【两栏】，选中【分隔线】复选框，查看预览效果满意后，单击【确定】按钮。分栏效果如图 2-42 所示。

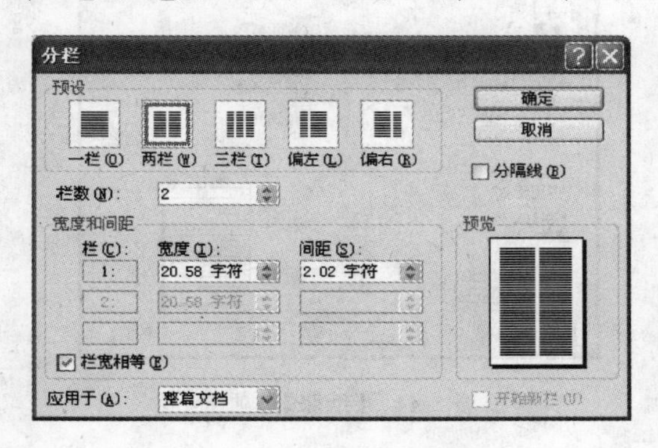


图 2-41 【分栏】对话框

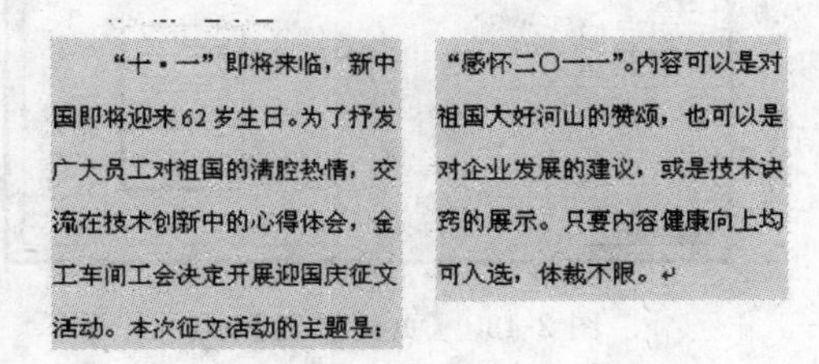

"十·一"即将来临，新中国即将迎来62岁生日。为了抒发广大员工对祖国的满腔热情，交流在技术创新中的心得体会，金工车间工会决定开展迎国庆征文活动。本次征文活动的主题是："感怀二〇一一"。内容可以是对祖国大好河山的赞颂，也可以是对企业发展的建议，或是技术诀窍的展示。只要内容健康向上均可入选，体裁不限。↵

图 2-42 设置两栏后的效果

### 2.2.1.4 排版美化

**任务要求**

一篇文档内容录入并编辑设定完成，还要进一步考虑排版，为的是能够在合适的纸张上打印输出。排版过程中，还可以根据行文需求，在文档中插入一些不同类型元素，使得文档更加实用美化。下面就来介绍一些常见的简单排版和美化操作。

**操作步骤**

**1. 简单排版**

(1) 页面设置

内容录入完，为利于最终完整的文稿打印输出，应根据情况进行纸张控制。要进行使用纸张的控制，需用到页面设置。具体步骤如下：

① 执行【文件】→【页面设置】命令，打开【页面设置】对话框，如图 2-43 所示。

② 单击【页边距】选项卡，在"上"、"下"、"左"、"右"文本框中设置页顶端、底端、左端、右端与文本的距离。设置装订线的位置和页面方向。

**说明**：Word 2003 默认的上、下、左、右四个页边距一般是较宽的，在不想改变字号和行、段间距的前提下，如果想让一页纸上容纳更多的文字内容，可以通过调小页边距来实现。

③ 单击【纸张】选项卡，在【纸张大小】下拉列表框中，可以将纸张的大小设置成我们常说的 A4、A3、B5、16K 和 32K 等标准，Word 2003 默认纸张的型号是 A4，当然也可以输入纸张的宽度和高度来自定义纸张大小。【纸张】选项卡如图 2-44 所示。

图 2-43 【页面设置】对话框

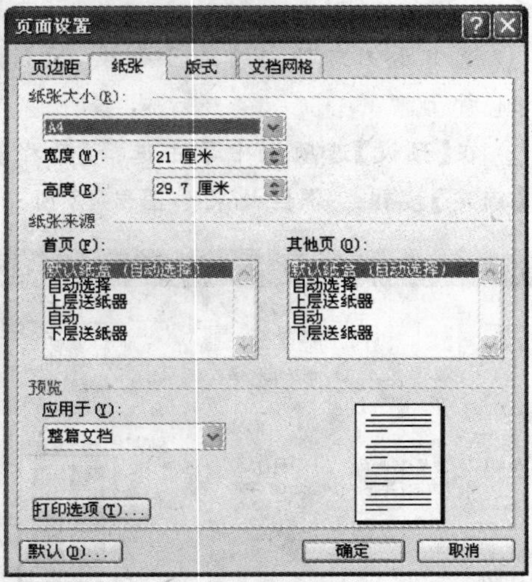

图 2-44 【纸张】选项卡

④ 单击【确定】按钮，则完成一般页面的设置。

(2) 插入页码

在文档内容较多，出现多页时，可以给文档加上页码，既可以美化页面，又有利于文档打印输出后的保存阅读。其具体操作步骤如下：

① 执行【插入】→【页码】命令，打开【页码】对话框，如图 2-45 所示。

② 在【位置】下拉列表框中选定页码放置的位置；【对齐方式】可确定页码在左、右边距之间的位置；【首页显示页码】控制第一页是否显示页码。

③ 单击【格式】按钮，打开【页面格式】对话框，选择页码格式的类型，如图 2-46 所示。

④ 依次单击【确定】按钮，就可以在页面上看到设置的页码了。

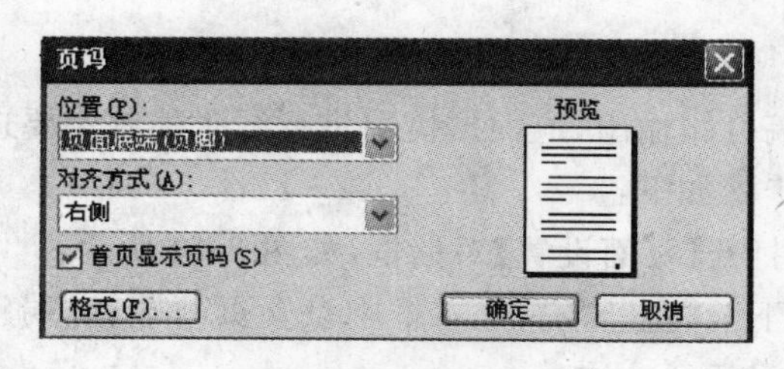


图 2-45 【页码】对话框

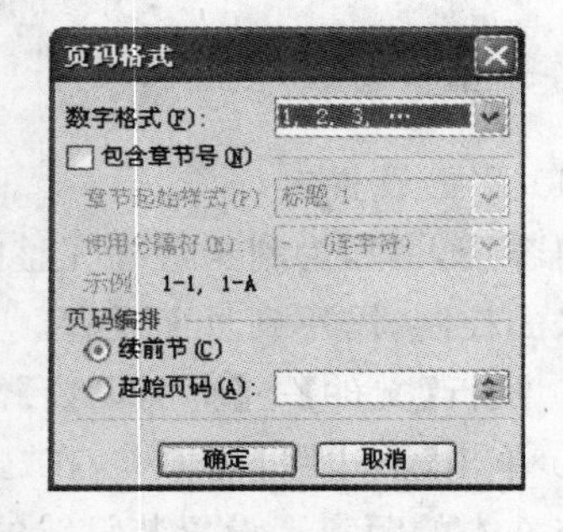


图 2-46 【页码格式】对话框

**说明**：至此，这份通知即已完成，可以打印出来张贴，或者以电子版发放下去。当然为了进一步说明 Word 软件的操作功能，还可以对此通知进一步美化，比如在其中插入一些图片，或者艺术字等，起到渲染的作用。

**2. 对象的插入美化**

为了增强文稿的可读性和感染力，文档中还可以加入各种修饰对象，包括：各种类型的图片、自选图形、艺术字、文本框和表格等，这些对象插入文档中后，需要处理好它们与文本内容的相对位置关系，以使得文档美观实用。下面就介绍几个常见对象的插入编辑和相应排版设置。

下面介绍如何插入和编辑对象。

要插入对象，需善用【插入】菜单（如图 2-47 所示）或者【绘图】工具栏（如图 2-48 所示），能在其上选择需插入的对象，并且插入后还能进行相关编辑。

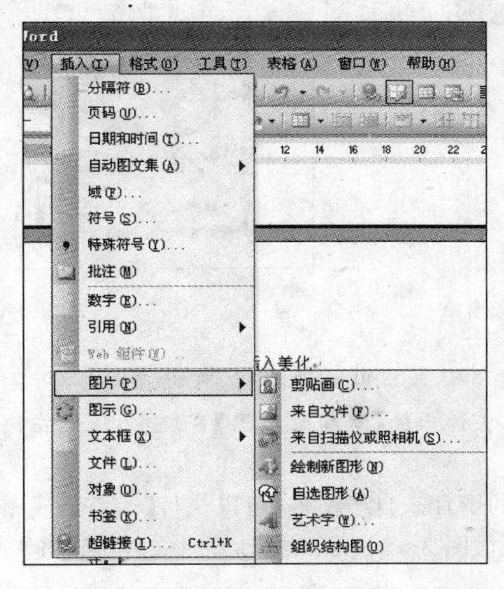


图 2-47　【插入】菜单

绘图(D)▼　自选图形(U)▼

图 2-48　【绘图】工具栏(1)

(1) 插入已有图片

插入已有图片一般有“剪贴画”、“来自文件”和“来自扫描仪或照相机”三种，前两种比较常用。下面以在示例文档中插入一幅“气球”主题的剪贴画为例说明。

① 将光标移到需要放置图片的位置，执行【插入】→【图片】→【剪贴画】命令。

② 在打开的【剪贴画】任务窗格中，输入“气球”关键字，然后单击【搜索】按钮，在下方的结果列表框中显示出符合主题的图片，如图 2-49 所示。

③ 将鼠标悬于图片上，单击其右侧的下拉箭头，选择【插入】命令，即可完成剪贴画的

插入操作。插入效果如图 2-50 所示。

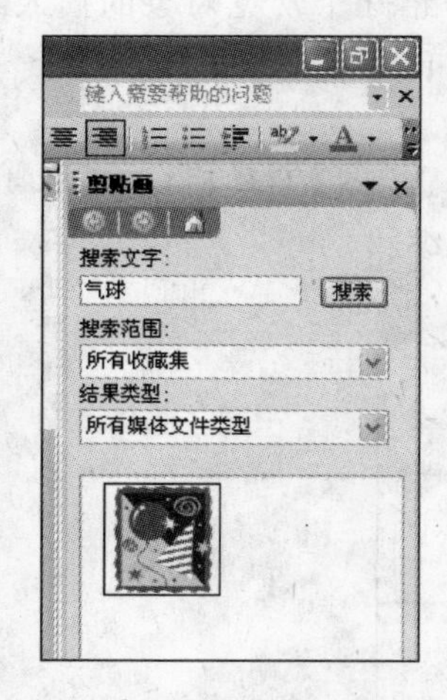


图 2-49 【剪贴画】任务窗格

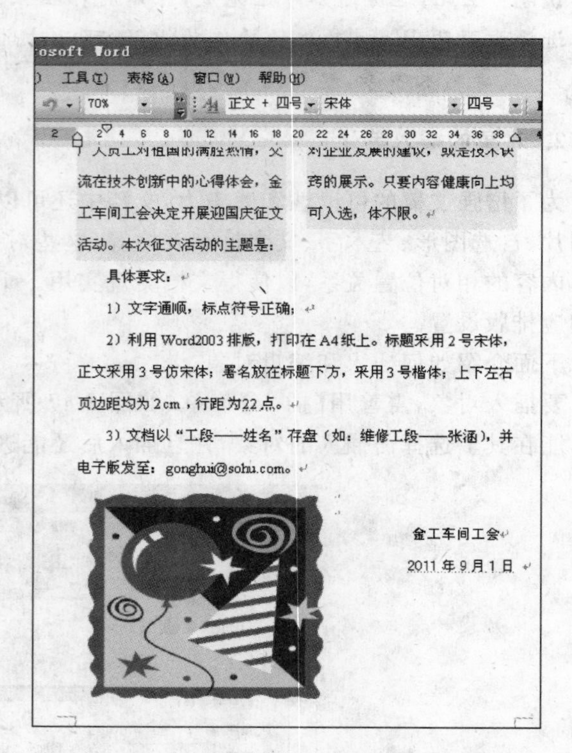


图 2-50 插入剪贴画效果

**说明**：如果不能明确要插入剪贴画的主题，可以在图 2-49 显示的【剪贴画】任务窗格上选择【管理编辑】命令，在弹出的【剪辑管理器】窗口中，通过左侧的【收藏集列表】查找需要的剪贴画。

如果在文档中插入的图片来自于文件，可以执行【插入】→【图片】→【来自文件】命令，打开【插入图片】对话框（如图 2-51 所示），在计算机文件中选择要插入的图片即可。

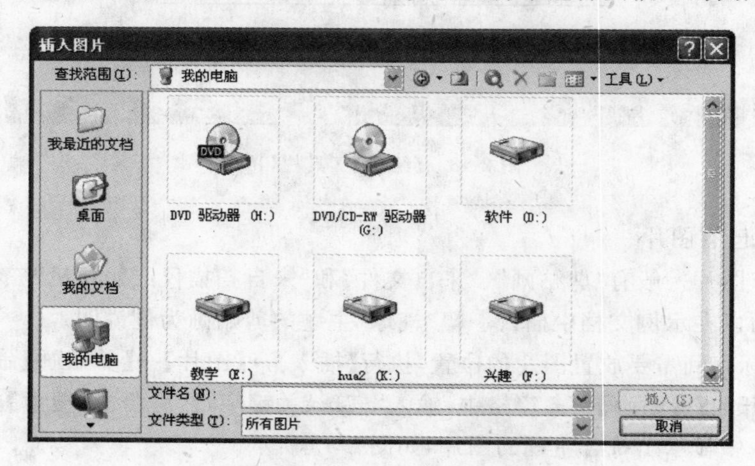


图 2-51 【插入图片】对话框

(2) 编辑插入图片

插入文档中的图片，除复制、移动和删除等常规操作外，还可进行裁剪、旋转等高级处理。图片被选中后，在其周围会出现一些黑色实心小方块，我们称为操作柄，利用它可以放大或缩小图片。

为了满足后续图文混排的要求，有必要对图片进行格式上的编辑设置。这可以通过【图片】工具栏和【设置图片格式】对话框来完成。

选中图片时，在窗口上会出现一个浮动的【图片】工具栏，如图 2-52 所示。利用【图片】工具栏可以对图片效果进行处理：调整亮度和饱和度、设置透明色、设置混排方式、图片剪裁等。具体按钮设置功能自左至右如下。

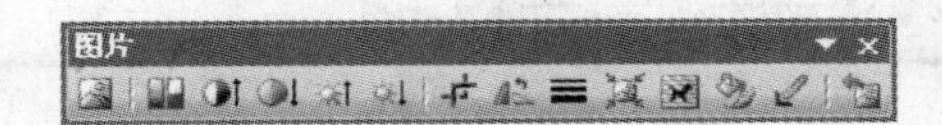


图 2-52　【图片】工具栏

① 单击【颜色】按钮，弹出的下拉列表框中包括自动、灰度、黑白和冲蚀四个选项，根据需要自行选择。默认为【自动】。

② 单击【增加对比度】、【降低对比度】、【增加亮度】和【降低亮度】进行调节。

③ 单击【裁剪】按钮，鼠标光标指针变为裁剪按钮的形状，移动鼠标光标指针到图片的任意控制点上，拖动鼠标进行裁剪。

④ 单击【向左旋转 90°】按钮，每单击一次向左旋转 90°。

⑤ 单击【线型】按钮，从【线型】下拉列表框中选择需要的线型。

⑥ 单击【压缩图片】按钮，可压缩图片。

⑦ 单击【文字环绕】按钮，可选择需要的环绕方式和编辑环绕顶点的设置。

⑧ 单击【设置图片格式】按钮后，打开【设置图片格式】对话框。

⑨ 单击【设置透明色】按钮后，在图片的某位置单击，会将图片的一部分设为透明色。

⑩ 单击【重设图片】按钮后，所有的设置消失，回到初始插入时的格式。

**说明**：如果选中图片后，并未显示【图片】工具栏，可单击【视图】→【工具栏】→【图片】命令打开。

选中图形，单击【格式】→【图片】命令，或者右击图片，在弹出的快捷菜单中选择【设置图片格式】命令即可打开【设置图片格式】对话框，如图 2-53 所示。该对话框主要包括以下三个选项卡。

【颜色与线条】：可以设置图像的填充颜色和线条颜色。

【大小】：可以精确设置图形的大小及旋转角度。

【版式】：可设置图形在文字中的环绕方式和水平对齐方式。环绕方式主要包括“嵌入型”、“四周型”、“紧密型”、“衬于文字下方”和“衬于文字上方”等。单击【版式】中的【高级】按钮可对【高级版式】进行进一步设置。

**说明**：一般剪贴画和图片插入文档中后，默认环绕方式为“嵌入型”，这种状态下，图片相当于文中的一个字符，其位置移动等设置均受到限制，不利于后续编辑。因此，一般会先考虑改变它的环绕方式，如“四周型”或“紧密型”。

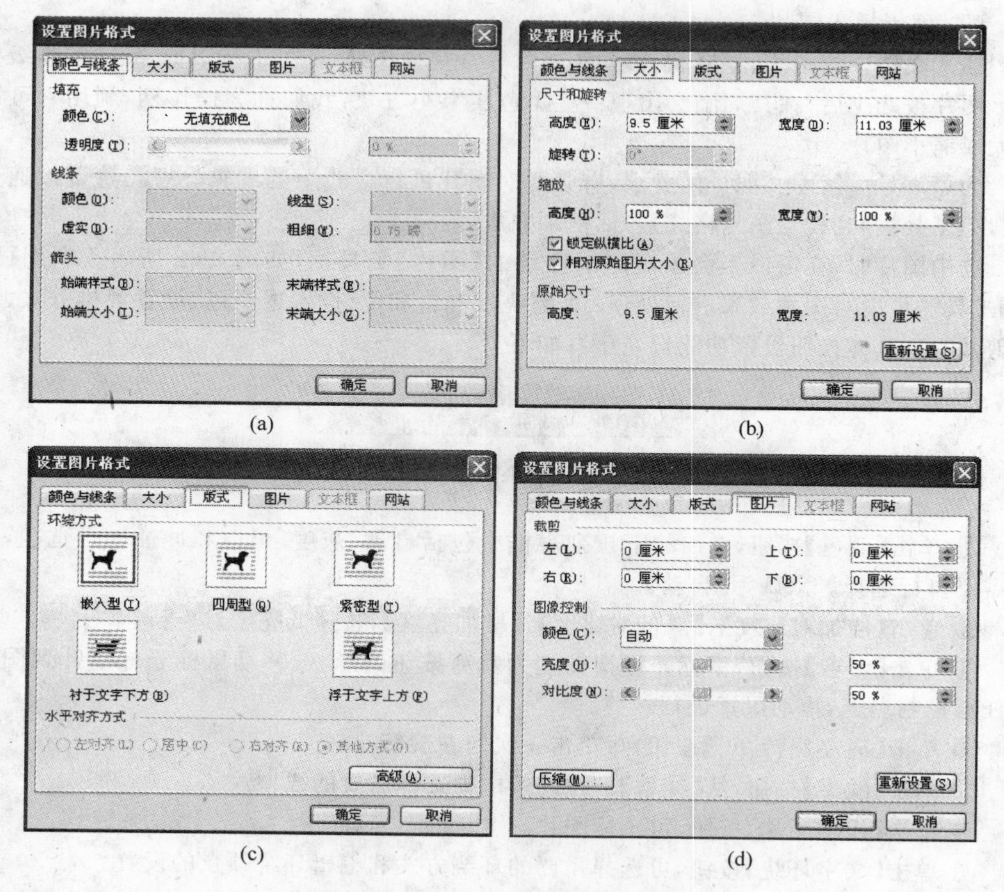


图 2-53 【设置图片格式】对话框

(3) 插入和编辑自选图形

Word 软件不但可以将已经绘制好的图片文件插入文档中,也可以自己绘制各种图形。

① 执行【视图】→【工具栏】→【绘图】命令,打开【绘图】工具栏。

② 单击【自选图形】按钮在展开的菜单中进行选择,如图 2-54 所示。

③ 单击选中的图形,屏幕上出现的矩形区域叫做绘图画布。此时光标变成了一个十字光标的形状。在文档中按下左键,拖动鼠标,绘制一个大小适当的图形,如图 2-55 所示长方体。

④ 右击图形,在显示的快捷菜单中,可以看到一些较熟悉的编辑,其中【添加文字】可以在绘图上添加一定的文字内容。【设置自选图形格式】基本如前面介绍的【设置图片格式】对话框操作。

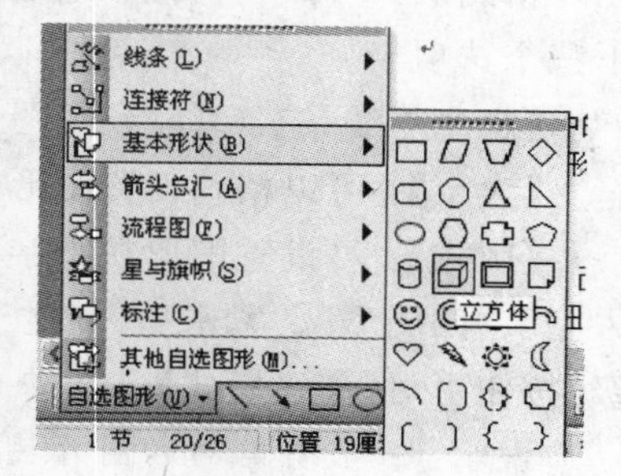


图 2-54 选择自选图形

(4) 插入和编辑艺术字

① 执行【插入】→【图片】→【艺术字】命令，弹出如图 2-56 所示的【艺术字库】对话框。

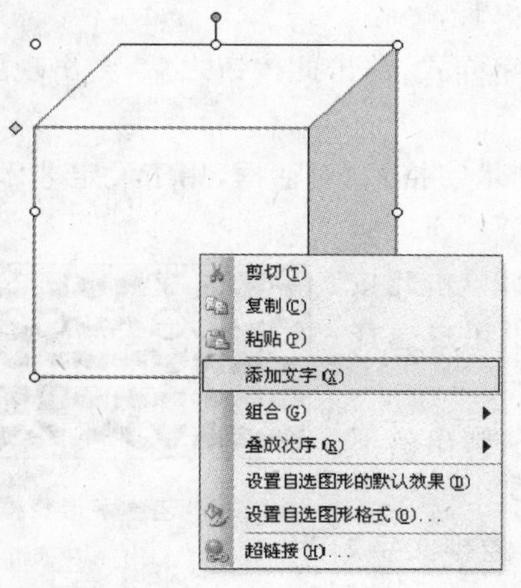


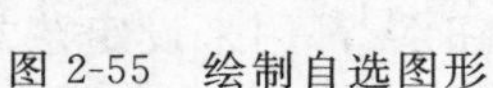
图 2-55　绘制自选图形

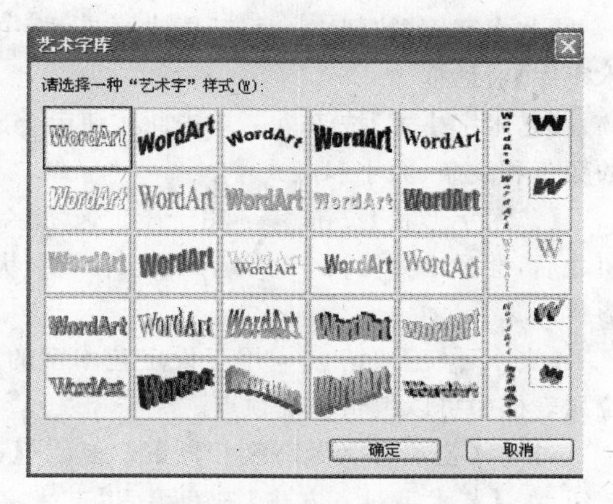


图 2-56　【艺术字库】对话框

② 选择第二行第六列样式，单击【确定】按钮，弹出如图 2-57 所示的对话框。

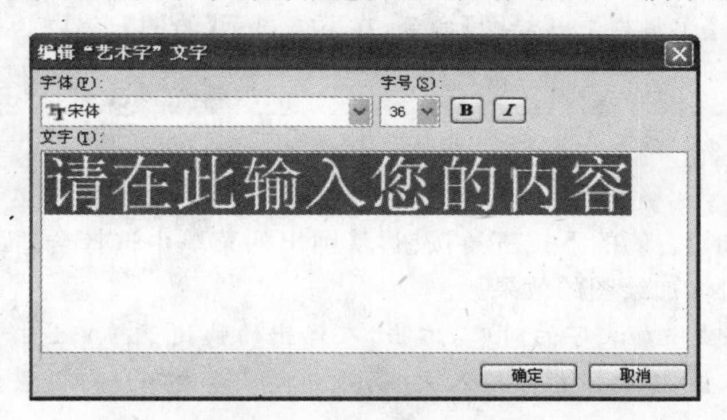


图 2-57　【编辑"艺术字"文字】对话框

③ 在"请在此输入您的内容"处输入"感怀二〇一一"六个字，并且设定字体为"宋体"，字号为"36"。

④ 单击【确定】按钮。在页面上插入艺术字。

如果想对插入的艺术字做进一步的设计，可使用【艺术字】工具栏进行设定，如图 2-58 所示。现对工具栏各按钮的用途介绍如下。

图 2-58　【艺术字】工具栏

【插入艺术字】按钮：用于重新设置艺术字。单击此按钮之后，首先会出现【艺术字库】对话框，然后是【编辑"艺术字"文字】对话框，如果想再一次插入艺术字，可用此按钮。

【编辑文字】按钮 编辑文字(X)... ：用于编辑文字内容和格式，可用来更改原艺术字的内容和字符格式。

【艺术字库】按钮 ：用于更改原艺术字的艺术字样式，单击此按钮之后，会出现【艺术字库】对话框。

【艺术字格式】按钮 ：单击此按钮后会出现【艺术字格式】对话框，用于设定艺术字的颜色和线条、大小和版式等。

【艺术字形状】按钮 ：用于设定艺术字的形状，单击此按钮之后，会弹出如图 2-59 所示的【艺术字形状框】，供用户选择形状。

【文字环绕】按钮 ：用于设定艺术字的版式，从弹出的下拉列表框中可以编辑环绕顶点。

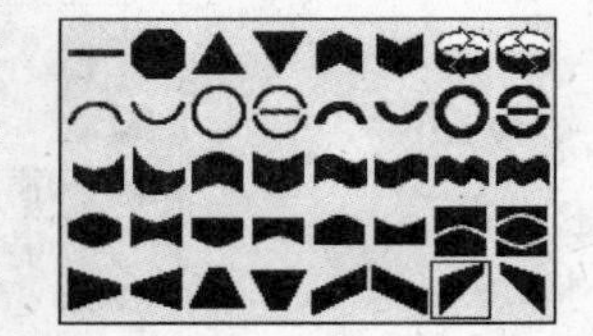

图 2-59　艺术字形状框

另外，【艺术字字母高度相同】按钮 、【艺术字竖排文字】按钮 、【艺术字对齐方式】按钮 和【艺术字字符间距】按钮 都用来设定艺术字。

**说明**：由于艺术字以图片形式插入，所以对图片的所有操作均适用于艺术字。

(5) 绘制所需要的图形

单击【绘图】→【工具栏】→【绘图】命令，在下方显示【绘图】工具栏，如图 2-60 所示。

图 2-60　【绘图】工具栏(2)

单击【自选图形】右侧的下拉三角按钮，从弹出的菜单中选择合适的图形；绘制时按住 Shift 键不放，可增加绘图的效果。

**说明**：选定需要添加文字的对象，右击，在弹出的快捷菜单中选择【添加文字】命令，系统自动添加文本框，在文本框内输入文字，并可按普通文字进行设置。

### 3. 对象的选择、对齐、层次和组合

这里的对象可以是插入的剪贴画、图片、文本框和自制图形。选择对象有两种方法：一是按住 Shift 键不放，依次单击各个对象(如果某对象是嵌入式，则需要更改版式，再使用此方法)；二是单击【绘图】工具栏的【选择图形】按钮，鼠标光标指针变为箭头形状，在需要选定的对象上拖动鼠标可选择一个或多个对象。当对象处于文字下方时，只能使用此方法。

选定需要对齐的对象，单击【绘图】工具栏的【绘图】按钮右侧的下拉三角按钮，在弹出的菜单中选择【对齐或分布】命令，然后在其级联菜单中选择合适的对齐和分布方式。

Word 文档的层次有三层：文本层(当前层)、文本上层和文本下层。文本层就是当前的工作层，在同一位置上只能有一个文字或对象，利用层的操作可实现图片间及图片和文本的层叠。在调整时，首先选定图片，然后从单击【绘图】右侧的下拉三角按钮，从弹出的菜单中选择【叠放次序】命令，然后在其级联菜单中选择合适的命令，进行层的操作(还可

从右击的快捷菜单中进行设置)。

在许多情况下,出于某种原因,需要把多个图形组合到一起。具体方法是:首先选择需要组合的多个图形,然后在【绘图】菜单中选择【组合】命令(还可以用右击快捷菜单设置)。

调整好之后,按 Shift 键,同时选中文本框和各类形式的图片,将它们组合到一起。

### 2.2.1.5　打印预览和打印

为了能有很好的文档输出效果,且不在输出后发现不当浪费材料,可以在打印输出前先在屏幕上观察页面布局效果,若有不当,可及时调整。

(1) 改变显示比例

显示比例是把整个文档进行缩放显示,并不改变原来的视图方式。用户可以一般用显示比例查看文档的整体效果。

显示比例可以使用【常用】工具栏的【显示比例】按钮 100% ,单击其右侧的下拉三角按钮可更改它的显示比例,可直接使用预先设定好的比例进行显示,也可自行在文本框中输入设定显示比例。注意输入的数值必须在 10~500 之间,否则将无法显示。

(2) 打印预览

对文档整体效果的查看可以执行【文件】菜单下的【打印预览】命令。

执行该命令后,在文档的题目处会加上"(预览)"字样。此时的显示比例变为 50%(默认),可以修改工具栏的显示比例进行查看。根据显示器大小的不同,会有 2-1-3 页显示在一屏上,显示比例变小,显示的页面会增多。

当鼠标指到页面时,变成放大镜样子,单击会在原比例和现有比例之间进行切换。

单击标题栏中的【关闭】按钮,关闭预览方式,重新回到原状态下。在"预览"方式下,除了工具栏有所变化之外,菜单栏与原来相同,可以通过单击【工具栏选项】下拉三角按钮选择【添加删除】按钮,添加原来的【常用】工具栏和【格式】工具栏。

通过预览发现问题后,关闭预览在页面视图方式下继续修改;若预览没有问题,就可以打印输出。

(3) 打印输出

在打印输出之前,经常需要确定文档的字数。执行【工具】菜单下的【字数统计】命令分析文档组成情况,如图 2-61 所示。单击【字数统计】对话框中的【显示工具栏】按钮,会出现如图 2-62 所示的浮动工具栏。

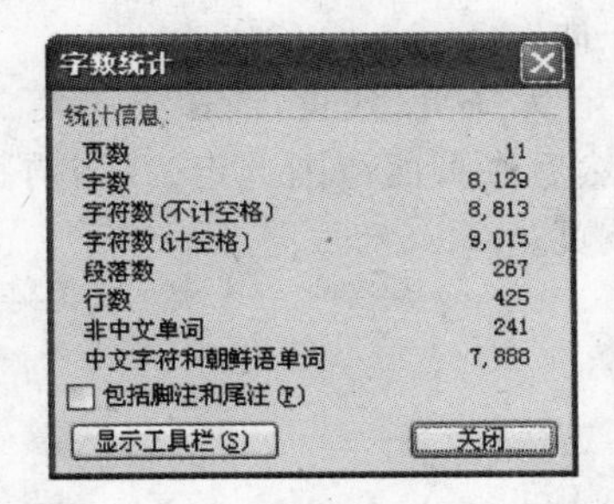


图 2-61　【字数统计】对话框

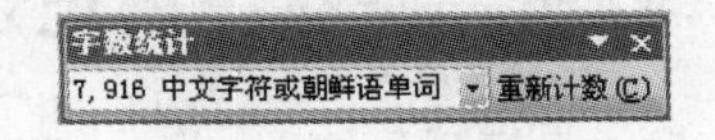


图 2-62　浮动工具栏

需要指出的是,Word 2003 目前只能统计文档中的字符数及总页数,但无法统计图片所占空间的折合字符数。

打印输出的操作步骤如下。

(1) 打印机的准备:连接好打印机输出数据线,打开打印机电源开关,并检查打印机纸盒中的纸张是否为 16K,摆放位置是否正确。

(2) 执行【文件】菜单下的【打印】命令,弹出【打印】对话框,如图 2-63 所示。

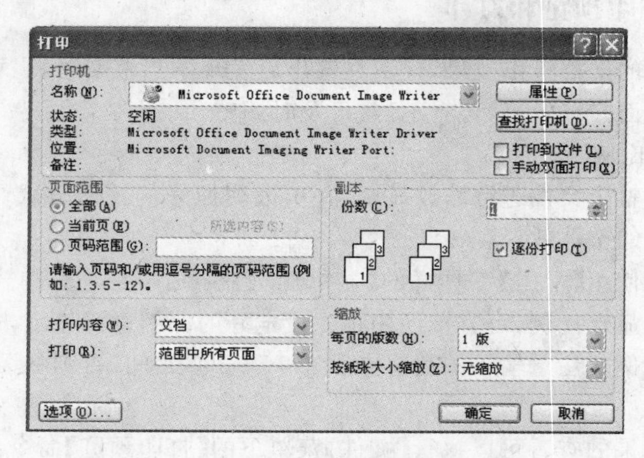


图 2-63 【打印】对话框

(3) 选择打印机。在【名称】下拉列表框中选择需要的打印驱动程序。

(4) 确定页面范围。默认的页面范围是【全部】,即文档的所有页;选中【当前页】单选框,只打印当前的一页,即光标所在的一页;选中【页码范围】单选框,可在其后边的文本框中输入需要打印的页码范围(如 1,3,5,7-11);如果有选定的文本,还可以选择【打印内容】,即反白显示的那些区域。

(5) 确定份数。输入或用微调按钮调节打印的份数。

(6) 确定打印方式。默认方式是“范围中所有页面”;【打印】下拉列表框中还包括【奇数页】和【偶数页】选项,分别用来打印前面指定页面范围中的奇数页或偶数页,实际工作中用于双面打印的情况。

(7) 确定打印顺序。默认的打印顺序是升序打印。但有时需要逆序打印(如 10,8,6,4,2),此时可单击【选项】按钮,选择【逆序打印】。

(8) 单击【确定】按钮。打印机一般可自动完成打印,但在双面打印的情况下,需要将已打印完单面的纸张重新放入纸盒,继续打印另一面。

(9) 检查打印效果。打印完成后,要检查一下有无缺页、残页,或墨迹不清、版心不正等情况。发现有不合格页时,将光标定位在该页,然后将页面范围选定为【当前页】或者选中【页码范围】并输入需要打印的页码,补充打印该页。

## 2.2.2 打印一份交接班记录表

主要学习利用 Word 制作常用表格,能够利用自动插入表格和手动绘制表格功能熟练地制作出满足要求的表格。

**任务要求**

用 Word 软件编辑制作一份班组交接班记录表，样式如图 2-64 所示。要求版面布局合理，表中文字采用合理字体字号、对齐方式，无错别字和标点符号错误，利用 A4 纸清晰地打印出来；为了便于保存，要求表题与表身组合为一个整体。

**班组交接班记录表**

| 交班班组 | | | 日期 | | | 班次 | |
|---|---|---|---|---|---|---|---|
| 本班人数 | 人 | 产　量 | | 耗电 | | 耗材 | |
| 需要说明的问题： | | | | | | | |
| 交接时间 | | | 交接地点 | | | | |
| 交班人（签字） | | | 接班人（签字） | | | | |

图 2-64　“班组交接班记录表”样式图

**分析**：班组交接班记录表中主要包括班组的一些基本信息和需要说明的事情，表格结构比较简单，可以采用先插入一个表格的框架，然后进行手动修改。为了便于进行表题与表身位置的调整，可采用文本框制作表题。

**操作步骤**

**1. 插入表题文本框**

(1) 执行【插入】→【文本框】命令，在下级菜单中选择一种文本框的排版方式为【横排】，如图 2-65 所示。

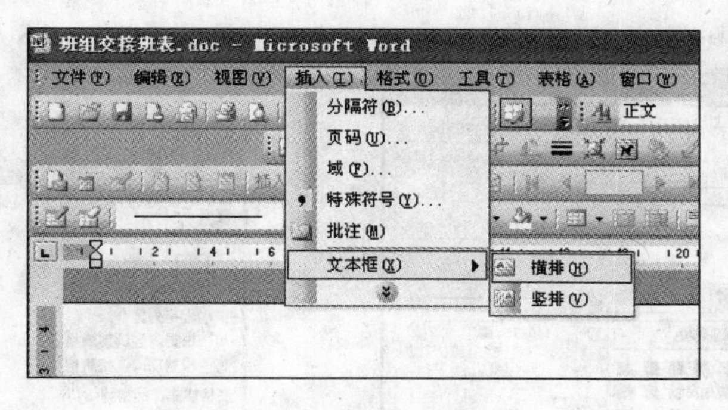


图 2-65　插入文本框

(2) 在细十字光标下，从左上至右下方向拖动鼠标，形成一个带斜线边缘的矩形文本框，光标位于该框内；设定【字体】为【黑体】，【字号】为“3”，输入要求的文字，并进行居中，如图 2-66 所示。

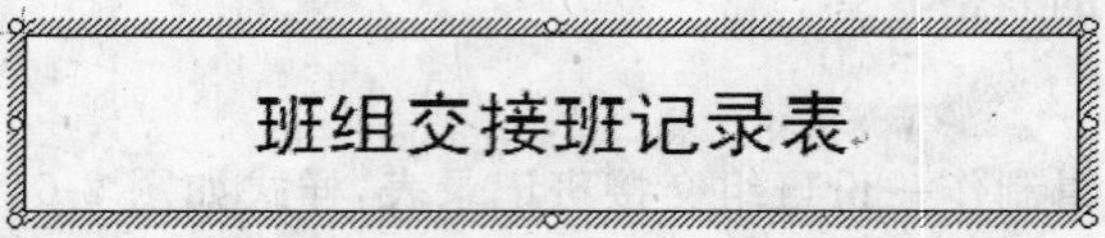

班组交接班记录表

图 2-66　输入文本框内容

(3) 右击文本框边缘,弹出快捷菜单,此时边缘变为雾状,如图 2-67 所示。

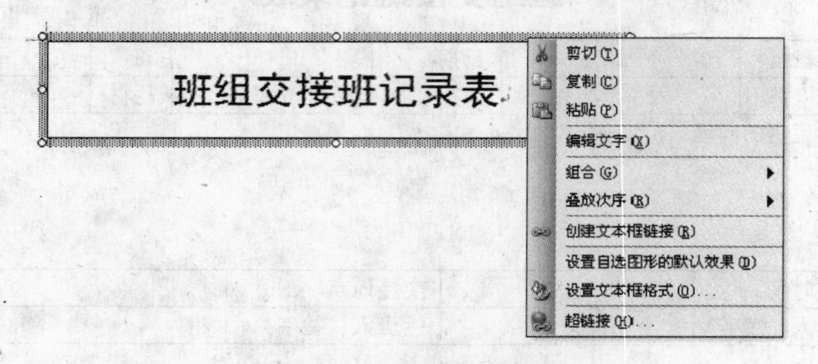


图 2-67　右击弹出的快捷菜单

(4) 执行快捷菜单中的【设置文本框格式】命令,弹出【设置文本框格式】对话框。在【颜色】下拉列表框中选择“无线条颜色”,去掉文本框中的黑框。可根据需要设置【大小】、【版式】、【文本框】等属性,如图 2-68 所示。

**2. 制作表身**

(1) 执行【表格】→【插入】→【表格】命令,打开【插入表格】对话框,如图 2-69 所示。

在【表格尺寸】标签下,设置表格的【列数】为“6”,【行数】为“8”。在【“自动调整”操作】标签下,选中【根据内容调整表格】单选框,此时表格的宽度将会随着内容的多少而改变大小。

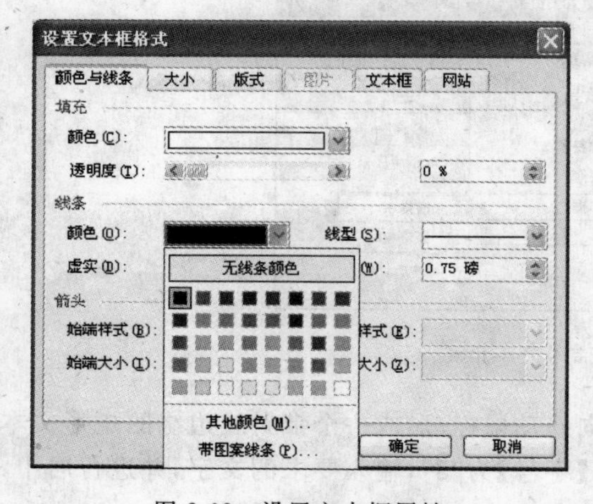


图 2-68　设置文本框属性

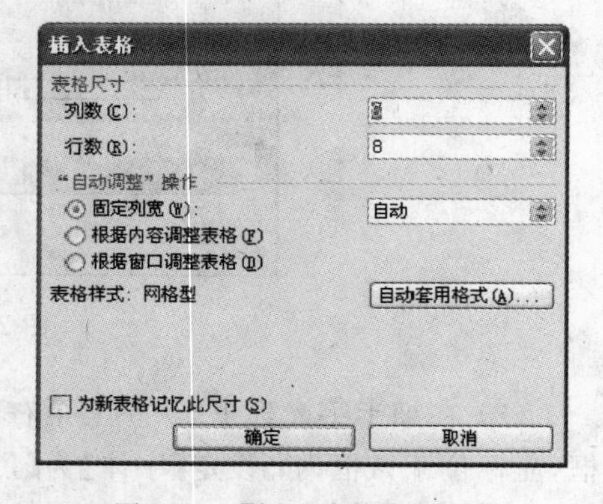


图 2-69　【插入表格】对话框

(2) 单击【确定】按钮，即可插入表格。

**说明**：单击【常用】工具栏中的【插入表格】按钮，在出现的网格中，左击，向下拖动鼠标，松开鼠标左键，Word 可将自动把设置好的表格插入。

(3) 按照"先选中，后操作"的原则，首先，选中需要编辑的单元格；其次，根据需要合并、拆分单元格，或者改变单元格的宽度、高度。将光标移到任意一个单元格左边界时，光标变成一个向右的实心黑箭头，此为单元格的选定条，单击鼠标选定单元格。如果将鼠标移到表格中某一列顶部，光标变成一个向下的实心黑箭头，单击鼠标选中当前列。如果将鼠标移到页面左侧空白区，单击鼠标选中当前行。

选中要合并的若干单元格，右击，在弹出的快捷菜单中选择【合并单元格】命令即可；选中要拆分的单元格，右击，在弹出的快捷菜单中选择【拆分单元格】命令，打开【拆分单元格】对话框，如图 2-70 所示，在文本框中填入拆分的行数和列数，单击【确定】按钮。

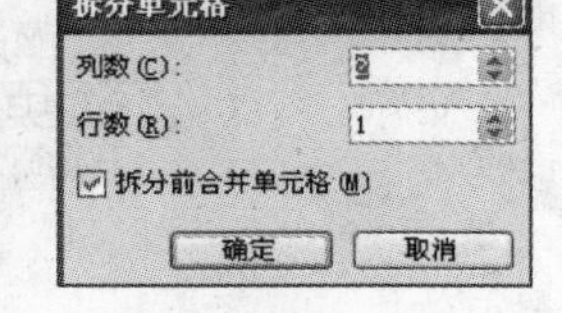


图 2-70　【拆分单元格】对话框

(4) 选中单元格内容，右击，在弹出的快捷菜单中选择【单元格对齐方式】命令，单击选中所需要的对齐图标即可。另外，用户也可以设置选定单元格字体的字形、大小和颜色等。

(5) 根据需要可以插入行/列。在表格中选择要插入行的位置(可选一行或多行，插入的行数将与选择的行数相同)。单击菜单中的【表格】→【插入】→【行(在上方)】(或【行(在下方)】)命令，这样就可以在表格中插入一行或多行。也可在某一行的最左侧，当鼠标光标指针变成形状时右击，在弹出的快捷菜单中选择【插入行】命令。插入列的方式与此类似。

**注意**：如果在表格的最后一行添加新一行，可以采用一种快捷的方法：先将光标放在表格最后一个单元格内，然后按 Tab 键即可。

(6) 删除行/列

选择要删除的行/列，执行菜单中的【表格】→【删除】→【行】(或【列】)命令，也可在要删除的行(或列)的最左侧(或最顶端)右击，在弹出的快捷菜单中选择【删除行】(或【删除列】)命令。

**注意**：单元格的删除并不能通过 Delete 键或 BackSpace 键来完成，该操作只能删除单元格中的内容，必须选择【删除单元格】命令来完成，另外还需对其他单元格的移动方向作出选择。

(7) 设置表格边框

① 单击表格左上角的图标，选择整个表格，或者选中部分单元格。

② 右击，在弹出的快捷菜单中选择【边框和底纹】命令，打开【边框和底纹】对话框。

③ 单击【边框】选项卡，在【设置】项目组中选择"方框"，在【线型】列表中选择图中的样式，【颜色】为"深绿"、【宽度】为"3 磅"，在【应用于】列表中选择"表格"，在预览框中查看效果，满意后单击【确定】按钮，如图 2-71 所示。

④ 单击【底纹】选项卡，单击【其他颜色】按钮，选择"冰蓝"，在【应用于】列表框中选择"表格"，查看预览效果后，单击【确定】按钮，如图 2-72 所示。

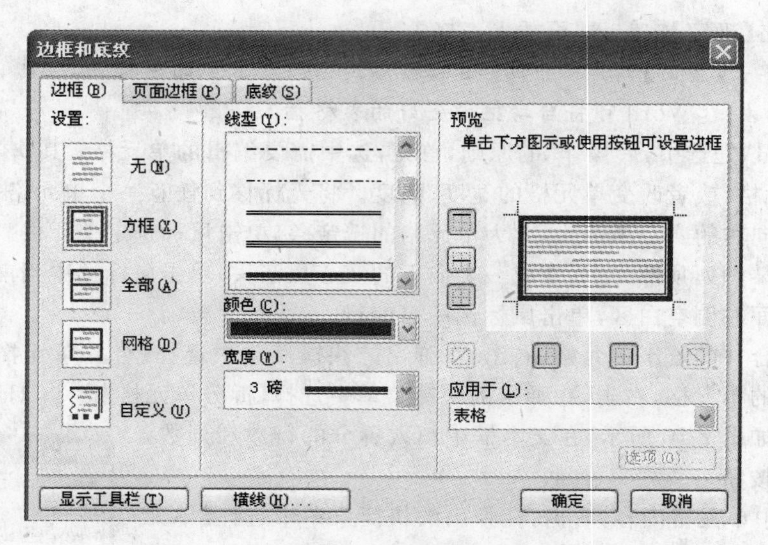


图 2-71　设置边框

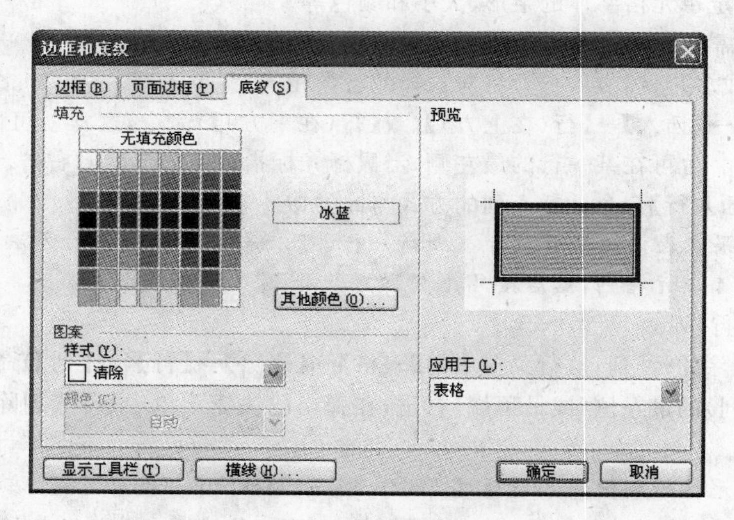


图 2-72　设置底纹

**说明**：有些表格需要绘制斜线表头，操作步骤为：

① 将插入点置于表格的第一个单元格中。

② 执行【表格】→【绘制斜线表头】命令，打开【插入斜线表头】对话框。

③ 在【表头样式】下拉列表框中选择一种样式，在【行标题】、【数据标题】、【列标题】等文本框中分别输入相应的内容即可，如图 2-73 所示。

**3. 打印输出**

通过打印预览，观察版心位置是否满意。经过适当调整后，完成打印输出。

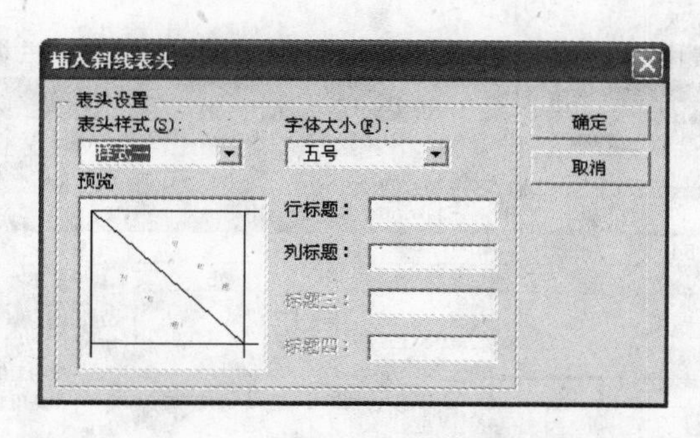


图 2-73　【插入斜线表头】对话框

# 2.3　使用 Excel 处理日常数据

Excel 软件是功能强大的电子表格处理软件，具有操作简单、函数类型丰富、数据更新及时等特点。这里以 Excel 2003 版的操作为例，介绍如何使用 Excel 处理日常数据，以有效提高数据管理的能力。主要学习使用如何利用 Excel 软件制作一般表格，能利用公式、函数进行简单数据处理，并且能插入图表形象化地表示数据关系。理解数据清单的概念，学习掌握一些数据处理分析的专业方法。

整体任务设定为用 Excel 软件编辑制作一份职工工资表，通过一个相对固定的制表流程，学习如何有效运用数据为管理活动提供有效信息。一般来讲，制作完成这样的表，并对其中数据进行相应分析处理可按照流程分为以下五步。

(1) 制表准备：认识和理解 Excel 软件环境，认识数据构建规则，做好表格制作准备。

(2) 数据输入：进行各类原始数据的有效录入。

(3) 基本数据编辑：利用填充、公式、函数等完成数据表中基本数据处理。

(4) 排版修饰：对表格组成元素进行有效格式设定，实现规范美化的目的。

(5) 数据处理：理解数据清单概念，对数据进行分析、筛选、图表具化等处理。

## 2.3.1　制表准备

### 2.3.1.1　认识软件环境

相较于 Word 软件，Excel 的工作环境有很大的不同，拥有一些自己的典型概念，表现出了电子表格的环境特点。下面就结合 Excel 软件的窗口界面组成进行说明。

Excel 2003 启动后，窗口界面如图 2-74 所示。

从图 2-74 中可以看出，Excel 窗口环境与 Word 类似，也有标题栏、菜单栏、工具栏、状态栏等，但也出现了很不同的组成。下面就结合 Excel 软件作为电子表格制作软件所特有的专门概念进行说明。

**1. 工作簿**

工作簿是指利用 Excel 软件建立的用来保存并处理工作数据的文件，即一个 Excel

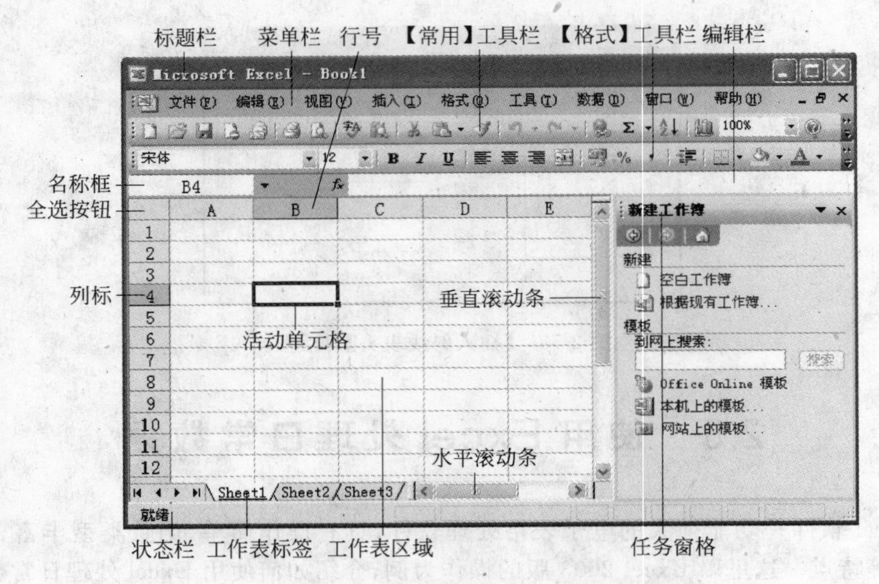


图 2-74　Excel 2003 窗口界面

文件就是一个工作簿。在打开 Excel 软件后，会自动创建一个新的空白工作簿，其默认名称是 Book X(X 为 1,2,3,…,n)，名称显示在标题栏上，它的扩展名是 xls。一个工作簿由若干张工作表组成(默认为 3 张工作表)，每张工作表由多个单元格组成。一个工作簿文件中最多可以有 255 张工作表。

**2. 工作表**

工作表是构成工作簿最基本的工作单位，是存储和处理数据的主要空间。工作表由 65536 行和 256 列交织成的单元格组成，工作表的默认名称是 Sheet X(X 是 1,2,3,…,n)。在 Excel 中工作簿和工作表的关系就像是日常的账簿和账页之间的关系。一个账簿可由多个账页组成，一个账页可以反映某月的收支账目。

**3. 单元格**

单元格是 Excel 组织数据的最基本单元，是由工作表中的行、列交叉所围成的矩形框。系统默认行用数字 1～65536 编号表示，称为行号；列用 26 个英文字母及其组合来表示，即 A,B,…,AB,AC,…,IA,IB,…,IV 编号表示，称为列标。行号和列标共同组成单元格名称，也称为单元格引用。如 A1 表示第 A 列和第一行交叉处的单元格。每个单元格中至少可容纳 32000 个字符。

**4. 活动单元格**

当前被选中的单元格，在窗口中显示该单元格周围被黑色粗线方框包围。

**5. 名称框**

名称框也可称做活动单元格地址框，用来显示当前活动单元格的名称。还可以利用名称框对单元格或单元格区域进行命名，使操作更加简单。

**6. 编辑栏**

用来显示和编辑活动单元格中的数据与公式。当单元格中内容较多，不方便查看时，编辑栏中可以看到完整的内容。不过，单元格中输入公式计算后，单元格中显示的是计算结果，编辑栏中则始终显示公式。

**7. 工作表标签**

工作表标签用于标识当前的工作表位置和工作表名称。Excel 会默认显示 3 个工作表标签，当工作表数量很多时，可以使用其左侧的浏览按钮来查看。

**8. 工作表区域**

工作表区域就是工作界面带有单元格的空白区域，是用于输入和编辑数据的区域。

**说明**：在引用单元格时（如公式中），就必须使用单元格的引用地址。如果在不同工作表中引用单元格，为了加以区分，通常在单元格地址前加工作表名称，例如 Sheet2！D3 表示 Sheet2 工作表的 D3 单元格。如果在不同的工作簿之间引用单元格，则在单元格地址前加相应的工作簿和工作表名称，例如[Book2]Sheet1！B1 表示 Book2 工作簿 Sheet1 工作表中的 B1 单元格。

### 2.3.1.2　工作环境打开、保存

**1. 创建工作簿**

启动 Excel 之后，就可以创建一个空白的工作簿，默认的文件名是 Book1。如果要重新建立一个文件，可以执行【文件】→【新建】命令，或者单击【常用】工具栏上的【新建】按钮，打开【新建工作簿】任务窗格，如图 2-75 所示，单击【空白工作簿】按钮即可。

**2. 保存工作簿**

在 Excel 工作表中将数据编辑完毕后就可以保存了。执行【文件】→【保存】命令，或单击【常用】工具栏上的【保存】按钮，如果是第一次保存文件，将打开【另存为】对话框，如图 2-76 所示，用户可以在对话框中选择保存路径、输入文件名、选择文件保存类型。Excel 默认的保存类型是"Microsoft Office Excel 工作簿"。

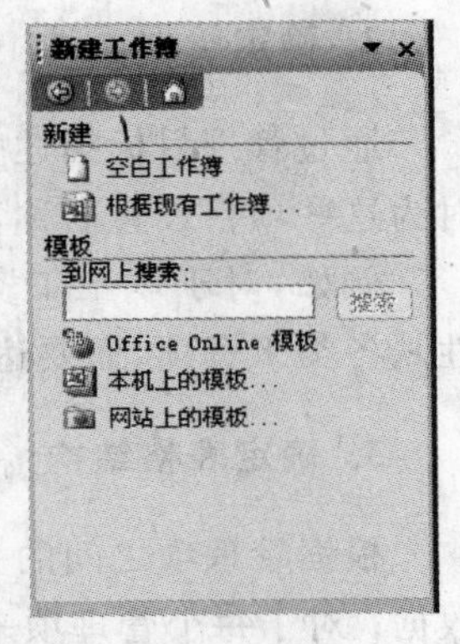


图 2-75　【新建工作簿】任务窗格

**3. 打开工作簿**

打开工作簿的方法通常有三种。

① 执行【开始】→【所有程序】→【打开 Office 文档】命令，在【打开 Office 文档】对话框中选择要打开的工作簿。

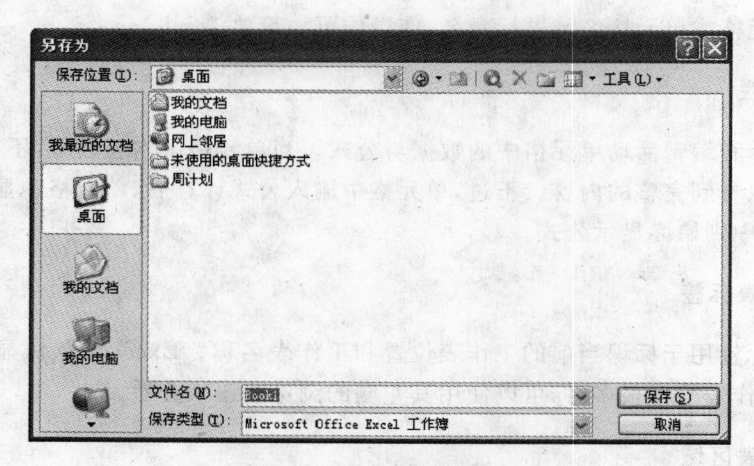


图 2-76 【另存为】对话框

② 在【我的电脑】或【资源管理器】中双击相应的 Excel 工作簿可以直接打开这个工作簿。

③ 在 Excel 环境中，执行【文件】→【打开】命令，或者单击【常用】工具栏上的【打开】按钮。

#### 2.3.1.3 表格构建原则

要制作表格，目的是要针对某一管理目标，用数学的方法搭建一个管理模型。下面以一个班组职工工资表的构建为例，说明一般表格构建遵循的原则。

**1. 确定管理目标**

制作一个表格，必然对应一个管理目标。要能明确管理目标描述中对应的关键词有哪些，根据这些关键词搭建表格框架。例如，制作一张职工工资表，管理目标是要对某班组职工工资进行汇总、比较。

**2. 确定管理项目**

通过管理目标描述中对应的关键词，分析并确定已知管理项和待定的管理项目。同时为这些项目设置名称，即字段名。

例如，对于职工工资表，已知的管理项是职工姓名(还可以有性别、年龄、部门等属性)、各类工资项，而要达到管理目的，待定的管理项目是每个员工的实发工资。

**3. 确定表格结构**

根据管理项之间的关系，可以构建表格。对于每个职工来说，都有对应各个管理项的数据；对于每个管理项来说，又都有对应的一组数据，并能直观地排列比较。这些离散的数据，根据其彼此之间的联系，可以用一个二维的数据组来组织在一起，使其之间建立一定的逻辑关系。

在确定表格结构时,通常将管理项的名称(即字段名)罗列于表格框架的顶部,形成“标题行”,每个字段名命名自己对应的一列或者一行。然后将每个管理项对应的数据依次填写在其后,填写的时候要注意各管理项之间的对应关系,形成“记录”。如图 2-77 所示,“姓名”、“部门”、“基本工资”、“岗位津贴”、“工龄津贴”、“奖励工资”、“应发工资”即为字段名,它们组成的第一行为“标题行”。标题行下方构成“数据区”,其中每一行单元格中的数据皆是对应同一人的,称为一条“记录”。

| | A | B | C | D | E | F | G |
|---|---|---|---|---|---|---|---|
| 1 | 姓名 | 部门 | 基本工资 | 岗位津贴 | 工龄津贴 | 奖励工资 | 应发工资 |
| 2 | 王惠民 | 生产部 | 540.00 | 250.00 | 44.00 | 1500.00 | 2334.00 |
| 3 | 李素馨 | 行政部 | 550.00 | 300.00 | 42.00 | 1200.00 | 2092.00 |
| 4 | 张鑫宁 | 财务部 | 520.00 | 200.00 | 42.00 | 1000.00 | 1762.00 |
| 5 | 程璐 | 销售部 | 515.00 | 215.00 | 20.00 | 800.00 | 1550.00 |

—标题行
—记录

图 2-77　表格结构示意

**4. 填充表格数据**

确定表格结构,即可以根据数据间的逻辑关系,填充各项数据。填充过程中,根据管理目标要求使用对应的数学方法进行填充。“应发工资”对应列的数据,就需要使用公式或者函数进行成绩汇总后填充。填充完整后的表格即可称为“数据清单”。

**5. 修饰编辑表格**

对于“数据清单”,要想达到视觉上的完整,利于打印输出成表,还需要对其进行一定的修饰编辑。一般需要添加表头,并对不同区域加以格式上的修饰,如行高、列宽的设置,单元格格式的设定,表格边框、底纹等的修饰等。如图 2-78 所示。

第一班组职工工资表

| 姓名 | 部门 | 基本工资 | 岗位津贴 | 工龄津贴 | 奖励工资 | 应发工资 |
|---|---|---|---|---|---|---|
| 王惠民 | 生产部 | 540.00 | 250.00 | 44.00 | 1500.00 | 2334.00 |
| 李素馨 | 行政部 | 550.00 | 300.00 | 42.00 | 1200.00 | 2092.00 |
| 张鑫宁 | 财务部 | 520.00 | 200.00 | 42.00 | 1000.00 | 1762.00 |
| 程璐 | 销售部 | 515.00 | 215.00 | 20.00 | 800.00 | 1550.00 |
| 李孝丽 | 生产部 | 480.00 | 220.00 | 64.00 | 1500.00 | 2264.00 |
| 高博 | 财务部 | 540.00 | 210.00 | 68.00 | 1000.00 | 1818.00 |
| 刘彻 | 生产部 | 520.00 | 250.00 | 40.00 | 1500.00 | 2310.00 |
| 秦岚 | 生产部 | 540.00 | 240.00 | 16.00 | 1300.00 | 2096.00 |
| 周希媛 | 销售部 | 500.00 | 230.00 | 52.00 | 1200.00 | 1982.00 |
| 陈强 | 行政部 | 540.00 | 280.00 | 28.00 | 1200.00 | 2048.00 |
| 刘倩 | 行政部 | 520.00 | 300.00 | 52.00 | 1500.00 | 2372.00 |
| 姚雪晨 | 销售部 | 480.00 | 220.00 | 20.00 | 800.00 | 1520.00 |

图 2-78　职工工资表

**6. 分析数据清单**

对数据清单中的数据进行分析,往往是制作表格的一个主要目的。在分析过程中,可以有多种数学方式。在 Excel 软件中,常用到的数据分析方式有:排序、筛选、分类汇总、数据透视表、图表等。如图 2-79 所示即为根据"职工工资表"制作的图表,根据它可以直观地比较每个职工实发工资之间的关系。

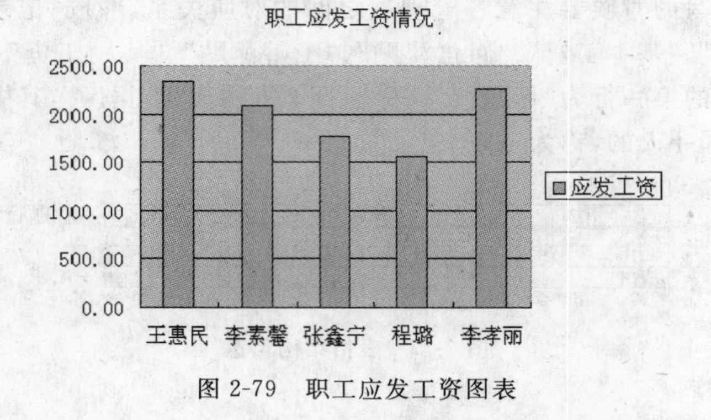


图 2-79　职工应发工资图表

明确表格构建原则后,我们对制作表格和管理表格数据有了整体认识,接下来就是具体步骤的完成了。

## 2.3.2　数据输入

要制作电子表格,首先要能在相应工作表的单元格中输入数据,而要输入数据或对数据进行操作,首先要能选定相应单元格或者单元格区域。

### 2.3.2.1　单元格的选定

**1. 选定单个单元格**

用鼠标单击某个单元格即可,并且对应的单元格名称会出现在名称框中。

**2. 选定单元格区域**

区域是一组单元格,若想选定工作表中的单元格区域,除了使用鼠标拖动以外,我们还可以用鼠标单击所选区域的左上角单元格,然后按住 Shift 键,用鼠标单击该区域对角线上的单元格,此时名称框内显示的是区域左上角单元格的名称。如何表示单元格区域呢?我们可以利用 Excel 中的引用运算符":"(英文半角状态下的冒号),将单元格区域左上角和右下角的两个单元格连起来即可。

**3. 选定离散的单元格**

按住 Ctrl 键,同时用鼠标单击所要选定的单元格,即可选定多个离散的单元格。

**4. 选定整行或整列**

单击某行或某列所在的行号或列号即可完成。

#### 5. 选定工作表

单击工作表左上角的【全选】按钮，可以选中整张工作表。

### 2.3.2.2　鼠标操作

在Excel单元格中输入数据通常有三种方法。

① 单击选中单元格，鼠标形状变为✚时，在该单元格中输入数据，最后按Enter键、Tab键或选择"↑"、"↓"、"←"、"→"方向键定位到其他单元格继续输入数据。

② 双击选中的单元格，鼠标形状变为I形时，就可以进行数据的输入了。

③ 单击选中的单元格，在编辑栏内输入数据，最后用鼠标单击控制按钮，或"取消"或"确定"输入的内容。

### 2.3.2.3　输入常量

所谓常量是指数值保持不变的量。常量有三种基本类型：数值、文本和时间日期。

#### 1. 输入数值常量

数值常量就是数字。一个数字只能由正号(+)、负号(－)、小数点、百分号(%)、千位分隔符(,)、数字0～9等字符组成。如果输入的数据过长，单元格中只能显示数字的前几位，或者以一串"#"提示用户该单元格无法显示这个数据，我们可以通过调整单元格的列宽使其正常显示。数值常量默认的对齐方式是"右对齐"。

如果要输入正数，则直接输入数字即可。如果要输入负数，必须在数字前加一个负号"－"或者给数字加一个圆括号。例如，输入"－1"或者"(1)"都会得到－1。

如果要输入百分数，可直接在数字后面加上百分号(%)。例如，要输入50%，则在单元格中先输入50，再输入%。

如果要输入小数，直接输入小数点即可。

如果要输入分数，例如输入"2/3"，实际上Excel会将用户输入的"2/3"自动转换成"2月3日"，所以，如果要输入正确的分数，前面需要加"0"和空格，即要输入分数，必须在单元格内输入"0 2/3"，即显示为"2/3"。

#### 2. 输入文本常量

文本常量可以包含汉字、大小写英文字母、数字、特殊字符等。如果要输入数字字符串，则要在数字前输入单引号(')，例如输入电话号码"'1352741××××"。如果输入的文本过长，内容将扩展到相邻列显示。文本常量默认的对齐方式是"左对齐"。

#### 3. 输入时间日期

在Excel中常用的日期输入格式有三种："11-06-30"、"11/06/30"、"30-Jun-11"。其中"11-06-30"为默认格式。时间型数据的输入格式有"9:25"、"8:14PM"等。

另外，用户还可以自定义单元格中常量的显示格式。方法是：选中需要自定义的单元格或单元格区域，右击，在弹出的快捷菜单中选择【设置单元格格式】命令，打开【单元格格式】对话框，如图 2-80 所示。单击【数字】选项卡，在【分类】列表中选择不同类型进行设置。

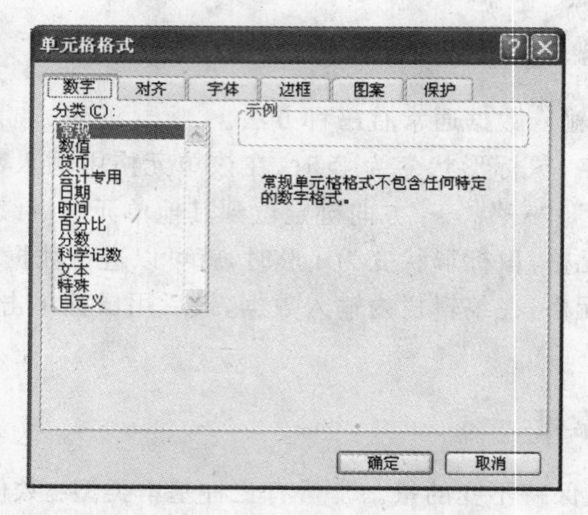


图 2-80 【数字】选项卡

**4. 换行输入**

若在一个单元格中换行输入数据，可以通过以下两种方法实现。

① 当鼠标变成 I 形时，按 Alt+Enter 组合键。

② 打开【单元格格式】对话框，单击【对齐】选项卡，在【文本控制】组中选中【自动换行】复选框。

**5. 输入相同数据**

要在不同单元格中输入相同数据，可以先选中要输入相同数据的单元格，然后在编辑栏中输入数据内容，最后按 Ctrl+Enter 组合键。

## 2.3.3 基本数据编辑

### 2.3.3.1 自动填充

利用 Excel 提供的自动填充功能，可以向表格快速填充一组有序数据，以减少用户的录入工作量。有序数据是指在连续的单元格中输入相同的或者有规律的数据，例如等差数列、等比数列、日期等。可以用不同的方法实现数据填充操作。

**1. 使用填充柄**

① 在某个单元格或单元格区域输入要填充的数据内容。

② 选中已输入内容的单元格或单元格区域，此时区域边框的右下角出现一个黑点，即填充柄。

③ 鼠标指向填充柄时，鼠标光标指针变成黑色“+”形状，此时按住鼠标左键并拖动填充柄经过相邻单元格，就会将选中区域的数据按照某种规律填充到这些单元中去。如图 2-81 所示。

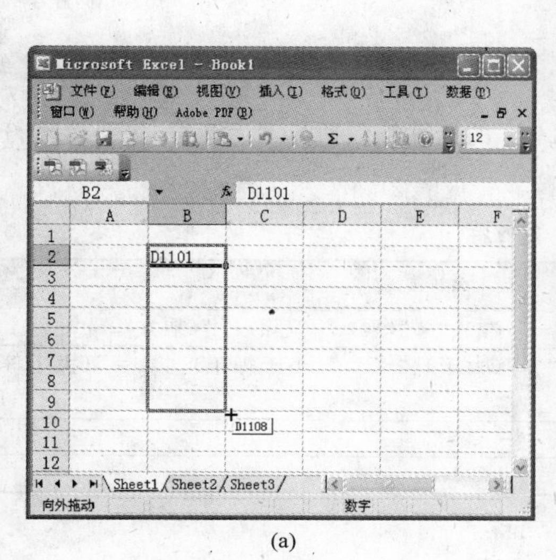


(a)

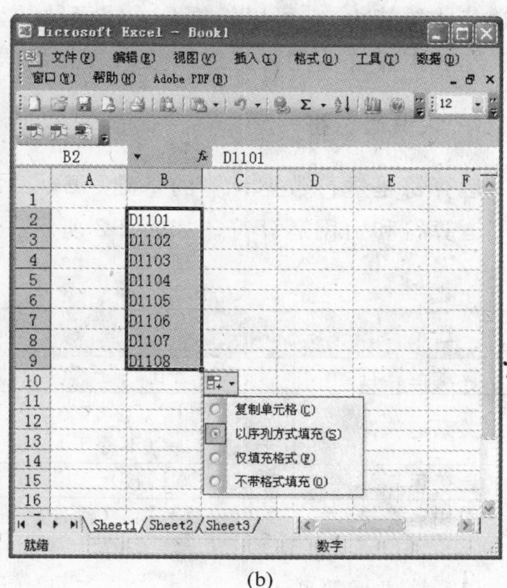


(b)

图 2-81 使用填充柄

在输入相同的数据时，若单元格中的内容是文本型数据，做自动填充数据时，需按住 Ctrl 键，然后拖动填充柄，才能实现自动填充，此时的 Ctrl 键相当于“复制”；若单元格的内容为数值型数据，则直接拖动填充柄即可。

如果要在单元格中填充数据序列，则通常有两种情况：①如果序列递增数据为 1，在要填充序列数字的第一个单元格中输入序列的第一个值，然后按住 Ctrl 键不松开，再用鼠标选中第一个单元格，当单元格右下角出现填充柄时，用鼠标向下拖拉填充柄，则该序列从第一个单元格开始每个单元格加 1。或者数据填充后，单击智能标记中的【以序列填充】命令。②如果递增数据不为 1，则在要填充序列数值的第一个单元格和第二个单元格中依次输入序列前两个数值，然后选中这两个值，拖拉填充柄，则该序列从第二个单元格开始填充，每个单元格加上第一个单元格和第二个单元格值的差。

## 2. “序列”填充

选中填充部分的起始单元格及其周围需填充的区域，执行【编辑】→【填充】→【序列】命令，在弹出的【序列】对话框中设置，可以按照一定的数据序列规则进行填充，如图 2-82 所示。

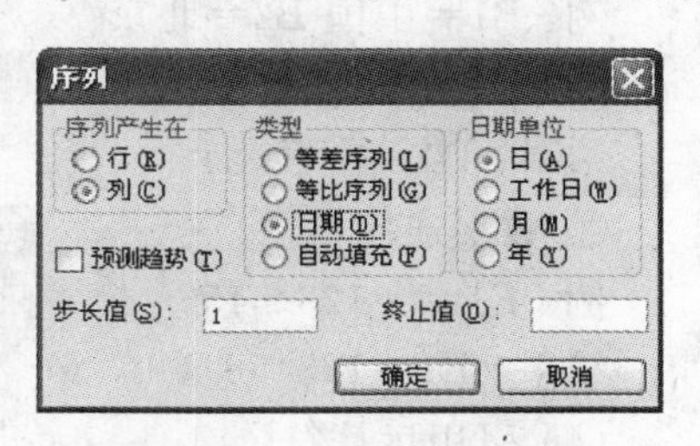


图 2-82 【序列】对话框

### 2.3.3.2 公式或函数计算

在 Excel 中，可以利用公式或函数对数据进行分析与计算。Excel 的单元格具有存储数学公式的能力，它可以根据公式或函数的变化，自动更新计算结果。下面我们就来看看在工作表中怎样使用公式或函数来填充数据。

**1. 认识运算符**

运算符是进行数据计算的基础。Excel 2003 的运算符包括算术运算符、关系运算符、连接运算符和引用运算符。如表 2-2 所示。

**表 2-2 运算符**

| 运算符 | 内容 |
| --- | --- |
| 算术运算符 | “％”(百分比)、“＋”(加)、“－”(减)、“＊”(乘)、“/”(除)、“^”(乘方) |
| 关系运算符 | “＝”(等于)、“＜”(小于)、“＞”(大于)、“＜＝”(小于等于)、“＞＝”(大于等于)、“＜＞”(不等于) |
| 连接运算符 | “&”(文本链接) |
| 引用运算符 | “，”(逗号)、“：”(冒号) |

(1) 算术运算符

包含内容：“＋”(加)、“－”(减)、“＊”(乘)、“/”(除)、“％”(百分比)、“^”(乘方)。

运算结果：数值型

(2) 关系运算符

包含内容：“＝”(等于)、“＞”(大于)、“＜”(小于)、“＞＝”(大于等于)、“＜＝”(小于等于)、“＜ ＞”(不等于)。

运算结果：逻辑值 TRUE、FALSE。

(3) 连接运算符

包含内容：“&”。

运算结果：连续的文本值。

① 字符型单元格连接。

例：B1＝中国 B2＝北京

D1＝B1&B2

结果：D1＝中国北京

② 数字连接。

例：E1＝＝123&456

结果：E1＝123456

(4) 引用运算符

包含内容：“:”(冒号)区域运算符，完成单元格区域中数据的引用。

“，”(逗号)，完成对单元格数据的引用。

例：A1:A4

结果：表示由 A1、A2、A3、A4 四个单元格组成的区域。

例：SUM(A1,A7,A5)

结果：表示对 A1,A7,A5 三个单元格中的数据求和。

这 4 类运算符的优先级从高到低依次为："引用运算符"、"算术运算符"、"连接运算符"、"关系运算符"。每类运算符根据优先级计算，当优先级相同时，按照自左向右规则计算。

**2. 公式的创建**

公式是利用单元格的引用地址对存放在其中的数值进行计算的等式。在 Excel 中要正确地创建一个公式，就是要将等式中参与运算的每个运算数和运算符正确地书写出来。

如，公式"＝(SUM(F4:F12)－G13) * 0.5"由三部分组成(见图 2-83)：等号、运算数和运算符。运算数可以是数值常量，也可以是单元格或单元格区域，甚至是 Excel 提供的函数。运算符可以是表 2-2 中的任意一种。

可以通过以下步骤创建公式：

① 选中输入公式的单元格；

② 输入等号"＝"；

③ 在单元格或者编辑栏中输入公式具体内容；

④ 按 Enter 键，完成公式的创建。

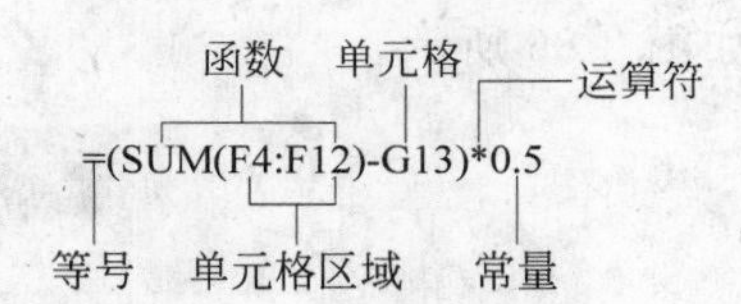


图 2-83　公式的组成示例

**3. 函数的创建**

函数是 Excel 自带的一些已经定义好的公式。函数处理数据的方式和公式的处理方式是相似的。例如使用公式"＝F4＋F5＋F6＋F7＋F8＋F9＋F10＋F11＋F12"与使用函数"＝SUM(F4:F12)"，其结果是相同的。使用函数不但可以减少计算的工作量，而且可以减少出错的概率。

函数的基本格式为：函数名(参数 1，参数 2，…)。

① 函数名代表了该函数的功能，例如常用的 SUM 函数实现数值相加功能；MAX 函数计算最大值；MIN 函数计算最小值；AVERAGE 函数计算平均数。

② 不同类型的函数要求不同类型的参数，可以是数值、文本、单元格地址等。

单击编辑框中的【插入函数】按钮 fx ，在【选择类别】下拉列表框中选择使用的函数类型，在【选择函数】列表框中选择具体的函数。然后根据选用的不同函数，会弹出不同的【函数参数】对话框，根据上面指示，完成函数创建。

如在"学生成绩表"里要计算学生三门课的总成绩，可以用公式进行连加，也可以直接选用函数 SUM，具体步骤如下。

① 选中输入函数的单元格；

② 单击编辑框中的【插入函数】按钮 fx ，打开【插入函数】对话框，选择"常用函数"中的 SUM 函数，如图 2-84 所示。

③ 在弹出的【函数参数】对话框中的 Number1 对应的文本框中引用参数单元格名称 C3:E3，可以看到对话框上的提示已经计算出结果，如图 2-85 所示。

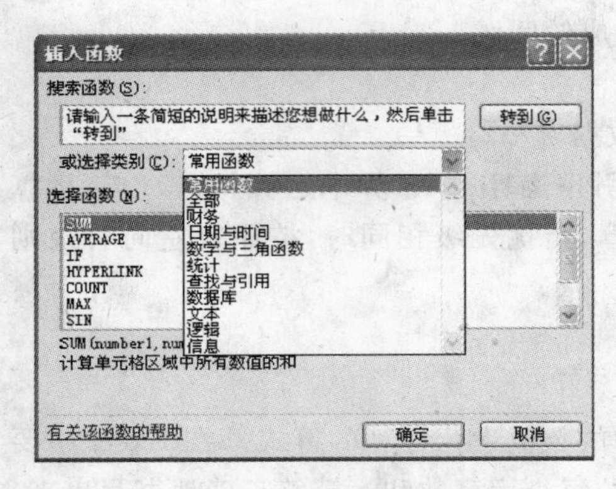


图 2-84 【插入函数】对话框

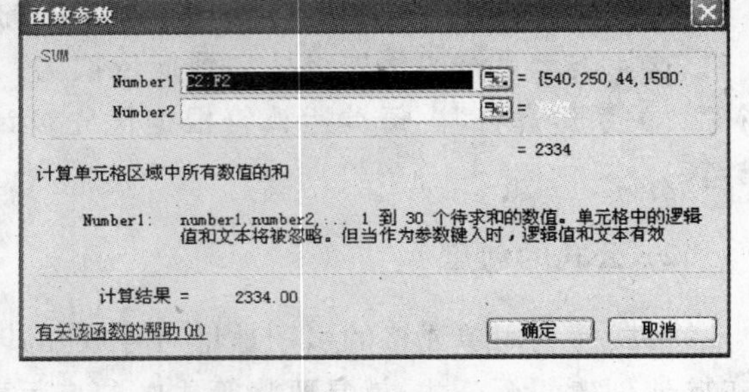


图 2-85 填写函数参数

④ 单击【确定】按钮，函数计算结果显示在了目标单元格中。

⑤ 这一目标单元格下方的其他单元格计算，只需要使用填充柄自动填充即可完成，如图 2-86 所示。

Microsoft Excel - sumif.xls

G2 =SUM(C2:F2)

| | A | B | C | D | E | F | G |
|---|---|---|---|---|---|---|---|
| 1 | 姓名 | 部门 | 基本工资 | 岗位津贴 | 工龄津贴 | 奖励工资 | 应发工资 |
| 2 | 王惠民 | 生产部 | 540.00 | 250.00 | 44.00 | 1500.00 | 2334.00 |
| 3 | 李素馨 | 行政部 | 550.00 | 300.00 | 42.00 | 1200.00 | 2092.00 |
| 4 | 张鑫宁 | 财务部 | 520.00 | 200.00 | 42.00 | 1000.00 | 1762.00 |
| 5 | 程璐 | 销售部 | 515.00 | 215.00 | 20.00 | 800.00 | 1550.00 |
| 6 | 李孝丽 | 生产部 | 480.00 | 220.00 | 64.00 | 1500.00 | 2264.00 |
| 7 | 高博 | 财务部 | 540.00 | 210.00 | 68.00 | 1000.00 | 1818.00 |
| 8 | 刘彻 | 生产部 | 520.00 | 250.00 | 40.00 | 1500.00 | 2310.00 |
| 9 | 秦岚 | 生产部 | 540.00 | 240.00 | 16.00 | 1300.00 | 2096.00 |
| 10 | 周希嫒 | 销售部 | 500.00 | 230.00 | 52.00 | 1200.00 | 1982.00 |
| 11 | 陈强 | 行政部 | 540.00 | 280.00 | 28.00 | 1200.00 | 2048.00 |
| 12 | 刘信 | 行政部 | 520.00 | 300.00 | 52.00 | 1500.00 | 2372.00 |
| 13 | 姚雪晨 | 销售部 | 480.00 | 220.00 | 20.00 | 800.00 | 1520.00 |

图 2-86 SUM 函数计算填充

### 4. 单元格的引用

在进行公式和函数计算时，经常需要引用数据区域中某些单元格中的值，称为单元格的引用。

在 Excel 中，单元格的引用有三种表现形式：相对引用、绝对引用和混合引用。

① 相对引用。在公式的复制或自动填充时，随着计算对象的位移，公式中被引用的单元格也发生相对位移。即其引用地址相对目的单元格地址发生变化，相对引用地址由列标、行号表示，如在上述的函数计算中，F3 单元格显示计算结果是根据函数 SUM(C2:F2)得来的。而当目标单元格变为 F4 时，函数计算式也随之发生变化为 SUM(C3:F3)。

② 绝对引用。但是有的运算中，是不需要公式中引用的单元格随计算对象位移的变化而变化的。这时就要用到绝对引用地址。绝对引用地址的表示方法是在行号和列标之

前都加一个“$”符号，使它们不会随着计算对象位移的变化而变化。

③ 混合引用。如果单元格引用的一部分为绝对引用；另一部分为相对引用，例如$B2 或 B$2，我们把这类引用称为“混合引用”。如果“$”符号在行号前，表示该行位置是“绝对不变”的，而列位置会随目的位置的变化而变化。反之，如果“$”符号在列标前，表示该列位置是“绝对不变”的，而行位置会随目的位置的变化而变化。

## 2.3.4 排版修饰

### 2.3.4.1 工作表的管理和编辑

**1. 工作表的选定**

通常在 Excel 中，一张工作表内只能存放一组数据的处理结果，所以，当处理的数据较多时，一个工作簿会由多张工作表组成。每一张工作表不但要求数据正确，还要求排版合理、样式美观，因此对工作表的管理和编辑就显得尤为重要。

① 选定单张工作表。要选定单张工作表，只需单击相应的工作表标签，该工作表的内容即可显示在工作簿窗口中，该工作表标签变为白色，工作表名下方出现下画线。

② 选定多张工作表。要选定多张连续工作表，先单击第一张工作表，按住 Shift 键，再单击最后一张工作表；要选定多张离散的工作表，按住 Ctrl 键，再依次单击所要选定的各张工作表。

③ 工作表切换。如果要在各张工作表中进行切换，可以使用 Ctrl＋PageUp 组合键切换到前一张工作表，或者使用 Ctrl＋PageDn 组合键切换到后面一张工作表。

**2. 插入、移动和删除工作表**

① 插入或删除工作表。在编辑工作表的时候，经常需要在当前工作簿中插入一张新的工作表。选中当前工作表，右击，在弹出的快捷菜单中选择【插入】命令，即可在当前工作表之前插入一张新的工作表。也可利用菜单命令【插入】→【工作表】完成操作。

删除一张工作表，需要选中待删除的工作表，右击，在弹出的快捷菜单中选择【删除】命令即可。或者利用菜单命令【编辑】→【删除工作表】，在弹出的对话框中单击【确定】按钮，即可删除当前的工作表，工作表被删除后，无法用【撤销】命令来恢复。

② 移动或复制工作表。Excel 允许将某张工作表在同一个或多个工作簿中进行移动或复制。如果在同一个工作簿中实现移动或复制，则只需要单击要移动或复制的工作表，将它拖动到目标位置即可实现移动；如果在拖动时按住 Ctrl 键即可完成复制操作，并且自动为副本命名，例如 Sheet1 的副本的默认名是 Sheet1(2)。

另外我们也可以利用快捷菜单完成上述操作。选中要移动或复制的工作表，右击，在弹出的快捷菜单中选择【移动或复制工作表】命令，打开【移动或复制工作表】对话框，如图 2-87 所示。在【工作簿】下拉列表框中选择目标工作簿位置，如果进行复制操作，还需要选中【建立副本】复选框。

**3. 重命名工作表**

为了便于用户对工作表的使用和管理，我们可以对工作表进行重命名。

① 选中 Sheet1 工作表，右击，在弹出的快捷菜单中选择【重命名】命令。

② 输入新的工作表名称，然后按 Enter 键确定。

也可以双击要更名的工作表，工作表标签呈黑底白字，输入新的名称后按 Enter 键确定。或者选中要更名的工作表，利用【格式】→【工作表】→【重命名】命令来完成。

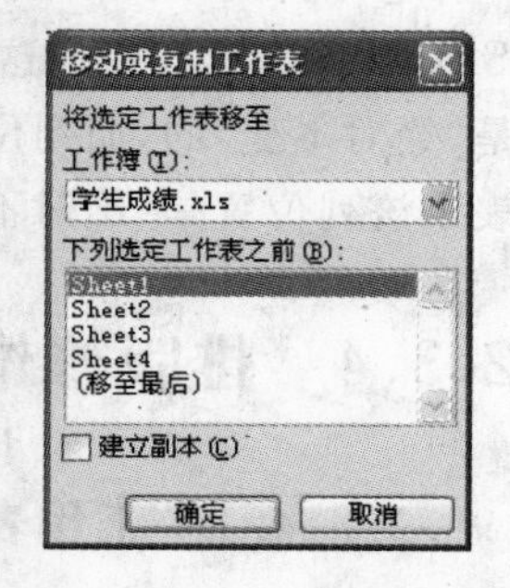


图 2-87 【移动或复制工作表】对话框

## 2.3.4.2 调整行高和列宽

设置工作表的列宽和行高是改善工作表外观常用的手段。输入太长的文本或数值内容都会影响数据的正常显示。我们可以通过调整列宽来修正这类显示错误。如有时单元格中显示数据形式为"####"，就是因为列宽不够，不能完全显示，只要加大列宽即可修正。

我们可以通过两种方法调整工作表的列宽和行高，下面以调整列宽为例，行高的调整方法与之类似。

① 将鼠标移至所选列列标的右边框上，当鼠标光标指针变为带箭头的双线时，按住鼠标左键向左或向右拖动，即可调整该列的宽度。

② 选中该列，单击【格式】→【列】→【列宽】命令，打开【列宽】对话框，在文本框中输入新的列宽值即可。

## 2.3.4.3 插入/删除行和列

**1. 插入**

插入整行或整列时，Excel 2003 规定只能插入选定行的上边或选定列的左边。选中某行或某列，右击，在弹出的快捷菜单中选择【插入】命令即可。或者利用【插入】→【列】(或者【插入】→【行】)命令来完成。

**2. 删除**

选中要删除的对象，右击，在弹出的快捷菜单中选择【删除】命令即可。或者利用【编辑】→【删除】命令来完成。

## 2.3.4.4 编辑单元格

**1. 格式化单元格**

单元格的格式化是指对单元格内容的数字格式、对齐方式、字体、颜色、边框和底纹等格式信息进行设置。

如将“职工工资表”最上边插入一行，在 A1 单元格中录入“第一班组职工工资表”文字作为标题。然后要求：将表的标题设置为 A1 到 G1 单元格合并居中，【字体】为“隶书”，【字号】为“24”；工作表中其余的内容设置为宋体、12、居中；A2 到 G2 单元格设置底纹“浅青绿”。格式化后的工作表如图 2-88 所示。

Microsoft Excel - sumif.xls

第一班组职工工资表

| 姓名 | 部门 | 基本工资 | 岗位津贴 | 工龄津贴 | 奖励工资 | 应发工资 |
|---|---|---|---|---|---|---|
| 王惠民 | 生产部 | 540.00 | 250.00 | 44.00 | 1500.00 | 2334.00 |
| 李素馨 | 行政部 | 550.00 | 300.00 | 42.00 | 1200.00 | 2092.00 |
| 张鑫宁 | 财务部 | 520.00 | 200.00 | 42.00 | 1000.00 | 1762.00 |
| 程璐 | 销售部 | 515.00 | 215.00 | 20.00 | 800.00 | 1550.00 |
| 李孝丽 | 生产部 | 480.00 | 220.00 | 64.00 | 1500.00 | 2264.00 |
| 高博 | 财务部 | 540.00 | 210.00 | 68.00 | 1000.00 | 1818.00 |
| 刘彻 | 生产部 | 520.00 | 250.00 | 40.00 | 1500.00 | 2310.00 |
| 秦岚 | 生产部 | 540.00 | 240.00 | 16.00 | 1300.00 | 2096.00 |
| 周希媛 | 销售部 | 500.00 | 230.00 | 52.00 | 1200.00 | 1982.00 |
| 陈强 | 行政部 | 540.00 | 280.00 | 28.00 | 1200.00 | 2048.00 |
| 刘倩 | 行政部 | 520.00 | 300.00 | 52.00 | 1500.00 | 2372.00 |
| 姚雪晨 | 销售部 | 480.00 | 220.00 | 20.00 | 800.00 | 1520.00 |

图 2-88　设置单元格格式

① 选中 A1:G1 单元格区域，单击【格式】工具栏上的【合并居中】按钮，然后执行【格式】→【单元格】命令，在打开的【单元格格式】对话框中单击【字体】选项卡，分别设置【字体】为“隶书”，【字号】为“24”，预览后单击【确定】按钮，如图 2-89 所示。

② 选中 A2:G14 单元格区域，右击，在弹出的快捷菜单中选择【设置单元格格式】命令，在打开的【单元格格式】对话框中单击【对齐】选项卡，将【水平对齐】和【垂直对齐】均设置为“居中”，如图 2-90 所示。

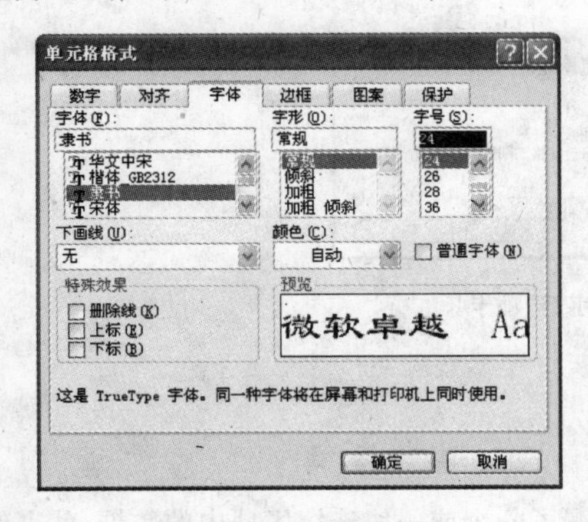


图 2-89　【字体】选项卡

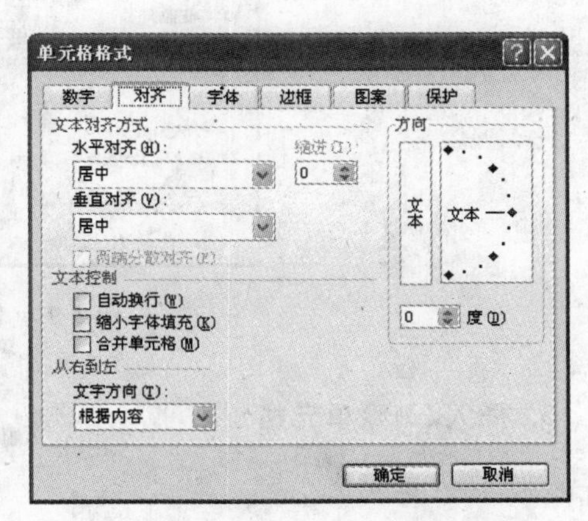


图 2-90　【对齐】选项卡

③ 单击【字体】选项卡，设置【字体】为“宋体”，【字号】为“12”，预览后单击【确定】按钮。

### 2. 单元格数值类型

单元格中的数字格式决定了 Excel 工作表中数字的显示方式。表 2-3 显示了 Excel 中使用的数据类型。

表 2-3 常见数据类型

| 数据类型 | 说明 |
| --- | --- |
| 常规 | 不包含任何特定格式 |
| 数值 | 有一个可供选择的千位分隔符以及可供选择的小数位数 |
| 货币 | 有可供选择的所有货币类型标记 |
| 会计专用 | 可以使一列数值符号和小数点对齐 |
| 日期 | 具有多种可供选择的显示日期的方式 |
| 时间 | 具有多种可供选择的时间类型 |
| 百分比 | 输入的数字以百分号的形式显示，小数点的位数可以选择 |
| 分数 | 有 9 种显示方式 |
| 科学记数 | 输入的数据以科学记数的形式显示 |
| 文本 | 将所输入的内容包括数字作为文本 |
| 自定义 | 用户可以自定义数据类型 |

每个数据类型对应一个对话框，可以根据其中指示进行设置。例如若将“职工工资表”中的总分列的数据类型设为“数值”，让其显示小数点后保留两位，负数第四种，则设置如图 2-91 所示。

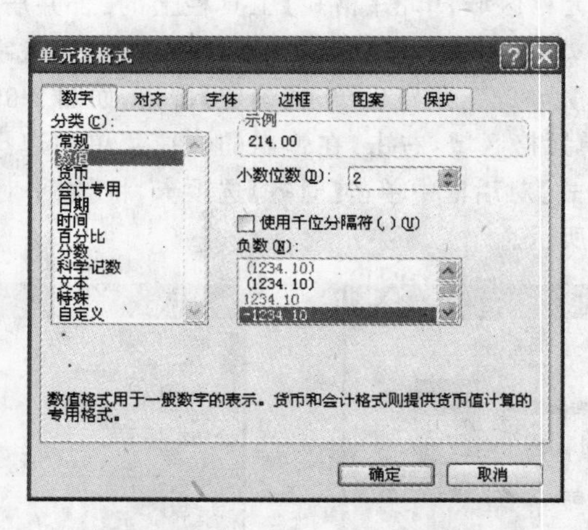


图 2-91 【数字】选项卡

### 3. 插入/删除单元格

(1) 插入单元格

在编辑工作表内容的时候，如果发现某处漏了一个或一块连续区域内的数据，就需要先插入空白单元格，再添加遗漏的数据。

① 选定要插入新单元格或单元格区域的位置。

② 执行【插入】→【单元格】命令，打开【插入】对话框，如图 2-92 所示。对话框中提供了以下四种插入方式。

【活动单元格右移】：表示新单元格插入当前单元格的左边。

【活动单元格下移】：表示新单元格插入当前单元格的上方。

【整行】：表示在当前单元格的上方插入新行。

【整列】：表示在当前单元格的左边插入新列。

③ 选择合适的插入方式，单击【确定】按钮。

(2) 删除单元格

删除单元格就是将单元格内的数据和其所在的位置完全删除。

① 选中要删除的单元格或单元格区域。

② 执行【编辑】→【删除】命令，打开【删除】对话框，如图 2-93 所示。

③ 选择合适的删除方式，单击【确定】按钮。

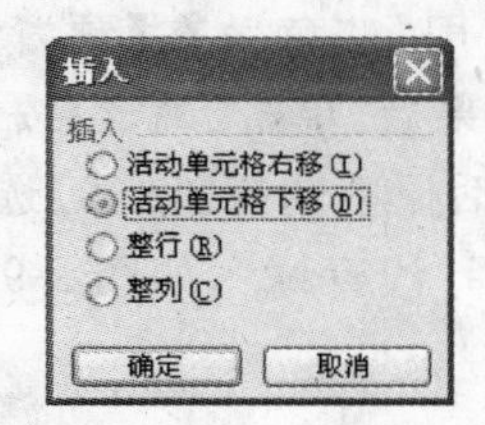

图 2-92　【插入】对话框

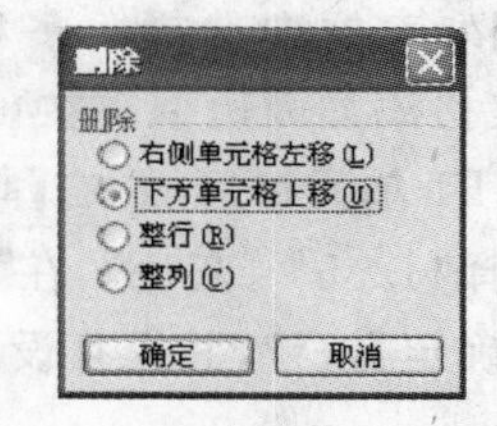

图 2-93　【删除】对话框

**说明**：删除单元格会把单元格的内容和格式全部删除，如果只希望更改表格中的数据或者格式，则可以选择【编辑】→【清除】命令。

**4. 复制和移动单元格**

在 Excel 中，单元格的移动和复制一般可以通过菜单、快捷键和拖动三种方式完成。下面我们主要介绍拖动法。

① 在同一张工作表中移动或复制单元格。选中要移动的单元格，将鼠标放在单元格的边缘，当鼠标光标指针变成箭头形状时，拖动鼠标左键到目标位置即可完成移动；如果在拖动时按住 Ctrl 键，即可完成单元格的复制。

② 在不同工作表中移动或复制单元格。选中要移动的单元格，按住 Alt 键，同时拖动鼠标左键至目标工作表处，切换到新工作表继续拖动鼠标到目标位置即可；如果在拖动时按住 Ctrl＋Alt 组合键，即可完成单元格的复制。

**5. 选择性粘贴**

使用 Excel 提供的“选择性粘贴”功能可以实现一些特殊的复制粘贴，例如只粘贴公式、格式等，或者实现“粘贴链接”功能，如图 2-94 所示。

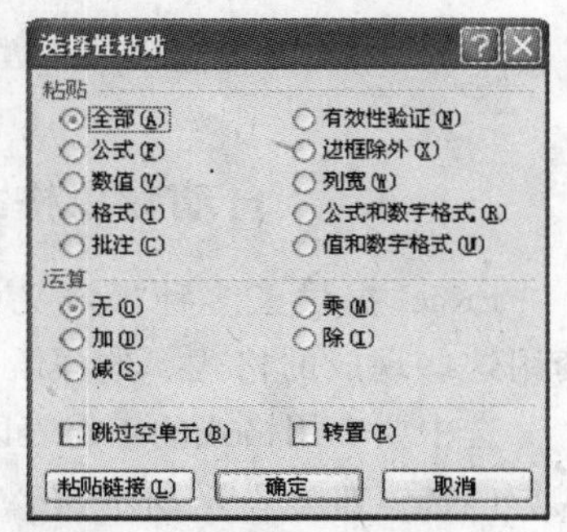

图 2-94　【选择性粘贴】对话框

### 2.3.4.5　设置边框和底纹

Excel 工作表中的单元格默认显示的边框线是虚的，打印输出后是不显示的。我们可以为工作表添加各种类型的边框和底纹，不但能美化工作表，还可以使工作表内容更加清晰。

如为“学生成绩汇总表”添加边框和底纹。

① 选中需要设置边框的单元格区域 A2:G14。

② 右击，在弹出的快捷菜单中选择【设置单元格格式】命令，或者单击【格式】→【单元格】命令，在打开的【单元格格式】对话框中选择【边框】选项卡，如图 2-95 所示。

③ 在线条【样式】列表框中选择第二列的第 6 个样式，单击【颜色】下拉列表框并选择“蓝色”。

④ 在【预置】项目组中单击【外边框】按钮，或在【边框】区单击边框线处，设置边框线的位置。

⑤ 在【样式】列表框中选择第一种线条，依然使用“蓝色”，在【预置】项目组中单击【内部】按钮，为表格添加内边框。在预览区内查看效果后，单击【确定】按钮。

⑥ 选中 A1:F1 单元格区域，在【单元格格式】对话框中选择【图案】选项卡，在【图案】下拉列表框中选择“12.5% 灰色”，在【颜色】区中选择“浅青绿”，如图 2-96 所示。查看预览效果后，单击【确定】按钮，并保存设置。

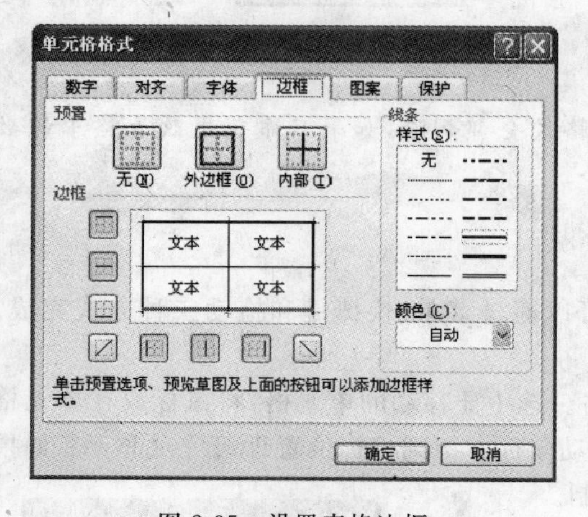


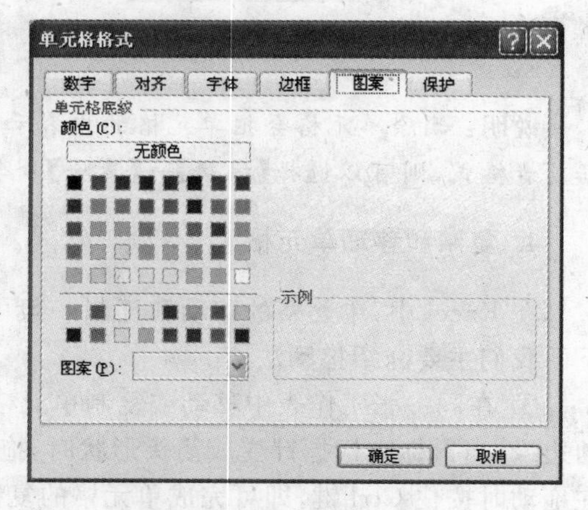


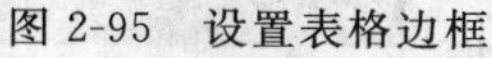
图 2-95　设置表格边框

图 2-96　设置表格图案

### 2.3.4.6　自动套用格式

Excel 提供了多种预定义好的表格格式，用户可以对一个单元格区域或整张工作表套用这些现成的格式。这样既可以美化工作表，又可以节省时间。

选中要套用格式的工作表区域，执行【格式】→【自动套用格式】命令，打开【自动套用格式】对话框，如图 2-97 所示，在对话框中选择“古典 3”格式，单击【确定】按钮，即可将选定的格式套用到所选区域中。图 2-98 所示为使用【自动套用格式】后的“第一班组职工工资表”。

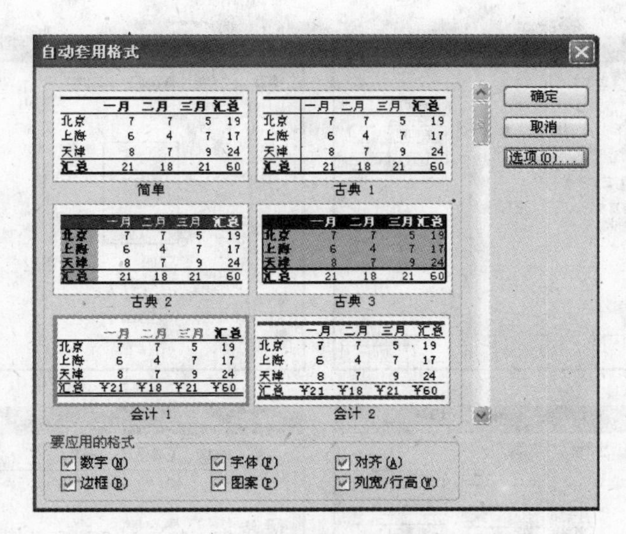


图 2-97　【自动套用格式】对话框

第一班组职工工资表

| 姓名 | 部门 | 基本工资 | 岗位津贴 | 工龄津贴 | 奖励工资 | 应发工资 |
|---|---|---|---|---|---|---|
| 王惠民 | 生产部 | 540.00 | 250.00 | 44.00 | 1500.00 | 2334.00 |
| 李素馨 | 行政部 | 550.00 | 300.00 | 42.00 | 1200.00 | 2092.00 |
| 张鑫宁 | 财务部 | 520.00 | 200.00 | 42.00 | 1000.00 | 1762.00 |
| 程璐 | 销售部 | 515.00 | 215.00 | 20.00 | 800.00 | 1550.00 |
| 李孝丽 | 生产部 | 480.00 | 220.00 | 64.00 | 1500.00 | 2264.00 |
| 高博 | 财务部 | 540.00 | 210.00 | 68.00 | 1000.00 | 1818.00 |
| 刘彻 | 生产部 | 520.00 | 250.00 | 40.00 | 1500.00 | 2310.00 |
| 秦岚 | 生产部 | 540.00 | 240.00 | 16.00 | 1300.00 | 2096.00 |
| 周希媛 | 销售部 | 500.00 | 230.00 | 52.00 | 1200.00 | 1982.00 |
| 陈强 | 行政部 | 540.00 | 280.00 | 28.00 | 1200.00 | 2048.00 |
| 刘倩 | 行政部 | 520.00 | 300.00 | 52.00 | 1500.00 | 2372.00 |
| 姚雪晨 | 销售部 | 480.00 | 220.00 | 20.00 | 800.00 | 1520.00 |

图 2-98　自动套用格式设置效果

### 2.3.4.7　页面设置和打印输出

当创建一张工作表，并对其进行相应的修饰后，就可以通过打印机打印输出了。在工作表打印之前，还需要做一些必要的设置，如设置页面、设置页边距、添加页眉/页脚、设置打印区域等。

**1. 页面设置**

单击【文件】→【页面设置】命令，打开【页面设置】对话框，如图 2-99 所示。其中包括【页面】、【页边距】、【页眉/页脚】、【工作表】4 个选项卡。

(1)【页面】选项卡

可以设置打印方向、纸张大小、缩放比例、打印起始页码等参数。

(2)【页边距】选项卡

可以设置工作表距打印纸边界“上”、“下”、“左”、“右”的距离，还可以设置工作表的居

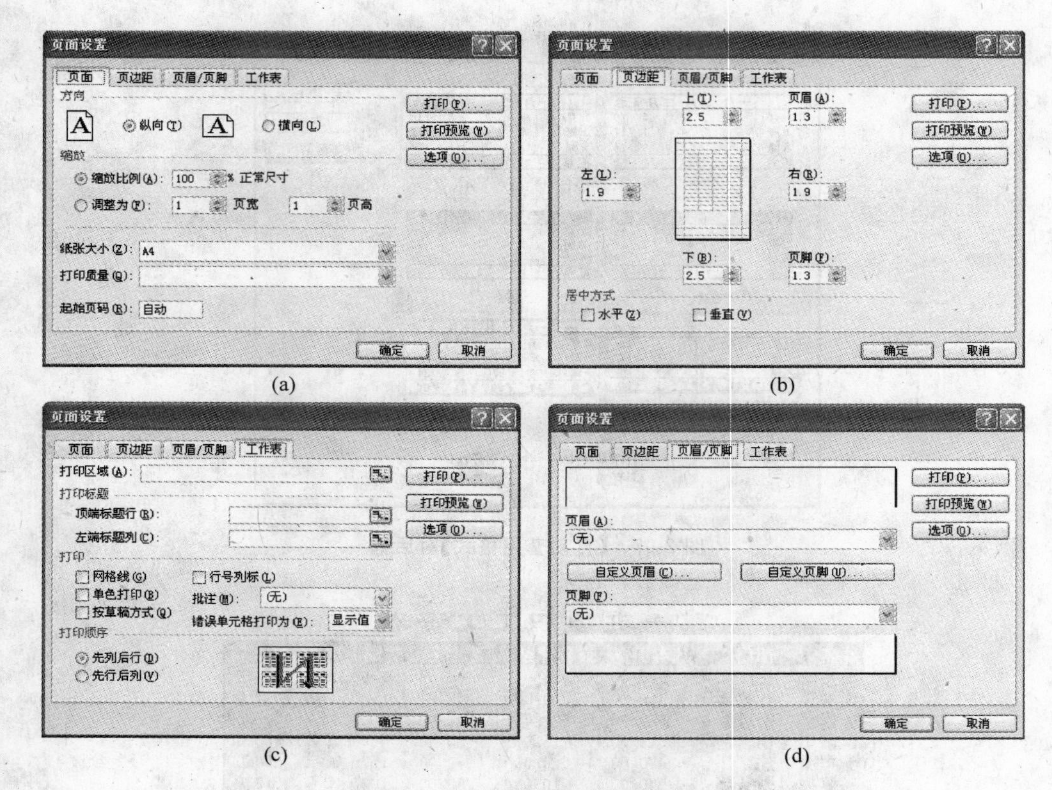


图 2-99 【页面设置】对话框

中方式以及“页眉和页脚”距边界的距离。

(3)【页眉/页脚】选项卡

可以编辑页眉和页脚的内容以及插入位置。通常情况下，Excel 页面中只显示工作表内容，所以不能像 Word 那样直接在页面上编辑页眉和页脚，只能通过页面设置来完成。

(4)【工作表】选项卡

可以重新定义打印区域；编辑打印标题，实现在每一页中都打印相同的行或列作为表格标题；设置打印顺序等。

**2. 打印预览**

在打印工作表之前通过打印预览功能查看打印效果。选择【文件】→【打印预览】命令，启动打印预览功能，如图 2-100 所示。

(1)【下一页】与【上一页】按钮

Excel 的打印预览和 Word 稍有不同，默认情况下，用户一次只能预览一页的打印效果。单击【下一页】或【上一页】按钮，可显示当前页的“下一页”或“上一页”内容，如果按钮呈灰色，则表示为最后一页或第一页。

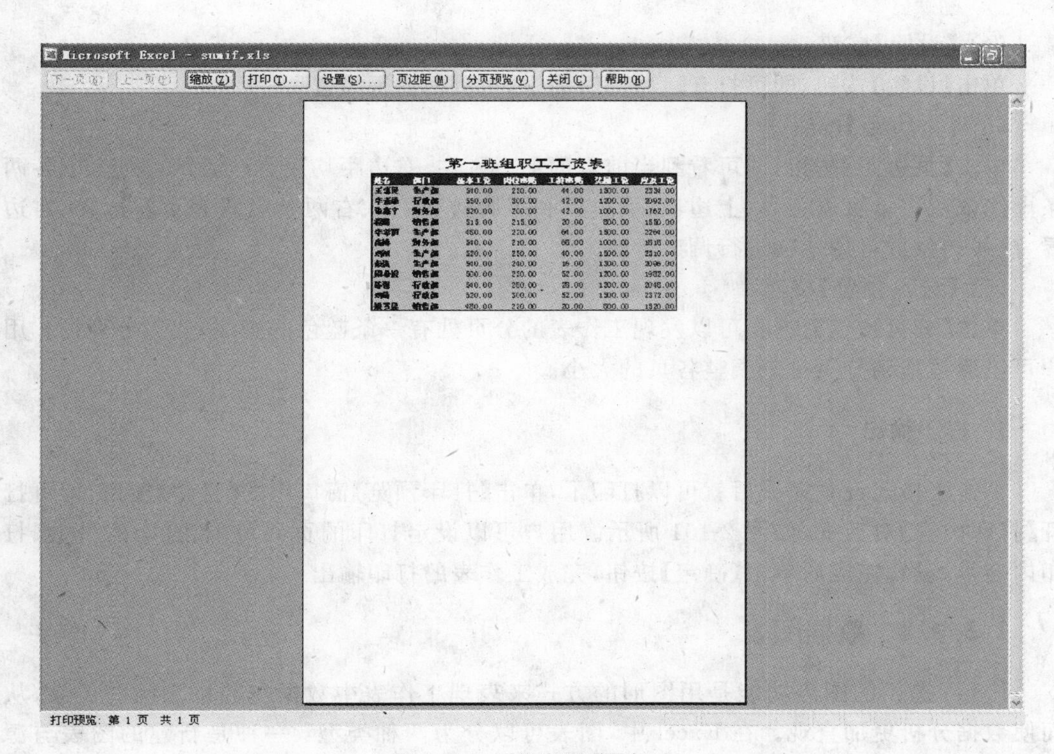


图 2-100　【打印预览】窗口

(2)【缩放】按钮

可用来放大或缩小显示内容，缩放功能并不影响实际打印效果。

(3)【打印】按钮

单击【打印】按钮，即可打开【打印内容】对话框，如图 2-101 所示。

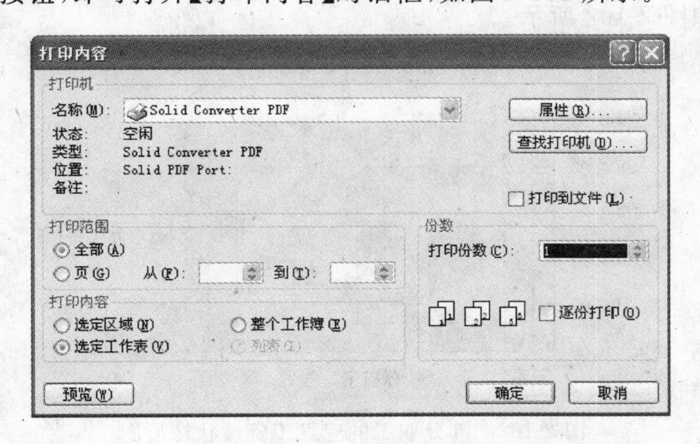


图 2-101　【打印内容】对话框

- 选定区域：只打印选定的区域。
- 整个工作簿：按顺序打印工作簿中的工作表。
- 选定工作表：这是默认选项，打印当前的工作表。

(4)【设置】按钮

单击【设置】按钮,即可打开【设置】对话框,对页面进行设置。

(5)【页边距】按钮

单击【页边距】按钮,即可看到当前页的上、下、左、右边距均用虚线表示,而上、下各两条虚线依次表示页眉边界、上边界、下边界和页脚边界,左、右两条虚线表示左边界、右边界,虚线的位置可用鼠标进行调节。

(6)【分页预览】按钮

单击【分页预览】按钮,可以发现工作表的分页处有一条蓝色的虚线,此为分页符。用户可以通过拖动分页符来调整各页的大小。

**3. 打印输出**

工作表格式设置完成后就可以打印了,单击【打印预览】窗口中的【打印】按钮,即可打开【打印内容】对话框,如图 2-101 所示。用户可以设定打印的页码范围、打印的份数、打印内容等,设置完成后单击【确定】按钮,完成工作表的打印输出。

## 2.3.4.8 数据图表

Excel 提供的图表功能是用图形的方式来表现工作表中数据与数据之间的关系,从而使数据分析更加直观。在 Excel 中,图表可以分为两种类型:一种是新建的图表与源数据不在同一张工作表中,称为图表工作表;另一种是图表与源数据在同一张工作表中,作为该工作表中的一个对象,称为嵌入式图表。

**1. 使用"图表向导"创建图表**

例:为"职工工资表"创建一个图表,用于显示部分职工的"姓名"和"应发工资"信息的簇状柱形图,如图 2-102 所示。

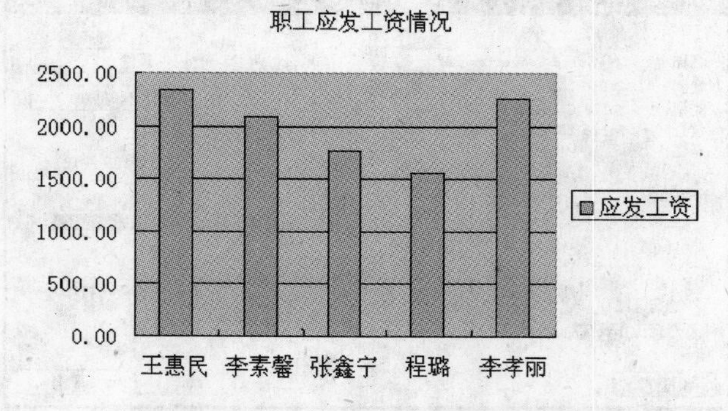


图 2-102　部分职工的应发工资簇状柱形图

创建步骤如下。

① 选中工作表中任意一单元格,执行【插入】→【图表】命令,打开【图表向导-4 步骤之 1-图表类型】对话框。如图 2-103 所示。

② 单击【标准类型】选项卡，在【图表类型】列表框中选择“柱形图”，并在右侧【子图表类型】中选择“簇状柱形图”，单击【下一步】按钮。

③ 打开【图表向导-4 步骤之 2-图表源数据】对话框，单击【数据区域】选项卡，单击【数据区域】右侧的【拾取】按钮，选择要创建图表的源数据（按住 Ctrl 键，依次选择单元格区域 C2:C7,F2:F7）。选择系列产生在【列】单选按钮，表示图表中的源数据按列分组构成。单击【系列】选项卡，为每个系列指定名称，即图例文字。设置完成后如图 2-104 所示，单击【下一步】按钮。

图 2-103 【图表向导-4 步骤之 1-图表类型】对话框

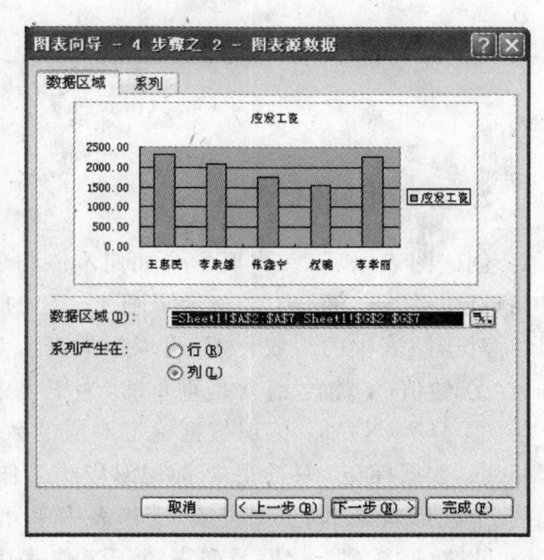


图 2-104 【图表向导-4 步骤之 2-图表源数据】对话框

④ 打开【图表向导-4 步骤之 3-图表选项】对话框，单击【标题】选项卡，设置图表、X 轴和 Y 轴的标题依次为“员工工资”、“姓名”和“金额”；单击【图例】选项卡，设置是否显示图例以及图例的位置。其他选项卡可以根据需要进行设置，完成后如图 2-105 所示，单击【下一步】按钮。

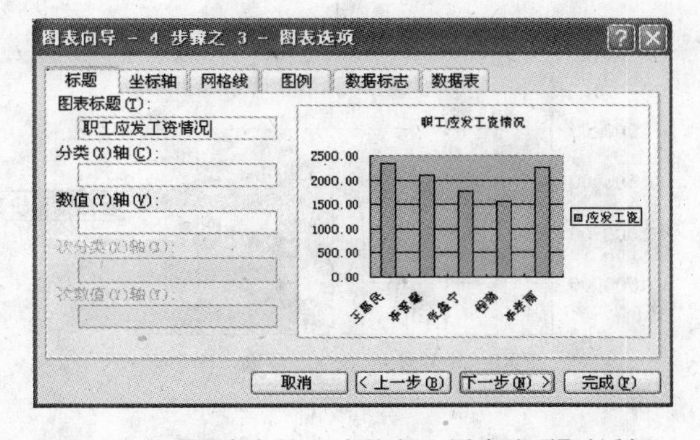


图 2-105 【图表向导-4 步骤之 3-图表选项】对话框

⑤ 打开【图表向导-4 步骤之 4-图表位置】对话框，选中【作为其中的对象插入】单选框，如图 2-106 所示，单击【完成】按钮，即可将图表插入当前工作表。

⑥ 单击【保存】按钮，保存文件。

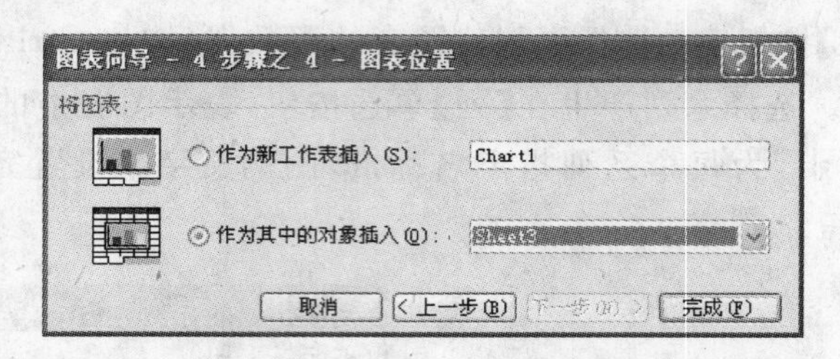


图 2-106 【图表向导-4 步骤之 4-图表位置】对话框

## 2. 图表的组成元素

创建图表以后，首先要学会如何看懂图表，即理解图表中的基本组成元素以及数据之间的对应关系。图 2-107 显示了刚才创建的图表，并标注了该图表的组成元素。

对于图表中的组成元素，可以根据需要对它们进行各种设置和修改。

① 数值(Y)轴：通常是垂直的，为图表中的数据标记提供计量的参考轴。

② 分类(X)轴：标识数据标记对应的数值数据所在的单元格位置。

③ 数据标记：一个数据标记对应于工作表中一个单元格中的具体数据。如图 2-107 第一个柱形就是“职工工资表”工作表中单元格 G3 数据的图形化。

④ 数据系列：数据系列来源于工作表中的一行或一列数据。根据要求图表中可以有一组或多组数据系列，同一组数据系列以相同的形状、图案和颜色表示。

⑤ 图例：每个数据系列的名字都将出现在图例区域中，称为图例的一个标题。例如，图例中的“基本工资”标题为第一组数据系列的名称，对应工作表中 E 列的列标题。

⑥ 图表区：在二维图表中，图表区是以两条坐标轴为界并包含全部数据系列的矩形区域，即图 2-107 中浅灰色背景区域。

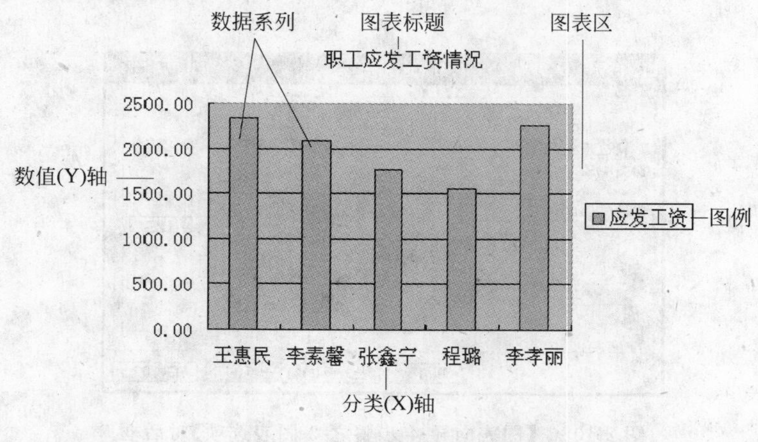


图 2-107 图表组成元素

### 3. 编辑图表

当图表创建完成后，可以对图表中各个内容进行修改编辑。要修改图表，首先要选中图表。单击图表，屏幕上出现【图表】工具栏，如图 2-108 所示。可以根据需要选择不同的按钮对图表进行编辑。

图 2-108　【图表】工具栏

(1) 更改图表类型

单击【图表类型】按钮右侧的箭头，打开图表类型列表，其中有 18 种可供选择的图表类型，单击进行选择，图表的外观会自动发生改变。同一组数据可以用不同的图表类型来表示，因此在选择图表类型时可以选择最适合表达数据内容的图表类型。例如，表示各部分数据的对比情况，可以用直方图；表示数据的发展趋势，可以用折线图；表示比例关系，可以用饼图。

(2) 添加/删除图表中的项目

如果在创建图表中没有设置某些图表项目，可以在图表生成后再进行补充。右击绘图区，在弹出的快捷菜单中选择【图表选项】命令，在打开的【图表选项】对话框中进行项目编辑。

(3) 更改源数据

如果要重新选择源数据，右击绘图区，在弹出的快捷菜单中选择【源数据】命令，打开【源数据】对话框，然后选定正确的数据区域即可。

(4) 更改图表大小

单击选中图表，此时图表周围出现 8 个“句柄”，可将鼠标移到右下角的句柄处，待鼠标变成双箭头形状时，按住鼠标左键，然后拖动鼠标调整图表尺寸大小。

### 4. 图表对象的格式化设置

当生成一张图表后，图表上的信息都是按默认的格式显示的。为了获得更理想的显示效果，就需要对图表中的各个对象格式化，以改变它们的外观。

对图表对象格式化，首先要选中设置的对象，例如“标题”、“图例”、“数据系列”等，然后双击，打开相应的格式设置对话框。由于不同对象格式化的内容不同，所以对话框的组成也不相同。有的对话框中可能有多个选项卡。通过改变原有对象的设置值，便可以改变图表的外观。以下介绍几种常用的格式化工作。

(1) 格式化字体

如果希望改变“图例”的字体格式，可用鼠标双击【图例】，打开【图例格式】对话框。单击【字体】选项卡，在【字体】选项卡下重新设置图例字体的字形、字号、颜色等参数，最后单击【确定】按钮即可。

如果希望改变整个图表区域的字体效果，可用鼠标双击图表区的空白处，然后在【图表区格式】对话框中做相应设置。

(2) 边框与填充

如果要为某个区域加边框，或者改变某个区域的填充效果，可以双击该区域，打开相应的对话框。选择【图案】选项卡进行设置。

例如要更改图 2-109“图表区”的背景填充颜色等，可以双击绘图区，打开【绘图区格式】对话框。在其中进行相应操作。

(3) 对齐方式

对于包含文字的对象内容，如“标题”、“坐标轴”等，其格式对话框中都包含有【对齐】选项卡。在【对齐】选项卡下可以设置文字的显示方向、旋转角度等。例如，用鼠标双击 X 坐标轴，打开【坐标轴格式】对话框，在【对齐】选项卡下，设置文字方向为旋转－30 度，设置效果如图 2-110 所示。

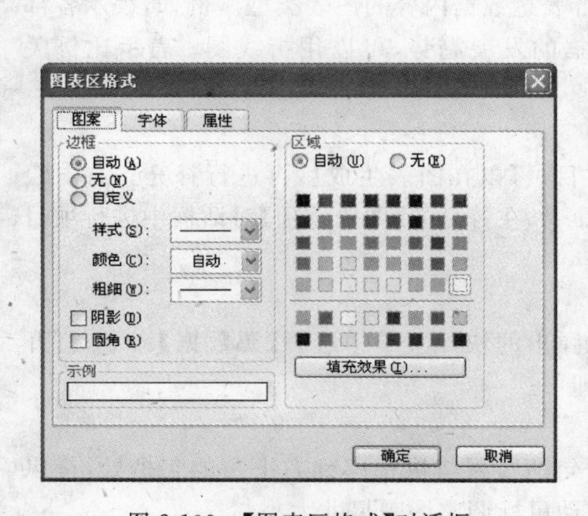


图 2-109 【图表区格式】对话框

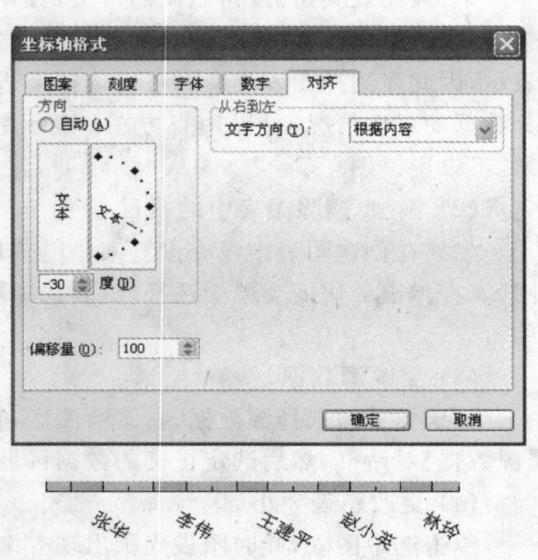


图 2-110 【坐标轴格式】对话框

(4) 图案

在 Excel 环境中，图表中不同的数据系列都是以不同的颜色区分的，但最终需要将图表打印输出。如果是用黑白打印机，那么在输出图表时原有的色彩将按黑白灰度输出，这就有可能使原有的色彩不能明显区分。解决这一问题的方法就是为各个数据系列填充不同的填充图案。

双击某个数据系列，打开【数据系列格式】对话框，单击【内部】框中的【填充颜色】按钮，在【图案】选项卡下选择一种填充图案，然后依次单击【确定】按钮。可以用同样的方法改变其他数据系列的填充图案。这样在经过黑白打印机输出后，就可以根据不同的图案来区分各数据系列了。

## 2.3.5 数据处理

Excel 具有强大的数据库管理功能，可以方便地组织、管理和分析大量的数据信息。

在 Excel 中，工作表内符合一定条件的一块连续不间断的数据就是一个数据库，可以对数据库的数据进行筛选、排序、分类汇总等操作。

### 2.3.5.1　建立和编辑数据清单

**1. 数据清单的概念**

在 Excel 中，数据清单是包含相似数据组并带有标题的一组工作表数据行。我们可以把“数据清单”看成是简单的“数据库”，其中行作为数据库中的记录，列作为字段，列标题作为数据库中字段的名称。借助数据清单，我们就可以实现数据库中的数据管理功能——筛选、排序等。

要正确创建数据清单，应遵守以下原则：

① 如果要使用 Excel 的数据管理功能，首先必须将工作表格创建为数据清单。数据清单必须包括两个部分——列标题和数据。

② 避免在一张工作表中建立多个数据清单。

③ 在数据清单的第一行建立列标题。

④ 列标题名唯一。

⑤ 单元格中数据的对齐方式可以用【单元格格式】命令来设置，不要用输入空格的方法调整。

**2. 编辑数据清单**

如果数据清单中的记录、字段数很多，那么查找或编辑某些记录是比较麻烦的。这时，我们可以使用【记录单】功能完成对数据清单的编辑操作。

在【记录单】对话框中，单击【新建】按钮，会出现新的空白记录，用户可输入内容，这条记录会增加在原数据清单的末尾。

在【记录单】对话框中，单击【删除】按钮，可删除当前显示的记录。

在【记录单】对话框中，单击【上一条】或【下一条】按钮，可浏览数据清单中的内容。

### 2.3.5.2　数据清单排序

排序是组织数据的基本手段之一。通过排序管理可将表格中的数据按字母顺序、数值大小、时间顺序进行排列。可以按行或按列、以升序或降序、是否区分大小写等方式排序。

在“职工工资表”中对“应发工资”做降序排列，当应发工资相同时，按照“基本工资”降序排列。

① 选中“职工工资表”表中的任意单元格。

② 执行【数据】→【排序】命令，打开【排序】对话框。设置【主要关键字】为“应发工资”，并选择【降序】单选按钮，再设置【次要关键字】为“基本工资”，也选择【降序】单选按钮，注意选择“有标题行”单选项。如图 2-111 所示。

③ 单击【确定】按钮，即可完成排序操作，结果如图 2-112 所示。

图 2-111 【排序】对话框

**第一班组职工工资表**

| 姓名 | 部门 | 基本工资 | 岗位津贴 | 工龄津贴 | 奖励工资 | 应发工资 |
|---|---|---|---|---|---|---|
| 刘倩 | 行政部 | 520.00 | 300.00 | 52.00 | 1500.00 | 2372.00 |
| 王惠民 | 生产部 | 540.00 | 250.00 | 44.00 | 1500.00 | 2334.00 |
| 刘彻 | 生产部 | 520.00 | 250.00 | 40.00 | 1500.00 | 2310.00 |
| 李孝丽 | 生产部 | 480.00 | 220.00 | 64.00 | 1500.00 | 2264.00 |
| 秦岚 | 生产部 | 540.00 | 240.00 | 16.00 | 1300.00 | 2096.00 |
| 李素馨 | 行政部 | 550.00 | 300.00 | 42.00 | 1200.00 | 2092.00 |
| 陈强 | 行政部 | 540.00 | 280.00 | 28.00 | 1200.00 | 2048.00 |
| 周希媛 | 销售部 | 500.00 | 230.00 | 52.00 | 1200.00 | 1982.00 |
| 高博 | 财务部 | 540.00 | 210.00 | 68.00 | 1000.00 | 1818.00 |
| 张鑫宁 | 财务部 | 520.00 | 200.00 | 42.00 | 1000.00 | 1762.00 |
| 程璐 | 销售部 | 515.00 | 215.00 | 20.00 | 800.00 | 1550.00 |
| 姚雪晨 | 销售部 | 480.00 | 220.00 | 20.00 | 800.00 | 1520.00 |

图 2-112 排序后的结果

另外，我们也可以通过工具栏中的【升序】按钮和【降序】按钮进行快速排序。需要注意的是，快速排序前不要选中某列或某个连续的单元格区域。

这里的排序均选择【降序】单选按钮。所有的记录先按【主要关键字】降序排列，当记录的【主要关键字】相同时，再按【次要关键字】降序排列，当记录的【次要关键字】相同时，再按【第三关键字】降序排列。

**注意：**【我的数据区域】中有两个单选按钮：【有标题行】和【无标题行】。【有标题行】表示数据清单中的第一行字段名不参与排序。

### 2.3.5.3 数据筛选

数据筛选可以实现在数据清单中提炼出满足某种条件的数据，Excel 提供了两种条件筛选命令。

**1. 自动筛选**

按照选定内容自定义筛选，它适合简单条件的筛选。

例：在“职工工资表”工作表中只显示“生产部”职工的信息。

① 选中数据清单中任意单元格。

② 执行【数据】→【筛选】→【自动筛选】命令，此时在数据清单中，每一列的列标题右侧都会出现【自动筛选箭头】按钮▾。

③ 单击“性别”字段旁的下拉箭头，在列表框中选择“生产部”，则在工作表中显示筛选结果，如图 2-113 所示。

如果要取消某一筛选条件，只需选择下拉列表框中的“全部”选项即可。如果要退出筛选操作，可再次执行【数据】→【筛选】→【自动筛选】命令，取消【自动筛选】命令前的复选标识。

例：上例中还可以根据自定义条件筛选，显示“应发工资”在 1500 以上(包括 1500)，2200 以下(包括 2200)的职工记录。

① 选中数据清单中任意单元格。

② 执行【数据】→【筛选】→【自动筛选】命令，此时在数据清单中，每一列的列标题右

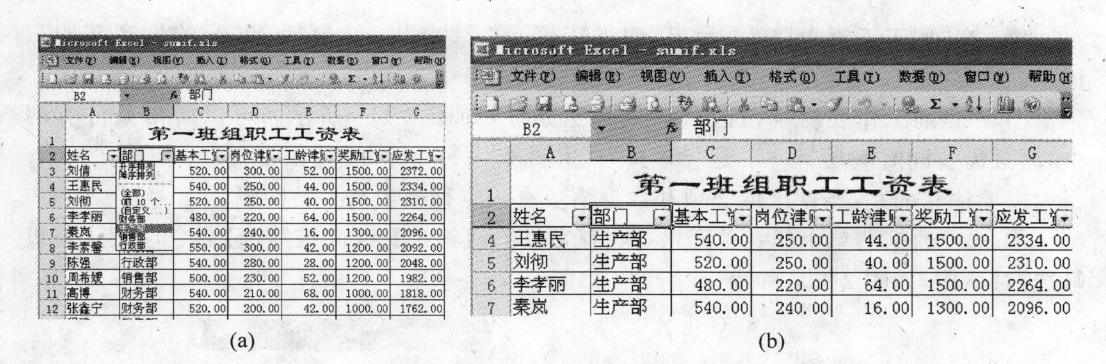


(a)　　　　(b)

图 2-113　自动筛选结果

侧都会出现【自动筛选箭头】按钮。

③ 单击"基本工资"字段旁的下拉箭头，在列表框中选择【(自定义)...】，打开【自定义自动筛选方式】对话框，如图 2-114 所示。

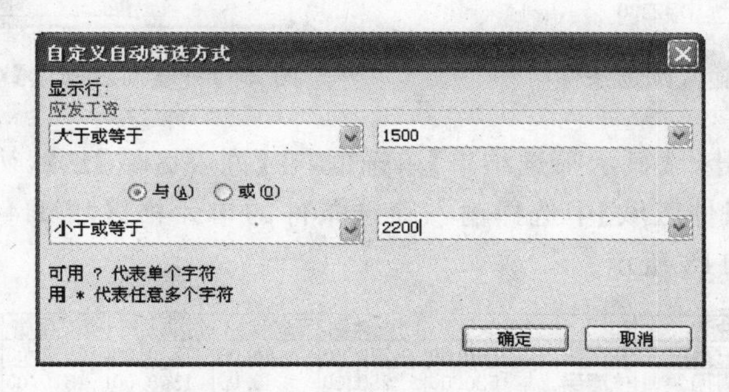


图 2-114　【自定义自动筛选方式】对话框

④ 在对话框中输入筛选条件，单击【确定】按钮完成筛选。筛选结果如图 2-115 所示。

| | A | B | C | D | E | F | G |
|---|---|---|---|---|---|---|---|
| 1 | 第一班组职工工资表 | | | | | | |
| 2 | 姓名 | 部门 | 基本工资 | 岗位津贴 | 工龄津贴 | 奖励工资 | 应发工资 |
| 7 | 秦岚 | 生产部 | 540.00 | 240.00 | 16.00 | 1300.00 | 2096.00 |
| 8 | 李素馨 | 行政部 | 550.00 | 300.00 | 42.00 | 1200.00 | 2092.00 |
| 9 | 陈强 | 行政部 | 540.00 | 280.00 | 28.00 | 1200.00 | 2048.00 |
| 10 | 周希媛 | 销售部 | 500.00 | 230.00 | 52.00 | 1200.00 | 1982.00 |
| 11 | 高博 | 财务部 | 540.00 | 210.00 | 68.00 | 1000.00 | 1818.00 |
| 12 | 张鑫宁 | 财务部 | 520.00 | 200.00 | 42.00 | 1000.00 | 1762.00 |
| 13 | 程璐 | 销售部 | 515.00 | 215.00 | 20.00 | 800.00 | 1550.00 |
| 14 | 姚雪晨 | 销售部 | 480.00 | 220.00 | 20.00 | 800.00 | 1520.00 |

图 2-115　自定义筛选结果

**2. 高级筛选**

它适合复杂条件筛选，并涉及多个字段的情况。

例：在“职工工资表”中显示出“应发工资”在 2200 以上（包括 2200）的生产部职工记录。

① 在当前工作表的空白区域输入筛选条件，如图 2-116 所示。可以看出条件有两个，而且需要同时满足。一个是“部门”为“生产部”；另一个是“应发工资”大于等于 2200。

需要注意的是，条件区域必须和数据清单有一空行或者空列的间隔。

② 选中数据清单中任意单元格，执行【数据】→【筛选】→【高级筛选】命令，打开【高级筛选】对话框，如图 2-117 所示。

| 部门 | 应发工资 |
|---|---|
| 生产部 | >=2200 |

图 2-116　输入筛选条件(1)

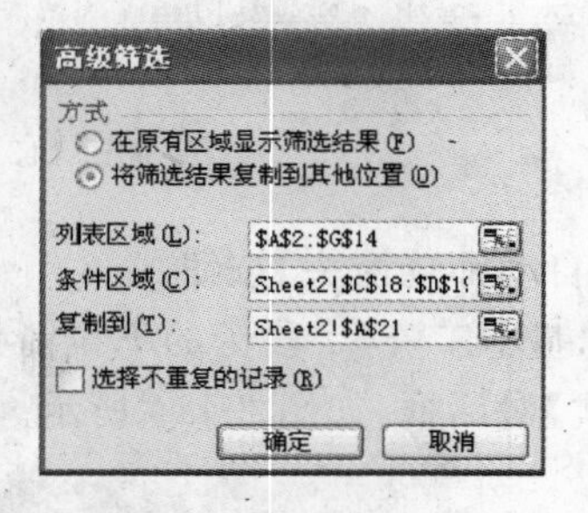


图 2-117　【高级筛选】对话框

③ 选中【在原有区域显示筛选结果】单选框，在【列表区域】已默认包含字段名在内的所有数据区域，在【条件区域】中选择输入筛选条件的单元格区域 H4:I5。单击【确定】按钮，筛选结果如图 2-118 所示。

| 姓名 | 部门 | 基本工资 | 岗位津贴 | 工龄津贴 | 奖励工资 | 应发工资 |
|---|---|---|---|---|---|---|
| 王惠民 | 生产部 | 540.00 | 250.00 | 44.00 | 1500.00 | 2334.00 |
| 刘彻 | 生产部 | 520.00 | 250.00 | 40.00 | 1500.00 | 2310.00 |
| 李孝丽 | 生产部 | 480.00 | 220.00 | 64.00 | 1500.00 | 2264.00 |

图 2-118　筛选结果(1)

④ 执行【数据】→【筛选】→【全部显示】命令，撤销筛选。

例：在“职工工资表”中显示出“基本工资”在 530 以上或“岗位津贴”在 250 以上的职工。

在当前工作表的空白区域输入筛选条件，如图 2-119 所示。这里条件也有两个，而且满足其一即可。一个是“基本工资”为大于等于 530；另一个是“岗位津贴”大于等于 250。

需要注意的是，条件区域必须和数据清单有一空行或者空列的间隔。

中间步骤同上，可以看到结果显示如图 2-120。

| 基本工资 | 岗位津贴 |
|---|---|
| >=530 | |
| | >=250 |

图 2-119　输入筛选条件(2)

| 姓名 | 部门 | 基本工资 | 岗位津贴 | 工龄津贴 | 奖励工资 | 应发工资 |
|---|---|---|---|---|---|---|
| 刘倩 | 行政部 | 520.00 | 300.00 | 52.00 | 1500.00 | 2372.00 |
| 王惠民 | 生产部 | 540.00 | 250.00 | 44.00 | 1500.00 | 2334.00 |
| 刘彻 | 生产部 | 520.00 | 250.00 | 40.00 | 1500.00 | 2310.00 |
| 秦岚 | 生产部 | 540.00 | 240.00 | 16.00 | 1300.00 | 2096.00 |
| 李素馨 | 行政部 | 550.00 | 300.00 | 42.00 | 1200.00 | 2092.00 |
| 陈强 | 行政部 | 540.00 | 280.00 | 28.00 | 1200.00 | 2048.00 |
| 高博 | 财务部 | 540.00 | 210.00 | 68.00 | 1000.00 | 1818.00 |

图 2-120　筛选结果(2)

### 2.3.5.4 数据分类汇总

所谓分类汇总就是首先将数据分类，然后将数据按照类别进行汇总分析处理。分类汇总可以使数据清单中大量数据更明确化和条理化。另外，在分类汇总前必须先按照分类字段排序。

例：对“职工工资表”按“部门”统计“基本工资”和“岗位津贴”的平均值。

① 先按“部门”字段排序分类。

② 选中数据清单中任意单元格，执行【数据】→【分类汇总】命令，打开【分类汇总】对话框，如图 2-121 所示。

③ 在对话框中做如下设置：

◆【分类字段】选择“部门”。

◆【汇总方式】选择“平均值”。

◆【选定汇总项】选中“基本工资”和“岗位津贴”复选框。

④ 单击【确定】按钮，完成分类汇总，结果如图 2-122 所示。

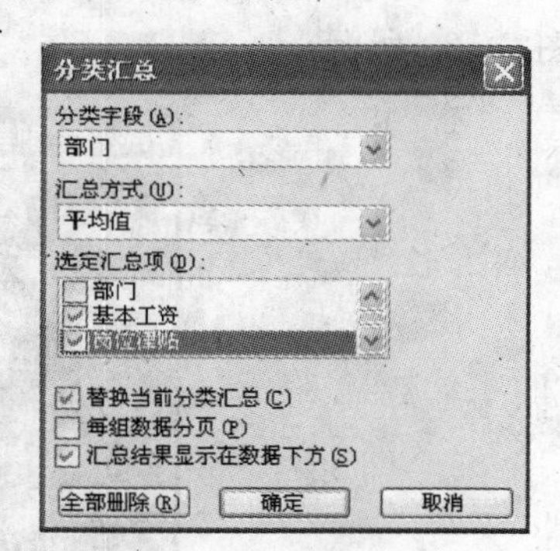


图 2-121 【分类汇总】对话框

| | A | B | C | D | E | F | G |
|---|---|---|---|---|---|---|---|
| 1 | 第一班组职工工资表 | | | | | | |
| 2 | 姓名 | 部门 | 基本工资 | 岗位津贴 | 工龄津贴 | 奖励工资 | 应发工资 |
| 3 | 刘倩 | 行政部 | 520.00 | 300.00 | 52.00 | 1500.00 | 2372.00 |
| 4 | 李素馨 | 行政部 | 550.00 | 300.00 | 42.00 | 1200.00 | 2092.00 |
| 5 | 陈强 | 行政部 | 540.00 | 280.00 | 28.00 | 1200.00 | 2048.00 |
| 6 | | **行政部 平均值** | 536.67 | 293.33 | | | |
| 7 | 周希媛 | 销售部 | 500.00 | 230.00 | 52.00 | 1200.00 | 1982.00 |
| 8 | 程璐 | 销售部 | 515.00 | 215.00 | 20.00 | 800.00 | 1550.00 |
| 9 | 姚雪晨 | 销售部 | 480.00 | 220.00 | 20.00 | 800.00 | 1520.00 |
| 10 | | **销售部 平均值** | 498.33 | 221.67 | | | |
| 11 | 王惠民 | 生产部 | 540.00 | 250.00 | 44.00 | 1500.00 | 2334.00 |
| 12 | 刘彻 | 生产部 | 520.00 | 250.00 | 40.00 | 1500.00 | 2310.00 |
| 13 | 李孝丽 | 生产部 | 480.00 | 220.00 | 64.00 | 1500.00 | 2264.00 |
| 14 | 秦岚 | 生产部 | 540.00 | 240.00 | 16.00 | 1300.00 | 2096.00 |
| 15 | | **生产部 平均值** | 520.00 | 240.00 | | | |
| 16 | 高博 | 财务部 | 540.00 | 210.00 | 68.00 | 1000.00 | 1818.00 |
| 17 | 张鑫宁 | 财务部 | 520.00 | 200.00 | 42.00 | 1000.00 | 1762.00 |
| 18 | | **财务部 平均值** | 530.00 | 205.00 | | | |
| 19 | | **总计平均值** | 520.42 | 242.92 | | | |
| 20 | | | | | | | |

图 2-122 分类汇总结果

从图 2-122 中可以看出，在数据清单的左侧，有“隐藏明细数据符号”(一)的标记。单击“一”号，可隐藏原始数据清单数据而只显示汇总后的数据结果，同时“一”号变成“＋”号，单击“＋”号即可显示明细数据。

如果要取消分类汇总效果，需要再次打开【分类汇总】对话框，单击【全部删除】按钮即可。

### 2.3.5.5 数据透视表

前面介绍的分类汇总适合于按一个字段进行分类，对一个或多个字段进行汇总。如果我们要实现按多个字段分类并汇总，那么用分类汇总命令就困难了。为此 Excel 提供了一个有力的工具——数据透视表来解决问题。

例：对“职工工资表”工作表按部门和基本工资统计应发工资的平均值。

① 选中数据清单中任意单元格。

② 执行【数据】→【数据透视表和数据透视图】命令，打开【数据透视表和数据透视图向导—3 步骤之 1】对话框。此时可以选择数据源类型和报表类型，默认系统选项，如图 2-123 所示。

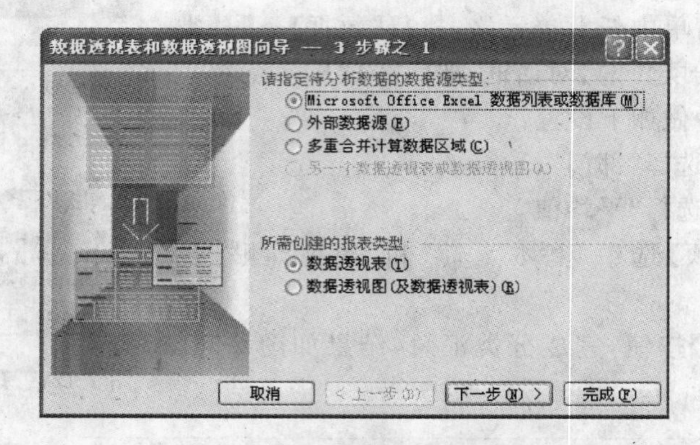


图 2-123 创建数据透视表步骤之 1

③ 单击【下一步】按钮，打开【数据透视表和数据透视图向导—3 步骤之 2】对话框，在此选取用于创建数据透视表的数据源区域，一般 Excel 会自动设定数据区域，如图 2-124 所示。如果要重新选定数据区域，可以通过【拾取】按钮进行选择。

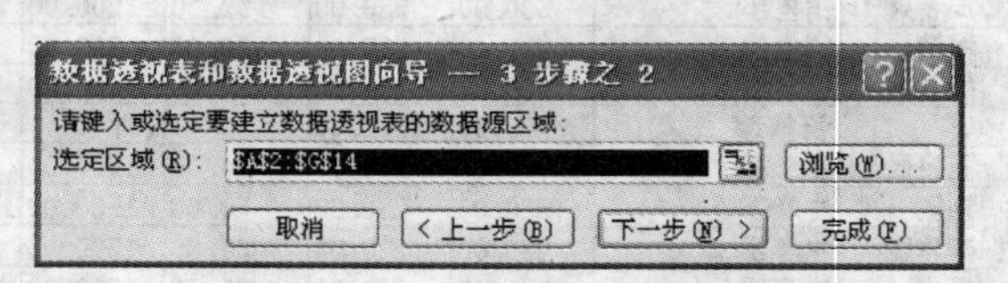


图 2-124 创建数据透视表步骤之 2

④ 单击【下一步】按钮，打开【数据透视表和数据透视图向导—3 步骤之 3】对话框，用于选择透视表的显示位置，如图 2-125 所示。这里保持默认选项，等设置完【布局】框后单击【完成】按钮。

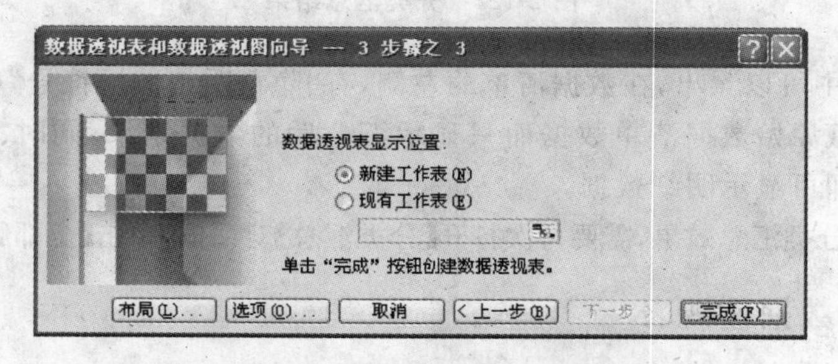


图 2-125 创建数据透视表步骤之 3

在数据透视表的【布局】框中，分为页字段、行字段、列字段和数据项。

◆ 页字段：在数据透视表中指定为页方向的字段。在页字段中，既可以显示所有项的汇总，也可以一次显示一个项，而筛选掉其他数据。

◆ 行字段：数据透视表中按行显示的字段。

◆ 列字段：数据透视表中按列显示的字段。

◆ 数据项：在数据透视表中要汇总的数据。

⑤ 将"部门"字段拖至"请将页字段拖至此处"字样的位置，将"姓名"字段拖至"请将行字段拖至此处"字样的位置，将"实发工资"字段拖至"请将数据项拖至此处"字样的位置。关闭【数据透视表字段列表】对话框，数据透视表结果如图 2-126 所示。双击数据透视表中的字段，可以打开【数据透视表字段】对话框，进行编辑，如图 2-127 所示。

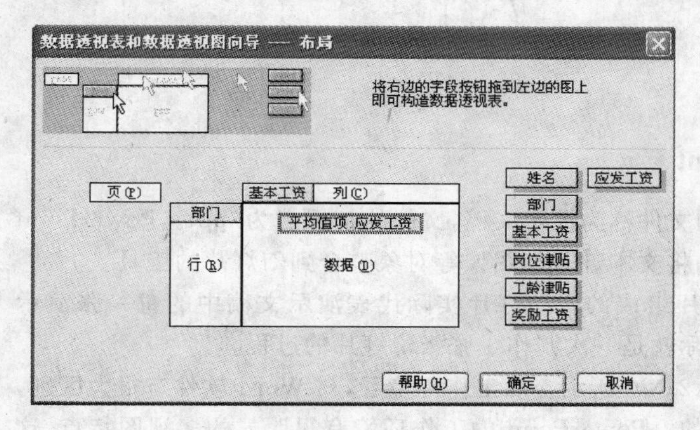


图 2-126　数据透视表页面布局

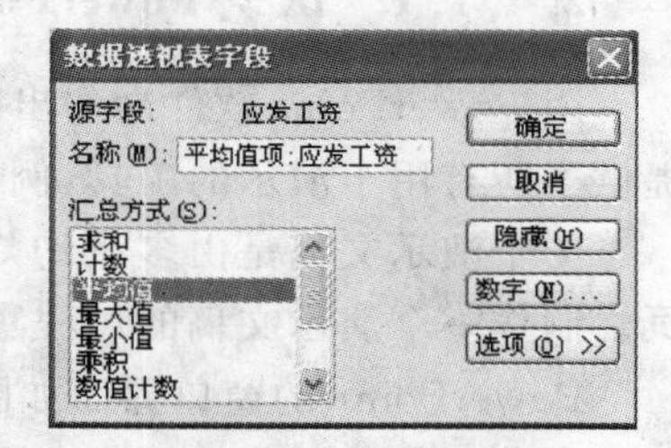


图 2-127　【数据透视表字段】对话框

⑥ 此时 Excel 在新工作表 Sheet1 中创建了一个数据透视表，如图 2-128 所示。

| 平均值项:应发工资 | 基本工资 | | | | | | |
|---|---|---|---|---|---|---|---|
| 部门 | 480.00 | 500.00 | 515.00 | 520.00 | 540.00 | 550.00 | 总计 |
| 财务部 | | | | 1762 | 1818 | | 1790 |
| 生产部 | 2264 | | | 2310 | 2215 | | 2251 |
| 销售部 | 1520 | 1982 | 1550 | | | | 1684 |
| 行政部 | | | | 2372 | 2048 | 2092 | 2170.666667 |
| 总计 | 1892 | 1982 | 1550 | 2148 | 2074 | 2092 | 2012.333333 |

图 2-128　数据透视表

⑦ 将新插入的工作表 Sheet1 更名为"数据透视表"，然后单击【保存】按钮保存文件。

## 2.4　使用 PowerPoint 制作一般演示文稿

在现代演讲、报告和教学活动中，演讲者通常需要一份以幻灯片形式放映的演示文稿。利用图文并茂、结合多种声像表现形式，以辅助演讲效果，增强听众的兴趣和接受能力，从而提升演讲、报告和教学的质量。PowerPoint 软件就是可以制作出图文并茂、生动美观、极富感染力的演示文稿的一种专业工具。其应用特点在于制作完毕后，可以通过计算机屏幕、Internet、黑白或彩色投影仪等将其发布出来。

这里以 PowerPoint 2003 版的操作为例，介绍一般演示文稿的创建、编辑、格式化、放映和打印输出等内容。

本篇整体任务设定为用 PowerPoint 软件编辑制作一份简单的演示文稿。要制作完成这样的简报可按照流程分为以下五步：

环境准备：认识和设定制作环境。

创建文稿：创建演示文稿，构架结构，内容录入。

编辑修饰：编辑修饰每张幻灯片。

放映设置：设置播放特效，放映链接，以及放映方式设置。

保存打印：保存文档，幻灯片的打印输出。

## 2.4.1 环境准备

### 2.4.1.1 认识 PowerPoint

用 PowerPoint 软件制作出的文件称为演示文稿，文件的扩展名为.ppt。PowerPoint 提供了所有用于演示的工具，例如将文本、图形、图像等对象整合到幻灯片的工具。

一个演示文稿是由多张幻灯片组成的。幻灯片实际代表演示文稿中的每一张演示页。制作一个演示文稿的过程实际就是一次制作一张张幻灯片的过程。

PowerPoint 的窗口界面如图 2-129 所示。从工作环境看，与 Word 软件有很大区别，这是因为它们的工作性质是不同的。PowerPoint 的工作环境有很明显的多视图特点，这

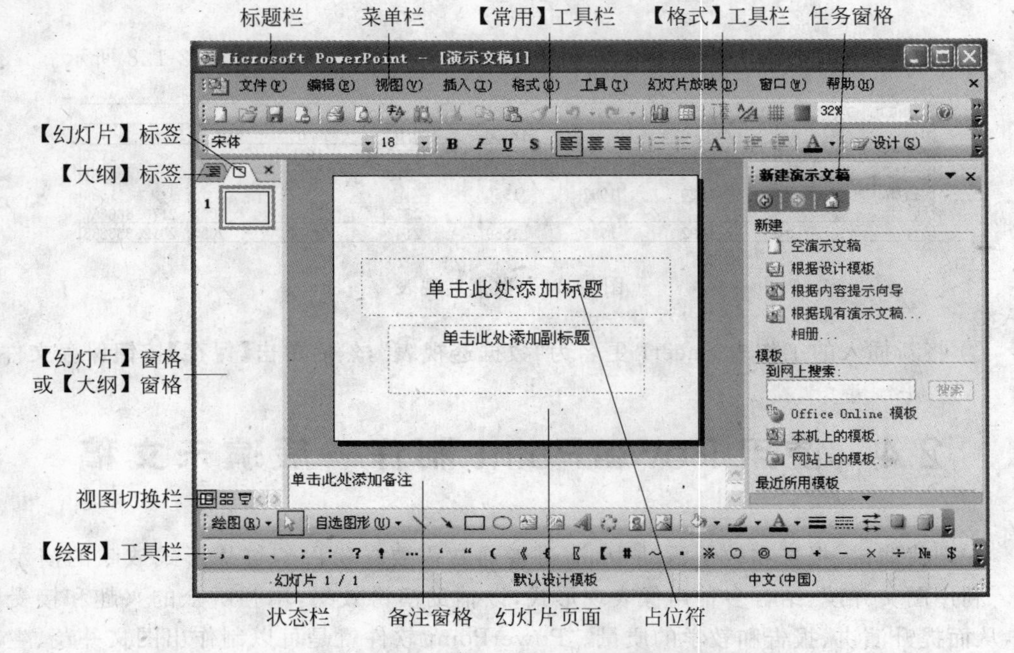


图 2-129 PowerPoint 2003 的窗口界面

是为了配合演讲活动中的不同需求。从制作、调试到演讲演示，需要在不同视图中切换操作。所以，在使用 PowerPoint 的过程中，要时刻明确自己的角色和工作环境。

**1. PowerPoint 常用视图介绍**

PowerPoint 提供了 6 种视图模式：普通视图、大纲视图、幻灯片视图、幻灯片浏览视图、幻灯片放映视图和备注页视图。位于工作窗口左下角的三个视图按钮，提供了对演示文稿不同视图方式的切换操作。

(1) 普通视图

PowerPoint 启动后就直接进入普通视图方式，如图 2-129 所示，窗口被分成 3 个区域：幻灯片页面、幻灯片(或大纲)窗格和备注窗格。拖动它们之间的窗格分界线，可以调整窗格的尺寸。

在幻灯片页面中可以查看每张幻灯片的整体布局效果，包括版式、设计模板等；还可以对幻灯片内容进行编辑，包括修饰文本格式，插入图形、声音、影片等多媒体对象，创建超链接以及自定义动画效果。在该页面中一次只能编辑一张幻灯片。

左侧窗格利用标签可以在“大纲视图”和“幻灯片视图”之间进行切换。使用【大纲】窗格可以查看演示文稿的标题和主要文字，它为制作者组织内容和编写大纲提供了简明的环境，如图 2-130 所示。使用“幻灯片视图”，它为制作者提供了查看幻灯片组成，编辑、修饰、调整幻灯片提供了环境，如图 2-131 所示。

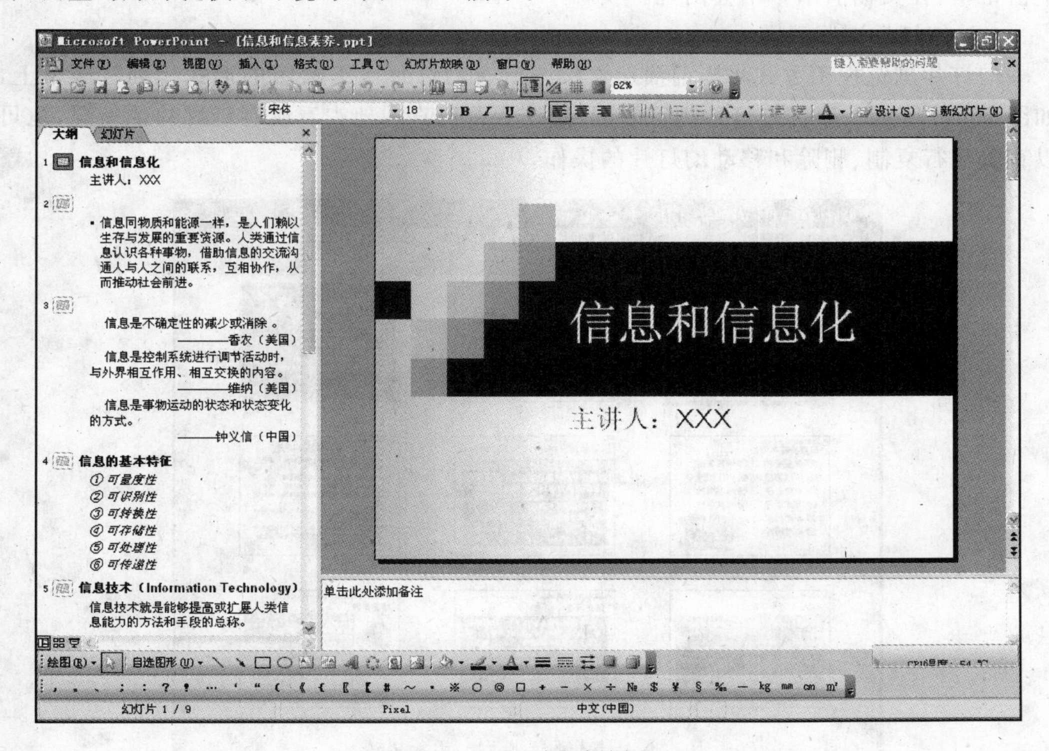


图 2-130 大纲视图

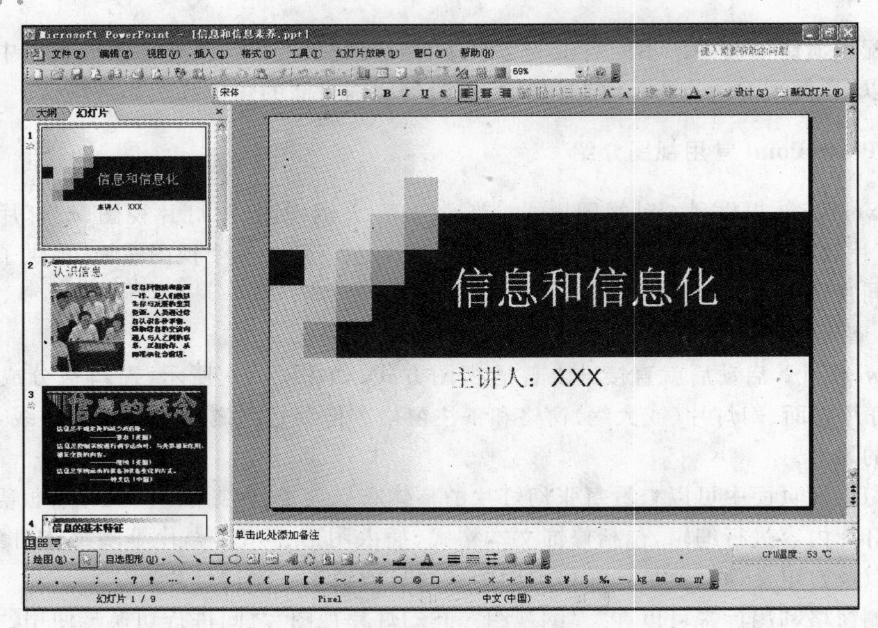

图 2-131 幻灯片视图

使用【备注】窗格可以添加或查看当前幻灯片的演讲备注信息。备注信息只出现在这个窗格中，在文稿演示中不会出现。

(2) 幻灯片浏览视图

幻灯片浏览视图方式将当前演示文稿中所有幻灯片以缩略图的形式排列在屏幕上，如图 2-132 所示。通过幻灯片浏览视图，制作者可以直观地查看所有幻灯片的情况，也可以直接进行复制、删除和移动幻灯片的操作。

图 2-132 幻灯片浏览视图

(3) 幻灯片放映视图

在创建演示文稿的过程中,制作者可以随时通过单击【幻灯片放映视图】按钮启动幻灯片放映功能,预览演示文稿的放映效果。需要注意的是,使用【幻灯片放映视图】按钮播放的是当前幻灯片窗格中正在编辑的幻灯片。

**2. 任务窗格**

任务窗格位于工作界面的最右侧,用来显示设计演示文稿时经常会用到的命令,以方便处理使用频率高的任务。例如:设计幻灯片版式、自定义动画、进行幻灯片设计以及设置幻灯片切换效果等。如果启动时没有【任务窗格】,可以通过单击【视图】→【任务窗格】命令打开。

### 2.4.1.2 启动和退出 PowerPoint

**1. PowerPoint 2003 的启动**

启动 PowerPoint 2003 应用程序的方法有以下几种。

① 执行【开始】→【所有程序】→Microsoft Office→Microsoft Office PowerPoint 2003 命令。

② 若桌面上有 PowerPoint 2003 应用程序的快捷方式,即可在桌面上双击快捷方式图标启动。

③ 在【资源管理器】或【我的电脑】窗口中打开 PowerPoint 2003 文件以激活应用程序。

**2. PowerPoint 2003 的退出**

① 单击【文件】→【退出】命令。

② 双击窗口左上角的系统控制按钮。

③ 单击窗口右上角的关闭按钮。

④ 使用 Alt+F4 组合键。

## 2.4.2 创建文稿

### 2.4.2.1 创建演示文稿

PowerPoint 提供了三种创建演示文稿的方法:空演示文稿、根据内容提示向导和根据设计模板。

例:利用空演示文稿创建“信息和信息化”的演示文稿。

操作步骤如下。

① 启动 PowerPoint 后,执行【文件】→【新建】命令,在窗口右侧的【任务窗格】中选择【空演示文稿】命令。

② 打开【幻灯片版式】任务窗格,在版式上将鼠标悬停将会出现提示文字,在窗格中所提供的版式包含标题、文本、剪贴画、图表等对象的占位符,用虚线框表示,并且包含提示文字,但不包含背景图案。

③ 选择“标题幻灯片”,该版式预设了两个占位符：主标题区和副标题区。只要在相应的区域中单击,即可直接输入具体的文字内容。

④ 在主标题区输入“信息和信息化”,在副标题区输入“主讲人：×××”,如图 2-133 所示。输入完毕,用鼠标在区域外单击一下即可。

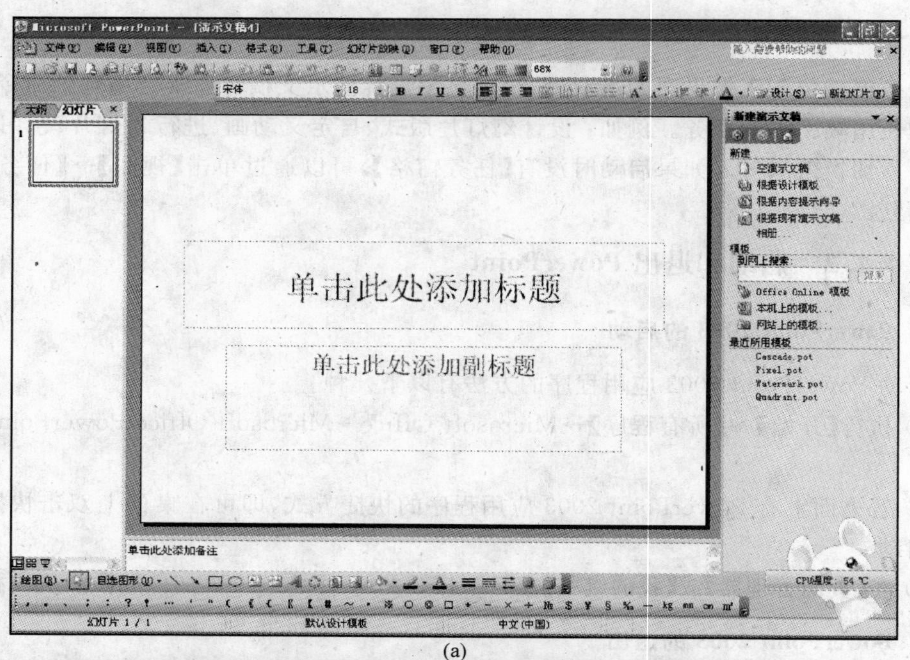


(a)

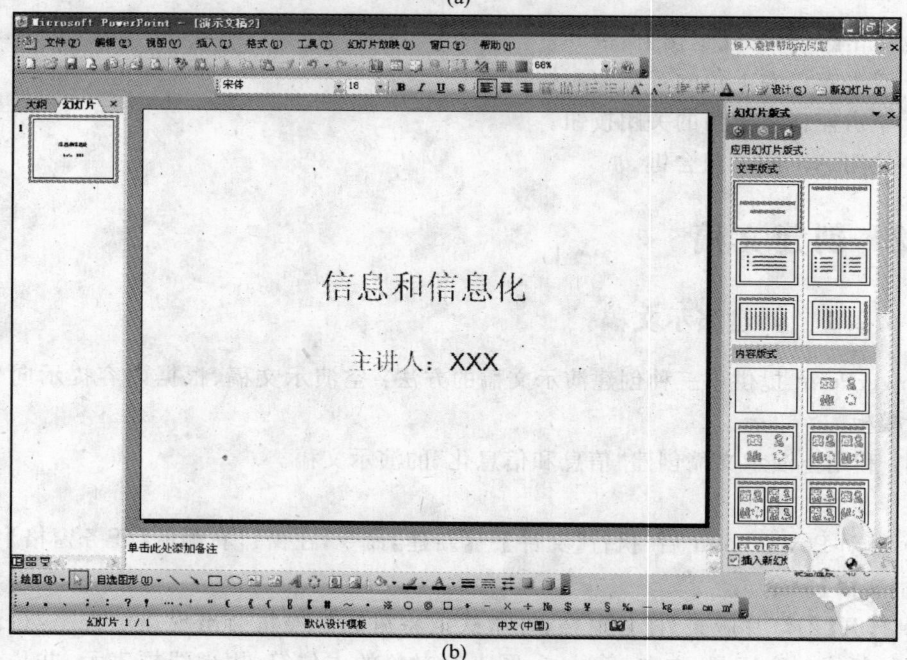


(b)

图 2-133 标题幻灯片

⑤ 执行【插入】→【新幻灯片】命令，在第1张幻灯片之后添加一张新幻灯片。在【幻灯片版式】任务窗格的【其他版式】项目组中单击选择“标题，内容与文本”版式。

⑥ 调整“文本输入”框和“内容”框的大小，然后输入如图2-134所示的内容。

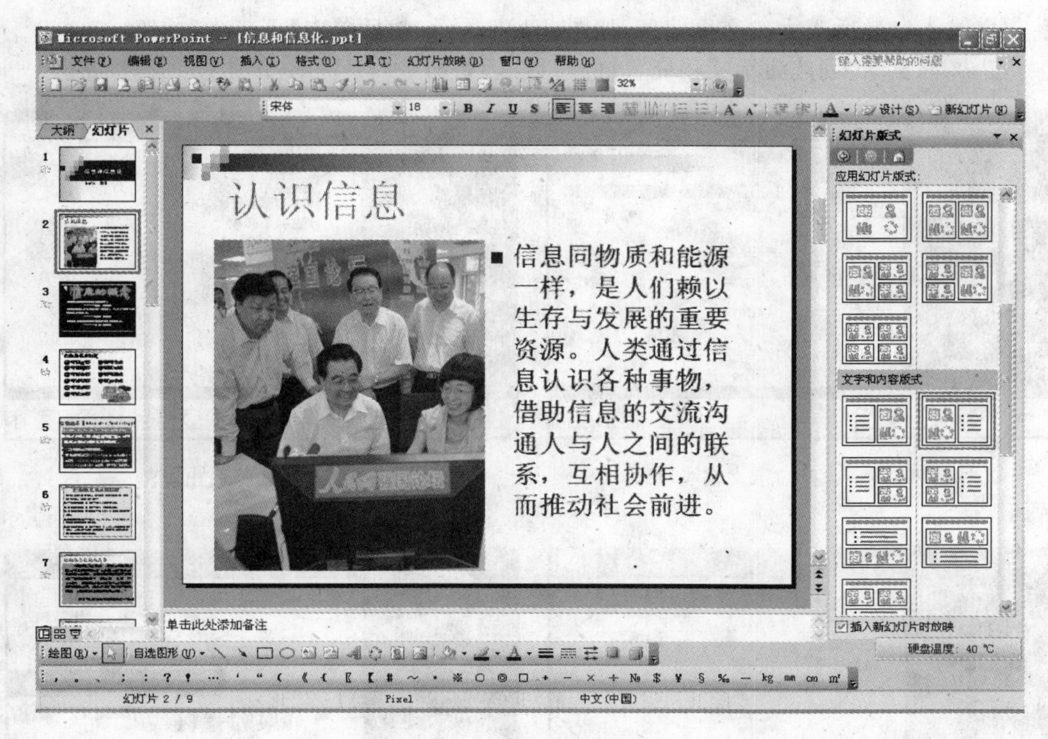


图2-134　“认识信息”幻灯片

⑦ 执行【文件】→【保存】命令，在打开的【另存为】对话框中输入文件名为“信息和信息化”，保存类型为“演示文稿”，保存路径为D盘根目录，然后单击【保存】按钮。这里也可以把演示文稿保存为“PowerPoint 放映”格式，文件的扩展名为.ppt，打开文件即可直接放映，或者是“网页”格式，扩展名为“.html”或“.htm”，文稿可以在浏览器中显示。

例：利用向导创建“推荐策略”演示文稿。

PowerPoint 2003 提供了包括不同主题的演示文稿示例，例如论文、实验报告、培训、贺卡、项目总结等。用户可以根据自己的需要选择一种已建好的模板，快速创建一份专业的演示文稿。操作步骤如下。

① 启动 PowerPoint 后，执行【文件】→【新建】命令，在窗口右侧的【任务窗格】中选择【根据内容提示向导】命令，打开【内容提示向导】对话框，如图2-135所示，然后单击【下一步】按钮。

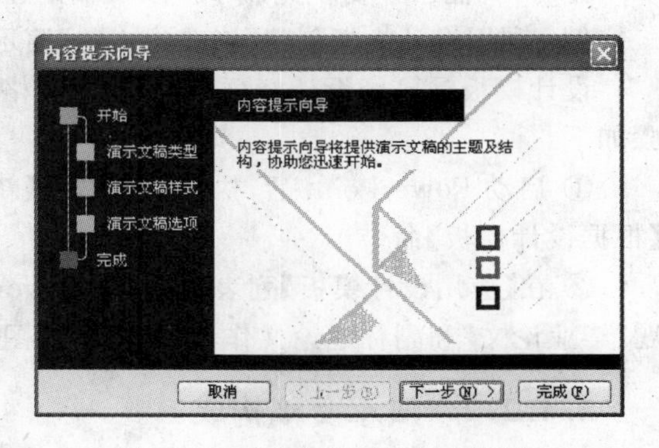


图2-135　【内容提示向导】对话框

② 在【内容提示向导-[通用]】对话框的【常规】类中选择“推荐策略”类型，如图 2-136 所示，然后单击【下一步】按钮。

③ 选择输出类型为“屏幕演示文稿”，如图 2-137 所示，然后单击【下一步】按钮。

④ 输入向导所提示的文稿信息，如图 2-138 所示，然后单击【下一步】按钮。

⑤ 屏幕显示“创建演示文稿完成”的对话框，如图 2-139 所示，单击【完成】按钮。

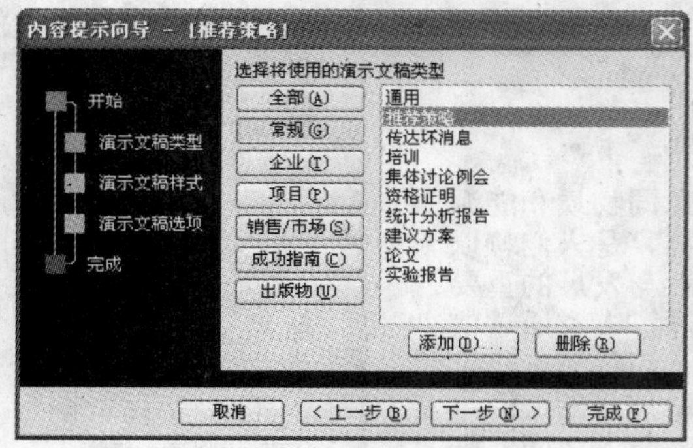


图 2-136　选择演示文稿类型

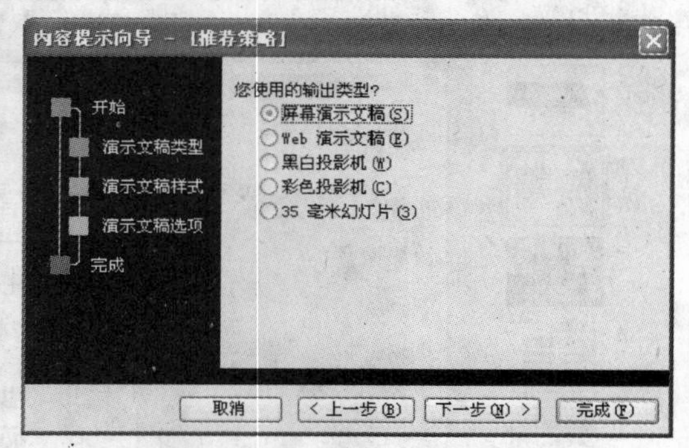


图 2-137　选择输出类型

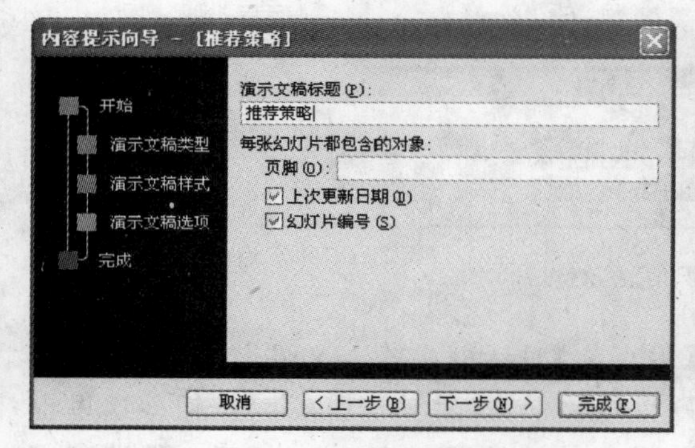


图 2-138　输入文稿信息

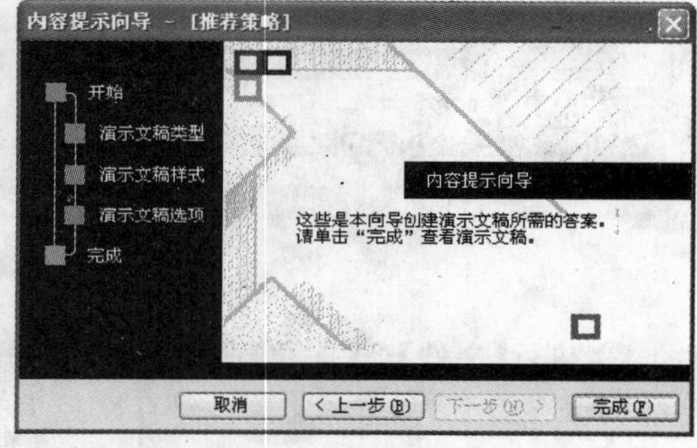


图 2-139　创建完成

此时，我们已经初步完成了演示文稿的创建，如图 2-140 所示。

例：利用设计模板创建“毕业论文”的演示文稿。

设计模板是已经设计好页面布局、字体格式和配色方案的 PowerPoint 模板。操作步骤如下。

① 启动 PowerPoint 后，执行【文件】→【新建】命令，在窗口右侧的【任务窗格】中选择【根据设计模板】命令。

② 在【应用设计模板】列表中选择 Network 模板样式，然后在占位符中分别输入主标题“毕业论文”和副标题论文作者“张三”，如图 2-141 所示。

#### 2.4.2.2　演示文稿构成

要准备好演示过程，需要先确定演示内容的结构。先讲什么，后讲什么，需要几张幻

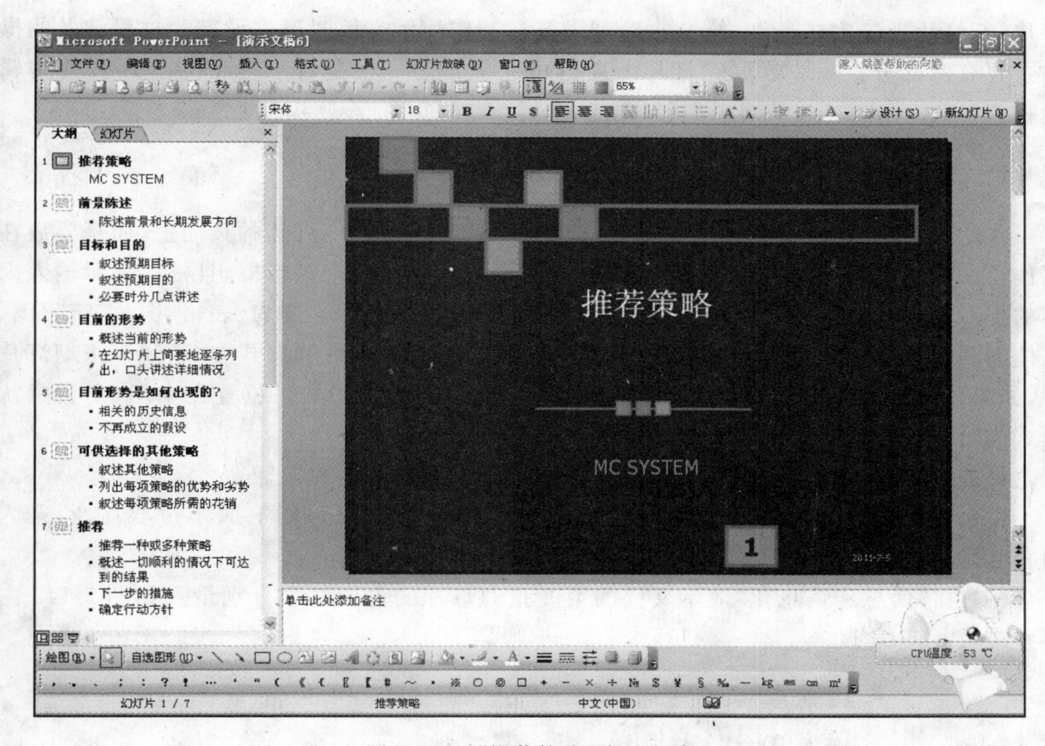


图 2-140　“推荐策略”演示文稿

图 2-141　PowerPoint 提供的一种设计模板

灯片，幻灯片上各安排什么样的内容，都需要在制作演示文稿时事先设定。这里涉及的操作主要有两部分：一是单页幻灯片上内容的录入编辑；二是对于多个幻灯片页的编辑设置。

**1. 占位符**

在幻灯片制作过程中，所有幻灯片文字都不能直接放在幻灯片的页面上，而是要放在占位符、文本框或者一些自选图形里。其中占位符其实是一个矩形框，且框内显示输入内容的提示文字。占位符中不是只能输入字符，还能添加剪贴画、图表、表格、图片、流程图、媒体剪辑等元素。这些占位符在幻灯片页上的布局称为“幻灯片版式”。新建一张幻灯片时，如果位置处在所有幻灯片，会默认版式为“标题幻灯片”；如果位置在中间，则会默认版式为“标题和文本”。

最前面会提示用户选择从编辑的角度来说和文本框基本相同。

在每一页幻灯片上录入适当的内容，其基本操作与 Word 相同，只不过要注意，录入内容必须在相应的占位符或者插入的文本框中。

例：在“信息和信息化”演示文稿的第 2 张幻灯片的占位符中分别录入如图 2-142 内容并进行相应编辑。

图 2-142　文本编辑区域

① 单击标题占位符，录入“认识信息”文字，设置文字格式为宋体、54 号字。

② 单击右侧占位符，录入文字，并设置文字格式宋体、32 号、加粗、蓝色。

以上录入和设置方法皆同于 Word。

③ 若左侧占位符中如图 2-143 所示，表示可以插入图标对应内容，包括表格、图表、剪贴画、图片、流程图、媒体剪辑六种，想插入哪种对象，只需单击对应图标，按照弹出的对话框操作即

单击图标添加内容

图 2-143　图表占位符

可。这里选择插入如图2-142所示图片。对图片的格式修正也如Word。

④ 设置完成后，单击【保存】按钮，保存文件。

**2. 幻灯片操作**

(1) 选择幻灯片

① 在幻灯片视图窗格中单击即可选中一张幻灯片。

② 选择连续的多张幻灯片：单击第1张幻灯片，然后按住Shift键再单击最后一张幻灯片。

③ 选择不连续的多张幻灯片：单击第1张幻灯片，然后按住Ctrl键再依次单击其余要选择的幻灯片。

④ 选择所有幻灯片：执行【编辑】→【全选】命令，或者使用Ctrl＋A组合键。

(2) 插入新幻灯片

例：在"信息和信息化"演示文稿的第2张幻灯片之后，依次插入7张新幻灯片。

操作步骤如下。

① 在幻灯片视图窗格中，将插入点置于第2张幻灯片之后，然后执行【插入】→【新幻灯片】命令，或者按Enter键，或者使用Ctrl＋M组合键。

② 默认插入"标题和文本"版式的空白幻灯片，在项目列表区输入文本内容，然后设置文本格式为"隶书"、黑色、36号字。

③ 按要求继续插入后四张幻灯片，并将标题均设置为"隶书"、黑色、40号字，将正文内容均设置为"宋体"、黑色、24号字。

**3. 移动幻灯片**

将"信息和信息化"演示文稿中的第2张幻灯片移至第3张幻灯片之后。

具体操作如下。

① 在幻灯片视图窗格中，单击选中第2张幻灯片，然后按住鼠标左键，拖动幻灯片至目标位置释放即可。

② 单击【保存】按钮，保存文件。

幻灯片的移动也可使用【剪切】和【粘贴】命令，或者使用Ctrl＋X组合键和Ctrl＋V组合键。

**4. 复制幻灯片**

复制幻灯片可以在同一个演示文稿中进行，也可以在不同的演示文稿中进行。在同一个演示文稿中复制幻灯片的操作步骤如下。

① 选中要复制的幻灯片，右击。

② 在弹出的快捷菜单中选择【复制】命令，或执行【编辑】→【复制】命令，或执行Ctrl＋C组合键。

③ 选择要复制的目标位置，右击，在快捷菜单中选择【粘贴】命令即可。

同一个演示文稿中复制幻灯片更方便的方法是：选中要复制的幻灯片，按住Ctrl键将其拖动到要复制的目标位置即可。

**5. 删除幻灯片**

选中要删除的幻灯片，按 Delete 键，或者单击【编辑】→【删除】命令即可。

## 2.4.3 编辑修饰

如果仅靠单一的文字对象很难制作出一份具有表现力的演示文稿，为了能够制作出更有创意、生动的幻灯片，需要借助其他形式的“原材料”，比如图形、表格、图表、影片和声音等类型的对象。

通过在幻灯片中插入多媒体对象，并且给各个对象定义不同的动画效果，可以使文稿的演示效果更理想。

### 2.4.3.1 幻灯片的外观设置

为了使演示文稿的所有幻灯片具有统一的外观风格，我们可以自定义演示文稿的视觉效果，PowerPoint 中控制幻灯片外观的方法最常用到的是模板。

设计模板是控制演示文稿具有统一外观最快捷的一种方法。PowerPoint 提供了两种模板：设计模板和内容模板。

设计模板包含预定义的格式和配色方案，可以应用到任意演示文稿中创建外观。

内容模板除了预定义格式和配色方案外，还增加了针对不同主题提供的建议内容。

在演示文稿中应用设计模板时，新模板将取代原演示文稿的外观设置，并且插入的每张新幻灯片都会拥有相同的自定义外观。

为“信息和信息化”演示文稿设置“应用设计模板”。

操作步骤如下。

① 打开“信息和信息化”演示文稿，执行【格式】→【幻灯片设计】命令，打开【幻灯片设计】任务窗格。

② 单击【设计模板】命令，在【应用设计模板】列表框中选择 Pixel 模板，单击模板右侧的下拉按钮，选择【应用于所有幻灯片】命令，应用效果如图 2-144 所示。

我们也可以对其中的某张幻灯片应用模板。

更换“信息和信息化”演示文稿中第 2 张幻灯片的应用模板。

操作步骤如下。

① 在普通视图下，选中第 2 张幻灯片。

② 在【幻灯片设计】任务窗格的【应用设计模板】列表框中选择 Cascade 模板，单击其右侧的下拉按钮，选择【应用于选定幻灯片】命令，应用效果如图 2-145 所示。

③ 单击【保存】按钮，保存文件。

**说明**：如果对已有的设计模板不满意，用户还可以自己创建模板，具体步骤如下：

① 新建一个空白演示文稿，在其幻灯片中设置好字体、字形、颜色、字号、背景等格式参数。

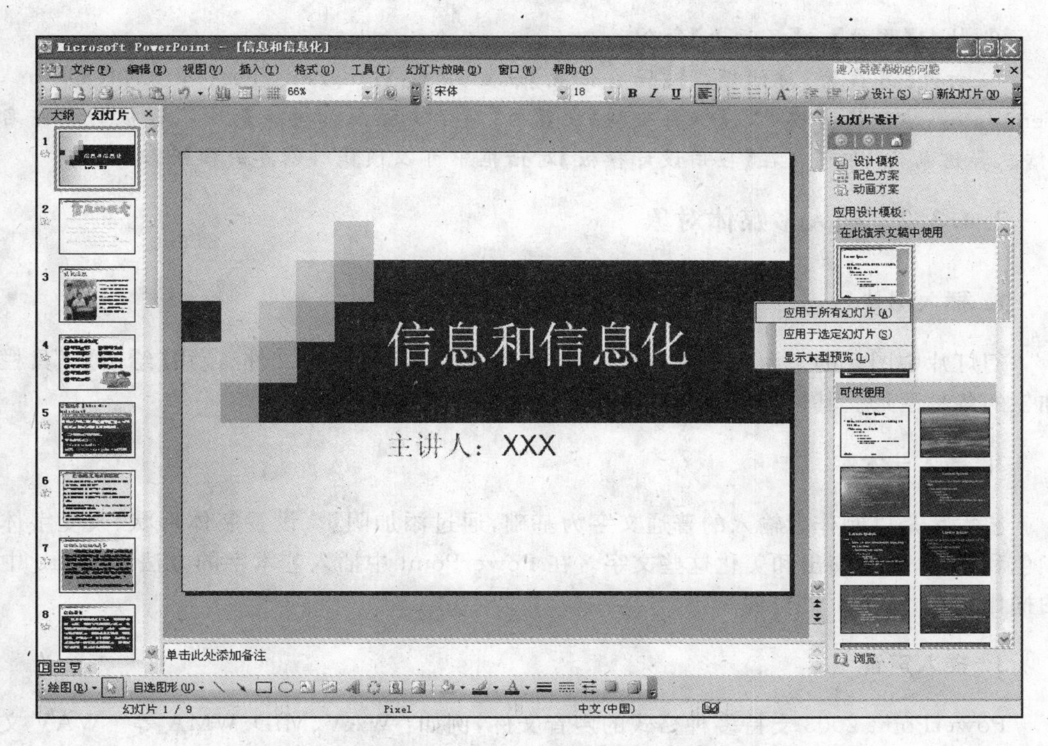


图 2-144　应用设计模板后的效果

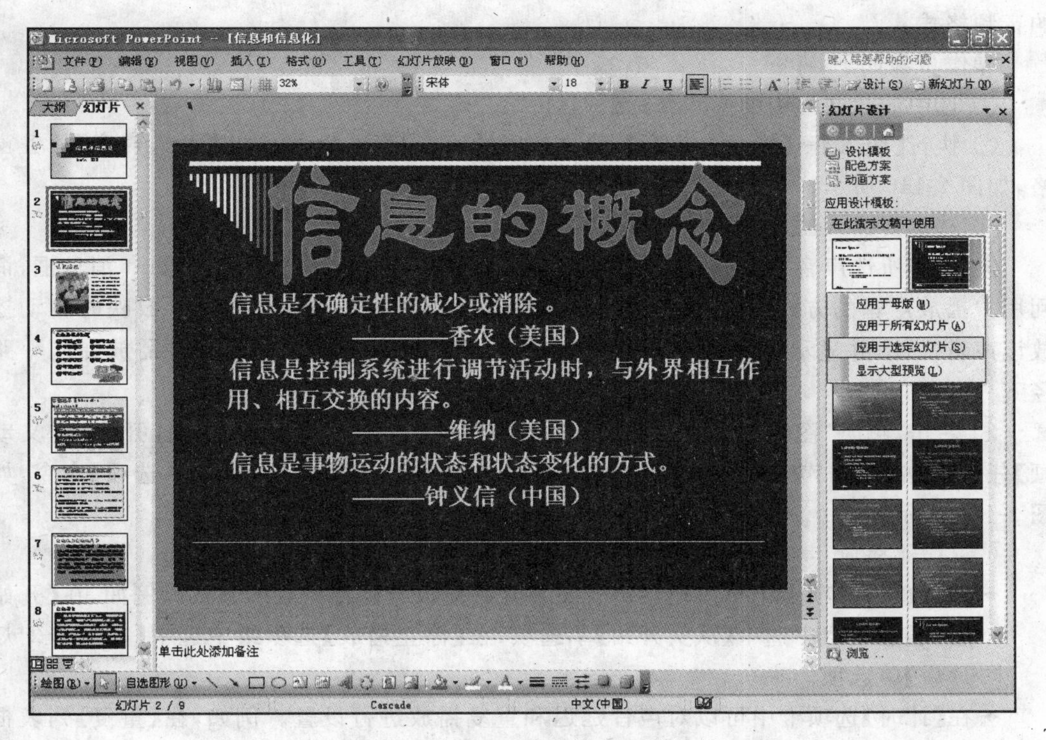


图 2-145　应用 Cascade 模板后的效果

② 执行【文件】→【另存为】命令。

③ 打开【另存为】对话框,将【保存位置】设置为“C:\Program Files\Microsoft Office \Templates\演示设计模板”,【保存类型】设置为【演示文稿设计模板】,输入模板的文件名“信息和信息化”即可。在【应用设计模板】对话框中可以预览所创建的模板。

#### 2.4.3.2 插入多媒体对象

**1. 插入图片**

幻灯片中图片的来源有三种:剪贴画、计算机中已有的图片文件、使用【绘图】工具栏加工的各种图形。其使用方法与 Word 软件中的使用方法相同。

**2. 插入艺术字**

艺术字是以制作者输入的普通文字为基础,通过添加阴影、设置字体形状、改变字体颜色和大小,用来突出和美化这些文字。在 PowerPoint 中插入艺术字的方法和 Word 中的操作相同,这里不再赘述。

**3. 插入声音**

PowerPoint 2003 支持多种格式的声音文件,例如:WAV、MID、WMA 等。WAV 文件播放的是实际的声音,MID 文件表示的是 MIDI 电子音乐,WMA 是微软公司推出的新的音频格式。

操作步骤如下。

① 选中演示文稿中的第 1 张标题幻灯片。

② 执行【插入】→【影片与声音】→【文件中的声音】菜单命令,弹出【插入声音】任务窗格,如图 2-146 所示。

③ 选定要插入的声音文件,选择【插入】选项。

④ 在将所选声音对象插入当前幻灯片的过程中,会弹出一个 PowerPoint 消息框,询问用户播放声音的方式,如图 2-147 所示,单击【自动】按钮,表示在幻灯片放映时自动播放该声音文件,并显示 🔈 标志。值得注意的是,声音文件和演示文稿文件需放在同一路径下。

⑤ 右击“喇叭”图标,在弹出的快捷菜单中选择【自定义动画】命令,打开【自定义动画】任务窗格,单击声音对象右侧的下拉箭头,在下拉列表框中选择【效果选项】命令,如图 2-148 所示。

⑥ 打开【播放 声音】对话框,如图 2-149 所示。

- 在【效果】选项卡中可以设置声音文件开始播放与停止播放的方式。例如,在【开始播放】选项组中选中【从头开始】单选项,在【停止播放】选项组中选中【在 7 张幻灯片后】单选项。
- 在【计时】选项卡中可以对声音延迟和重复播放进行设置。例如,在【重复】列表框中选择【直到幻灯片末尾】命令。

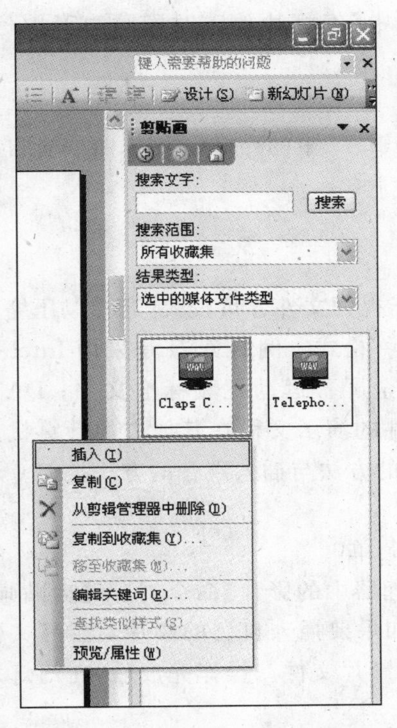


图 2-146　【插入声音】任务窗格

图 2-147　提示消息框

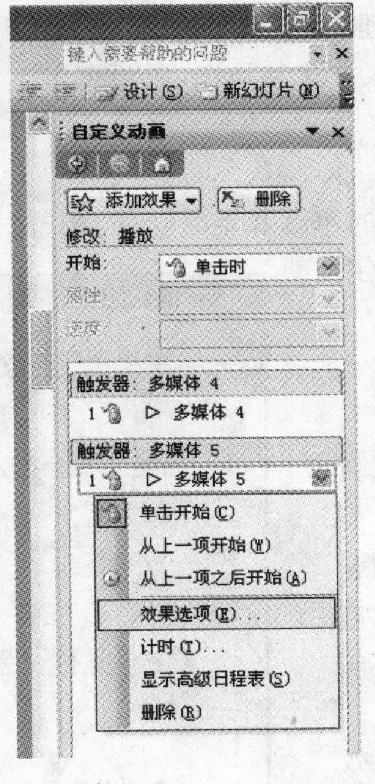


图 2-148　定义声音的效果

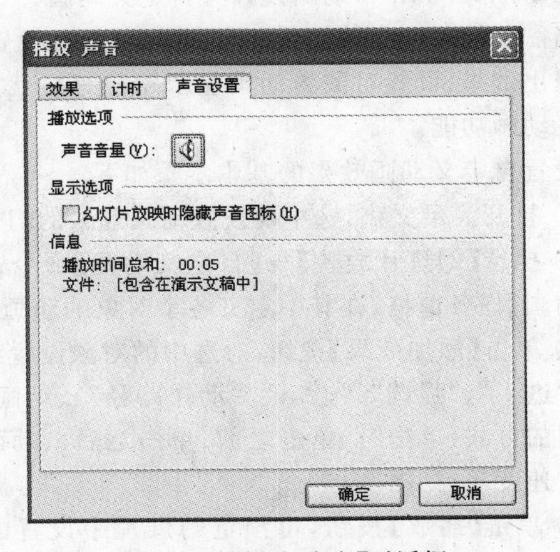


图 2-149　【播放 声音】对话框

◆ 在【声音设置】选项卡中可以调整音量,并选中【幻灯片放映时隐藏声音图标】复选框。

⑦ 设置完成后,单击【确定】按钮即可。

我们可以用同样的方法,在演示文稿中插入"剪辑库"中的声音、CD乐曲或者自己录制的声音等。

**4. 插入影像**

PowerPoint可播放多种格式的视频文件。由于视频文件容量较大,通常以压缩的方式存储,不同的压缩/解压算法生成了不同的视频文件格式。例如AVI是采用Intel公司的有损压缩技术生成的视频文件;MPEG是一种全屏幕运动视频标准文件;DAT是VCD专用的视频文件格式。如果想让带有视频文件的演示文稿在其他人的计算机上也可以播放,首选是AVI格式。在幻灯片中插入影像的方法与插入声音的方法类似。

① 在普通视图中,选中要插入视频的幻灯片。

② 执行【插入】→【影片和声音】命令,打开级联菜单,

③ 如果使用"剪辑库"中的影片,选择【剪辑管理器中的影片】命令,打开【剪贴画】任务窗格,从窗格列表框中选取所需要的视频文件;如果要插入自己的影片,选择【文件中的影片】命令,在【插入影片】对话框中选择所需要的影片文件。操作完成后,在幻灯片中将出现影片中的第一帧画面。

### 2.4.3.3 设置动画效果

在制作演示文稿的过程中,除了精心组织内容,合理安排布局外,还需要应用动画效果控制幻灯片中的文本、声音、图像以及其他对象的进入方式和顺序,以便突出重点,控制信息的流程。

在PowerPoint中动画设计有自定义动画。

当需要控制动画效果的各个方面时(比如设置动画的声音和定时功能、调整对象的进入和退出效果、设置对象的动画显示路径等),就需要使用自定义动画功能。

设置自定义动画效果的基本步骤如下。

① 打开演示文稿,选中要设置动画效果的幻灯片。

② 执行【幻灯片放映】→【自定义动画】命令,打开【自定义动画】任务窗格,在其中定义各个对象的动画效果。

③ 单击【添加效果】按钮,对选中的对象设置某种动画类型("进入"、"强调"、"退出"、"动作路径")、动画效果、启动动画的方式(单击时、单击之前、单击之后)、动画的方向和播放速度等,见图2-150。

④ 单击【播放】按钮,可预览幻灯片中设置的动画效果。单击【幻灯片放映】按钮,可看到完成的幻灯片放映效果。

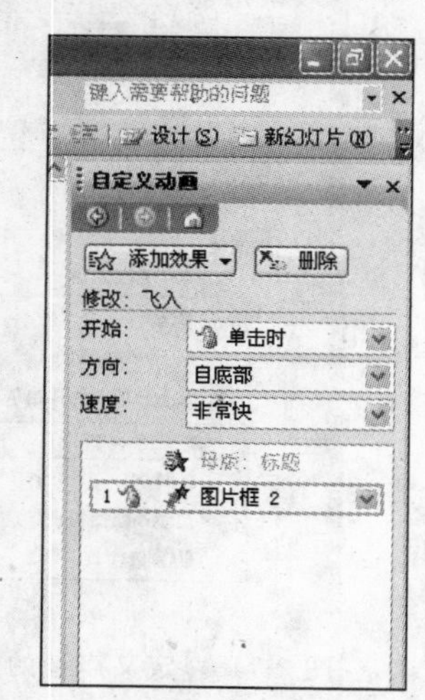


图2-150 设置自定义动画效果

⑤ 当【自定义动画】列表框中有多个动画对象时，可通过【重排顺序】按钮来调整动画的播放顺序。

若取消动画效果，只需要选择相应的幻灯片，然后在【应用于所有幻灯片】列表框中选择【无动画】命令即可。

### 2.4.3.4　设置超链接

超链接是控制演示文稿播放的一种重要手段，可以在播放时实时地以顺序或定位方式"自由跳转"。用户在制作演示文稿时预先为幻灯片对象创建超链接，并将链接的目的指向其他地方——演示文稿内指定的幻灯片、另一个演示文稿、某个应用程序，甚至是某个网络资源地址。

超链接本身可能是文本或其他对象，例如图片、图形、结构图、艺术字等。使用超链接可以制作出具有交互功能的演示文稿。在播放演示文稿时使用者可以根据自己的需要单击某个超链接，进行相应内容的跳转。

PowerPoint 提供了两种方式的超链接：以下画线表示的超链接和以动作按钮表示的超链接。

#### 1. 以下画线表示的超链接

在"信息和信息化"演示文稿的第 2 张幻灯片中，将其中标题上的"信息"两字作为超链接，链接到第四张幻灯片上。

操作步骤如下。

① 打开演示文稿的第 2 张幻灯片，选中第一行文本"个人资料"。

② 单击【插入】→【超链接】命令，或右击，在弹出的快捷菜单中选择【超链接】命令，打开【插入超链接】对话框，如图 2-151 所示。

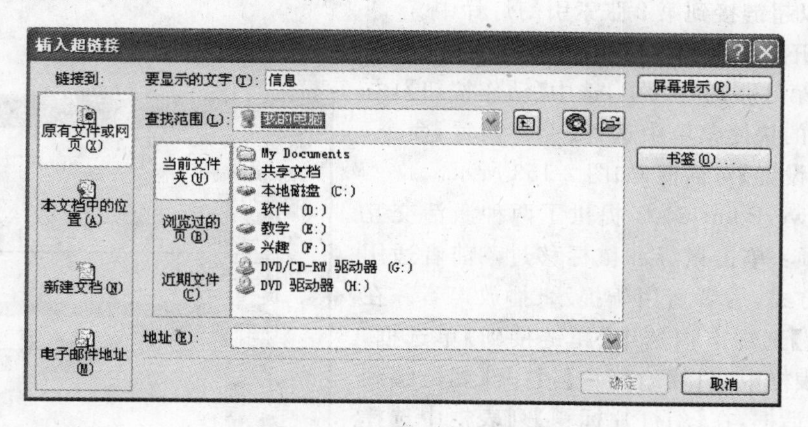


图 2-151　【插入超链接】对话框

③ 在对话框的左侧有四个按钮可供选择。

【原有文件或网页】：可在【地址】文本框中输入要链接到的文件名或者 Web 页名称。

【本文档中的位置】：在右边的列表框中选择要链接到的当前演示文稿中的幻灯片。

【新建文档】：可在右边【新建文档名称】文本框中输入要链接到的新文档的名称。

【电子邮件地址】：可在右边【电子邮件】地址中输入邮件的地址和主题。

本例中我们选择【本文档中的位置】按钮，然后在【请选择文档中的位置】列表框中，选择第四张幻灯片，同时在【幻灯片预览】框中会显示该幻灯片的缩略图。如图 2-152 所示。

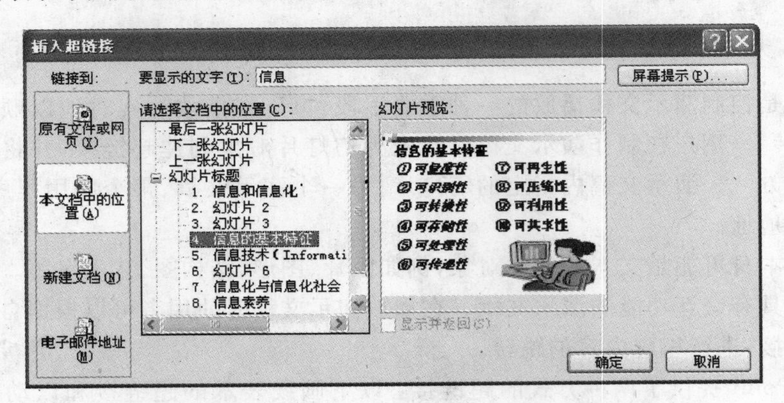


图 2-152　设置超链接目标

④ 单击【保存】按钮，保存文件。

### 2. 以动作按钮表示的超链接

动作按钮是 PowerPoint 2003 提供的一种特定形式的图形对象，可以插入演示文稿并为其定义超链接。动作按钮是超链接的一种应用形式。我们可以插入 PowerPoint 自带的动作按钮，通过执行【幻灯片放映】→【动作按钮】命令实现；也可插入外部图片。

在"信息和信息化"演示文稿中，为第 3～7 张幻灯片插入动作按钮，当单击【动作按钮】时，可以超链接到第 2 张索引幻灯片中。

① 打开演示文稿，在第 3～7 张幻灯片中插入动作按钮。

② 在第 2 张幻灯片中，选中【动作按钮】，右击，在弹出的快捷菜单中选择【动作设置】命令，打开【动作设置】对话框，如图 2-153 所示。

③ PowerPoint 2003 提供了两种激活交互动作的选项：单击鼠标和鼠标移过。前者适用于超链接方式，后者适用于提示、播放声音。在【单击鼠标】选项卡内选中【超链接到】单选框，在下拉列表框中选择【幻灯片】，打开【超链接到幻灯片】对话框，在【幻灯片标题】列表框中选择"幻灯片 2"。设置完毕后依次单击【确定】按钮。

④ 利用同样的方法设置其他幻灯片上动作按钮的超链接。

⑤ 单击【保存】按钮，保存文件。

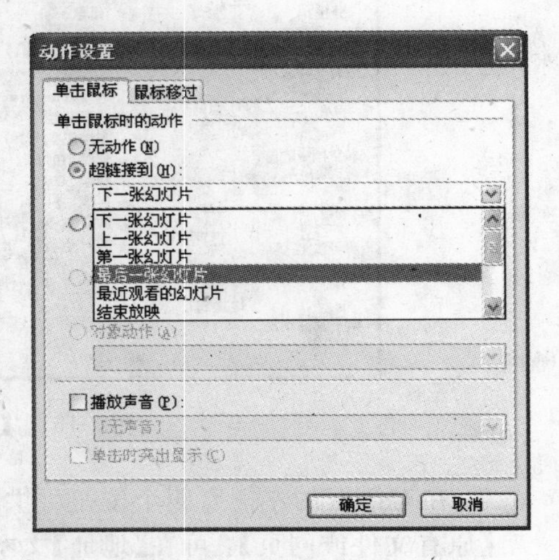


图 2-153　【动作设置】对话框

PowerPoint 允许在不破坏超链接的情况下，编辑或修改超链接的目标。同样，也可以在不破坏具体对象的前提下，取消该对象的超链接功能。

## 2.4.4　放映设置

演示文稿设计和制作完成后，还要对其放映方式和播放过程进行设置。PowerPoint 对于演示文稿的放映、切换提供了多种手段，不仅可以添加声音、乐曲和影片等，还可以添加动画效果，大大提高了演示文稿的表现力。

### 2.4.4.1　设置放映方式

PowerPoint 提供了三种幻灯片的放映方式：演讲者放映、观众自行浏览、在展台浏览。

选择【幻灯片放映】→【设置放映方式】命令，即可打开【设置放映方式】对话框，如图 2-154 所示。

在【设置放映方式】对话框中可以选择相应的放映类型。

①【演讲者放映(全屏幕)】：可运行全屏显示的演示文稿，这是最常用的幻灯片播放方式，也是系统默认的选项。演讲者具有完整的控制权，可以将演示文稿暂停，添加说明细节，还可以在播放中录制旁白。

②【观众自行浏览(窗口)】：适用于小规模演示。这种方式提供演示文稿播放时移动、编辑、复制等命令，便于观众自己浏览演示文稿。

③【在展台浏览(全屏幕)】：适用于展览会场或会议。观众可以更换幻灯片或者单击超链接对象，但不能更改演示文稿。

在 PowerPoint 中启动幻灯片的放映，可直接执行【幻灯片放映】→【观看放映】命令，或者直接按快捷键 F5。在演示文稿放映过程中，右击，将打开演示快捷菜单，如图 2-155 所示。例如，可以使用【定位至幻灯片】命令直接跳转到指定的幻灯片；使用【指针选项】中的【圆珠笔】命令将鼠标光标指针变为一支笔，在播放过程中使用这支笔在幻灯片上做适当的批注。

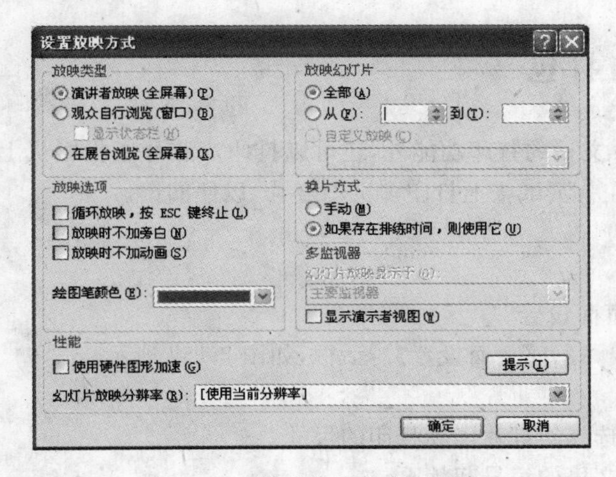


图 2-154　【设置放映方式】对话框

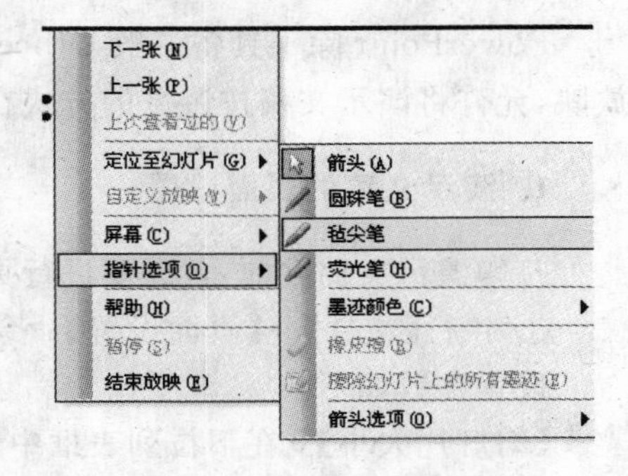


图 2-155　演示快捷菜单

#### 2.4.4.2 设置幻灯片的切换效果

在演示文稿播放过程中,幻灯片的切换方式是指演示文稿播放过程中的幻灯片进入和退出屏幕时产生的视觉效果,也就是让幻灯片以动画方式放映的特殊效果。PowerPoint 默认换片方式为手动,即单击鼠标完成幻灯片的切换。另外,PowerPoint 也提供了多种切换效果,比如出现、棋盘、随机水平线等。在演示文稿制作过程中,可以为一张幻灯片设计切换效果,也可以为一组幻灯片设计相同的切换效果。

最好在幻灯片浏览视图下增加切换效果,在这种视图方式下,可以为任何一张、一组或全部幻灯片指定切换效果,以及预览幻灯片切换效果。

将“信息和信息化”演示文稿中的第 1 张幻灯片的放映效果设置为:“水平梳理”、“中速”、“每隔 3 秒”切换幻灯片、“风铃”声。

操作步骤如下。

① 打开演示文稿,选中第 1 张幻灯片。

② 单击【幻灯片放映】→【幻灯片切换】命令,打开【幻灯片切换】任务窗格。如图 2-156 所示。

③ 在【应用于所选幻灯片】列表框中选择“水平梳理”选项;在【速度】下拉列表框中选择“中速”;在【声音】下拉列表框中选择“风铃”;在【换片方式】中选中【每隔】复选框,并设置时间为“00:03”。

④ 设置完成后单击【播放】按钮,可查看设置效果。如果单击【应用于所有幻灯片】按钮,则对演示文稿中的所有幻灯片都增加了所选择的切换效果。

⑤ 单击【保存】按钮,保存文件。

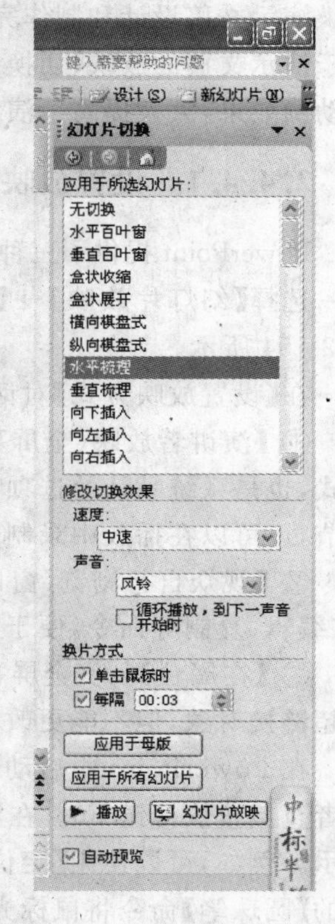


图 2-156 设置幻灯片切换方式

### 2.4.5 演示文稿的打印与打包

PowerPoint 除了具备一般 Office 文档的打印功能外,还可以打印成胶片在投影机上放映,允许将演示文稿按讲义的方式在一页纸张上打印多页幻灯片,以便阅读。

**1. 演示文稿的页面设置**

打印演示文稿之前,首先要进行页面设置。

① 执行【文件】→【页面设置】命令,打开【页面设置】对话框,如图 2-157 所示。

设置参数如下。

【幻灯片大小】:在下拉列表框中选择幻灯片实际打印的尺寸。

【幻灯片编号起始值】:设置打印文稿的编号起始页。

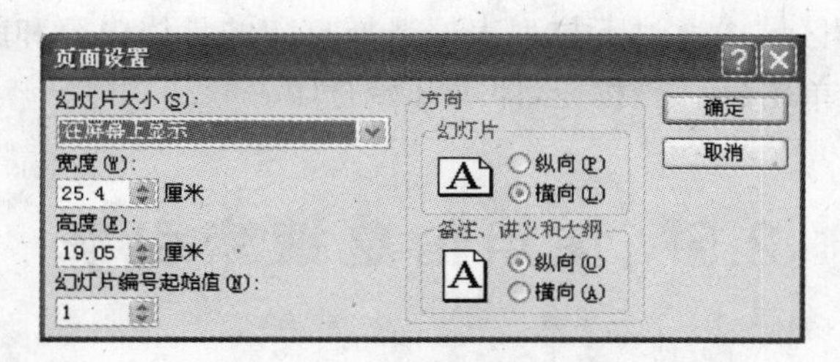


图 2-157 【页面设置】对话框

【方向】：设置幻灯片及备注、讲义和大纲的打印方向。

② 设置完成后，单击【确定】按钮即可。

**2. 打印演示文稿**

通过打印设备可以输出多种形式的演示文稿，打印前应先进行打印的相关设置。在幻灯片视图、大纲视图、备注页视图和幻灯片浏览视图中都能进行打印操作，具体操作如下。

① 打开“信息和信息化”演示文稿。

② 执行【文件】→【打印】命令，打开【打印】对话框，如图 2-158 所示。

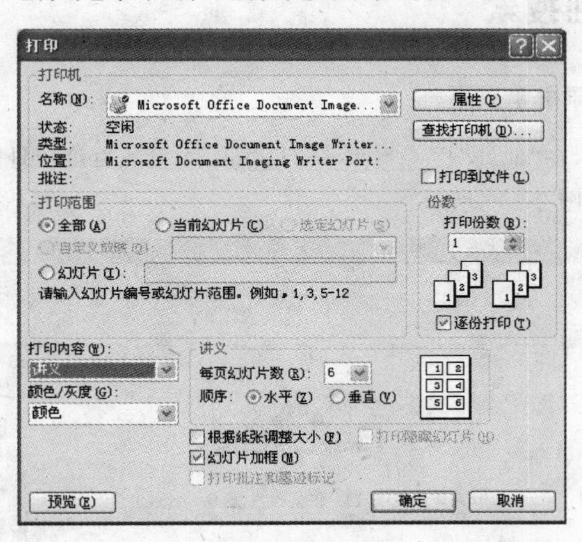


图 2-158 【打印】对话框

具体设置参数如下。

◆ 在【打印机】区域中选择要使用的打印机类型。

◆ 在【打印范围】区域中通过单选框选择要打印的范围：可以打印全部的演示文稿，打印当前的幻灯片，还可以输入幻灯片编号指定某一范围。

◆ 在【打印机】区域中选择要使用的打印机类型。

◆ 在【份数】区域中调整打印份数。

◆ 在【打印内容】区域中通过下拉列表框选择打印的具体内容和颜色的设置。

③ 设置完成后，单击【确定】按钮，即可开始打印。

# 2.5 使用信息搜索引擎

随着计算机网络的飞速发展，Internet 上信息非常丰富，如何快速准确地在网上找到需要的信息已变得越来越重要。搜索引擎提供了解决这一问题的方法。

所谓搜索引擎，就是在 Internet 上执行信息搜索的专门站点，它们可以对网站进行分类与搜索。如果输入一个特定的搜索词，搜索引擎就会自动进入索引清单，将所有与搜索词相匹配的内容找出，并显示一个指向存放这些信息的连接清单。

目前，Internet 中有一些著名的搜索引擎，例如 Google、Yahoo 等。而常用的中文搜索引擎有百度、搜狐、网易、新浪网和中国雅虎等。它们各自都收录了上万个中文的 Internet 站点，其友好的中文界面很受欢迎。掌握它们的使用方法，对提高搜索效率很有帮助。

百度是目前最大的中文搜索引擎，下面以百度为例介绍怎样使用搜索引擎。

## 2.5.1 一般性搜索

### 1. 进入百度搜索引擎界面

启动 IE 浏览器，在“地址”栏 地址(D) http://www.baidu.com/ 中输入百度网址，按 Enter 键，进入百度搜索引擎界面，如图 2-159 所示。

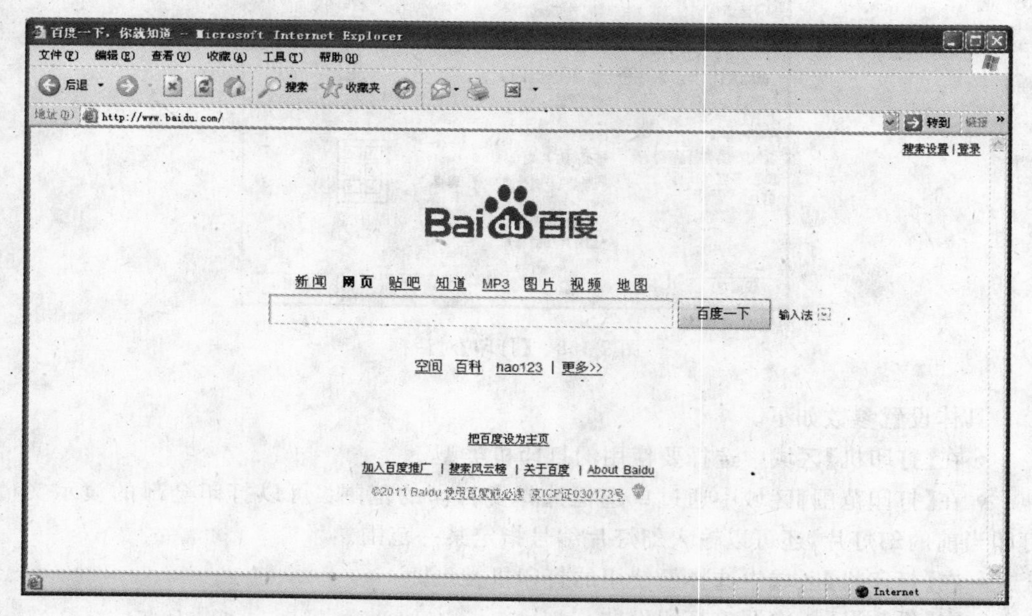


图 2-159 打开“百度”搜索引擎

## 2. 输入查找内容的关键字

如果想获得有关计算机安全方面的中文资料，则可在搜索内容文本中输入相应的关键字，如图 2-160 所示。然后单击【百度一下】按钮，打开如图 2-161 所示页面。

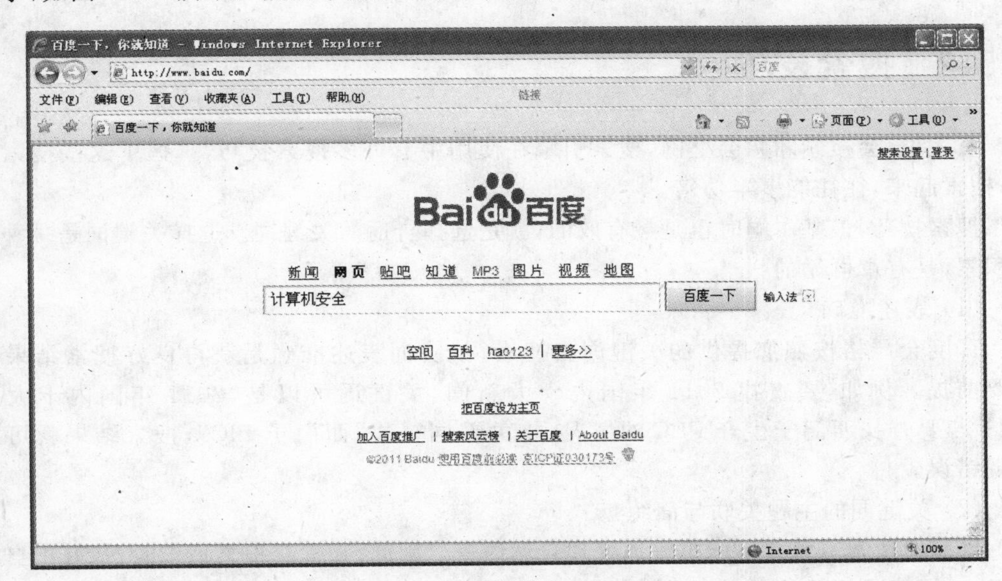


图 2-160　关键字输入

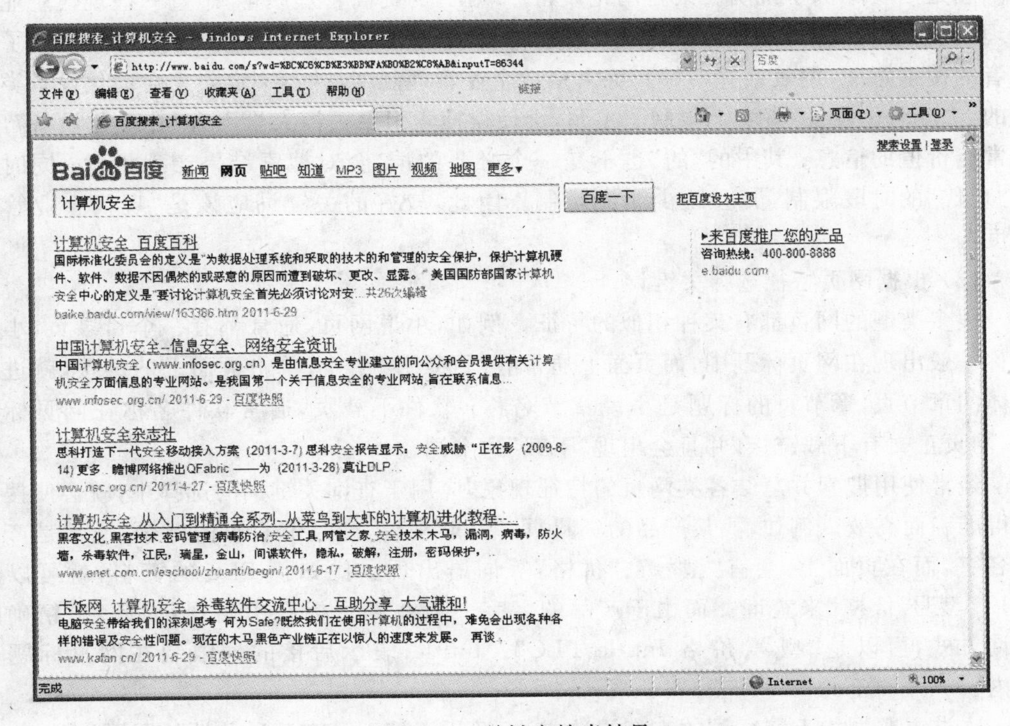


图 2-161　关键字搜索结果

**3. 查阅搜索结果页**

根据打开的搜索结果页面上的每个条目的标题和摘要文字，查找自己满意的结果。将鼠标指向所选的条目，单击即可打开相关内容。

## 2.5.2 搜索技巧

有人说，会搜索才叫会上网，搜索引擎在使用中有许多搜索技巧，掌握了这些搜索技巧，搜索起来，往往能事半功倍。

搜索技巧，最基本同时也是最有效的，就是选择合适的关键词。选择关键词是一种经验积累，是有章可循的。

(1) 表述准确

百度会严格按照您提供的关键词去搜索，关键词表述准确是获得良好搜索结果的必要前提。例如，要查找 2011 年国内十大新闻，关键词可以是“2011 年国内十大新闻”；若要查找西门子生产 PLC 的情况，将关键词写成“西门子 PIC”，搜索结果就可能出现错误。

(2) 关键词的主题关联与简练

目前的搜索引擎并不能很好地处理自然语言。因此，在提交搜索请求时，最好把自己的想法，提炼成简单的，而且与希望找到的信息内容主题关联的关键词。

还是用实际例子说明。某自动化设备厂职工，为提高管理质量，想查一些现代企业的管理制度，他的关键词是“自动化设备企业的管理制度”。这个关键词很完整地体现了搜索者的搜索意图，但效果并不好。绝大多数企业管理制度，并不一定限于自动化设备类企业的，“自动化设备”事实上限制了主题，会使得搜索引擎丢掉大量不含“自动化设备”，但非常有价值的信息；其中的“的”也不是一个必要的词，会对搜索结果产生干扰；同时缺少“现代”的时段限制，又会缺少相应限制。因此，较好的关键词应该是“现代企业管理制度”。

(3) 根据网页特征选择关键词

很多类型的网页都有某种相似的特征。例如，小说网页，通常都有一个目录页，小说名称一般出现在网页标题中，而页面上通常有“目录”两个字，单击页面上的链接，就进入具体的章节页，章节页的标题是小说章节名称；软件下载页，通常软件名称在网页标题中，网页正文有下载链接，并且会出现“下载”这个词。

经常使用搜索并总结各类网页的特征现象，应用于查询关键词的选择中，就会使搜索变得准确而高效。例如，找某产品的资料页。一般来说，产品资料页的标题，通常是产品的名字，而在页面上，会有“型号”、“价格”等词语出现。比如找 PLC 的资料，就可以用“PLC 型号 价格”来查询。而由于产品的名字一般在网页标题中出现，因此，更精确的查询方式，可以是“型号 价格 Intitle:PLC”。Intitle，表示后接的词限制在网页标题范围内。

这类主题词加上特征词的查询构造方法，适用于搜索具有某种共性的网页。

(4) 搜索问题解决办法

我们在工作和生活中,会遇到各种各样的疑难问题,比如计算机中毒了,被开水烫伤了等。很多问题其实都可以在网上找到解决办法。因为某类问题发生的几率是稳定的,而网络用户有好几千万,于是几千万人中遇到同样问题的人就会很多,其中一部分人会把问题贴在网络上求助,而另一部分人,可能就会把问题的解决办法发布在网络上。有了搜索引擎,我们就可以方便地把这些信息找出来。

找这类信息,核心问题是如何构建查询关键词。一个基本原则是,在构建关键词时,我们尽量不要用自然语言(所谓自然语言,就是我们平时说话的语言和口气),而要从自然语言中提炼关键词。这个提炼过程并不容易,但是我们可以用一种将心比心的方式思考:如果我知道问题的解决办法,我会怎样对此作出回答。也就是说,猜测信息的表达方式,然后根据这种表达方式,提取其中的特征关键词,从而达到搜索目的。

例如,我们上网时经常会遇到陷阱,浏览器默认主页被修改并锁定。这样一个问题的解决办法,我们应该怎样搜索呢?首先要确定的是,不要用自然语言。比如,有的人可能会这样搜索"我的浏览器主页被修改了,谁能帮帮我呀"。这是典型的自然语言,但网上和这样的话完全匹配的网页几乎是不存在的。因此这样的搜索常常得不到想要的结果。我们来看这个问题中的核心词汇是"浏览器"、"主页"和"被修改",这类信息出现的概率会最大。

(5) 搜索专业报告或论文

我们经常会找一些信息量大的专业报告或者论文。比如,我们需要了解中国电信企业状况,就需要找一个全面的评估报告,而不是某某记者的一篇文章;我们需要对某个学术问题进行深入研究,就需要找这方面的专业论文。找这类资源,除了构建合适的关键词之外,还需要了解一点,那就是重要文档在互联网上存在的方式,往往不是网页格式,而是 Office 文档或者 PDF 文档。Office 文档我们都熟悉,PDF 文档也许有的人并不清楚。PDF 文档是 Adobe 公司开发的一种图文混排电子文档格式,能在不同平台上浏览,是电子出版的标准格式之一。多数上市公司的年报,就是用 PDF 做的。很多公司的产品手册,也以 PDF 格式放在网上。例如,利用" 霍金 黑洞 filetype:pdf"就可以搜索到霍金博士关于宇宙黑洞的 PDF 文档。

(6) 搜索产品信息

购买某种产品时,我们在购买之前通常会做一个细致的调查研究,货比三家。对于高价值的产品,制造商通常会有详细而且权威的规格说明书。很多公司不但提供网页介绍,还把规格书做成 PDF 文件供人下载。利用前面小节谈到的企业网站查找办法找到目标网站,然后利用 site 语法,直接在该网站范围内查找需要的产品资料。如"MP3 播放器 site:Samsung. com. cn"。

有时候,我们可能非常关注特定产品的某个特性。举例说,我们想了解一下著名耳机拜亚动力 DT231 的音质,就直接可以用产品型号"DT231"和"音质"这个特征词搜索媒体或者其他用户对这个产品的这个特性的评价。

(7) 搜索企业或者机构的官方网站

我们经常需要到企业或者机构的官方网站上查找资料。如果不知道网站地址,就需要通过搜索引擎获得企业或者机构的网站域名。

通过企业或者机构的中文名称查找网站，这是最直接的方式。我们可以直接利用企业在网络用户中最为广泛称呼的名称作为关键词进行搜索。什么是“最为广泛称呼的名称”呢？举个例子，新浪可能有很多称呼，比如“新浪”、“新浪网”、“sina”、“新浪公司”、“北京新浪互联信息服务有限公司”等。哪个是网络用户最常用的呢？毫无疑问就是“新浪”。于是，我们在查询新浪的域名时，就最好使用“新浪”作为关键词。

# 2.6 使用即时通信软件

QQ 是腾讯计算机系统有限公司开发的一款基于 Internet 的即时通信软件，是可以用来跟踪网络用户的在线状态并允许用户实时双向沟通的应用软件。使用这款软件，用户可以和好友进行即时交流，对信息进行即时发送和接收，并且可以实现语音、视频面对面聊天，是现在国内最为流行、功能强大的即时通信软件。

这里以腾讯 QQ 即时通信软件使用为例，学习软件的安装、设置、使用。

## 2.6.1 申请 QQ 号码

获取号码需要先登录腾讯官方网站 http://www.qq.com，如图 2-162 所示。在打开的网站首页的左侧，可以看到通信栏后的“号码”(红色框标出)，单击此链接即可进入 QQ 号码申请页面，如图 2-163 所示。

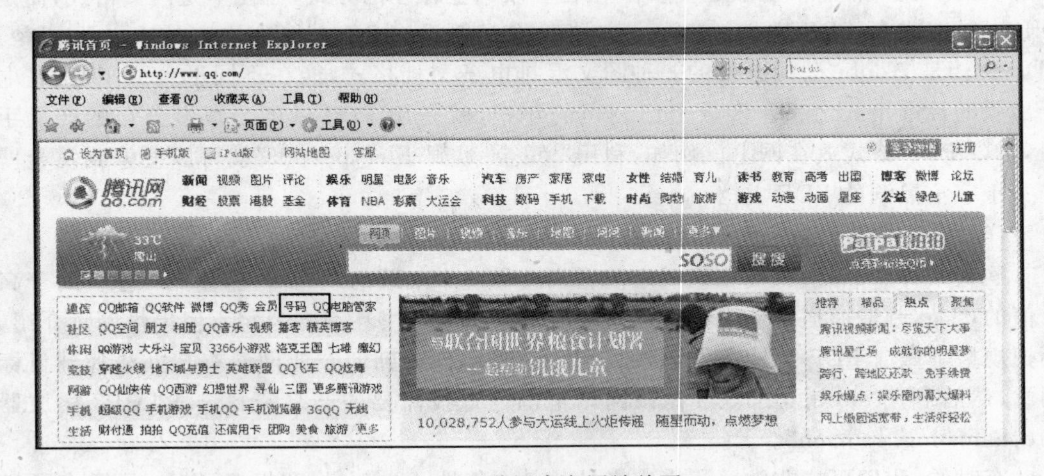


图 2-162 腾讯官方网站首页

进入此申请网页后，可以看到有几种不同的申请方法，用户可以根据个人喜好进行选择。在这里考虑大多数用户选择，选择“网页免费申请”方式，单击其下显示的【立即申请】按钮。进入下一个网页，如图 2-164 所示，选择申请账号类型，这里选择 QQ 号码。

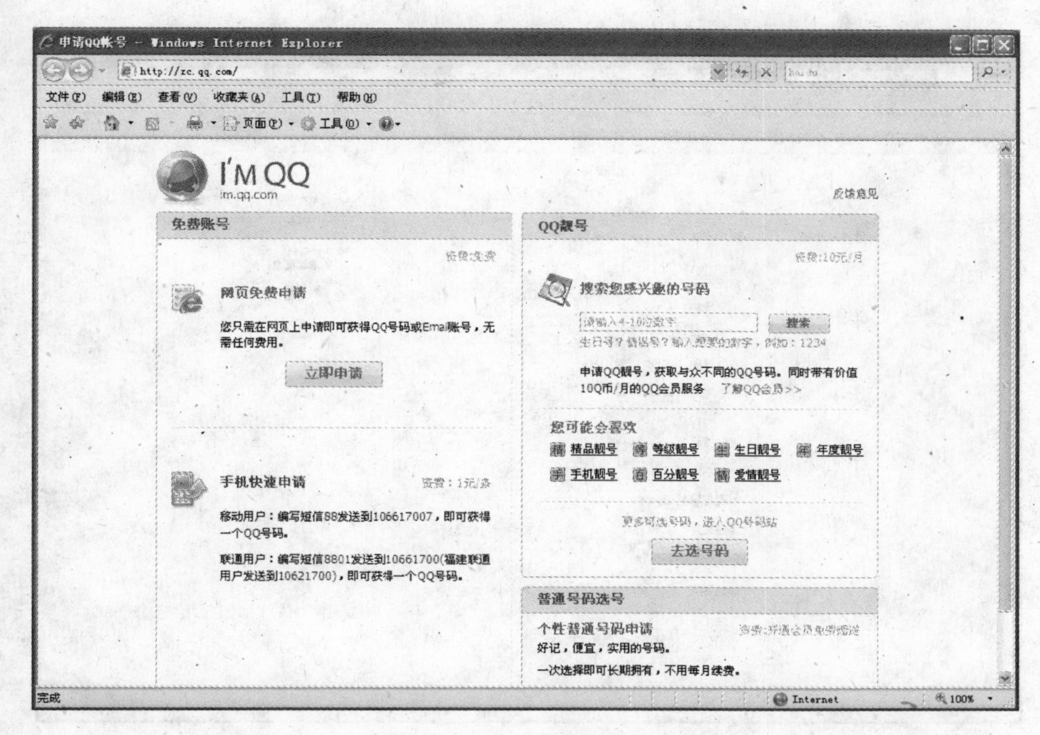


图 2-163　QQ 号码申请网页

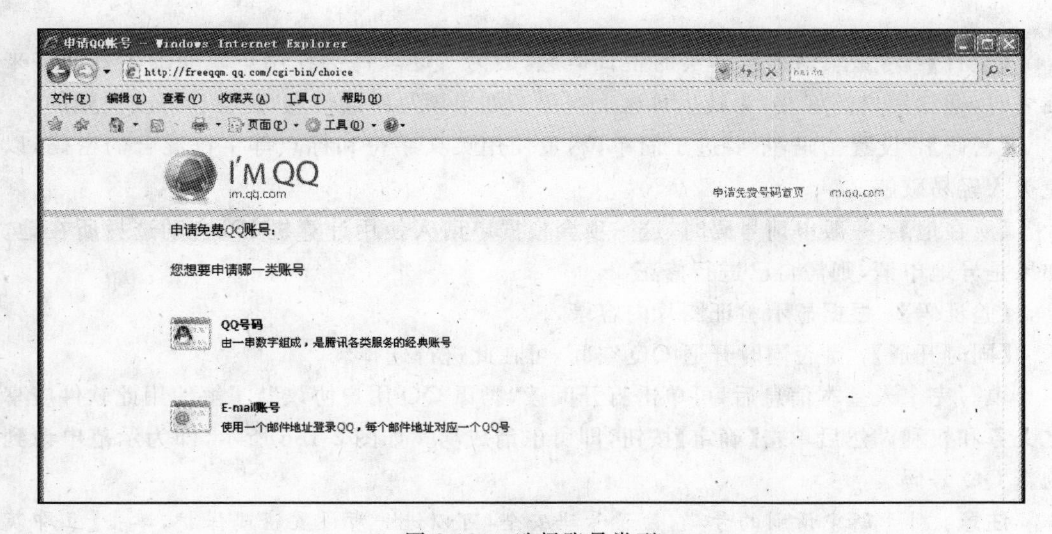


图 2-164　选择账号类型

选择【QQ 号码】，即可进入下一网页，如图 2-165 所示，填写用户个人信息。为了保证申请到的 QQ 号码的唯一性和安全性，并利于以后和好友交流，用户需要慎重填写以下个人信息。

【昵称】：可以随意填写，不一定是真实姓名，只是网络上好友之间的一个称谓。而且允许重名。汉字、英文字符或者其他符号均可。

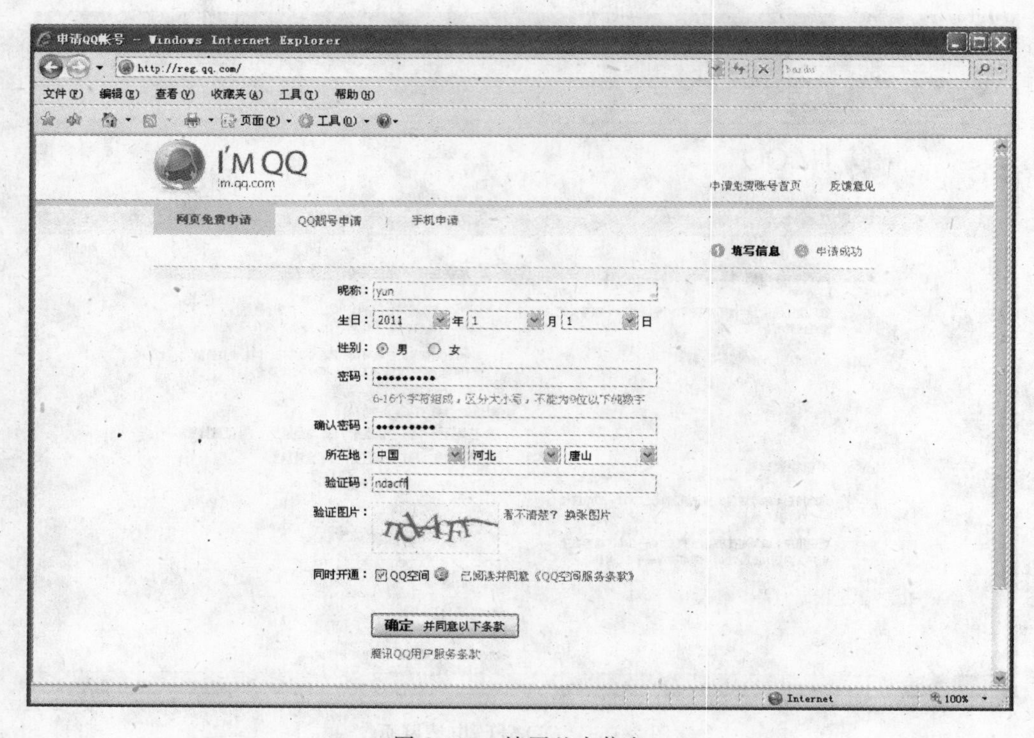


图 2-165　填写基本信息

【生日】：尽量填写自己真实的生日信息，因为 QQ 软件会在用户填写的生日即将来临之时，通知用户的好友，为其生日送上祝福。如果填写错误信息，是会让好友失望的。

【密码】：设置密码，不要过于简单，尽量使用英文字符和标点等字符混合的密码，以免被人轻易破解。

【所在地】：一般申请号码时，这一项会根据申请人使用计算机 IP，自动选择所在地。如果是异地申请，则需自己进行修正。

【验证码】：根据显示验证图片内容录入。

【同时开通】：是否同时开通 QQ 空间，可在此进行选择。

填写完个人基本信息后，可单击打开阅读“腾讯 QQ 用户协议”，了解使用此软件应享之义务和权利。然后单击【确定】按钮，即可申请成功。如图 2-166 所示，即为示范申请到的新 QQ 号码。

**注意**：对于新申请到的号码，为了号码安全，可以进一步设置密码保护，单击【立即获取保护】按钮后，依照提示完成即可。

## 2.6.2　登录腾讯 QQ

有了 QQ 号码，相当于有了通行证。要在自己的计算机上使用此号码，还须下载并安装特定的客户端软件。

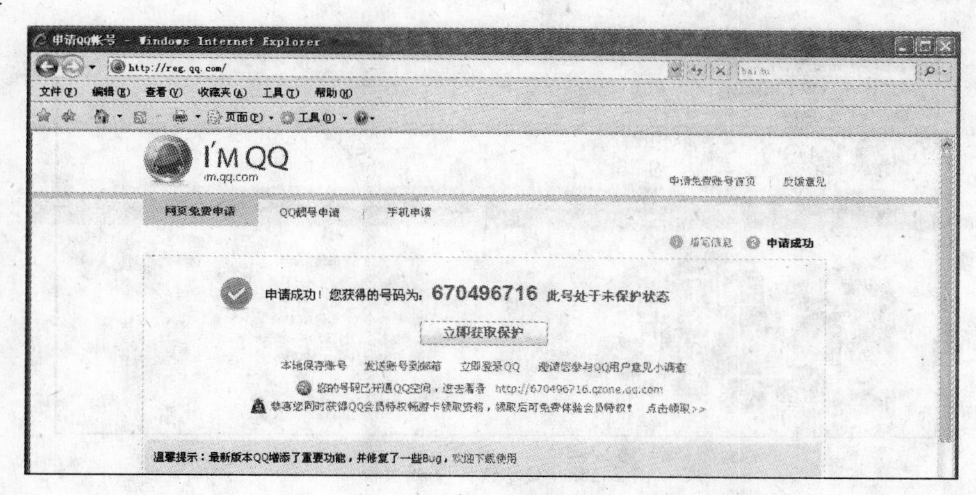


图 2-166　QQ 号码申请成功

在腾讯官方网站首页，单击【QQ 软件】即可进入“腾讯软件中心”，在这里可以下载到腾讯 QQ 的最新版本软件。如图 2-167 和图 2-168 所示页面，现在的最新版本是 QQ2011Beta3，可以选择在线安装，也可以选择下载安装程序后安装。

图 2-167　QQ 软件下载页面 1

**1. 安装腾讯 QQ**

运行 QQ2011 安装程序，经过环境自检后，出现如图 2-169 所示的对话框。在这个对话框上，可以看到该软件提倡的“软件许可协议和青少年上网安全指引”，在阅读了解后，选中下面的【我已阅读并同意软件许可协议和青少年上网安全指引】复选框，此时下面的【下一步】按钮就可以使用了。

图 2-168　QQ 软件下载页面 2

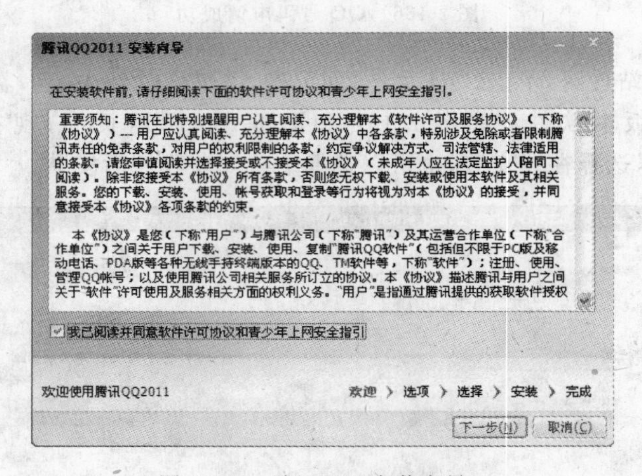


图 2-169　腾讯 QQ 安装向导 1

单击【下一步】按钮，进入如图 2-170 所示对话框，在这个对话框上，显示出几个 QQ 软件自带的项目，需要考虑自己使用情况，选择是否选中。

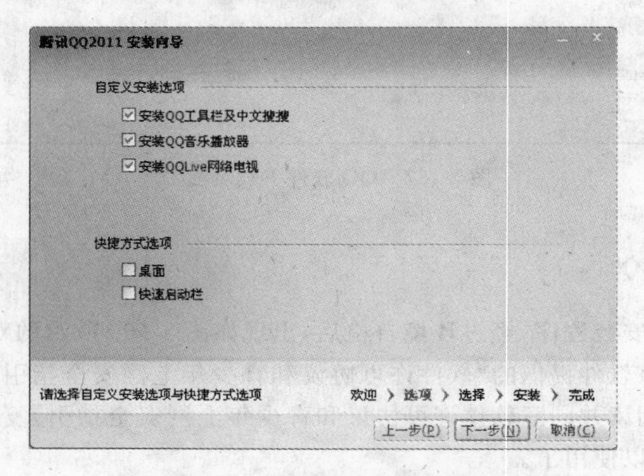


图 2-170　腾讯 QQ 安装向导 2

在单击【下一步】按钮之后，显示如图 2-171 所示对话框，这里选择【程序安装目录】，并且选择【个人文件夹】的保存位置。

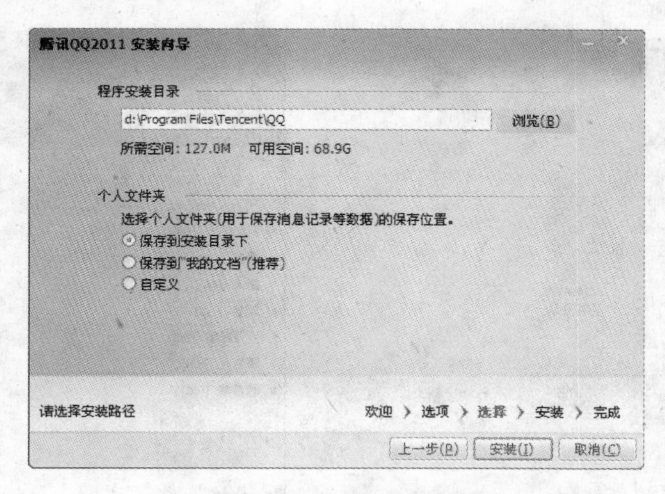


图 2-171　腾讯 QQ 安装向导 3

设定完成后，即可单击【安装】按钮，开始程序安装过程。显示如图 2-172 所示对话框。当进度条完成之后，安装即完成。

**2. 登录腾讯 QQ**

安装好 QQ 软件，即可使用已有的 QQ 号码与好友聊天了。要登录 QQ 软件，需单击 QQ 图标，将出现如图 2-173 所示的登录界面。

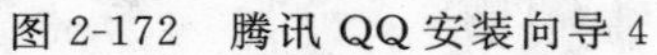

图 2-172　腾讯 QQ 安装向导 4　　　　图 2-173　QQ 登录界面

将在前面申请到的 QQ 账号在此输入，再输入账号密码即可。输入密码时，为安全起见，建议使用登录框自带的软键盘。

**说明**：在这里也可以申请新的 QQ 账号。单击【注册账号】按钮，可申请账号。

输入后QQ账号和密码后，单击【登录】按钮，即经过如图2-174所示页面进入如图2-175所示主面板，表示登录成功。

图2-174　QQ软件登录中

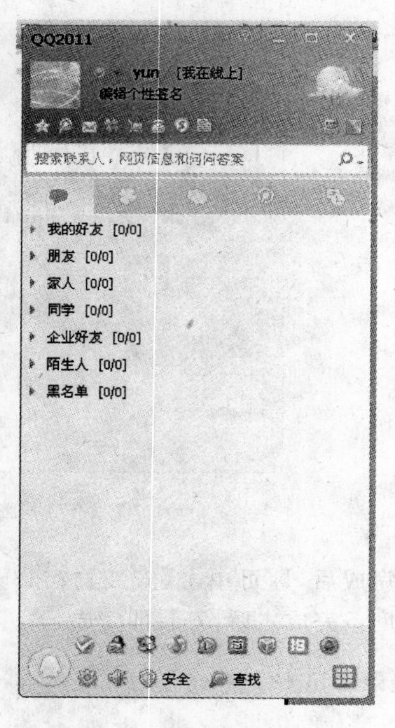


图2-175　QQ软件登录成功

## 2.6.3　腾讯QQ设置

为了更好地使用QQ软件，登录后最好先不要急于交友聊天，先来对QQ软件系统进行应用设置，是必要的。

在图2-175下方红框标出按钮，即为【打开系统设置】按钮。单击此按钮，可以打开【系统设置】对话框。在这个对话框中，有一系列的相应设置，分为五部分。下面根据这五部分内容显示，选择必要设置进行说明。

### 2.6.3.1　基本设置

基本设置部分包含以下几部分内容。

**1. 常规**

这部分是对QQ软件启动登录以及主面板显示内容的设置，如图2-176所示。

如果用户是在个人用计算机上登录，可以设置【开机时自动启动QQ】和【启动QQ时为我自动登录】，但是这样设置一般开机会比较占内存，减低开机速度。如果用户使用的是公共计算机，那么尽量取消此设置，以防密码丢失。

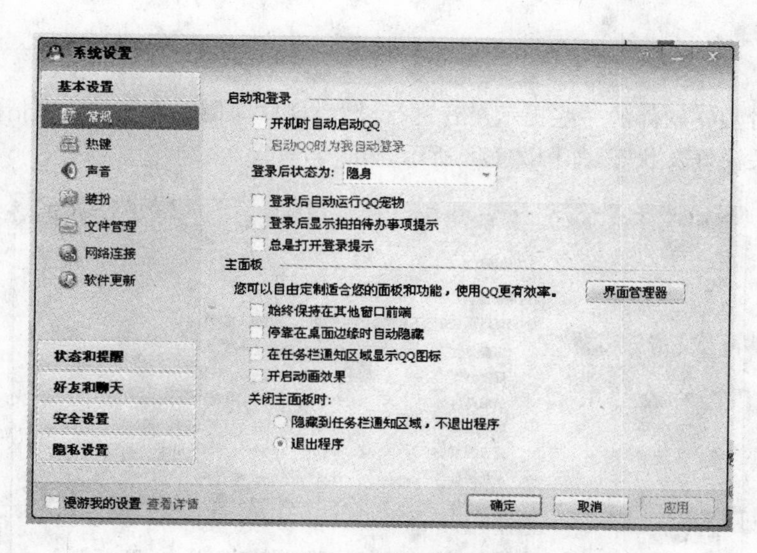


图 2-176　【常规】设置

下面一些选项可以根据个人需求自己设定。最后的【关闭主面板时】的设置，如果选择前者，则单击主面板右上角关闭按钮时，程序并未关闭，而是隐藏到桌面右下角的任务栏里，要想彻底关闭，还需在任务栏上的企鹅图标上右击，在弹出的快捷菜单中选择【退出】命令才可；设置选项为【退出程序】，则单击主面板右上角关闭按钮即可完全关闭 QQ 程序。

**2. 热键**

在这里用户可以设置一些软件使用的快捷键，避免一边打字一边用鼠标的麻烦，如图 2-177 所示。

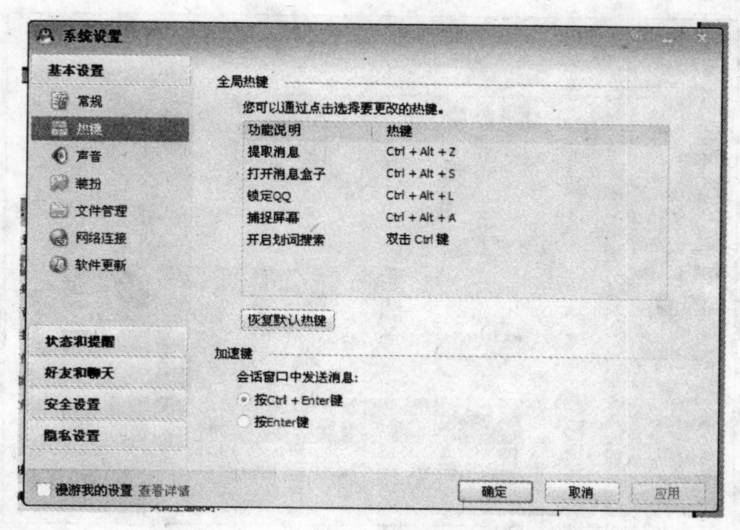


图 2-177　【热键】设置

### 3. 声音

这里是对QQ软件的一些提示声音进行设置，这样即使在忙于其他事情时，也可以通过声音提示关注好友状态，如图2-178所示。

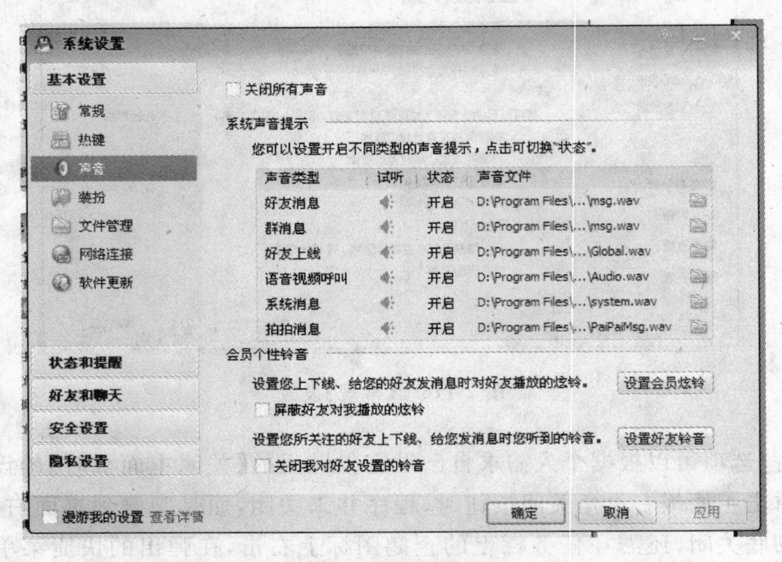


图2-178 【声音】设置

### 4. 装扮

在这里可以给自己的软件主界面选择一套漂亮、有个性的皮肤装扮，如图2-179所示。

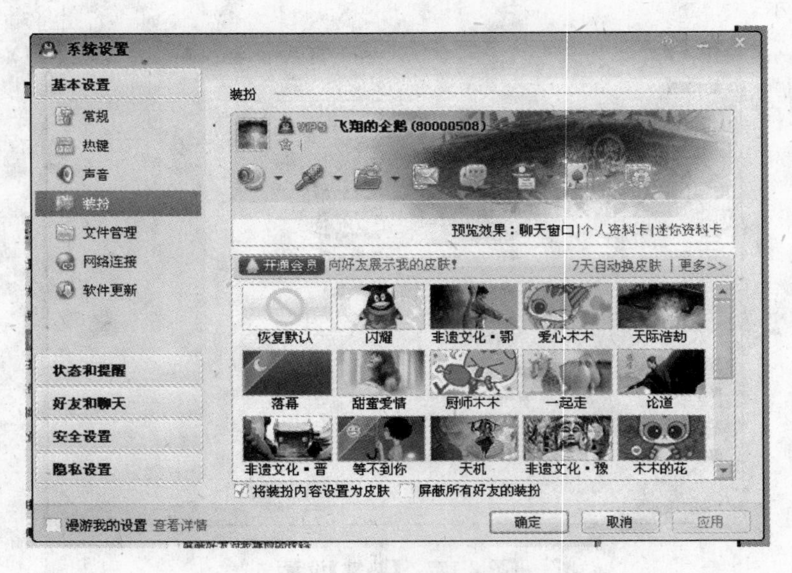


图2-179 【装扮】设置

**5. 文件管理**

在和好友联系过程中，产生的一些消息记录和贴图等，会保存在【个人文件夹】中一段时间，以便于进行回顾查阅。这个【个人文件夹】是保存在用户计算机中的，在聊天量大的时候，里面会积聚大量的资料，一般默认保存位置在安装 QQ 软件的目录下，但是这样查找起来可能不是很方便，也许不太符合一些个人要求，所以在此设置中可以自主选择该文件夹的位置。

【文件清理】设置，是对个人文件夹容量的清理设置，以免【个人文件夹】因存储量过大影响计算机运行，如图 2-180 所示。

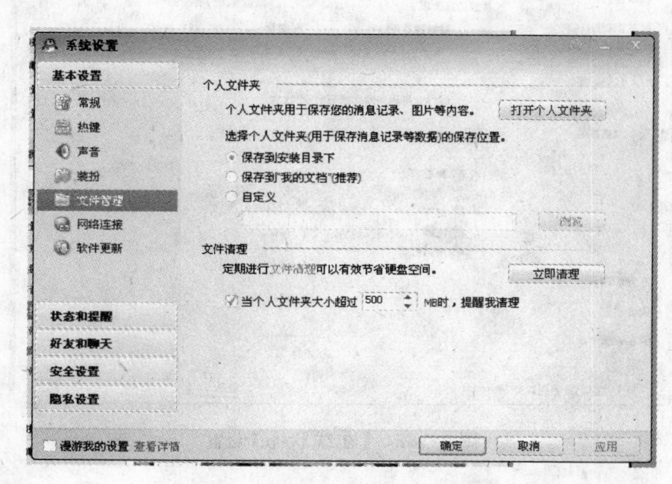


图 2-180　【文件管理】设置

**6. 软件更新**

QQ 软件经常会有各种更新升级，在这里用户可以选择更新方式，如图 2-181 所示。

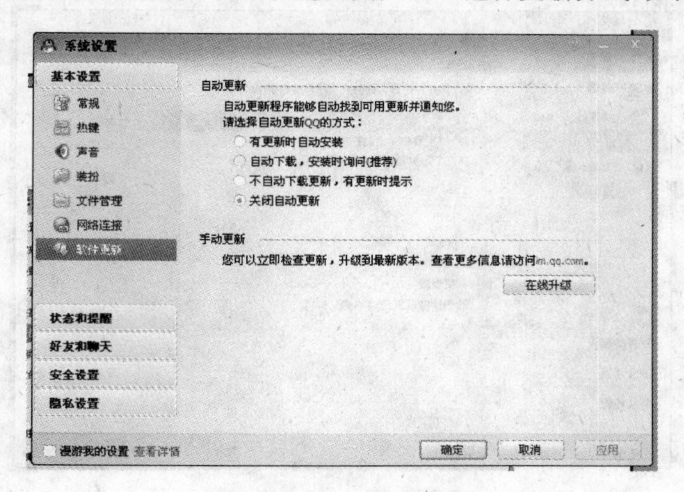


图 2-181　【软件更新】设置

### 2.6.3.2 状态和提醒

【状态和提醒】包括四部分设置。

**1. 在线状态**

用户在线可以有多种状态显示，在这里可以选择状态切换，以便于好友了解其情况，如图 2-182 所示。

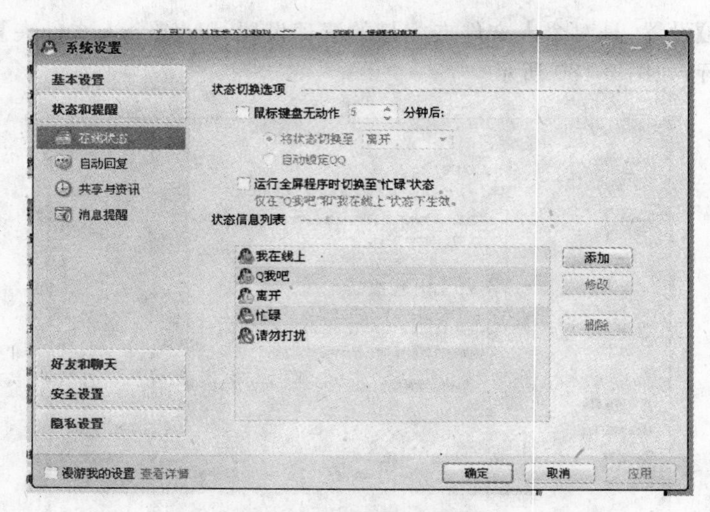


图 2-182 【在线状态】设置

**2. 自动回复**

当用户不便于在线联系，又需要让好友理解时，可以选择设置适当的自动回复，如图 2-183 所示。

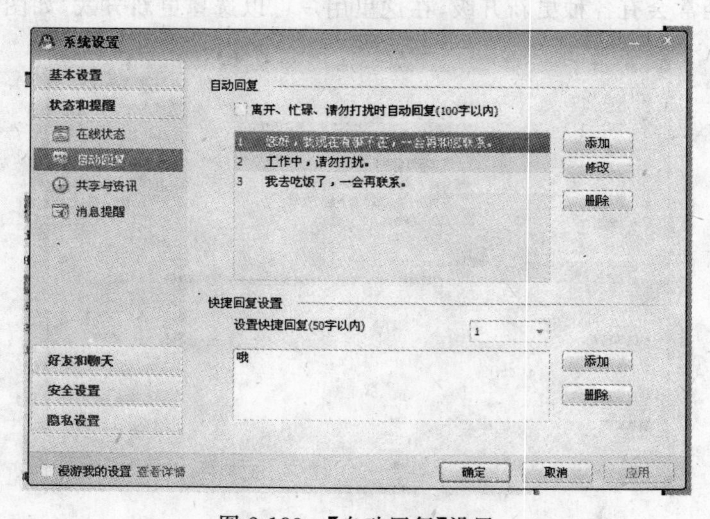


图 2-183 【自动回复】设置

### 3. 共享与资讯

这里用户可以选择需要与好友分享的兴趣和资讯信息，如图 2-184 所示。

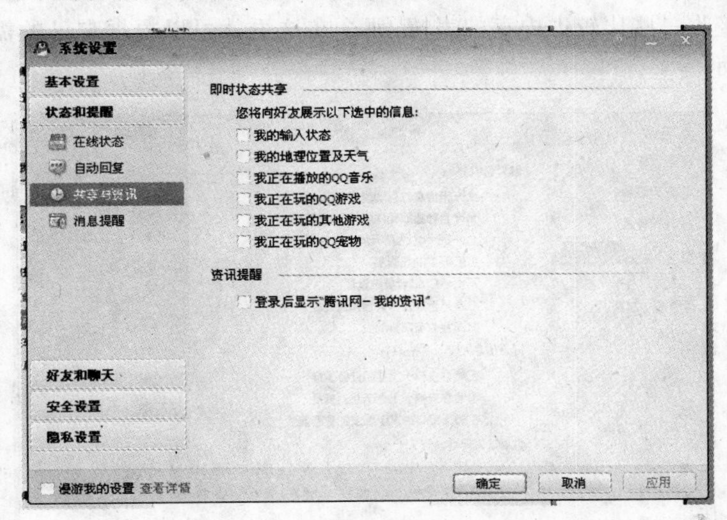


图 2-184　【共享与资讯】设置

### 4. 消息提醒

这里是提醒用户有关消息提醒的设置内容，如图 2-185 所示。

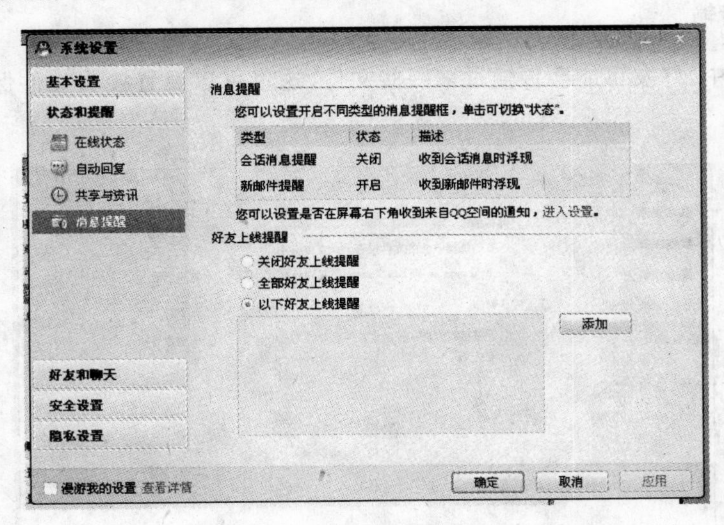


图 2-185　【消息提醒】设置

## 2.6.3.3　好友和聊天

【好友和聊天】包括四部分设置。

### 1. 常规

和好友聊天时，可能会因为所处环境或者计算机内存限制，有时候不想要自动弹出对话窗口，或者接收一些比较占内存的表情，那么在这里就可以根据自己的需求进行设置，如图 2-186 所示。

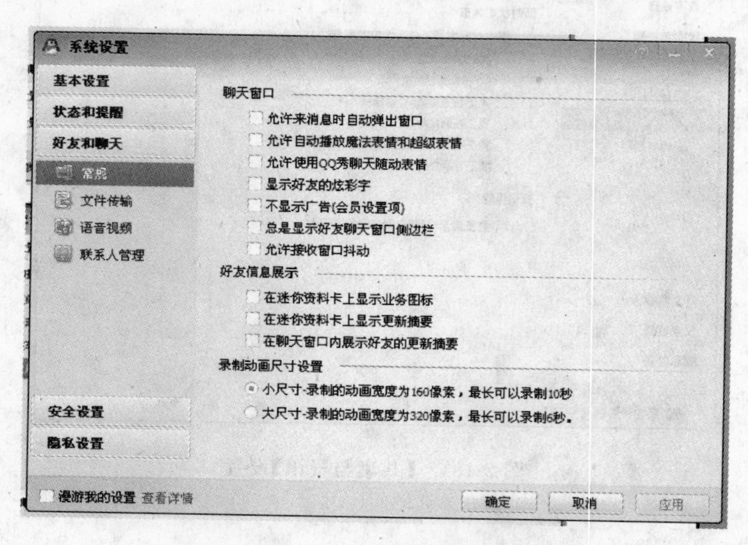


图 2-186 好友和聊天【常规】设置

### 2. 文件传输

聊天过程中，好友可能会传输过来一些文件，这里可以设置接收文件保存的位置，如图 2-187 所示。

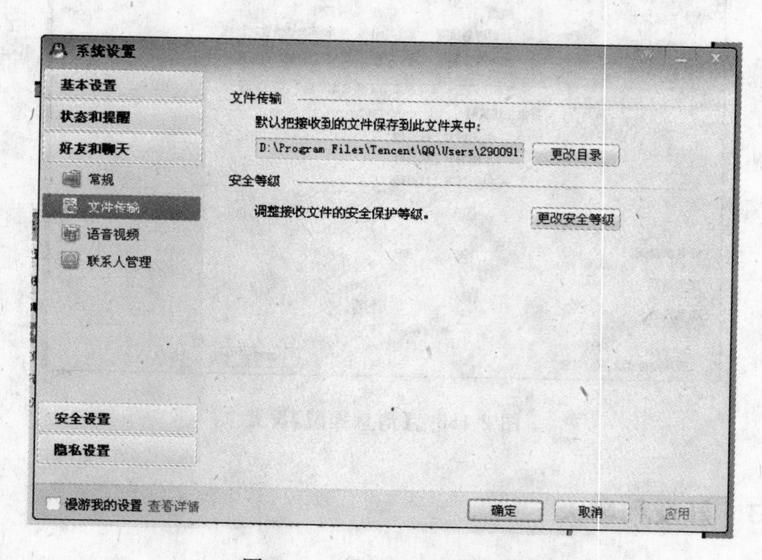


图 2-187 【文件传输】设置

### 3. 语音视频

QQ 软件支持语音视频聊天，但是聊天前要准备好话筒、摄像头等设施。而且利用这些设施聊天前需要进行一些设置，那么从这里就可以完成这些设置。用户只需要安装好设施后，单击对应设置按钮，然后根据提示完成即可，如图 2-188 所示。

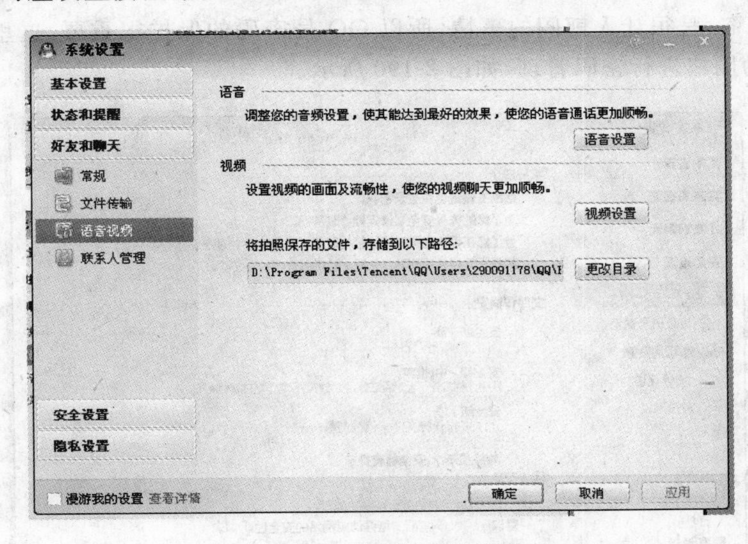


图 2-188　【语音视频】设置

### 4. 联系人管理

在已加的好友中，可能因为一些原因不再想收到他的信息，那么在这里你可以把其设置为消息屏蔽的联系人，如图 2-189 所示。

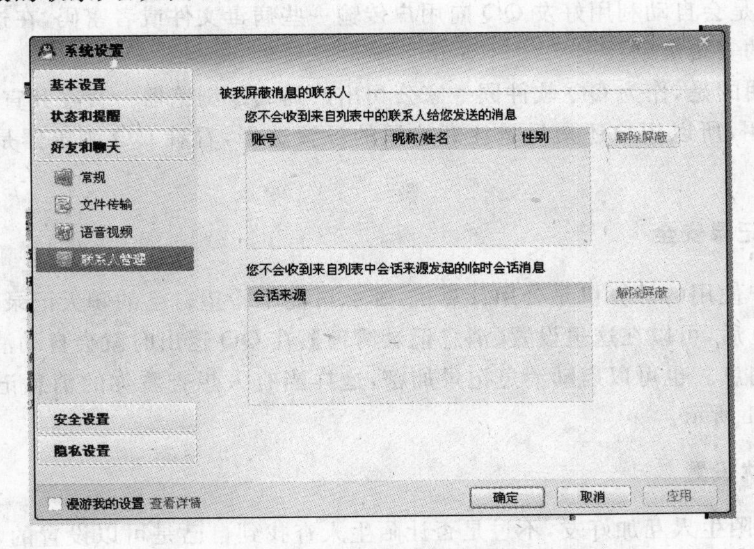


图 2-189　【联系人管理】设置

### 2.6.3.4 安全设置

【安全设置】是很重要的设置，其中包括以下几部分的设置。

**1. 安全**

QQ号被盗，是很让人郁闷的事情，所以QQ号密码的保护很重要，这里的密码安全设置可以帮助用户进行密码管理，如图2-190所示。

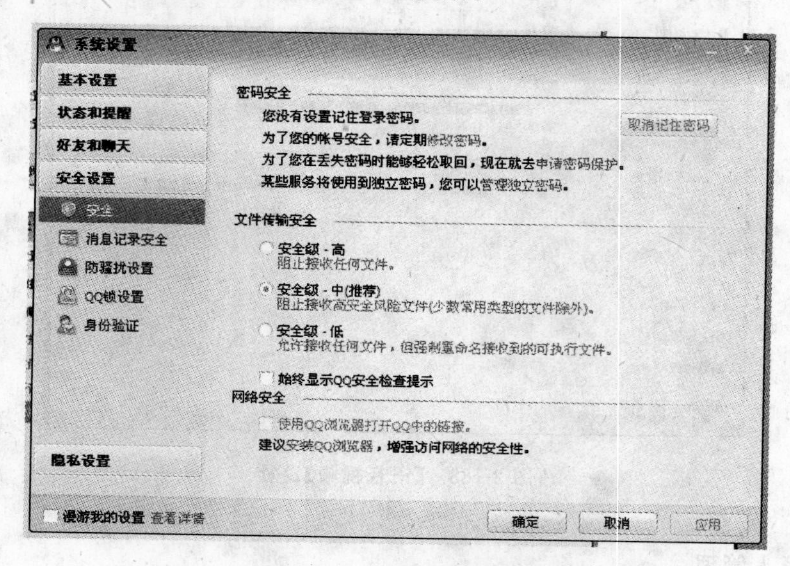


图2-190 【安全】设置

聊天过程中，好友传输过来的文件有的也许带有病毒，特别是当好友的计算机中毒时，有些病毒是会自动利用好友QQ向用户传输一些病毒文件或者密码，在这里可以自定义文件传输的安全级别。

需要说明的是，作为QQ软件同一家公司出产的QQ浏览器一直在其宣传之中，希望达到捆绑使用，所以用户还是尽量注意这里的设置选择，看看QQ浏览器是否是自己适用的。

**2. 消息记录安全**

如果用户使用的计算机是公用计算机，那么可能不希望自己的聊天记录被人所知，这时在登录QQ后，可以在这里设置【消息记录清理】，在QQ退出时就会自动清理个人文件夹中的聊天消息。也可以启动消息记录加密，这样当有人想查看你的消息记录时就会受阻，如图2-191所示。

**3. 防骚扰设置**

QQ允许陌生人互加好友，不过是否让陌生人查找到自己是可以设置的，在这里就可以完成。对于陌生人的消息是否接收也可以在这里进行设置，如图2-192所示。

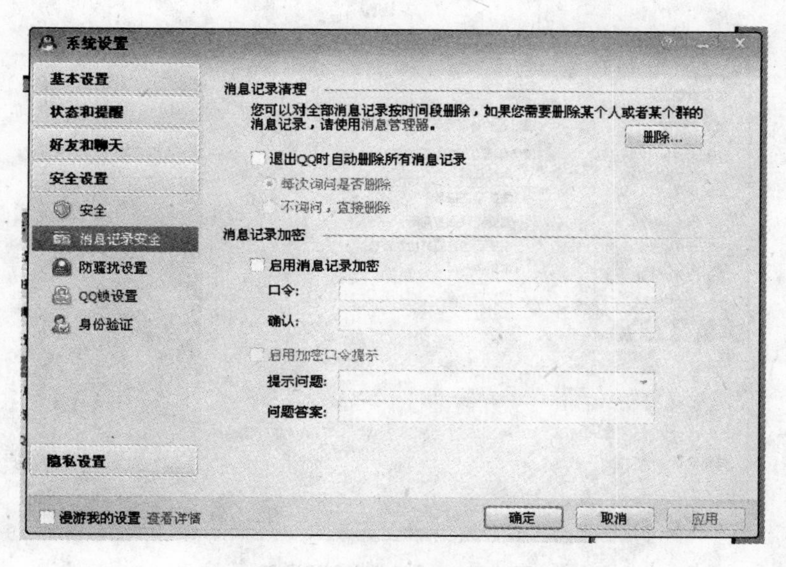


图 2-191 【消息记录安全】设置

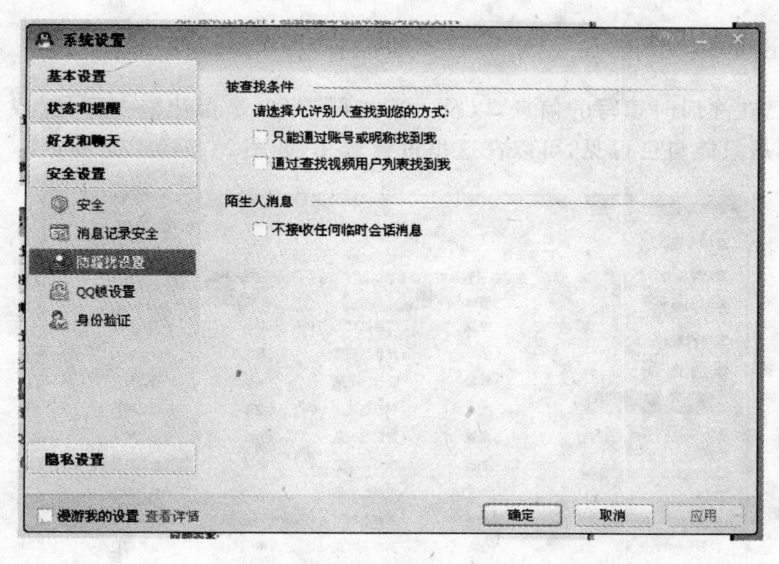


图 2-192 【防骚扰设置】界面

**4. 身份验证**

身份验证设置是比较关键的。在网络上，查找到你信息的人要加你为好友，需要通过你的验证，这样就避免了一些不必要的骚扰。那么在这里可以设置适合自己的验证方式，如图 2-193 所示。

### 2.6.3.5 隐私设置

【隐私设置】包括两部分内容。

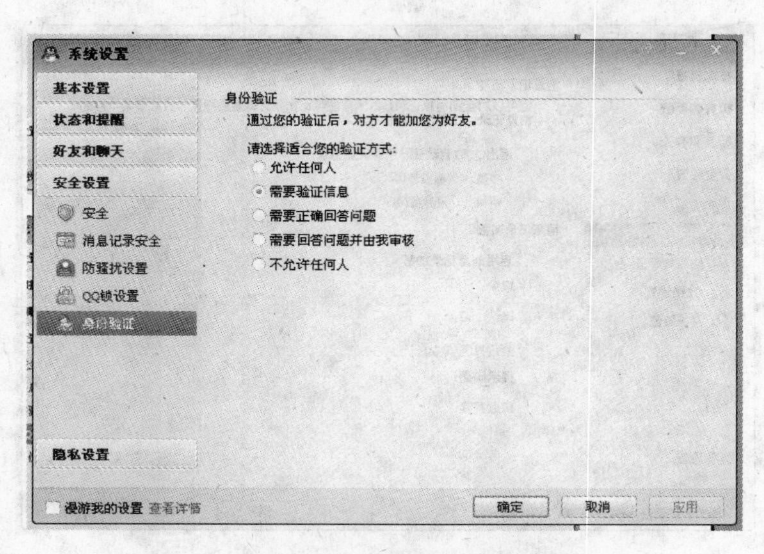


图 2-193 【身份验证】设置

## 1. 隐私设置

对于自己在注册时填写的信息，以及一些扩展信息，是否让好友可见，或者网络上所有人可见，还是只能自己可见，可以在这里进行选择，如图 2-194 所示。

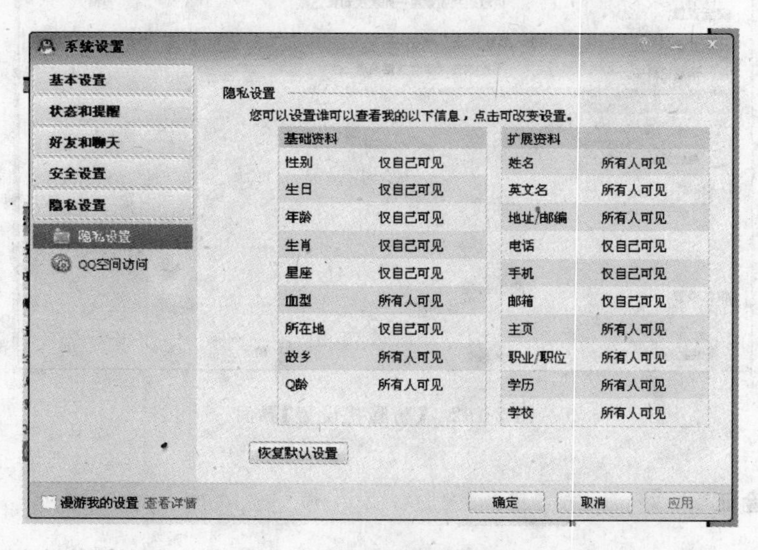


图 2-194 【隐私设置】界面

## 2. QQ 空间访问

对于同时拥有 QQ 空间的用户来说，空间里的更新动态如何，可以通过这里的设置选择通知方式，如图 2-195 所示。

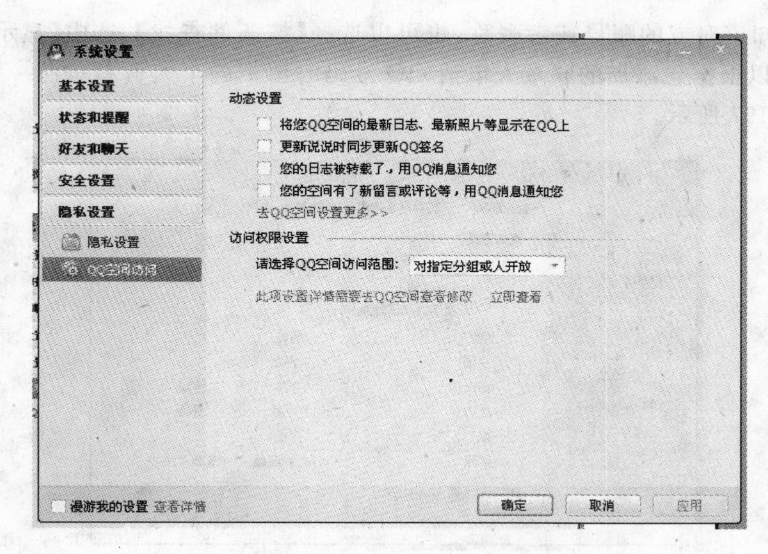


图 2-195　【QQ 空间访问】设置

## 2.6.4　腾讯 QQ 使用

软件基本设置完成，要正式进入聊天世界了。在这里要先添加好友，然后进行聊天联系。

**1. 添加联系人**

要想聊天，需要先添加联系人，也就是好友。添加时单击主界面下边的【查找】按钮，即可打开【查找联系人/群/企业】对话框。这里有四个选项卡，分别是【查找联系人】、【真实姓名查找】、【查找群】、【查找企业】，可以选择添加各种聊天对象。

常用的【查找联系人】中，【精确查找】对应的界面下，可以将已得到的好友 QQ 账号或者昵称录入查找。需要注意的是，账号对应的是唯一对象，而昵称对应的则不唯一，如图 2-196 所示。

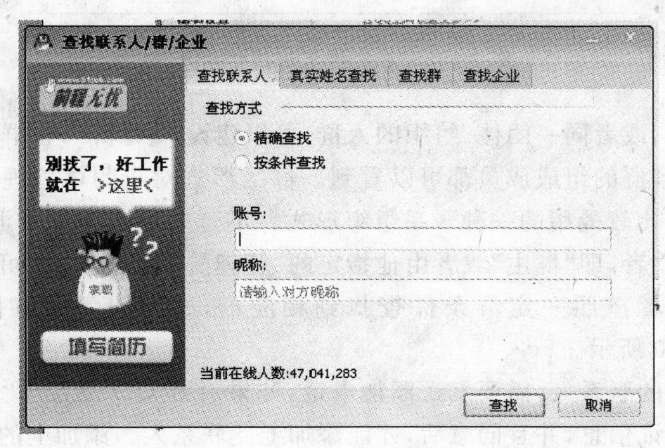


图 2-196　精确查找联系人

如果不知道对方的账号或者昵称，也可以选择【按条件查找】，选中【显示详细信息】复选框，即可以根据想添加的联系人申请QQ号码时留下的个人资料按照一定条件进行查找，如图2-197所示。

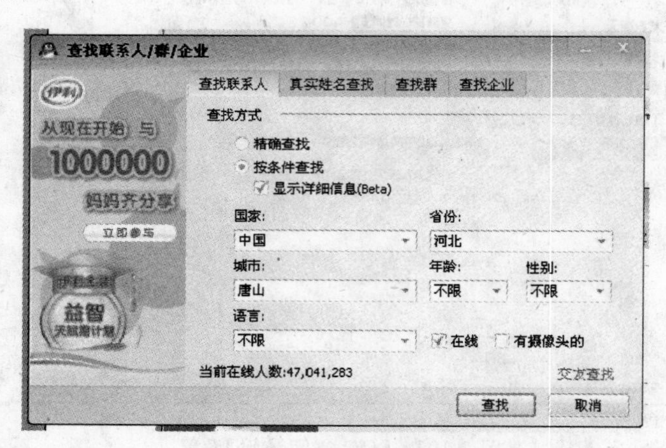


图2-197　按条件查找联系人

这里还有“真实姓名查找”，只是限于实名申请QQ账号的用户，如图2-198所示。

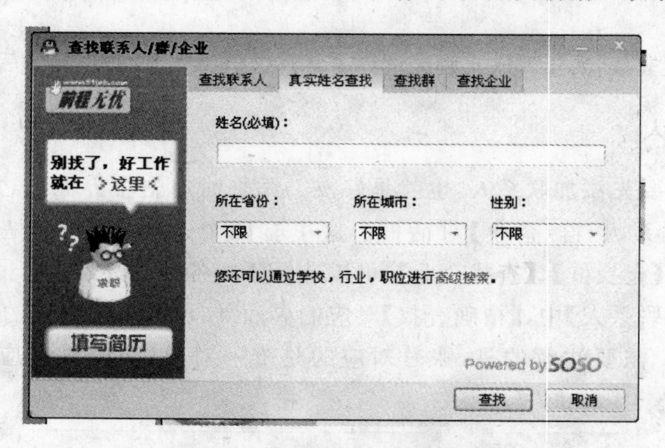


图2-198　真实姓名查找联系人

对于同样爱好，或者同一团体、组织的人群，可以建设“QQ群”，在群里每位成员可以自由发言，发言内容群的组成成员都可以看到。群的形式对于团体管理、联系非常方便，也是现在QQ用户比较爱用的一种联系组织形式。不过要想成为某个群的成员，需要申请加入，由群的建立者，即“群主”或者由他指定的“管理员”验证批准方可加入。

获知群号，或者按照一定群条件查找到相应群，这一设置就在【查找群】里，如图2-199和图2-200所示。

查找到要添加的联系人，需要发送添加申请，如果对方QQ设置了“身份验证”，则需要等对方接收到验证信息，并且同意后，才能添加上此联系人。添加上的联系人头像会出现在主界面上。这之后就可以和他进行网上的即时通信了。

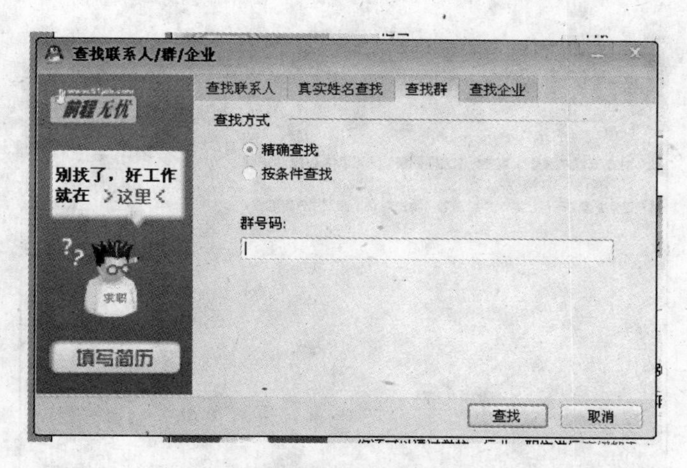


图 2-199　精确查找群

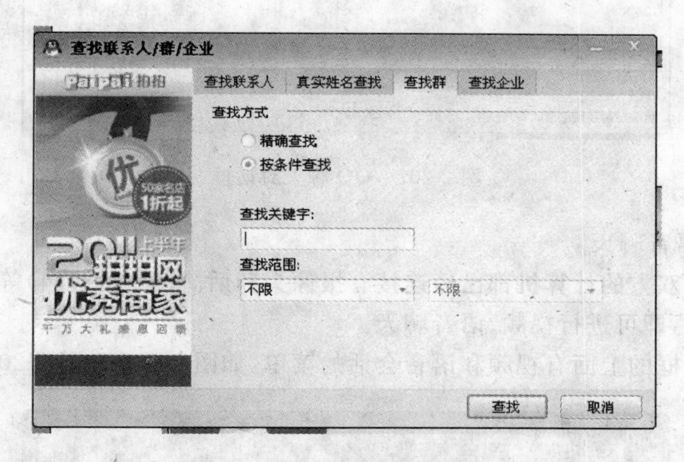


图 2-200　按条件查找群

**2. 即时通信对话**

小李添加了好友“飞”，则“飞”的头像出现在好友列表中，单击该联系人的头像，弹出如图 2-201 所示的对话框。

在此对话框的左下空白框中有闪烁的光标，即是聊天内容录入的地方，它上面的部分是一些工具按钮组成的工具栏，再上面是对话记录列表，交替出现对话双方的谈话内容。小李要先和好友打招呼，于是录入“你好”，然后单击下面的【发送】按钮，即可发送出消息。不过为了快捷操作，也可以直接采用快捷键，小李在前面【热键设置】中是设置的【按 Ctrl＋Enter 组合键发送消息】，因此在这里录入内容后，即可直接利用此组合键发送。

**3. 其他聊天形式**

聊天过程中，不是只能采用文字交流。QQ 软件提供了形式多样的聊天形式，使聊天内容更加丰富多彩。

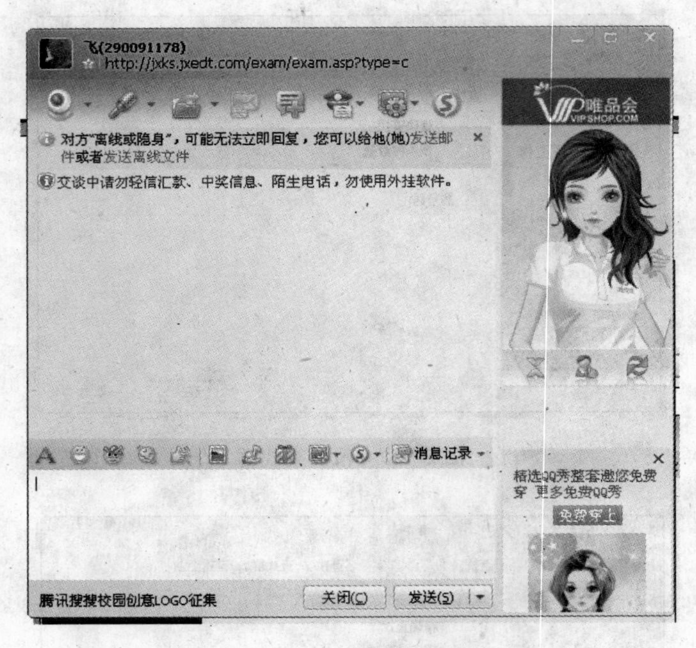


图 2-201　QQ 聊天对话框

(1) 视频、语音聊天

如果联系人双方的计算机都已经连接有摄像头和话筒、耳机(音箱)等设备,也进行过了相应调试设置,即可进行视频、语音聊天。

在聊天对话框的上面有视频和语音会话的菜单,如图 2-202 和图 2-203 所示。

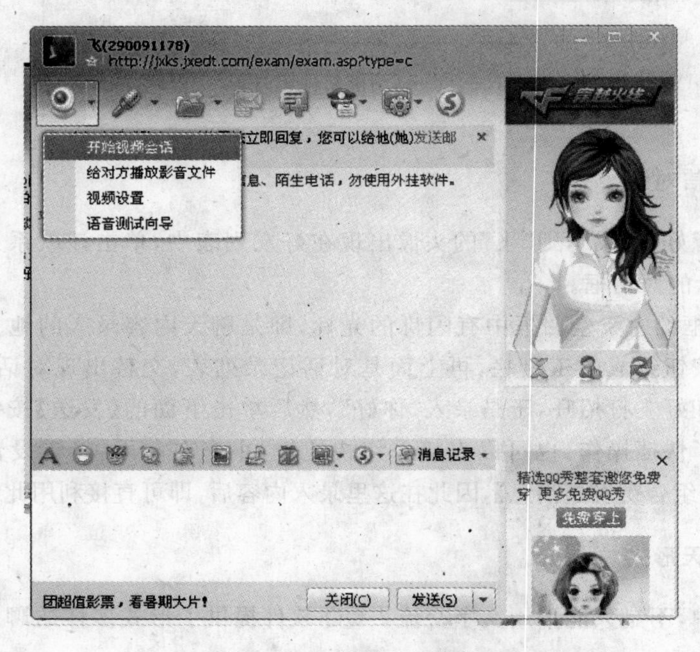


图 2-202　视频会话菜单

图 2-203　语音会话菜单

以视频会话为例，当单击【开始视频会话】时，对话框右边栏出现如图 2-204 所示画面，对方则出现要求应答画面，当对方接受邀请后，双方就可以进行视频或者语音聊天了。

图 2-204　等待对方接受邀请

(2) 传送文件

利用 QQ 软件，联系双方可以互相发送接收文件，如图 2-205 所示，单击【发送文件】按钮后，右边栏会出现传送文件显示，对方也同样收到提示，当对方选择接收文件后，根据传输文件大小和网速限制，需要一定时间进行文件的传送。

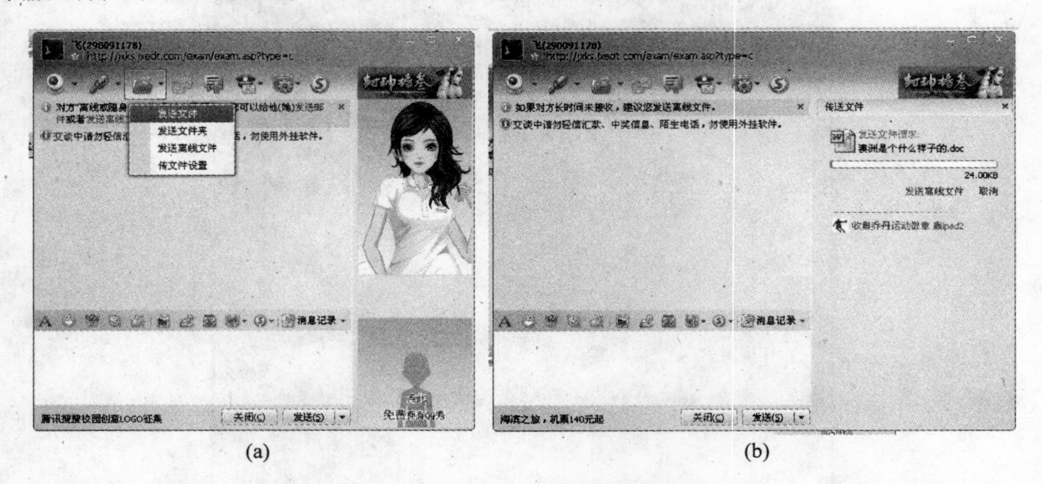

(a) (b)

图 2-205　传送文件

(3) 发送消息修饰

在发送消息栏上方工具条中，有一些工具按钮，可以利用它们对发送信息内容进行修饰。

① 字体格式：A是【字体格式设置】按钮，单击它会在上方出现如图 2-206 所示工具栏，同一些办公软件中的字体格式设置一样，利用它可以设置字形、字体、字号，以及加粗、倾斜、下画线、颜色等字体格式。

图 2-206　字体格式

② 表情：是【表情设置】按钮。QQ 软件提供了一些丰富有趣的表情符号，聊天时将其掺杂在字符之中，能够更加形象风趣地表现意愿。

单击此图标会出现如图 2-207 所示对话框，在这里可以选择自己喜欢的表情符号。单击右下角的【表情管理】，还可以自己选择添加一些图片作为自己专有的表情。

③ 屏幕截图：利用屏幕截图可以把自己正在欣赏的一些图片、画面或者想让对方帮助的一些计算机情况告知对方。是【屏幕截图】按钮，如图 2-208 所示。

## 【本章小结】

本章初步学习了利用 Windows、Office 办公软件处理一些简单办公事务，并学习了搜集和交流数据资料的方法。

本章学习性工作任务是典型工作任务的组成部分，或是日常学习生活的常见案例。通过这章的学习，同学们已经具备了最基本的信息技术素养，可以为提高专业学习效率提供一些帮助，同时也为进一步提高自己的信息技术素养奠定了基础。此时同学们应该有一个正确的学习态度，既不能为初步的收获沾沾自喜，也不能因功夫不深而惧怕实践。事

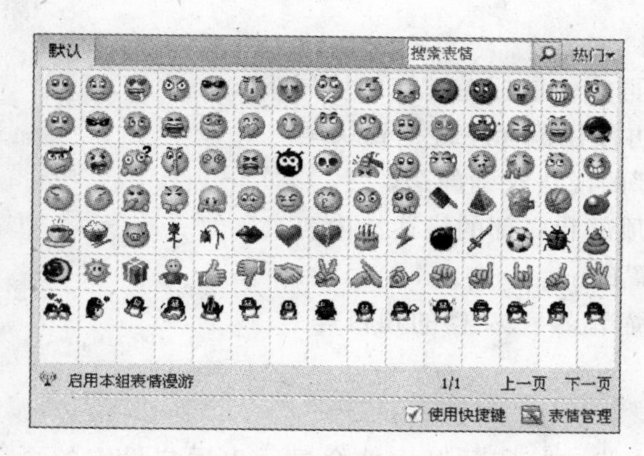


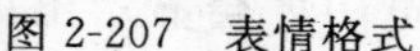
图 2-207 表情格式

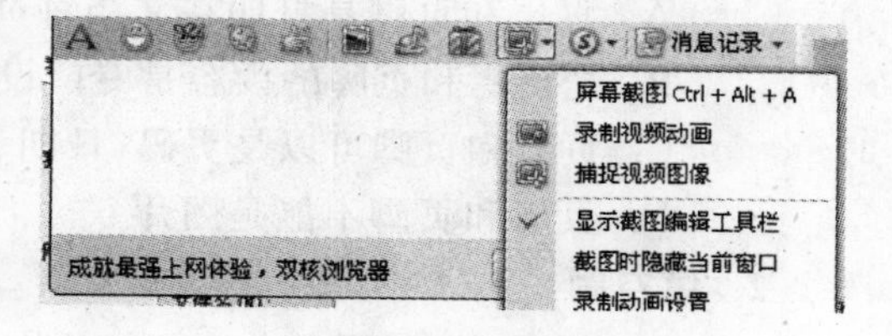


图 2-208 【屏幕截图】按钮

实上，许多人就是从这个起点开始，在工作中使用信息技术工具，逐步成为"高手"的。只要具备了实事求是的学习方法，具备了创新创业意识，就可以学会处理实际工作中遇到的任何问题。

# 习　题　2

## Word 部分

**1. 单项选择题**

(1) 在 Word 2003 中，想用新名字保存文件应(　　)。

A. 选择【文件】→【另存为】命令　　B. 选择【文件】→【保存】命令

C. 单击工具栏中的【保存】按钮　　D. 复制文件到新命名的文件夹

(2) 在 Word 2003 中，用户按 Enter 键，便在文档中插入(　　)。

A. 空格　　B. 回车　　C. 段落标记　　D. 打印控制符

(3) 把单词 cta 改成 cat，再把 teh 改成 the，单击【撤销输入】按钮会显示(　　)。

A. cta　　B. cat　　C. the　　D. teh

(4) 利用 Word 编辑文档，间距默认时，段落中文本行的间距是(　　)。

A. 单倍行距　　B. 多倍行距　　C. 最小值　　D. 固定值

(5) 下列有关 Word 叙述中，不正确的是(　　)。

A. 所有的菜单命令都有相应的热键

B. 工具栏所完成的功能均可以通过菜单命令实现

C. 在【段落】对话框中可设置行间距和字符间距

D. 文档中可以插入艺术字

(6) 在 Word 2003 的表格操作中，计算求和的函数是(　　)。

A. TOTAL　　B. AVERAGE　　C. COUNT　　D. SUM

(7) 在 Word 2003 中，选择列块的方法是(　　)。

A. 光标移到列块首，双击

B. 光标移到列块首，三击鼠标左键

C. 光标移到列块首，按住 Ctrl 键，再按住鼠标左键拖到块尾

D. 光标移到列块首，按住 Alt 键，再按住鼠标左键拖到块尾

(8) 在 Word 中，下面关于"页眉和页脚"的说法正确的是(　　)。

A. 页眉和页脚是打印在文档每页顶部和底部的描述性内容

B. 光页眉和页脚的内容是专门设置的

C. 页眉和页脚可以是页码、日期、简单文字、文档的题目等

D. 页眉和页脚不能是图片

**2. 填空题**

(1) 在 Word 中，必须在________视图方式或打印预览中才会显示出用户设定的页眉和页脚。

(2) 字符格式设置好后，如果在其他的字符当中也要应用相同的字符格式，我们可以使用________将字符格式复制到其他字符中，而不需重新设置。

(3) 在 Word 2003 中，剪贴板最多容纳________项内容。

(4) 在 Word 中，将鼠标移动到选定区，当它变成形状时，单击左键一下可________，连击两下可________，连击三下可________。

(5) 文本框的四周有 8 个"小圆圈"，我们把它们叫做"操作柄"，它们可以用来调整文本框的________。

(6) 表格的斜线表头可以用鼠标单击【表格和边框】中【绘制表格】按钮绘制，也可以使用________对话框绘制。

(7) 在【插入单元格】对话框中：①若选中【活动单元格下移】单选框，则在所选定单元格的________，插入新的单元格。②若选中【整行插入】单选框，则在所选定单元格的________，插入整行的单元格。

(8) 在 Word 中，若将文本中各处出现的"计算机"全部改成斜体的"电脑"，则最简便的方法是执行________操作。

## Excel 部分

**1. 单项选择题**

(1) 在 Excel 工作簿中，至少应包含的工作表个数是(　　)个。

A. 1　　B. 2　　C. 3　　D. 4

(2) 在 Excel 工作表中，不正确的单元格地址是(　　)。

A. C$66　　B. $C66　　C. C6$6　　D. $C$66

(3) 在 Excel 的地址引用中，如果引用了其他的工作表中的地址，则需要在该工作表名和引用地址之间加入(　　)。

A. !　　B. $　　C. @　　D. %

(4) 在 Excel 工作表的某单元格内输入数字字符串"456"，正确的输入方法是(　　)。

A. 456　　B. '456　　C. =456　　D. "456"

（5）在 Excel 中利用“自动填充”功能，可以（　　）。

A. 对若干连续单元格自动求和

B. 对若干连续单元格制作图表

C. 对若干连续单元格进行复制

D. 对若干连续单元格快速输入有规律的数据

（6）在 Excel 工作表中，单元格 C4 中有公式“＝A3＋＄C＄5”，在第 3 行之前插入一行之后，单元格 C5 中的公式是（　　）。

A. ＝A4＋＄C＄6　　B. ＝A4＋＄C＄5

C. ＝A3＋＄C＄6　　D. ＝A3＋＄C＄5

（7）在 Excel 的数据清单中，若根据某列数据对数据清单进行排序，可以利用工具栏上的【降序】按钮，此时用户应该先（　　）。

A. 选取该列数据　　B. 选取整个数据清单

C. 单击数据清单中任意单元格　　D. 单击该列数据中任意单元格

（8）在 Excel 中，若要改变打印时的纸张大小，正确的是选择（　　）。

A. 【工具】对话框中的【选项】

B. 【页面设置】对话框中的【工作表】选项卡

C. 【单元格格式】对话框中的【对齐】选项卡

D. 【页面设置】对话框中的【页面】选项卡

（9）在 Excel 中，选中单元格后，按 Delete 键，将（　　）。

A. 清除选中单元格中的内容

B. 删除选中单元格和里面的内容

C. 清除选中单元格中的格式

D. 清除选中单元格中的内容和格式

（10）在 Excel 的工作表中，单元格区域 A1：C3 中输入数值 10，若在 D1 单元格内输入公式“＝SUM(A1,C3)”，则 D1 的显示结果为（　　）。

A. 20　　B. 30　　C. 60　　D. 90

**2. 填空题**

（1）若在单元格 A3 中输入 5/20，该单元格显示结果为________。

（2）在 Excel 工作表中，若要选择不连续的单元格，首先单击第一个单元格，按住________键不放，单击其他单元格。

（3）单元格中，若未设置特殊的格式，数值数据会________对齐，文本数据________对齐。

（4）在 Excel 工作表中，可以使用【工具】菜单中的________命令建立自定义填充序列。

（5）Excel 允许同时对最多________格关键字进行排序。

（6）在对数据进行分类汇总前，必须对数据进行________操作。

（7）在 Excel 中，单元格的引用有________、________和________。

（8）更改了屏幕上工作表的显示比例，对打印效果________影响。

(9) 在输入一个公式之前必须先输入________符号。

## PowerPoint 部分

**1. 单项选择题**

(1) 在 PowerPoint 2003 中保存演示文稿时，默认的扩展名是(　　)。

A. .ptt　　B. .ppt　　C. .pot　　D. .png

(2) PowerPoint 中，(　　)视图模式主要显示主要的文本信息。

A. 普通视图　　B. 大纲视图

C. 幻灯片视图　　D. 幻灯片浏览视图

(3) 幻灯片中占位符的作用是(　　)。

A. 表示文本长度　　B. 限制插入对象的数量

C. 表示图形大小　　D. 对文本、图形预留位置

(4) 在 PowerPoint 2003 中，下列各项中(　　)不能控制幻灯片外观一致。

A. 母版　　B. 模板

C. 背景　　D. 幻灯片视图

(5) 下列方法中，________不能用于插入一张新幻灯片。

A. 执行【插入】→【新幻灯片】命令　　B. 按 Ctrl+M 组合键

C. 按 Ctrl+N 组合键　　D. 直接按 Enter 键

(6) 在演示文稿中，插入超链接中所链接的目标，不能是(　　)。

A. 另一个演示文稿

B. 同一个演示文稿中的某张幻灯片

C. 其他应用程序的文档

D. 幻灯片中的某个对象

(7) 下列(　　)方式不能用于放映幻灯片。

A. 按 F6 键

B. 按 F5 键

C. 执行【视图】→【幻灯片放映】命令

D. 执行【幻灯片放映】→【观看放映】命令

(8) 幻灯片间的动画效果，通过【幻灯片放映】菜单的(　　)命令来设置。

A. 【动作按钮】　　B. 【动画方案】

C. 【自定义动画】　　D. 【幻灯片切换】

(9) 结束幻灯片放映，不可以使用(　　)操作。

A. 按 Esc 键　　B. 按 End 键

C. 按 Alt+F4 组合键　　D. 单击【结束放映】菜单命令

(10) 下列关于 PowerPoint 的叙述中，错误的是(　　)。

A. 备注页的内容与幻灯片的内容分别存储在不同的文件中

B. 一个演示文稿中只能有一张“标题幻灯片”母版的幻灯片

C. 任何时候幻灯片视图中只能查看或编辑一张幻灯片

D. 在幻灯片上可以插入多种对象，除了可以插入图形、图表外，还可以插入公式、声音和视频等对象

**2. 填空题**

(1) PowerPoint 的一大特色就是可以使演示文稿的所有幻灯片具有一致的外观。控制幻灯片外观的方法主要是使用________________。

(2) 幻灯片的放映类型分为________、________和“在展台浏览”三种。

(3) 在 PowerPoint 中，在浏览视图下，按住 Shift 键并拖动某幻灯片，可完成________操作。

(4) 在一个演示文稿中，________(能、不能)同时使用不同的模板。

(5) PowerPoint 中提供了插入“艺术字”的功能，并且对插入的艺术字作为________对象来处理。

(6) 打印演示文稿时，在【打印内容】下拉列表框中选择________，每页打印纸最多能输出 9 张幻灯片。

# 第3章　信息技术应用中级技能

**教学目标**

1. 学会系统资源管理的一些技巧，提高信息处理工作可靠性。

2. 学会解决 Word 文档处理中的一些难度较大的问题，比较全面地掌握 Word 具备的基本功能。

3. 学习一些综合性较强数据处理工作任务，学会利用 Excel 解决工作中的一些疑难问题，提高工作效率和工作质量。

4. 学会制作具有一定难度和特色的幻灯片，满足使用中的较高要求。

5. 养成持续改进、不断反思的良好习惯，学会在工作中学习。

6. 能够解决企业和学校信息处理中的一些实际问题。

信息技术应用技能水平的提高是梯级递进的。在具备了初级技能以后，就可以完成一些最基本的信息处理任务了。为了更好地利用现代信息技术手段提高工作效率，改进工作质量，在 Office 软件的使用中还有一些实用性的技巧需要掌握。本章通过完成一些典型工作任务进一步学习信息技术应用的一些技巧。

## 3.1　系统管理技巧

前面已经学会了利用 Windows 管理软硬资源，并且学习了一些常用外部设备的使用。在实际工作中，经常会遇到一些令人懊恼的麻烦，譬如，一些非常重要的资料丢失，特别是重新安装操作系统后，桌面上的一些急用的资料全部不见了；将文件夹放在桌面上是最容易查找的，但内容过多又会导致运行速度变慢。这里我们就来学习一些相关技巧。

### 3.1.1　系统备份与恢复

在使用电脑过程中，由于感染了病毒、误操作或使用了某些有缺陷的软件都会导致系统出现问题，严重时会导致系统崩溃而无法正常启动。这时就需要重装系统，但重装系统操作浪费时间和精力。如果对系统做了备份，就可以轻松地还原系统。

系统备份的作用就是把系统做一个镜像，当系统崩溃时不需要重新安装操作系统，而是把系统的备份镜像还原到做系统备份时的状态，从而可以恢复操作系统和已安装过的常用软件工具。现在的笔记本电脑一般都带有一键式恢复预装操作系统的功能。

目前，一键 GHOST 是广受用户欢迎的系统备份软件，操作简便，只需按方向键和 Enter 键，就可轻松地一键备份/恢复系统。它包括硬盘版、光盘版、优盘版和软盘版 4 种；且这些版本都带有启动盘功能，可独立使用或配合使用，使用户仅作简单的几个操作便完成计算机系统的备份和恢复。本节将介绍一键 GHOST 硬盘版的安装和使用。但一键 GHOST 作为系统软件，在安装和使用前一定要谨慎，以免误操作而把系统分区破坏。

### 1. 一键 GHOST 硬盘版的安装

**任务要求**

在计算机上安装 GHOST 硬盘版。

**操作步骤**

(1) 安装前确认第一硬盘为 IDE/SATA 硬盘，少数 SATA 硬盘需在 BIOS 中设置为 Compatible Mode(兼容模式)。如果正在挂接 USB 移动硬盘/U 盘，最好移除它们，便于安装程序自动识别。

(2) 关闭计算机上所有正在运行的其他应用程序。

(3) 在硬盘中找到下载好的安装文件，使用 WinRAR 解压(如果还不会使用 WinRAR，请参照下一节)后，打开解压后生成的文件夹，找到【一键 GHOST 硬盘版. exe】，双击运行该文件，启动安装程序，进入欢迎安装的界面，如图 3-1 所示。

图 3-1　一键 GHOST 安装界面

(4) 单击【下一步】按钮进入安装许可协议，如图 3-2 所示。

(5) 连续单击【下一步】按钮，直到最后单击【完成】按钮结束安装，如图 3-3 所示。

### 2. 一键 GHOST 的使用

(1) 在 Windows 下的使用

如果需要进行系统备份，或是将系统恢复到原先备份时的状态，可在 Windows 下使

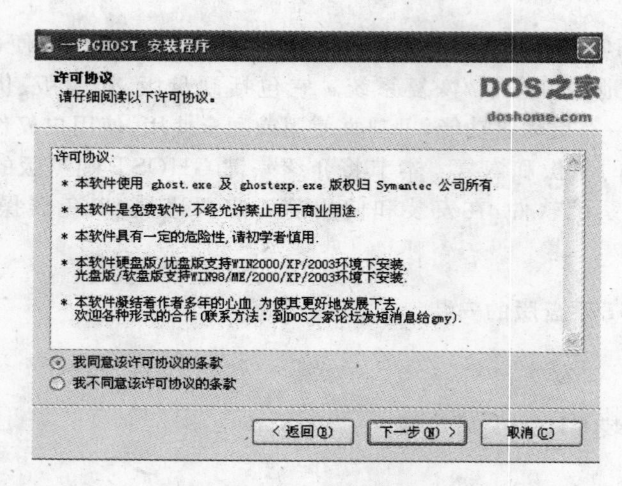


图 3-2 安装一键 GHOST 的许可协议

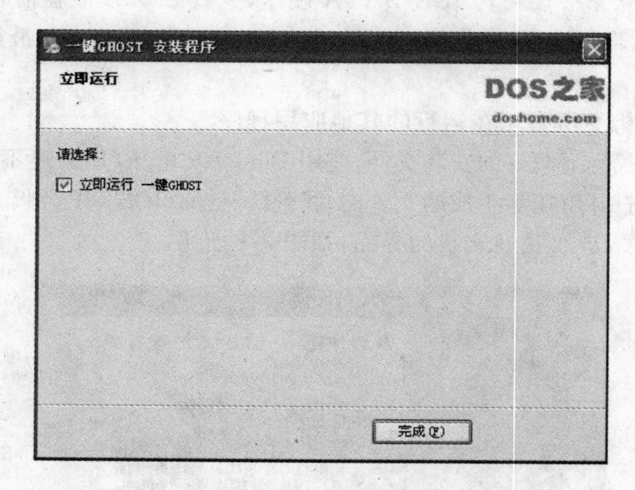


图 3-3 一键 GHOST 安装结束界面

用一键 GHOST。其操作方法如下。

① 选择【开始】→【程序】→【一键 GHOST】→【一键 GHOST】命令,如图 3-4 所示。

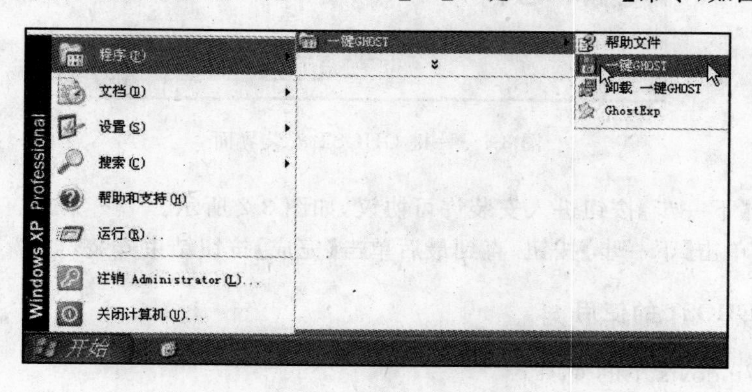


图 3-4 从 Windows 下打开一键 GHOST

② 根据系统盘备份是否存在的情况，程序会自动定位到不同的选项。

如果不存在系统盘镜像，出现如图 3-5 所示的备份界面。

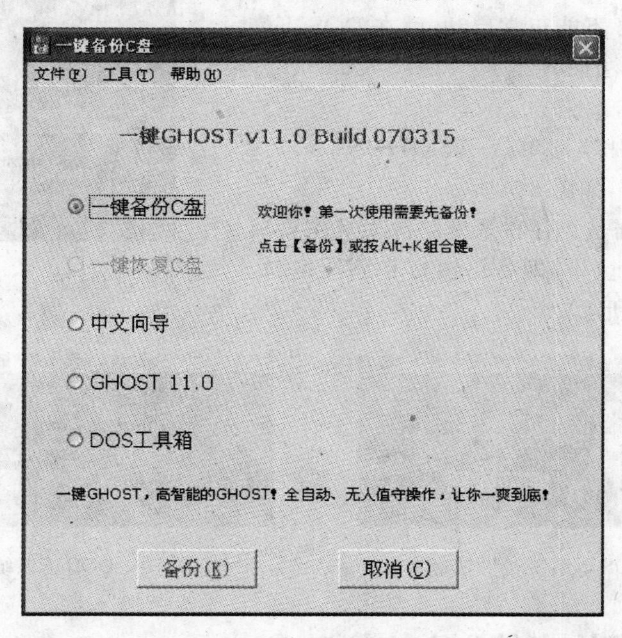


图 3-5　Windows 下系统备份界面

③ 单击【备份】按钮或按 K 键，软件将开始对系统盘进行备份操作。

如果存在系统盘映像，界面则定位到还原界面，如图 3-6 所示。

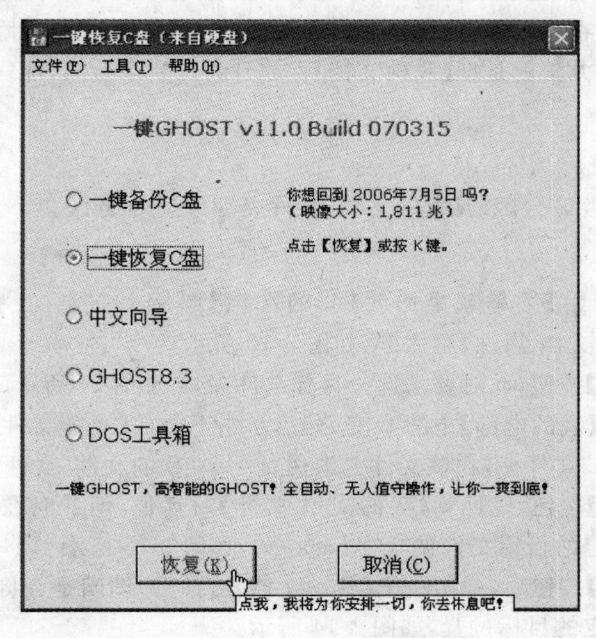


图 3-6　Windows 下系统还原界面

④ 单击【恢复】按钮或按 K 键，软件将对系统进行还原操作。

(2) 在 DOS 下的使用

如果 Windows 不能正常启动，就在 DOS 下恢复系统。其操作方法如下：

① 开机或重启系统。

② 选择开机引导菜单【一键 GHOST v11.0 Build 070315】选项，如图 3-7 所示。

③ 软件将根据是否存在系统映像而从主窗口自动进入不同的子窗口，即备份窗口和还原窗口。如图 3-8 和图 3-9 所示。

图 3-7　DOS 下一键 GHOST 启动界面

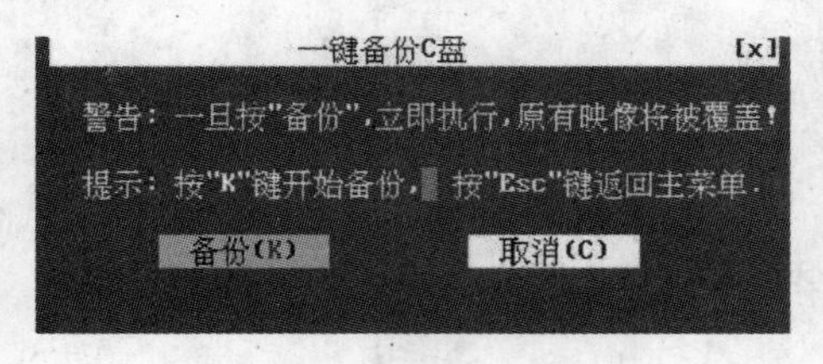


图 3-8　DOS 下系统备份窗口

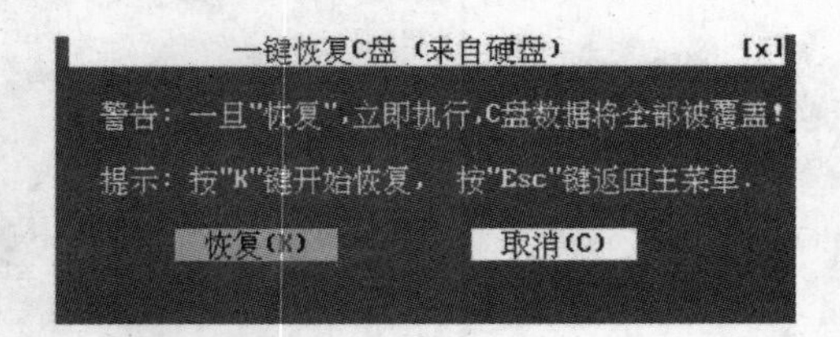


图 3-9　DOS 下系统还原窗口

## 3.1.2　将"我的文档"保存在 D 盘

在 Windows XP 系统中，默认的【我的文档】存放在系统盘中，正常使用时并没有感到什么不便。但是如果要重装系统，备份存放了很多资料的【我的文档】文件夹就要花费不少的时间，而且有时在系统崩溃以后连备份的机会都没有，只能眼睁睁地看着重要资料丢失。其实，最佳解决方法就是把【我的文档】存放到另外一个分区，那样就不用怕重装系统时会失去资料了。

**任务要求**

将原来位于硬盘 C 分区的【我的文档】文件夹存放到 D 分区。

**操作步骤**

(1) 首先在【开始】菜单或桌面的【我的文档】图标上右击，在弹出的菜单中选择【属性】。弹出【我的文档 属性】对话框，如图 3-10 所示。

(2) 单击【移动】按钮，此时要求选择目标文件夹，如图 3-11 所示。

(3) 此时，选择【我的电脑】中的 D 盘，然后单击下方的【新建文件夹】按钮，先在 D 盘上建立一个"bachup"文件夹，在该文件夹中建立一个"我的文档"文件夹，如图 3-12 所示。

(4) 单击【确定】按钮，返回到【我的文档 属性】对话框，但此时在"目标文件夹"中显示的已经是刚刚指定的目标文件夹"D:\backup"，如图 3-13 所示。

(5) 单击【移动】按钮后，弹出一个【移动文档】对话框，询问是否将"我的文档"从原来位置移动到刚刚指定的目标位置，如图 3-14 所示。

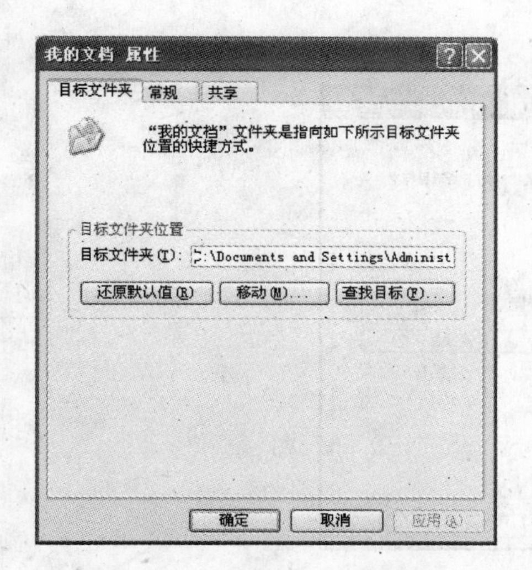


图 3-10　【我的文档 属性】对话框

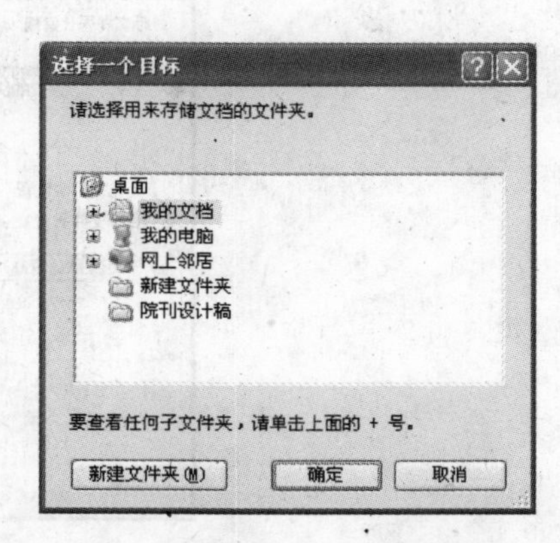


图 3-11　【选择一个目标】对话框

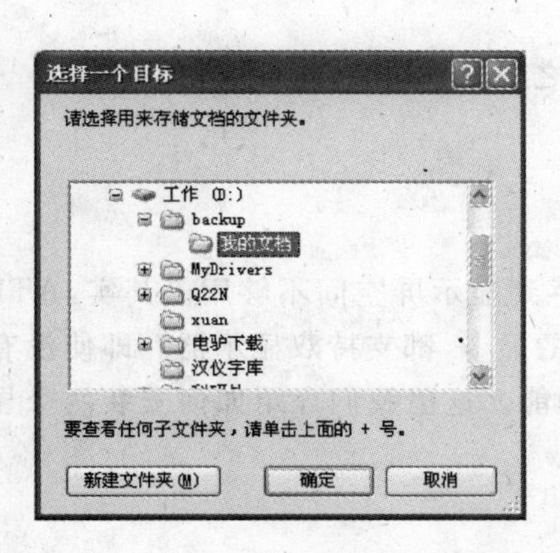


图 3-12　新建的目标文件夹

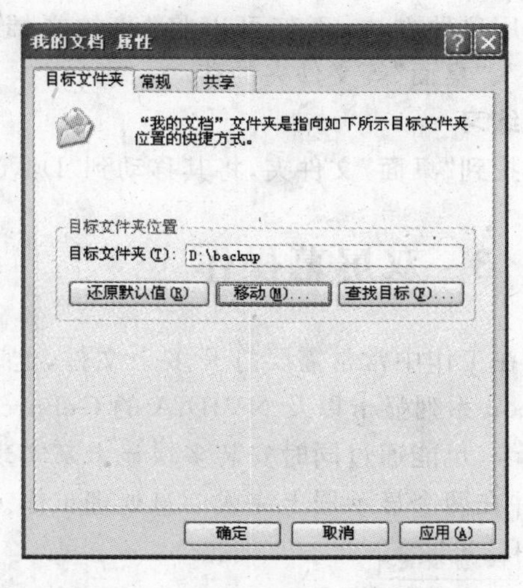


图 3-13　指定好的目标文件夹

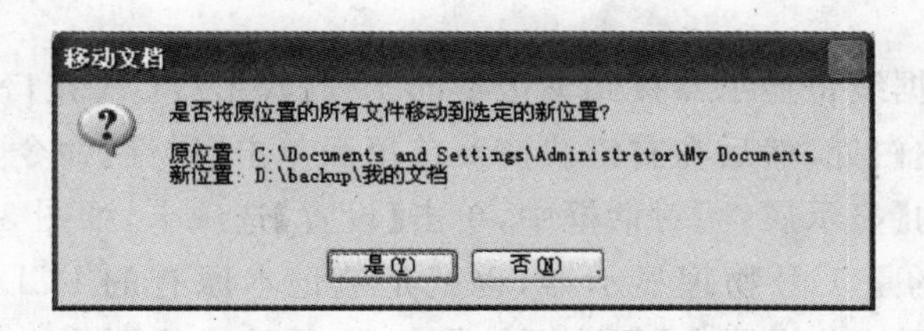


图 3-14　移动文档选择

（6）选择【是】按钮，系统自动完成文件的移动，此时桌面上“我的文档”已经是指向D 盘“D：\backup\我的文档”的一个快捷方式，系统盘上的任何变化都不会影响该文件夹的存储了。在桌面上右击“我的文档”，【目标文件夹】中显示的已经是刚刚指定的目标文件夹“D:\backup\我的文档”,如图 3-15 所示。

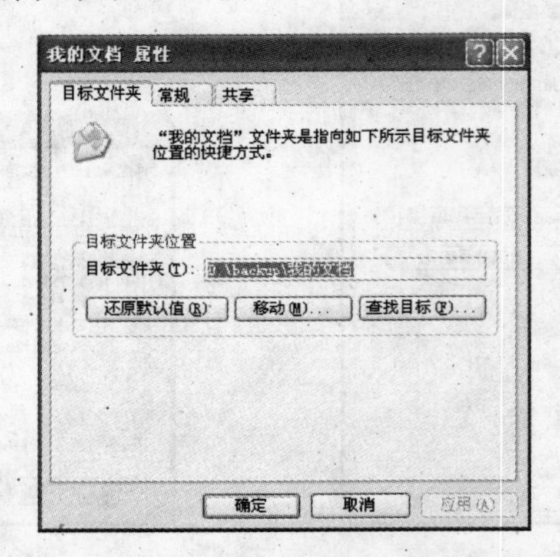


图 3-15 移动后观察【我的文档 属性】对话框

用这种方法,不仅可以将“我的文档”移动到其他位置,还可以实现对“收藏夹”、“QQ”、“桌面”等文件夹的移动。

**练习**

找到“桌面”文件夹,将其移动到“D:\backup”之中。

## 3.1.3 双屏幕操作

在工作中常常需要打开多个文件,这时就会感到显示屏空间不够用。其实,ATI 的 Radeon 系列显卡以及 NVIDIA 的 GeForce4 以后的显卡,都支持双显示器。即使没有这些显卡,也能通过同时安装多块显卡来实现双显功能。这里我们介绍如何安装两个显示器,并在两个显示器上完成信息处理工作。

**任务要求**

在笔记本电脑上加装显示器,在两个显示器上进行数据处理。

**操作步骤**

(1) 首先,用数据线将显示器接到笔记本的 15 孔梯形 VGA 接口上,如图 3-16 所示。

(2) 右击桌面空白处,然后在右键快捷菜单里面单击【属性】命令,如图 3-17 所示。

(3) 在新弹出的【显示属性】对话框中,单击【设置】选项卡,如图 3-18 所示。

此时默认选中的是 1 号物理显示器,也就是笔记本原有的 LCD,而在最下面的【将 Windows 桌面扩展到该监视器上】复选框是灰色的,无法进行更改。

(4) 单击图中的数字 2 框,则【显示属性】页面显示 2 号不再为虚框,并且【将 Windows 桌面扩展到该监视器上】复选框不再是灰色,选中后就启用了桌面扩展模式,两个显示器便可以同时工作了。如果未选中【将 Windows 桌面扩展到该监视器上】,表示采用桌面复制模式,两个显示器显示内容将完全相同。

图 3-16　显示器接口

图 3-17　右键快捷菜单

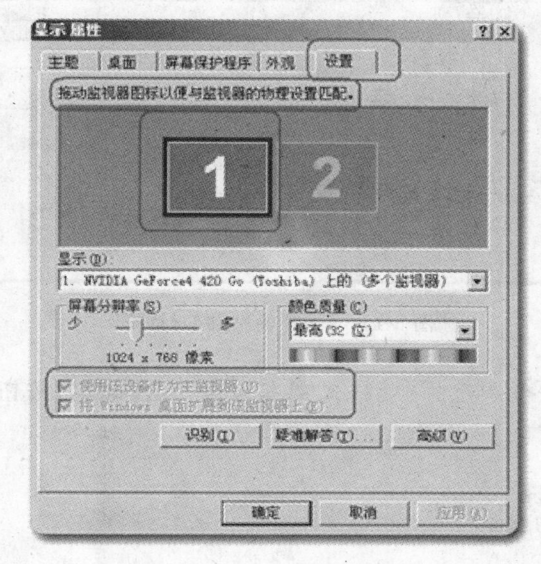


图 3-18　【显示属性】对话框

# 3.2　常用办公技巧

## 3.2.1　处理网上“抓”来的资料

Internet 是一个大宝库，在日常工作学习中，大家经常从网上“抓”资料，如果直接把从网上复制来的资料贴到 Word 中，文本会变得杂乱无章：除了带有网页本身的字体格式、背景色、表格，有时还会无缘无故出现很多空行。学会处理这种不规则的资料是必需的。

下面以“百度搜索”的结果为基础，综合处理从网上“抓”来的资料。

**1. 净化文本格式**

**任务要求**

去除从网上“抓”来的资料的字体颜色、字形、字号、链接等附加的内容，达到净化文本格式的目的。

**分析**：清除文本格式的方法很多，用“记事本”做净化器就非常方便：把文本复制到“记事本”中，再从“记事本”中把去除格式的文本复制到 Word 中。Word 的“选择性粘贴”更为方便，不用打开其他工具，直接就能去除文本格式。

**操作步骤**

(1) 将光标定位在需要插入文本的位置。单击【编辑】菜单的【选择性粘贴】命令，打开【选择性粘贴】对话框，如图 3-19 所示。

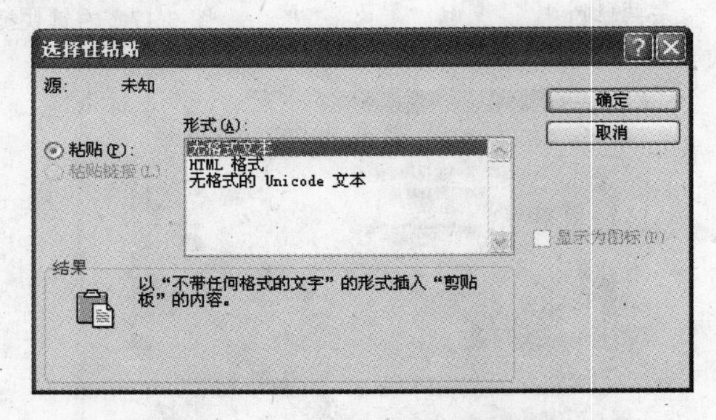


图 3-19 【选择性粘贴】对话框

(2) 在【形式】列表框中选择“无格式文本”，再单击【确定】按钮，即可净化“抓”来的文本。

**2. 删除多余的空行**

**任务要求**

删除净化格式后的资料中的各类空行。

**分析**：如果“抓”来的资料中空行数量不是很多，那么手工删除即可，但如果空行数量比较多而且分布不规则，那么应该考虑 Word 中是否有快捷、有效的方法批量删除多余的空行。用 Word 的“查找/替换”功能就能很好地解决这个问题。

**操作步骤**

(1) 单击【工具】菜单的【选项】命令，打开【选项】对话框，在【选项】对话框中【格式标记】栏中选中【全部】复选框，或在【常用】工具栏上单击【显示/隐藏编辑标记】↵ 按钮，即可显示文章中的所有编辑标记，以便于查看空行形成的原因。

**说明**：有的空行是“段落标记”形成的，有的空行是“段内软回车”(手动换行符)形成的，有的空行是“空格”(全角、半角)形成的。总之，找出原因才能对症下药。

(2) 按 Ctrl＋H 组合键，打开【查找和替换】对话框，单击【高级】按钮切换到【高级】模式。【高级】模式的【查找和替换】对话框，如图 3-20 所示。

(3) 单击【特殊字符】按钮，展开子菜单，选择对应的字符，再单击【全部替换】按钮两次，即可删除多余的空行。具体操作如下。

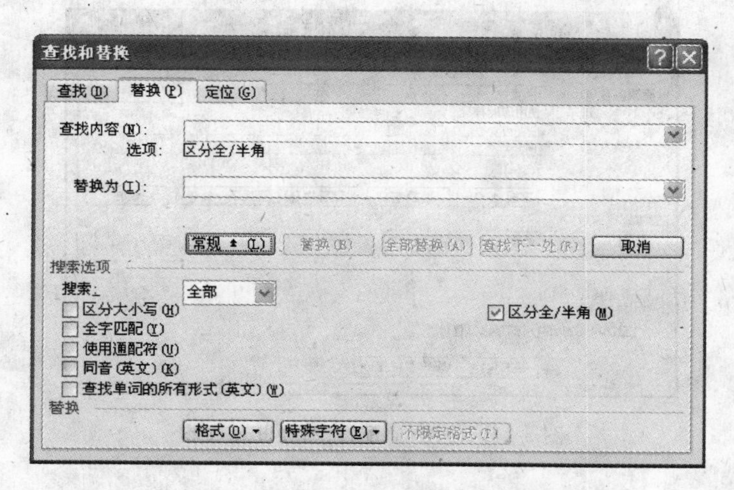


图3-20　高级模式的【查找和替换】对话框

① 因“段落标记”形成的空行：定位到【查找内容】下拉列表框中，单击【特殊字符】按钮，在子菜单中选择【段落标记(P)】两次，【替换为】下拉列表框中，不添加内容，单击【全部替换】按钮两次即可。

② 因“段内软回车”(手动换行符)形成的空行：在【查找内容】中录入“手动换行符(L)”两次，【替换为】下拉列表中不添加内容，单击【全部替换】按钮两次即可。

③ 因“空格”形成的空行，则还要分情况处理：如果是全角空格形成的，则首先打开中文输入法，按Shift+空格组合键，切换到全角状态，然后在【查找内容】下拉列表框按空格键输入全角空格，【替换为】下拉列表框内不添加内容，单击【全部替换】按钮两次，即可将所有的全角空格删除。如果是由半角空格形成的，则在【查找内容】下拉列表框中按空格键输入半角空格，其他操作同前，即可将所有的半角空格删除。

### 3. 替换多处相似文本

**任务要求**

把“抓”来的资料中的“百度空间”、“百度知识”、“百度旗下”……替换为“信息技术”。

**分析**：Word的“查找/替换”功能非常强大，而且富有弹性，合理的应用有时会达到编程才能实现的目标。在【查找和替换】对话框中，使用“通配符”可以批量替换多处相似文本。

**操作步骤**

(1) 打开【查找和替换】对话框，并切换到【高级】模式。

(2) 在【查找内容】下拉列表框中录入“百度??”(问号一定是半角问号)，【替换为】下拉列表框中录入“信息技术”，选中【使用通配符】选项，如图3-21所示，再单击【全部替换】按钮，即可实现替换。

**说明**：Word中通配符“?”代表任意一个字符，通配符“*”代表任意多个字符。

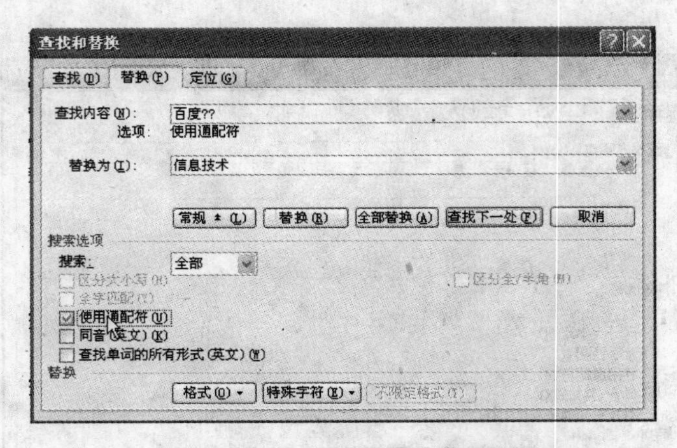


图 3-21　使用“通配符”替换相似文本

**4. 为指定文本添加格式**

**任务要求**

把资料中的所有“信息技术”设置为“红色、黑体、小三”。

**分析**：利用 Word 的“查找/替换”强大功能，先查找到指定文字，然后批量替换为相同的字体格式。

**操作步骤**

(1) 打开【查找和替换】对话框，并切换到【高级】模式。

(2) 在【查找内容】下拉列表框中录入：信息技术，【替换为】下拉列表框中也录入：信息技术，单击【格式】按钮，打开【替换字体】对话框。

(3) 在【替换字体】对话框中做相应的设置，如图 3-22 所示，单击【确定】按钮返回。

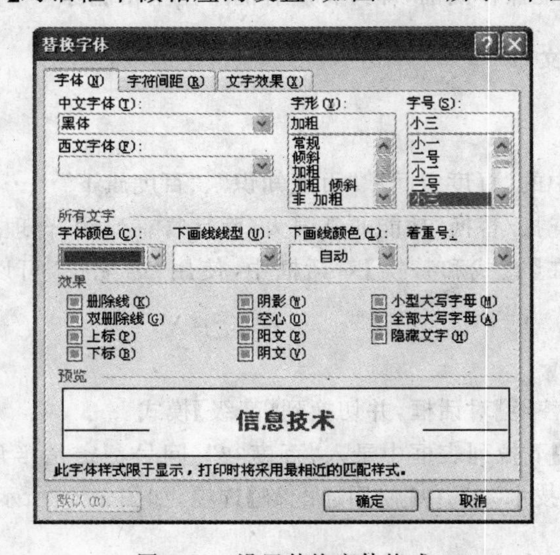


图 3-22　设置替换字体格式

(4) 设置后的【查找和替换】对话框如图 3-23 所示，单击【全部替换】按钮即可实现为指定文本添加统一的字体格式。

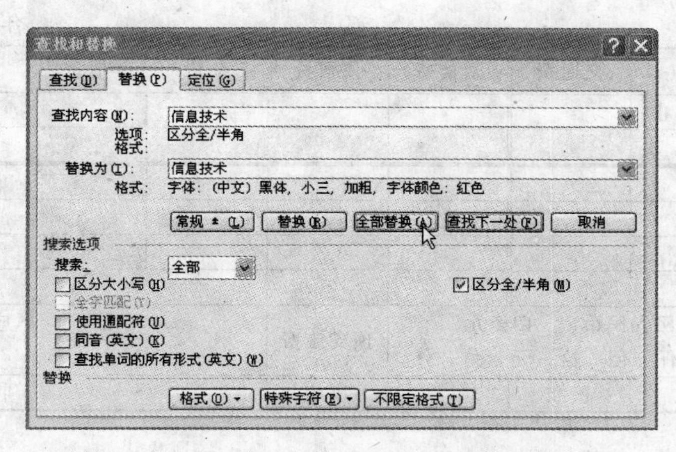


图 3-23　设置字体格式后的【查找和替换】对话框

至此，对“以‘百度搜索’的结果为基础，综合处理从网上‘抓’来的资料”的操作基本完成。

**练习**

在“百度”中搜索“大学生运动会”，把搜索的第一页内容从网上“抓”下来。并做如下处理：用“选择性粘贴”为无格式文本净化文字格式粘贴到 Word 中；用“查找/替换”法删除文档中多余的空行；将“大学生春季运动会”、“大学生夏季运动会”、“大学生秋季运动会”、“大学生冬季运动会”统一替换为“大学生夏季运动会”；将“大学生运动会”几个字设置成“楷体、四号、加下画线、绿色”。

## 3.2.2　专业表格的制作

表格是一种简明、概要的表意方式，往往一张表格可以代替许多说明文字，因此，使用表格能得到结构严谨、效果直观的版面。专业的表格如果用统计专业软件制作，不仅操作复杂，而且软件难寻，往往只能望而却步。Word 提供了强大的表格制作功能，利用它能制作出各种类型的专业表格。

下面通过表 3-1“××公司出差报销单”的制作，来学习 Word 制作的文字表格的方法。

### 1. 创建表格

Word 中创建表格的方法很多，常用的是插入表格、绘制表格和文本转换为表格。用“插入表格”的方法来制作标准表格，很快捷，但对于一些复杂表格，就需要利用“插入表格”和“绘制表格”两种方法来提高工作效率了，也就是在插入标准表格基础上，再用工具进行修改，如需添加线条则“绘制”，如需去掉线条则“擦除”。

表 3-1 ××公司出差报销单

**出差报销单**

出差人： 部门： 年 月 日

| 出差日期 | | 地点 | | 交通费 | 膳食费 | 住宿费 | 杂费 | 其他费用 | 合计 | 说明 |
|---|---|---|---|---|---|---|---|---|---|---|
| 月 | 日 | 起 | 止 | | | | | | | |
| | | | | | | | | | | |
| | | | | | | | | | | |
| | | | | | | | | | | |
| | | | | | | | | | | |
| 费用总计 | | | | | | | | | | |
| 旅费总额（大写） | | ☑人民币 □美元 万 仟 佰 拾 元 角 分 | | | | 预支旅费 | | | 应付（支）金额 | |
| 会计 | | | | 核准 | | 审核 | | | 收款签字 | |

**任务要求**

用“插入表格”的方法，制作一个 9 行 11 列的列宽相同的标准表格。

**分析**：单击【常用】工具栏上的【插入表格】按钮，会出现一个行列数为 4×5 的选择框，当要建立的表格大小超出了这一默认范围，可在选择框内按住鼠标左键继续向右下方拖动鼠标，这时选择框的右下边界会自动扩展，直到满足需要为止，如图 3-24 所示。

利用【插入表格】按钮选择框的这一特性，能很好地满足制作一般性表格的要求，但对于超大型表格，则只好使用【表格】菜单中的【插入表格】命令了。

**操作步骤**

(1) 打开【表格】菜单，选择【插入】→【表格】命令，打开【插入表格】对话框。

(2) 在【列数】、【行数】输入框中分别输入 11、9，其他项保持默认值，单击【确定】按钮，则插入一个 9 行×11 列的表格，如图 3-25 所示。

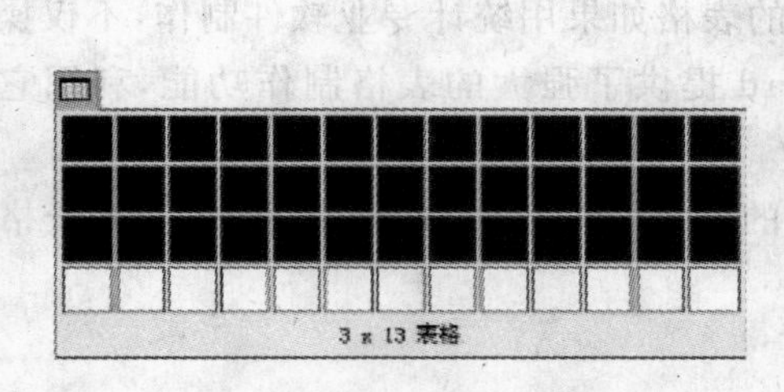


图 3-24 使用【插入表格】按钮创建表格

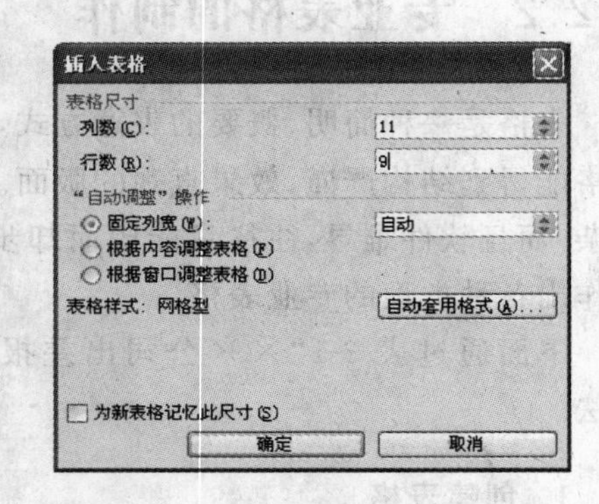


图 3-25 【插入表格】对话框

**2. 插入标题**

一般是先录入标题，再做表格，然而表格做好了，却发现忘记录入标题的事也经常发生。那么就需要“插入标题”。

**任务要求**

插入如表 3-1 所示的文字标题。

**分析**：插入标题的方法有几种：将表格【剪切】，然后录入标题，按 Enter 键，然后再将表格【粘贴】回来；选择表格的第一行，右击，选择【插入行】选项，将新插入的行合并，在其中打上标题，然后将标题所在行的上、左、右边都虚化；光标放到表格第一个单元格中文字的最前面，直接按 Enter 键，表格下移，在表格前的一行录入标题就可以了。

**操作步骤**

(1) 在表格的第一个单元格内定位，然后按 Enter 键，表格前就出现空行。

(2) 录入“出差报销单”并设置格式为：黑体、三号、居中。

(3) 录入“出差人：”、“部门：”、“年 月 日”并调整位置。

**注意**：标题文本设置成“黑体”会更醒目。

### 3. 编辑表格

用户可以对制作好的表格进行修改，比如在表格中增加、删除表格的行、列及单元格，合并和拆分单元格等。利用边框、底纹和图形填充功能可以增加表格的特定效果，以美化表格和页面，达到对文档不同部分的兴趣和注意程度。

**任务要求**

根据表 3-1 所示，编辑表格外观，包括：单元格的拆分、合并，单元格的微调，边框和底纹的设置。

**分析**：单元格可以通过【表格】菜单命令、快捷菜单命令、【表格和边框】工具栏上的按钮，进行拆分与合并。表格经多次编辑后，有时会发现，单元格边线仅差一个像素却对不齐的现象，此时按 Alt 键微调边线。要设置表格边框与底纹颜色也有多种方法，但都是在选中表格的全部或部分单元格之后进行的，一种是选择【格式】菜单下的【边框和底纹】命令；第二种方法是右击，在弹出的快捷菜单中选择【边框和底纹】菜单命令；第三种方法是打开【表格】菜单，选择【表格属性】命令，在【表格】选项卡下单击【边框和底纹】按钮。无论使用哪一种方法，其道理都是殊途同归。

**操作步骤**

(1) 单元格的拆分

方法一：将光标定位于需拆分的单元格中，右击，选择快捷菜单中的【拆分单元格...】命令，打开【拆分单元格】对话框，如图 3-26 所示。

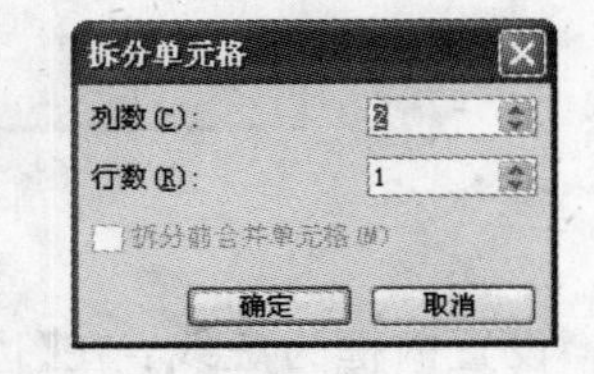

图 3-26　【拆分单元格】对话框

在【列数】、【行数】输入框中输入要拆分的行、列数，单击【确定】按钮，即可将其拆分成宽、高相同的若干单元格。

方法二：在【表格与边框】工具栏中单击【绘制表格】按钮，光标变为“铅笔”的形状，在要拆分的单元格区域内画线，即可将其拆分。

方法三：将光标定位于需拆分的单元格中，在【表格与边框】工具栏中单击【拆分表格】按钮，打开【拆分单元格】对话框，如图 3-26 所示，输入要拆分的行、列数，单击【确定】按钮，即可将其拆分成宽、高相同的若干单元格。

(2) 单元格的合并

方法一：选中待合并的单元格区域，右击，在弹出的快捷菜单中选择【合并单元格命令(M)】，即可实现合并。

方法二：在【表格与边框】工具栏中单击【擦除】按钮，光标变为“橡皮”的形状，在要擦除的线上单击，即可擦除线段，实现合并。

方法三：选中待合并的单元格区域，单击【表格与边框】工具栏上的【合并单元格】按钮，即可实现合并。

**注意**：如果选中区域不止一个单元格内有数据，那么单元格合并后数据也将合并，并且分行显示在这个合并单元格内。

(3) 精确调整单元格边线

表格进行多次拆分与合并后，可能会出现同一列中单元格对不齐的现象，此时按 Alt 键的同时拖动鼠标即可对单元格进行一个像素一个像素的微调。

(4) 设置表格的外边框和所有内框

打开【表格】菜单，选择【表格属性】命令，打开【表格属性】对话框。单击【边框和底纹】按钮，打开【边框和底纹】对话框，在【边框】选项卡中，【设置】为“方框”，【线型】为“双横线”，如图 3-27 所示。单击【确定】按钮，即可为表格设置外边框为“双横线”。

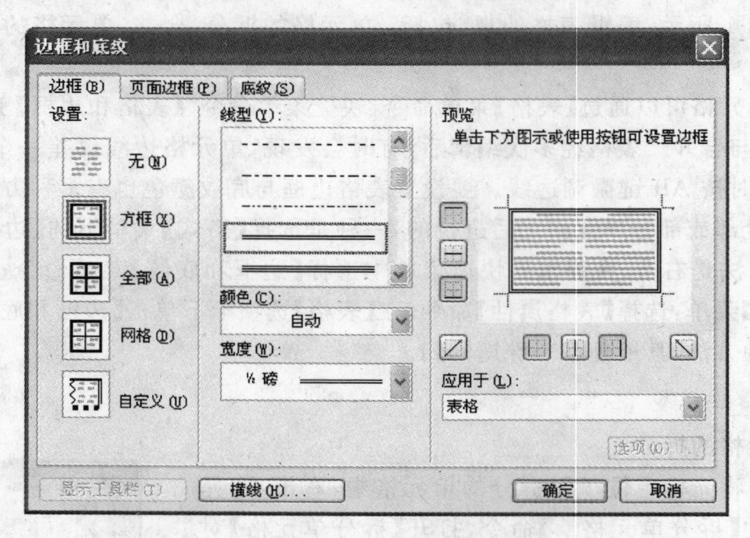


图 3-27 设置表格的外边框

设置内框为虚线：在【边框和底纹】对话框中，【设置】为“自定义”，【线型】为“虚线”，单击【水平中线】按钮，即可设定水平内边框的外观，如图 3-28 所示。同理设置垂直内边框的外观。

(5) 设置表格单独行、列的边线

在表格左侧的文本选择区内，当光标变成“ ”形状时，选中表 3-1 的第三行，右击，

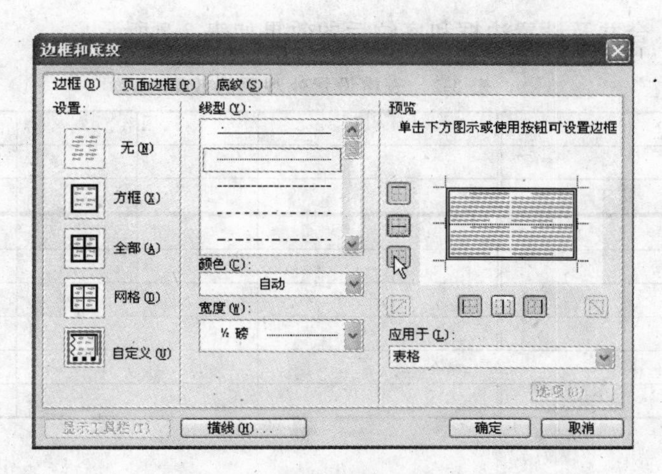


图 3-28 设置表格的内边框

在弹出的快捷菜单中选择【边框和底纹】命令，打开【边框和底纹】对话框，【设置】为“自定义”，【线型】为“▬▬▬”，单击【底边线】按钮 两次，即可单独设置行的底边线为特定样式。

选中如表 3-1 所示的“交通费”的前 7 行，打开【表格】菜单，选择【表格属性】命令，在【表格属性】中的【边框】选项卡中，单击【边框和底纹】按钮，打开【边框和底纹】对话框，【设置】为“自定义”，【线型】为“ ‖ ”，单击【右边线】按钮 两次，即可单独设置列的右边线为特定样式。

(6) 设置表格列的底纹

选中表 3-1 中“其他费用”的列区域，打开【边框和底纹】对话框，选择【底纹】选项卡，在【图案】项的【样式】下拉列表中选择“5%”，其他保持默认值，如图 3-29 所示。单击【确定】按钮即可完成底纹的设置。同理设置“说明”列区域的底纹【图案】的【样式】为：“25%”。

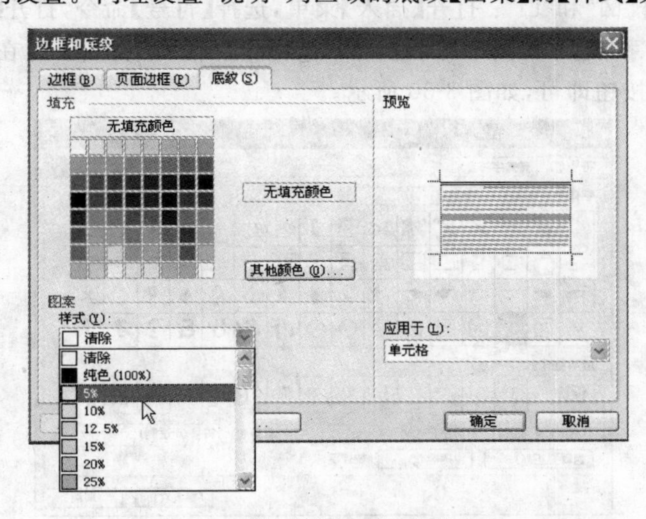


图 3-29 设置【底纹】为 5%的灰色

表格经拆分、合并及设置边框和底纹后的效果如表 3-2 所示。

**表 3-2　表格设置外观后的效果**

| | | | | | | | | | | |
|---|---|---|---|---|---|---|---|---|---|---|
| | | | | | | | | | | |
| | | | | | | | | | | |
| | | | | | | | | | | |
| | | | | | | | | | | |
| | | | | | | | | | | |
| | | | | | | | | | | |
| | | | | | | | | | | |
| | | | | | | | | | | |

**4. 内容录入**

**任务要求**

根据表 3-1 所示表格内容，添加各行的内容，设置单元格对齐方式为：水平垂直都居中。

**分析**：经过创建表格、插入标题、编辑表格，表格的框架搭起来了，接下来就是根据表 3-1 所示内容，往表 3-2 中逐行添加相关内容，以形成一个有实用价值的表。表 3-1 中不仅有普通文本还需要用插入“符号”的方式来插入“☑”和“□”。

**操作步骤**

(1) 参考表 3-1“××公司出差报销单”，在表 3-2 中录入文本。

(2) 设置单元格的对齐方式：选中表格，在表格上右击，在弹出的快捷菜单中选中【单元格对齐方式】命令，在子菜单命令中单击【水平垂直居中】按钮 ▤。

(3) 插入字符“☑”和“□”：打开【插入】菜单，选择【符号】命令，打开【符号】对话框，在【符号】选项卡的【字体】下拉列表中选择 Wingdings 或 Wingdings 2，在符号列表中找到“☑”，单击【插入】按钮即可，如图 3-30 所示。

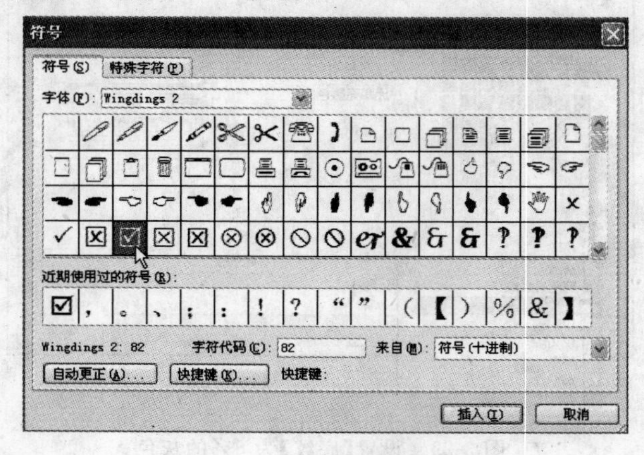


图 3-30　插入符号“☑”

同理，在符号列表找到符号“□”，插入即可。至此表 3-1 所示的“××公司出差报销单”制作完毕。

**练习**

综合本节所学内容，制作“××旅社住宿凭单”如表 3-3 所示。提示：外边框为 1.5 磅的实线，贵重物品寄存底纹为 10%的灰色。

**表 3-3　××旅社住宿凭单**

<table>
<tr><td>姓　名</td><td>性别</td><td>年龄</td><td>工作单位或住址</td><td colspan="2"></td></tr>
<tr><td></td><td></td><td></td><td>身份证号码</td><td colspan="2"></td></tr>
<tr><td>预付金额</td><td colspan="4">仟　佰　拾　元　¥</td><td>贵重物品寄存</td></tr>
<tr><td rowspan="2">住宿起止日　期</td><td colspan="4">月　日　□上午/□下午</td><td rowspan="2"></td></tr>
<tr><td colspan="4">月　日　□上午/□下午</td></tr>
<tr><td>房　号</td><td>铺　价</td><td colspan="2">当日接待员</td><td rowspan="2"></td><td rowspan="2">宾客注意：贵重物品请寄存，如不寄存，丢失概不负责；<br>凭此单到指定楼层找值班服务员入住，离店时取回此单到总服务台办理结算手续，中午 12 点前退房</td></tr>
<tr><td></td><td></td><td colspan="2"></td></tr>
</table>

## 3.2.3　表格中公式的使用

在编辑 Word 表格时，有时需要进行一些简单的计算、排序等操作，有的人就把整个表格“复制”到 Excel 中进行求和、排序，然后再“复制”回来，其实这项工作完全可以使用 Word 表格自身的“计算公式”来完成。

**任务要求**

根据表 3-4“××商场销售情况表”所示销售额，应用 Word 的公式，求得“季度平均值”、“总计”、“销售差额(4-1)”、“最高额”、“最低额”的值，计算后的情况如表 3-5 所示。

**表 3-4　××商场销售情况表(原表)**

**××商场销售情况表(单位：万元)**

| 部门名称 | 第一季度 | 第二季度 | 第三季度 | 第四季度 | 季度平均值 | 销售差额(4-1) |
|---|---|---|---|---|---|---|
| 家电部 | 59.6 | 67.7 | 65.9 | 72.8 | 66.5 | |
| 服装部 | 25.6 | 52.5 | 59.5 | 67.8 | 51.35 | |
| 食品部 | 26.7 | 36.5 | 35.9 | 62.5 | 40.4 | |
| 总计 | | | | | | |
| 最高额 | | 最低额 | | | | |

表 3-5　××商场销售情况表

××商场销售情况表（单位：万元）

| 部门名称 | 第一季度 | 第二季度 | 第三季度 | 第四季度 | 季度平均值 | 销售差额(4-1) |
|---|---|---|---|---|---|---|
| 服装部 | 25.6 | 52.5 | 59.5 | 67.8 | 51.35 | ￥ 42.20 |
| 食品部 | 26.7 | 36.5 | 35.9 | 62.5 | 40.4 | ￥ 35.80 |
| 家电部 | 59.6 | 67.7 | 65.9 | 72.8 | 66.5 | ￥ 13.20 |
| 总计 | 111.9 | 156.7 | 161.3 | 203.1 | | |
| 最高额 | 72.8 | 最低额 | 25.6 | | | |

**分析**：与 Excel 中公式的应用类似，用 SUM 公式"总计"，用 AVERAGE 公式求"季度平均值"，用 MAX 和 MIN 分别求"最高额"、"最低额"，"销售差额(4-1)"需要自定义减法公式。根据"销售差额"的逐行递减情况，可以看出需要按"销售差额"进行排序。再有如果更改了表格中的个别数字，公式结果也能同步更新，要完成此项任务需要"更新域"功能。

**操作步骤**

(1) 求"总计"

把光标定位到"第一季度"列的"总计"行，打开【表格】菜单执行【公式(O)...】命令。在【公式】对话框中保持默认的设置，如图 3-31 所示。单击【确定】按钮，即可完成"第一季度"各部门销售额"总计"的计算。

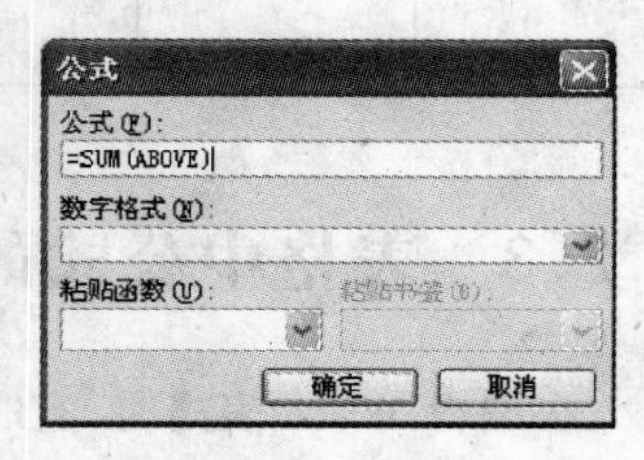

图 3-31　使用 SUM 函数求和

**说明**：在 Word 的 SUM、AVERAGE、COUNT、MAX、MIN、PRODUCT 函数中可以使用位置参数(LEFT、RIGHT、ABOVE、BELOW)对指定区域内不包括标题行的数字进行计算。位置参数的使用方法，如表 3-6 所示。

表 3-6　位置参数的使用方法

| 对这些数字求和... | 在"公式"框中输入的内容 |
|---|---|
| 单元格上方 | =SUM(ABOVE) |
| 单元格下方 | =SUM(BELOW) |
| 单元格上方和下方 | =SUM(ABOVE,BELOW) |
| 单元格左侧 | =SUM(LEFT) |
| 单元格右侧 | =SUM(RIGHT) |
| 单元格左侧和右侧 | =SUM(LEFT,RIGHT) |
| 单元格左侧和上方 | =SUM(LEFT,ABOVE) |
| 单元格右侧和上方 | =SUM(RIGHT,ABOVE) |
| 单元格左侧和下方 | =SUM(LEFT,BELOW) |
| 单元格右侧和下方 | =SUM(RIGHT,BELOW) |

同理可以求得二、三、四季度的"总计"结果，也可以用"更新公式"的办法来求"总计"结果：复制"第一季度"总计求和的结果，分别粘贴到"第二季度"、"第三季度"、"第四季度"总计单元格中，选中后三个结果，按F9"更新域"，即可求得第二、第三、第四季度的总计结果。

(2) 求"季度平均值"

把光标定位到"季度平均值"列的第一行，打开【表格】菜单执行【公式(O)...】命令。在【公式】对话框的【粘贴函数】下拉列表中选择AVERAGE，在【公式】文本框中编辑公式为：=AVERAGE(LEFT)，如图3-32所示。单击【确定】按钮，即可求得"家电部"四个季度的"季度平均值"。按第一步中"更新公式"的办法，求得"服装部"、"食品部"的"季度平均值"。

(3) 求"最高额"和"最低额"

Office系统有个约定，即对表格的列坐标用A、B、C、…表示，而对表格的行坐标用1、2、3、…表示，因此表格第一列第一行的单元格被称为A1，第二列第一行的单元格被称为B1，以此类推。

将光标定位到"最高额"后的单元格中，打开【表格】菜单执行【公式(O)...】命令。在【公式】对话框的【粘贴函数】下拉列表中选择MAX，在【公式】文本框中输入"=MAX(B2:E4)"，如图3-33所示。单击【确定】按钮，即可求得三个部门四个季度销售额的"最高额"。

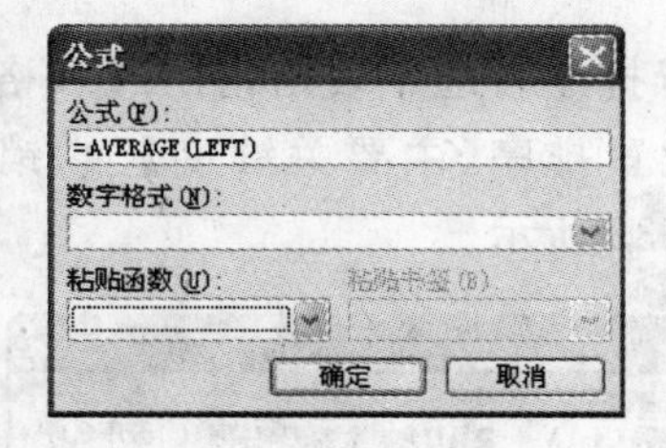

图3-32 使用AVERAGE函数求平均值

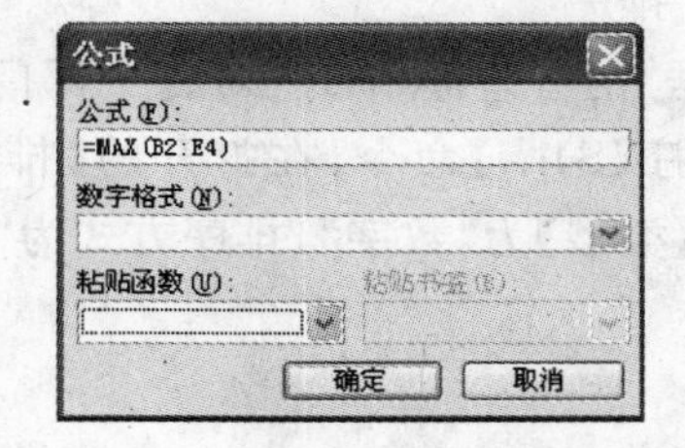


图3-33 使用MAX函数求区间内的最大值

同理，将光标定位到"最低额"后的单元格中，打开【表格】菜单执行【公式(O)...】命令。在【公式】对话框的【粘贴函数】下拉列表框中选择MIN，在【公式】文本框中输入"=MIN(B2:E4)"，单击【确定】按钮，即可求得三个部门四个季度销售额的"最低额"。

**说明**：在公式中，对单元格的引用除了采用A1、B2的办法，还可以使用书签名或RnCn引用。例如，如果已添加书签的单元格包含一个书签名为gross_income的数字或计算为该数字，则公式 =ROUND(gross_income,0) 可将该单元格的值向下舍入到最近的整数。RnCn引用约定在公式中引用表格的行、列或单元格。在此约定中，Rn指第 *n* 行，Cn指第 *n* 列。例如，R1C2指第一行第二列中的单元格，表3-7为包含此引用样式的示例。

表3-7 RnCn引用样式示例

| 引用对象 | 使用此引用样式 |
|---|---|
| 整列 | Cn |
| 整行 | Rn |
| 特定单元格 | RnCn |
| 包含公式的行 | R |
| 包含公式的列 | C |

续表

| 引用对象 | 使用此引用样式 |
| --- | --- |
| 两个指定单元格之间的所有单元格 | RnCn:RnCn |
| 已添加书签的表格中的单元格 | Bookmarkname RnCn |
| 已添加书签的表格中的单元格区域 | Bookmarkname RnCn:RnCn |

(4) 求“销售差额(4-1)”

在【公式】对话框的【粘贴函数】栏中所提供的命令语句太少了,难以应付日常生活中门类繁多的统计方式,下面用一个简单的减法来学习自定义计算公式。

光标定位到表3-4“家电部”的“销售差额(4-1)”列,求第四季度和第一季度的销售差额,打开【表格】菜单执行【公式(O)...】命令。在【公式】对话框中的【公式】文本框中输入=E2-B2,在【数字格式】中选择如图3-34所示格式,单击【确定】按钮后,即可求得“家电部”第四季度和第一季度的销售差额。

同理,在【公式】文本框中分别输入:=E3-B3、=E4-B4,即可求得“服装部”、“食品部”的第四季度和第一季度的销售差额。

(5) 排序

根据“销售差额(4-1)”对各个部门的销售额进行排序。选中表格,打开【表格】菜单,执行【排序(S)...】命令,在打开的【排序】对话框,设置排序【主要关键字】为“销售差额(4-1)”,【类型】为“数字”,排序方式为“降序”,如图3-35所示。

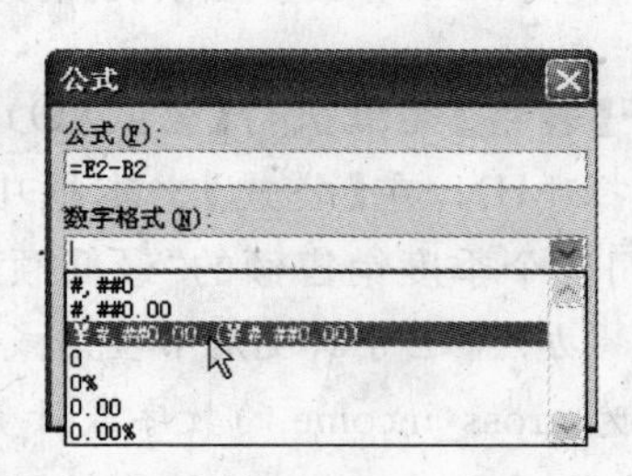


图3-34 自定义计算公式

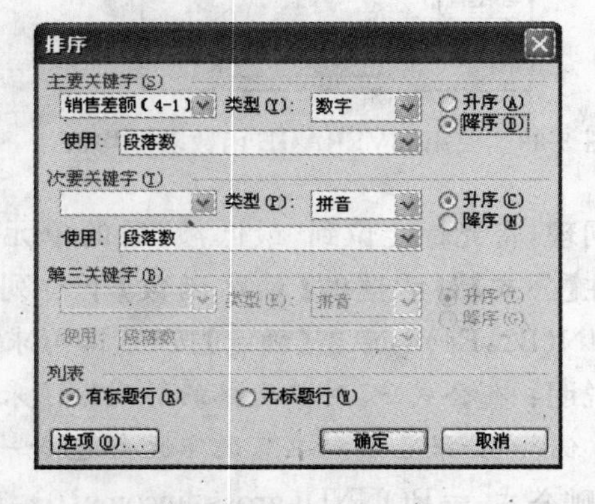


图3-35 根据“销售差额(4-1)”对表格进行排序

(6) 更新公式结果

与Excel能够在更改了单元格数据后自动重新计算结果不同,在更改了Word表格中的数据后,相关单元格中的数据并不会自动计算并更新。这是因为Word中的“公式”是以域的形式存在于文档之中的,而Word并不会自动更新域。“更新域”又分为:手动更新、自动更新两种方式。

◆ 手动更新

如果只需更新特定的域,则选中域,右击,在弹出的快捷菜单中,选择【更新域】选项;也可以选中域后,按F9键更新域结果;如果要更新整个表格中的公式,则选中表格按F9

键即可；如果要更新整篇 Word 文档中的所有域，全部选中整篇 Word 文档后，按 F9 键可一次性地更新所有的域。

◆ 自动更新

但有时，因为忘记了更新域结果，直接将计算有误的 Word 表格打印出来，后果是很严重的。为了避免这种严重后果的发生，只要进行简单设置，即可以让 Word 表格公式自动重新计算并更新域结果。

① 在【工具】菜单中，选择【选项】命令。

② 单击【打印】选项卡，然后在【打印选项】标题下，选中【更新域】复选框。

③ 单击【确定】按钮。

经过以上设置，在打印文档前，Word 将会自动更新文档中所有的域，从而保证打印出最新的正确计算结果。

(7) 锁定或取消锁定公式

有时，为了防止公式结果随数据源而更新需要锁定公式，有时也需要取消锁定已经锁定的公式。

锁定公式：选择公式，按 Ctrl＋F11 组合键。

取消已锁定的公式：选择公式，按 Ctrl＋Shift＋F11 组合键。

至此对“××商场销售情况表”的处理已经完成，要想把握好表格中公式的应用，需要多用实例来练习。

**练习**

根据表 3-8 “2011 年 5 月第一周××网站访问量统计表”中的数据，用 Word 公式计算：总计、模块平均访问量、差额(星期日减去星期一的访问量)。

**表 3-8　2011 年 5 月第一周××网站访问量统计表**

| 模块 \ 星期 | | 一 | 二 | 三 | 四 | 五 | 六 | 日 | 模块平均访问量 | 差额 |
|---|---|---|---|---|---|---|---|---|---|---|
| SGS 首页 | | 38682 | 14404 | 13279 | 46689 | 44323 | 44340 | 44918 | | |
| 首页其他系统 | 网络会员服务 | 10 | 2 | 4 | 4 | 22 | 6 | 7 | | |
| | 合同信用评价 | 1 | 2 | 4 | 0 | 2 | 7 | 2 | | |
| | 广告监督管理 | 18 | 1 | 2 | 12 | 12 | 9 | 12 | | |
| | CEPA 专栏 | 114 | 116 | 81 | 175 | 182 | 101 | 61 | | |
| 网上互动 | 常见问题 | 648 | 246 | 266 | 883 | 845 | 706 | 822 | | |
| | 在线咨询(BBS) | 9461 | 6586 | 5329 | 10409 | 10715 | 19166 | 9586 | | |
| | 网上征询 | 796 | 396 | 394 | 1107 | 1126 | 997 | 1007 | | |
| | 监督投诉 | 328 | 150 | 250 | 403 | 437 | 288 | 392 | | |
| | 站长信箱 | 228 | 145 | 168 | 210 | 241 | 227 | 239 | | |
| | 网上约见 | 26 | 12 | 26 | 25 | 32 | 25 | 25 | | |
| 英文版 | | 378 | 177 | 128 | 386 | 356 | 477 | 355 | | |
| 总访问量 | | | | | | | | | | |

### 3.2.4 让操作程序化(宏的使用)

我们已经学习过一些可以实现重复操作的命令和工具,如利用“替换”可以将全文中“电脑”一词全部改为“计算机”、利用“样式”可以将标题设置成同一格式,等等。这些工具由于大大提高了工作效率,很受操作者的喜爱。其实,在 Office 中有一个比“样式”更加强大的功能,这就是“宏”的使用。计算机处理信息的特点就是将工作程序化,而“宏”就是充分发挥了计算机的这一特点。

**任务要求**

有一篇名为“录制宏”的文档,在使用命令时全部使用了双引号,如“宏”,要求全部替换为方括号,如【宏】。

**分析**:这个任务可以通过“替换”功能来实现,但是,由于这两种符号分为前、后两部分,至少需要做两次替换,比较麻烦。特别是当遇到将英文双引号替换为中文双引号时,由于引文双引号前后不加区分,替换时就更为麻烦。如果利用系统中提供的【宏】命令,会有事半功倍的效果。

**操作步骤**

(1) 首先打开需要处理的文档。选择展开【工具】菜单中的【宏】菜单,如图 3-36 所示。

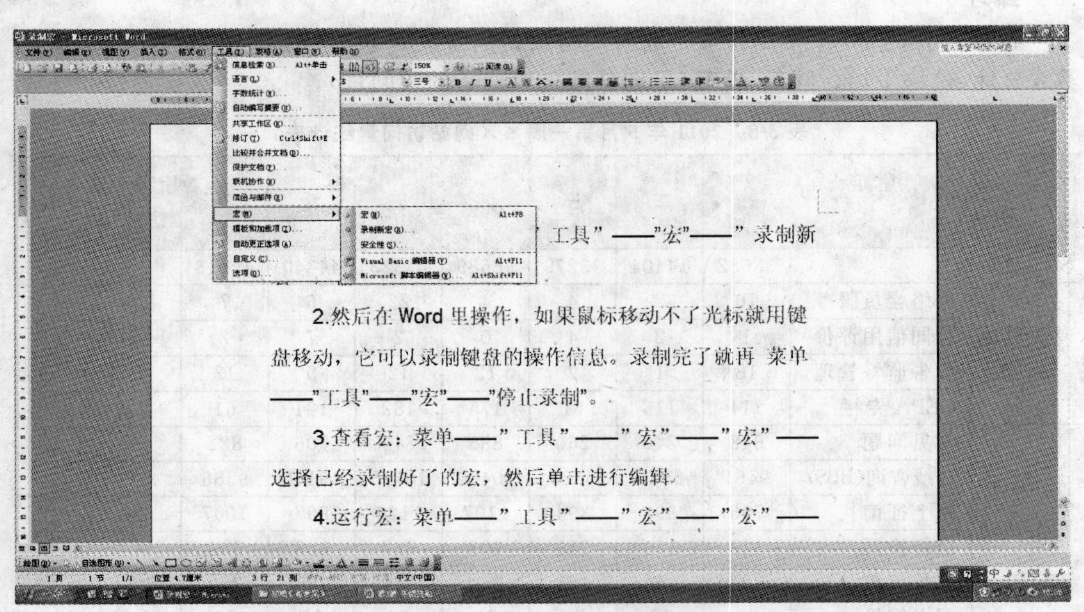


图 3-36 需要处理的文档

(2) 单击二级菜单中的【录制新宏】命令,弹出【录制宏】对话框。在【宏名】下方的文本框中输入“替换双引号”,在【将宏保存在】下方的下拉框中单击向下箭头,选择“录制宏(文档)”(当前被处理文档的文件名);在【说明】中输入“将双引号替换为方括号”,如图 3-37 所示。

(3) 单击【将宏指定到】组合框中的【键盘】按钮,弹出【自定义键盘】对话框。按照要求按下组合键 Alt+‘,单击下方的【指定】按钮,确定【当前快捷键】为 Alt+’,如图 3-38 所示。

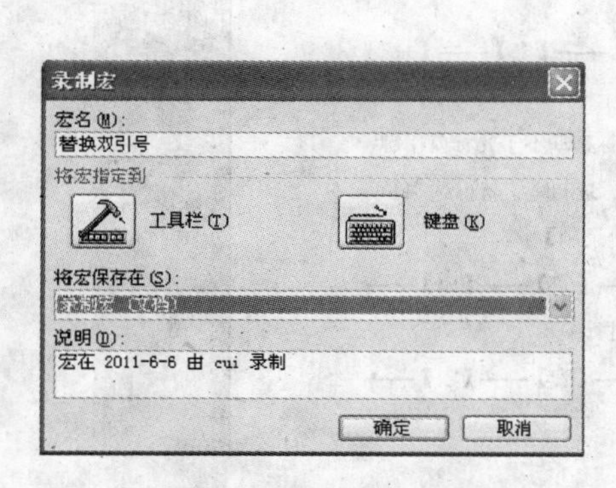


图 3-37 【录制宏】对话框

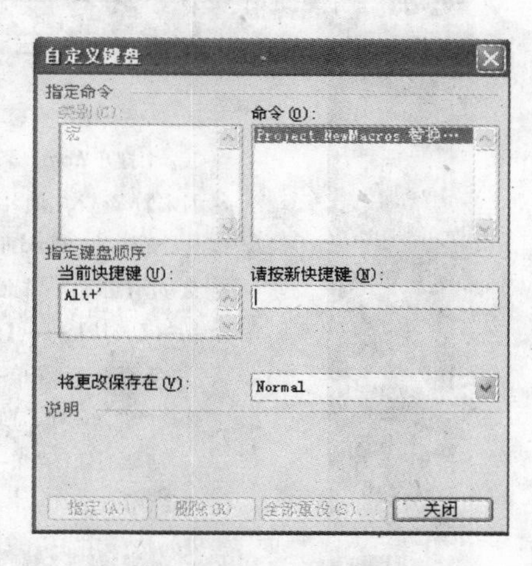


图 3-38 自定义宏的快捷键

(4) 单击【自定义键盘】对话框中的【关闭】按钮。此时进入宏录制状态,鼠标光标变成录音机符号,并出现了浮动的【停止录制】工具栏,如图 3-39 所示。

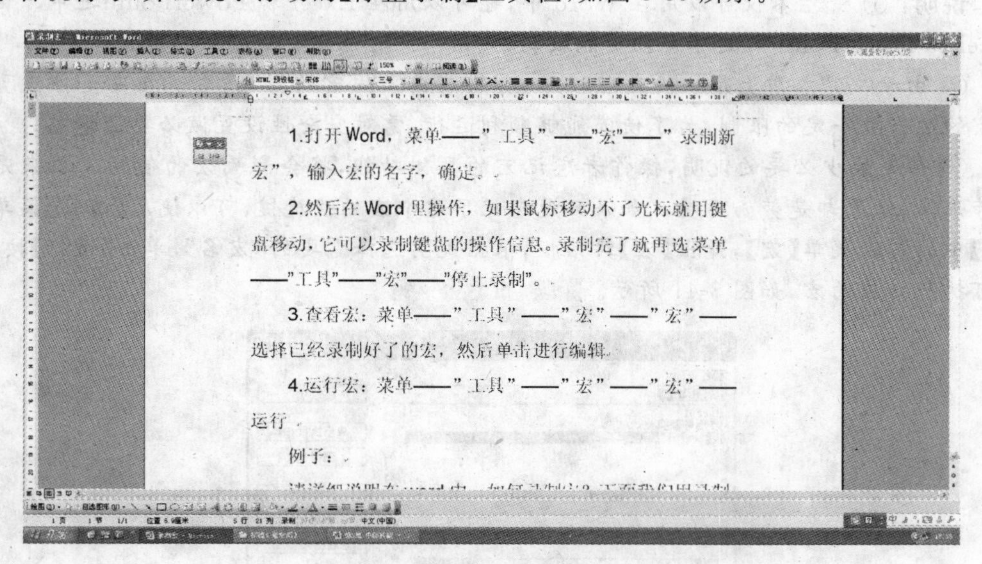


图 3-39 进入宏录制状态

(5) 在宏录制状态下,利用菜单命令手工完成要求的操作。然后,单击浮动工具栏上的【停止录制】按钮。

**注意**:在宏录制状态下,一切操作都会被记录,因此,需要事先经过精心设计,去除一切不必要的操作。如果在录制过程中需要完成一些其他的操作，可以单击浮动工具栏上的【暂停录制】按钮；等完成其他任务后再单击浮动工具栏上的【恢复录制】按钮。

(6) 另外打开一篇需要进行双引号替换处理的文档。按 Alt+'组合键，立即按要求实现了全部替换，如图 3-40 所示。

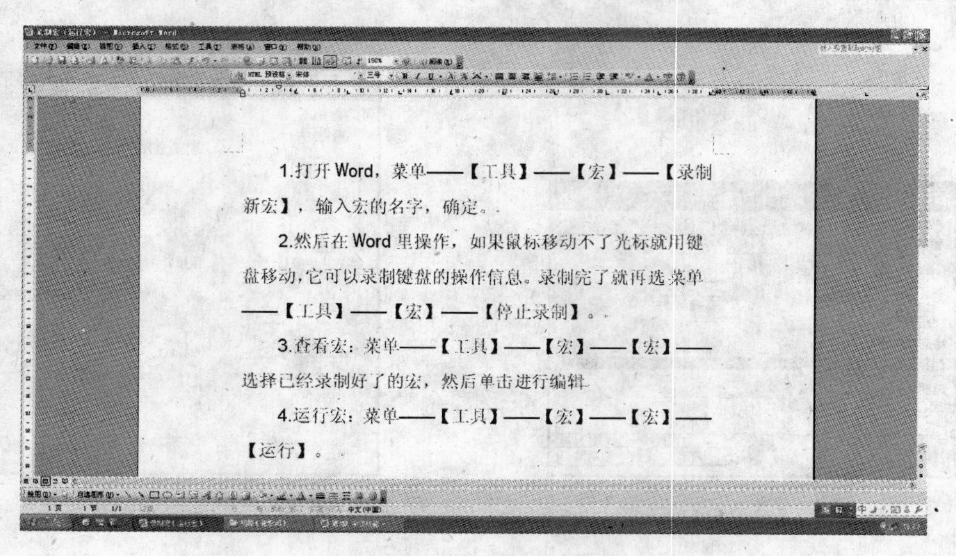


图 3-40　利用宏实现一键替换

**说明**：① “宏”不仅可以用在 Word 中，也可以用在 Excel 和 PowerPoint 之中。由于 Excel 和 PowerPoint 的文字处理功能较弱，使用“宏”可以发挥更强的功能；

② 由于“宏”本质上是一段处理程序，有的病毒采用宏的形式，系统在安全性设置上对宏的运行有一定的限制，为了使宏能够顺利运行，需对安全性设置做必要的调整；

③ 如果缺少必要的说明，操作者忘记宏的具体功能，将会影响宏的使用。本来是想一劳永逸，结果却是劳而无功。如果只是忘记了这个宏的快捷键，可以使用【工具】菜单下【宏】中的二级菜单【宏】，弹出【宏】对话框，根据说明选择需要的“宏名”，单击【运行】按钮，就可执行相应的宏，如图 3-41 所示。

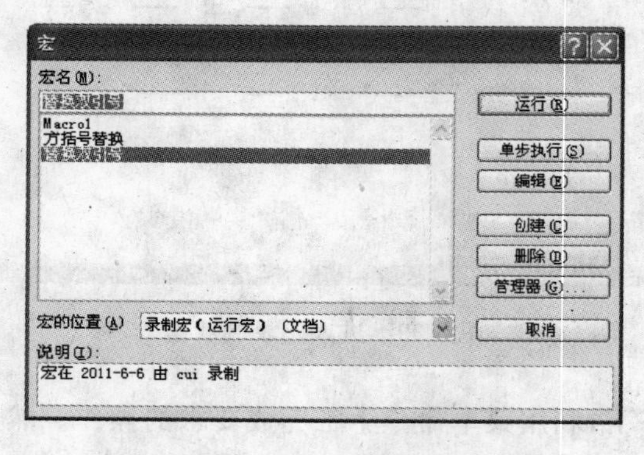


图 3-41　【宏】对话框

**练习**

录制一段宏，按照以下要求设置标题样式：字体为隶书，字号为20磅，字间距加宽1磅。

## 3.2.5 排版综合实例

Word是一种功能强大的文字处理软件，在办公自动化方面已获得广泛的应用，但业内人士分析：大约80%的用户只使用了约20%的软件功能。例如：通常，很多人都是在录入文字后，用【字体】、【字号】等命令设置文字的格式，用【两端对齐】、【居中】等命令设置段落的对齐，但这样的操作要重复很多次，而且一旦设置得不合理，最后还要一一修改。熟悉Word技巧的人对于这样的格式修改并不担心，因为他可以用【格式刷】将修改后的格式一一刷到其他需要改变格式的地方。然而，如果有几十个、上百个这样的修改，也得刷上几十次、上百次，岂不是变成白领油漆工了？更为快捷的方法是使用“样式”或“查找和替换”功能。

下面以从网上下载《劳动法》全文为基础，进行排版。要求如下：使用A4纸；使用“标题2”样式设置“章”标题，“条”目设置为加粗字体，其他正文部分为首行缩进两个字符、单倍行间距；要有封面页和目录，目录自动生成；封面和目录没有页码，目录之后为第1页，页码一律在页面底端居中显示；除封面和目录外，奇数页页眉是文章的题目，偶数页页眉是“最新劳动法”；双面打印。

### 1. 设置纸张大小和文档网格

**任务要求**

将纸张设置为A4纸，设置文档网格每页行数、每行的字数来稀疏文字。

**分析**：通常纸张大小都用A4纸，有时也会用B5纸，只需从【纸张大小】中选择相应类型的纸即可。增大字号、加宽行间距都能让页面内的文字变得稀疏，方便阅读，然而这样做可能会有字大行稀之嫌。在页面设置中调整字与字、行与行之间的间距，即使不增大字号，也能使内容看起来更清晰。

**操作步骤**

(1) 打开【文件】菜单选择【页面设置】命令，在【页面设置】对话框中选择【纸张】选项卡，如图3-42所示。保持默认设置，单击【确定】按钮即可。

(2) 在【页面设置】对话框中选择【文档网格】选项卡，如图3-43所示。

选中【指定行和字符网格】，在【字符】设置中，默认为“每行39”个字符，可以适当减小，例如，改为“每行37”个字符。同样，在【行】设置中，默认为“每页44”行，可以适当减小，例如，改为“每页42”行。这样，文字的排列就均匀清晰了。

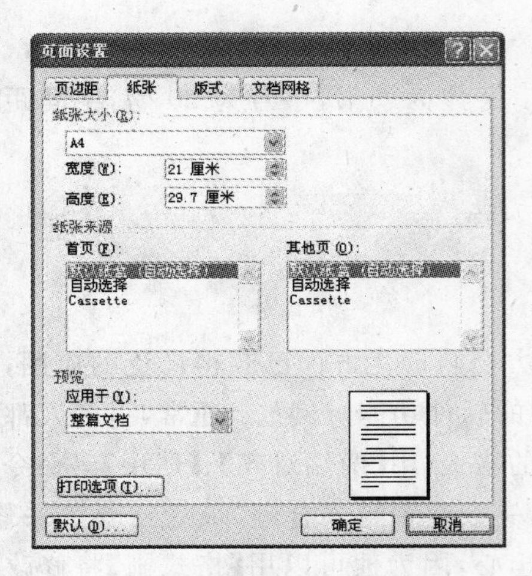


图 3-42　设置【纸张】大小

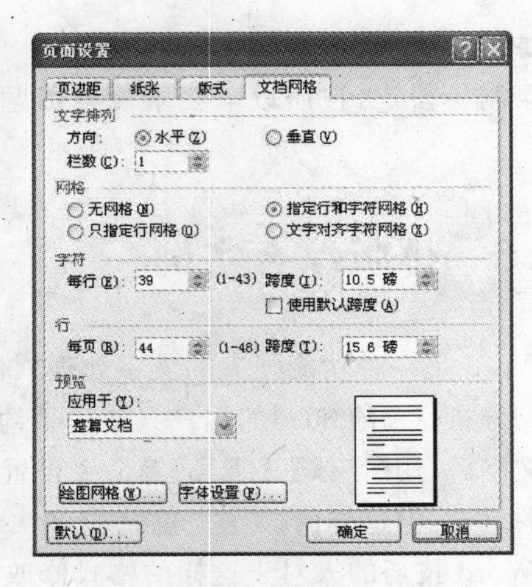


图 3-43　设置【文档网格】

**2. 快速排版**

**任务要求**

使用"标题 2"样式设置"章"标题,"条"目设置为加粗字体,其他正文部分为首行缩进两个字符、单倍行间距。

**分析**:"查找和替换"功能非常强大,合理地使用通配符编辑查找和替换内容,会达到编程才能实现的效果。用"选择相似格式的文本"一次选取文档中除去章节标题外的绝大部分内容,修改"样式"并"自动更新"会让整个文档中所有应用这种"样式"的文本统一改变外观。应用这些方法会大大加快排版速度,在几分钟内将一篇长文档处理完毕。

**操作步骤**

(1) 快速设置"章"标题

选中全文,按 Ctrl+H 组合键,打开【查找和替换】对话框,切换到【高级】模式,选中【使用通配符】复选框。在【查找内容】下拉列表框中录入:第[! 章]{1,5}章,如图 3-44 所示。

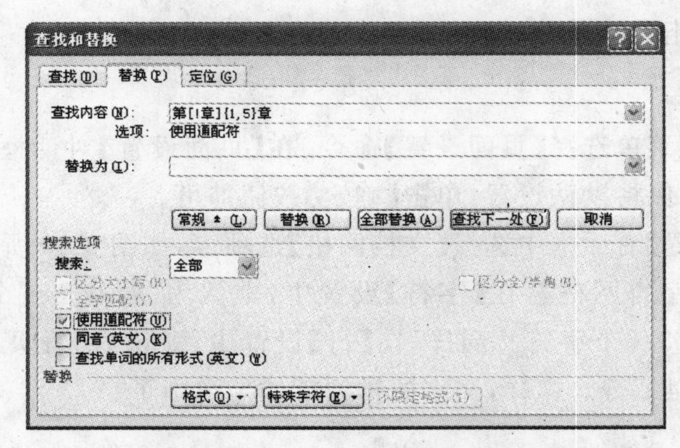


图 3-44　在【查找和替换】对话框中设置查询条件

光标定位到【替换为】后的下拉列表，不输入内容，单击【格式】按钮选择【样式(S)...】命令，在【替换样式】对话框中选择“标题 2”，如图 3-45 所示。单击【确定】按钮返回。

设置替换样式后的【查找和替换】对话框如图 3-46 所示，单击【全部替换】按钮，即可为全文的所有“章”设置统一的“样式”。

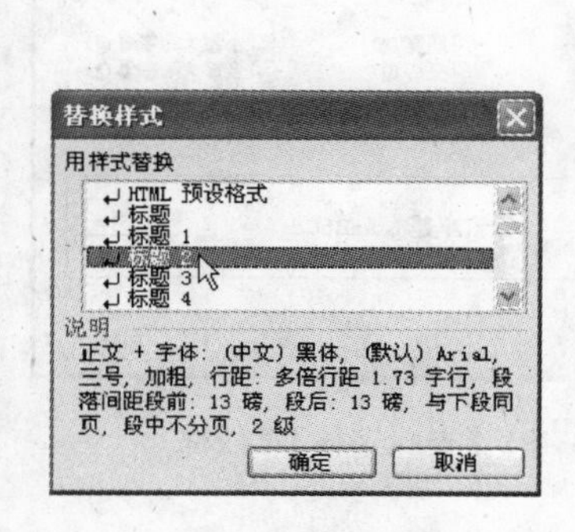


图 3-45　【替换样式】对话框

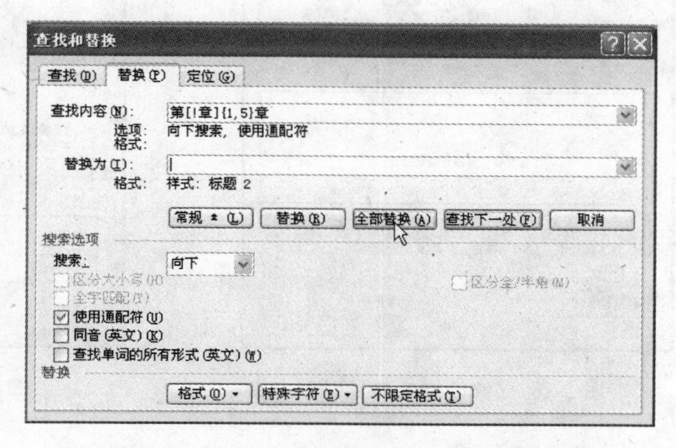


图 3-46　设置“样式”后的【查找和替换】对话框

**说明**：“第[！章]{1,5}章”表示“第”字与“章”字之间可有 1～5 个非“章”字符。关于通配符的用法建议参阅 Office 联机帮助。

（2）修改“章”标题的“样式”

打开【格式窗格】：单击【格式】工具栏上的【格式窗格】按钮，或打开【格式】菜单选择【样式和格式】命令。【样式和格式】窗格自动显示在窗口的右侧，如图 3-47 所示。

在【请选择要应用的格式】列表中，在“标题 2”上悬停鼠标，在出现的下拉箭头上单击，选择【修改(M)...】命令，如图 3-48 所示，即可打开【修改样式】对话框。在【修改样式】对话框中，单击【对齐方式】中【居中】按钮，选中【自动更新】复选框，如图 3-48 所示。单击【确定】按钮，即可将文章中所有应用“标题 2”样式的内容统一设置为“居中”对齐。

（3）快速设置“条”格式

按 Ctrl＋H 组合键，打开【查找和替换】对话框，切换到【高级】模式，选中【使用通配符】。在【查找内容】下拉列表框中录入：第[！条]{1,5}条。光标定位到【替换为】后的下拉列表，不输入内容，单击【格式】按钮选择【格式(F)...】命令，在【查找字体】对话框中的【字形】列表中选择“加粗”，如图 3-49 所示。单击【确定】按钮返回。

设置了字体【格式】后的【查找和替换】对话框如图 3-50 所示，单击【全部替换】按钮，即可为全文的所有“条”设置统一的“格式”。

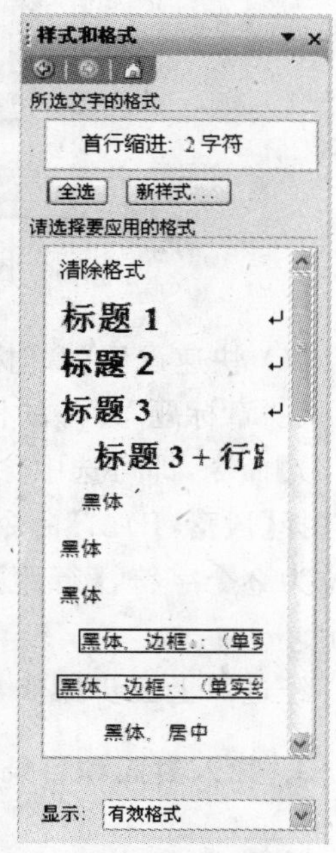


图 3-47　【样式和格式】窗格

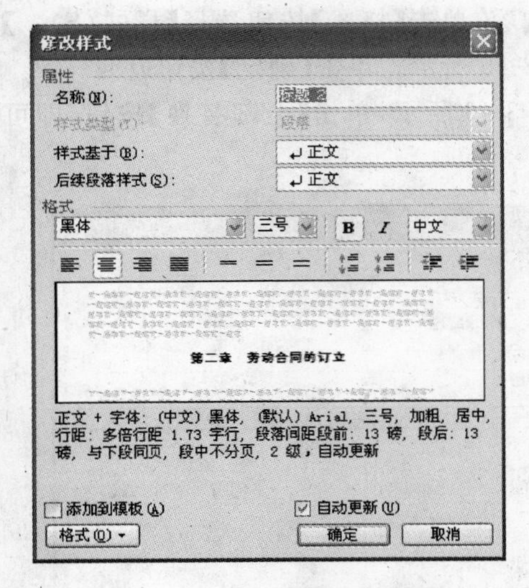


图 3-48 【修改样式】对话框

图 3-49 【查找字体】对话框

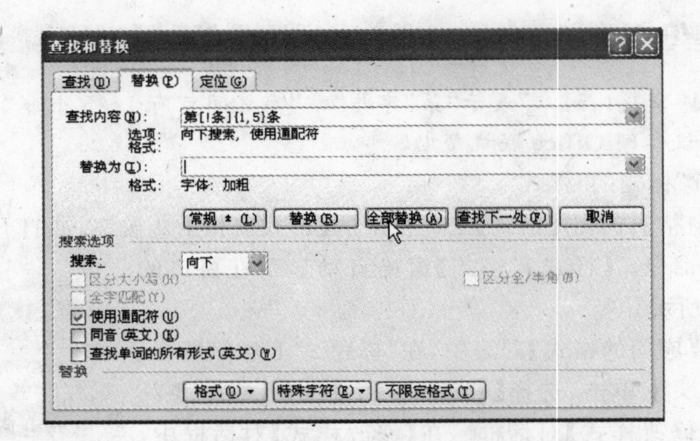


图 3-50 设置了【格式】后的【查找和替换】对话框

(4) 快速设置"章"标题以外的段落

在"章标题"以外的任意段落内，右击，在快捷菜单的最下方选择【选择格式相似的文本(S)】命令，即可选中除"章"标题以外的所有段落。在选中的区域内右击，在快捷菜单中选择【段落(P)...】命令，在【段落】对话框中设置：【特殊格式】为"首行缩进"，默认度量单位为 2 个字符，【行距】为"固定值"，设置值 20 磅。设置后的【段落】对话框如图 3-51 所示。

经过以上五步操作，《劳动法》全文排版后效果如图 3-52 所示。

### 3. 插入封面和目录

**任务要求**

插入封面页，并设置正、副标题的字体格式，自动生成目录。

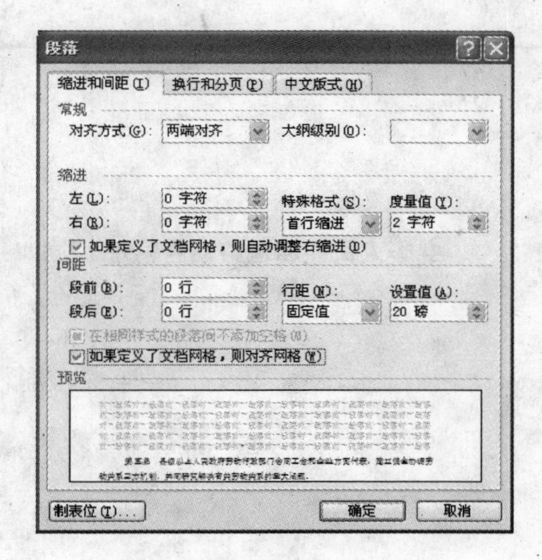


图 3-51 【段落】对话框

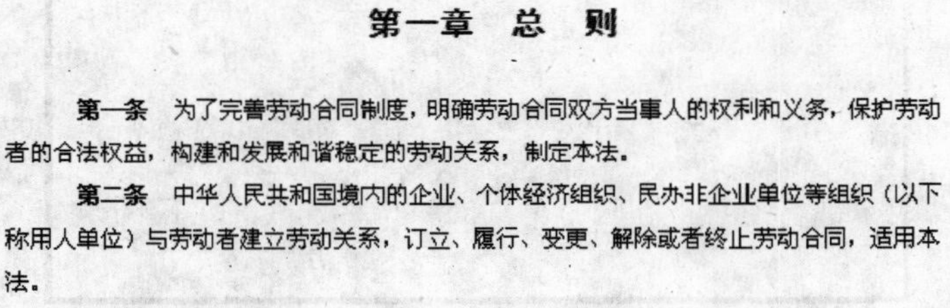

**第一章　总　则**

**第一条**　为了完善劳动合同制度，明确劳动合同双方当事人的权利和义务，保护劳动者的合法权益，构建和发展和谐稳定的劳动关系，制定本法。

**第二条**　中华人民共和国境内的企业、个体经济组织、民办非企业单位等组织（以下称用人单位）与劳动者建立劳动关系，订立、履行、变更、解除或者终止劳动合同，适用本法。

图 3-52 《劳动法》全文排版后的效果样图

**分析**：长篇文档处理时，先要规划好各种设置，尤其是样式设置；不同的篇章部分一定要分节，而不是分页。要成功生成目录，应该正确采用带有级别的样式，例如“标题 1”～“标题 9”样式。尽管也有其他的方法可以添加目录，但采用带级别的样式是最方便的一种。使用【插入】菜单下的【索引和目录】→【目录】命令就能自动生成目录。

**操作步骤**

(1) 插入封面页

光标定位在副标题后，如图 3-53 所示。

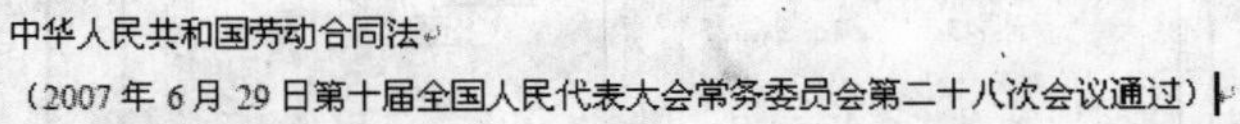

中华人民共和国劳动合同法

（2007 年 6 月 29 日第十届全国人民代表大会常务委员会第二十八次会议通过）

图 3-53 制作《劳动法》封面页样图

打开【插入】菜单，选择【分隔符】命令，在【分隔符】对话框中选择【分节符类型】为【下一页】，如图 3-54 所示。

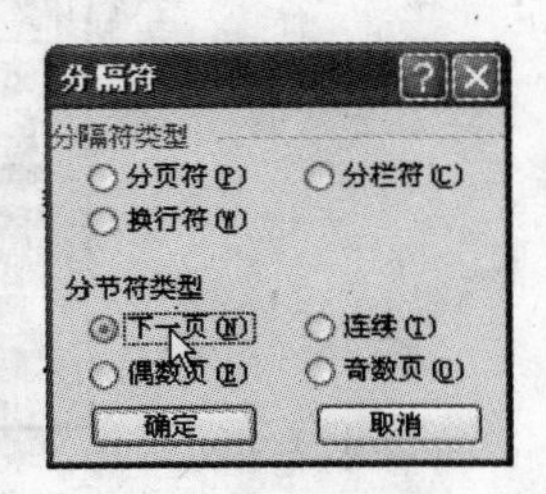


图 3-54 【分隔符】对话框

设置正标题格式：三号、黑体、加粗、单倍行间距，副标题格式：小四，用空行调整正、副标题在页面中的位置，设置效果如图 3-55 所示。

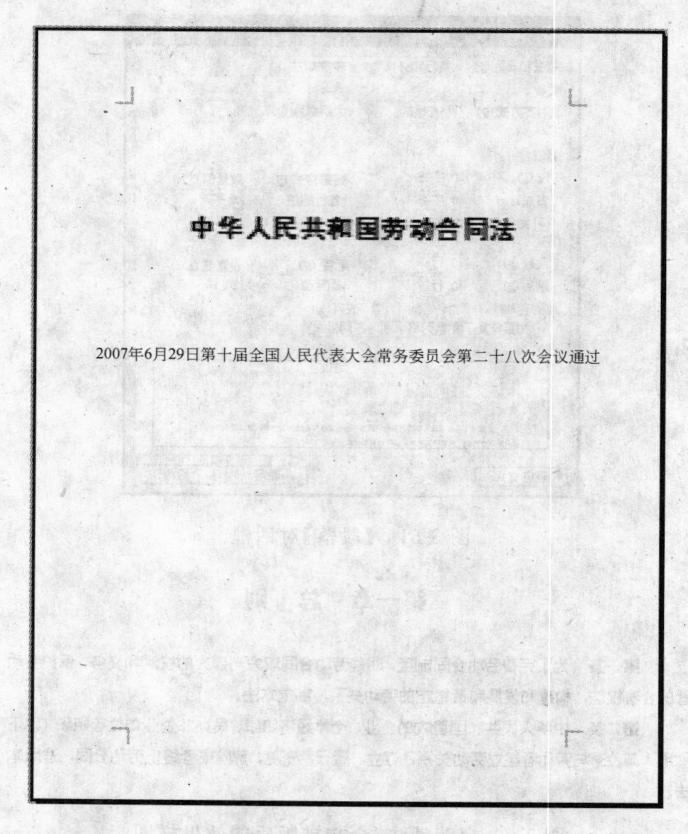


图 3-55 “封面”页

（2）插入目录

删除文中原有的多余文本，将“目录”二字设置为：三号、黑体、加粗、居中对齐，光标定位到“目录”的下一行。打开【插入】菜单，执行【引用】→【索引和目录】命令，打开【索引和目录】对话框，在对话框中单击【目录】选项卡，选中【页码右对齐】复选框，如图 3-56 所示。

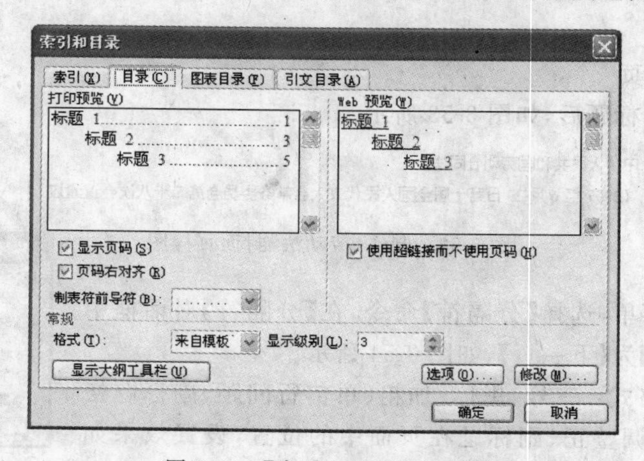


图 3-56 【索引和目录】对话框

在【显示级别】中，可指定目录中包含几个级别，从而决定目录的细化程度。这些级别是来自“标题1”～“标题9”样式的，它们分别对应级别1～9。如果要设置更为精美的目录格式，可在【格式】中选择其他类型，通常用默认的“来自模板”即可。目录是以“域”的方式插入到文档中的(会显示灰色底纹)，因此可以进行更新。单击【确定】按钮，“目录”自动生成，如图3-57所示。

(3) 更新目录

如果正文有变化，则在“目录”域上右击，在弹出的快捷菜单中选择【更新域】选项，根据需要在【更新目录】对话框中，选择更新方式，如图3-58所示。

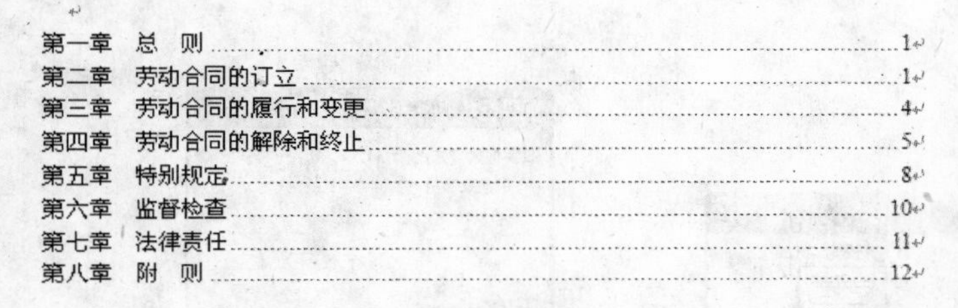

目 录

第一章 总 则 ........ 1
第二章 劳动合同的订立 ........ 1
第三章 劳动合同的履行和变更 ........ 4
第四章 劳动合同的解除和终止 ........ 5
第五章 特别规定 ........ 8
第六章 监督检查 ........ 10
第七章 法律责任 ........ 11
第八章 附 则 ........ 12

图3-57 自动生成的“目录”

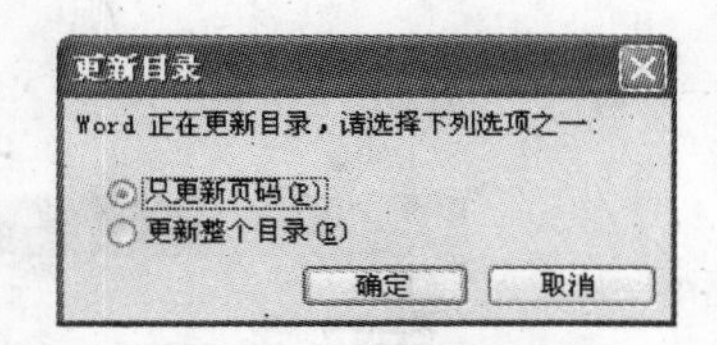


图3-58 【更新目录】对话框

**4. 页眉/页脚的设置**

**任务要求**

为文档插入页码：封面和目录不用显示页码，目录之后为第1页，页码一律在页面底端的居中显示；除封面和目录外，文档其他页设置“奇偶页不同”的页眉，奇数页页眉是文章的题目，偶数页页眉是“最新劳动法”。

**分析**：一般情况下封面页没有页码，目录如果是多页，插入页码时应选择与正文页码不同的页码格式。当然，本目录只有一页，没有必要插入页码，所以重点就放在文档页码的设置上。因为本文档比较简短，所以就把除封面、目录外的所有内容分成一节，设置“页眉/页脚”时要一定要注意断开和上一节的链接。

**操作步骤**

(1) 分节

把光标定位在目录页末，打开【插入】菜单，选择【分隔符(B)...】命令，在【分隔符】对话框中选择【分节符类型】为【下一页】，如图3-59所示，单击【确定】按钮后即可在目录与正文之间插入分页符。

(2) 为正文插入页码

打开【视图】菜单选择【页眉和页脚】命令，把光标定位到正文首页的页脚处，单击【页眉和页脚】工具栏上的【链接到前一个】按钮，断开正文页脚与目录页脚的链接，如图3-60所示。

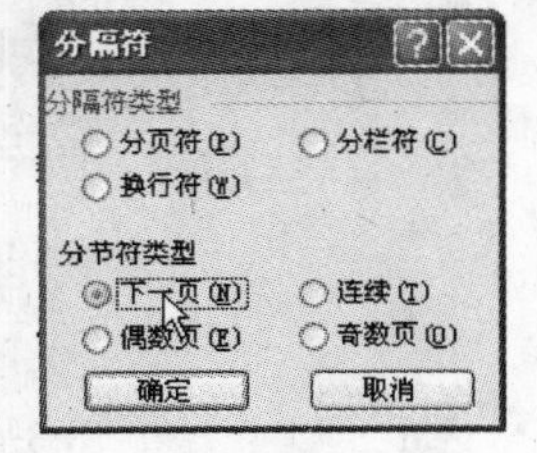


图3-59 用【分隔符】对话框

图 3-60　断开节间的页脚链接

打开【插入】菜单，选择【页码】命令，在【页码】对话框中设置页码对齐方式，选中【首页显示页码】复选框，如图 3-61 所示。

单击【格式(F)...】按钮，打开【页码格式】对话框，在【页码格式】对话框中选择【数字格式】、【起始页码】为“1”，如图 3-62 所示，单击【确定】按钮返回图 3-61，单击【确定】按钮即可完成正文的页码插入。

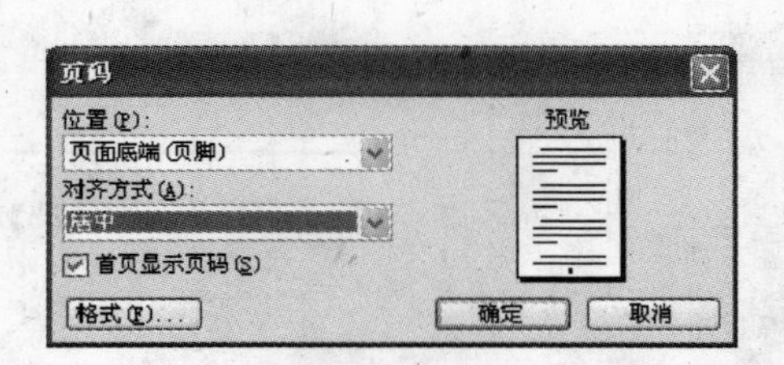

图 3-61　【页码】对话框

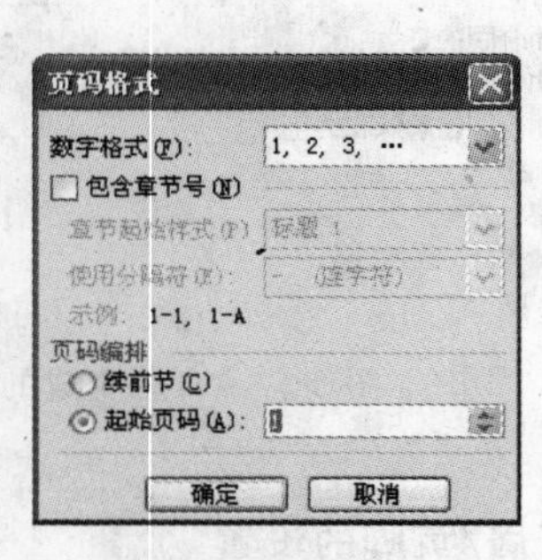

图 3-62　【页码格式】对话框

(3) 为正文设置“奇偶页不同”的页眉

打开【文件】菜单，选择【页面设置】命令，打开【页面设置】对话框。在【版式】选项卡的【页眉/页脚】栏中，选中【奇偶页不同】复选框，如图 3-63 所示。

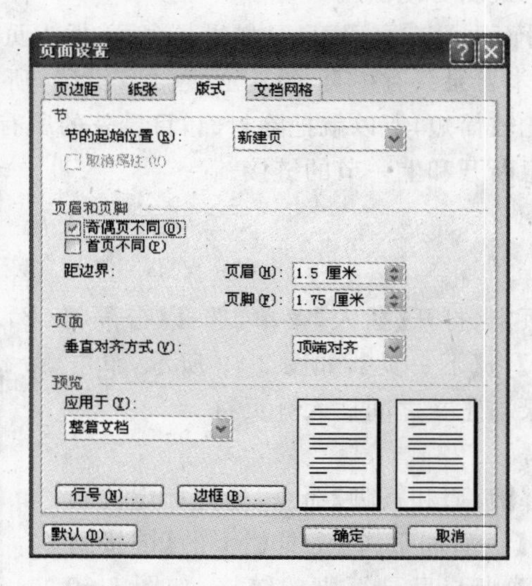

图 3-63　在【版式】选项卡中选中【奇偶页不同】复选框

在“页眉/页脚”状态下，光标定位到正文奇数页的页眉处，单击【页眉和页脚】工具栏上的【链接到前一个】按钮，断开正文页脚与目录页脚的链接，如图 3-63 所示。

在页眉中输入“中华人民共和国劳动合同法”，并单击工具栏中的【右对齐】按钮，效果如图 3-64 所示。

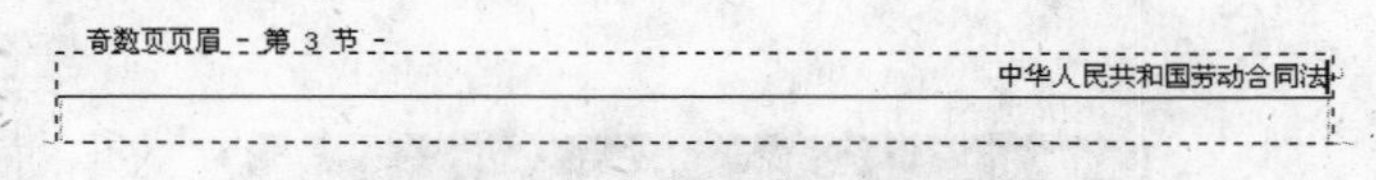


图 3-64　设置“奇数页页眉”

同理，光标定位到正文偶数页的页眉处，断开正文页脚与目录页脚的链接，在页眉中输入“最新劳动法”，单击【格式】工具栏上的【倾斜】*I* 按钮，设置【字形】为“倾斜”，单击【两端对齐】按钮，实现文本左对齐，如图 3-65 所示。

图 3-65　设置“偶数页页眉”

打开【格式】菜单，选择【边框和底纹】命令，在【边框和底纹】对话框中，设置边框为“无”，应用于“段落”，如图 3-66 所示。单击【确定】按钮，即可去除页眉中自带的横线。

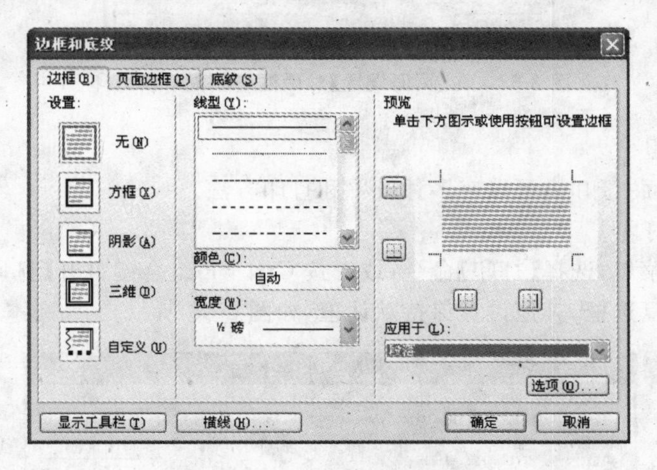


图 3-66　去除页眉中的横线

**说明**：“域”是提高效率、自动生成文本内容的重要工具，无论多么复杂的排版，只要用好了分节、样式、页面设置和页眉页脚设置，就能轻松快捷地制作出专业水准的文档。

### 5. 双面打印

**任务要求**

设置《劳动法》全文为“双面打印”，并预览打印。

**分析**：“双面打印”除了要预留装订线区域、对称页边距外，还要设置打印方式：“手动双面打印”、“分别打印奇数页和偶数页”、“全自动双面打印”。

**操作步骤**

（1）页面设置

打开【文件】菜单，选择【页面设置】命令，打开【页面设置】对话框。在【页面设置】对话框中，设置页边距、装订线为合适宽度，【页码范围】栏【多页】选为“对称页边距”，如图 3-67 所示。

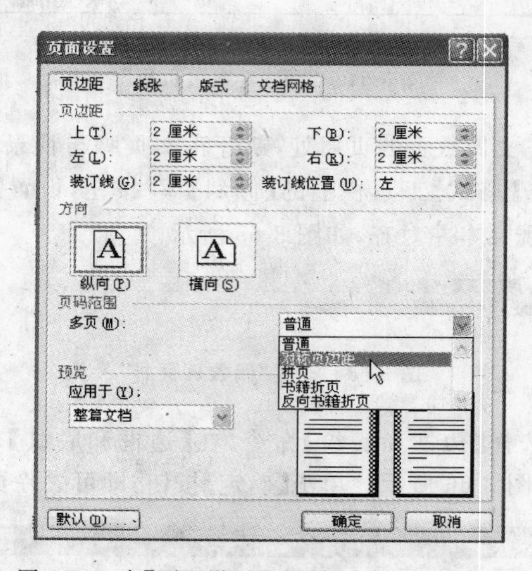


图 3-67　在【页面设置】对话框中设置双面打印

（2）双面打印

文档需要双面打印时，可以有多种设置和打印方法。

◆ 手动双面打印

打开【文件】菜单，选择【打印】命令，或者按 Ctrl+P 组合键打开【打印】对话框。选中【手动双面打印】复选框，其他设置保持默认值，如图 3-68 所示。

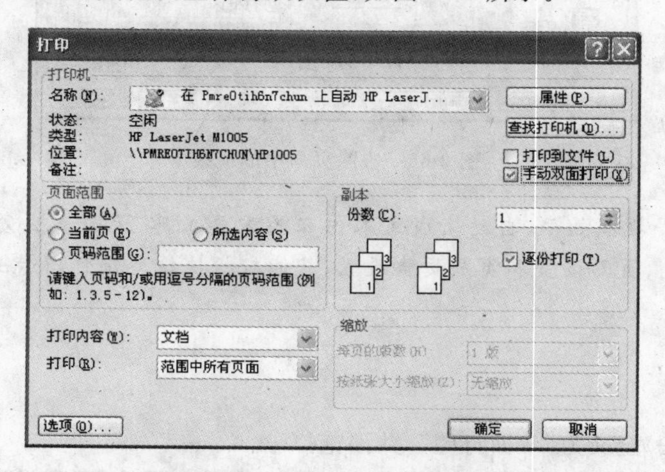


图 3-68　在【打印】对话框中选中【手动双面打印】复选框

当开始打印时，打印机会在打印完一面后提示换纸，将纸张背面放入打印机即可打印出背面内容。每张纸都需要手动放入打印机才能打印背面。手动双面打印的方法比较麻烦，适合打印纸张很少的情况。

◆ 分别打印奇数页和偶数页

如果先打印所有的奇数页，再在所有奇数页的背面打印偶数页，就能比较快速地完成双面打印。打开【打印】对话框，【打印】下拉列表中选择“奇数页”，如图 3-69 所示。单击【确定】按钮开始打印。

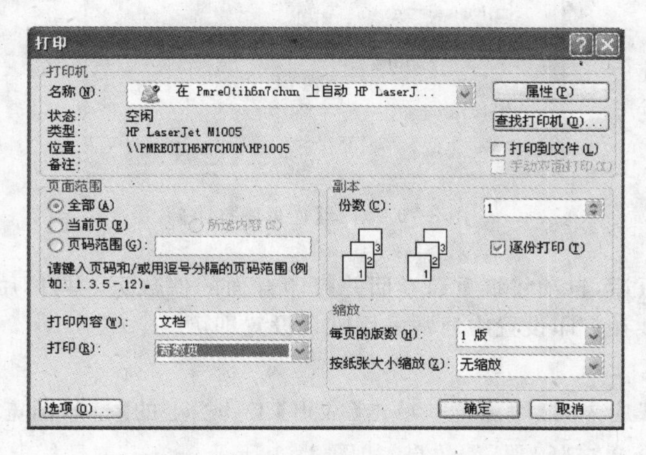


图 3-69　在【打印】对话框中选择打印“奇数页”

**注意**：打印时，通常会将纸匣中最上面的纸先送入打印机。打印完毕，会得到按 1,3,5,…顺序排列的所有奇数页。将这些奇数页重新放入纸匣，一般应将背面未打印的部分朝向正面。注意如果开始打印，第 1 张送入打印机的纸不是第 1 页，而是页码最大的纸。还需要注意纸张方向，不要使背面在打印出来后文字颠倒。此外，打印背面时会从奇数页的最后一页开始逆页序打印，需要注意 Word 文档中最后一页的页号。如果最后一页的页号为偶数，直接将所有的奇数页放入纸匣；如果最后一页的页号为奇数，应取出已打印好的最后一页纸，并将余下的奇数页放入纸匣，否则将会出现偶数页打印错位(例如，最后一页为 99 页时，如果把所有的奇数页放入纸匣，第 98 页会打印在第 99 页背面，正确的应该是打印在第 97 页背面)。

打开【打印】对话框，【打印】下拉列表中选择“偶数页”，并单击【选项】按钮，显示对话框，如图 3-70 所示。

选中【打印选项】中的【逆页序打印】复选框，单击【确定】按钮。将会从最后一页开始逆序打印。如果纸匣中最上面的纸已打印的页面是第 97 页，则背面将会打印第 98 页，并按照 96,94,92,…的顺序打印其他页，从而实现双面打印。

**注意**：分别打印奇数页和偶数页效率较高，但如果出现卡纸等问题，就需要重新打印出现问题的奇数页和偶数页。

◆ 全自动双面打印

全自动双面打印需要采用具备双面打印功能的打印机。利用打印机的设置，就能在

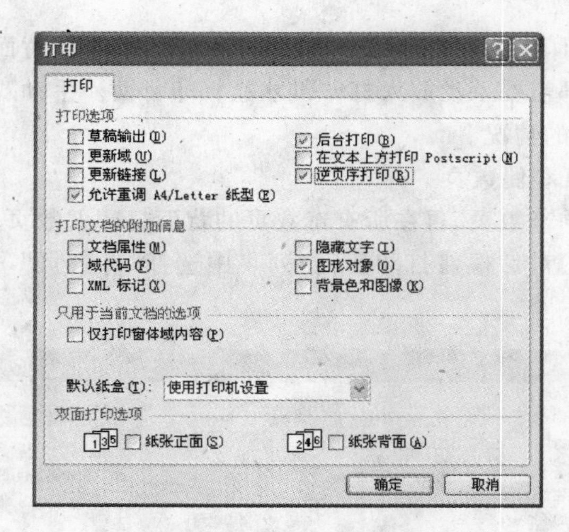


图 3-70　选择【逆页序打印】

打印完一张奇数页后，自动将纸重新卷回并打印背面的偶数页。具体用法可参见双面打印机的使用说明。在打印设置中通常采用默认设置即可。

（3）打印预览

“打印”前一般应先“打印预览”，单击【常用】工具栏上的【打印预览】按钮，得到排版后的《劳动法》全文“打印预览”效果，如图 3-71 所示。单击工具栏上的【关闭】按钮，结束预览。

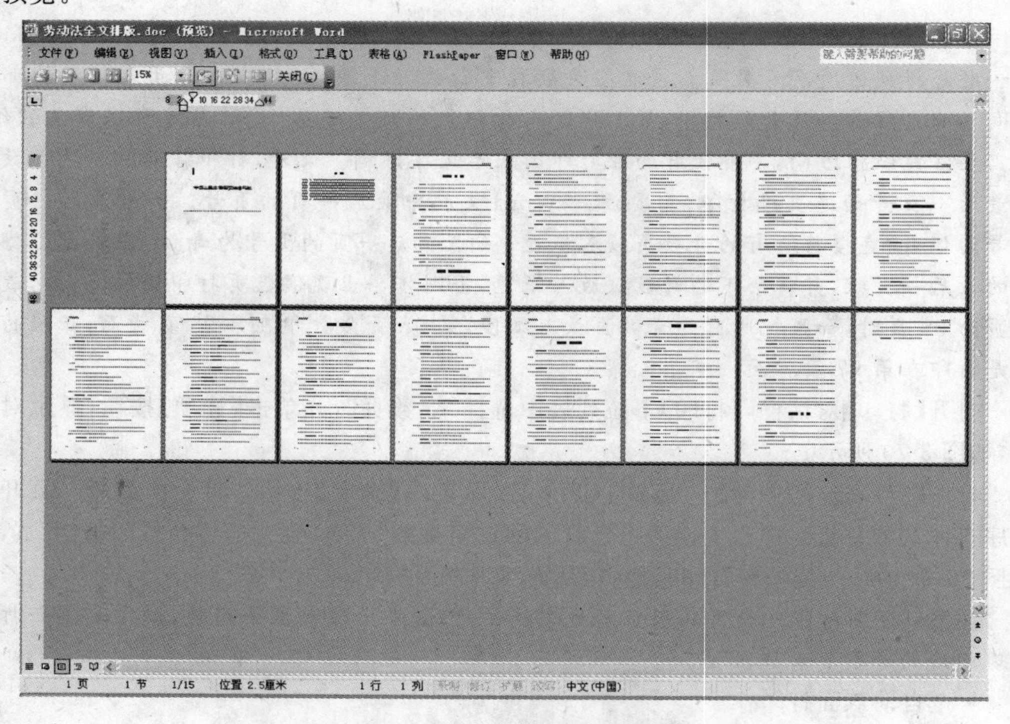


图 3-71　《劳动法》全文排版“打印预览”

**练习**

从网上搜索一篇文章,如"中国宏观经济形势.doc"的内容为基础,综合本节所学,快速排版。

排版要求:清除原文的所有格式设置;A4纸;使用"标题2"样式设置标题,其他正文部分为首行缩进两个字符、单倍行间距;要有封面页和目录,目录自动生成;封面和目录没有页码,目录之后为第1页,页码一律在页面底端居中显示;除封面和目录外,奇数页页眉:文章的题目,偶数页页眉:当前日期;手动双面打印。

# 3.3 数据处理技巧

使用Excel处理数据报表是职场人员的一项基本功,甚至可以说,Excel的应用水平直接关系着一个公司的管理水平。为了帮助学习者较快地掌握Excel应用的基本技巧,这一单元对实际应用工作中一些好的经验进行了整理。学习者在完成这些学习任务的过程中,可以举一反三,反复体会,不断地积累自身经验。

## 3.3.1 指导操作者正确填表——"批注"的应用

在实际工作中,最令管理者头疼的事情就是填写的报表不能达到规范要求,反复修改浪费宝贵时间,甚至造成重大损失。其实,报表的设计者可以在Excel数据报表中加入一些控制手段,保证数据填报的规范性。添加"批注"就是一种行之有效的方法。

**任务要求**

在设计的Excel表格中加入类似"批注"的指导性信息,说明表格填写要求,指导操作者正确填写表格。当数据填写错误时,也给出相应的警示信息。

**操作步骤**

(1) 设计好一张"高技能人才统计表",如图3-72所示,明确每列数据的基本要求。

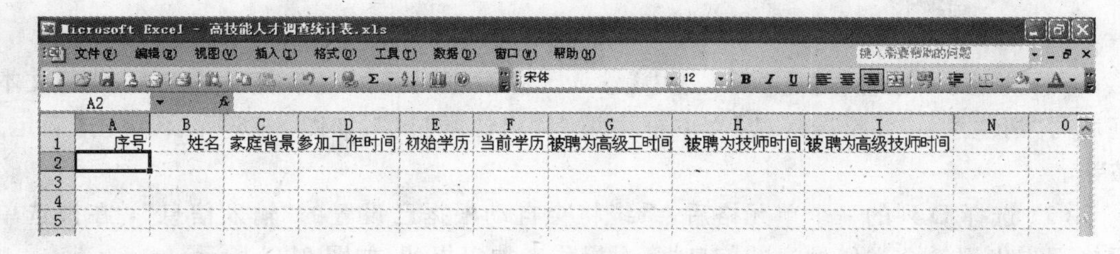


图3-72 高技能人才统计表

(2) D列要求填写"参加工作时间",要求只输入参加工作的年份。由于被统计者年龄为16～60岁,因此参加工作年份为1950—1995。

选中本列需要输入数据的单元格;选择【数据】菜单栏中的【有效性】选项,如图3-73所示。

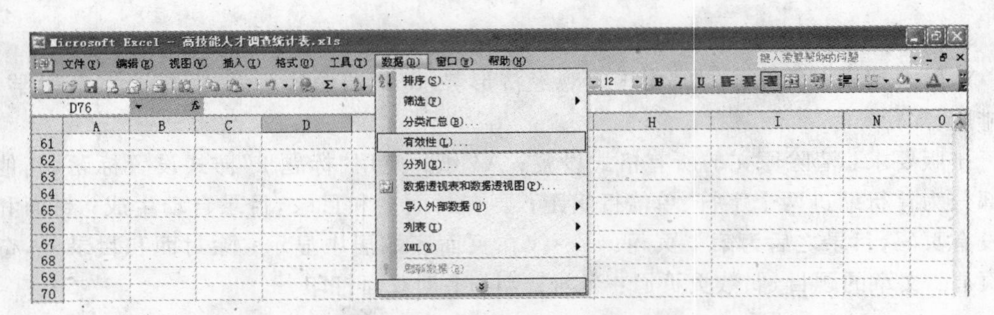


图 3-73 【数据】菜单【有效性】选项

(3) 单击【有效性】命令后,弹出【数据有效性】对话框,选择【设置】选项卡,填入相应的【有效性条件】。由于年份只需要 4 位数,在【允许】一栏填写"整数",且【数据】选择"介于",【最小值】、【最大值】分别为 1950 和 1995。选中【忽略空值】复选框,对空缺的单元格不加控制,如图 3-74 所示。

(4) 单击【输入信息】选项卡,选中【选定单元格时显示输入信息】复选框;在【标题】文本框填写"注意:",【输入信息】文本框中填写"请输入 1950—1995 之间的四位数的年份",如图 3-75 所示。

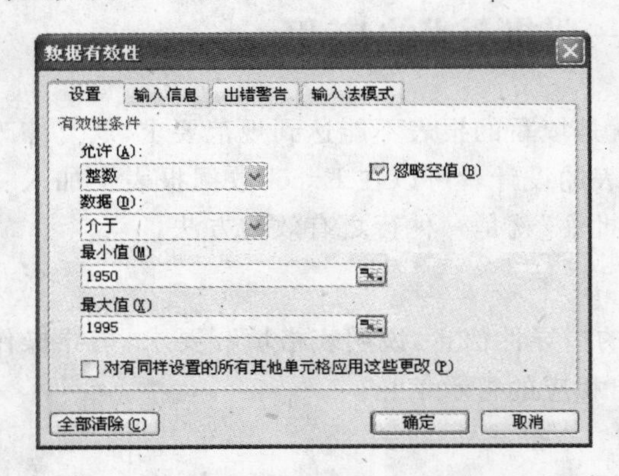


图 3-74 【数据有效性】对话框中的【设置】选项卡

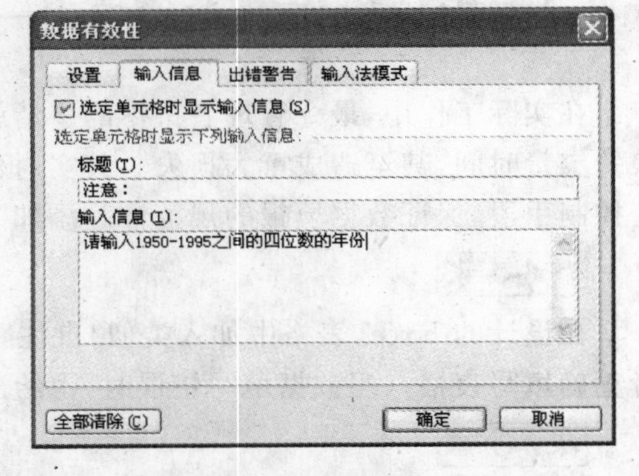


图 3-75 【数据有效性】对话框中的【输入信息】选项卡

(5) 单击【出错警告】选项卡,选中【输入无效数据时显示出错警告】;在【标题】文本框填写"请注意:",【错误信息】文本框中填写"出错啦!!!",如图 3-76 所示,单击【确定】按钮。

(6) 选择 D 列的一个单元格后,系统将会自动根据已设置的"输入信息",在被选单元格下方出现一个类似批注的信息框,对操作者加以提醒,如图 3-77 所示。

当操作者输入超出控制范围的数据时,将会自动弹出一个提示框,告诉操作者"出错啦!!!"。询问操作者是否继续操作,如图 3-78 所示。

单击【是】按钮,对系统提示不予理睬,继续输入下一个数据;单击【否】按钮,重新修改本单元格中的数据,直到数据符合要求;单击【取消】按钮,清除本单元格中刚刚输入的数据,重新输入新的数据。

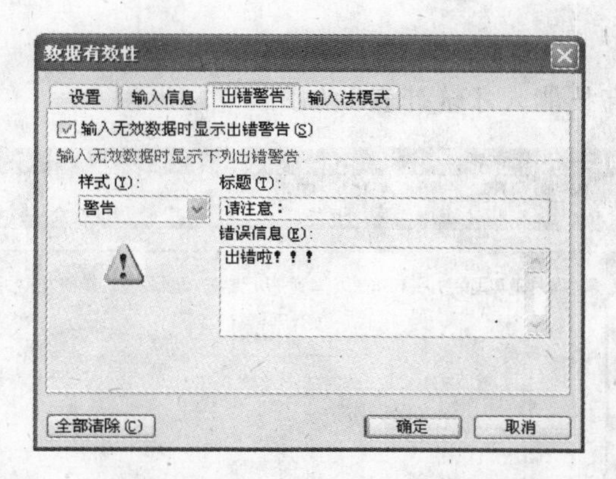


图 3-76　【数据有效性】对话框——【出错警告】选项卡

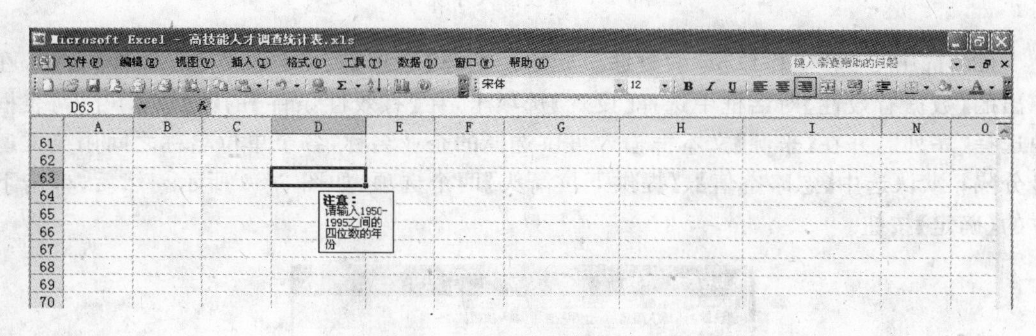


图 3-77　显示输入提示信息

图 3-78　出错提示

## 3.3.2　快速填写部门名称

在使用 Excel 处理数据时，计算、排序、汇总、制作统计图等工作都可以由计算机自动完成，但原始数据的录入只能由操作者完成。因此，数据录入占用了数据处理工作的大部分时间，成为办公室人员的一项繁重劳动。改进数据录入方法，提高录入效率，对于提高整项数据处理工作的水平具有重要意义。

**任务要求**

在填写“高技能人才统计表”时，由于需要重复录入职工的工作单位，非常费时费力，且容易出错。要求通过下拉列表方式，列出可供选择的单位名称，由操作者选择填写，以加快速度，减少差错。

**操作步骤**

(1) 设计好一张“高技能人才统计表”,如图 3-79 所示。

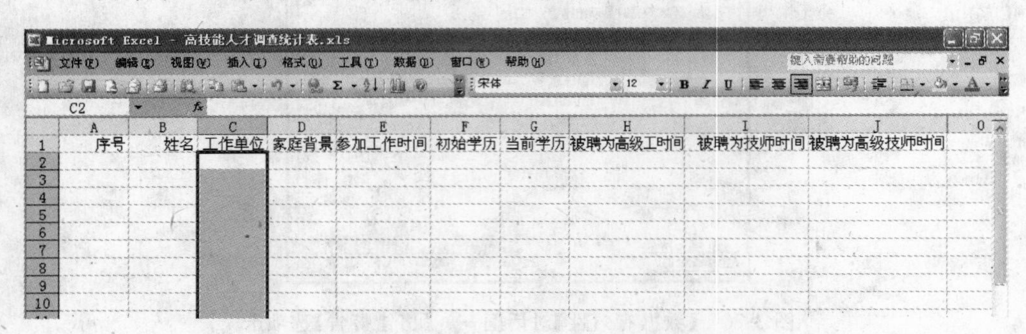

图 3-79　高技能人才统计表

(2) 选中 C 列“工作单位”的数据单元格。选择【数据】菜单栏中的【有效性】命令,在弹出的【数据有效性】对话框中选择【设置】选项卡,在【有效性条件】的【允许】下拉列表框中选择“序列”,并在【来源】文本框输入可供选择的企业名称,各个单位名称之间用英文逗号分隔;默认选中【忽略空值】、【提供下拉箭头】两个选项,如图 3-80 所示。然后,单击下方的【确定】按钮。

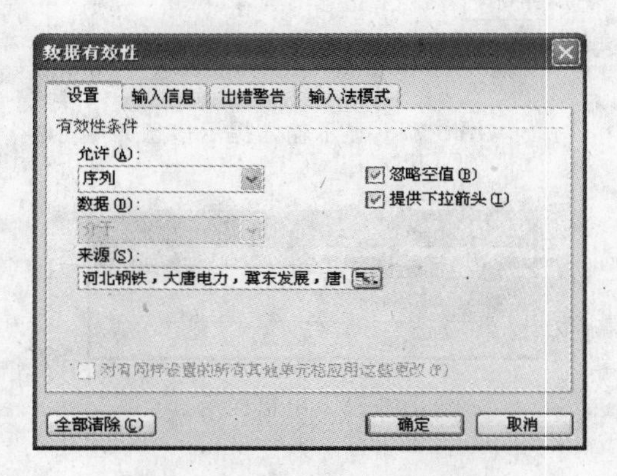

图 3-80　【数据有效性】对话框

**注意**:在填写【来源】中的数据时,若采用中文逗号分隔,系统会将中文逗号也按一个汉字处理,也就是说,将整行文字作为一项字符串数据。

(3) 选中 C 列的一个单元格后,右侧会出现一个下拉箭头,单击后按照设置好的内容出现下拉菜单,可从中选择一个相应选项,如图 3-81 所示。

(4) 如果填写的数据超出了已设置的下拉菜单的范围,系统会自动提示出错,如图 3-82 所示。

如果在【数据有效性】对话框中设置了“出错警告”,则会按照设定的提示信息加以提示,如图 3-83 所示。

根据工作中的实际情况,可利用这种方法实现对“性别”、“职称”、“职务”、“省份”等数据的填写。

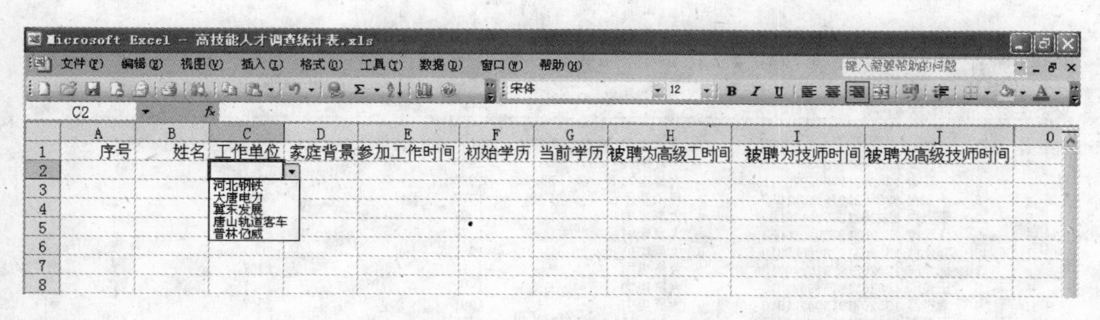


图 3-81　利用下拉菜单录入序列值

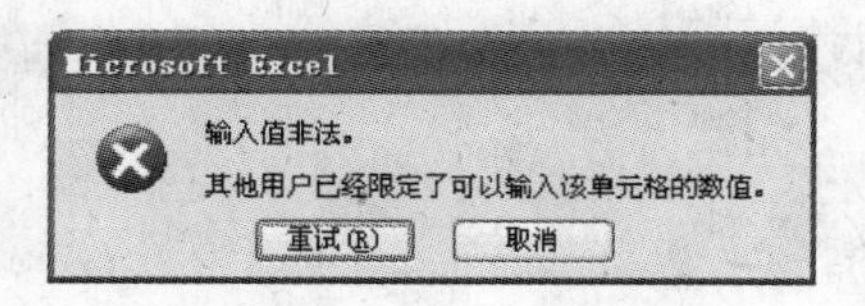


图 3-82　出错提示

图 3-83　出错警告

**练习**：利用下拉菜单方式制作一张课程表。

## 3.3.3　利用身份证号填写年龄

在 Excel 处理的数据中，有些是固定不变的，称为固定数据；有些则是随着时间或空间的不同发生变化，称为变动数据。譬如，对于一名员工而言，“出生年月”是一个固定数据，而“年龄”就是一个变动数据。固定数据可以保存下来长期使用，而年龄等数据有一定的有效期。如果反复搜集、填写变动数据，既增加工作强度，又容易导致工作失误。利用计算机智能化的特点，通过精心设计，在 Excel 中可以实现以固定数据推算变动数据。

**任务要求**

在“高技能人才统计表”中，根据职工身份证号填充年龄，并随着时间的推移，让年龄数据自动改变。

**分析**：身份证号是由 18 位数字组成的字符串，其中第 7～14 位为出生日期；年龄为数值型数据，而且为整数。由身份证号推算年龄需要经过三个步骤：一是从 18 位的身份证号中取出出生日期构成的数字字符串；二是从出生日期字符串中分离出出生年份、出生月份、出生日期三项数据，从当前日期数据中分离出当前年份、当前月份、当前日期三项数据，并变为数值型；三是根据以上数据计算出实际年龄。

**注意**：如果出生月份值小于当前月份值，或者出生月份与当前月份相同但出生日期值小于当前日期值，年龄等于当前年份与出生年份之差，否则，需要再减 1 才为实际年龄。

**操作步骤**

(1) 设计好一张“高技能人才统计表”，身份证号等信息已经填写完毕，如图 3-84 所示。

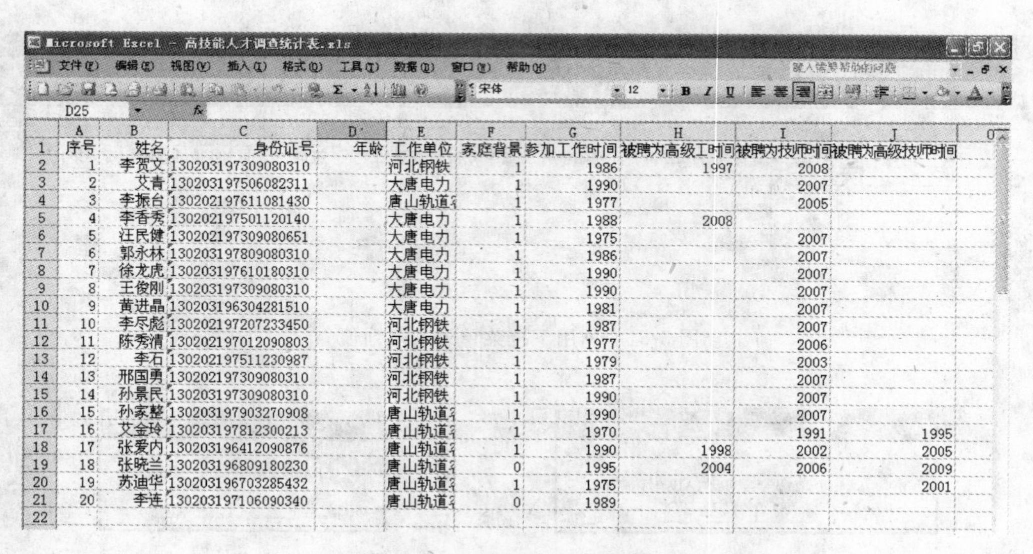

| 序号 | 姓名 | 身份证号 | 年龄 | 工作单位 | 家庭背景 | 参加工作时间 | 被聘为高级工时间 | 被聘为技师时间 | 被聘为高级技师时间 |
|---|---|---|---|---|---|---|---|---|---|
| 1 | 李贺文 | 130203197309080310 | | 河北钢铁 | 1 | 1986 | 1997 | 2008 | |
| 2 | 艾青 | 130203197506082311 | | 大唐电力 | 1 | 1990 | | 2007 | |
| 3 | 李振台 | 130202197611081430 | | 唐山轨道 | 1 | 1977 | | 2005 | |
| 4 | 李香秀 | 130202197501120140 | | 大唐电力 | 1 | 1988 | 2008 | | |
| 5 | 汪民健 | 130202197309080651 | | 大唐电力 | 1 | 1975 | | 2007 | |
| 6 | 郭永林 | 130203197809080310 | | 大唐电力 | 1 | 1986 | | 2007 | |
| 7 | 徐龙虎 | 130203197610180310 | | 大唐电力 | 1 | 1990 | | 2007 | |
| 8 | 王俊刚 | 130203197309080310 | | 大唐电力 | 1 | 1990 | | 2007 | |
| 9 | 黄进晶 | 130203196304281510 | | 大唐电力 | 1 | 1981 | | 2007 | |
| 10 | 李尽彪 | 130202197207233450 | | 河北钢铁 | 1 | 1987 | | 2007 | |
| 11 | 陈秀清 | 130202197012090803 | | 河北钢铁 | 1 | 1977 | | 2006 | |
| 12 | 李石 | 130202197511230987 | | 河北钢铁 | 1 | 1979 | | 2003 | |
| 13 | 邢国勇 | 130202197309080310 | | 河北钢铁 | 1 | 1987 | | 2007 | |
| 14 | 孙景民 | 130203197309080310 | | 河北钢铁 | 1 | 1990 | | 2007 | |
| 15 | 孙家整 | 130203197903270908 | | 唐山轨道 | 1 | 1990 | | 2007 | |
| 16 | 艾金玲 | 130203197812300213 | | 唐山轨道 | 1 | 1970 | | 1991 | 1995 |
| 17 | 张爱内 | 130203196412090876 | | 唐山轨道 | 1 | 1990 | 1998 | 2002 | 2005 |
| 18 | 张晓兰 | 130203196809180230 | | 唐山轨道 | 0 | 1995 | 2004 | 2006 | 2009 |
| 19 | 苏迪华 | 130203196703285432 | | 唐山轨道 | 1 | 1975 | | | 2001 |
| 20 | 李连 | 130203197106090340 | | 唐山轨道 | 0 | 1989 | | | |

图 3-84　高技能人才统计表

(2) 在 D2 单元格中，输入“=year(today())-mid(c2,7,4)”，并进行向下填充，可以计算出大致的年龄，如图 3-85 所示。在要求不太精确的情况下，这个结果就可以使用了。如果涉及工龄计算等要求非常严格的情况，上面的公式需要修改。这个问题后面将作相应的训练。

D2　=YEAR(TODAY())-MID(C2,7,4)

| 序号 | 姓名 | 身份证号 | 年龄 | 工作单位 | 家庭背景 | 参加工作时间 | 被聘为高级工时间 | 被聘为技师时间 | 被聘为高级技师时间 |
|---|---|---|---|---|---|---|---|---|---|
| 1 | 李贺文 | 130203197309080310 | 38 | 河北钢铁 | 1 | 1986 | 1997 | 2008 | |
| 2 | 艾青 | 130203197506082311 | 36 | 大唐电力 | 1 | 1990 | | 2007 | |
| 3 | 李振台 | 130202197611081430 | 35 | 唐山轨道 | 1 | 1977 | | 2005 | |
| 4 | 李香秀 | 130202197501120140 | 36 | 大唐电力 | 1 | 1988 | 2008 | | |
| 5 | 汪民健 | 130202197309080651 | 38 | 大唐电力 | 1 | 1975 | | 2007 | |
| 6 | 郭永林 | 130203197809080310 | 33 | 大唐电力 | 1 | 1986 | | 2007 | |
| 7 | 徐龙虎 | 130203197610180310 | 35 | 大唐电力 | 1 | 1990 | | 2007 | |
| 8 | 王俊刚 | 130203197309080310 | 38 | 大唐电力 | 1 | 1990 | | 2007 | |
| 9 | 黄进晶 | 130203196304281510 | 48 | 大唐电力 | 1 | 1981 | | 2007 | |
| 10 | 李尽彪 | 130202197207233450 | 39 | 河北钢铁 | 1 | 1987 | | 2007 | |
| 11 | 陈秀清 | 130202197012090803 | 41 | 河北钢铁 | 1 | 1977 | | 2006 | |
| 12 | 李石 | 130202197511230987 | 36 | 河北钢铁 | 1 | 1979 | | 2003 | |
| 13 | 邢国勇 | 130202197309080310 | 38 | 河北钢铁 | 1 | 1987 | | 2007 | |
| 14 | 孙景民 | 130203197309080310 | 38 | 河北钢铁 | 1 | 1990 | | 2007 | |
| 15 | 孙家整 | 130203197903270908 | 32 | 唐山轨道 | 1 | 1990 | | 2007 | |
| 16 | 艾金玲 | 130203197812300213 | 33 | 唐山轨道 | 1 | 1970 | | 1991 | 1995 |
| 17 | 张爱内 | 130203196412090876 | 47 | 唐山轨道 | 1 | 1990 | 1998 | 2002 | 2005 |
| 18 | 张晓兰 | 130203196809180230 | 43 | 唐山轨道 | 0 | 1995 | 2004 | 2006 | 2009 |
| 19 | 苏迪华 | 130203196703285432 | 44 | 唐山轨道 | 1 | 1975 | | | 2001 |
| 20 | 李连 | 130203197106090340 | 40 | 唐山轨道 | 0 | 1989 | | | |

图 3-85　自动计算年龄

**练习**

根据身份证号填写“性别”（提示：在 18 位身份证号中，倒数第 2 为性别识别代码，奇数为男性，偶数为女性）。

## 3.3.4　将数字金额自动转换为大写

用 Excel 制作专业化的会计报表时，常常需要准确而快速地将小写金额转化为大写金额。如果手工输入这些大写金额，工作效率很低，还容易因疲劳而发生差错。这里介绍一种方法，将人民币小写金额转换为符合财务格式的大写金额。

**任务要求**

将一个带有 2 位小数的阿拉伯数字金额转换为汉字大写金额，并符合财务书写格式。

**分析**：将阿拉伯数字转换为汉字大写方式要用到一个 TEXT()函数。譬如，在某一单元格中输入“= TEXT(10678,"[dbnum2]")”，将会显示“壹万零陆佰柒拾捌”，其中"[dbnum2]"是显示格式函数。利用这个函数可以实现小写金额到大写金额的转换，但需要解决财务习惯格式问题，譬如，“ =TEXT(106.05,"[dbnum2]")&"元"”将会显示“壹佰零陆.零伍元”，这样就不符合财务日常格式。

**操作步骤**

(1) 在 Excel 表的 A2 单元格填写带有小数的阿拉伯数字金额，如 106.05。

(2) 在 A3 单元格中输入如下的函数：

```
= IF(A22<0,"金额为负无效",
IF(AND((INT(A2 * 10) - INT(A2) * 10) = 0,(INT(A2 * 100) - INT(A2 * 10) * 10) = 0),TEXT(INT
(A2),"[dbnum2]")&"元整",
IF((INT(A2 * 100) - INT(A2 * 10) * 10) = 0,TEXT(INT(A2),"[dbnum2]")&"元"&TEXT(INT(A2 * 10)
- INT(A2) * 10,"[dbnum2]")&"角整",
TEXT(INT(A2),"[dbnum2]")&"元"&TEXT(INT(A2 * 10) - INT(A2) * 10,"[dbnum2]")&"角"&TEXT(IF
((INT(A2 * 1000) - INT(A2 * 100) * 10)>= 5,(INT(A2 * 100) - INT(A2 * 10) * 10) + 1,INT(A2 *
100) - INT(A2 * 10) * 10),"[dbnum2]")&"分整"))))
```

(3) 仔细检查公式输入无误后，按 Enter 键即可将 A2 单元格中人民币小写金额转换为人民币大写金额，如图 3-86 所示。

图 3-86　人民币小写转换为大写

**说明**：

(1) 在前面输入的函数中，首先判断金额是否为负数，对于负数无法转换；

(2)“AND((INT(A2 * 10)－INT(A2) * 10)＝0,(INT(A2 * 100)－INT(A2 * 10) *

10)=0)"是一个 A2 单元格为整数的条件,此时转换后只有"元",没有"角"和"分";

(3) "(INT(A2 * 100)-INT(A2 * 10) * 10)=0"是 A2 单元格中的数字只有一位小数(第二位小数为零)的条件,此时转换后只输出"元"和"角",没有"分";

(4) "IF((INT(A2 * 1000)-INT(A2 * 100) * 10)>=5,(INT(A2 * 100)-INT(A2 * 10) * 10)+1,INT(A2 * 100)-INT(A2 * 10) * 10)"用于对第三位小数进行"四舍五入"的处理。

## 3.3.5 让照片与姓名一起改变

Office 软件是为了适应信息处理的需要而开发的,但是,恐怕连开发者都没有想到,他们无意中附加的一个功能,会解决实际工作中的大问题。我们经常使用职工花名册,每行一位职工的记录,每一列是一项属性。在多媒体的时代,我们希望在选中一个名字的同时,能看到他(她)的彩色照片。如果单设一列"照片",将会占用很大的显示空间,给其他信息的浏览造成不便。能否协调这一矛盾呢?答案是肯定的。其实,Excel 可以很方便地实现这一功能。

**任务要求**

当选中"高技能人才统计表"中某一职工时,显示该职工的照片;而在没有选中该职工时,照片隐藏。

**分析**:既然不能将照片信息单独占用一个单元格,我们会很自然地想到单元格的"批注",通过插入批注可以显示一些相关信息。然而,直接插入的"批注"是一个特殊的文本框,只能输入文字信息。仔细研究就会发现,这个文本框的属性是可以改变的,当姓名批注文本框的填充效果为图片时,就可以显示这位职工的照片了。这种"喧宾夺主"的做法,满足了应用中的一种实际需要,也许是系统的设计者没有想到的。

**操作步骤**

(1) 在"高技能人才统计表"中,选中 B3 单元格,单击【插入】菜单中的【批注】命令,为名为"艾青"的职工插入批注,如图 3-87 所示。

图 3-87 "插入—批注"

(2) 适当调整批注文本框的大小,使之适合照片的显示。由于整个文本框的唯一用途就是显示照片,因此,“批注者”(此处为“微软用户”)的信息可以删去。如图 3-88 所示。

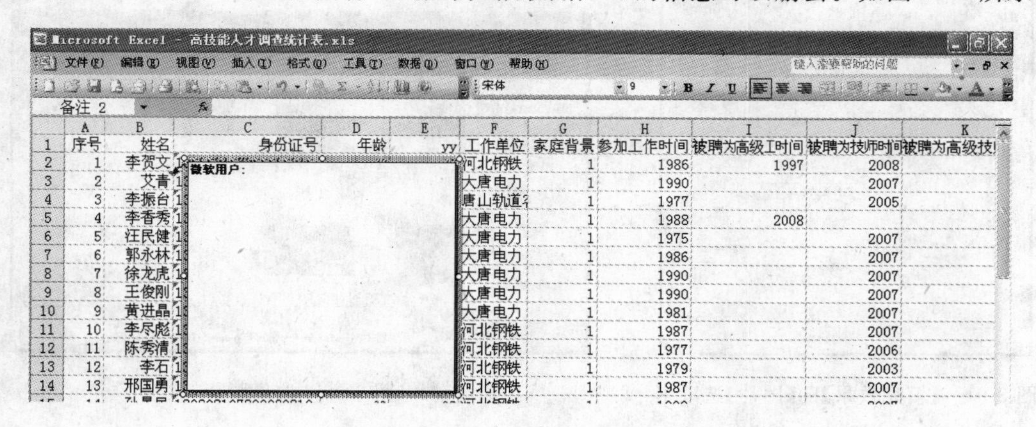


图 3-88　批注文本框

(3) 双击批注文本框的边缘虚线,弹出【设置批注格式】对话框,如图 3-89 所示。

(4) 单击【颜色与线条】选项卡,在【填充】组合框中,单击【颜色】框右端的下拉箭头,弹出下拉列表框,如图 3-90 所示。

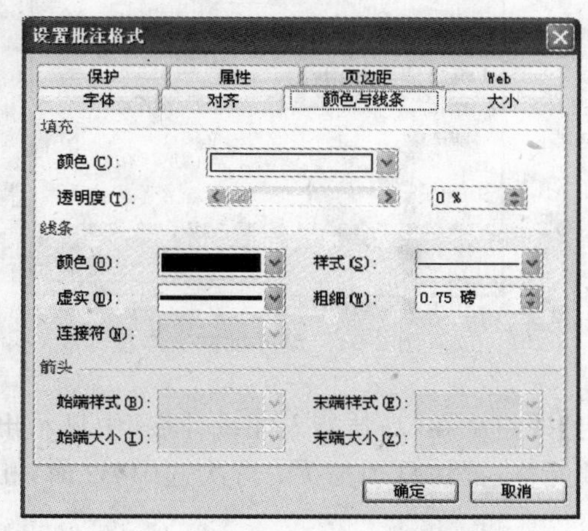


图 3-89　设置批注格式

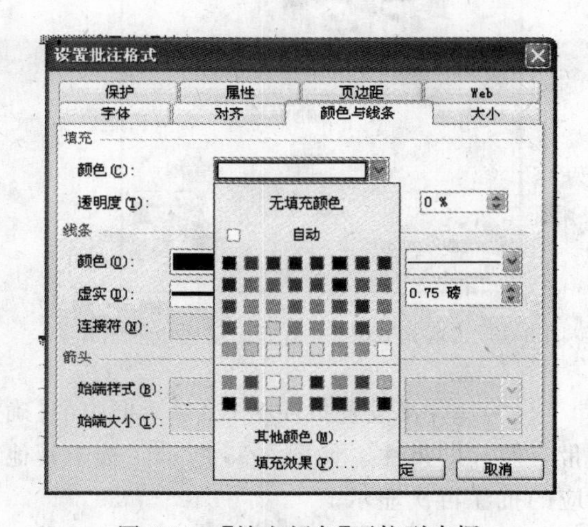


图 3-90　【填充颜色】下拉列表框

(5) 单击【颜色】下拉列表框中的【填充效果】,弹出【填充效果】对话框,选择【图片】选项卡,如图 3-91 所示。

(6) 单击【选择图片】按钮,弹出【选择图片】对话框。在相应的文件夹找到职工的照片,单击【插入】按钮,如图 3-92 所示。

(7) 回到【填充效果】对话框。此时在对话框的“图片位置”已经有了相应照片,检查确认后,单击【确定】按钮,如图 3-93 所示。

(8)【填充效果】对话框自动关闭,回到【设置批注格式】对话框。此时,可以根据需要设置批注文本框的【大小】、【透明度】以及外框线条【颜色】、【样式】等,如图 3-94 所示。

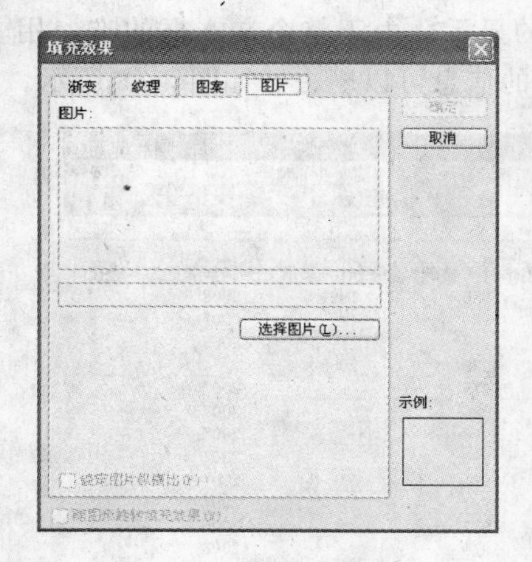
图 3-91 【填充效果】的【图片】选项卡

图 3-92 选择图片

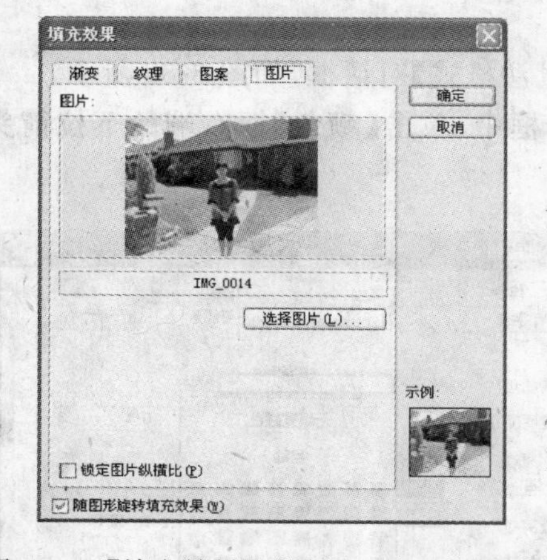
图 3-93 【填充效果】对话框显示选中的图片

图 3-94 设置批注文本框

（9）单击【设置批注格式】对话框中的【确定】按钮。在"高技能人才统计表"中显示出带有照片的批注。如图 3-95 所示。选中其他单元格，批注自动消失；再次选中 B2 时，相应的批注再次显示。

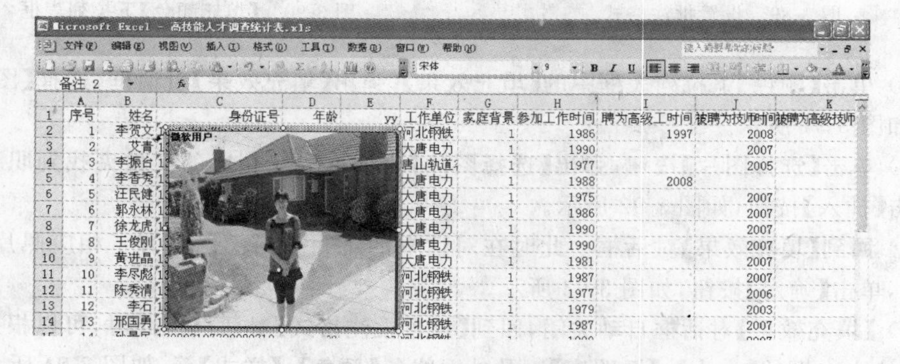
图 3-95 显示 B2 单元格对应的照片

**练习**

制作一张本学习小组的花名册，在姓名中加入带照片的批注。

## 3.3.6 巧用粘贴函数

粘贴函数是 Excel 预先定义好的、经常使用的一种公式，Excel 提供了 200 多个内部函数，当需要使用时，可按照函数的格式直接引用。下面巧妙地应用“粘贴函数”来处理“学生成绩表”中的数据，如图 3-96 所示。

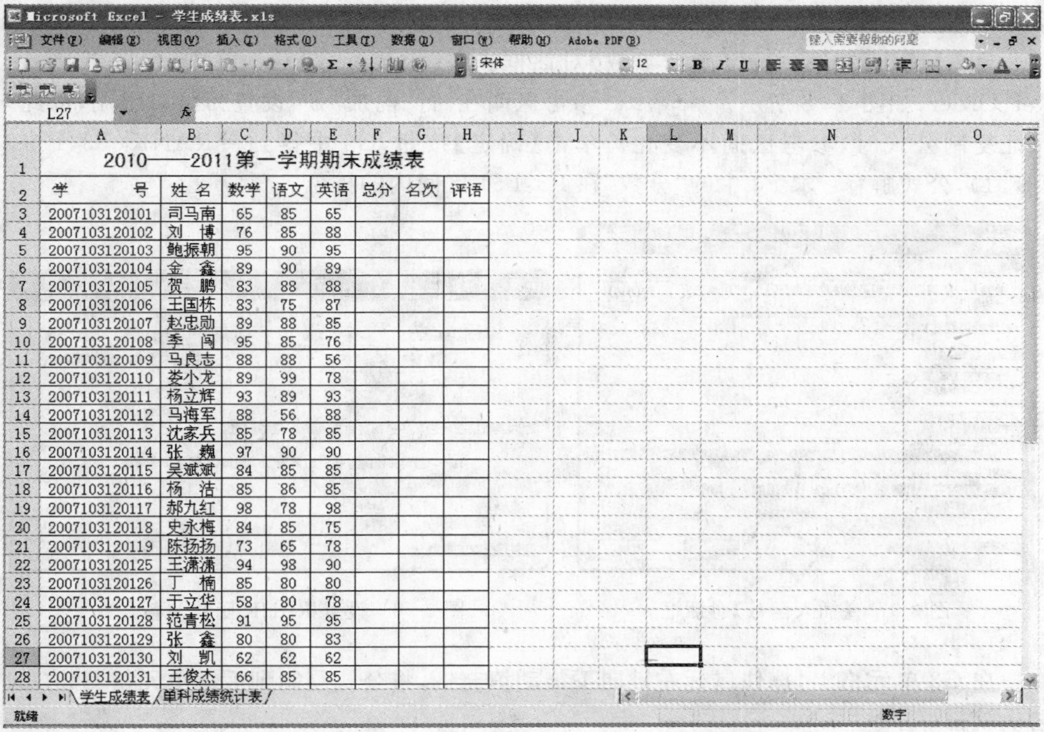

Microsoft Excel - 学生成绩表.xls

| | A | B | C | D | E | F | G | H |
|---|---|---|---|---|---|---|---|---|
| 1 | 2010——2011第一学期期末成绩表 | | | | | | | |
| 2 | 学　　号 | 姓 名 | 数学 | 语文 | 英语 | 总分 | 名次 | 评语 |
| 3 | 2007103120101 | 司马南 | 65 | 85 | 65 | | | |
| 4 | 2007103120102 | 刘　博 | 76 | 85 | 88 | | | |
| 5 | 2007103120103 | 鲍振朝 | 95 | 90 | 95 | | | |
| 6 | 2007103120104 | 金　鑫 | 89 | 90 | 89 | | | |
| 7 | 2007103120105 | 贺　鹏 | 83 | 88 | 88 | | | |
| 8 | 2007103120106 | 王国栋 | 83 | 75 | 87 | | | |
| 9 | 2007103120107 | 赵忠勋 | 89 | 88 | 85 | | | |
| 10 | 2007103120108 | 季　闯 | 95 | 85 | 76 | | | |
| 11 | 2007103120109 | 马良志 | 88 | 88 | 56 | | | |
| 12 | 2007103120110 | 娄小龙 | 89 | 99 | 78 | | | |
| 13 | 2007103120111 | 杨立辉 | 93 | 89 | 93 | | | |
| 14 | 2007103120112 | 马海军 | 88 | 56 | 88 | | | |
| 15 | 2007103120113 | 沈家兵 | 85 | 78 | 85 | | | |
| 16 | 2007103120114 | 张　巍 | 97 | 90 | 90 | | | |
| 17 | 2007103120115 | 吴斌斌 | 84 | 85 | 85 | | | |
| 18 | 2007103120116 | 杨　浩 | 85 | 86 | 85 | | | |
| 19 | 2007103120117 | 郝九红 | 98 | 78 | 98 | | | |
| 20 | 2007103120118 | 史永梅 | 84 | 85 | 75 | | | |
| 21 | 2007103120119 | 陈扬扬 | 73 | 65 | 78 | | | |
| 22 | 2007103120125 | 王潇潇 | 94 | 98 | 90 | | | |
| 23 | 2007103120126 | 丁　楠 | 85 | 80 | 80 | | | |
| 24 | 2007103120127 | 于立华 | 58 | 80 | 78 | | | |
| 25 | 2007103120128 | 范青松 | 91 | 95 | 95 | | | |
| 26 | 2007103120129 | 张　鑫 | 80 | 80 | 83 | | | |
| 27 | 2007103120130 | 刘　凯 | 62 | 62 | 62 | | | |
| 28 | 2007103120131 | 王俊杰 | 66 | 85 | 85 | | | |

学生成绩表 / 单科成绩统计表

图 3-96　学生成绩表

**说明**：“学生成绩表”中包含 49 个学生的数据信息。

### 1. 快速排名次

**任务要求**

根据图 3-96 所示内容，按“总分”从高到低排名次。

**分析**：求“总分”很简单，在 F3 中编辑公式＝C3＋D3＋E3，或用粘贴函数 SUM(C3：E3)均可实现。排名次的方法也很多：按“总分”排序，在名次栏中自动填充 1、2、3、…再单个修改成绩相同的名次；用得比较多的是粘贴函数 RANK()排名次，快捷又方便；用粘贴函数 SUMPRODUCT()排名次，不仅能让相同数据有相同位次，还能解决 RANK()

函数排名次时位次号不连续的问题。

**操作步骤**

(1) 求总分

在 F3 单元格中使用 SUM 粘贴函数求和：=SUM(C3:E3)，拖动填充柄将公式复制到后继单元格中(本例为：F51)。

(2) 排名次

方法一：使用 RANK 粘贴函数排名次：光标定位到 G3 单元格，在公式栏上单击【插入函数】$f_x$ 按钮，在【插入函数】对话框中，选择类别为“统计”，在【选择函数】列表中按下字母 R 快速找到 RANK 函数，如图 3-97 所示。

单击【确定】按钮，打开【函数参数】对话框。在【函数参数】对话框中，设置 Number、Ref、Order，如图 3-98 所示。编辑 Ref 参考区间在“行”前加“$”设置为绝对引用，以此来保证复制公式时，参考区间不变化。单击【确定】按钮，G3 中得到 =RANK(F3,F$3:F$51)，公式解释：求 F3 中的“分数”在 F3:F51 区间内的排位。

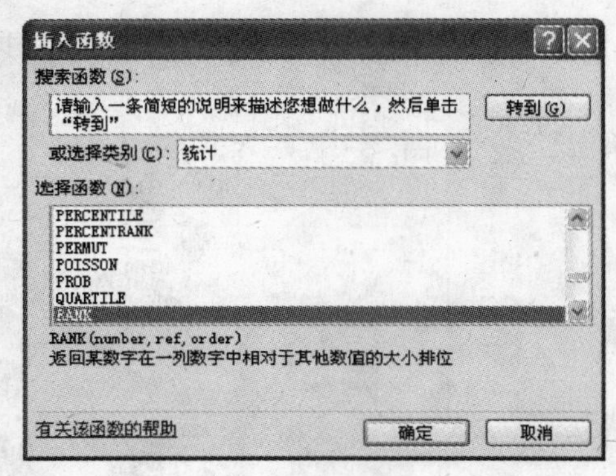


图 3-97 【插入函数】对话框

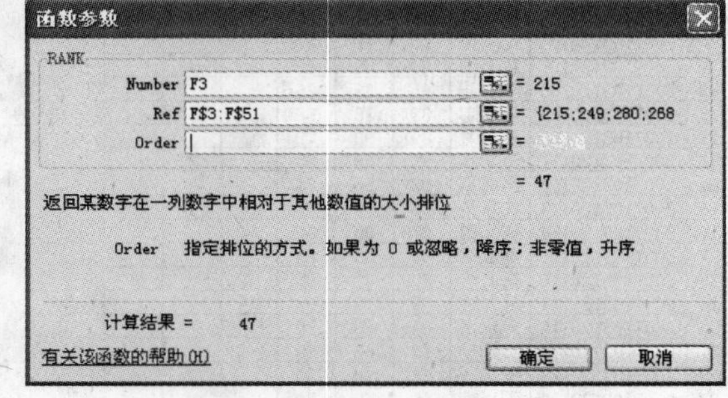


图 3-98 设置 RANK 函数的各参数

在 G3 单元格上，按住鼠标左键向下拖动填充柄，将公式复制到后继单元格 G4:G51，名次就排好了。

方法二：使用 SUMPRODUCT 粘贴函数排名次：光标定位到 G3 单元格，在编辑栏内编写公式：=SUMPRODUCT((F$3:F$51>=F3)/COUNTIF(F$3:F$51,F$3:F$51))，按 Enter 键或单击公式栏上的【输入】✓ 按钮编辑完成，G3 得到 F3 中“分数”在 F3:F51 区间的排位，拖动填充柄，复制公式 G4:G51，名次就排好了。

公式解释：=SUMPRODUCT(1/COUNTIF(F$3:F$51,F$3:F$51))用于统计指定区域内不重复记录的个数。

**2. 自动填写评语**

根据总分自动填写评语，设定前总分大于、等于 270 的为“优秀”，大于、等于 240 的为“良好”，大于、等于 180 的为“及格”，大于、等于 0 的为“不及格”。

**分析**：经常使用嵌套 IF 函数来填写评语、等级等内容，但是如果嵌套层级太多，使用 if 就不够直观。因此我们采用 Lookup 粘贴函数，这样可以一次实现更多的评语等级。

**操作步骤**

(1) 光标定位于 H3 单元格，在公式栏上单击【插入函数】*fx* 按钮，在【插入函数】对话框中，选择类别为“查找与引用”，在【选择函数】列表中按字母 L 快速找到 LOOKUP 函数，选择第二种组合方式，如图 3-99 所示。

(2) 设计公式如图 3-100 所示。

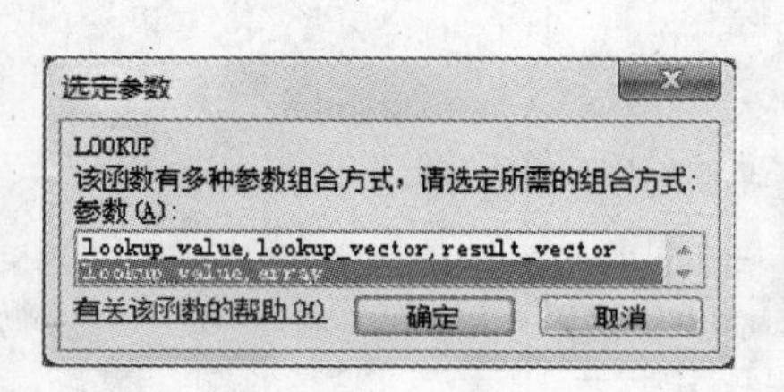


图 3-99　选择 LOOKUP 函数的参数组合方式

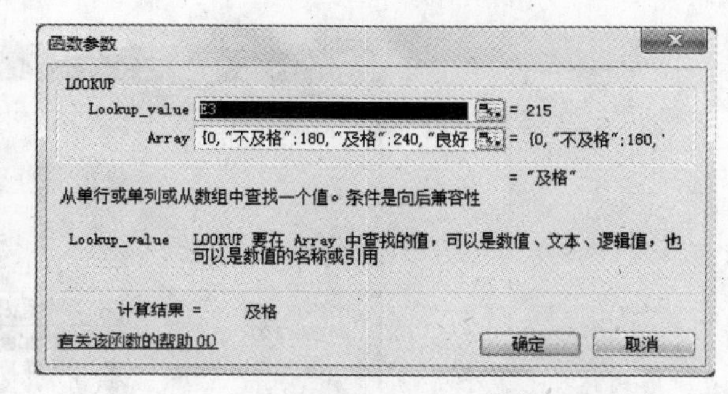


图 3-100　设置 LOOKUP 函数

G3 中的完整公式为：=LOOKUP(E3,{0,"不及格";180,"及格";240,"良好";270,"优秀"})

**说明**：Array 数组两侧的大括号不能省略，大括号就是同时对某一组数的值进行计算。

### 3. 分数档的统计

**任务要求**

为了突出不同等级的“评语”，按条件给单元格设置格式。

**操作步骤**

(1) 在 H3 单元格中编辑公式，按 Enter 键，则 H3 中即可填上了相关的评语。在 H3 单元格上按下鼠标左键拖动填充柄将公式复制到 H4:H51 后继单元格中，评语就填好了。

**注意**：公式中的标点符号必须为英文标点符号。

(2) 将评语为“优秀”的单元格文字变红，为评语是“一般”的单元格添加灰色底纹：选择“评语”列的 H3:H51 区间，打开【格式】菜单，选择【条件格式】，打开【条件格式】对话框，如图 3-101 所示。

单击【介于】的运算规则下拉列表，选择“等于”，单击【显示工作表】按钮，切换到工作表中，在“学生成绩表”中选一个“优秀”单元格，再单击【隐藏工作表】按钮，切换回【条件格式】对话框。单击【格式(F)...】按钮，打开【单元格格式】对话框，如图 3-102 所示。在【字体】选项卡的调色板中选“红色”，单击【确定】按钮返回。

图 3-101 【条件格式】对话框

图 3-102 【单元格格式】对话框

设置条件格式后的【条件格式】对话框，如图 3-103 所示。

图 3-103 设置条件后的【条件格式】对话框

单击【添加】按钮，添加“条件 2”，选择运算符为“等于”，单击【显示工作表】按钮，切换到工作表中。在“学生成绩表”中选一个“一般”单元格，再单击【隐藏工作表】按钮，切换回【条件格式】对话框。单击【格式(F)...】按钮，打开【单元格格式】对话框，如图 3-102 所示。在【图案】选项卡的【调色板】中选“灰色”，单击【确定】按钮返回。

设置两个条件格式后的【条件格式】对话框，如图 3-104 所示。单击【确定】按钮，条件格式设置生效。

单击【删除】按钮打开【删除条件格式】对话框，如图 3-105 所示。选中要删除的条件，单击【确定】按钮，即可“删除”条件格式。

经过以上两步设置后的“学生成绩表”如图 3-106 所示。

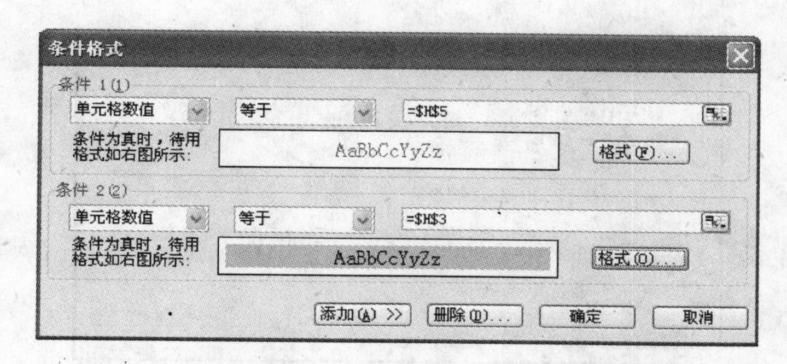


图 3-104　设置了两个条件后的【条件格式】对话框

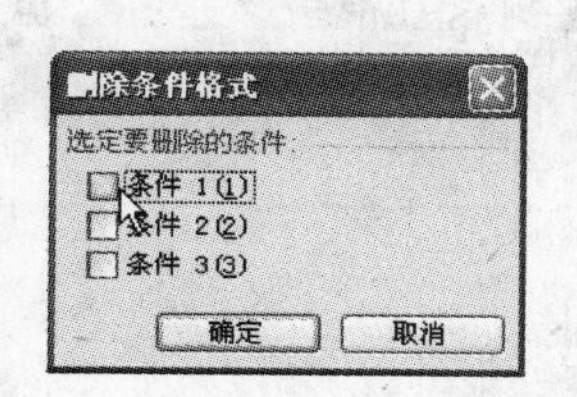


图 3-105　【删除条件格式】对话框

| | A | B | C | D | E | F | G | H | I |
|---|---|---|---|---|---|---|---|---|---|
| 1 | 2010—2011第一学期期末成绩表 | | | | | | | | |
| 2 | 学　　号 | 姓 名 | 数学 | 语文 | 英语 | 总分 | 名次 | 评语 | |
| 3 | 2007103120101 | 司马南 | 65 | 85 | 65 | 215 | 35 | 一般 | |
| 4 | 2007103120102 | 刘　博 | 76 | 85 | 88 | 249 | 18 | 良好 | |
| 5 | 2007103120103 | 鲍振朝 | 95 | 90 | 95 | 280 | 4 | 优秀 | |
| 6 | 2007103120104 | 金　鑫 | 89 | 90 | 89 | 268 | 9 | 优秀 | |
| 7 | 2007103120105 | 贺　鹏 | 83 | 88 | 88 | 259 | 14 | 良好 | |
| 8 | 2007103120106 | 王国栋 | 83 | 75 | 87 | 245 | 21 | 良好 | |

图 3-106　学生成绩表

### 4. 分数档的统计

**任务要求**

使用粘贴函数 FREQUENCY 进行分数档的统计。

**分析**：用 COUNTIF 函数统计分数档的方法流传很广，可是每统计一个分数档都要写一条函数，比较麻烦。例如，要在 I3:I7 内统计显示 C2:C56 内小于 60 分、60～70、70～80、80～90、90～100 的分数档内人数分布情况，要编写 5 条公式，分数档越细，公式就越多，所以效率并不高。在本例中采用统计类的 FREQUENCY 频度分析函数，用一条数组公式就轻松地统计出各分数档的人数分布。

**操作步骤**

(1) 在“学生成绩表”的 J2：J6 单元格输入：100、89.9、79.9、69.9、60，用于统计 100～90、89.9～80、79.9～70、69.9～60、60 以下各分数段的人数。

(2) 选中 K2：K6，单击【插入函数】*fx* 按钮，在【插入函数】对话框中，选择类别为“统计”，在【选择函数】列表中按字母 F 快速找到 FREQUENCY 函数，在【函数参数】对话框中，设置“源数据数组”Data_array 和“分数点数组”Bins_array，做如图 3-107 所示的设置。

(3) 将鼠标定位到公式编辑栏中，按 Ctrl＋Shift＋Enter 组合键产生数组公式“{＝FREQUENCY(C3：C51，J2：J6)}”，这里要注意“{ }”不能手工输入，必须按 Ctrl＋Shift＋Enter 组合键由系统自动产生。完成后 K2：K6 将显示的“数学”分数的分布情况，如图 3-108 所示。

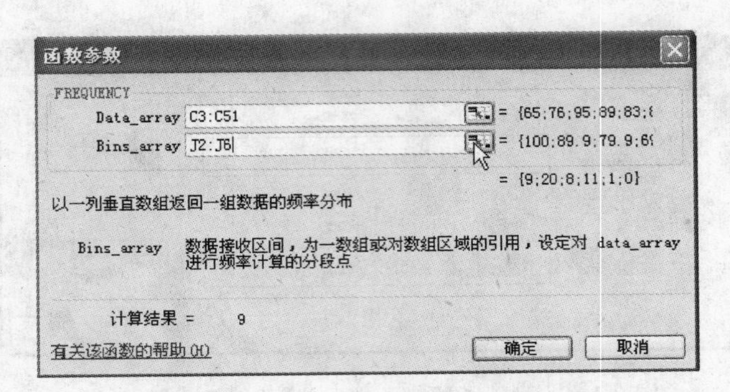


图 3-107 FREQUENCY 函数参数

K3 {=FREQUENCY(C3:C51,J3:J7)}

| | A | B | C | D | E | F | G | H | I | J | K |
|---|---|---|---|---|---|---|---|---|---|---|---|
| 1 | 2010—2011第一学期期末成绩表 | | | | | | | | | | |
| 2 | 学　　号 | 姓 名 | 数学 | 语文 | 英语 | 总分 | 名次 | 评语 | | | |
| 3 | 2007103120101 | 司马南 | 65 | 85 | 65 | 215 | 47 | 一般 | | 100 | 9 |
| 4 | 2007103120102 | 刘　博 | 76 | 85 | 88 | 249 | 22 | 良好 | | 89.9 | 20 |
| 5 | 2007103120103 | 鲍振朝 | 95 | 90 | 95 | 280 | 5 | 优秀 | | 79.9 | 8 |
| 6 | 2007103120104 | 金　鑫 | 89 | 90 | 89 | 268 | 10 | 优秀 | | 69.9 | 11 |
| 7 | 2007103120105 | 贺　鹏 | 83 | 88 | 88 | 259 | 16 | 良好 | | 60 | 1 |
| 8 | 2007103120106 | 王国栋 | 83 | 75 | 87 | 245 | 27 | 一般 | | | |
| 9 | 2007103120107 | 赵忠勋 | 89 | 88 | 85 | 262 | 15 | 良好 | | | |
| 10 | 2007103120108 | 季　闯 | 95 | 85 | 76 | 256 | 18 | 良好 | | | |
| 11 | 2007103120109 | 马良志 | 88 | 88 | 56 | 232 | 34 | 一般 | | | |
| 12 | 2007103120110 | 娄小龙 | 89 | 99 | 78 | 266 | 11 | 良好 | | | |
| 13 | 2007103120111 | 杨立辉 | 93 | 89 | 93 | 275 | 7 | 优秀 | | | |
| 14 | 2007103120112 | 马海军 | 88 | 56 | 88 | 232 | 34 | 一般 | | | |
| 15 | 2007103120113 | 沈家兵 | 85 | 78 | 85 | 248 | 24 | 良好 | | | |
| 16 | 2007103120114 | 张　巍 | 97 | 90 | 90 | 277 | 6 | 优秀 | | | |
| 17 | 2007103120115 | 吴斌斌 | 84 | 85 | 85 | 254 | 21 | 良好 | | | |
| 18 | 2007103120116 | 杨　浩 | 85 | 86 | 85 | 256 | 18 | 良好 | | | |
| 19 | 2007103120117 | 郝九红 | 98 | 78 | 98 | 274 | 8 | 优秀 | | | |
| 20 | 2007103120118 | 史永梅 | 84 | 85 | 75 | 244 | 29 | 一般 | | | |
| 21 | 2007103120119 | 陈扬扬 | 73 | 65 | 78 | 216 | 44 | 一般 | | | |
| 22 | 2007103120125 | 王潇潇 | 94 | 98 | 90 | 282 | 2 | 优秀 | | | |
| 23 | 2007103120126 | 丁　楠 | 85 | 80 | 80 | 245 | 27 | 一般 | | | |
| 24 | 2007103120127 | 于立华 | 58 | 80 | 78 | 216 | 44 | 一般 | | | |
| 25 | 2007103120128 | 范青松 | 91 | 95 | 95 | 281 | 4 | 优秀 | | | |
| 26 | 2007103120129 | 张　鑫 | 80 | 80 | 83 | 243 | 30 | 一般 | | | |
| 27 | 2007103120130 | 刘　凯 | 62 | 62 | 62 | 186 | 49 | 一般 | | | |
| 28 | 2007103120131 | 王俊杰 | 66 | 85 | 85 | 236 | 32 | 一般 | | | |

学生成绩表 / 单科成绩统计表　　就绪　　求和=49　　数字

图 3-108 数学“分数档”统计完成

(4) 将统计结果放入“单科分数档统计表”中，如图 3-109 所示。

| | A | B | C | D | E | F |
|---|---|---|---|---|---|---|
| 1 | 单科分数档统计表 | | | | | |
| 2 | 学科 | 100～90 | 89.9～80 | 79.9～70 | 69.9～60 | 60以下 |
| 3 | 数学 | | | | | |
| 4 | 语文 | | | | | |
| 5 | 英语 | | | | | |

图 3-109 单科成绩统计表

选中“学生成绩表”工作表中的 K2：K6 单元格的内容，复制到剪贴板中，切换到“单科分数段统计表”工作表，选中 B3：F3，右击，在快捷菜单中选择【选择性粘贴(S)...】，在【选择性粘贴】对话框中，设置：【粘贴】项选择为“数值”，选中【转置】复选框，如图 3-110 所示，单击【确定】按钮，即可将“数学”的各分数段的人数贴到对应的单元格中。

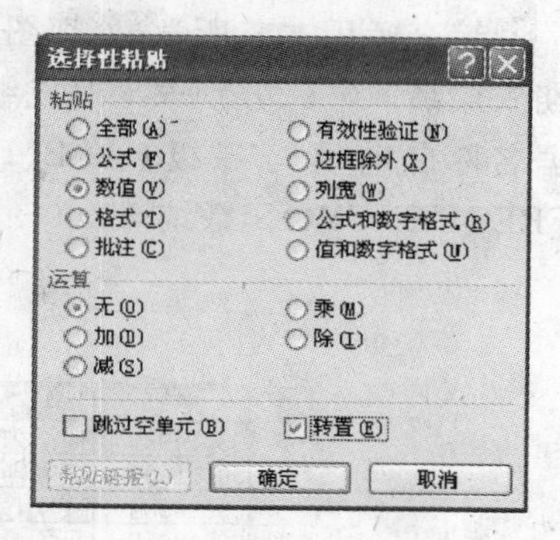

图 3-110　【选择性粘贴】对话框

重复步骤(2)～(4)，编辑 FREQUENCY 函数为：{=FREQUENCY(D3:D51,J2:J6)}、{=FREQUENCY(E3:E51,J2:J6)}，如图 3-111 所示。将统计结果“选择性粘贴”到“单科分数档统计表”工作表的对应的单元格中，完成效果如图 3-112 所示。

Microsoft Excel - 学生成绩表.xls

M3　{=FREQUENCY(E3:E51,J3:J7)}

2010—2011第一学期期末成绩表

| | A | B | C | D | E | F | G | H | J | K | L | M |
|---|---|---|---|---|---|---|---|---|---|---|---|---|
| 2 | 学　号 | 姓 名 | 数学 | 语文 | 英语 | 总分 | 名次 | 评语 | | | | |
| 3 | 2007103120101 | 司马南 | 65 | 85 | 65 | 215 | 47 | 一般 | 100 | 9 | 16 | 12 |
| 4 | 2007103120102 | 刘　博 | 76 | 85 | 88 | 249 | 22 | 良好 | 89.9 | 20 | 20 | 19 |
| 5 | 2007103120103 | 鲍振朝 | 95 | 90 | 95 | 280 | 5 | 优秀 | 79.9 | 8 | 8 | 9 |
| 6 | 2007103120104 | 金　鑫 | 89 | 90 | 89 | 268 | 10 | 优秀 | 69.9 | 11 | 3 | 6 |
| 7 | 2007103120105 | 贺　鹏 | 83 | 88 | 88 | 259 | 16 | 良好 | 60 | 1 | 2 | 3 |
| 8 | 2007103120106 | 王国栋 | 83 | 75 | 87 | 245 | 27 | 一般 | | | | |
| 9 | 2007103120107 | 赵忠勋 | 89 | 88 | 85 | 262 | 15 | 良好 | | | | |
| 10 | 2007103120108 | 季　闯 | 95 | 85 | 76 | 256 | 18 | 良好 | | | | |
| 11 | 2007103120109 | 马良志 | 88 | 88 | 56 | 232 | 34 | 一般 | | | | |
| 12 | 2007103120110 | 娄小龙 | 89 | 99 | 78 | 266 | 11 | 良好 | | | | |
| 13 | 2007103120111 | 杨立辉 | 93 | 89 | 93 | 275 | 7 | 优秀 | | | | |
| 14 | 2007103120112 | 马海军 | 88 | 56 | 88 | 232 | 34 | 一般 | | | | |
| 15 | 2007103120113 | 沈家兵 | 85 | 78 | 85 | 248 | 24 | 良好 | | | | |
| 16 | 2007103120114 | 张　巍 | 97 | 90 | 90 | 277 | 6 | 优秀 | | | | |
| 17 | 2007103120115 | 吴斌斌 | 84 | 85 | 85 | 254 | 21 | 良好 | | | | |
| 18 | 2007103120116 | 杨　洁 | 85 | 86 | 85 | 256 | 18 | 良好 | | | | |
| 19 | 2007103120117 | 郝九红 | 98 | 78 | 98 | 274 | 8 | 优秀 | | | | |
| 20 | 2007103120118 | 史永梅 | 84 | 85 | 75 | 244 | 29 | 一般 | | | | |
| 21 | 2007103120119 | 陈扬扬 | 73 | 65 | 78 | 216 | 44 | 一般 | | | | |
| 22 | 2007103120125 | 王潇潇 | 94 | 98 | 90 | 282 | 2 | 优秀 | | | | |
| 23 | 2007103120126 | 丁　楠 | 85 | 80 | 80 | 245 | 27 | 一般 | | | | |
| 24 | 2007103120127 | 于立华 | 58 | 80 | 78 | 216 | 44 | 一般 | | | | |
| 25 | 2007103120128 | 范青松 | 91 | 95 | 95 | 281 | 4 | 优秀 | | | | |
| 26 | 2007103120129 | 张　鑫 | 80 | 80 | 83 | 243 | 30 | 一般 | | | | |
| 27 | 2007103120130 | 刘　凯 | 62 | 62 | 62 | 186 | 49 | 一般 | | | | |
| 28 | 2007103120131 | 王俊杰 | 66 | 85 | 85 | 236 | 32 | 一般 | | | | |

学生成绩表 / 单科成绩统计表　　就绪　　求和=49　　数字

图 3-111　学生成绩表

单科分数档统计表

| | A | B | C | D | E | F |
|---|---|---|---|---|---|---|
| 2 | 学科 | 100～90 | 89.9～80 | 79.9～70 | 69.9～60 | 60以下 |
| 3 | 数学 | 9 | 20 | 8 | 11 | 1 |
| 4 | 语文 | 16 | 20 | 8 | 3 | 2 |
| 5 | 英语 | 12 | 19 | 9 | 6 | 3 |

图 3-112　单科分数档统计表

**练习**

综合运用本节所学，处理图 3-113 所示“学生成绩表”：总评成绩＝平时成绩×0.4＋期末成绩×0.6，分别求平时成绩、期末成绩、总评成绩的平均分，根据总评成绩排名次，根据名称自动填写等级（A、B、C），并为等级为 A 的单元格添加“浅绿色”图案。用 FREQUENCY()函数统计 100～90、89.9～80、79.9～70、69.9～60 各分数档的学生人数。

| | A | B | C | D | E | F | G | H |
|---|---|---|---|---|---|---|---|---|
| 1 | 学生成绩表 | | | | | | | |
| 2 | 学号 | 姓名 | 平时成绩 | 期末成绩 | 总评成绩 | 名次 | 等级 | |
| 3 | 09014981 | 杨浩为 | 74 | 65 | | | | |
| 4 | 09011094 | 沈婷桦 | 63 | 83 | | | | |
| 5 | 09014984 | 楼成 | 73 | 87 | | | | |
| 6 | 09014985 | 应荣海 | 72 | 74 | | | | |
| 7 | 09014986 | 赵鹏 | 71 | 89 | | | | |
| 8 | 09014987 | 鲁胤 | 70 | 88 | | | | |
| 9 | 09014988 | 兰秀盘 | 62 | 80 | | | | |
| 10 | 09014989 | 徐亚芳 | 93 | 93 | | | | |
| 11 | 09014990 | 严自珍 | 77 | 92 | | | | |
| 12 | 09014991 | 钟叶婷 | 77 | 92 | | | | |
| 13 | 09014992 | 韩杰 | 85 | 91 | | | | |
| 14 | 09014993 | 韩丽 | 83 | 96 | | | | |
| 15 | 09014994 | 姚虹丽 | 86 | 89 | | | | |
| 16 | 09014995 | 丁鑫霞 | 69 | 86 | | | | |
| 17 | 09014996 | 孙晨霞 | 80 | 83 | | | | |
| 18 | 09014997 | 陈媛媚 | 83 | 92 | | | | |
| 19 | 09014998 | 王娟 | 71 | 92 | | | | |
| 20 | 09014999 | 王小翠 | 75 | 88 | | | | |
| 21 | | 平均分 | | | | | | |

图 3-113　学生成绩表示意图

## 3.3.7　玩转 Excel 图表

Excel 图表不仅能直观地表现数据，还能更直观地反映出数据的对比关系。由于图表是以图形的方式来显示工作表中的数据，因此当工作表中的数据源发生变化时，图表中对应项的数据也会自动更新。Excel 提供了 14 种标准图表，用户可以根据需要或要求，以不同的方式有选择地呈现数据。最佳的图表类型应该是能最有效表达当前信息的类型，丰富或简单都可，可以是点、线、长方形、圆或其他形状，也可以是几种类型的组合。对于相同的数据，可以选择不同图表类型来说明不同的信息，如果没有经验，可以多做一些尝试。

下面以“3.3.6”节的“单科分数段统计表”为数据源，来设计出不同层次的图表。

### 1. 制作图表

**任务要求**

以“单科分数段统计表”为数据源，制作图表。

**分析**：制作图表就是把在 Excel 文档中的数据用图形表示出来，使之更直观醒目。制作出来的图表可以是柱形图、条形图、饼图、圆柱图、散点图、折线图甚至是三维图等。Excel 图表中包含很多元素：数据系列、坐标轴、图例、标题、绘图区等，数据系列是非常重要的组成部分，直接展示了图形的核心元素和标识。

**操作步骤**

(1) 用图表向导快速生成图表

选中“单科分数段统计表”的 A2:F4 区域，打开【插入】菜单，选择【图表(H)...】命令，或在【常用】工具栏上单击【图表】按钮，打开【图表向导】对话框，如图 3-114 所示。

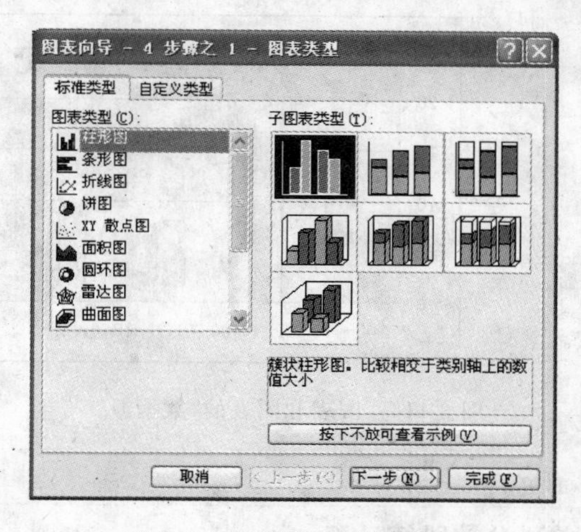


图 3-114　【图表向导】对话框

在【图表向导】对话框中单击【确定】按钮，就可以生成标准的“簇状柱形图”，如图 3-115 所示。

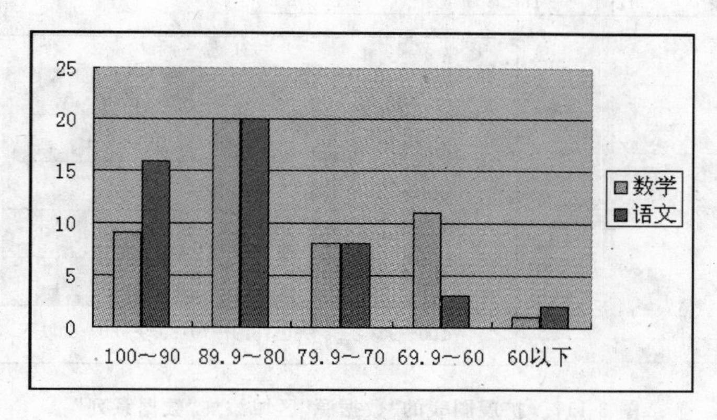


图 3-115　典型的“簇状柱形图”

(2) 快速添加数据系列

单击图表，可以看到 A2:F4 区域的周围出现了不同颜色的线条，如图 3-116 所示。这是因为数据生成图表后，A2:F4 区域就成了“数据源”。

光标定位到 F4 单元格的右下角，当光标变为斜向双向箭头形状时向下拖动，扩展“数据源”区域，即可将“英语”的各分数档的内容添加到图表中，形成新的数据系列。如图 3-117 所示。

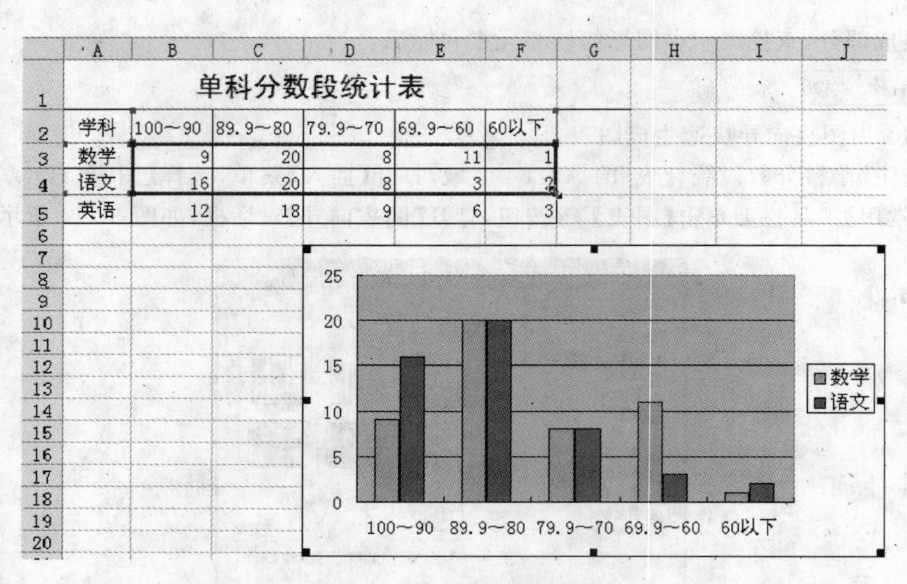

| 学科 | 100～90 | 89.9～80 | 79.9～70 | 69.9～60 | 60以下 |
|---|---|---|---|---|---|
| 数学 | 9 | 20 | 8 | 11 | 1 |
| 语文 | 16 | 20 | 8 | 3 | 2 |
| 英语 | 12 | 18 | 9 | 6 | 3 |



图 3-116　图表和图表的“数据源”

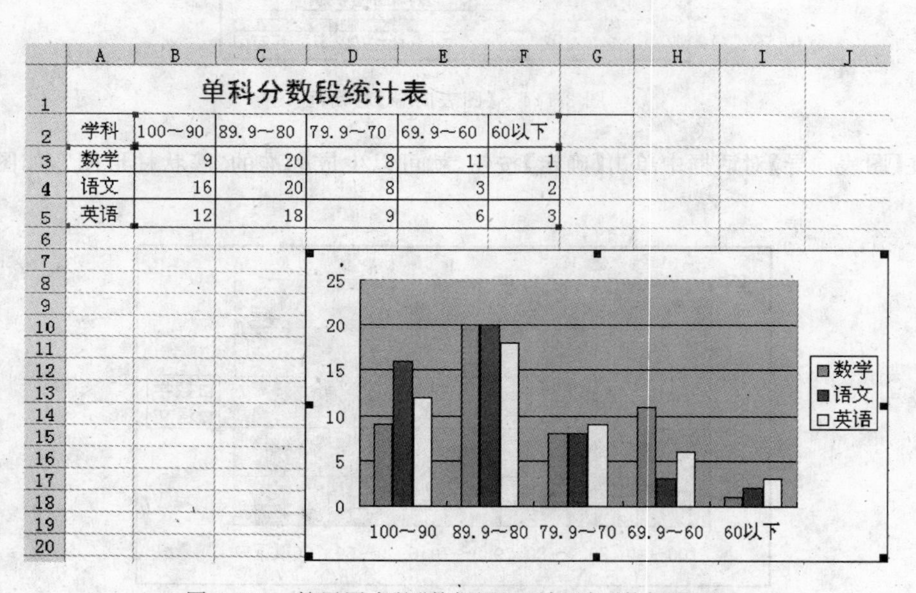

| 学科 | 100～90 | 89.9～80 | 79.9～70 | 69.9～60 | 60以下 |
|---|---|---|---|---|---|
| 数学 | 9 | 20 | 8 | 11 | 1 |
| 语文 | 16 | 20 | 8 | 3 | 2 |
| 英语 | 12 | 18 | 9 | 6 | 3 |



图 3-117　扩展图表的“数据源”区域添加“数据系列”

新数据源和原数据源是相邻的区域可以通过拖动鼠标的方式，向图表中添加数据系列，如果新数据源和原数据源是间隔较远的区域，可以选中新数据源区域，“复制”到剪贴板中，再“粘贴”到图表上，即可将新数据系列添加进来。

(3) 快速删除数据系列

“删除数据系列”和“添加数据系列”的方法类似，可以拖动鼠标减少数据源区域，也可以在图表中，在要删除的数据系列上单击选中，如图 3-118 所示。按 Delete 键，即可删除。

如果数据系列太多导致图形太细，而难以选中数据系列，可打开【视图】菜单，选择【工具栏】→【图表】命令，打开【图表】工具栏，在【图表区】下拉列表中选中要删除的数据系列，再按 Delete 键删除数据系列，如图 3-119 所示。

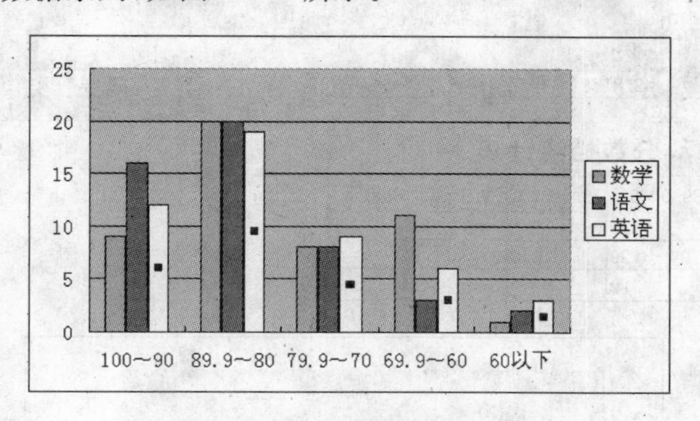


图 3-118　“选中”的数据系列

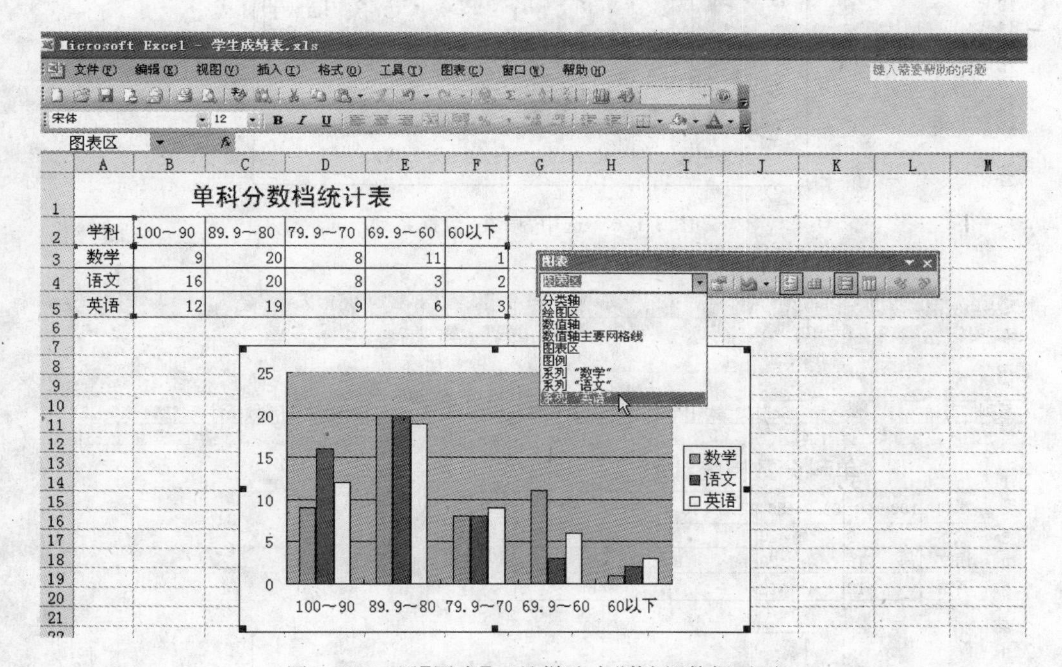


图 3-119　用【图表】工具栏选中“英语”数据系列

(4) 快速替换已有数据系列

方法一：鼠标拖动法

将“语文”数据系列替换为“英语”行的内容，选中“语文”数据系列，将鼠标定位到“语文”单元格上，如图 3-120 所示。

当光标变成四方箭头形状✥时，按住鼠标左键向下拖动，此时图例中的“语文”变成了“英语”，如图 3-121 所示。

将鼠标定位到“语文”行的数值部分，当光标变成四方箭头形状✥时，按住鼠标左键向下拖动，“语文”系列的数值被替换成了“英语”系列的数值，如图 3-122 所示。

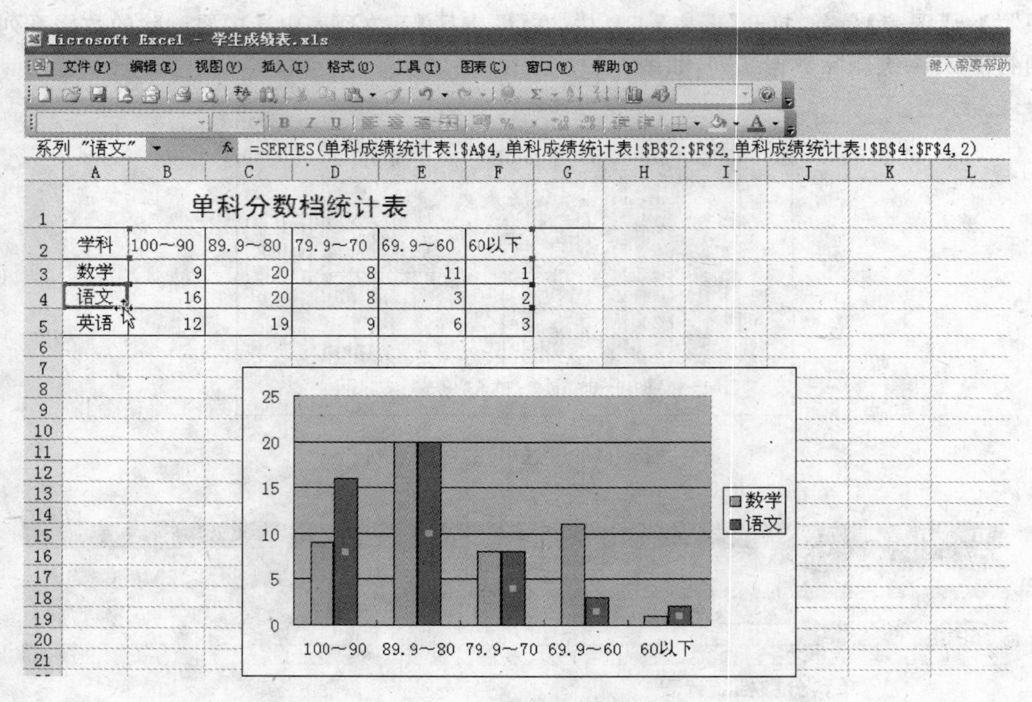


图 3-120 选中“语文”数据系列

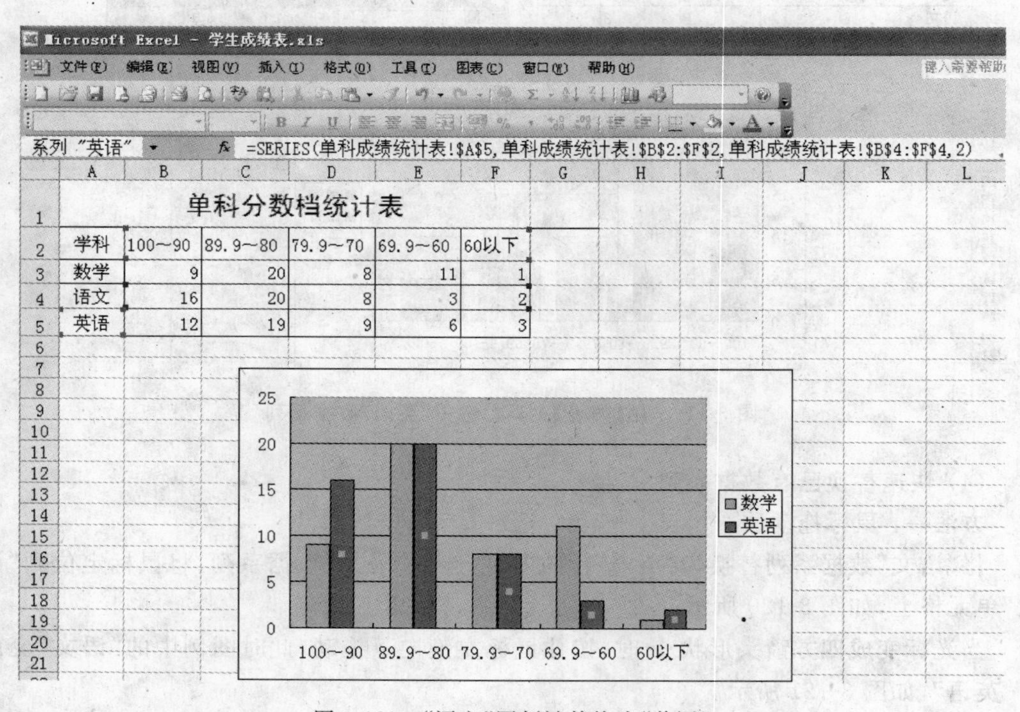


图 3-121 “语文”图例被替换为“英语”

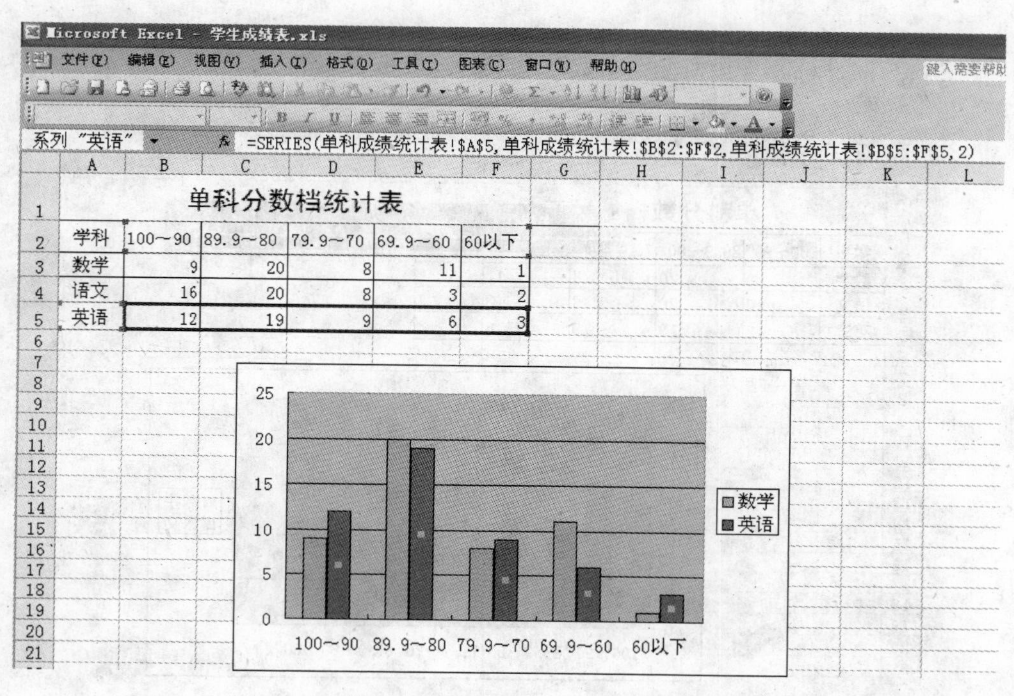


图 3-122　“语文”数据系列被替换为“英语”数据系列

方法二：

在图表上右击，在弹出的快捷菜单中选择【源数据】命令，打开【源数据】对话框，切换到【系列】选项卡，如图 3-123 所示。

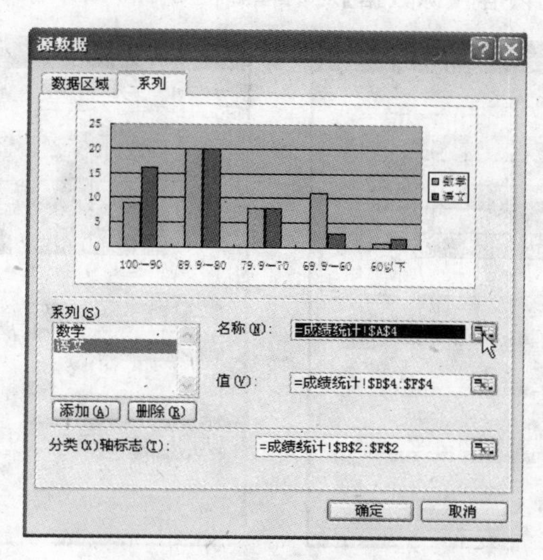


图 3-123　【源数据】对话框

在【系列】列表中，选择“语文”，单击【名称】项的【显示工作表】按钮，切换到工作表中，如图 3-124 所示。

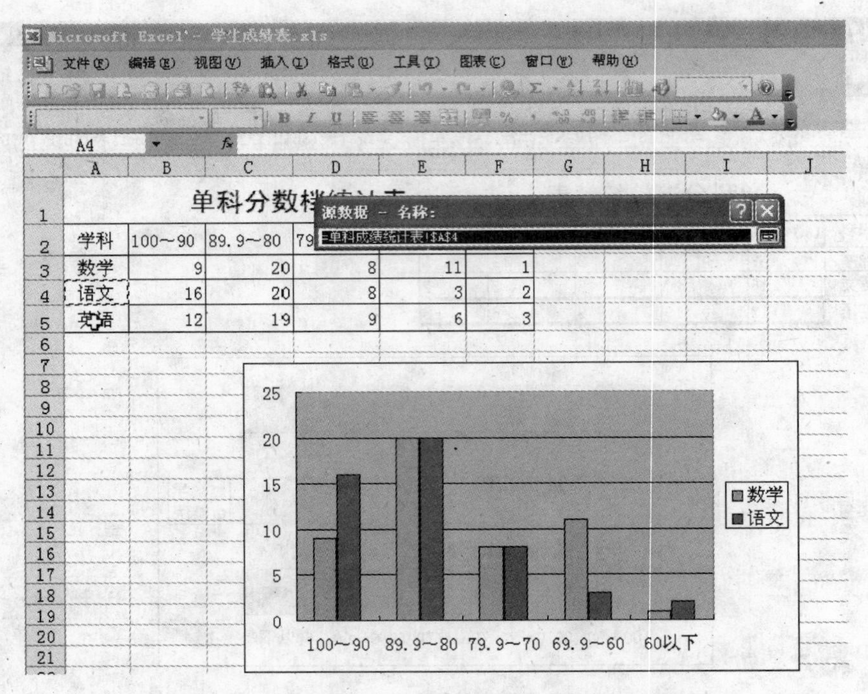


图 3-124 替换"源数据"的名称

用鼠标选中"英语",在【源数据】对话框中,单击【隐藏工作表】按钮,切换回【源数据】对话框,【系列】列表中"语文"被替换成了"英语",如图 3-125 所示。

同理,再替换【值】的内容,【源数据】对话框如图 3-126 所示。

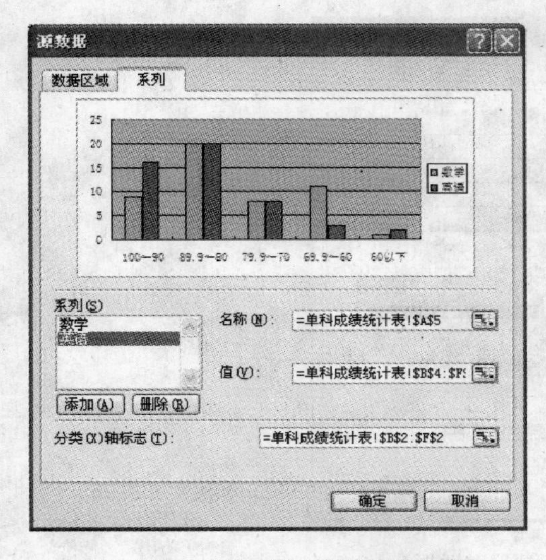


图 3-125 替换了【源数据】的【名称】

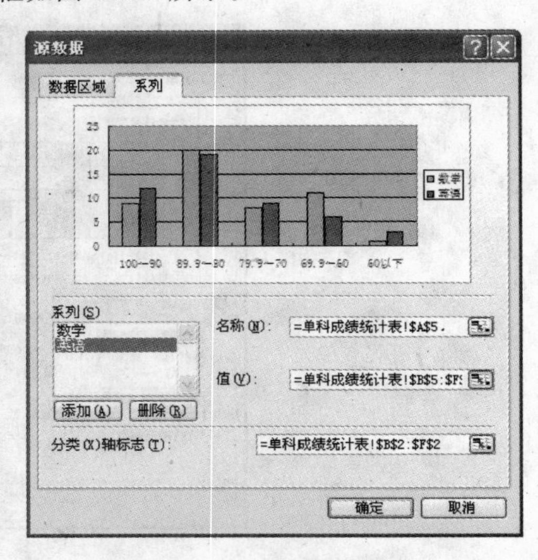


图 3-126 替换了【数据源】的【值】

单击【确定】按钮,即可完成用"英语"系列替换"语文"系列。

添加、删除、替换数据系列的方法很多,在这里不再一一赘述。

(5) 快速调整图表中的数据系列的次序

在图表中选中"语文"数据系列，右击，在弹出的快捷菜单中选择【数据系列格式(O)】命令，【数据系列格式】对话框切换到【系列次序】选项卡，如图 3-127 所示。

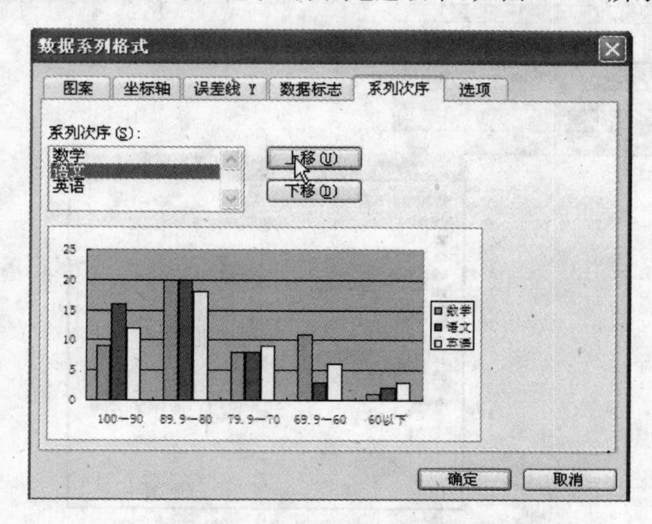


图 3-127 【数据系列格式】对话框

选择【系列次序】中的字段，按【上移】、【下移】按钮，可调整"语文"数据系列在图表中出现的次序，单击【确定】按钮即可完成。

## 2. 美化图表

**任务要求**

对以"单科分数段统计表"为数据源生成的图表，进行格式设置和简化，让重点更加突出，更有利于进行数据查看和分析。

**分析**：使用图表不是为了尽显详细的数字，而是为了把冷冰冰的数据转化得更便于分析和查看。因此专业图表，就要求数据的表达必须简单直观，无论什么类型都需要做进一步的修饰，才能投入使用。删掉图例，扩大显示区域，在"数据系列"上直接标识系列名称和值，省去读者参照图例再到数据系列中对号入座。改变数据系列的"颜色"、"形状"、"选项"等格式，更有利于读者查看和分析数据。对数据系列进行调整，最简单的方法就是在数据系列上双击鼠标，在打开的【数据系列格式】对话框中可进行多方面的设置。

**操作步骤**

(1) 生成默认的"两轴线-柱图"

选中"单科成绩统计表"中的数据区间 A2:F5，如图 3-128 所示。单击【常用】工具栏上的【图表】按钮，打开【图表向导】对话框，在【自定义类型】选项卡的【图表类型】列表中，选择"两轴线-柱图"，单击【确定】按钮，即可生成默认的"两轴线-柱图"，如图 3-129 所示。

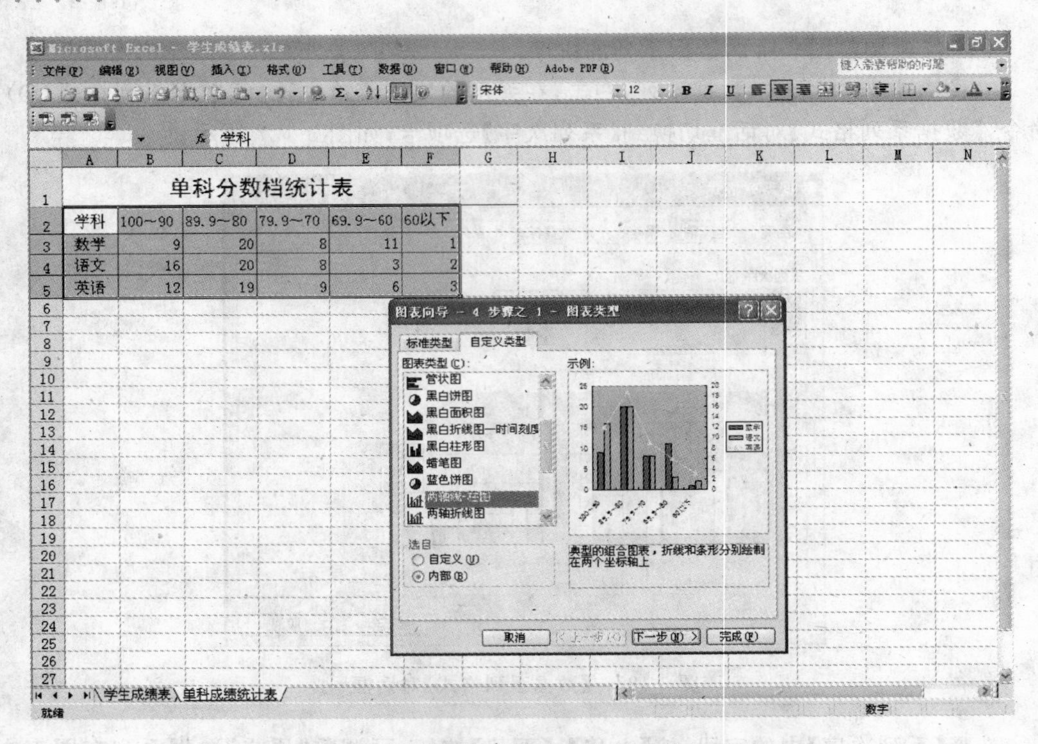


图 3-128　使用【图表向导】插入“两轴线—柱图”

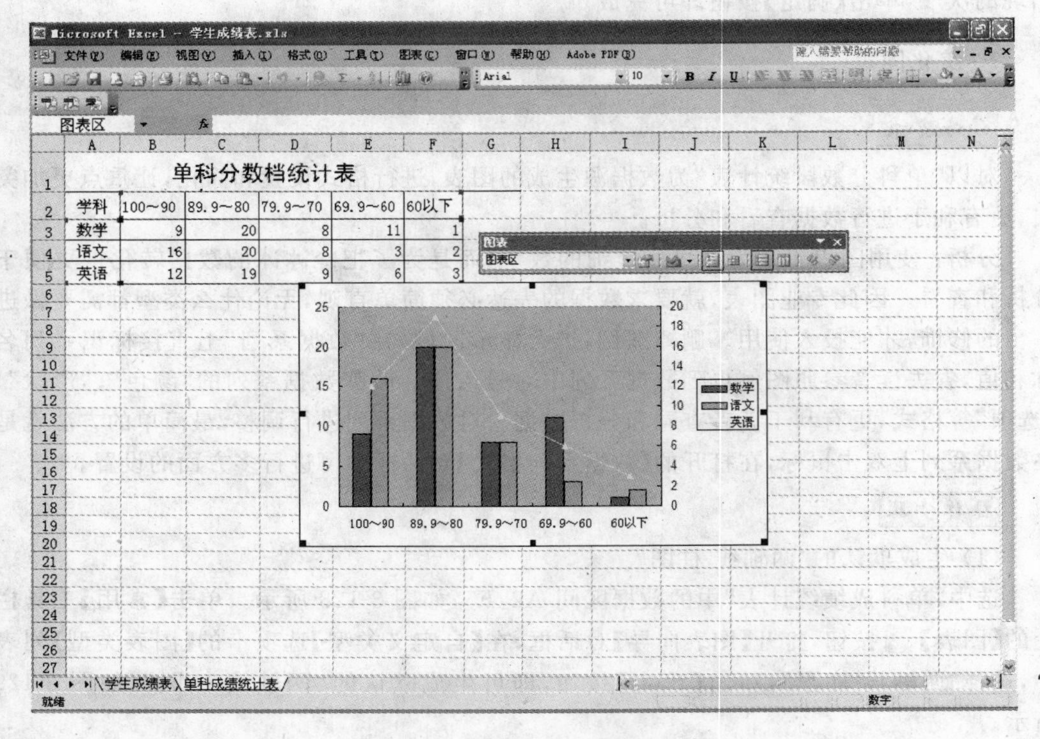


图 3-129　默认的“两轴线—柱图”

(2) 扩大显示区域

在图表的各构成元素上单击就能选中，按 Delete 键即可删除对应的内容。采用这种方法删除图例、两侧坐标轴，如图 3-130～图 3-132 所示，同理，选中并删除右侧的“次数值轴”，操作结果如图 3-133 所示。

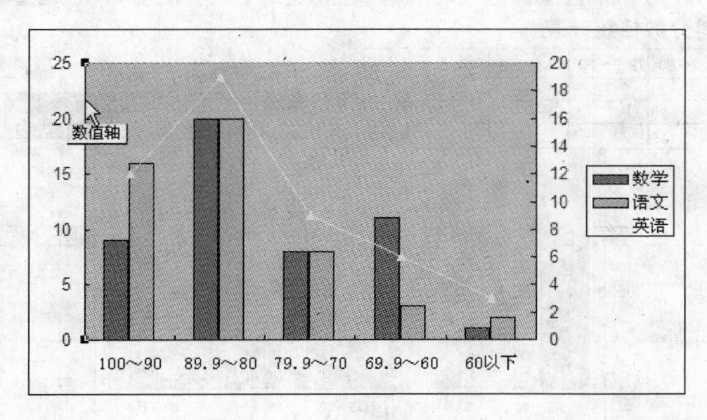


图 3-130 选中“数值轴”

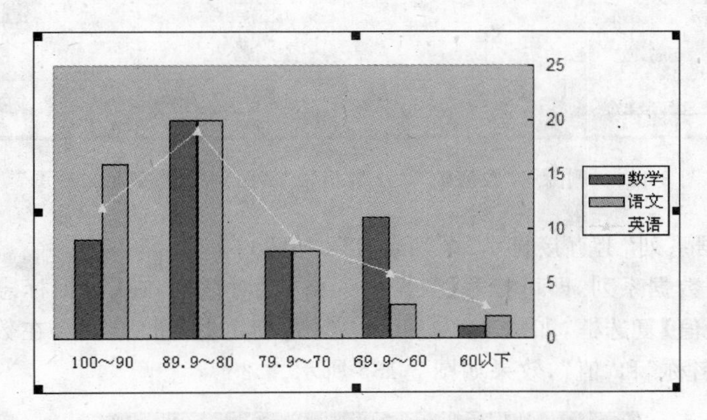


图 3-131 删除了“数值轴”

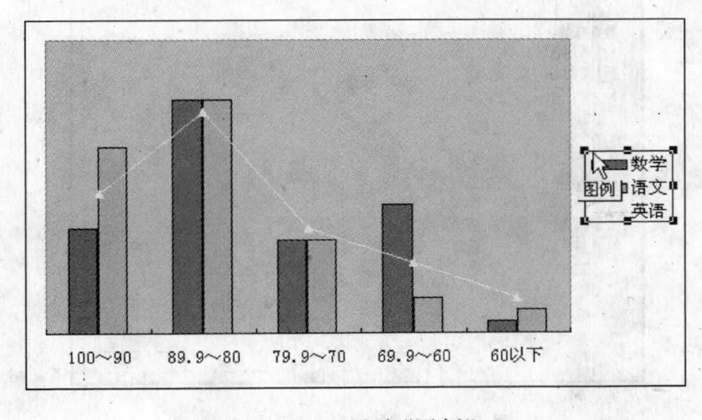


图 3-132 选中“图例”

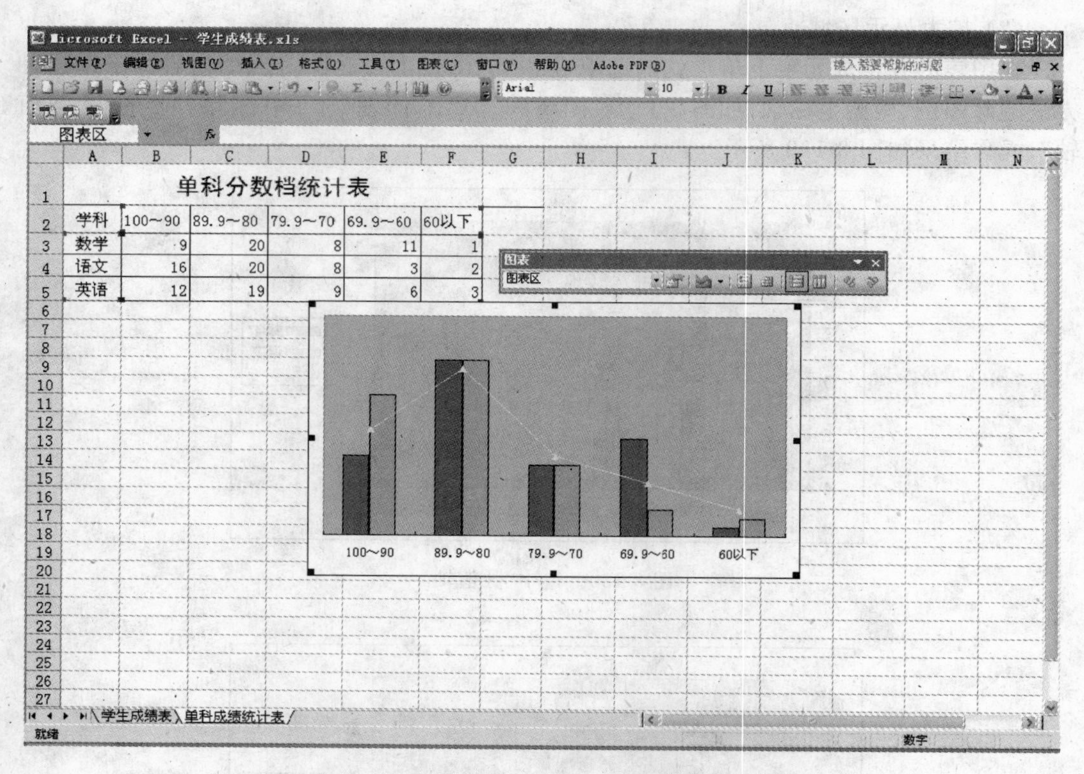


图 3-133 删除了“数值轴”、“次数值轴”、“图例”的“两轴线-柱图”

(3) 在“数据系列”上直接显示“系列名称”、“值”

双击第一个数据系列，即可打开【数据系列格式】对话框，在【数据标志】选项卡中，选中【系列名称】、【值】复选框，如图 3-134 所示，单击【确定】按钮后，就会在数据系列上方显示数据系列的“名称”和“值”，效果如图 3-135 所示。

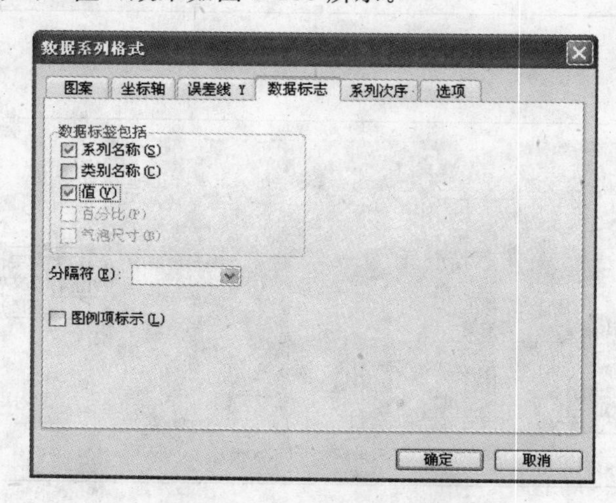


图 3-134 【数据标志】选项卡

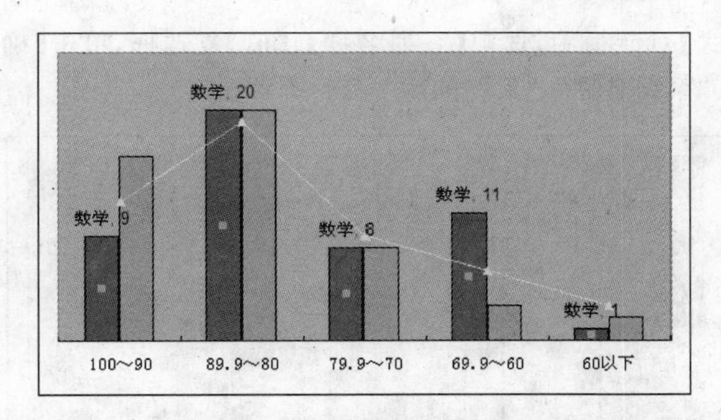


图 3-135　在“数据系列”上直接显示“系列名称”和“值”

通常只需要标记数据系列的最高点、最低点“系列名称”和“值”，此时要先选中“数据点”，在单个柱形图上双击，选中“数据点”（第一次选中“数据系列”，第二次选中“数据点”），如图 3-136 所示。

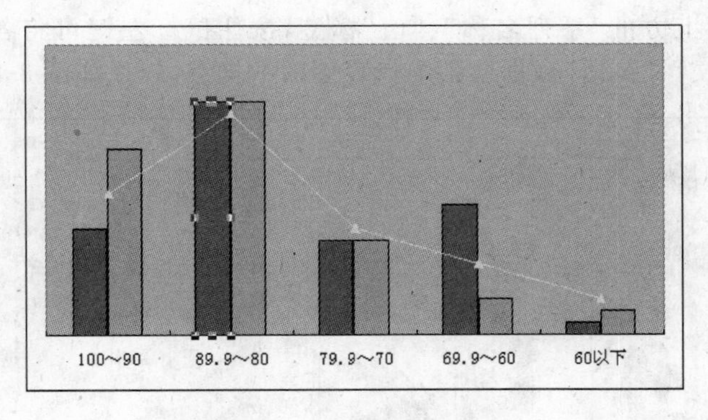


图 3-136　选中“数据点”

在“数据点”上右击，在弹出的快捷菜单中选择【数据点格式(O)】命令，打开【数据点格式】对话框，如图 3-137 所示。

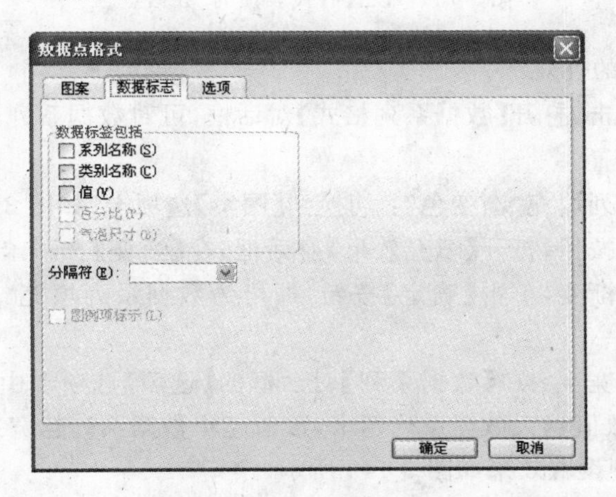


图 3-137　【数据点格式】对话框【数据标志】选项卡

在【数据点格式】对话框中，选中【系列名称】、【值】复选框，单击【确定】按钮，即可在“数据点”上显示其“系列名称”、“值”，如图 3-138 所示。

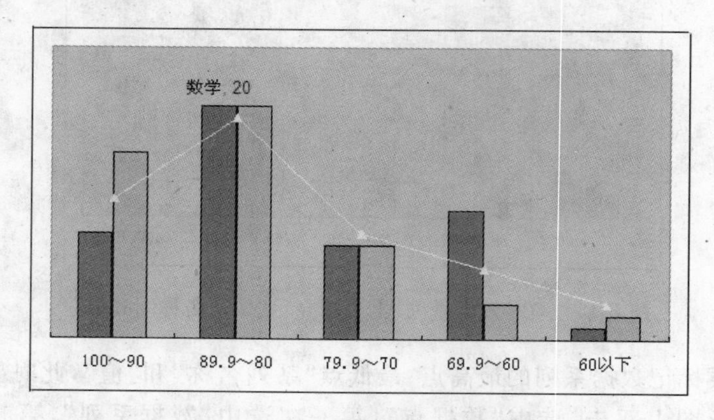


图 3-138　在“数据点”上直接显示“系列名称”、“值”

单击“数据点”上方的“系列名称”、“值”标签，按住鼠标左键可将各标签拖到柱体内部。同理设置“语文”、“英语”数据系列中代表性的数据点，效果如图 3-139 所示。

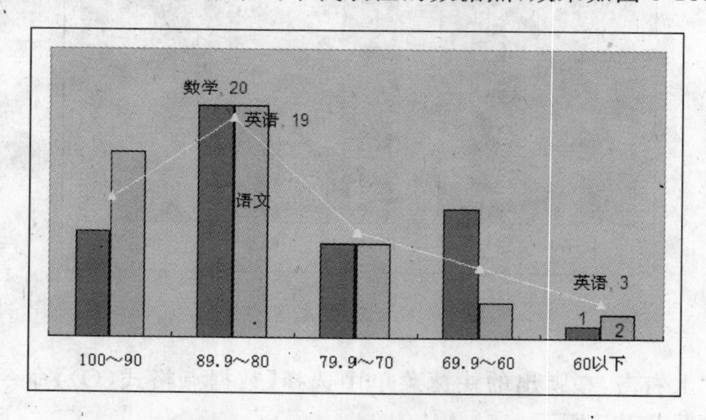


图 3-139　设置有代表性的“数据点”

(4) 改变“柱图”的外观

在数据系列上双击，打开【数据系列格式】对话框，可对数据系列进行“颜色”、“形状”、“选项”等多方面的设置。

为“数学”数据系列填充“渐变色”：切换到【图案】选项卡，如图 3-140 所示。

单击【填充效果】按钮，打开【填充效果】对话框，在【渐变】选项卡中，将【颜色】设置为“从白到浅绿”的水平渐变，单击【确定】按钮，即可为数据系列填充“渐变色”，如图 3-141 所示。

改变数据系列的宽度：在【数据系列】对话框的【选项】选项卡中，单击【分类间距】的微调按钮调整间距(数值越大数据系列越窄，数值越小数据系列越宽)，单击【确定】按钮即可，如图 3-142 所示。设置效果如图 3-143 所示。

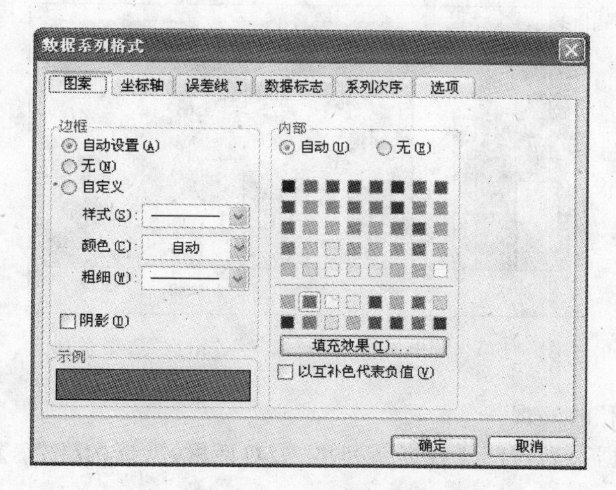


图 3-140　【数据系列格式】对话框

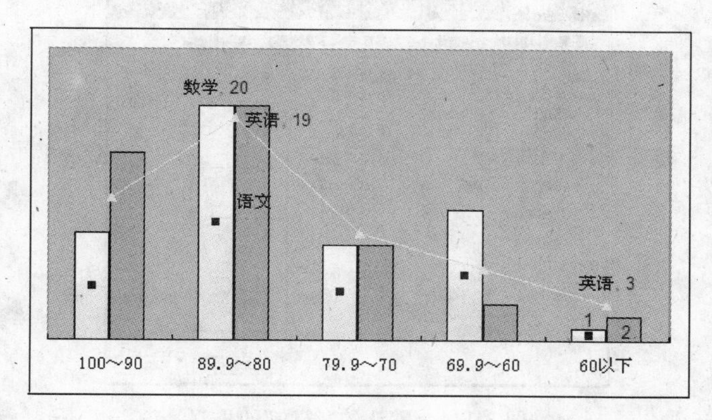


图 3-141　为数据系列填充“渐变色”

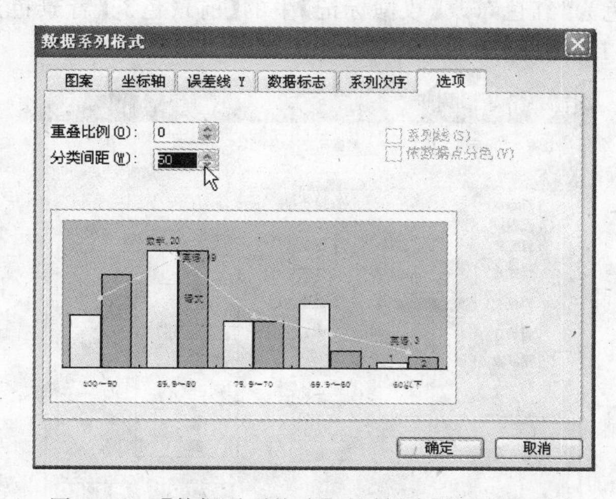


图 3-142　【数据系列格式】对话框中【选项】选项卡

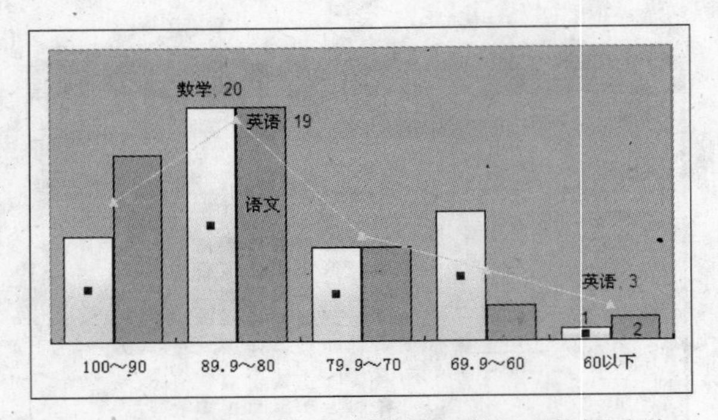


图 3-143　调整宽度后的“数学”、“语文”数据系列

(5) 改变“线图”的外观

双击“线图”数据系列，打开【数据系列格式】对话框，默认的【图案】选项卡，如图 3-144 所示。

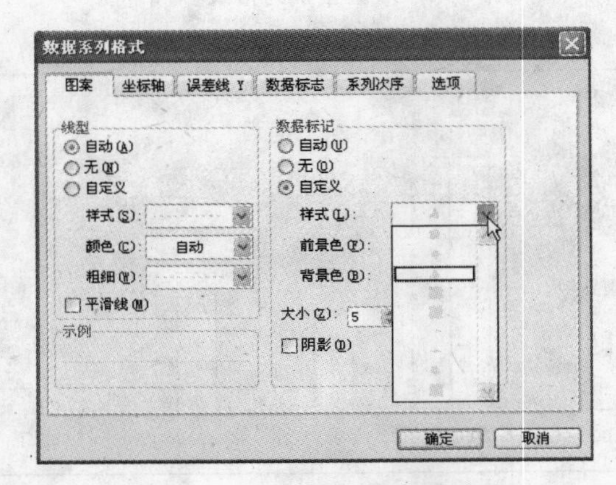


图 3-144　默认的“线图”的外观

改“线型”的颜色为“红色”，改【数据标记】中的【前景色】、【背景色】为“蓝色”，【样式】改为“圆点”，如图 3-145 所示。

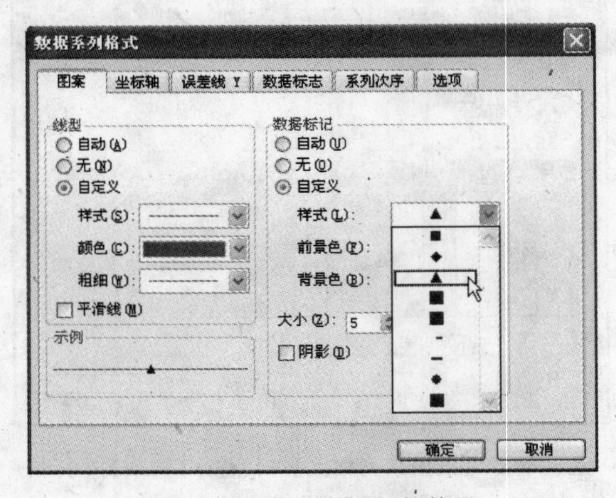


图 3-145　修改“线图”的外观

单击【确定】按钮，“线图”的修改效果如图 3-146 所示。

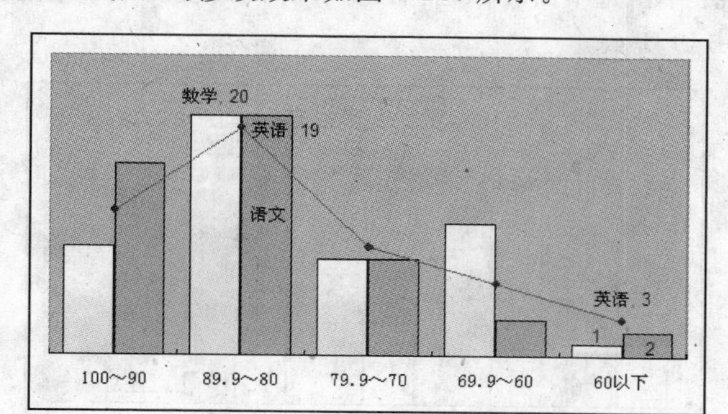


图 3-146　修改后的“英语”数据系列

(6) 设置图表标题

添加图表标题：在“图表”上右击，在弹出的快捷菜单中，选择【图表选项】命令，或选择【图表】菜单，选择【图表选项】命令，打开【图表选项】对话框，如图 3-147 所示。在【标题】选项卡的【图表标题】中输入“单科分数档统计表”，作为图表标题。

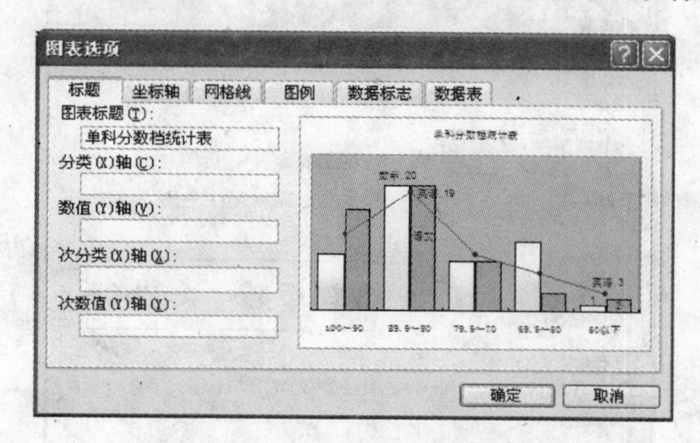


图 3-147　【图表选项】对话框

单击【确定】按钮，添加标题后的图表如图 3-148 所示。

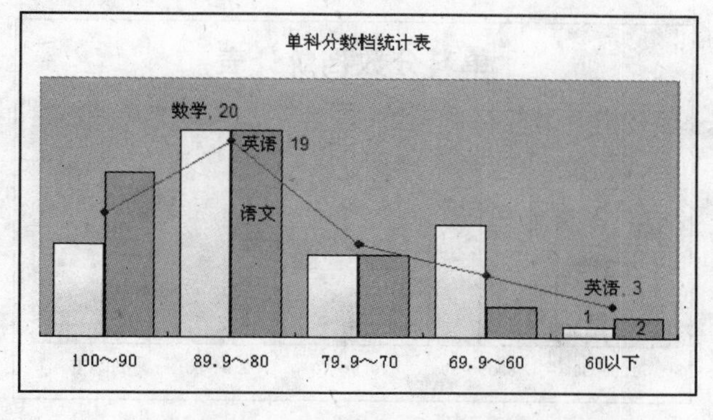


图 3-148　添加了“标题”的图表

修改标题外观：单击选中图表标题，右击，在弹出的快捷菜单中选择【图表标题格式(O)】命令，如图 3-149 所示。

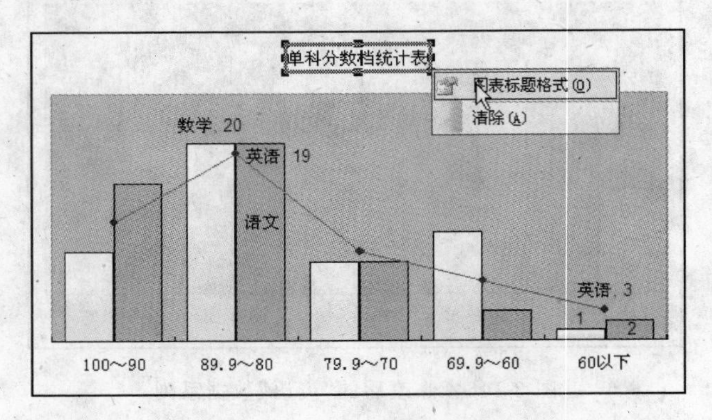


图 3-149　选中“图表标题”

在如图 3-150 所示的【图表标题格式】对话框的【字体】选项卡中，修改字体、字形、字号，单击【确定】按钮，标题设置效果如图 3-151 所示。

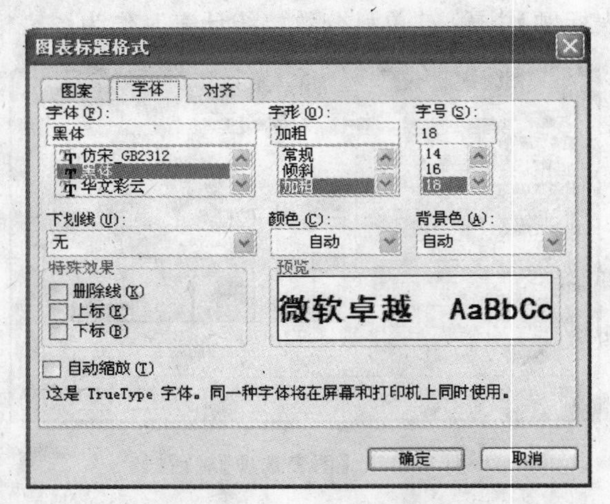


图 3-150　修改“图表标题格式”

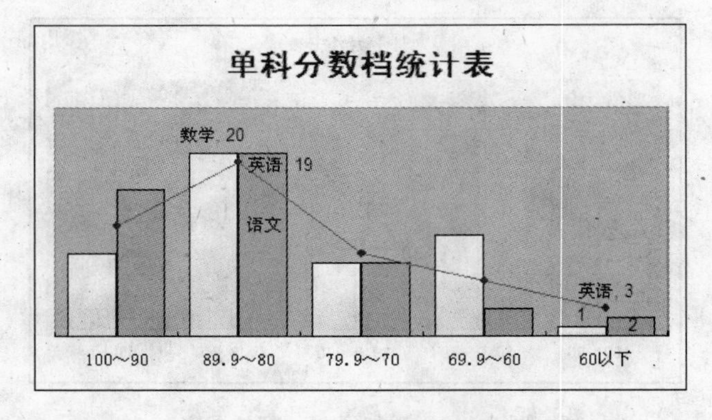


图 3-151　设置“图表标题”后的效果

至此，“两轴线-柱图”图表的简化、美化设置完毕。

**练习**

基于“成绩分析表”，以“及格率”、“优秀率”为数据源生成“自定义类型”的“线—柱”图表，如图 3-152 所示。进行以下处理。

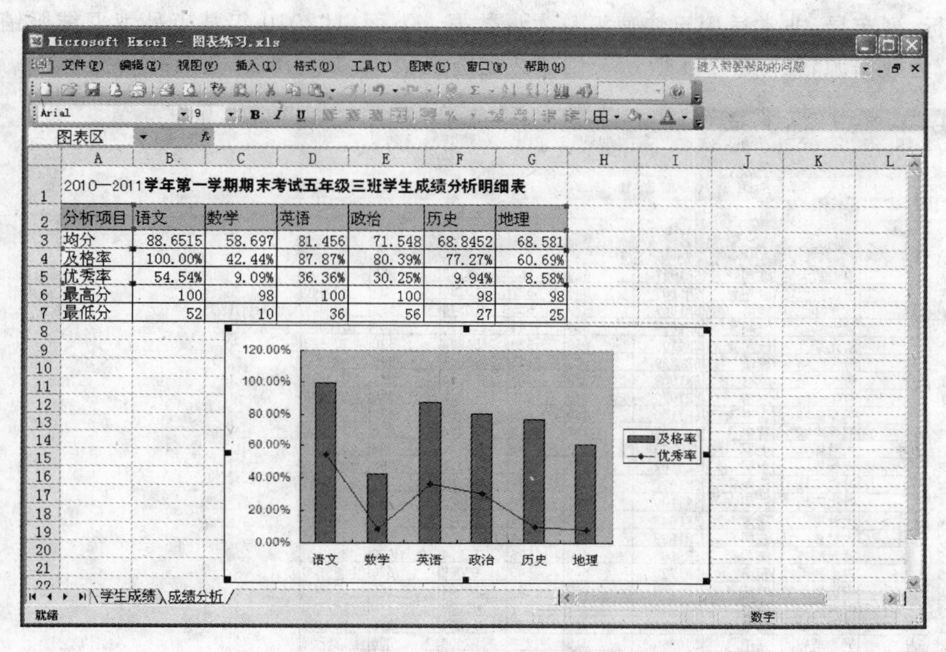

2010—2011学年第一学期期末考试五年级三班学生成绩分析明细表

| 分析项目 | 语文 | 数学 | 英语 | 政治 | 历史 | 地理 |
|---|---|---|---|---|---|---|
| 均分 | 88.6515 | 58.697 | 81.456 | 71.548 | 68.8452 | 68.581 |
| 及格率 | 100.00% | 42.44% | 87.87% | 80.39% | 77.27% | 60.69% |
| 优秀率 | 54.54% | 9.09% | 36.36% | 30.25% | 9.94% | 8.58% |
| 最高分 | 100 | 98 | 100 | 100 | 98 | 98 |
| 最低分 | 52 | 10 | 36 | 56 | 27 | 25 |



图 3-152　“成绩分析”原始数据

(1) 设置“数值轴”坐标轴格式：最大值为 1，百分比保留两位小数。

(2) 设置“及格率”数据系列格式：填充为“金色到浅蓝水平渐变”，分类间距为 50。

(3) 设置“优秀率”数据系列格式：线型为红色细实线，数据标志为黄色三角形。

(4) 删掉“图例”。

(5) 在两个数据系列中，标记最高点、最低点的“数据点”：系列名称、值。

(6) 添加图表标题：各科及格率暨优秀率对比图（黑体、18 磅）。

完成后的参考效果如图 3-153 所示。

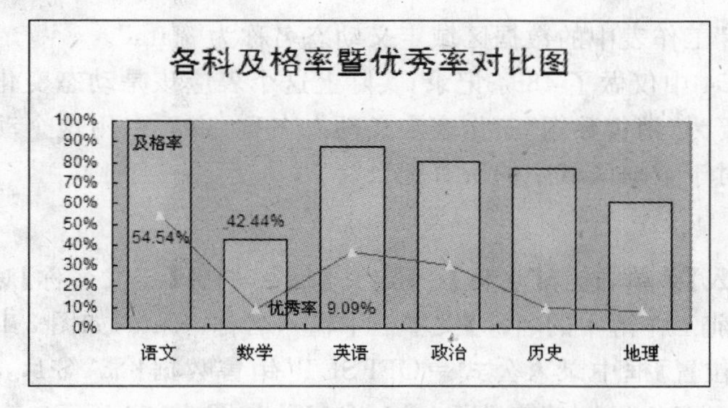


图 3-153　美化后的“成绩分析”图表

## 3.3.8 数据处理综合实例

使用数据透视表能基于原数据表创建数据分组,并对分组进行汇总统计,还能改变数据表行、列布局,非常适用于快速汇总大量数据。下面以“2010 年某市品牌羽绒服销售情况表”为数据源,如图 3-154 所示。创建数据透视表、数据透视图,进行销售分析。

| | A | B | C | D | E | F | G | H | I |
|---|---|---|---|---|---|---|---|---|---|
| 1 | 销售月份 | 销售部门 | 产品品牌 | 款式号 | 销售单价 | 数量 | 销售金额 | 产品成本 | 成本总计 |
| 2 | 2月 | 中山新天地 | 波司登 | SR1627 | 629 | 757 | 476153 | 579 | 438303 |
| 3 | 1月 | 中山新天地 | 波司登 | SR1109 | 340 | 627 | 213180 | 320 | 200640 |
| 4 | 3月 | 紫光都 | 康博 | BR1647 | 579 | 536 | 310344 | 525 | 281400 |
| 5 | 2月 | 紫光都 | 波司登 | SR1629 | 559 | 744 | 415896 | 509 | 378696 |
| 6 | 4月 | 紫光都 | 波司登 | SR9105 | 669 | 526 | 351894 | 620 | 326120 |
| 7 | 5月 | 时代广场 | 康博 | BR1728 | 669 | 145 | 97005 | 620 | 89900 |
| 8 | 7月 | 时代广场 | 冰洁 | BR1908 | 1088 | 233 | 253504 | 960 | 223680 |
| 9 | 8月 | 时代广场 | 冰洁 | BR1922 | 878 | 231 | 202818 | 770 | 177870 |
| 10 | 2月 | 福源商城 | 雪中飞 | BR1700 | 459 | 676 | 310284 | 430 | 290680 |
| 11 | 9月 | 福源商城 | 雪中飞 | BJ0905 | 218 | 878 | 191404 | 200 | 175600 |
| 12 | 10月 | 大世界 | 上羽 | SL8129 | 702 | 797 | 559494 | 398 | 317206 |
| 13 | 1月 | 大世界 | 上羽 | SL8307 | 477 | 655 | 312435 | 308 | 201740 |
| 14 | 3月 | 时代广场 | 波司登 | SR1627 | 629 | 757 | 476153 | 579 | 438303 |
| 15 | 1月 | 时代广场 | 波司登 | SR1109 | 340 | 627 | 213180 | 320 | 200640 |
| 16 | 11月 | 大世界 | 康博 | BR1647 | 579 | 536 | 310344 | 525 | 281400 |
| 17 | 12月 | 大世界 | 波司登 | SR1629 | 559 | 744 | 415896 | 509 | 378696 |
| 18 | 4月 | 紫光都 | 波司登 | SR9105 | 669 | 526 | 351894 | 620 | 326120 |
| 19 | 5月 | 中山新天地 | 康博 | BR1728 | 669 | 145 | 97005 | 620 | 89900 |
| 20 | 7月 | 中山新天地 | 冰洁 | BR1908 | 1088 | 233 | 253504 | 960 | 223680 |
| 21 | 8月 | 时代广场 | 冰洁 | BR1922 | 878 | 231 | 202818 | 770 | 177870 |
| 22 | 2月 | 福源商城 | 雪中飞 | BR1700 | 459 | 676 | 310284 | 430 | 290680 |
| 23 | 9月 | 福源商城 | 雪中飞 | BJ0905 | 218 | 878 | 191404 | 200 | 175600 |
| 24 | 10月 | 紫光都 | 上羽 | SL8129 | 702 | 797 | 559494 | 398 | 317206 |
| 25 | 6月 | 紫光都 | 上羽 | SL8307 | 477 | 655 | 312435 | 308 | 201740 |
| 26 | 2月 | 中山新天地 | 波司登 | SR1627 | 629 | 757 | 476153 | 579 | 438303 |
| 27 | 11月 | 中山新天地 | 波司登 | SR1109 | 340 | 627 | 213180 | 320 | 200640 |
| 28 | 3月 | 紫光都 | 康博 | BR1647 | 579 | 536 | 310344 | 525 | 281400 |
| 29 | 12月 | 紫光都 | 波司登 | SR1629 | 559 | 744 | 415896 | 509 | 378696 |

图 3-154 2010 年某市品牌羽绒服销售情况表

### 1. 对数据源定义动态名称

**任务要求**

为“销售数据”工作表中的数据区域定义动态名称为“data”。

**分析**:图 3-154 中仅做了 48 条记录,实际上这个表应该是动态变化的,可以随机增、删记录。因此需要为“销售数据”工作表定义动态名称,以后引用这个动态名称就是引用这张工作表中的对于数据区域中的所有记录。

**操作步骤**

(1) 单击【插入】菜单,选择【名称】→【定义】命令,打开【定义名称】对话框。

(2) 在【在当前工作簿中的名称】文本框中输入名称:data,如图 3-155 所示。

(3) 在【引用位置】框中录入公式=OFFSET(销售数据!$A$1,,,COUNTA(销售数据!$A:$A),COUNTA(销售数据!$1:$1)),如图 3-156 所示。

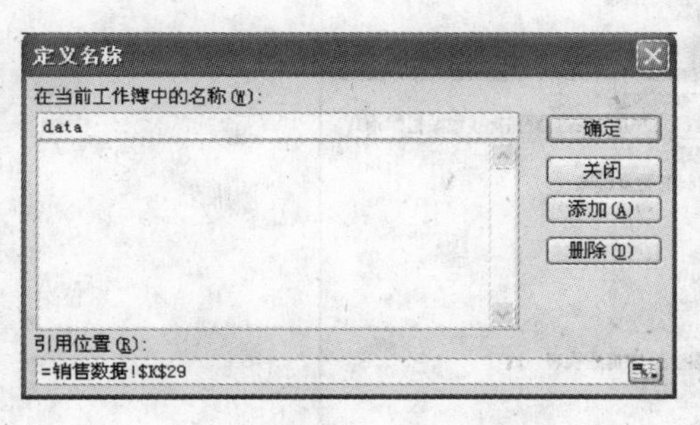


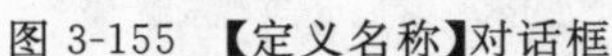
图 3-155 【定义名称】对话框

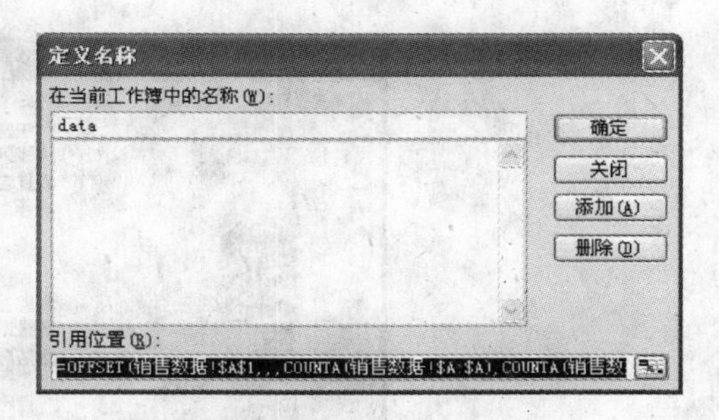


图 3-156 定义“名称”

**说明**：COUNTA 函数的功能是返回参数列表中非空值的单元格个数。在 Excel 中，OFFSET 函数的功能是以指定的引用为参照系，通过给定偏移量得到新的引用。返回的引用可以是一个单元格或单元格区域，并可以指定返回的行数或列数。

=OFFSET(销售数据!$A$1,,,COUNTA(销售数据!$A:$A),COUNTA(销售数据!$1:$1))返回“销售数据”工作表中以 A1 单元格为基准的数据区域的行、列数。

(4) 单击【添加】按钮，即可添加名称“data”，如图 3-157 所示。单击【确定】按钮关闭【定义名称】对话框。

图 3-157 添加名称“data”

**2. 创建数据透视表**

**任务要求**

以“data”数据区域为数据源在“销售分析”工作表中创建数据透视表，汇总各月的“销售金额”、“成本总计”，插入计算字段：毛利润=销售金额-成本总计。

**分析**：创建数据透视表时，可以单击【显示工作表】按钮，切换到工作表中，直接选择一块数据区域作为数据源，也可以使用已有“名称”的数据区域作数据源。数据透视表的不同布局，得到各种不同角度的销售分析汇总表，以满足不同用户分析要求。在数据透视表中插入“计算字段”时必须将光标定位到“汇总”列，公式编辑可以直接录入，也可以选择“字段”列表中的字段然后再编辑。

**操作步骤**

(1) 以“data”为数据源创建数据透视表

光标定位到“销售分析”工作表的 A1 单元格，打开【数据】菜单，选择【数据透视表和数据透视图向导】命令，打开【数据透视表和数据透视图向导】对话框，如图 3-158 所示。

单击【下一步】按钮，进入步骤二，在【选定区域】输入：data，如图 3-159 所示。

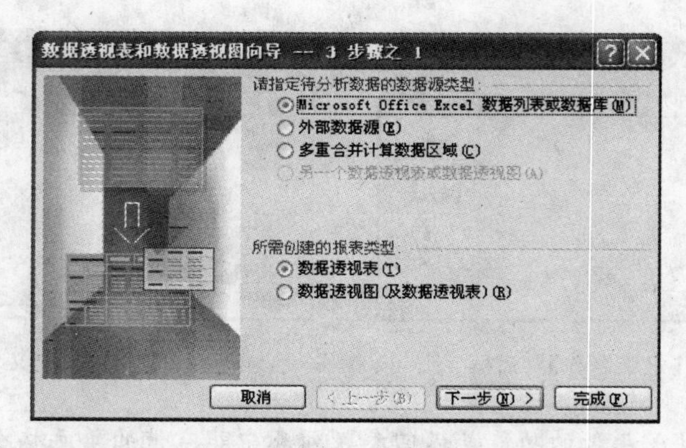


图 3-158 “数据透视表和数据透视图向导”步骤一

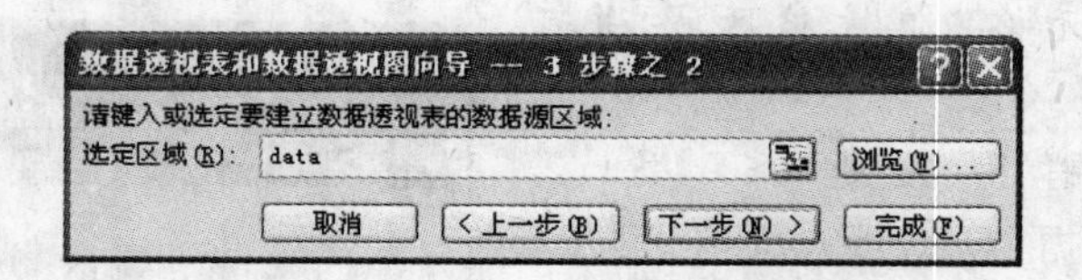


图 3-159 “数据透视表和数据透视图向导”步骤二

单击【下一步】按钮，进入步骤三，如图 3-160 所示。【数据透视表显示位置】设定为【现有工作表】，单击【完成】按钮即可插入数据透视表，如图 3-161 所示。

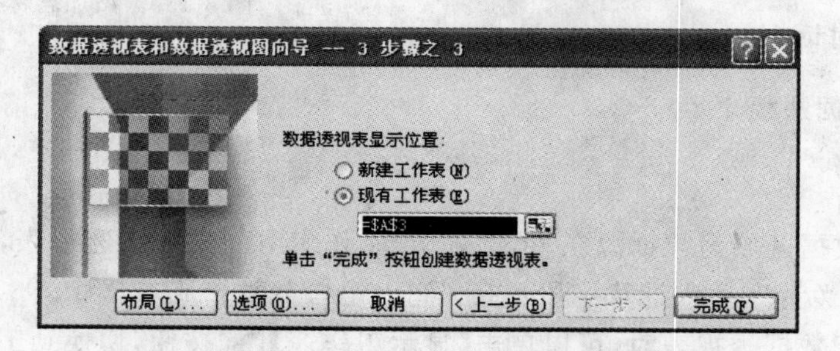


图 3-160 “数据透视表和数据透视图向导”步骤三

(2) 汇总各月的“销售金额”、“成本总计”

选中“数据透视表字段列表”的“销售月份”字段按住鼠标左键，拖到“行字段”处，如图 3-162 所示。

拖动“销售金额”、“成本总计”到“数据项”中，如图 3-163 所示。

在“数据”列上按住鼠标左键不放，拖到“汇总”列，得到汇总结果，如图 3-164 所示。

(3) 将“销售月份”从小到大排序

选中“销售月份”列的 10 月、11 月、12 月三个单元格(见图 3-165)，当光标变成四方箭头形状✣时，向下拖动填充柄到 9 月，这样就实现了按月份从小到大排序显示，如图 3-166 所示。

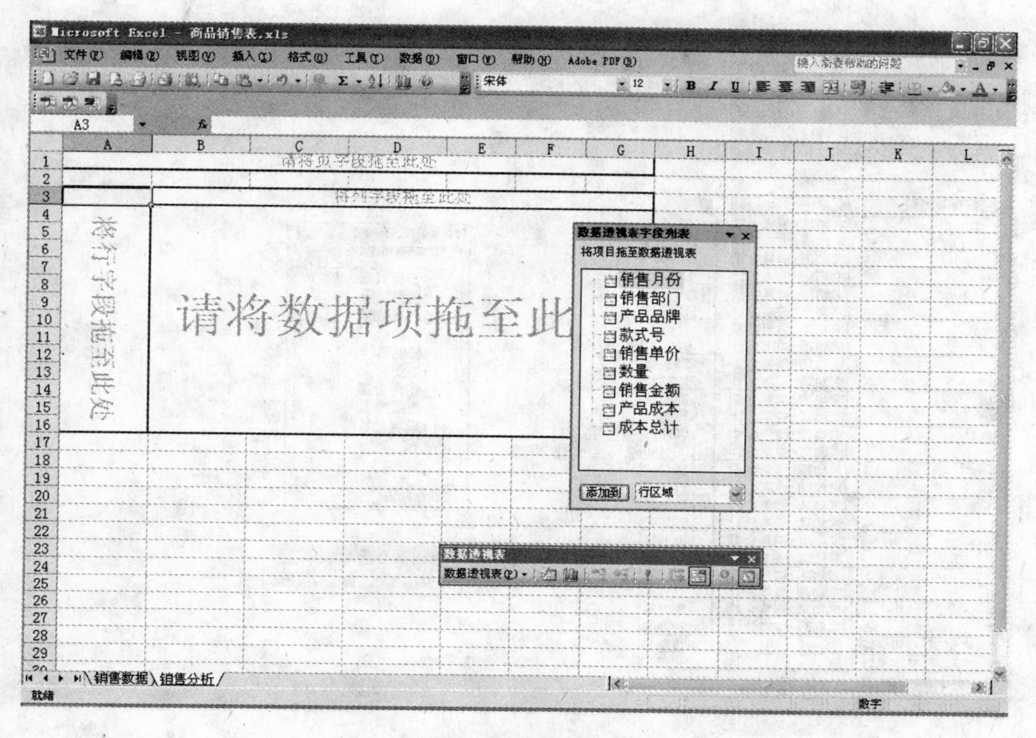


图 3-161 数据透视表

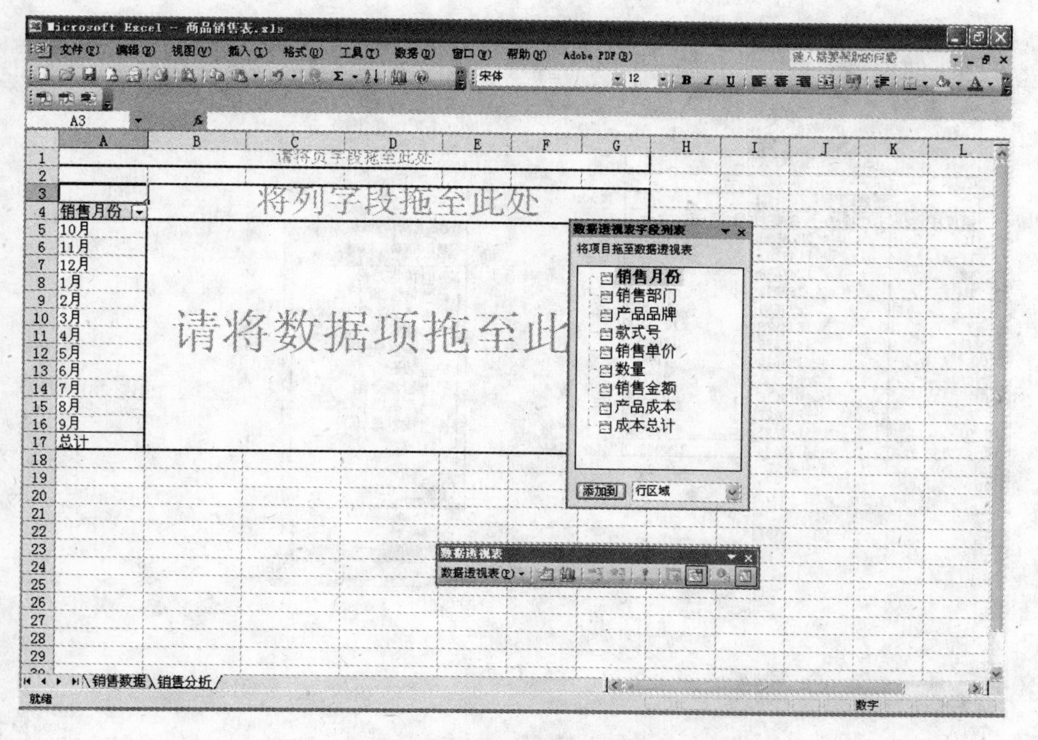


图 3-162 “销售月份”为数据透视表的行字段

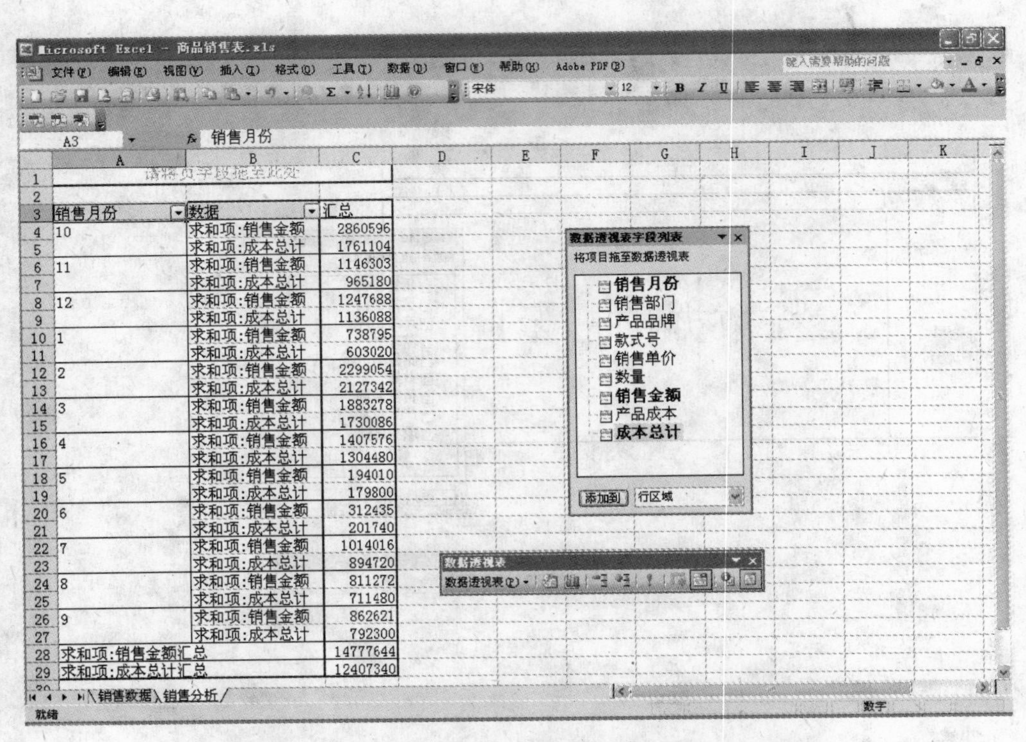


| 销售月份 | 数据 | 汇总 |
|---|---|---|
| 10 | 求和项:销售金额 | 2860596 |
| | 求和项:成本总计 | 1761104 |
| 11 | 求和项:销售金额 | 1146303 |
| | 求和项:成本总计 | 965180 |
| 12 | 求和项:销售金额 | 1247688 |
| | 求和项:成本总计 | 1136088 |
| 1 | 求和项:销售金额 | 738795 |
| | 求和项:成本总计 | 603020 |
| 2 | 求和项:销售金额 | 2299054 |
| | 求和项:成本总计 | 2127342 |
| 3 | 求和项:销售金额 | 1883278 |
| | 求和项:成本总计 | 1730086 |
| 4 | 求和项:销售金额 | 1407576 |
| | 求和项:成本总计 | 1304480 |
| 5 | 求和项:销售金额 | 194010 |
| | 求和项:成本总计 | 179800 |
| 6 | 求和项:销售金额 | 312435 |
| | 求和项:成本总计 | 201740 |
| 7 | 求和项:销售金额 | 1014016 |
| | 求和项:成本总计 | 894720 |
| 8 | 求和项:销售金额 | 811272 |
| | 求和项:成本总计 | 711480 |
| 9 | 求和项:销售金额 | 862621 |
| | 求和项:成本总计 | 792300 |
| 求和项:销售金额汇总 | | 14777644 |
| 求和项:成本总计汇总 | | 12407340 |

图 3-163 “销售金额”、“成本总计”作为数据透视表的数据项

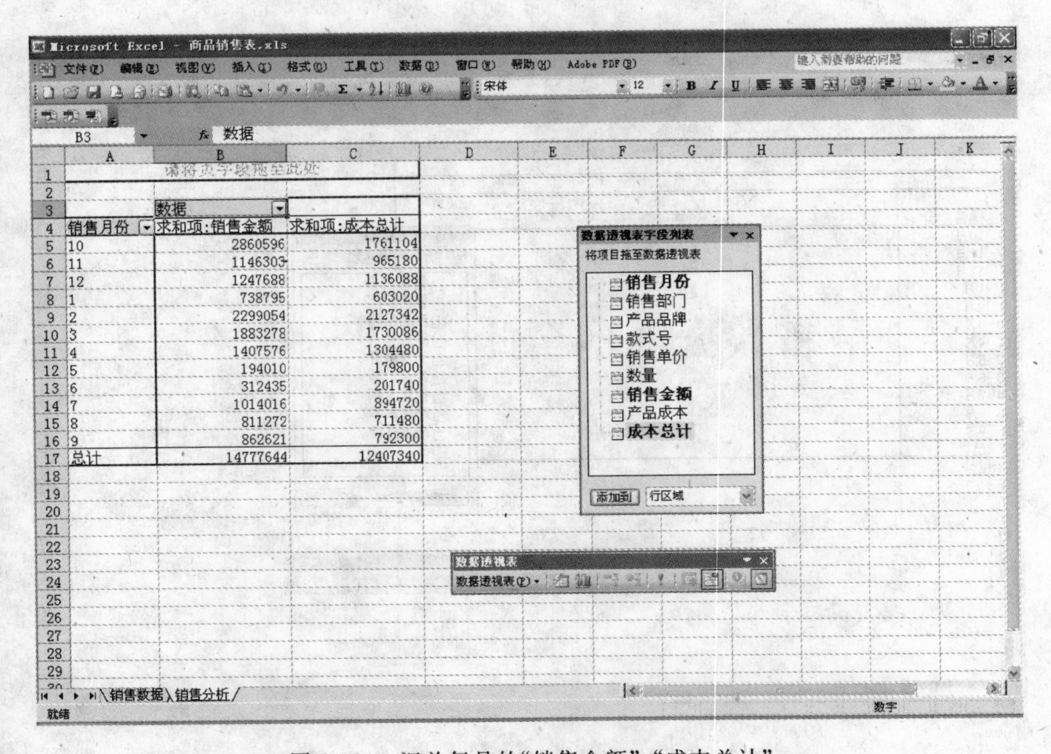


| 销售月份 | 求和项:销售金额 | 求和项:成本总计 |
|---|---|---|
| 10 | 2860596 | 1761104 |
| 11 | 1146303 | 965180 |
| 12 | 1247688 | 1136088 |
| 1 | 738795 | 603020 |
| 2 | 2299054 | 2127342 |
| 3 | 1883278 | 1730086 |
| 4 | 1407576 | 1304480 |
| 5 | 194010 | 179800 |
| 6 | 312435 | 201740 |
| 7 | 1014016 | 894720 |
| 8 | 811272 | 711480 |
| 9 | 862621 | 792300 |
| 总计 | 14777644 | 12407340 |

图 3-164 汇总每月的“销售金额”、“成本总计”

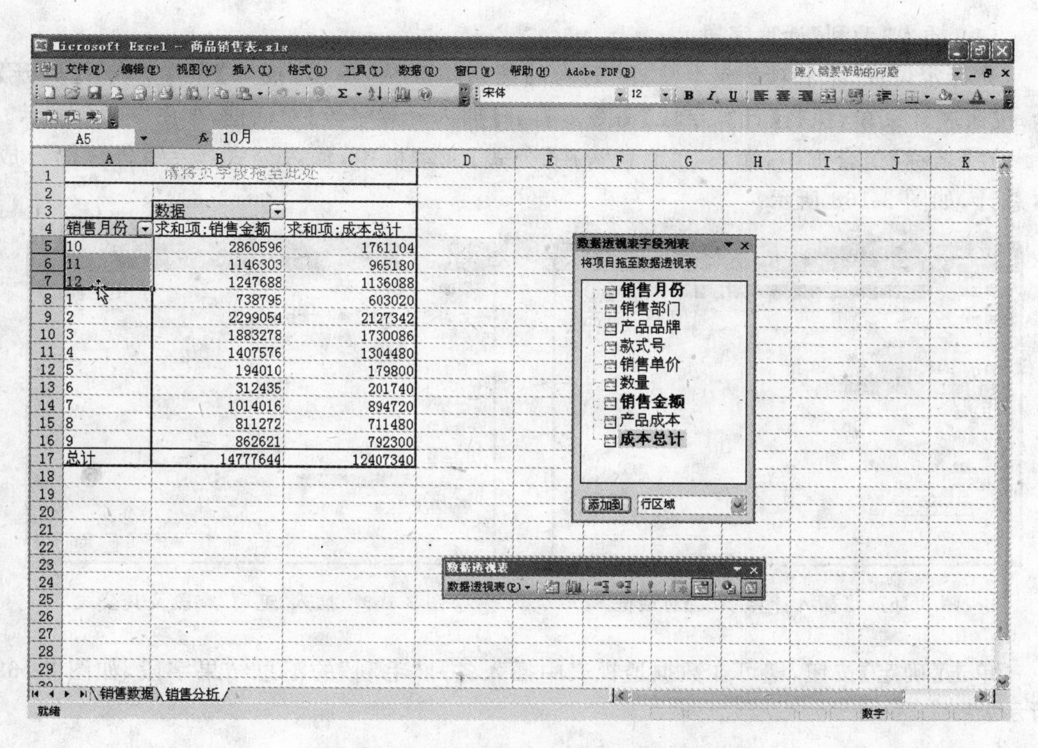


图 3-165　按“销售月份”排序汇总结果

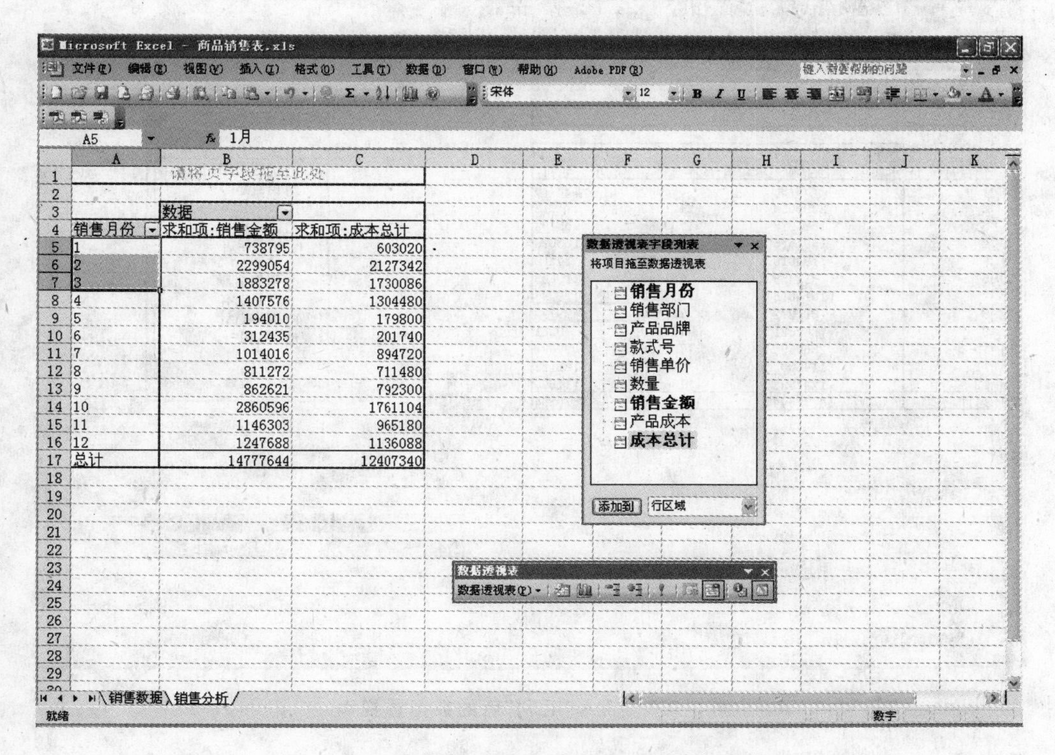


图 3-166　按“销售月份”从小到大排序汇总结果

(4) 插入“毛利”计算字段

光标定位在“求和项：成本总计”列内的任意单元格，单击【插入】菜单，单击【展开】按钮展开菜单，执行【计算字段】命令。打开【插入计算字段】对话框，如图 3-167 所示。

在【名称】组合框中，输入：“毛利”，在【公式】文本框中，输入公式：＝销售金额－成本总计，如图 3-168 所示。

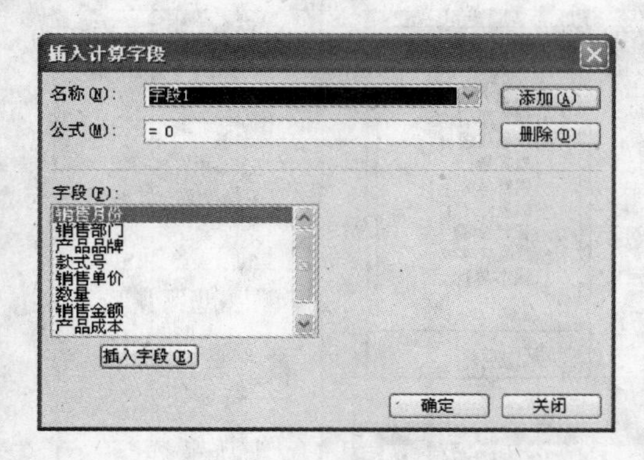


图 3-167 【插入计算字段】对话框

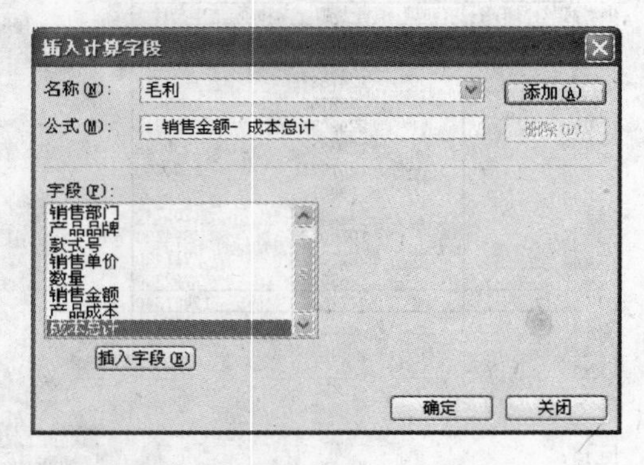


图 3-168 插入“毛利”字段及其公式

单击【确定】按钮，即可在数据透视表中插入各月“毛利”的汇总结果字段，如图 3-169 所示。

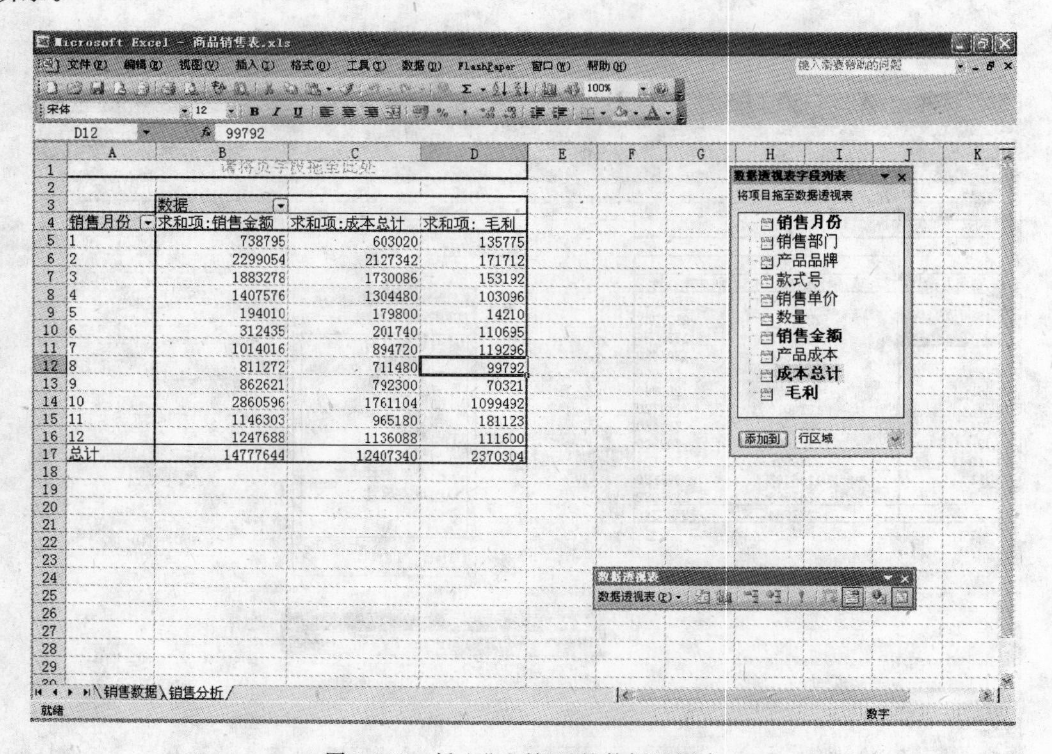

| 销售月份 | 求和项:销售金额 | 求和项:成本总计 | 求和项: 毛利 |
|---|---|---|---|
| 1 | 738795 | 603020 | 135775 |
| 2 | 2299054 | 2127342 | 171712 |
| 3 | 1883278 | 1730086 | 153192 |
| 4 | 1407576 | 1304480 | 103096 |
| 5 | 194010 | 179800 | 14210 |
| 6 | 312435 | 201740 | 110695 |
| 7 | 1014016 | 894720 | 119296 |
| 8 | 811272 | 711480 | 99792 |
| 9 | 862621 | 792300 | 70321 |
| 10 | 2860596 | 1761104 | 1099492 |
| 11 | 1146303 | 965180 | 181123 |
| 12 | 1247688 | 1136088 | 111600 |
| 总计 | 14777644 | 12407340 | 2370304 |



图 3-169 插入“毛利”后的数据透视表

### 3. 创建数据透视图

**任务要求**

为各月的“销售金额”、“成本总计”、“毛利”汇总结果创建数据透视图。

**分析**：为了将数据透视表和数据透视图结合使用，需要将数据透视图移动到数据透视表中。因为是要按月份进行数据分析，图表类型改用“折线图”，改图例位置、字体，改坐标轴字体，改数值轴刻度显示单位。都是为了增强对比度，更加重点突出。

**操作步骤**

(1) 创建数据透视图

在数据透视表内，右击，在弹出的快捷菜单中选择【数据透视图】命令，即可生成一张名为 Chart1 的数据透视图，如图 3-170 所示。

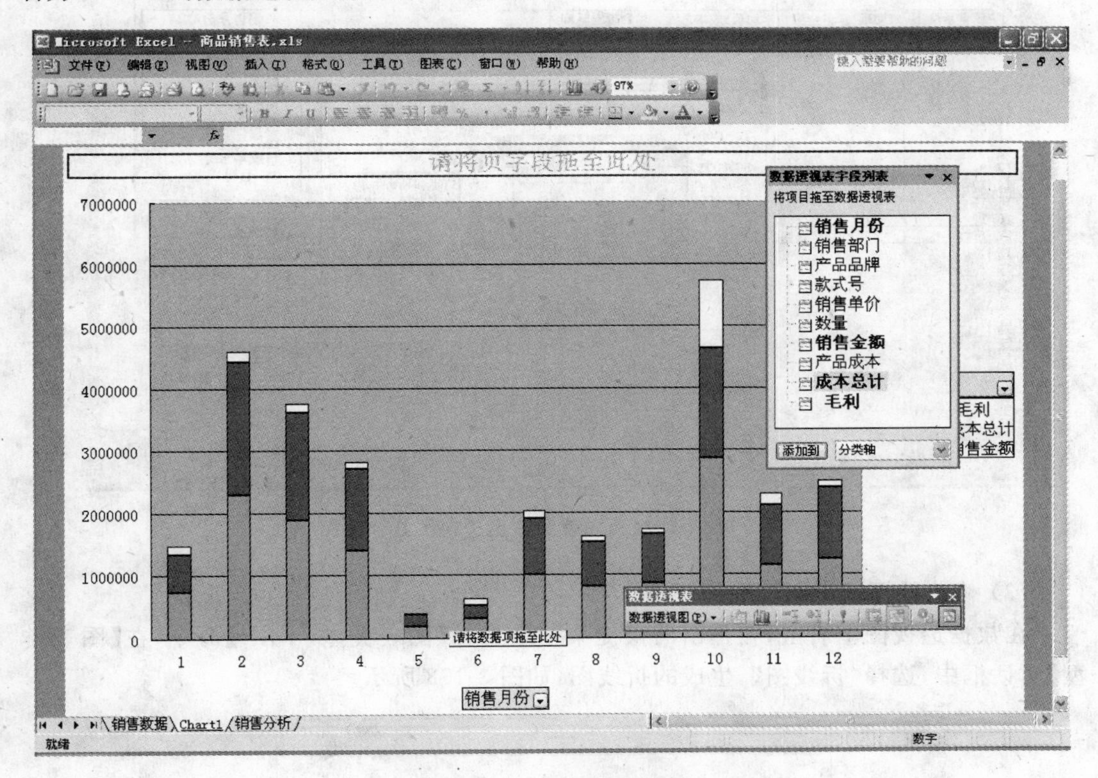


图 3-170　默认的数据透视图

(2) 移动数据透视图到“销售分析”数据透视表中

在 Chart1 上右击，在弹出的快捷菜单中选择【位置(L...)】命令，打开【图表位置】对话框，将图表“作为其中的对象插入”到“销售分析”中，如图 3-171 所示。

单击【确定】按钮，即可移动数据透视图到“销售分析”数据透视表中，如图 3-172 所示。

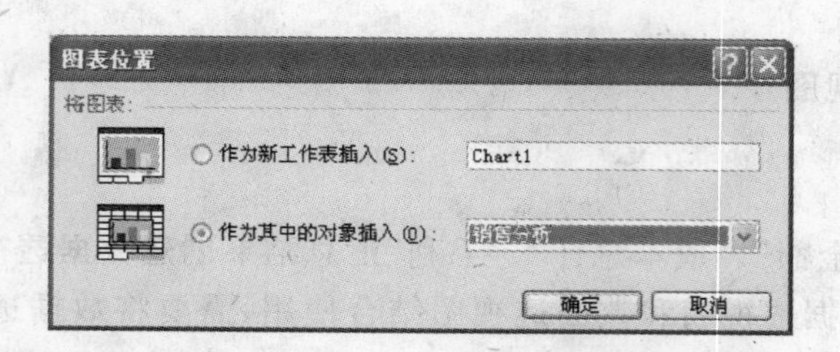


图 3-171 【图表位置】对话框

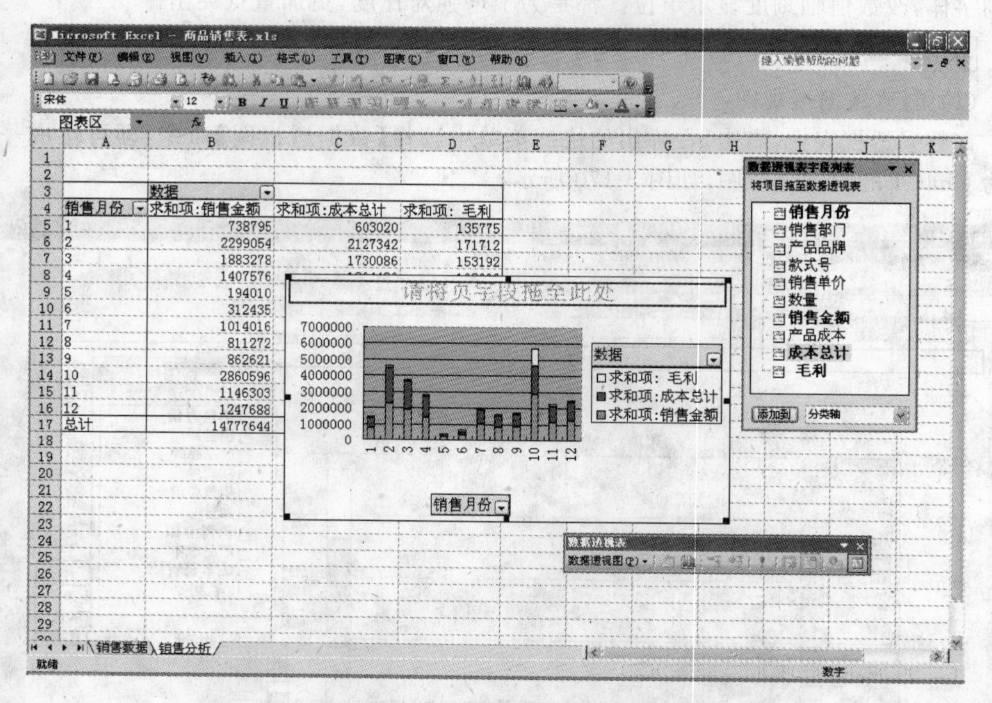

图 3-172 数据透视表和数据透视图结合使用

(3) 修改数据透视图的图表类型

在数据透视图上右击,在弹出的快捷菜单中选择【图表类型(Y)...】命令,在【图表类型】对话框中,选择"折线图",生成的折线图,如图 3-173 所示。

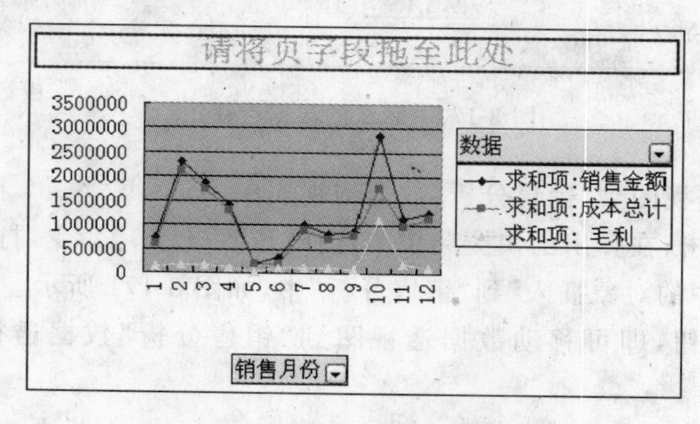


图 3-173 默认的"折线"数据透视图

(4) 更改数据透视图的外观

隐藏“字段”按钮：在【数据】或【销售月份】按钮上右击，在弹出的快捷菜单中选择【隐藏数据透视图字段按钮】命令。

改变“图例”的位置和外观：在“图例”上右击，在弹出的快捷菜单中选择【图例格式(O)】命令，打开【图例格式】对话框。改【位置】为“底部”，改【字体】的【字号】为 9 号字，如图 3-174 所示。

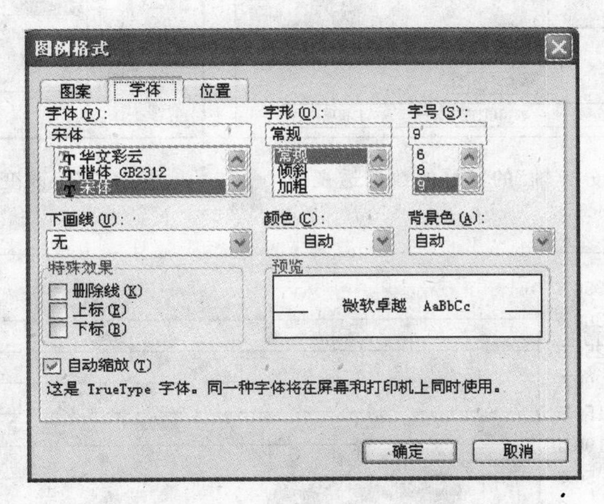


图 3-174 【图例格式】对话框

单击【确定】按钮，数据透视图效果如图 3-175 所示。

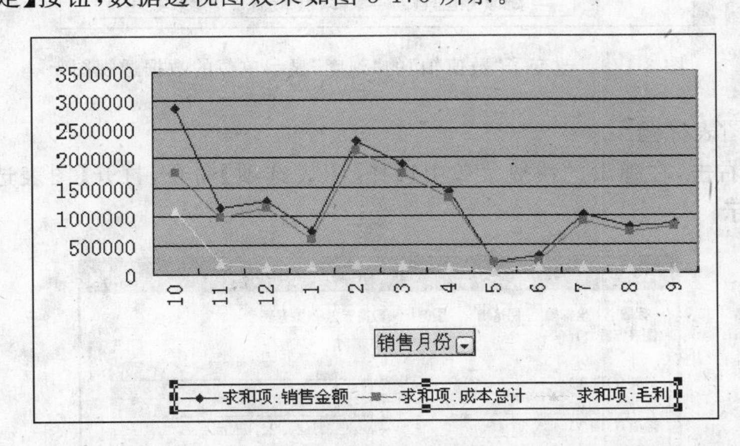


图 3-175 “隐藏数据透视图字段按钮”并改变“图例”外观后的数据透视图

改变“分类轴”的字号：在“分类轴”上右击，在弹出的快捷菜单中选择【坐标轴格式】命令，在【坐标轴格式】对话框的【字体】选项卡中，改【字号】为 9 号字，设置后的效果如图 3-176 所示。

改变“数值轴”的刻度：在“数值轴”上右击，在弹出的快捷菜单中选择【坐标轴格式】命令，打开【坐标轴格式】对话框，如图 3-177 所示。在【刻度】选项卡中的【显示单位】下拉列表框中选“万”，单击【确定】按钮，效果如图 3-178 所示。

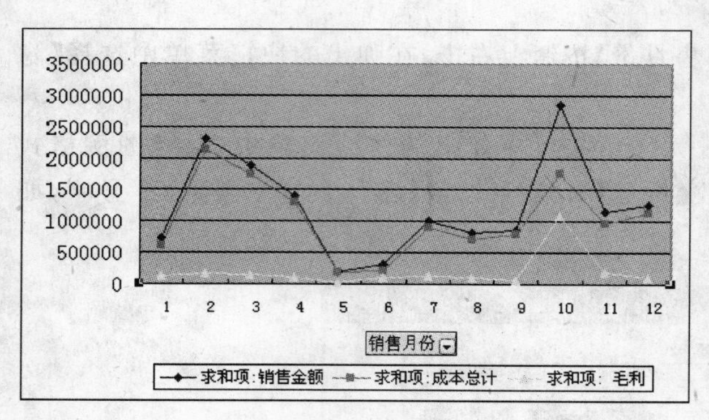


图 3-176 改变了“分类轴”的字号的数据透视图

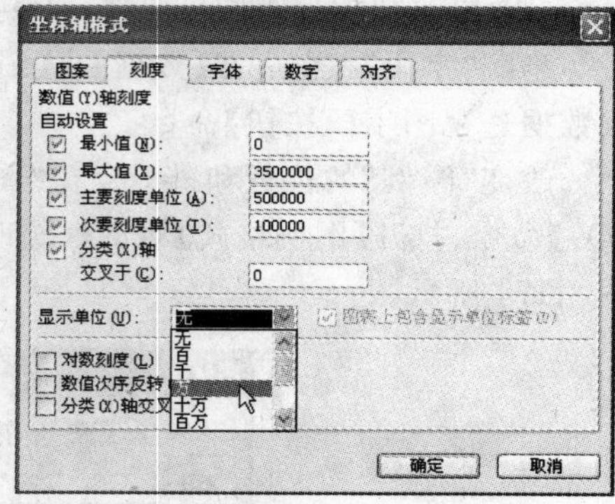


图 3-177 改变“数值轴”的“刻度”

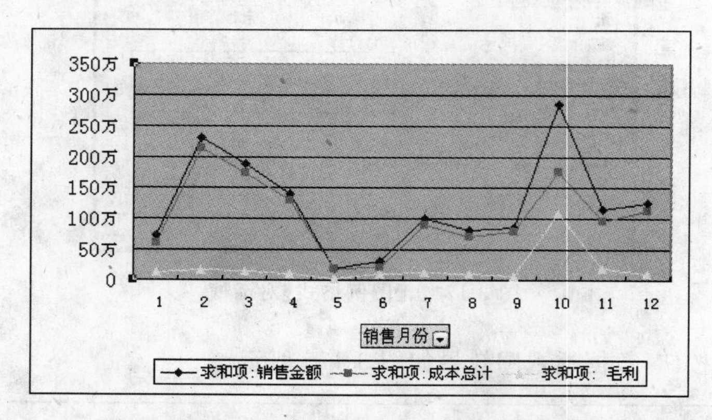


图 3-178 改变了“数值轴”的“刻度”显示单位的数据透视图

(5) 添加图表标题

在图表上右击,在弹出的快捷菜单中选择【图表选项】命令,打开【图表选项】对话框,如图 3-179 所示。

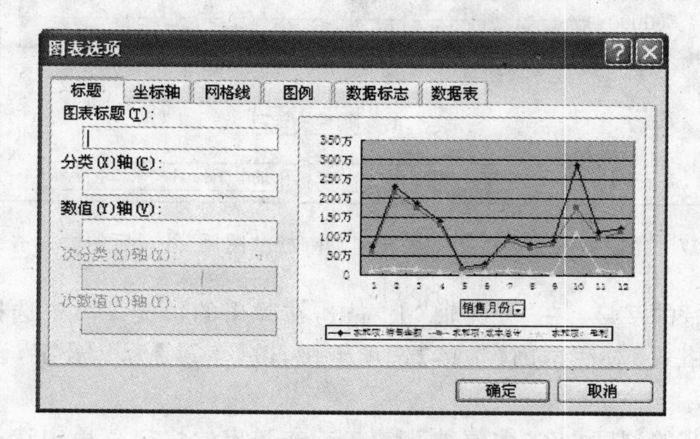


图 3-179 【图表选项】对话框

在【标题】选项卡的【图表标题】后的文本框中输入："按月份分析的销售走势"，单击【确定】按钮，即可为数据透视图添加标题。完成效果如图 3-180 所示。

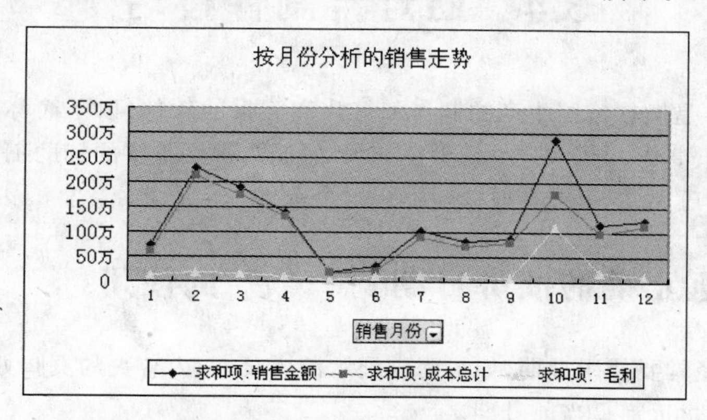


图 3-180　"按月份分析的销售走势"数据透视图

至此，创建数据透视表、数据透视图，进行销售分析的数据处理完毕。

**练习**

基于图 3-181 所示的"数据透视表源表"，汇总各部门的"销售额"，插入计算字段：成本总计＝成本价×数量。以数据透视表为数据源，创建"簇状柱形"数据透视图。

Microsoft Excel - 数据透视表.xls

A1　××商城2011年第一季度销售情况表

|  | A | B | C | D | E | F | G | H | I |
|---|---|---|---|---|---|---|---|---|---|
| 1 | ××商城2011年第一季度销售情况表 |  |  |  |  |  |  |  |  |
| 2 | 销售月份 | 销售员姓名 | 部门 | 商品代码 | 商品名 | 销售数量 | 成本价 | 单价 | 销售额 |
| 3 | 1 | 陈锋 | 家电部 | JD002 | 电暖扇 | 500 | 98 | 100 | 50000 |
| 4 | 2 | 陈国强 | 化妆品部 | HZ002 | 小护士 | 1000 | 25 | 29 | 29000 |
| 5 | 1 | 陈雨亮 | 蔬菜水果部 | SC001 | 青椒 | 20000 | 2 | 2.5 | 50000 |
| 6 | 3 | 程菲 | 化妆品部 | HZ001 | 玉兰油 | 300 | 54 | 58 | 17400 |
| 7 | 2 | 邓宇 | 家电部 | JD005 | 格力空调 | 20 | 1689 | 1800 | 36000 |
| 8 | 4 | 何岑 | 健身器材部 | JS001 | 跑步机 | 18 | 256 | 400 | 7200 |
| 9 | 4 | 何伟达 | 蔬菜水果部 | SC003 | 火龙果 | 3000 | 5.6 | 6 | 18000 |
| 10 | 4 | 何耀祖 | 蔬菜水果部 | SC004 | 鲜菇 | 6000 | 7 | 8 | 48000 |
| 11 | 3 | 黄文轩 | 家电部 | JD003 | 美的冰箱 | 10 | 3468 | 3500 | 35000 |
| 12 | 2 | 李婷婷 | 化妆品部 | HZ003 | 可伶可俐 | 60 | 45 | 49 | 2940 |
| 13 | 2 | 李卫国 | 健身器材部 | JS001 | 跑步机 | 28 | 390 | 400 | 11200 |
| 14 | 1 | 李文静 | 化妆品部 | HZ001 | 玉兰油 | 300 | 50 | 58 | 17400 |
| 15 | 1 | 李阳阳 | 化妆品部 | HZ002 | 小护士 | 1000 | 25 | 29 | 29000 |
| 16 | 1 | 李永伟 | 蔬菜水果部 | SC006 | 绿甘蓝 | 10000 | 1.5 | 2 | 20000 |
| 17 | 3 | 梁基爵 | 蔬菜水果部 | SC004 | 鲜菇 | 5000 | 7 | 8 | 40000 |
| 18 | 2 | 石金燕 | 化妆品部 | HZ001 | 玉兰油 | 300 | 56 | 58 | 17400 |
| 19 | 4 | 孙云海 | 化妆品部 | HZ002 | 小护士 | 1000 | 25 | 29 | 29000 |
| 20 | 4 | 王海波 | 蔬菜水果部 | SC008 | 豆角 | 2000 | 3 | 4 | 8000 |
| 21 | 4 | 徐敏 | 健身器材部 | JS002 | 篮球 | 500 | 48 | 50 | 25000 |
| 22 | 3 | 徐瑞年 | 家电部 | JD001 | 新飞冰箱 | 20 | 2896 | 3000 | 60000 |
| 23 | 2 | 徐卫青 | 健身器材部 | JS001 | 跑步机 | 18 | 359 | 400 | 7200 |
| 24 | 2 | 殷浩 | 蔬菜水果部 | SC004 | 鲜菇 | 1000 | 7 | 8 | 8000 |
| 25 | 4 | 张新发 | 蔬菜水果部 | SC005 | 鲜竹笋 | 1000 | 7 | 8 | 8000 |

销售情况表 / 统计结果

就绪　　数字

图 3-181　数据透视表源表

# 3.4 幻灯片制作技巧

PowerPoint 是微软公司生产的制作幻灯片和简报的软件(以下简称 PPT)。PPT 简单、实用,在会议、演讲、课堂、……几乎任何活动场合,都是主要的辅助工具。下面我们一起来研究几个技巧,以便于能更便捷地把握这个软件。

## 3.4.1 永远正确的演讲日期——“域”的使用

在 PPT 中经常要使用日期,如封面中展示演讲日期、内容页的页脚处显示日期等,这些日期需要保证永远都是当前日期。

**任务要求**

为“珍惜大学生活.ppt”的封面页的副标题占位符、内容页页脚插入演讲日期。

**分析**:其实原理很简单,日期不能直接录入,要插入日期“域”并且设置为能“自动更新”。

**操作步骤**

(1) 封面页副标题文本框中插入日期

光标定位到“珍惜大学生活.ppt”封面页的副标题文本框中,打开【插入】菜单,选择【日期和时间】命令,如图 3-182 所示。

图 3-182 “珍惜大学生活.ppt”封面页

在【日期和时间】对话框中选择合适的格式，选中左下角处的【自动更新】复选框，如图 3-183 所示。

单击【确定】按钮，能自动更新为当前日期的“域”就被插入到了副标题文本框中。

(2) 内容页的每页页脚处插入日期

打开【视图】菜单，选择【页眉和页脚】命令，弹出的【页眉和页脚】对话框如图 3-184 所示。

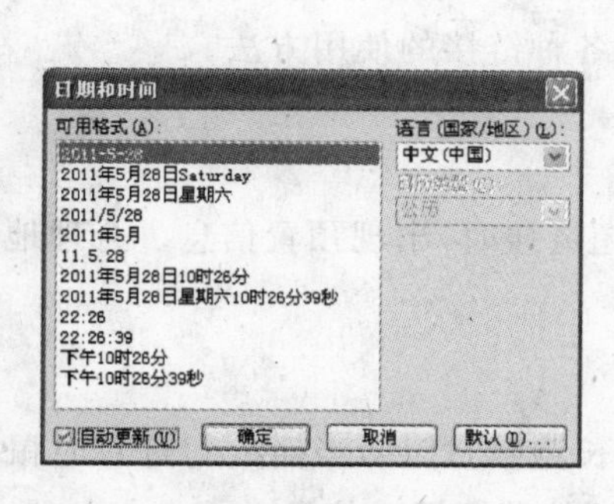


图 3-183　【日期和时间】对话框

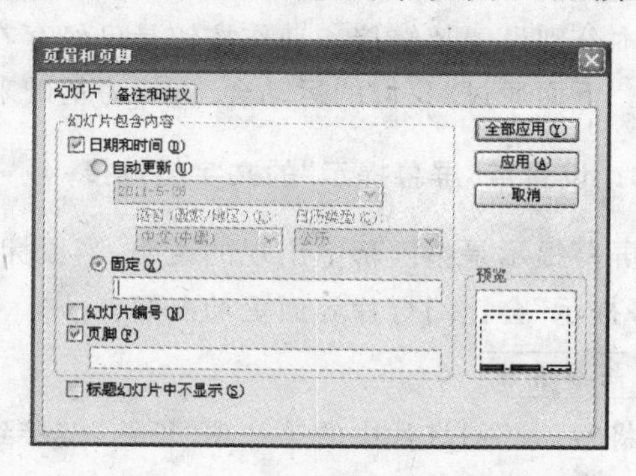


图 3-184　【页面和页脚】对话框

选中【自动更新】单选框，再单击【全部应用】按钮，经过这样的设置，以后每次打开 PPT 文档的时候就可以随时对系统中的页眉、页脚的日期和时间进行更新。如果选中【固定】单选框并录入日期，则此日期为设置的固定日期。

**练习**

给“我们的运动会.ppt”(见图 3-185)的封面页副标题、内容页页脚处插入演讲日期，并将页脚处的日期移动到幻灯片底部的右侧(提示：在幻灯片母版中改变“日期区”占位符的位置)。

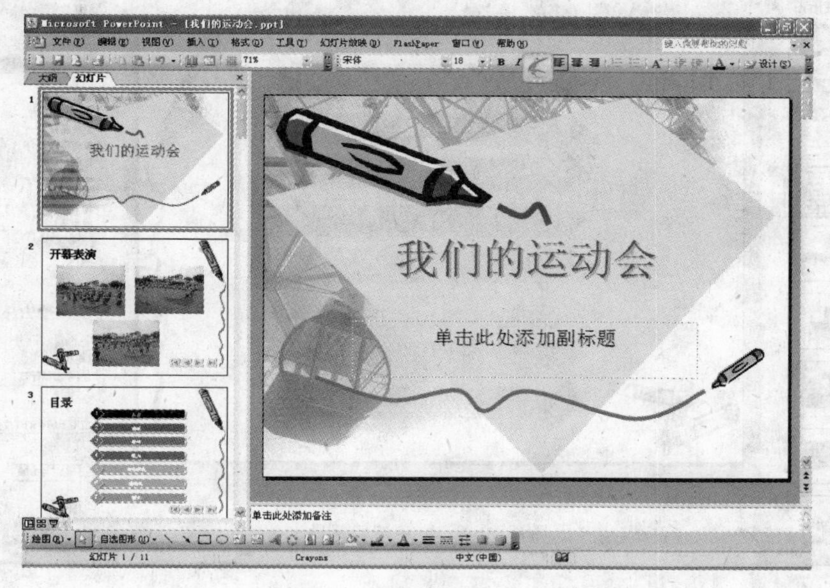


图 3-185　“我们的运动会.ppt”封面页

## 3.4.2 幻灯片的链接

在 PPT 中,超链接是从一个幻灯片到另一个幻灯片、自定义放映、网页或文件的链接。超链接本身可以是任何对象,如文本、图形、图片等,如果图形中有文本,可以为图形和文本分别设置超链接。动作按钮是已经存在的按钮,可以插入演示文稿并为其定义超链接。下面通过“我们的运动会. ppt”为基础来学习各种链接的使用方法。

### 1. 设置带“屏幕提示”的文字超链接

屏幕提示是指屏幕上出现的说明,当鼠标经过超链接时,出现预置信息。合理地使用“屏幕提示”会让幻灯片界面更加友好。

**任务要求**

将“目录”幻灯片中的第一项“长跑”链接到“4. 长跑”幻灯片,当播放幻灯片时鼠标经过超链接,出现“长跑项目:800 米、1500 米、3000 米”的链接提示信息。

**分析**:做超链接经常使用的方法是:打开【插入】菜单,执行【超链接】命令,在【插入超链接】对话框中为选中的文本创建超链接,也可以在选中文本后,在快捷菜单中选择【超链接】命令添加链接。

**操作步骤**

(1) 选中第 3 张幻灯片——“目录”中的“长跑”两个字,如图 3-186 所示。

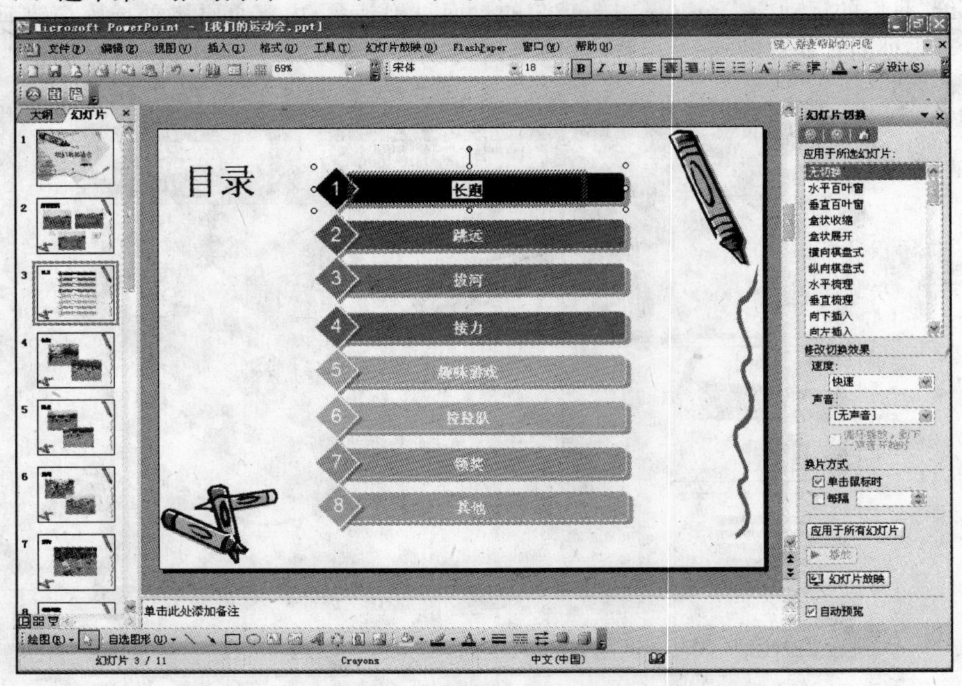


图 3-186 选中“目录”幻灯片中的文字——“长跑”

（2）创建本文档内的普通超链接

鼠标右击，在快捷菜单中选择【超链接(H)...】命令，在【插入超链接】对话框中，【链接到：】中选择“本文档中的位置(A)”，在【请选择文档中的位置(C)：】中选择“4. 长跑”，如图 3-187 所示。

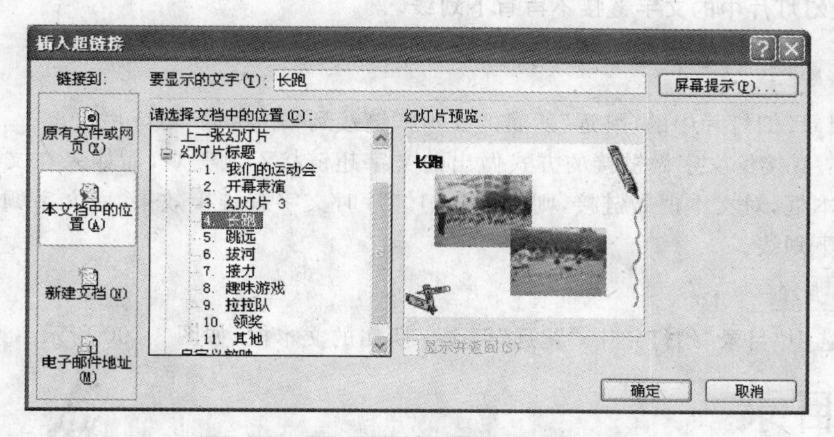


图 3-187　【插入超链接】对话框

（3）添加鼠标经过时的屏幕提示

在图 3-187 中，单击【屏幕提示...】按钮，打开【设置超链接屏幕提示】对话框，录入“长跑项目：800 米、1500 米、3000 米”，设置效果如图 3-188 所示。

图 3-188　录入屏幕提示文字

单击【确定】按钮返回【插入超链接】对话框，再单击【确定】按钮即可。

（4）按 F5 键放映幻灯片，放映效果如图 3-189 所示。

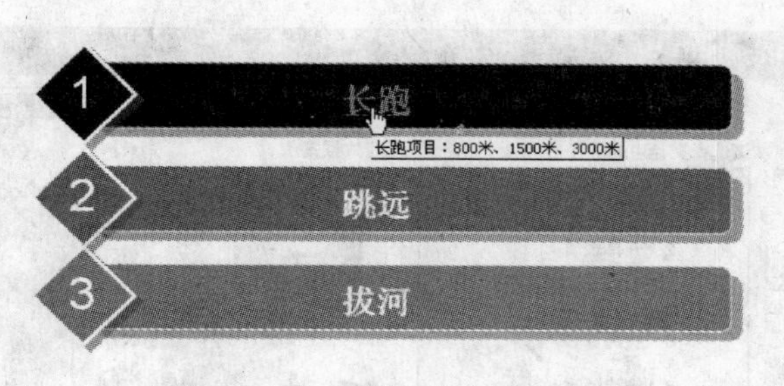


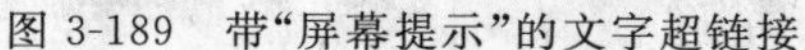

图 3-189　带“屏幕提示”的文字超链接

**注意**：如果厌烦了 PPT 中默认的链接文字颜色和单一链接的文字颜色，可使用【格式】菜单→【幻灯片配色方案】命令，从弹出的【配色方案】对话框中选择【自定义】选项卡，然后进行相应的设置。

**练习**

将“目录”幻灯片中的最后一项“其他”链接到“11. 其他”幻灯片，当播放幻灯片时鼠标经过超链接，出现“打开班级网站”的链接提示信息。

**2. 让幻灯片中的文字链接不再有下划线**

**任务要求**

将“目录”幻灯片中的“跳远”所属的文本框链接到“5. 跳远”幻灯片。

**分析**：直接给文字做链接的方式做出的文字超链接不太美观，而如果在文字外再包上一个文本框，对文本框做链接，则在播放幻灯片时文字有链接效果，而文字颜色不改变并且没有下划线。

**操作步骤**

(1) 选中“目录”幻灯片中 “跳远”两个字所属的文本框，如图 3-190 所示。

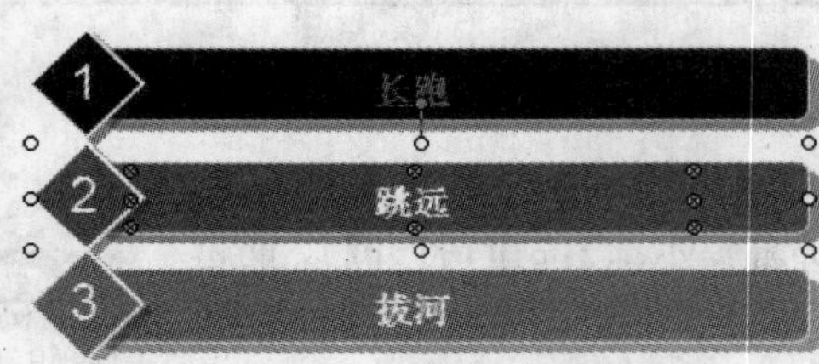

图 3-190　选中“跳远”两个字所属的文本框

(2) 创建超链接

右击，在快捷菜单中选择【超链接(H)...】命令，在【插入超链接】对话框的【链接到:】中选择“本文档中的位置(A)”，在【请选择文档中的位置(C)：】中选择“5. 跳远”，如图 3-191 所示。单击【确定】按钮即可。

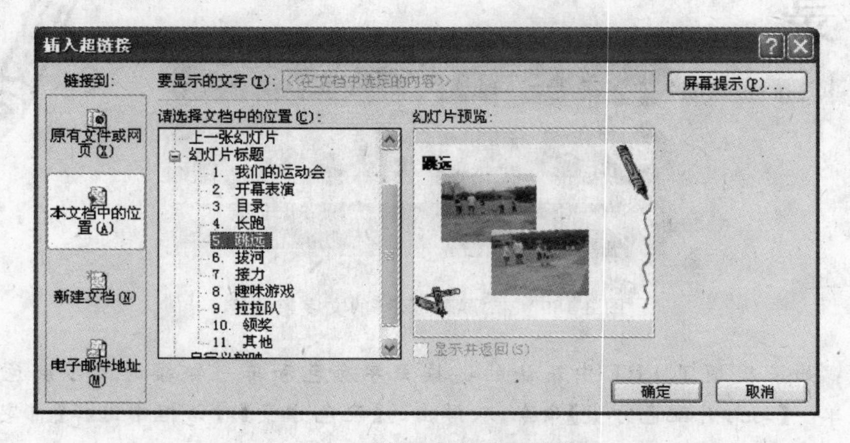


图 3-191　【插入超链接】对话框

(3) 按 Shift＋F5 组合键从当前幻灯片开始放映幻灯片，放映效果如图 3-192 所示。

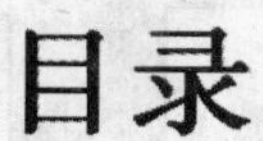

图 3-192　“跳远”文本框在放映时的链接效果

**练习**

同理依次为：拔河、接力、趣味游戏、拉拉队添加超链接到对应的幻灯片，并放映测试链接效果。

**3. 用“动作按钮”实现幻灯片页面间的链接**

“我们的运动会.ppt”做到目前为止，在放映时通过“目录”能跳转到其他页，而从其他页返回到“目录”页或其他页面间跳转，只能通过幻灯片自带的浏览功能上下翻页，为了操作能更加直观，可以在幻灯片的母版中用“动作按钮”实现页面间的链接。

**任务要求**

在幻灯片“母版”视图中为“幻灯片母版”添加“动作按钮”，以实现在放映幻灯片时较为直观的页面间的跳转。

**分析**：PPT 中共有 12 个不同功能的按钮，使用【开始】、【前进】、【后退】、【结束】动作按钮就可以实现幻灯片放映过程中上下翻页的效果。“自定义”按钮可以根据需要灵活添加文本、链接、动作，所有按钮的外观都通过“设置自选图形格式”来改变，以做更具个性化的按钮。

**操作步骤**

(1) 切换到幻灯片“母版”视图

打开【视图】菜单，选择【母版】→【幻灯片母版】命令，左侧的“大纲/幻灯片”窗格切换成“母版”窗格，编辑区域也变成“母版”页，如图 3-193 所示。

(2) 插入【开始】动作按钮

打开【幻灯片放映】菜单，选择【动作按钮】命令，在命令菜单选择【开始】⊡动作按钮，如图 3-194 所示。

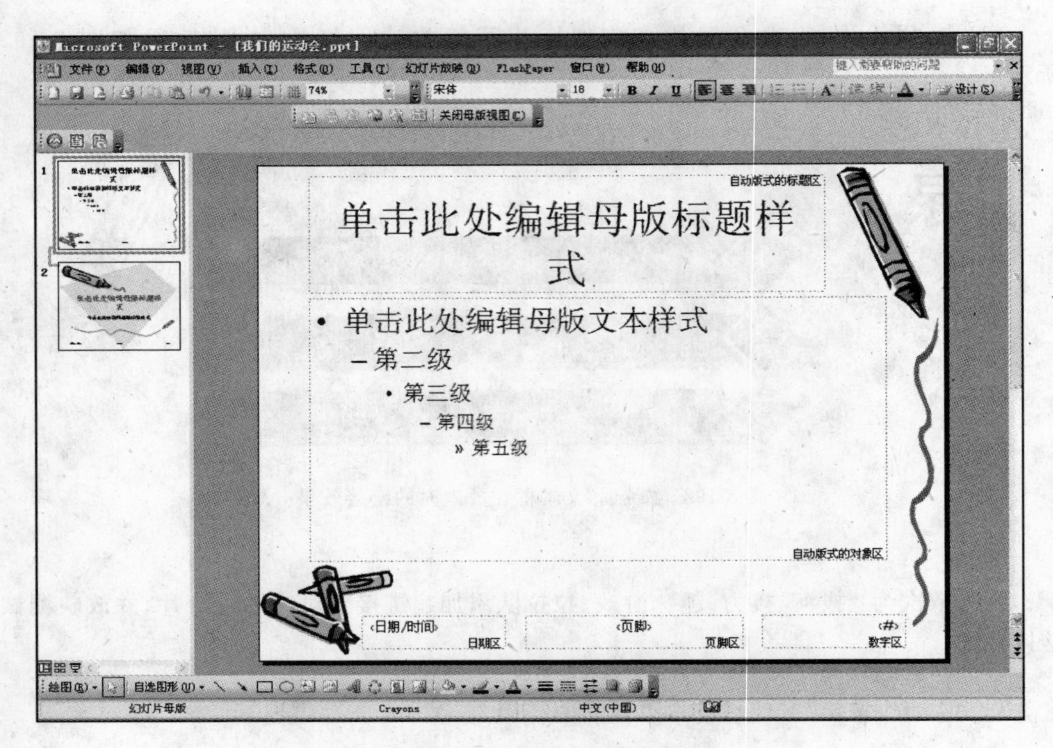


图 3-193 切换到“母版”视图

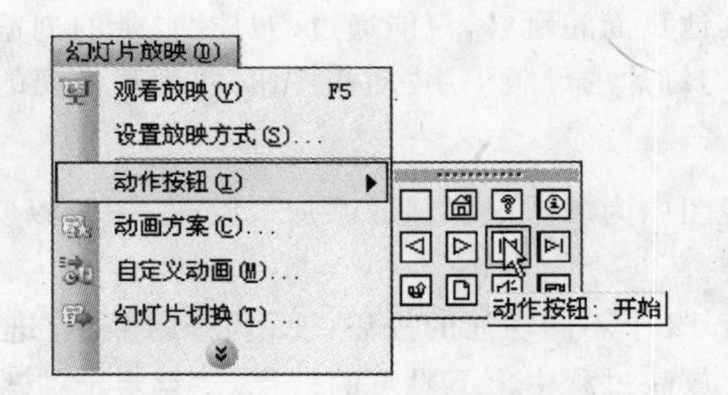


图 3-194 选择【开始】→【动作按钮】命令

在“幻灯片母版”的底部绘出按钮的大小，随即弹出【动作设置】对话框，如图 3-195 所示。

保持所有的默认设置，单击【确定】按钮即可。

同理添加【后退或前一项】◁、【前进或下一项】▷、【结束】▷| 动作按钮，然后调整它们的位置，完成效果图 3-196 所示。

(3) 按 F5 键放映幻灯片体验动作按钮的链接效果。

**练习**

体验 PPT 中的另 8 种按钮的使用。用【首页】⌂动作按钮代替【开始】|◁动作按钮。为【自定义】□动作按钮“添加文本”为“首页”，超链接到“第一张幻灯片”。

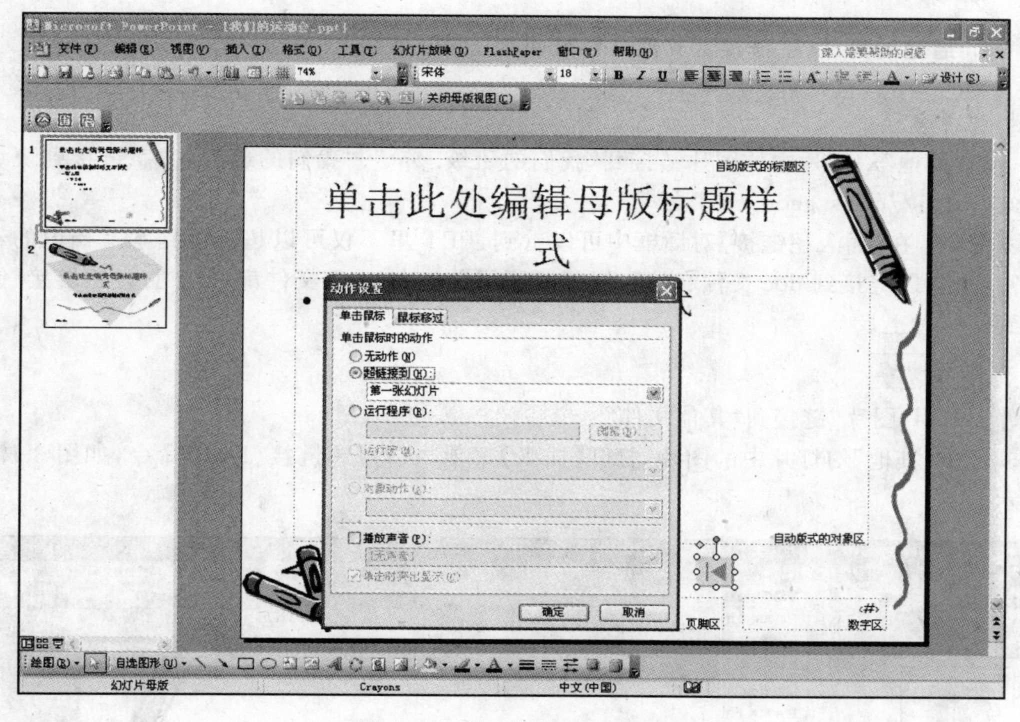


图 3-195　【动作设置】对话框

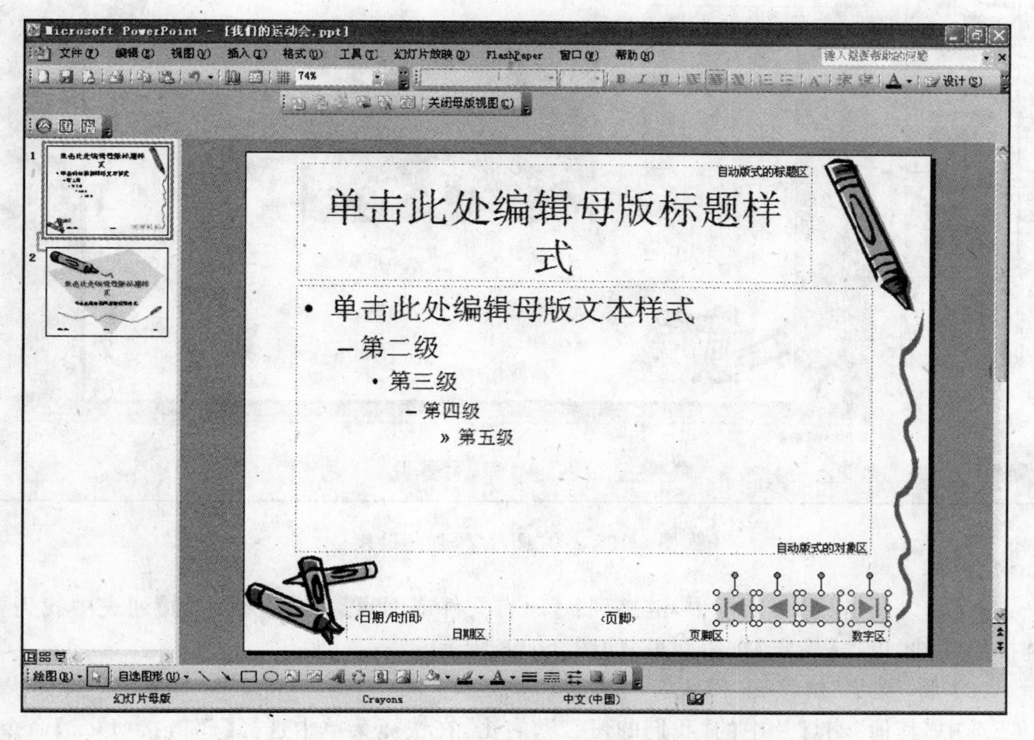


图 3-196　添加了“开始”、“前进”、“后退”、“结束”动作按钮

**4. 通过图片、文字链接到其他文件或网址**

**任务要求**

将“其他”幻灯片中的图片链接到“我们的班级.ppt”、“我们的班级”文字链接到班级网站“http://class.aedu.cn/”。

**分析：** 在【插入超链接】对话框中可以看到，PPT 里不仅可以超链接到本文档内的幻灯片，也可以链接到 doc 文件、音频、视频或网页。总之，一切文件都可以通过“超链接”链接到幻灯片上。

**操作步骤**

(1) 用“图片”链接到“其他文件”

选中“其他”幻灯片中的图片，打开【插入】菜单，执行【超链接(I)...】命令，如图 3-197 所示。

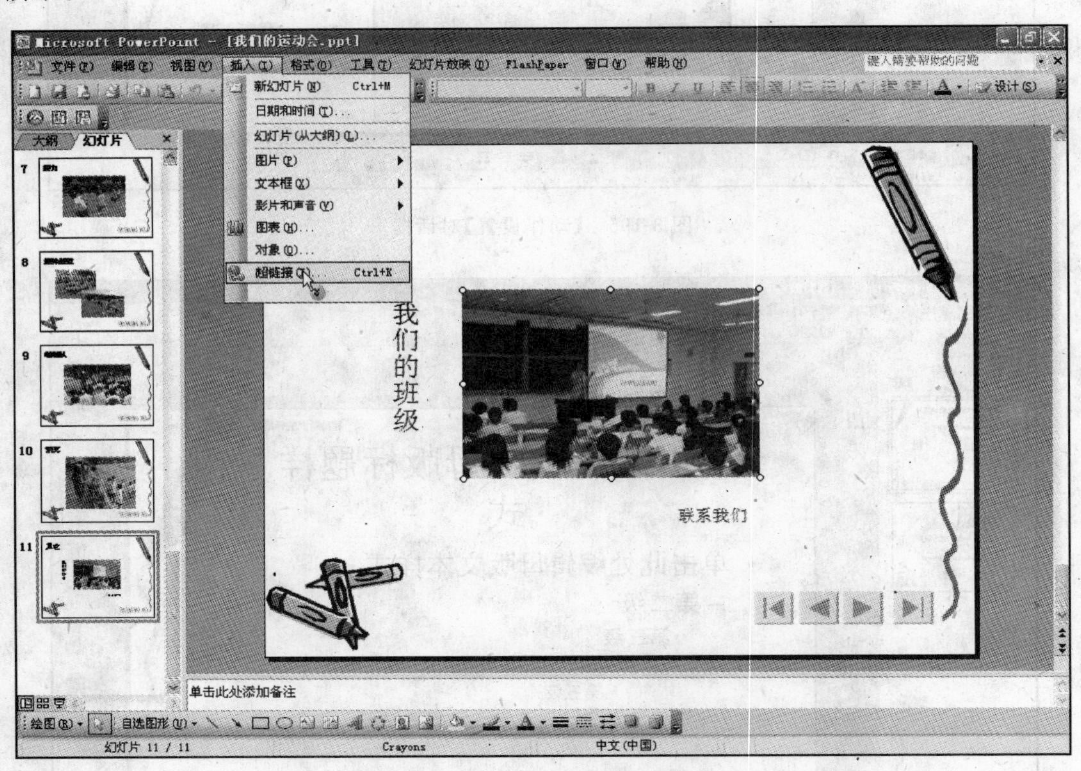


图 3-197 为“图片”添加超链接

在【插入超链接】对话框中，链接到：【原有文件或网页】，在【查找范围】列表中找到要链接的文件，单击【确定】按钮即可，如图 3-198 所示。

(2) 将“文字”链接到“网页”

选中“其他”幻灯片中的“我们的班级”，右击，在快捷菜单中选择【超链接(I)...】命令，在【插入超链接】对话框中的【地址】下拉列表中选择网址，或将复制过来的网址直接贴上均可，如图3-199所示，单击【确定】按钮即可。

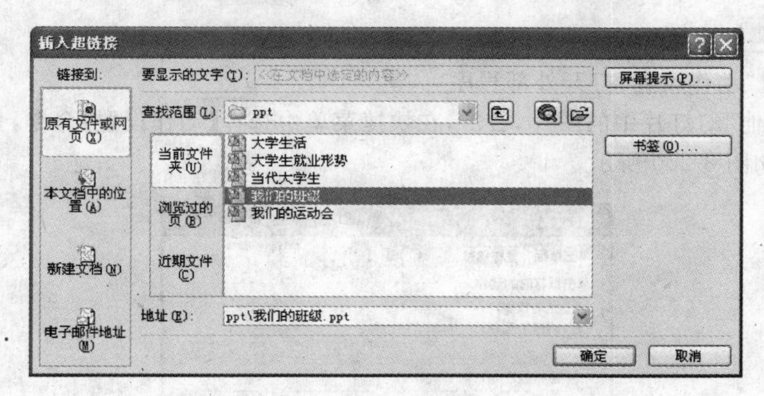


图3-198 链接到“其他文件”

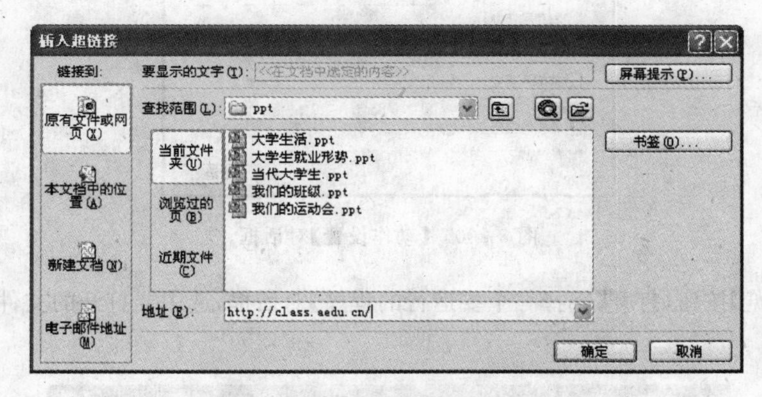


图3-199 “文字”链接到“网页”

**练习**

做“电子邮件地址”与链接到网址的过程大同小异，设置“其他”幻灯片中的“联系我们”为“电子邮件地址”链接，链接到你常用的E-mail地址。

### 5. 取消超链接的“病毒提示”

有时需要在幻灯片演示过程中链接到视频、电子书、Flash动画等可执行程序，如果用建立超链接的方法调用外部程序，在放映时会出现【某些文件可能携带有病毒，损害您的计算机。请确认此文件的来源是否可靠】的提示，虽然单击【确定】按钮仍然可以执行该程序文件，但在进行演示时出现这样的提示很让人讨厌。下面就实现取消超链接的“病毒提示”。

**任务要求**

设置通过“其他”幻灯片中的图片打开E盘“计算机系电脑教程17”文件夹中的“动漫绘制教程.exe”电子图书。

**分析**："动作设置"和"超链接"的本质是相同的，都起到了通过打开超链接的方式来调用程序的目的，但使用"动作设置"调用外部程序时，不会出现病毒提示对话框。

**操作步骤**

(1) 通过"动作设置"打开外部程序

选中"其他"幻灯片中的图片，右击，在快捷菜单中选择【动作设置】命令，打开【动作设置】对话框，如图 3-200 所示。

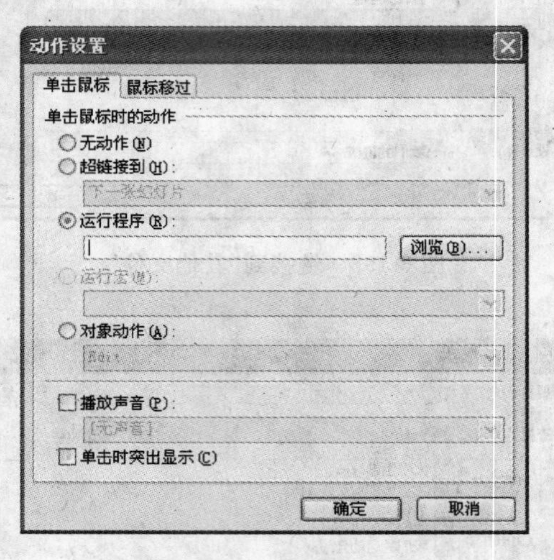


图 3-200 【动作设置】对话框

单击【浏览】按钮，打开【选择一个要运行的程序】对话框，选中要打开的文件，如图 3-201 所示。

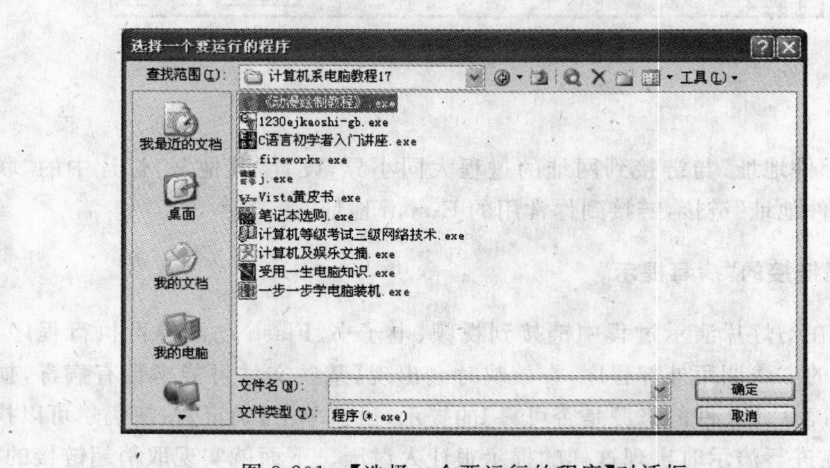


图 3-201 【选择一个要运行的程序】对话框

单击【确定】按钮，返回【动作设置】对话框，如图 3-202 所示。单击【确定】按钮即可。

(2) 降低"宏"安全性

打开【工具】菜单，选择【宏】→【安全性(S)...】命令，打开【安全性】对话框，选中【低】

单选按钮，如图 3-203 所示。单击【确定】按钮即可。

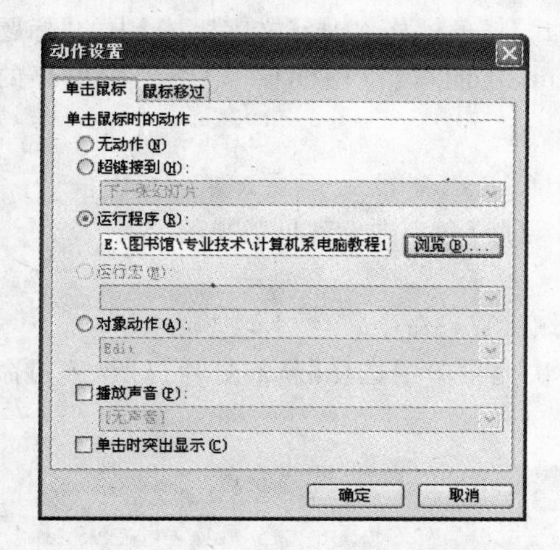


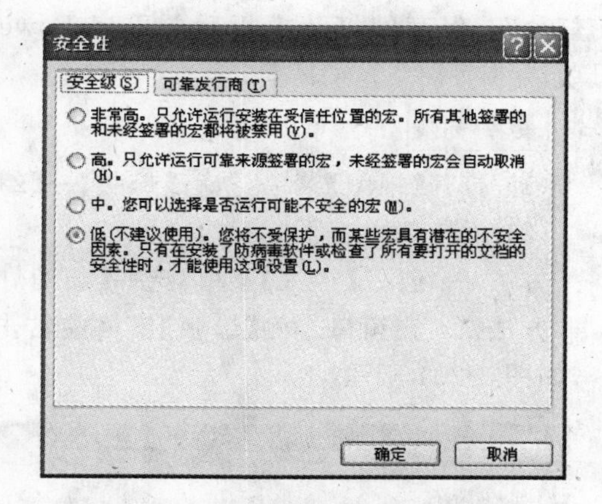


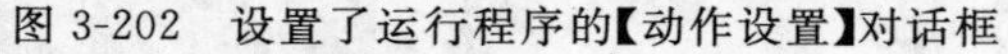
图 3-202　设置了运行程序的【动作设置】对话框

图 3-203　宏的【安全性】对话框

按 Shift+F5 组合键从当前幻灯片开始放映幻灯片，体验“动作设置”效果。

**练习**

设置通过“其他”幻灯片中的图片打开 C:\Windows\system32\mspaint.exe(提示：mspaint.exe 是画图程序)。

### 3.4.3　模板的制作

模板是控制 PPT 统一外观最容易、最快捷的方法，利用模板可以使设计出来的 PPT 所有幻灯片具有一致的外观，同时也让 PPT 的思路更清晰、逻辑更严谨，更方便处理图表、文字、图片等内容。模板是 PPT 的骨架性组成部分，一套好的 PPT 模板可以让一篇 PPT 文稿的形象迅速提升，大大增加可观赏性。传统的 PPT 模板包括标题、内容页两张母版，对于个性化要求越来越多的用户可能略显单薄。而 PPT 设计公司做的商业 PPT 模板内含：片头动画、封面、目录、过渡页、内页、封底、片尾动画等页面，PPT 文稿美观、清晰、动人，但是其中好多内容可能又用不到，实在是浪费。因此做一个既专业又实用的 PPT 模板非常重要。

**任务要求**

利用模板做另一种风格的“我们的运动会.ppt”。新功能：一个 PPT 中包含多个内容页幻灯片母版，在幻灯片放映时通过导航目录就可以快速定位到指定的幻灯片中。将制作好的 PPT 保存为“运动会模板.pot”，并应用于新的幻灯片。

**分析**：制作专业、实用的 PPT 模板，不仅要设定字号、搭配颜色、采用公司 Logo、选用专业图片装饰母版，还需要用“目录导航”，这样在幻灯片放映时观众就能一目了然地知道演讲流程。“目录导航”可以在幻灯片母版中用文本框做，再将文本框链接到相应的幻灯片上。一个模板中可以包括多个幻灯片母版，也可以给幻灯片母版添加标题母版。给幻灯片应用不同的母版时需打开【幻灯片设计】任务窗格，选择幻灯片母版并应用到选定的幻灯片。应用标题幻灯片时需打开【幻灯片版式】任务窗格，选择【文字版式】中的“标题幻灯片”。保存幻灯片模板后要重启 PowerPoint，才能在“可用模板”中看到刚保存的母版。

**操作步骤**

(1) 打开【视图】菜单，执行【母版】→【幻灯片母版】命令进入到母版视图

(2) 插入新内容页“幻灯片母版”

方法一：打开【插入】菜单，选择【新幻灯片母版(W)】命令。

方法二：在窗口左侧【母版】窗格中右击，在快捷菜单中选择【新幻灯片母版(W)】命令，如图 3-204 所示。

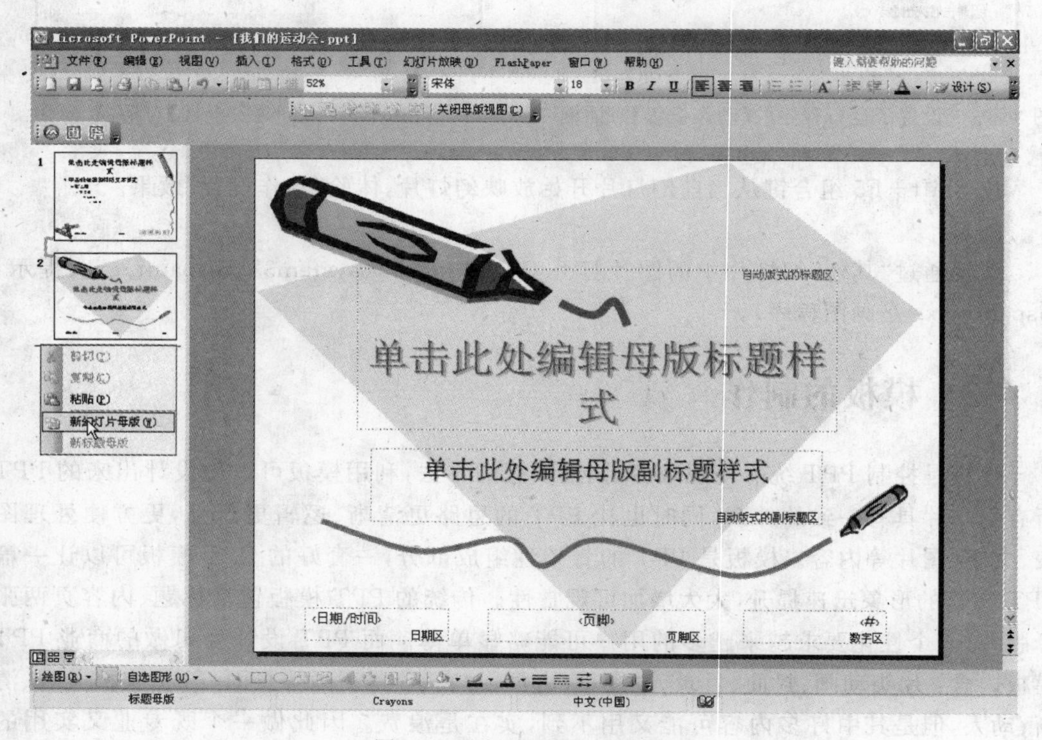


图 3-204 插入“幻灯片母版”

(3) 为新“幻灯片母版”添加背景图

在“幻灯片母版”上右击，在弹出的快捷菜单中选择【背景】命令，打开【背景】对话框。在填充下拉列表中选择【填充效果】命令，如图 3-205 所示。

单击鼠标，打开【填充效果】对话框，选择【图片】选项卡，如图 3-206 所示。

单击【选择图片】按钮，打开【选择图片】对话框，如图 3-207 所示。

在【查找范围】下拉列表中找到图片存储的文件夹“素材”，选择“背景图.jpg”，单击【插入】按钮返回到【选择图片】对话框，如图 3-208 所示。

单击【确定】按钮，返回【背景】对话框，如图 3-209 所示。

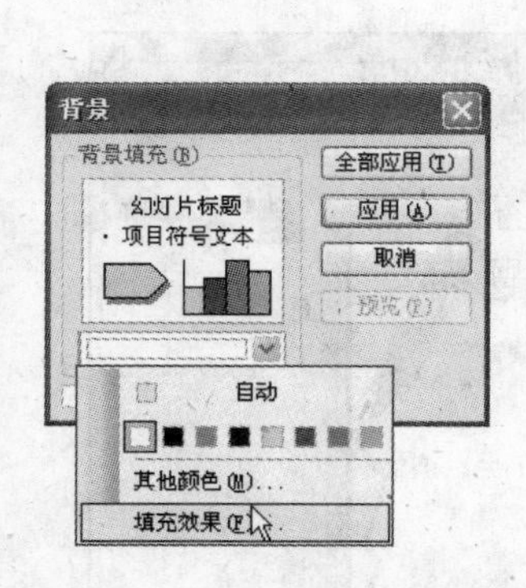


图 3-205　幻灯片【背景】对话框

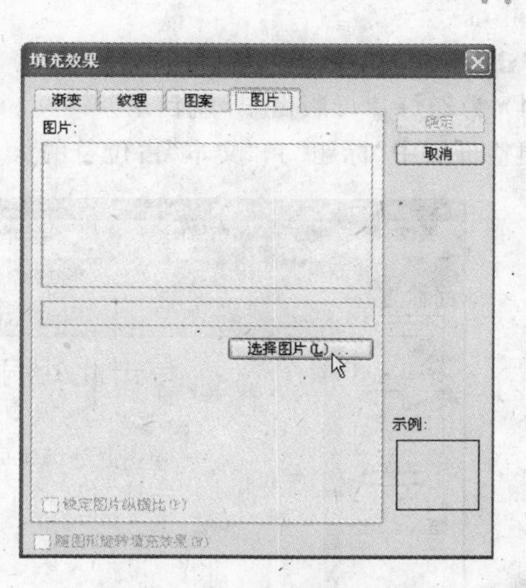


图 3-206　【填充效果】对话框

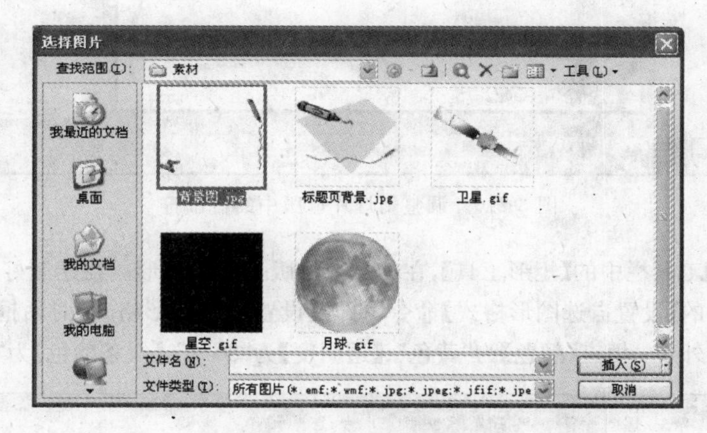


图 3-207　【选择图片】对话框

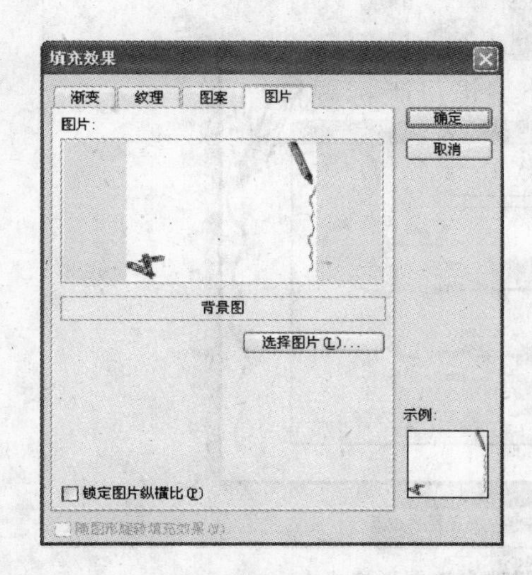


图 3-208　选择了图片的【填充效果】对话框

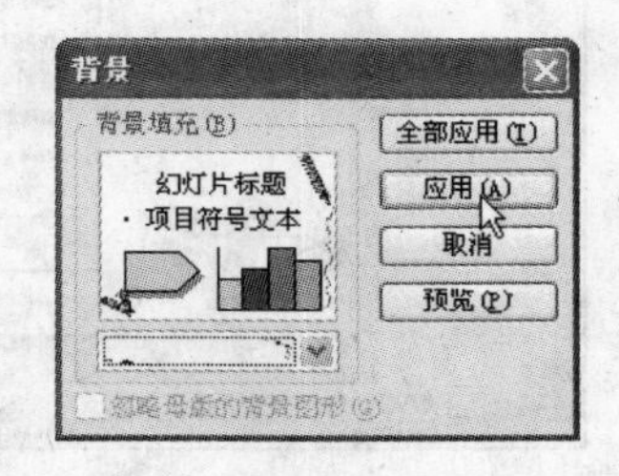


图 3-209　【背景】对话框

单击【应用】按钮，应用到当前页。

(4) 为幻灯片母版做“导航目录”

调整母版中“标题”和“文本”占位符的大小、位置，设置效果如图 3-210 所示。

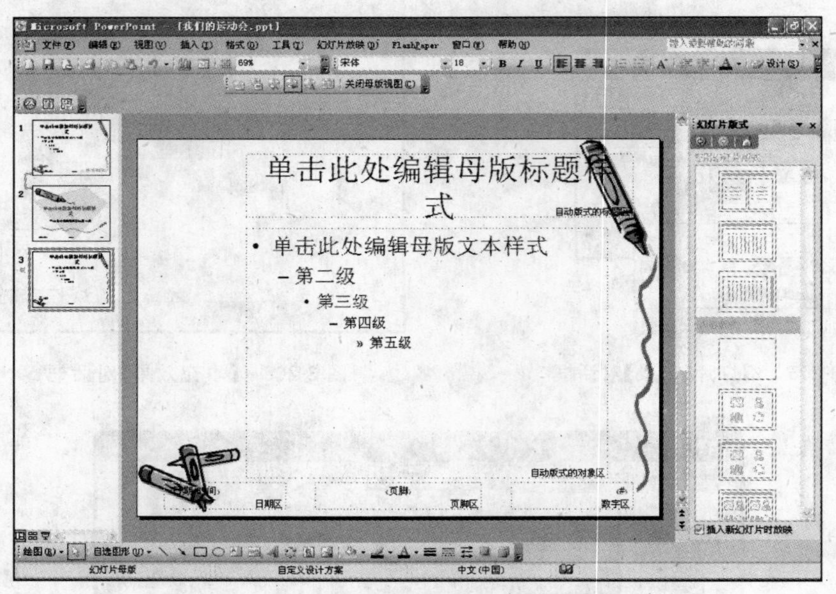


图 3-210　调整幻灯片母版中的占位符

选择【绘图】工具栏中的【矩形工具】，在幻灯片母版上绘制矩形。在绘制好的矩形上右击，执行快捷菜单中的【设置自选图形格式】命令，打开【设置自选图形格式】对话框，如图 3-211 所示。设置矩形的外观：填充【颜色】为“黄色”、【透明度】为“80%”，【线条颜色】为“红色”。

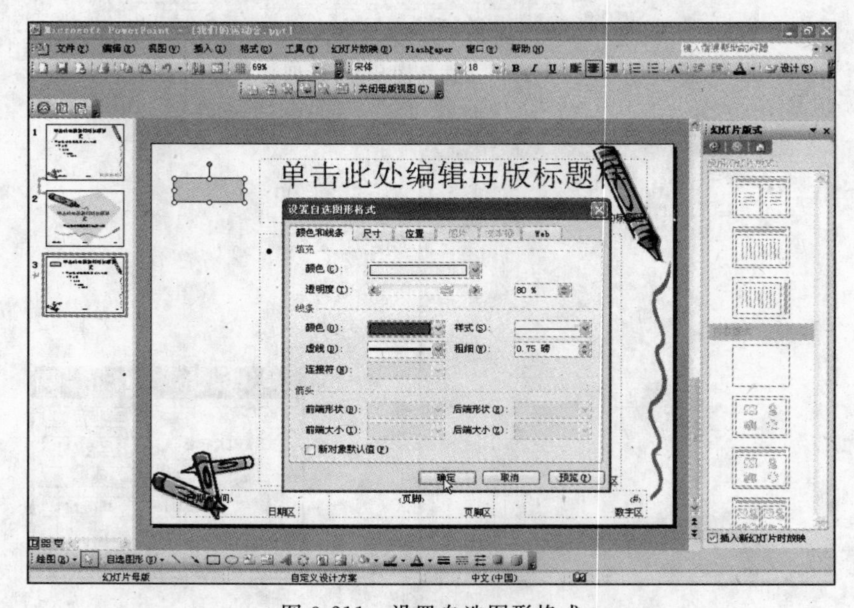


图 3-211　设置自选图形格式

在设置好外观的矩形上右击,选择快捷菜单中的【添加文本】命令,“自选图形”转化成了“文本框”。添加文本:开幕式,效果如图 3-212 所示。

图 3-212 添加了文本的“矩形”

按相同的方法制作:长跑、跳远、拔河、接力、趣味游戏、拉拉队、颁奖、其他 8 个矩形,并调整位置,效果如图 3-213 所示。

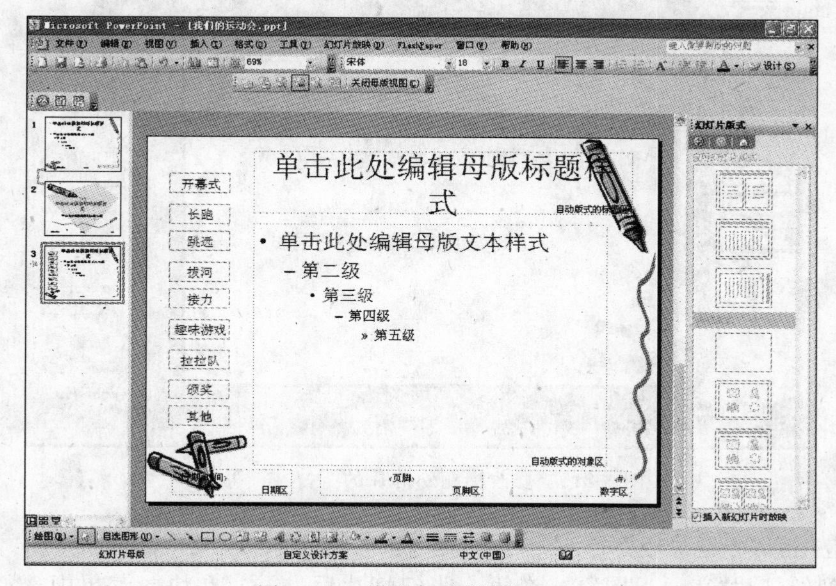


图 3-213 设置好的“导航目录”

(5)新建“标题母版”

选中新幻灯片母版,右击,在快捷菜单中选择【新标题母版】,如图 3-214 所示。

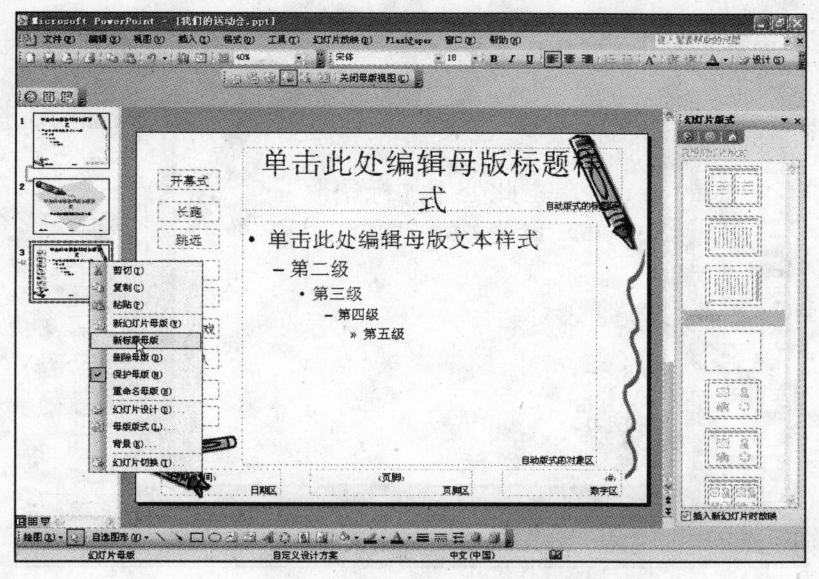


图 3-214 为“幻灯片母版”添加“标题母版”

选择【新标题母版】命令，为“幻灯片母版”添加了“标题母版”，设置标题样式为：48磅字号、红色、加粗。设置格式后的“新标题母版”如图3-215所示。

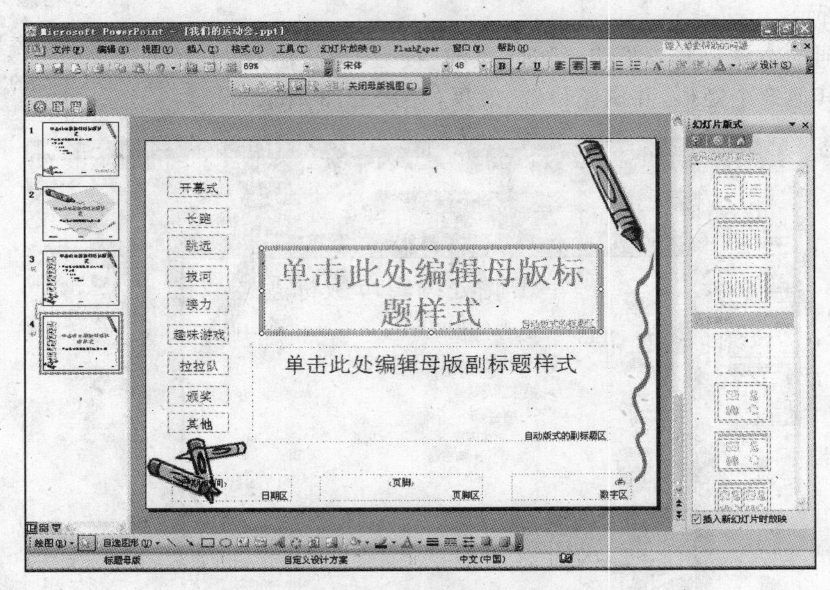


图 3-215　修改标题幻灯片的“占位符”外观

(6) 应用新“标题母版”

切换到幻灯片“普通视图”中，在第一张幻灯片后，右击，在快捷菜单中选择【新幻灯片】命令，插入一张新幻灯片。单击【格式】菜单，选择【幻灯片设计】命令，【幻灯片设计】任务窗格就出现在窗口右侧。选择新做的幻灯片母版，单击右侧的下拉按钮，在快捷菜单中选择【应用于选定的幻灯片】命令，如图3-216所示。

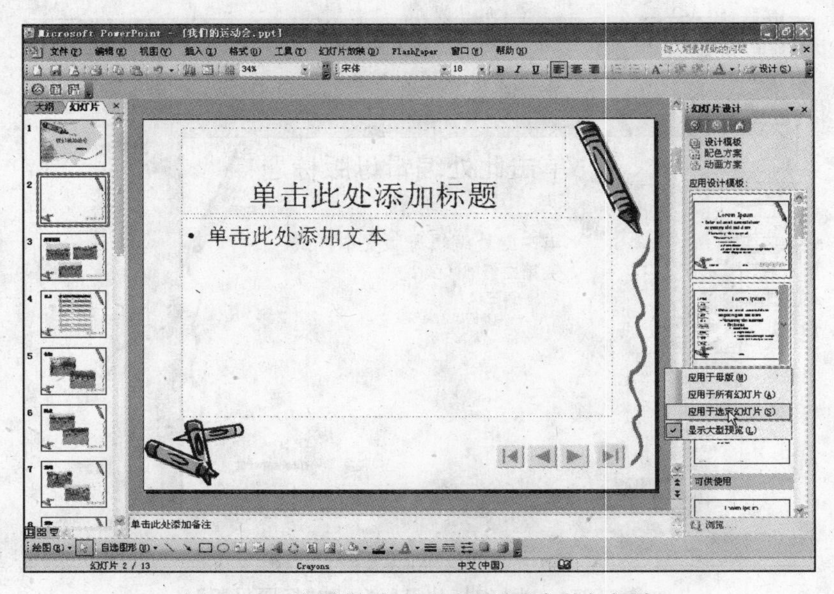


图 3-216　应用“幻灯片母版”到选定的幻灯片

应用了新幻灯片母版的效果如图 3-217 所示。

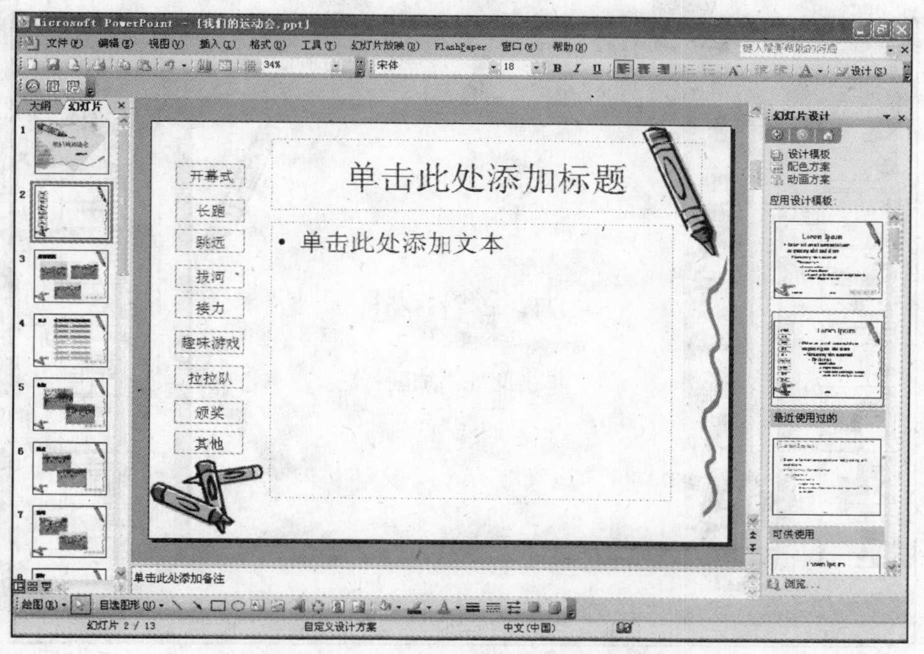


图 3-217 应用了“幻灯片母版”的选定的幻灯片

单击【格式】菜单，执行【幻灯片版式】命令，在【幻灯片版式】任务窗格中选择“文字版式”里的第一个：标题幻灯片，如图 3-218 所示。

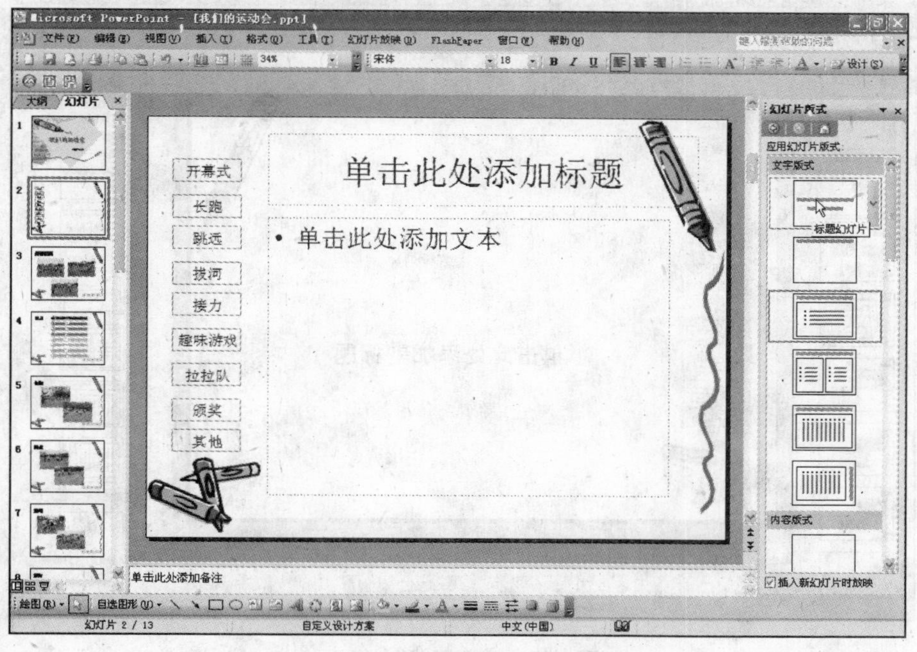


图 3-218 应用“标题幻灯片”到选定的幻灯片

应用了“标题幻灯片”后的效果如图 3-219 所示。

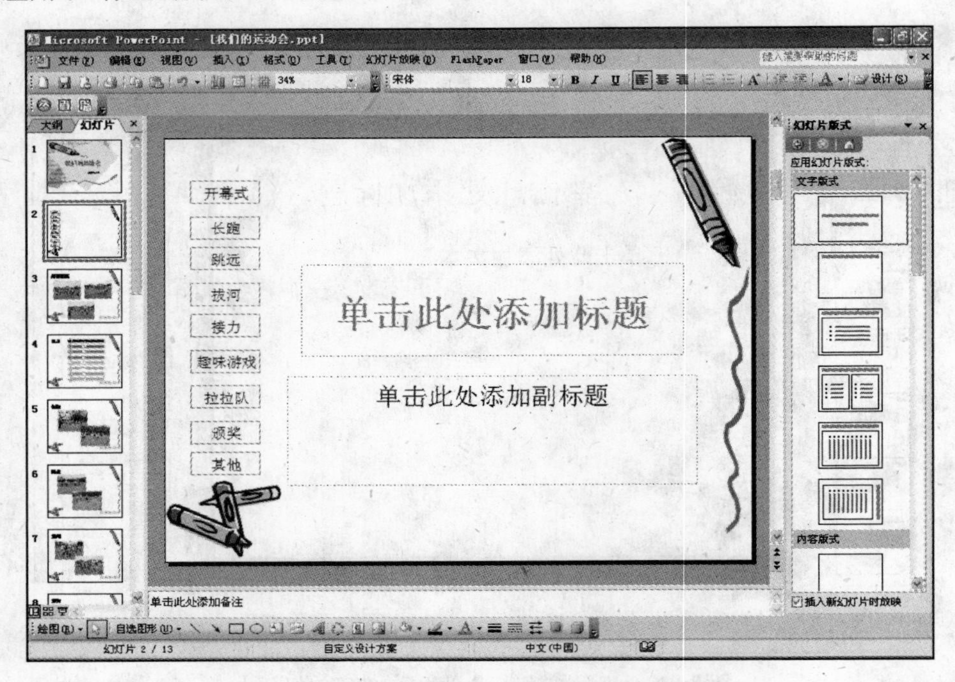


图 3-219　应用了“标题幻灯片”的选定的幻灯片

单击红色的标题占位符,输入“开幕式”作为标题,如图 3-220 所示。

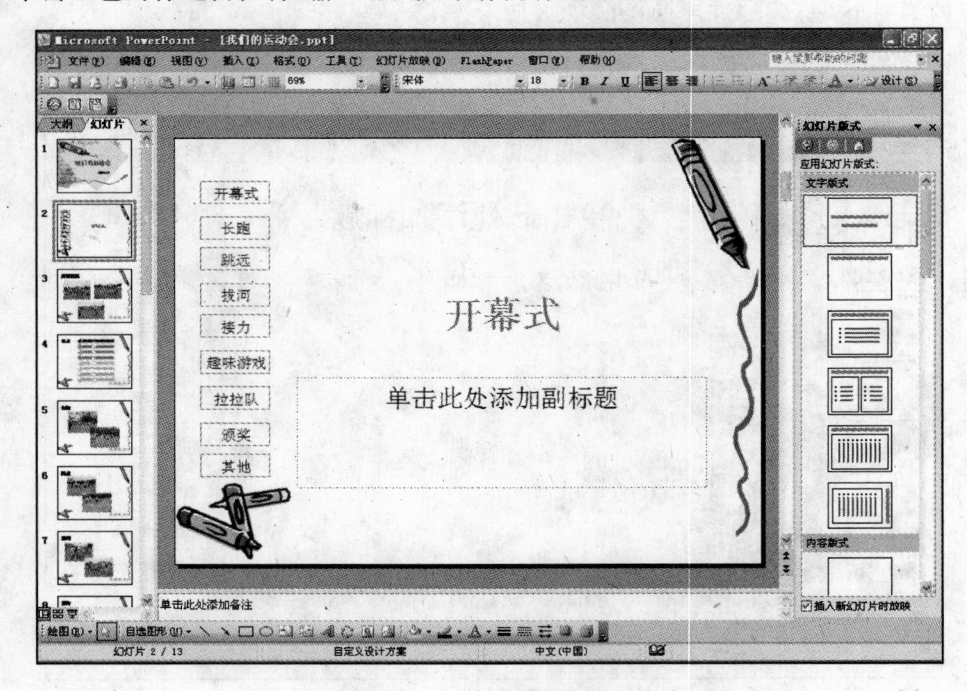


图 3-220　“开幕式”封面页

复制"开幕式"幻灯片 8 次，并分别修改标题为：长跑、跳远、拔河、接力、趣味游戏、拉拉队、颁奖、其他，如图 3-221 所示。

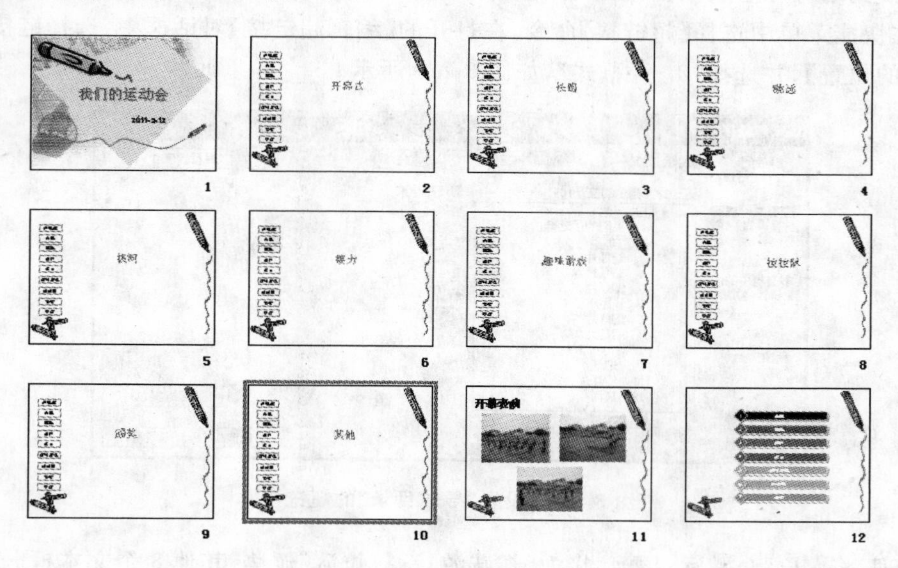


图 3-221　添加了九个标题页

将原有幻灯片移动到对应的标题幻灯片后，根据自己的需要可以对幻灯片略作编辑，比如将每张图片单独占一页，并应用自定义的"幻灯片母版"。参考效果如图 3-222 所示。

图 3-222　调整各标题页的位置

(7) 设置“导航目录”的超链接

切换到幻灯片母版视图，在【母版】窗格，选择“幻灯片母版”。选中“开幕式”文本框，右击，在快捷菜单中选择【超链接】命令，在打开的【编辑超链接】对话框中，选择链接到【本文档中的位置】，并选择“2. 开幕式”，如图 3-223 所示。

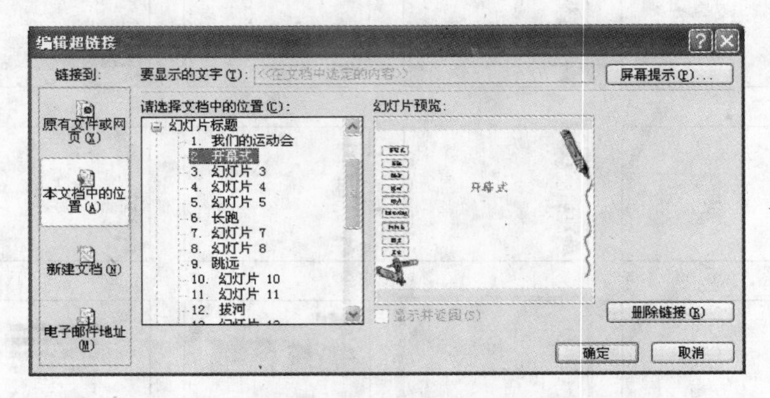


图 3-223　设置“导航目录”的超链接

同理，将：长跑、跳远、拔河、接力、趣味游戏、拉拉队、颁奖、其他 8 个文本框分别链接到对应的标题幻灯片：长跑、跳远、拔河、接力、趣味游戏、拉拉队、颁奖、其他。

删除“标题母版”中的导航目录，复制“幻灯片母版”中做好超链接的导航目录，如图 3-224 所示，粘贴到“标题母版”中。

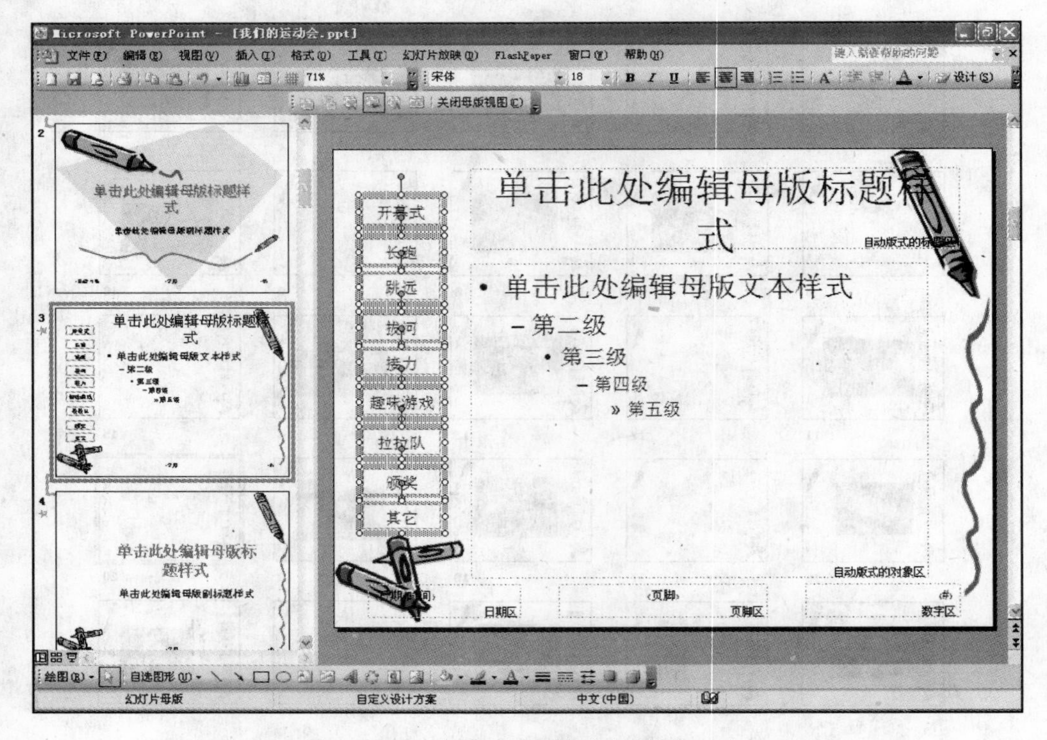


图 3-224　选择幻灯片母版中的“导航目录”

(8) 做“导航目录”中各项活动的母版

复制9份上一步做好的“幻灯片母版”，在各母版页中依次将“开幕式”、“长跑”、“跳远”、“拔河”、“接力”、“趣味游戏”、“拉拉队”、“颁奖”、“其他”文本框填充为“红色”，作为各项活动的母版，母版完成后的效果如图3-225所示。

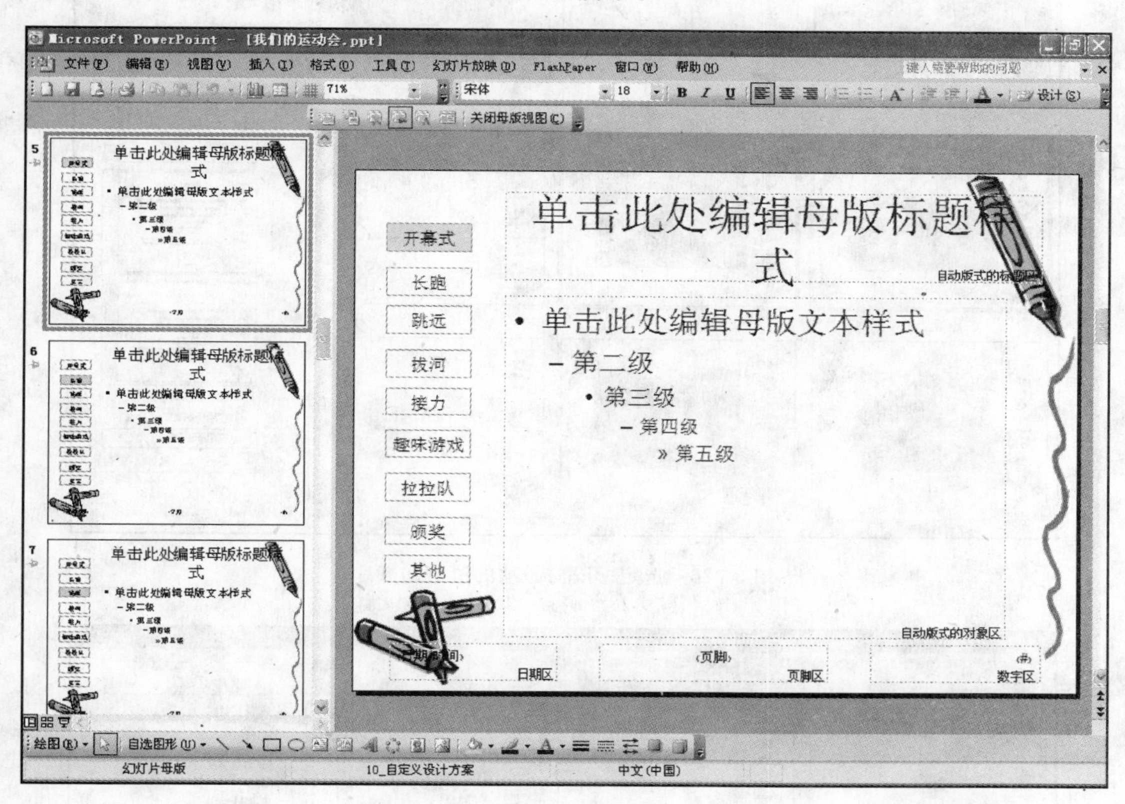


图3-225 做好的“导航目录”母版

(9) 应用新幻灯片母版到对应的幻灯片中

打开【幻灯片设计】任务窗格，在幻灯片“浏览视图”中，选择和“开幕式”有关的所有幻灯片，在【幻灯片设计】任务窗格，选择母版【应用于选定的幻灯片】，如图3-226所示。

选择【应用于选定的幻灯片】命令，效果如图3-227所示。

同理，将各项活动的幻灯片母版应用到对应的幻灯片中，设置完成后的效果如图3-228所示。

(10) 保存为“模板”

现在已经制作好了实用的演示文稿，为了以后能继续应用到其他幻灯片中，保存为模板是最好的方法。

打开【文件】菜单，执行【另存为】命令，在【保存类型】下拉列表框中选择“演示文稿设计模板(*.pot)”，取名为“运动会模板”，如图3-229所示。单击【保存】按钮即可。

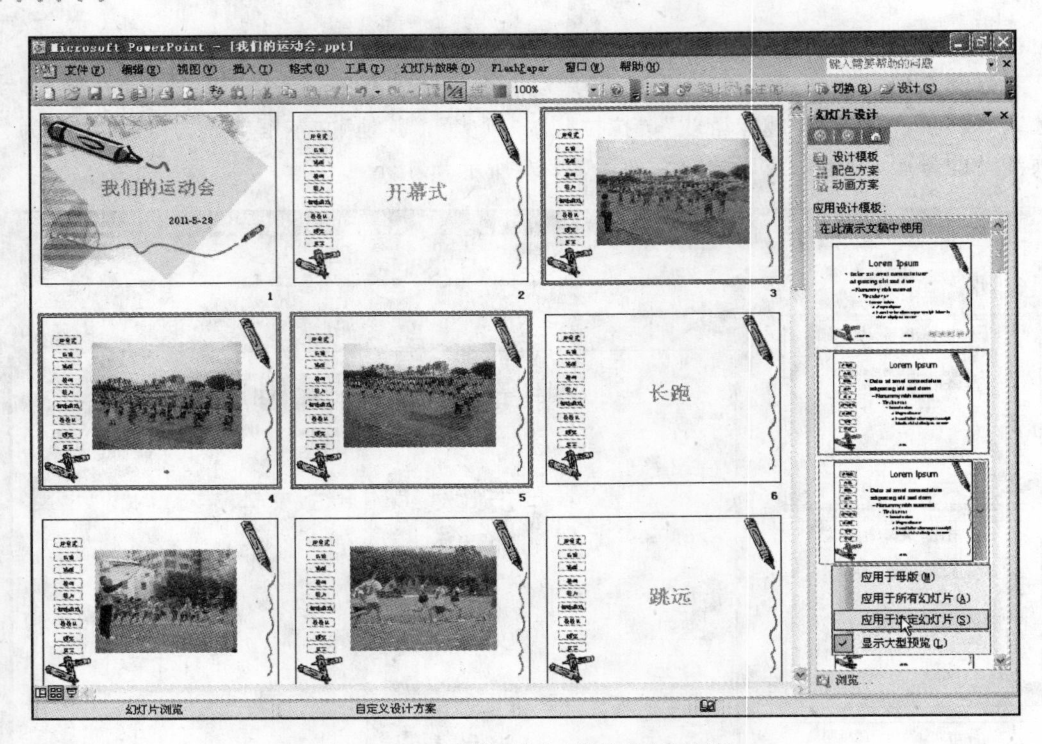


图 3-226　选定“开幕式”项的所有幻灯片

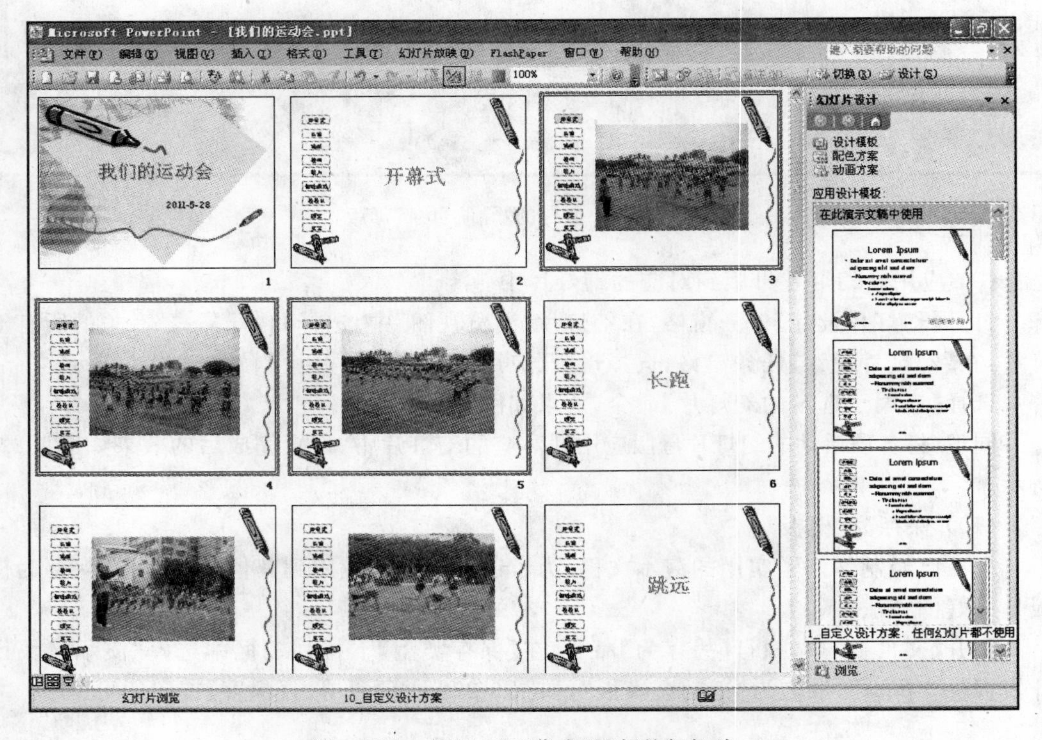


图 3-227　应用了“开幕式”母版的幻灯片

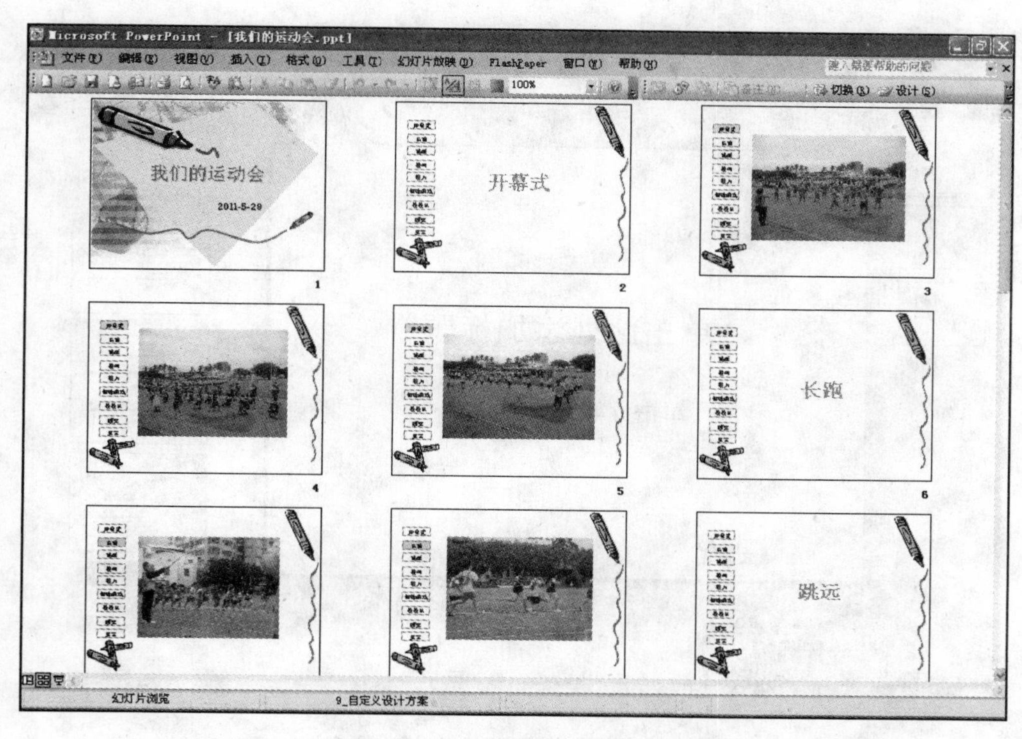


图 3-228　一个 PPT 中应用多种标题母版、幻灯片母版

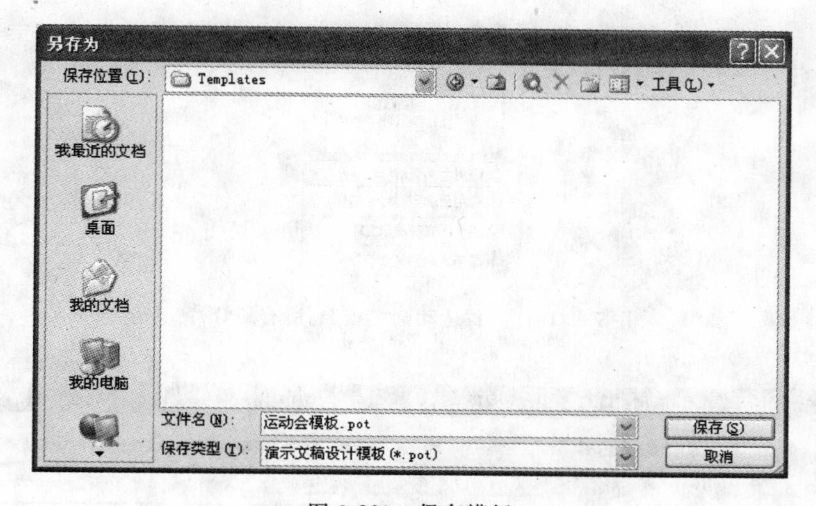


图 3-229　保存模板

(11) 应用“模板”

重新启动 PowerPoint，新建一个演示文稿“演示文稿 1”，打开【幻灯片设计】任务窗格，拖动垂直滚动条到“可供使用”栏，就能看到“运动会模板”了，如图 3-230 所示。

选择“运动会模板”，如图 3-231 所示。单击模板右侧的下拉按钮，执行【应用于所有幻灯片】命令，弹出提示信息，如图 3-232 所示。

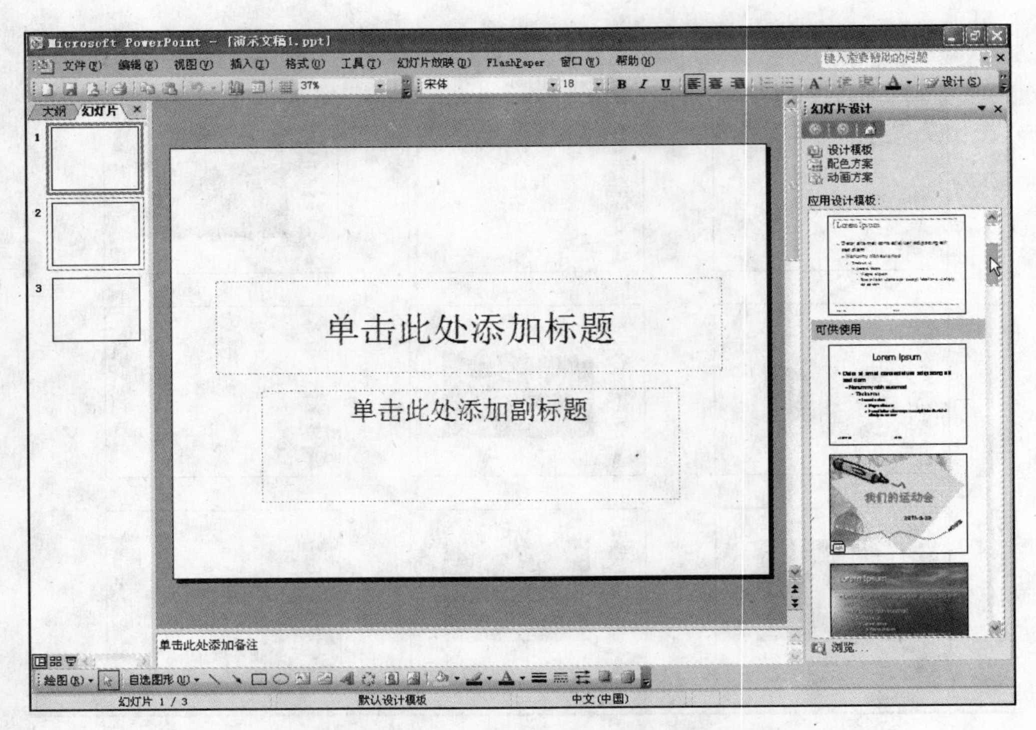


图 3-230　“可供使用”栏中的“运动会模板”

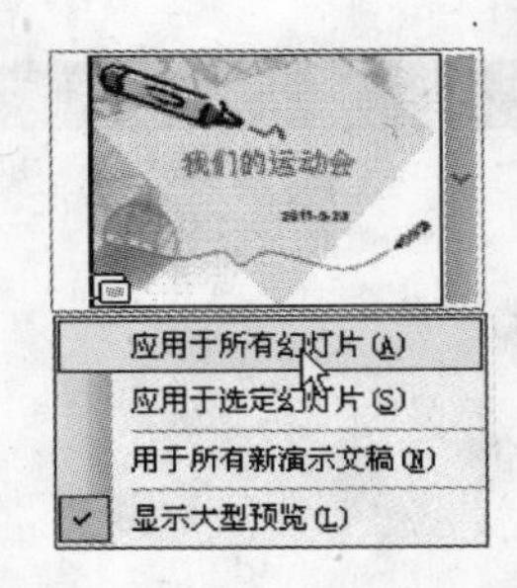


图 3-231　应用“运动会模板”到所有幻灯片

图 3-232　是否应用具有多个母版的模板

单击【是】按钮，即可应用具有多个母版的模板，应用效果如图 3-233 所示。

至此带导航目录的“我们的运动会.ppt”制作完毕。

**练习**

基于图 3-234 所示的“珍惜大学生活.ppt”，制作带导航目录的幻灯片母版，目录为：

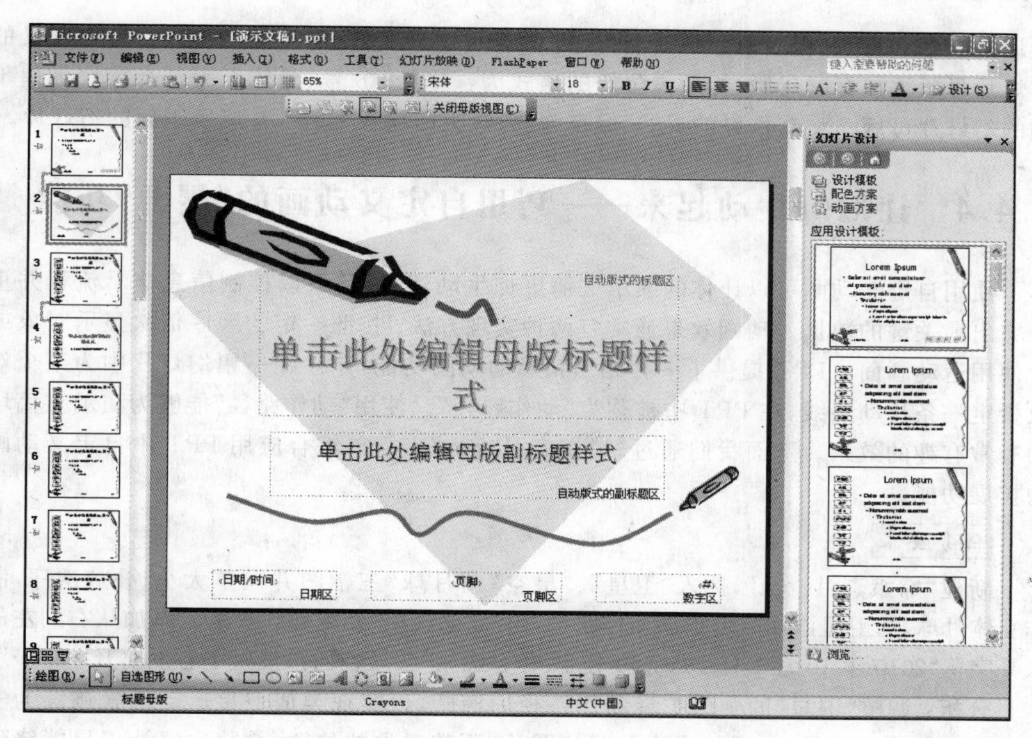


图 3-233　应用"运动会模板"到"演示文稿 1. ppt"

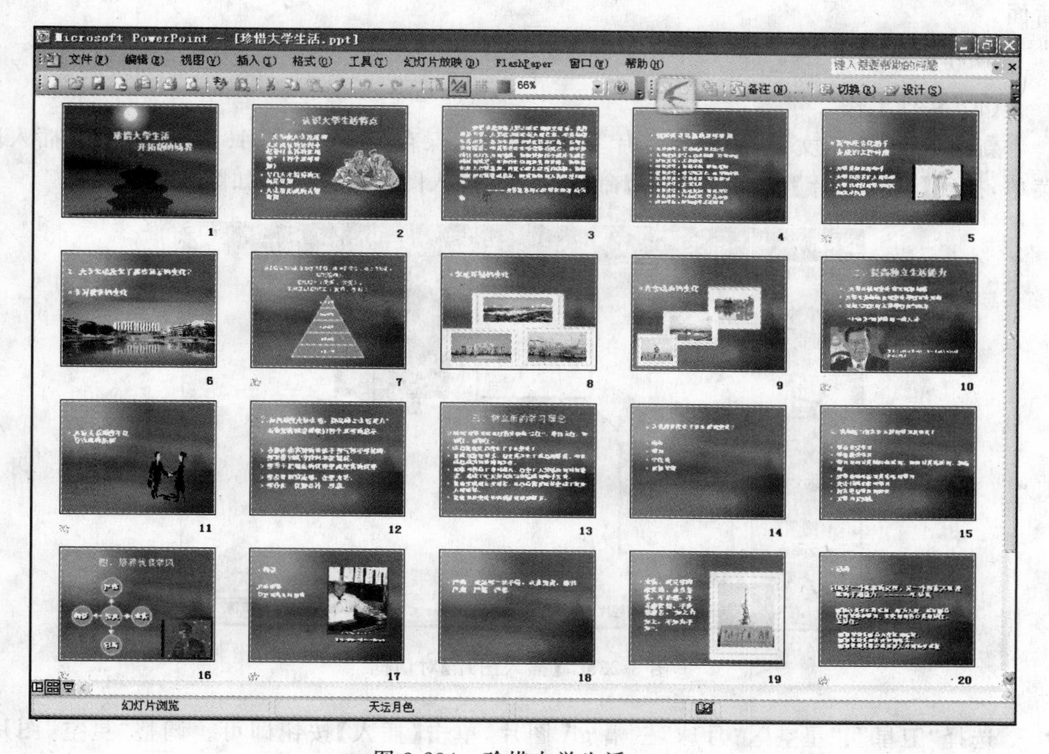


图 3-234　珍惜大学生活. ppt

认识大学生活特点、提高独立生活能力、树立新的学习理念、培养优良学风。为自定义的幻灯片母版添加标题母版，标题占位符的格式为：黄色、48号、黑体。为各个模块创建不同的幻灯片母版。将制作好的PPT保存为“大学生活模板.pot”，并应用于新的幻灯片。

### 3.4.4 让幻灯片动起来——巧用自定义动画的“展开”功能

使用自定义动画可以让你的演示文稿更加生动活泼，还可以控制信息演示流程并重点突出最关键的数据。动画效果通常有两种实现方法：按照一定的顺序依次显示对象或者使用运动画面。PPT提供了一种相当精彩的动画功能，允许在一幅幻灯片中为某个对象指定一条移动路线，在PPT中被称为“动作路径”。使用“动作路径”能够为演示文稿增加非常有趣的效果。下面我们通过“嫦娥奔月.ppt”来简单综合应用PPT中自定义动画的扩展功能。

**任务要求**

新建“嫦娥奔月.ppt”，插入“卫星”、“星空”、“月球”三幅图并调整大小、叠放次序，制作立体月球，为卫星添加圆形扩展动作路径，用“效果选项”设置动画效果。添加从右到左的水平字幕“2010年10月1日18时59分57秒，‘嫦娥’二号在西昌发射中心发射升空……”

**分析**：调整“卫星”的圆形扩展动作路径为椭圆，以实现类似卫星运动的轨迹。为实现卫星能环绕月球航行，添加半个月球的图片，调整对象的位置、叠放次序让卫星能绕到后面。

**操作步骤**

(1) 基础工作

新建PPT演示文稿，删除幻灯片上的占位符，保存为“嫦娥奔月.ppt”。打开【插入】菜单，执行【插入图片】→【来自文件】命令，打开【插入图片】对话框，如图3-235所示。

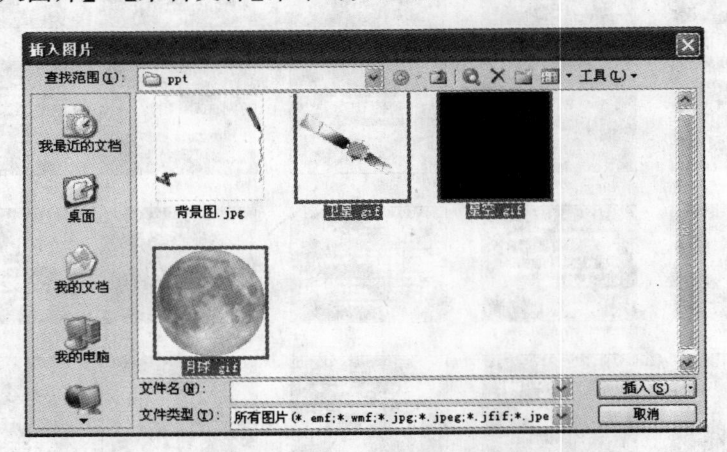


图3-235 【插入图片】对话框

选择“卫星”、“星空”、“月球”三幅gif图片，单击【插入】按钮即可。调整“星空”图片的大小，并将它置于底层，作为幻灯片背景。调整“月球”和“卫星”的大小、位置，参考效果如图 3-236 所示。

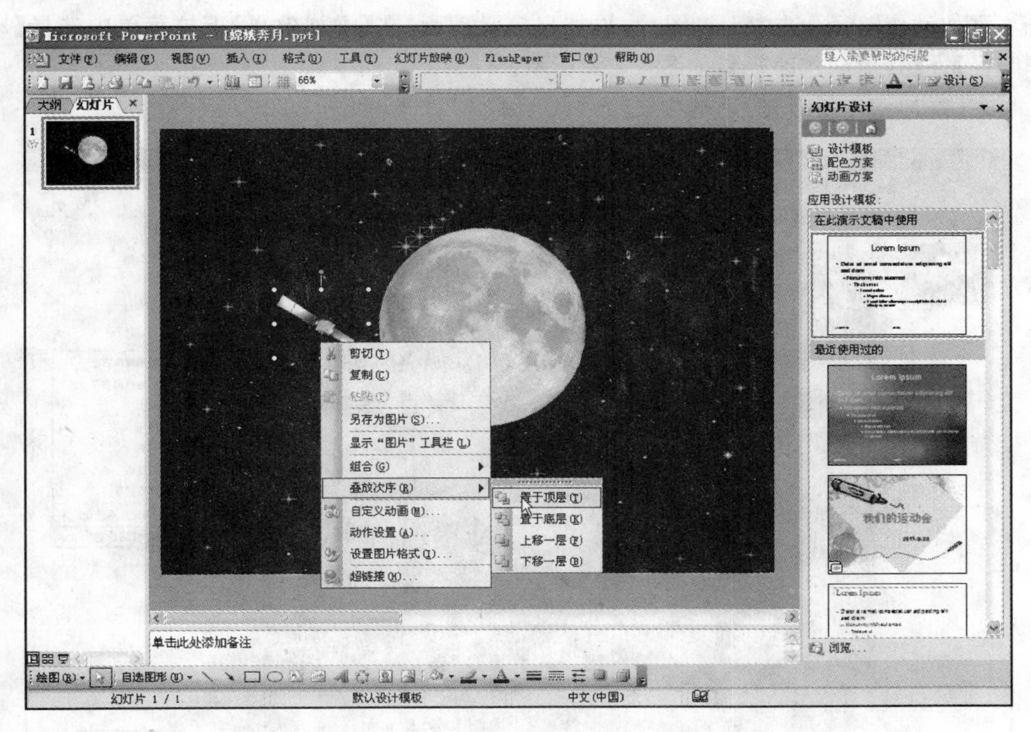


图 3-236　改变图片的叠放次序

(2) 做立体月球

复制“月球”，粘贴到原位，与月球原图完全重叠，打开【图片】工具栏，选择【裁剪】工具，当光标变为“┳”形时向上拖动鼠标，将月球的下半部分裁剪掉，如图 3-237 所示。

图 3-237　“裁剪”月球

(3) 做卫星环绕月球的效果

添加动作路径：选中卫星图片，添加自定义动画，在【添加效果】下拉菜单中选择【动作路径】→【其他动作路径】，如图 3-238 所示。

在【添加动作路径】对话框中，选择“圆形扩展”方式，如图 3-239 所示。

图 3-238　为卫星添加“其他动作路径”

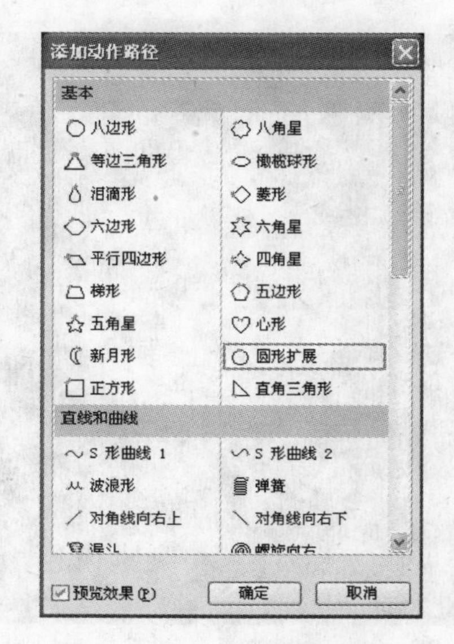


图 3-239　【添加动作路径】对话框

单击【确定】按钮即可，效果如图 3-240 所示。

改变动作路径：将圆形扩展路径调整为椭圆形状，并向右下倾斜，效果如图 3-241 所示。

图 3-240　为“卫星”添加了“圆形扩展动作路径”

图 3-241　改变圆形扩展路径的形状、倾斜方向

细化卫星运动效果：在【自定义动画】任务窗格中，选择动画“1”，单击右侧的下拉列表按钮，在菜单中选择【效果选项】命令，如图 3-242 所示。打开【效果选项】对话框。

图 3-242　改变圆形扩展动画的【效果选项】

单击【效果选项】按钮，打开【圆形扩展】对话框，如图 3-243 所示。

在【圆形扩展】对话框的【计时】选项卡中，修改【开始】为：“之后”，【重复】为：“直到下一次单击”，单击【确定】按钮即可。

（4）添加卫星运动轨迹

选取【绘图】工具栏中的【椭圆】工具，绘制一个椭圆，填充为“无填充颜色”，线条为黄色，粗细为 2 磅。选中椭圆后右击，在快捷菜单中选择【叠放次序】命令，连续做两次下移一层。调整这个椭圆的大小，并旋转它使其与动作路径吻合，效果如图 3-244 所示。

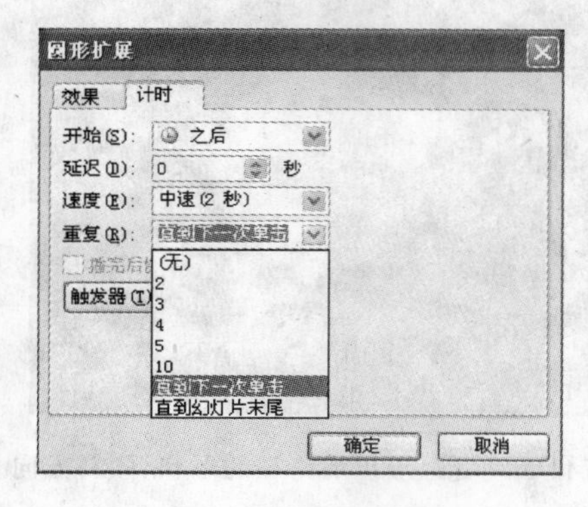


图 3-243 【圆形扩展】对话框

图 3-244 添加了“运动轨迹”

幻灯片上图片的层叠次序是：半个月球、卫星、运动轨迹、月球、星空，如果卫星不能完全绕到月球后面，可以再调整卫星的大小。动作路径在放映过程中不显示。

（5）添加水平字幕

设置幻灯片的显示比例为 33%，在幻灯片的右侧添加文本框，输入“2010 年 10 月 1 日 18 时 59 分 57 秒，‘嫦娥’二号在西昌发射中心发射升空……”，并设置文本为白色、28 号字，效果如图 3-245 所示。

图 3-245 添加水平字幕

选中文本框，为文本框添加动作路径“向左”，修改动作路径的起始点（绿色）和终点（红色），贯穿幻灯片，如图3-246所示。

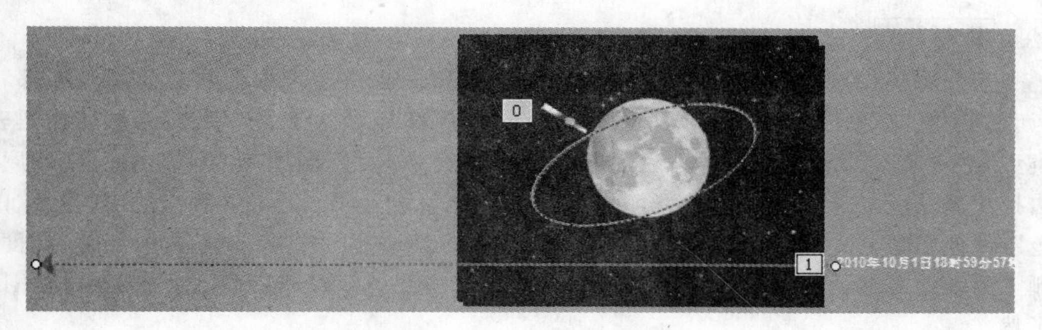

图3-246 添加“向左”动作路径

为了让动作路径平直，向左延伸时按住Shift键。设置文本框“向左”动画的速度为“非常缓慢”。

(6) 放映幻灯片，观察效果

**说明**：如果想改变动画的显示顺序，打开【自定义动画】任务窗格，选中某个动画后单击【重新排序】两侧的方向箭头进行调整；还可以在列表中选择一项动画，然后按【删除】按钮来删除它。

**练习**

再插入一张“卫星.gif”图片，作反向绕月球运动，效果如图3-247所示。提示：选中卫星的运动轨迹，右击，在快捷菜单中选择【反转路径方向】命令实现反向运动。

图3-247 两个“嫦娥”二号卫星在不同的轨迹上绕月球运动

## 3.4.5 巧用PPT中的图表

都是文字的PPT太平淡无趣了，为了能更吸引受众，我们运用图像化来帮助受众理解PPT的内容。图像化有两种运用方法：一种是用图表来表达文字中的逻辑关系；另一种是插入相关的图片（图片图像化实现起来比较复杂，在这里暂不涉及）。利用图表，可以直观地演示数据的变化情况，更好地突出重点，显示问题的相关性。所以，设计制作 PPT 时，要尽量把自己的观点用“图表”的形式展现给观众，以获得更好的展示效果。

**任务要求**

新建一个“图表. ppt”，插入“图表”占位符，编辑图表占位符中的数据表，将“东部”、“西部”、“北部”修改为“食品部”、“服装部”、“化妆品部”。将“食品部”数据系列转换图表类型为“饼形”，设置第三季度扇区为“橙色”，其他三个季度扇区为“浅蓝”，以增强对比度。去掉图例，显示各数据点的“类型名称”和“百分比”，设置第三季度扇区上的文本为“白色”，其他扇区上文本为 12 号字，将第三季度扇区与其他扇区分隔开，进一步增强对比度。删除图表的边框，添加图表标题：“食品部”四个季度的市场占有率，让图表更加一目了然。

**分析**：数据图表表达的并不是数字，而是这些数字的意义，通过数据来支持自己的观点。简单总结为“制作以数据为基础的图表三个步骤”，如图 3-248 所示。

图 3-248　制作以数据为基础的图表三个步骤

受众只需要能清楚演讲者要表达的意思是什么，所以没有必要把每组数据都标出来，只标上最为重要的数据就可以了。数据的表达要尽量直观，如果可能，尽量不要使用图例，而是直接把数字标在图表上，这样免去了受众来回对号入座的麻烦。

**操作步骤**

(1) 使用图表占位符

新建“图表. ppt”，打开【插入】菜单，执行【插入图表】命令，得到图表占位符，如图 3-249 所示。

其中的“数据表”是数据源，可以像编辑 Excel 工作表一样进行编辑，改变第一列的内容，效果如图 3-250 所示。

(2) 选择适当的图表

在 PPT 中共有 14 种标准类型、20 种自定义类型的图表，每种图表都各有功用，选择合适的图表对大多数人来说肯定不是问题。

饼形图：用于显示比例，一般将分割的数目限制在 4～6 块，用颜色或碎化的方式突出重要的块。

柱形图：用于显示一段时间内数量的变化情况，将竖条的数目限制在 4～8 最佳。

条形图：用来比较数量。

曲线图：用来说明趋势。

下面用饼形图来显示“食品部”四个季度的市场占有率。

选择“食品部”数据系列，右击，在快捷菜单中选择【图表类型】命令，如图 3-251 所示。

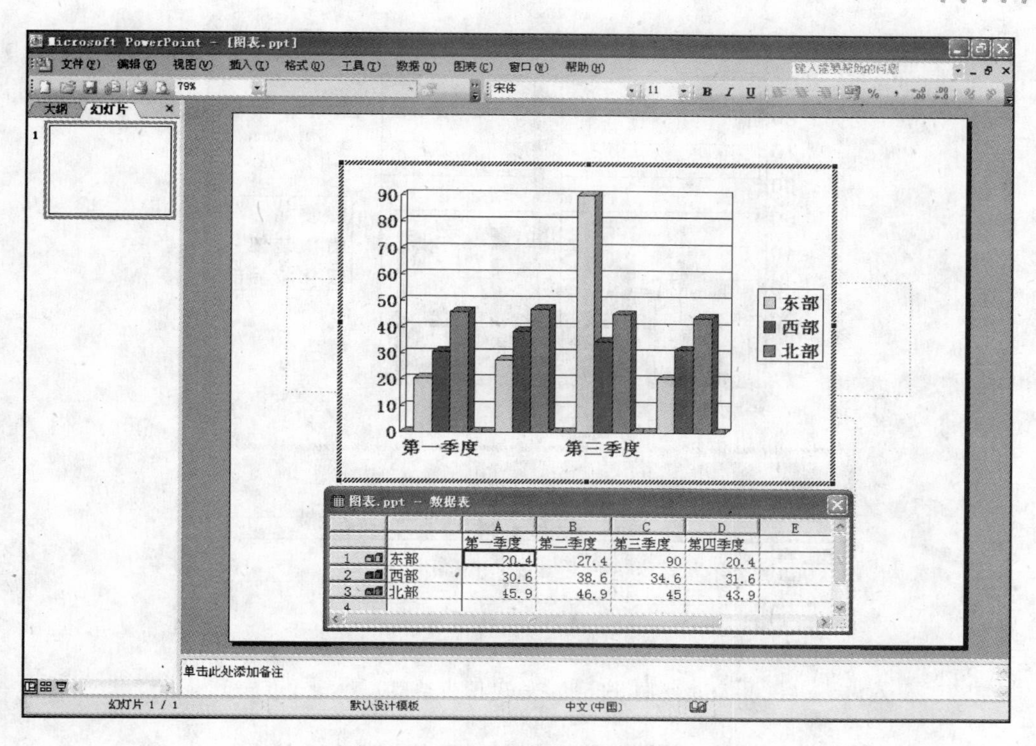


图 3-249　PPT 中的“图表占位符”

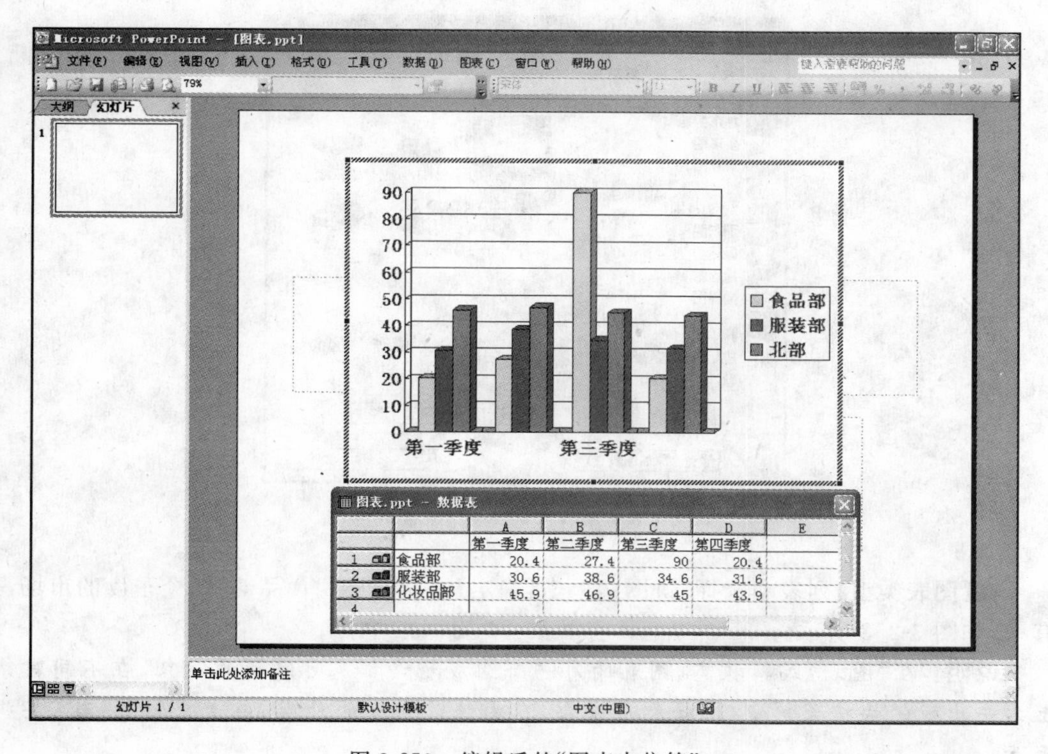


图 3-250　编辑后的“图表占位符”

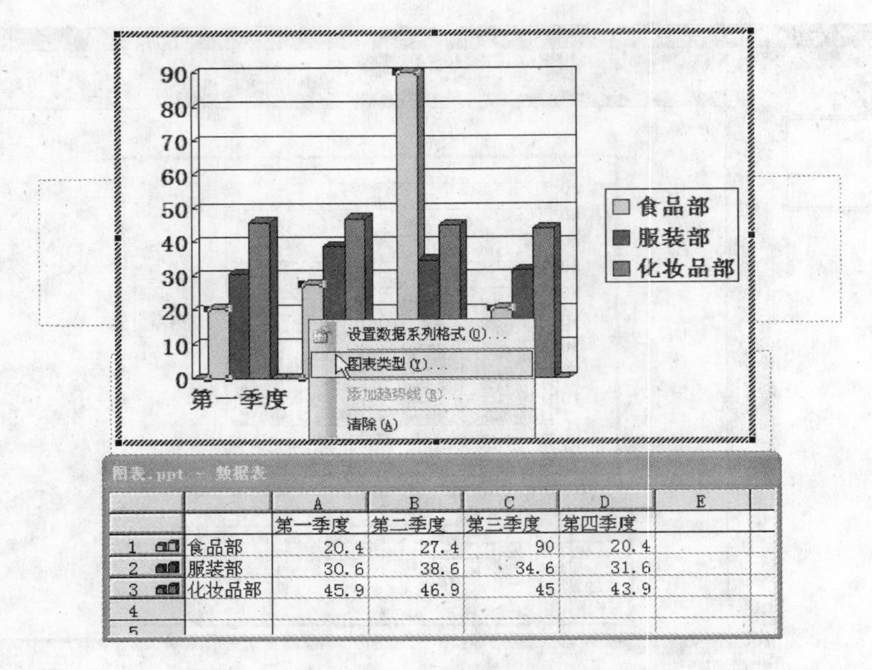


| | | A | B | C | D | E |
|---|---|---|---|---|---|---|
| | | 第一季度 | 第二季度 | 第三季度 | 第四季度 | |
| 1 | 食品部 | 20.4 | 27.4 | 90 | 20.4 | |
| 2 | 服装部 | 30.6 | 38.6 | 34.6 | 31.6 | |
| 3 | 化妆品部 | 45.9 | 46.9 | 45 | 43.9 | |
| 4 | | | | | | |
| 5 | | | | | | |

图 3-251　改变“图表类型”

选择【图表类型】命令，打开【图表类型】对话框，如图 3-252 所示。

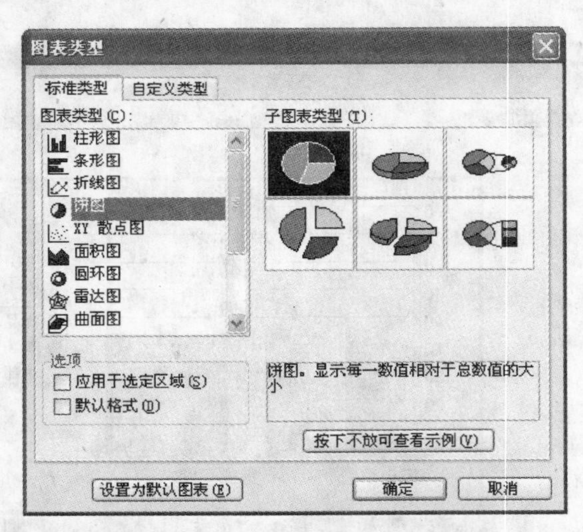


图 3-252　【图表类型】对话框

在【图表类型】列表中选择“饼图”，单击【确定】按钮，得到“食品部”四个季度的市场占有率，如图 3-253 所示。

**说明**：在“图表”编辑状态，图表的每一个组成元素都是可编辑的对象，在不同对象上右击出现的快捷菜单中，选择相应命令，自由修改它们的外观，或者直接“清除”某些元素。

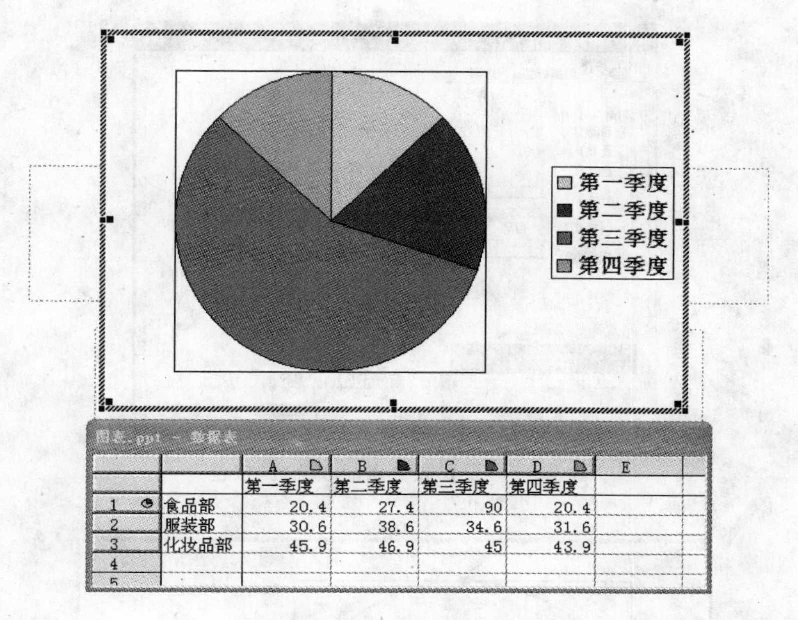


| | | A | B | C | D | E |
|---|---|---|---|---|---|---|
| | | 第一季度 | 第二季度 | 第三季度 | 第四季度 | |
| 1 | 食品部 | 20.4 | 27.4 | 90 | 20.4 | |
| 2 | 服装部 | 30.6 | 38.6 | 34.6 | 31.6 | |
| 3 | 化妆品部 | 45.9 | 46.9 | 45 | 43.9 | |
| 4 | | | | | | |
| 5 | | | | | | |

图 3-253 “食品部”四个季度的市场占有率

(3) 简化、美化图表

图 3-253 中的默认饼图重点并不突出，通过下面两步即可得到比较理想的效果。

用对比色简化图表颜色：选中“第三季度”数据点，右击，在快捷菜单中选择【设置数据点格式】命令，如图 3-254 所示。

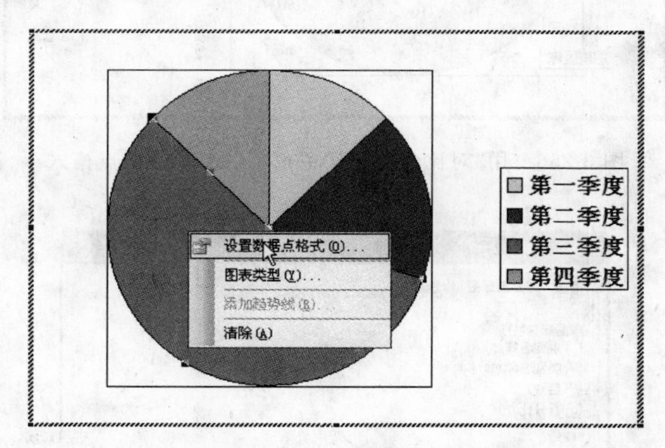


图 3-254 设置“第三季度”数据点格式

执行【设置数据点格式】命令，打开【数据点格式】对话框，选择“橙色”以突出主角，如图 3-255 所示。单击【确定】按钮即可。

同理，将另外三个季度设置为“蓝色”用于陪衬表达对比数据，效果如图 3-256 所示。

简化数据：去除图例，增大图表的显示区域，选择“第三季度”数据点，右击，打开【数据点格式】对话框，如图 3-257 所示。

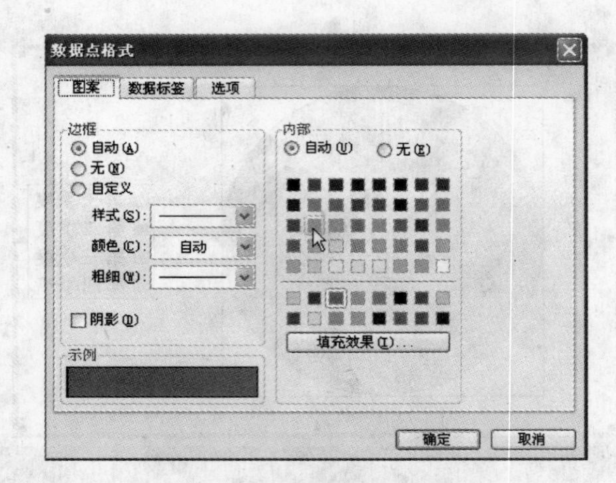


图 3-255　设置数据点的颜色为“橙色”

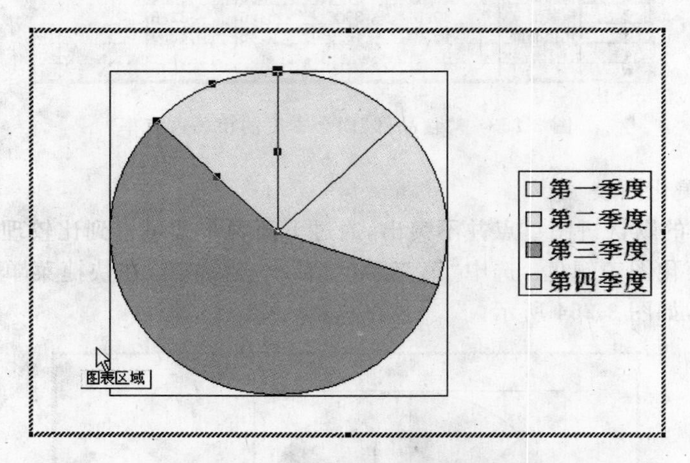


图 3-256　用“对比色”设置“主角”、“配角”数据点格式

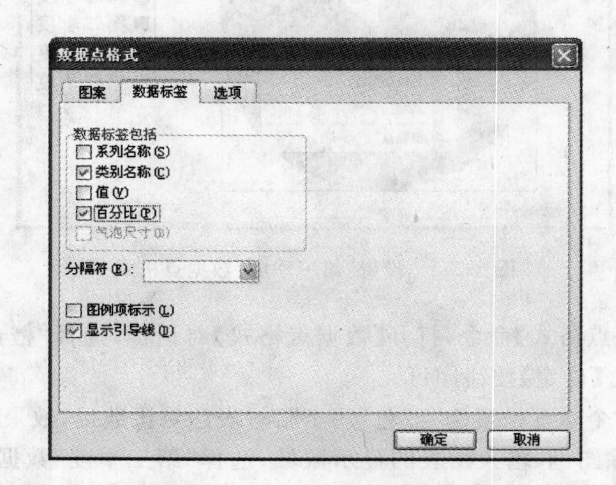


图 3-257　设置【数据点格式】对话框的【数据标签】选项卡

选择【数据标签】选项卡，选中【类别名称】、【百分比】复选框，单击【确定】按钮，设置效果如图 3-258 所示。

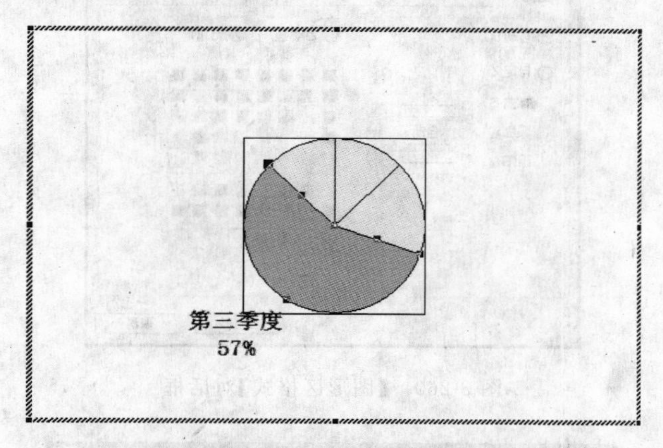


图 3-258 显示数据点的“类别名称”和“百分比”

拖动“类别名称和百分比”文本框到图表中。同样，显示其他三个季度的“类别名称”和“百分比”；设置“第三季度”文本为白色文字，其他三个季度的字号设置为 12 号字；选中“第三季度”数据点，按住鼠标向左下拖动，将图表分裂开，效果如图 3-259 所示。

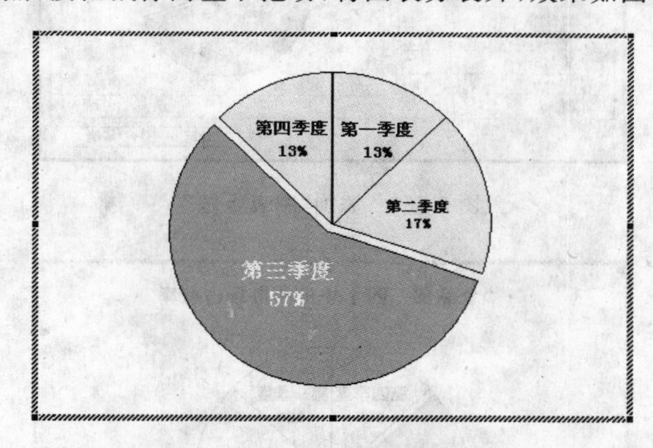


图 3-259 设置“第三季度”和其他三个季度文本的对比效果

在图表的空白区域内右击，在快捷菜单中选择【设置图表区格式】命令，打开【图形区格式】对话框，如图 3-260 所示。

设置【边框】为【无】，单击【确定】按钮，即可去掉图表周围的边框。在图表的空白区域内右击，在快捷菜单中选择【图表选项】命令，打开【图表选项】对话框，在【标题】选项卡的【图表标题】后的文本框内录入：“食品部”四个季度的市场占有率，如图 3-261 所示。

单击【确定】按钮，设置好的图表如图 3-262 所示。

**练习**

将“服装部”数据系列设置图表类型为“饼形”，设置第二季度扇区为“橙色”，其他三个季度扇区为“浅蓝”，以增强对比度。去掉图例，显示各数据点的“类型名称”和“百分比”，

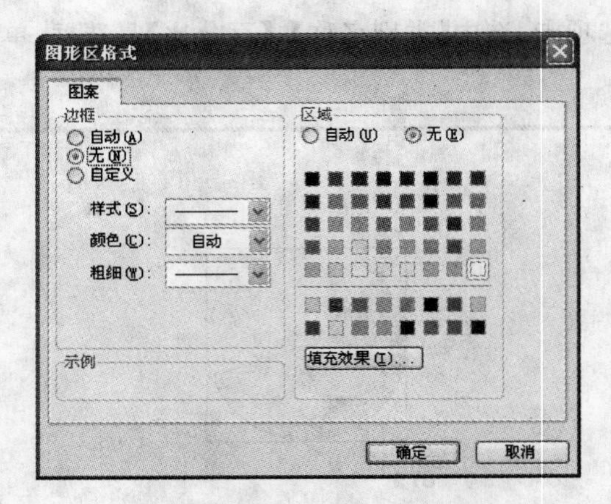


图 3-260 【图形区格式】对话框

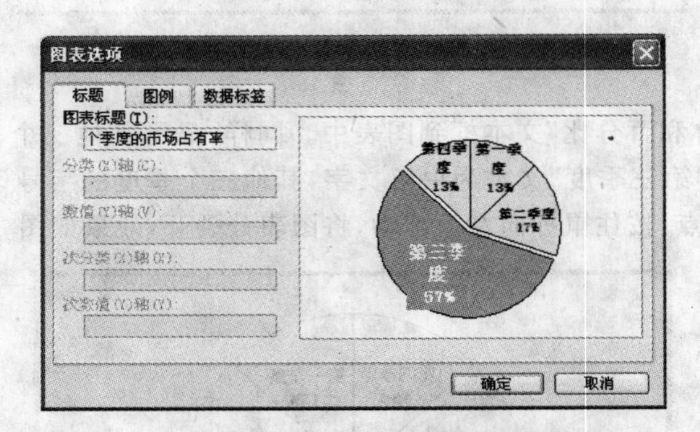


图 3-261 添加“图表标题”

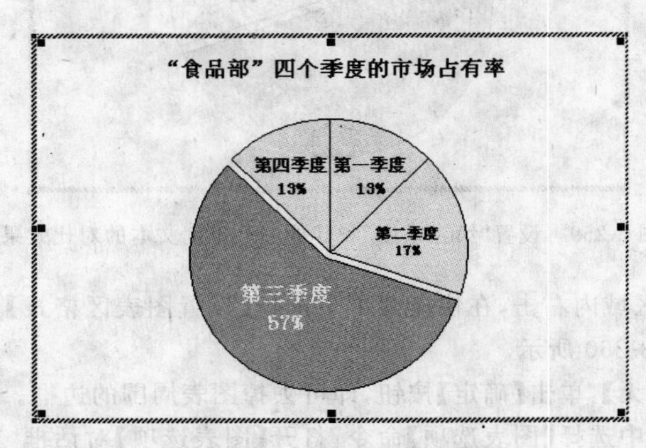


图 3-262 设置好的饼形图表

设置第二季度扇区上的文本为“白色”，其他扇区上文本为 12 号字，将第二季度扇区与其他扇区分隔开，进一步增强对比度。删除图表的边框，添加图表标题：“服装部”四个季度的市场占有率。（提示：可以将整个图表先转换为柱形图，再选择数据表中第二行并设置图表类型为“饼图”，再将图表上多余的数据系列删除。）

## 3.4.6　永远都能在 PPT 中正确播放的视频

为了更好地演示效果，在 PPT 中插入动感十足的视频后会让 PPT 增色不少，但是辛苦制作半天的视频在本机能正常播放，换台机器播放不了的现象经常发生。通过下面四步操作，就能保证视频永远都能在 PPT 中正确地播放。

### 1. 文件路径问题

**任务要求**

有时在 PPT 中插入了一段视频，在本地机器上能正常播放，复制到别的计算机上却提示"找不到文件"。根据提示信息知道：PPT 中视频不能正常播放是因为路径问题。下面就解决一下视频路径问题。

**分析**：插入视频时用的是本地绝对路径，在另一计算机中对应的路径下如果没有对应的视频文件，也就不能播放视频了。为了避免出错，我们通常会将视频文件与 PPT 文件放置在同一文件夹内，拷贝整个文件夹。另一种方法是将 PPT"打包"。

**操作步骤**

(1) 打开【文件】菜单，执行【打包成 CD】命令，打开【打包成 CD】对话框，如图 3-263 所示。

(2) 单击【复制到文件夹(F)...】按钮，打开【复制到文件夹】对话框，如图 3-264 所示。

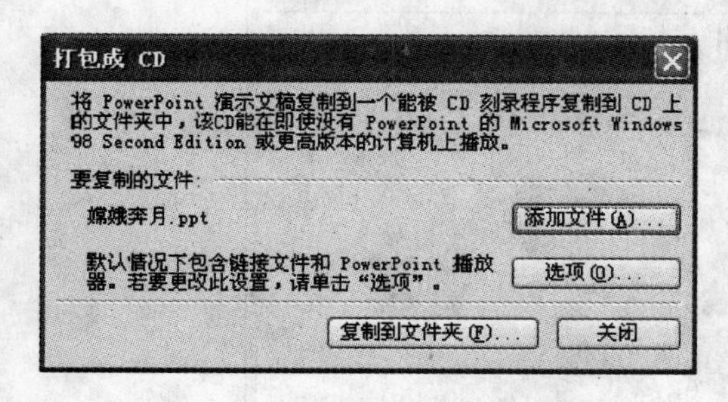


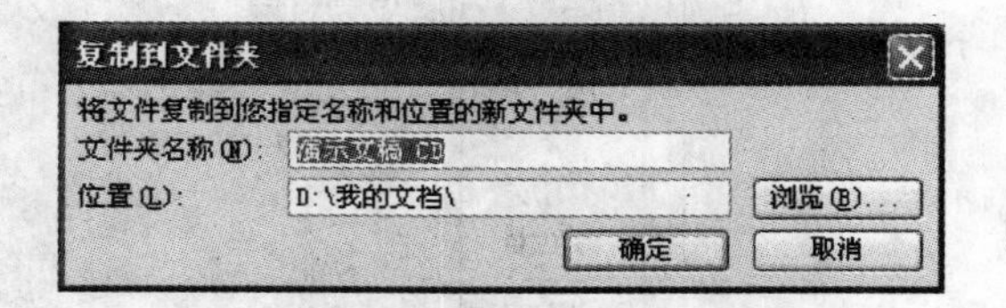


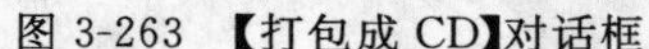
图 3-263　【打包成 CD】对话框　　图 3-264　【复制到文件夹】对话框

修改【文件夹名称】、【位置】，单击【确定】按钮即可。打包后的文件夹，如图 3-265 所示。

### 2. 文件格式问题

**任务要求**

PPT 支持 Windows 系统中的大多数视频格式，不同的视频格式插入 PPT 的方法也不尽相同，现将常用视频插入 PPT 的最简单且有效的方法总结如下。

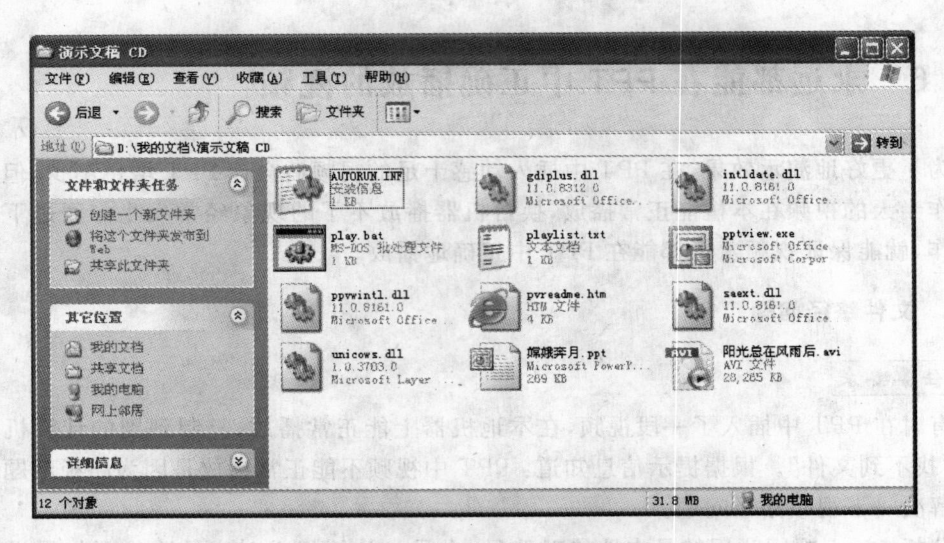


图 3-265 “打包”的演示文稿 CD

◆ avi 视频文件的插入方法

**操作步骤**

打开【插入】菜单,选择【影片和声音】→【文件中的影片】命令,打开【插入影片】对话框,选择要插入的影片,单击【确定】按钮即可,如图 3-266 所示。

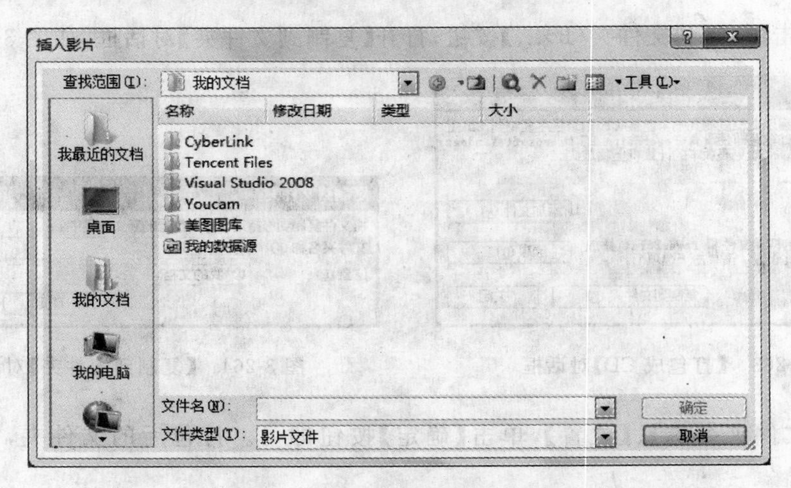


图 3-266 【插入影片】对话框

◆ mpg、flv 视频文件的插入方法

**分析**:使用插入控件法即可完成。使用这种方法必须保证系统中安装有 Windows Media Player 或者 RealPlayer 播放器,并且需要在电脑中安装“万能译码器”。下载参考地址:http://www.skycn.com/soft/11343.html,安装成功后,关于 mpg 文件插入的黑屏和无声情况都可解决。flv 与 mpg 格式文件的插入方法相同。

**操作步骤**

(1) 运行 PowerPoint 程序，打开需要插入视频文件的幻灯片。

(2) 打开【视图】菜单，通过【工具栏】子项调出【控件工具箱】面板，在面板的右下角选择【其他控件】按钮，单击后，右侧显示【控件选项】。

(3) 打开【控件选项】界面，选择 Windows Media Player 控件，如图 3-267 所示。

再将鼠标移动到 PowerPoint 的幻灯片编辑区域中，画出一个大小合适的矩形区域，这个矩形区域会自动转变为 Windows Media Player 播放器的界面。

(4) 用鼠标选中该播放界面，然后右击，从弹出的快捷菜单中选择【属性】命令，打开该媒体播放界面的【属性】窗口。

(5) 在【属性】窗口中，“URL”项处正确输入需要插入到幻灯片中视频文件的详细路径(绝对路径和相对路径都可以)和完整文件名，其他选项默认即可，如图 3-268 所示。

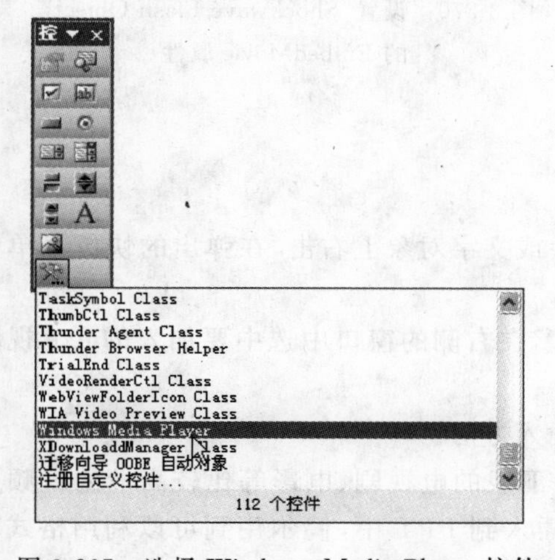


图 3-267　选择 Windows Media Player 控件

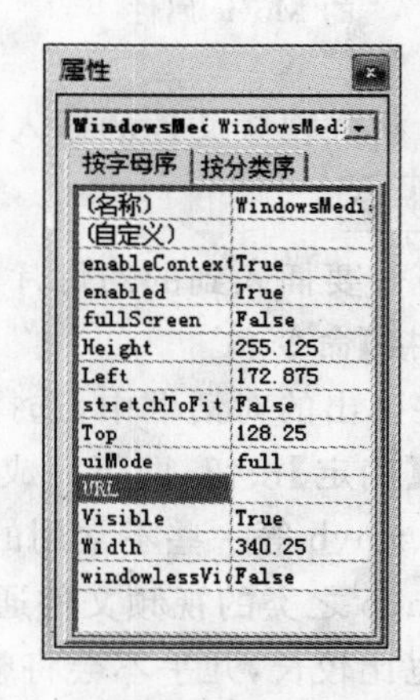


图 3-268　设置“Windows Media Player 播放器”的属性

◆ swf 文件的插入方法

**操作步骤**

(1) 运行 PowerPoint 程序，打开需要插入视频文件的幻灯片。

(2) 打开【视图】菜单，通过【工具栏】子项调出【控件工具箱】面板，在面板的右下角选择【其他控件】按钮，在打开的“控件选项”界面中，选择 Shockwave Flash Object 控件。

(3) 用鼠标在幻灯片上画出一个矩形框，这样就加入了一个 Flash 的控件。

(4) 在控件上右击，选择【属性】命令，弹出【属性】面板，在 Movie 项后面，输入完整的 swf 文件名，如图 3-269 所示。

(5) 设置 EmbedMovie 项为 True，这样 swf 就直接嵌入到了 PPT 中，如图 3-270 所示。

图 3-269 设置“Shockwave Flash Object”的 Movie 属性

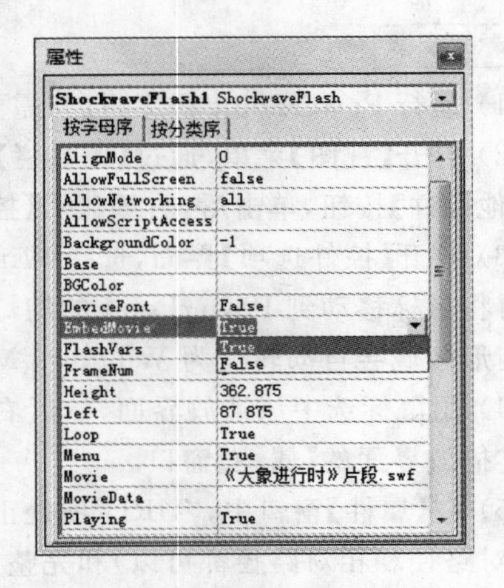

图 3-270 设置“Shockwave Flash Object”的 EmbedMovie 属性

◆ exe 格式视频文件的插入方法

**操作步骤**

(1) 打开要插入到的幻灯片，在相应的图片或文字对象上右击，在弹出的快捷菜单中选择【超链接】命令。

(2) 在弹出的对话框中，选择【当前文件夹】，在右侧的窗口中选中要加入的 exe 视频文件，单击【确定】按钮，即可完成。

◆ rm、rmvb 等一些不常用的视频文件的插入方法

rm、rmvb 之类的视频文件通常是一些网上下载的电视剧、电影等比较高清的视频文件。时间也比较长，几乎不会将整个视频全部插入到 PPT 中，偶尔用到可以利用格式转换工具转换并截取一部分，转换为 mpg 格式再插入。转换工具如：ultrarmconverter. exe。

下载地址：http://www. duote. com/soft/397. html。

### 3. 解决视频播放显示为黑屏问题

在不能正常播放视频的计算机中安装一个较新版本、解码器较全的播放器(如：暴风影音)，或者先用格式转换工具(如：格式工厂、狸窝全能视频转换器)转换为和原文件相同的格式，也可以把 avi 转换为 mpeg 等常规格式，再插入到 PPT 中。

### 4. 解决视频无法播放，并且出现假死机现象

**操作步骤**

(1) 在【桌面】上右击，在快捷菜单中选择【属性】命令，打开【显示 属性】对话框，选择【设置】选项卡，如图 3-271 所示。

(2) 单击【高级】按钮，打开“即插即用监视器”，选择【疑难解答】选项卡，如图 3-272 所示。

将【硬件加速】滑块调低或者干脆调到“无”，单击【确定】按钮即可。

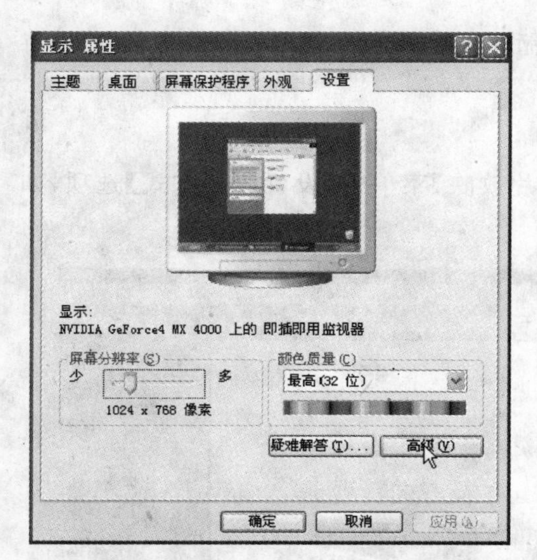


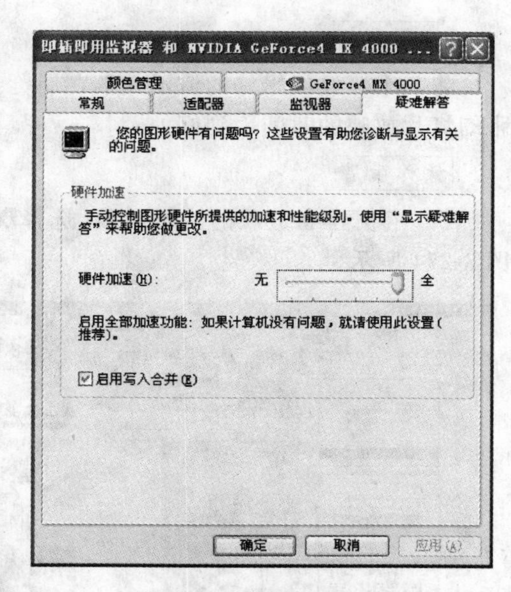


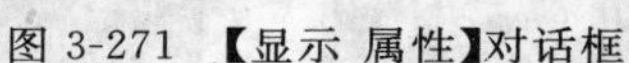
图 3-271 【显示 属性】对话框

图 3-272 调整“硬件加速”

**注意**：用完后必须调成原来默认状态，否则在看高清视频时会很不清晰！

**练习**

为“嫦娥奔月.ppt”通过插入控件的方式插入视频 always ok.avi，如图 3-273 所示。

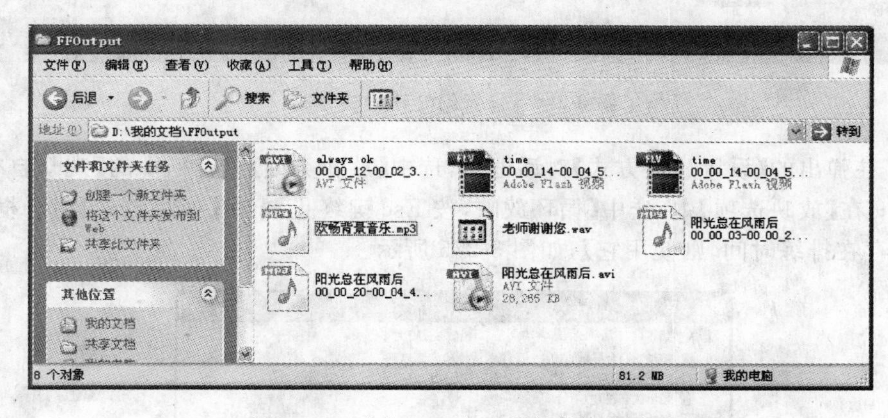


图 3-273 “always ok.avi”的存储位置

打包成 CD，输出到【我的文档】中，为文件夹命名为“嫦娥奔月 2”。

## 3.4.7 自动播放幻灯片(排练计时)

幻灯片可以用于演讲，也可以用于产品的宣传展示。许多人习惯了单击放映，对自动放映并不熟悉，在关键时候能急出一头大汗。其实，这种功能的使用并不难，本节就进行这方面的训练。

**任务要求**

将一个已经编辑好的演示文稿在展览会上循环放映，中间不需要操作者干预，要求每张幻灯片放映的时间恰到好处。

**操作步骤**

（1）打开准备放映的演示文稿，选择【幻灯片放映】菜单中【设置放映方式】选项，如图 3-274 所示。

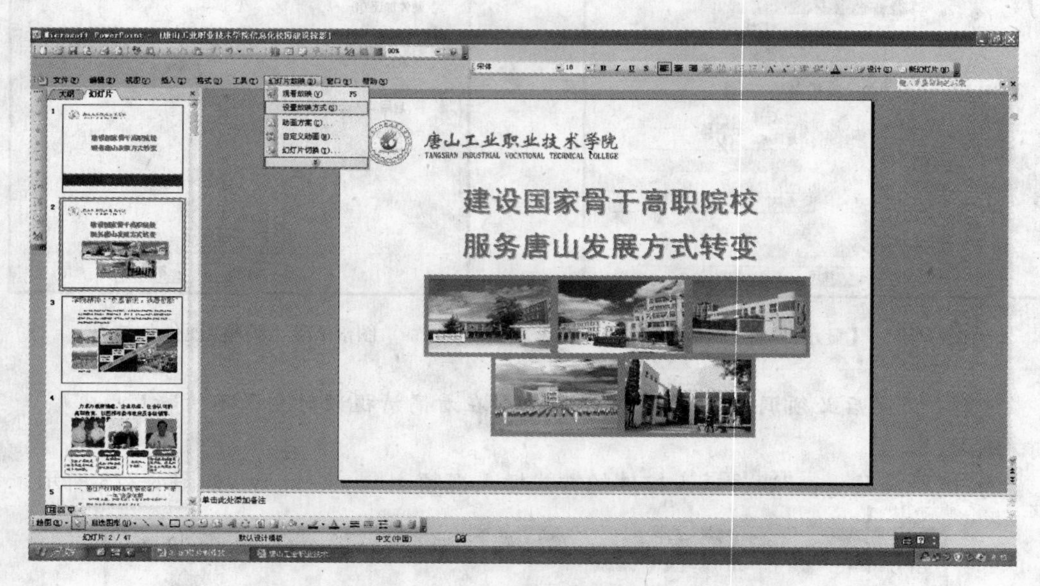


图 3-274　设置幻灯片放映方式

（2）在弹出的【设置放映方式】对话框中，选中【放映类型】组合框中的【观众自行浏览(窗口)】；在【放映选项】中，选中【循环放映，按 Esc 键终止】；在【换片方式】组合框中，选中【如果存在排练时间，则使用它】，如图 3-275 所示。

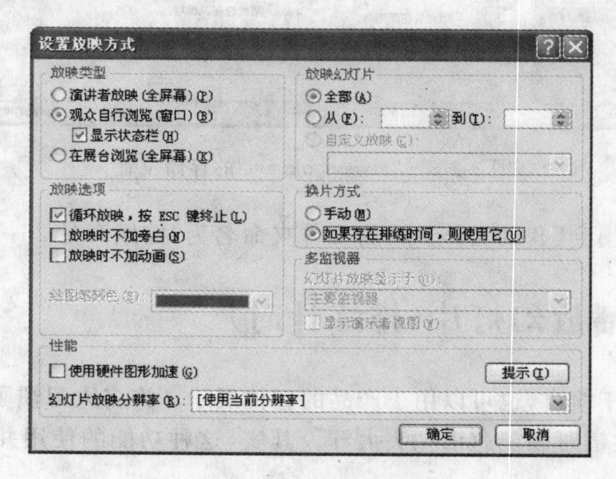


图 3-275　幻灯片放映方式

(3) 单击【确定】按钮。然后，选择【幻灯片放映】菜单中的【排练计时】命令，进入演讲者放映状态，此时可根据每页内容的不同确定翻页时间，直到放完最后一张幻灯片。此时，系统会弹出一个对话框，询问是否保留排练时间，单击【是】按钮，如图 3-276 所示。

图 3-276　保留排练时间

(4) 此时，PowerPoint 进入幻灯片浏览视图，并且每张幻灯片的下方都标明了切换时间，如图 3-277 所示。

图 3-277　带有排练时间的幻灯片浏览视图

(5) 按 F5 键放映幻灯片，此时已经能够自行放映了！

(6) 如果发现某一张幻灯片设置的切换时间不合理，可以重新排练计时，也可以采用其他一些方式进行调整。右击，弹出快捷菜单，或者在菜单栏里打开【幻灯片放映】命令，单击【幻灯片切换】命令，在浏览视图右侧出现【幻灯片切换】栏，如图 3-278 所示。

(7) 在【幻灯片切换】栏下方的【换片方式】中，取消选中【单击鼠标时】，选中【每隔】，并调整时间间隔，如图 3-279 所示。

(8) 按 F5 键，继续放映，观察修改后的效果。

**注意**：如果在【设置放映方式】对话框中未选中【循环放映，按 ESC 键终止】复选框，放映一轮后会自动停止。

图 3-278　幻灯片切换实践的设置

**练习**

制作一个演示文稿，进行排练计时后自动放映。

## 【本章小结】

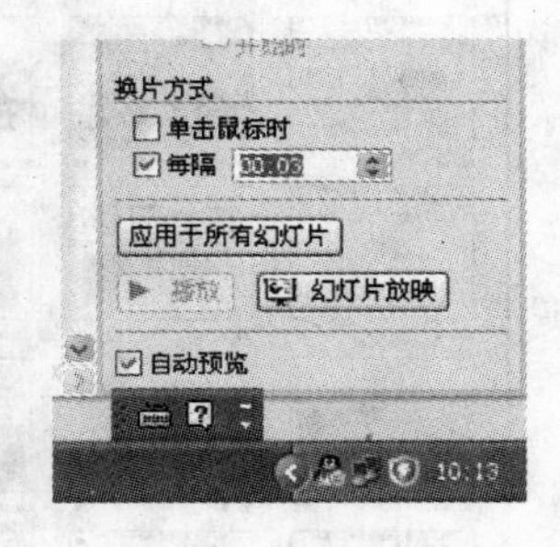


图 3-279　设置换片方式

通过本章的学习和训练，有效地扩展了 Office 办公软件使用的基本技能，可以帮助大家提高工作效率，改进工作质量。

本章所选择的学习性工作任务都是最常见、最典型的，实际工作过程具有综合性、针对性和开放性，遇到的问题将会多种多样。因此，同学们在学习中一定要注意不断反思和总结，不断地开展小组讨论，提高学习能力和分析能力。

本章学习的工作任务主要是通过单一软件来完成的，实际的工作任务还要复杂，常常需要几种软件的配合。下一阶段主要学习两种以上软件配合使用完成综合性工作任务。

# 习　题　3

**1. 单项选择题**

(1) 在 Word 中，按 Shift＋Enter 组合键会形成垂直向下的箭头符号，称为“软回车”，如果要替换软回车，在【查找内容】里面输入(　　)。

A. ^P　　B. ^L　　C. ^T　　D. ^G

(2) 在 Word 中，创建表格的正确操作是(　　)。

A. 选择某一串文本，选择【表格】菜单的【插入表格】菜单项，在【插入表格】对话框中作相应的选择

B. 定位于适合位置，选择【表格】菜单的【插入表格】菜单项，在【插入表格】对话框中作相应的选择

C. 选择某一串文本，选择【插入】菜单的【插入表格】菜单项，在【插入表格】对话框中作相应的选择

D. 定位于适合位置，选择【插入】菜单的【插入表格】菜单项，在【插入表格】对话框中作相应的选择

(3) 以下不能在 Word 中更新域的是(　　)。

A. 选择要更新的域，按 F9 键即可

B. 右击要更新的域，在弹出的右键菜单中选择【更新域】命令即可

C. 若域位于一个含有【更新】按钮的特定容器中，则单击【更新】按钮即可

D. 选择要更新的域，按 Alt＋F9 键即可

(4)【数据系列格式】对话框的【数据标志】选项卡中不能设置(　　)。

A. 系列名称　　B. 类别名称　　C. 值　　D. 系列次序

(5) 关于数据透视表描述错误的是(　　)。

A. 页字段：Excel 将按该字段的数据项对透视表进行分页

B. 行字段：行字段中的每个数据项将占据透视表的一行

C. 列字段：列字段中的每个数据项将占据透视表的一列，行和列确定一个二维表格

D. 数据字段：进行计数的字段名称

(6) 添加与编辑幻灯片"页眉和页脚"操作的命令位于(　　)菜单中。

A. 编辑　　B. 视图　　C. 插入　　D. 格式

(7) 所谓"母版"就是一种特殊的幻灯片，它包含了幻灯片文本和页脚(如日期、时间和幻灯片编号)等占位符，这些占位符，控制了幻灯片的字体、字号、颜色(包括背景色)、阴影和项目符号样式等版式要素。下面不是 PPT 的"母版"类型的是(　　)。

A. 备注母版　　B. 幻灯片母版　　C. 普通母版　　D. 标题母版

**2. 问答题**

每 5 人组成一个小组，讨论一下本章的学习收获，并回答以下问题：

(1) 资料中的所有"信息技术"已被设置成了：红色、黑体、小三，如何把它们替换为"信息技术"(蓝色、宋体、五号)?

(2) 简述如何在 Word 文档中自动生成目录。

(3) 假如 C1:G42 存放着学生的考试成绩(可能有"缺考")，计算出该列成绩的及格率(即分数为 60 及以上的人数占总人数的百分比)。

提示：采用 COUNTIF()和 COUNTA()即可。

(4) "职工工资简表"如图 3-280 所示，A1: C60 区域中有 60 条职工记录，简述如何用"高级筛选"，把"工资"大于等于 2300、小于 3500 的"男"职工记录，筛选到 E2: G2 开始的单元格中。

(5) 在 PowerPoint 中，如何一次设置 N 张幻灯片的自定义动画效果？

(6) 参考 3.4.6 小节中用控件插入视频的方法，在"嫦娥奔月.ppt"中插入一个 swf

| C2 | | 2300 | | | | |
|---|---|---|---|---|---|---|
| | A | B | C | D | E | F | G |

| | A | B | C | D | E | F | G |
|---|---|---|---|---|---|---|---|
| 1 | 姓名 | 性别 | 工资 | | | | |
| 2 | 章晓 | 男 | 2300 | | | | |
| 3 | 王雨用 | 男 | 2100 | | | | |
| 4 | 姚程程 | 女 | 1000 | | | | |
| 5 | 范琳 | 女 | 3331 | | | | |
| 6 | 杜跃勇 | 男 | 3566 | | | | |
| 7 | 杨盼盼 | 男 | 1236 | | | | |

图 3-280　职工工资简表示意图

文件(发布好的 Flash)。

**3. 实训题**

(1) 用 Word 制作如图 2-281 所示表格,并用表格公式计算“周汇总”和“日汇总”的值。

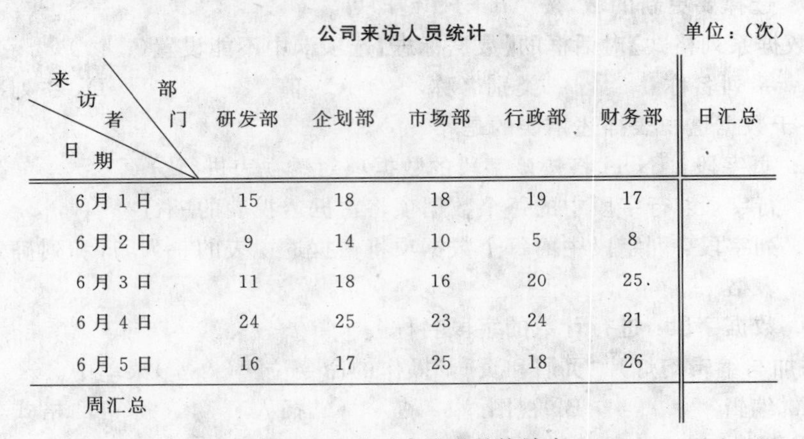

公司来访人员统计　　单位:(次)

| 来访者 部门 日期 | 研发部 | 企划部 | 市场部 | 行政部 | 财务部 | 日汇总 |
|---|---|---|---|---|---|---|
| 6月1日 | 15 | 18 | 18 | 19 | 17 | |
| 6月2日 | 9 | 14 | 10 | 5 | 8 | |
| 6月3日 | 11 | 18 | 16 | 20 | 25 | |
| 6月4日 | 24 | 25 | 23 | 24 | 21 | |
| 6月5日 | 16 | 17 | 25 | 18 | 26 | |
| 周汇总 | | | | | | |

图 3-281　公司来访人员统计表

**提示**:①“日汇总”和“周汇总”的底纹填充的是 5%的灰。

② 三线表头可以用【表格】菜单的【绘制斜线表头】命令制作,也可以用【绘图】工具栏中的【直线】和【文本框】(无填充、无线条)制作。

(2) 朋友在一家大型企业的人事部门工作,手头有一张记录着员工基本情况的 Excel 表格,如图 3-282 所示。老板随时要浏览某个员工的情况,经常用鼠标操作,不仅麻烦,而且容易出现张冠李戴的错行现象,请你用“条件格式”方便地浏览数据。

| | A | B | C | D | E | F | G | H |
|---|---|---|---|---|---|---|---|---|
| 1 | 查询姓名: | 精确查询 | 模糊查询 | | | | | |
| 2 | | | | | | | | |
| 3 | 序号 | 姓名 | 籍贯 | 民族 | 婚否 | 出生年月 | 身份 | 政治面貌 |
| 4 | 001 | 黄立基 | 河北邯郸 | 汉 | 已婚 | 1953-05 | 干部 | 党员 |
| 5 | 002 | 薛明 | 河北保定 | 汉 | 已婚 | 1977-02 | 干部 | 党员 |
| 6 | 003 | 姜永 | 河北保定 | 汉 | 已婚 | 1978-03 | 干部 | 党员 |
| 7 | 004 | 幺振宇 | 安徽当涂 | 汉 | 否 | 1986-09 | 工人 | 群众 |
| 8 | 005 | 李佳佳 | 河南郑州 | 汉 | 否 | 1986-01 | 干部 | 党员 |

图 3-282　员工基本情况的 Excel 表格

**提示**:如查找“杨”姓职工,则在【条件格式】对话框的公式栏中输入“=LEFT($B5,1)=$D$3”(该公式的含义是:如果姓名的第 1 个字符——LEFT($B5,1)与 D3 单元格一致，则执行此条件格式）。

(3) 已有“C2C网络购物用户市场份额.ppt”数据表，如图3-283所示。

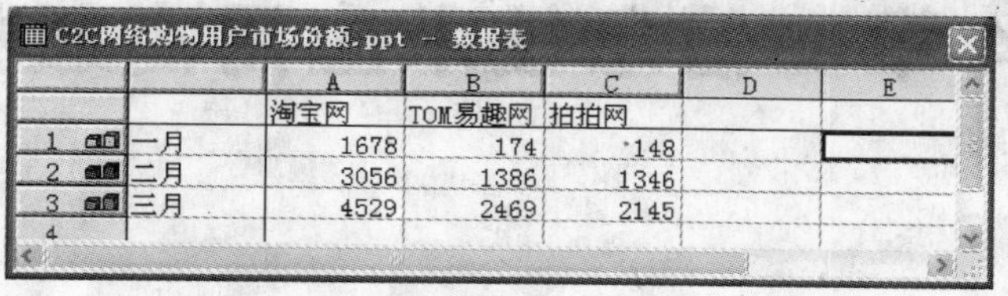

C2C网络购物用户市场份额.ppt - 数据表

| | | A | B | C | D | E |
|---|---|---|---|---|---|---|
| | | 淘宝网 | TOM易趣网 | 拍拍网 | | |
| 1 | 一月 | 1678 | 174 | 148 | | |
| 2 | 二月 | 3056 | 1386 | 1346 | | |
| 3 | 三月 | 4529 | 2469 | 2145 | | |
| 4 | | | | | | |

图3-283 “C2C网络购物用户市场份额.ppt”数据表

将数据表中“一月”的市场份额做成如图3-284所示的图表形式。

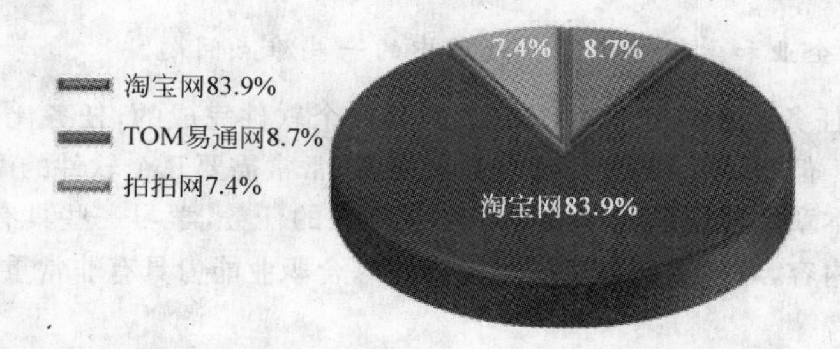


图3-284 C2C网络购物用户市场一月份市场份额

# 第4章 信息技术应用高级技能

**教学目标**

1. 学会多人合作进行文档修改的一些技能，提高协同工作能力。

2. 学会利用两个以上软件处理一些综合性问题，比较全面地掌握 Office 具备的基本功能。

3. 能够解决企业和学校办公事务处理中的一些难点问题。

前面的工作任务主要是通过 Office 中的某一个软件完成的，任务比较单一，一般可以由个人独立完成。但是，实际的工作往往比较复杂，常常需要几个软件的配合或是几个人的配合才能完成。本章主要通过完成一些综合性较强的任务，学习一些具有一定难度的应用技巧。学习这些内容，对于提高信息技术素养和综合职业能力具有非常重要的作用。

## 4.1 调查报告的合作修改——比较并合并文档

实际的职业活动中，许多任务都是依靠团队配合完成的。以调查报告的撰写为例，常常要经过集体加工修改，如何实现集思广益，取长补短，不仅是一个工作方法问题，也是技术手段问题。

**任务要求**

一份调查报告由三人共同修改，分别以“调查报告 1”、“调查报告 2”、“调查报告 3”存放在名为“调查报告”的文件夹内。要求将三份文档的内容汇集在一起，形成一份内容完善的“调查报告”。

**任务分析**

在没有使用“修订”符号的情况下，在三份大体相同的文稿中找出差异是非常困难的，通常要使用“对校”的方法，既费时费力，又容易出现差错。即便采用了“修订”符号，靠手工处理将三份文档汇集在一起也不是一件容易的事。其实，Word 的设计者针对这种需要专门设计了一个命令——“比较并合并文档”。这里就是利用这一功能实现三份调查报告的汇集。

**操作步骤**

(1) 打开【调查报告】文件夹中的“调查报告 1”，然后执行【工具】菜单中的【比较并合并文档】命令，如图 4-1 所示。

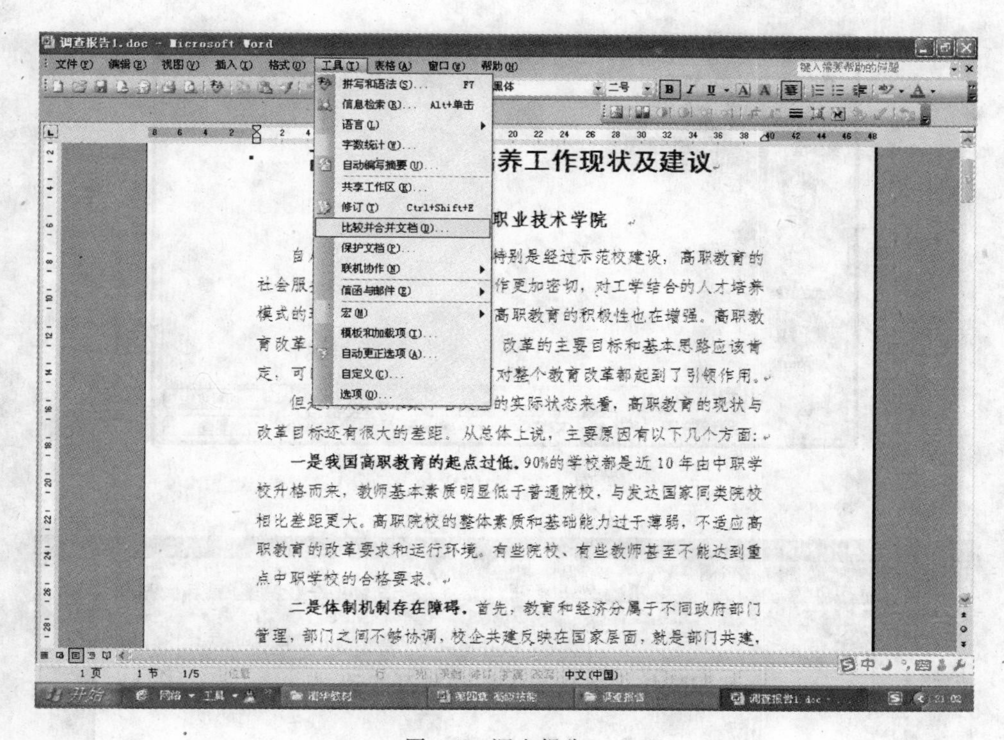


图 4-1　调查报告 1

（2）在弹出的【比较并合并文档】对话框中，选择“调查报告 2”，如图 4-2 所示。

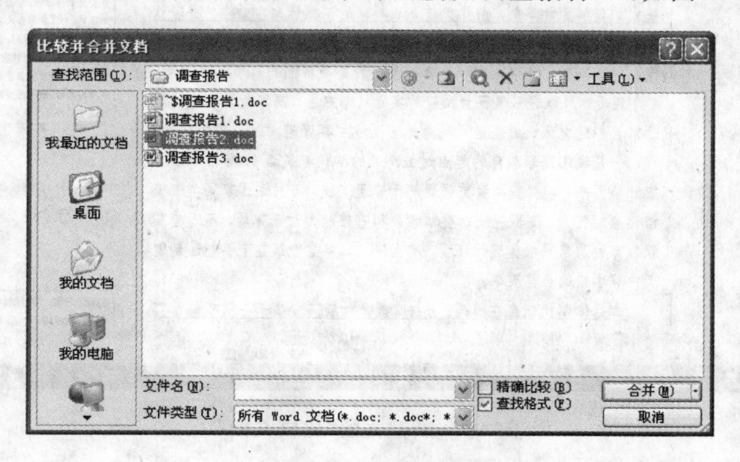


图 4-2　【比较并合并文档】对话框

（3）选中【精确比较】复选框，【合并】按钮自动变为【比较】，如图 4-3 所示。

（4）单击【比较】按钮，对话框消失。系统自动建立一个新的“文档 1”，该文档显示出“调查报告 1”与“调查报告 2”之间的区别：一是在文档内以不同颜色凸显出“调查报告 1”新增加的部分内容；二是在切口处以批注的方式显示出“调查报告 2”中删除的部分，如图 4-4 所示。

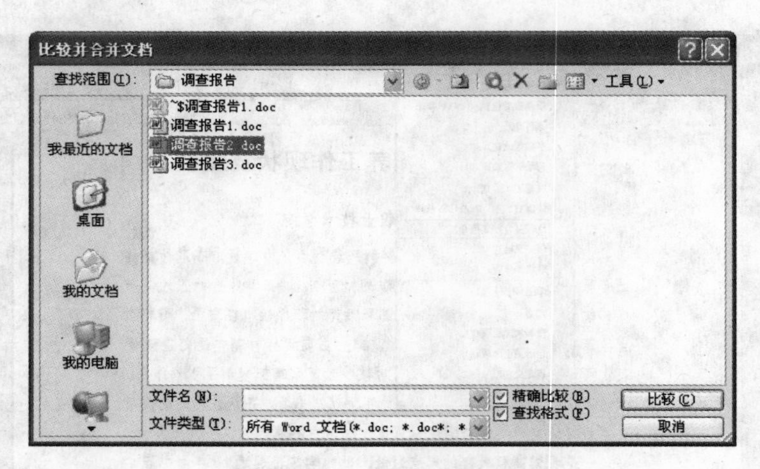


图 4-3　文档比较

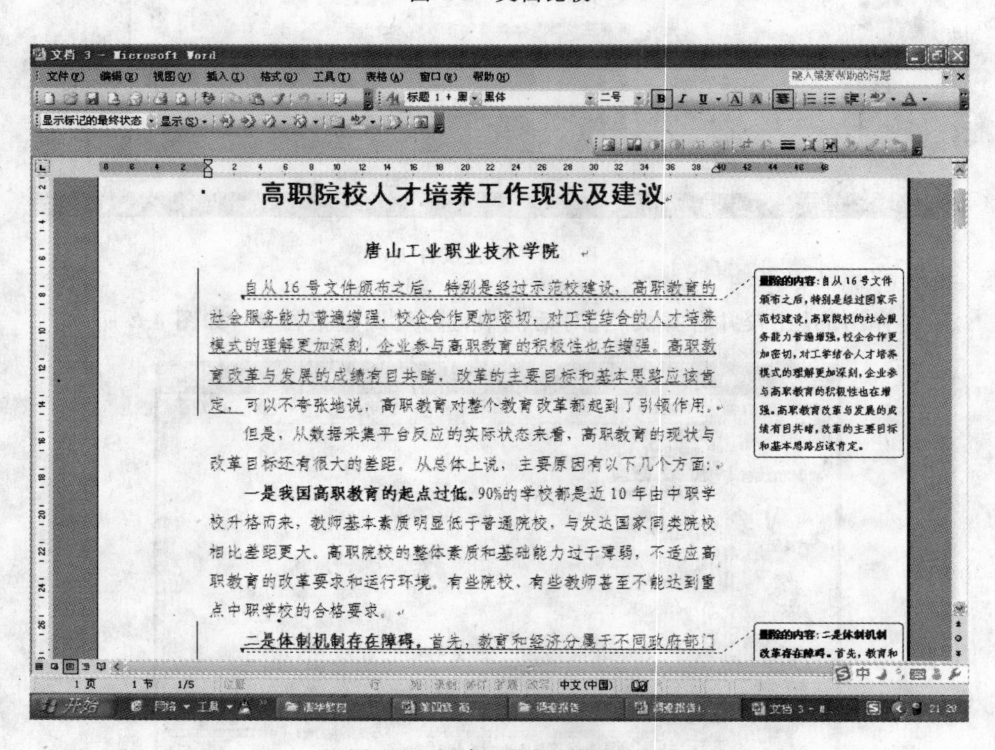


图 4-4　新建立的“比较文档”

(5) 右击切口处的修订提示框，弹出一个快捷菜单，可以决定是否接受删除(实际上，就是决定采用文档中突出显示的内容，还是采用切口处提示框中的内容)，如图 4-5 所示。

**注意**：若接受删除，就是采纳了“调查报告 1”的内容；若不接受删除，原来在“调查报告 2”中的相应内容将会插入到这个新建文档中，但“调查报告 1”中的相关内容并未删除，这时需要人工加以删除。

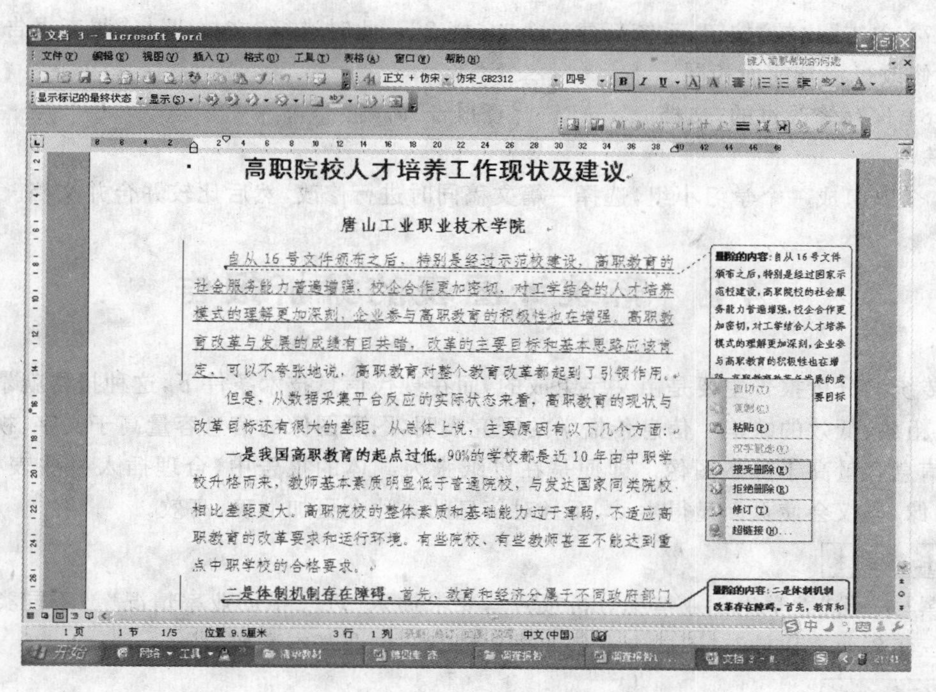


图 4-5　确定合理内容

(6) 在修改后的“文档 1”上面，继续执行【工具】菜单中的【比较并合并文档】命令，再次弹出【比较并合并文档】对话框，选中“调查报告 3”，如图 4-6 所示。

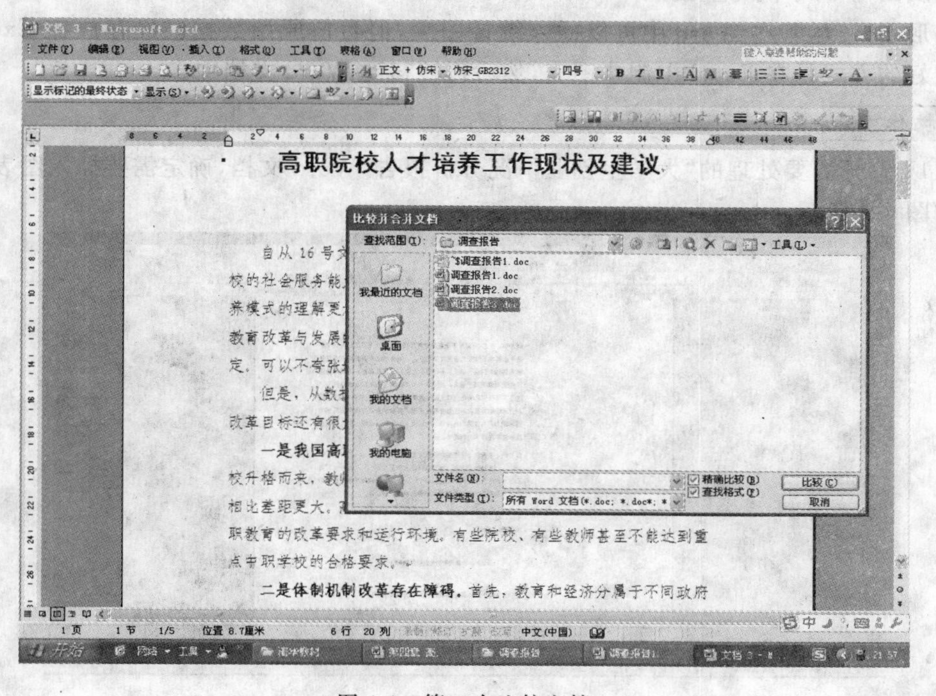


图 4-6　第二次比较文档

(7) 单击【比较】按钮，系统新建一个"文档 2"。此时进行"文档 1"与"调查报告 3"的比较，修改过程与前面相同。

(8) 保存修改过的"文档 2"，并以"调查报告"命名。

**练习**

3 个人组成一个学习小组，选择一篇文稿同时进行修改，然后比较并合并文档。

## 4.2 带统计图表的分析报告

传统的分析报告主要是由文字组成的，而在现代信息技术条件下，这种报告就暴露出单调、粗放、低效的缺陷。信息传播学的研究表明，图形图像的信息容量高于文字，视频动画的信息容量高于静态图像。即便是在以纸张为载体的报告中，合理插入一些表格、图形、图像，不仅会使页面显得生动，而且对信息的表达会更加准确、高效。

**任务要求**

撰写一份"大学生创业情况分析报告"，要求插入"近三年创业率情况"、"不同类型高校近三年创业率比较"、"不同专业创业率比较"和"创业基本素质表"。

**任务分析**

呈现近三年大学毕业生创业率的变化情况，通常采用"柱形图"；不同类型的高校近三年创业率比较既要呈现不同类型高校的区别，又要表现不同年份的变化，最方便的形式是"折线图"；对不同专业创业率的区别，由于专业较多，且创业率差别较大，可以考虑采用"条形图"。尽管在 Word 中可以插入统计图表，但目前原始数据已经存放在 Excel 表中，最好的方式是在 Excel 中制作图表，然后再转移到 Word 文档中。

**操作步骤**

(1) 打开需要处理的"大学生创业情况分析报告"Word 文档，确定需要插入图表的位置，如图 4-7 所示。

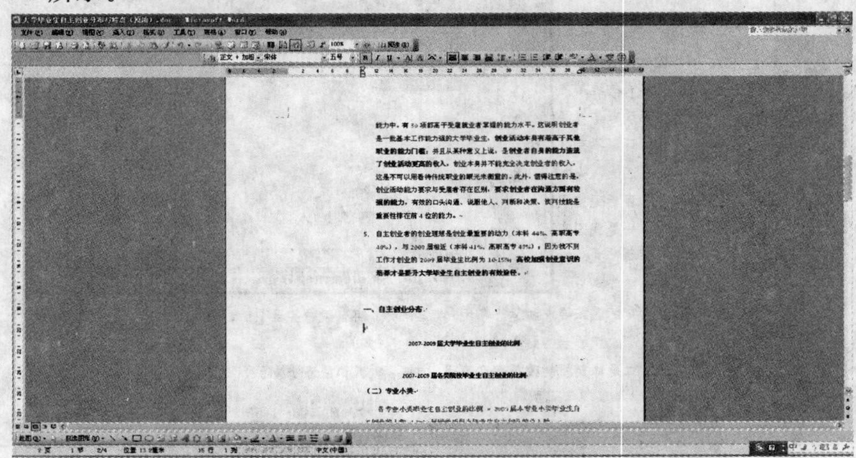

图 4-7　需要插入图表的文档

(2) 打开已建立的“近三年高校毕业生创业率统计表”，制作“近三年大学毕业生创业率”柱形图和“近三年各类院校毕业生创业率情况”折线图，如图 4-8 所示。

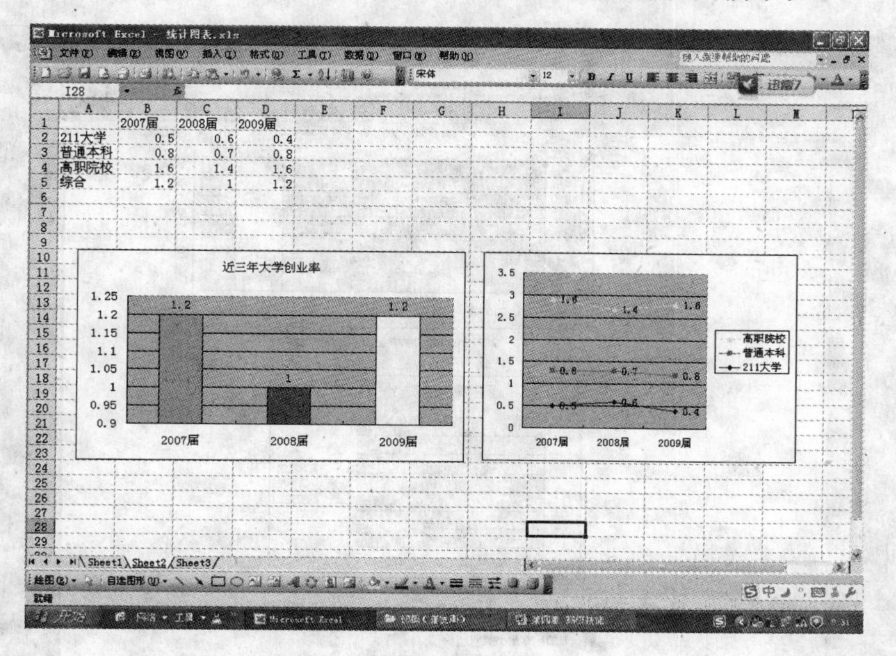


图 4-8　近三年大学毕业生创业情况统计图

(3) 打开已经建立的“创业率最高的 5 个专业”统计表，制作“创业率最高的 5 个专业”条形图，如图 4-9 所示。

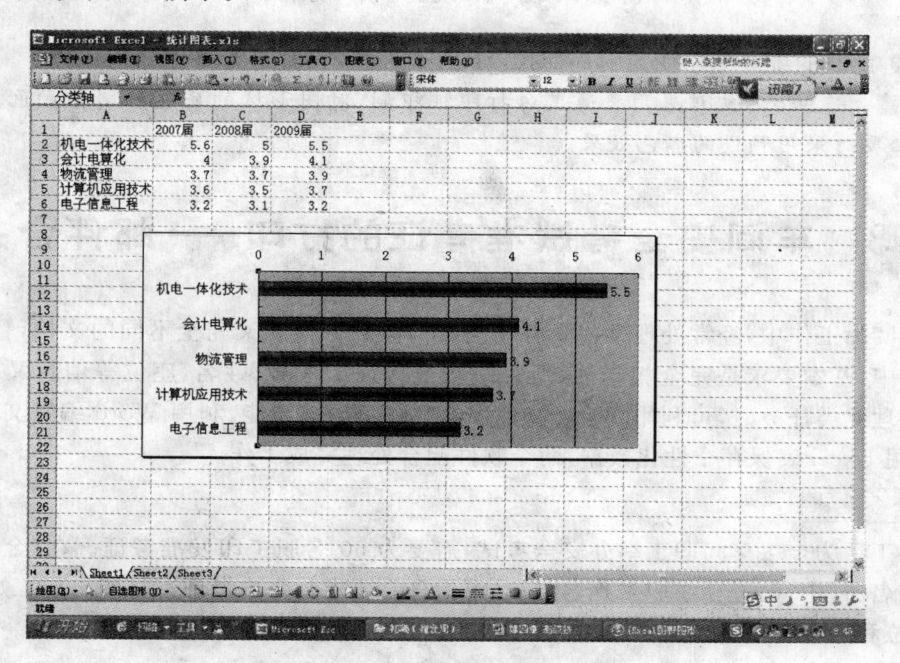


图 4-9　创业率最高的 5 个专业

(4) 分别选中已制作好的“柱形图”、“折线图”和“条形图”，复制到“大学生创业情况分析报告”Word 文档中，如图 4-10 所示。

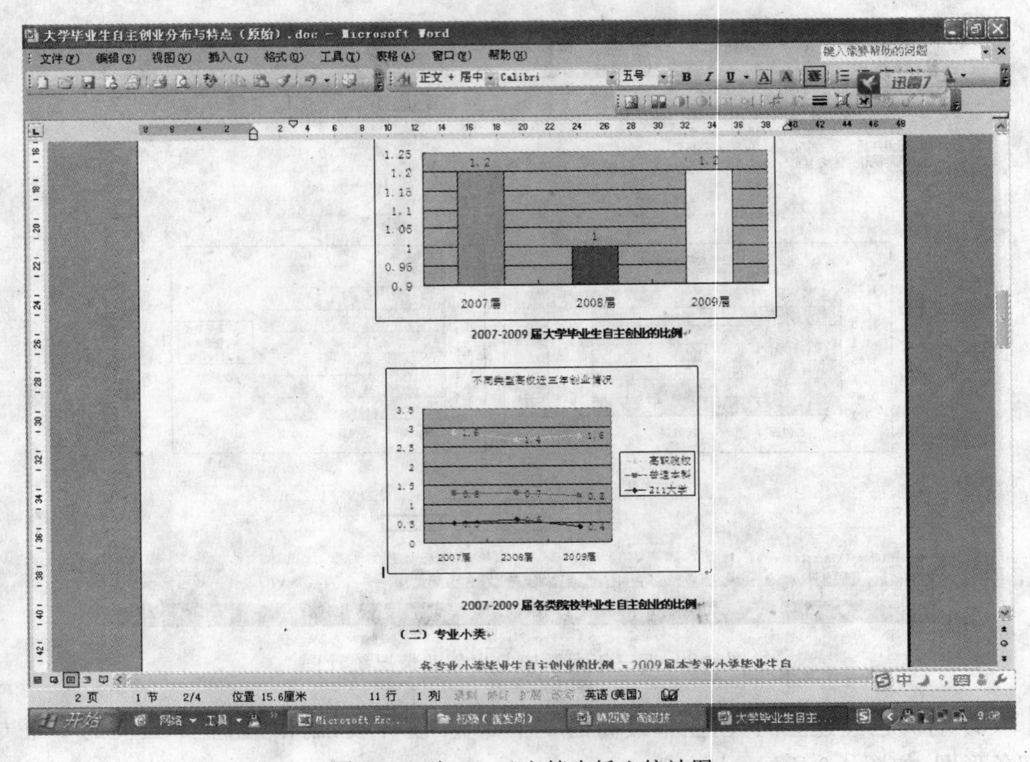


图 4-10　在 Word 文档中插入统计图

(5) 此时的统计图已变为图片格式，可以按照常规图片进行处理。

**注意**：若 Word 文档采用普通黑白打印机印刷，对图形区的底色和图形颜色应精心设计，必要时采用预设的颜色效果。

## 4.3　车间安全考试准考证的打印——邮件合并

在实际工作中，经常处理某些具有相同结构但部分信息又完全不同的文档，譬如，在准考证中，基本要求是完全相同的，但每一张准考证上考号、姓名、座位等信息又完全不同。处理此类任务时，可利用 Word 文档中的“邮件合并”功能，利用 Word 编辑文档的框架，利用 Excel 表保存个性化数据，两个软件配合处理完成工作。

**任务要求**

某工厂为金工车间职工举办安全考试，需要为 50 名职工印发准考证。在“金工车间职工花名册”中，已经存在职工姓名、编号等信息。要求每张准考证都打印出职工姓名、考号、座位和考场要求。

**任务分析**

如果将准考证文档框架复制 50 次,并逐一填写考号、姓名、座位等信息,不仅工作量大,而且文档会变得单调冗长,也容易出错。因为职工原始数据已经存放在 Excel 表中,利用计算机的自动数据处理功能,可以使这一工作变得简单高效。

**操作步骤**

(1) 启动 Word,设计制作"职工安全知识考试准考证"模板,如图 4-11 所示。

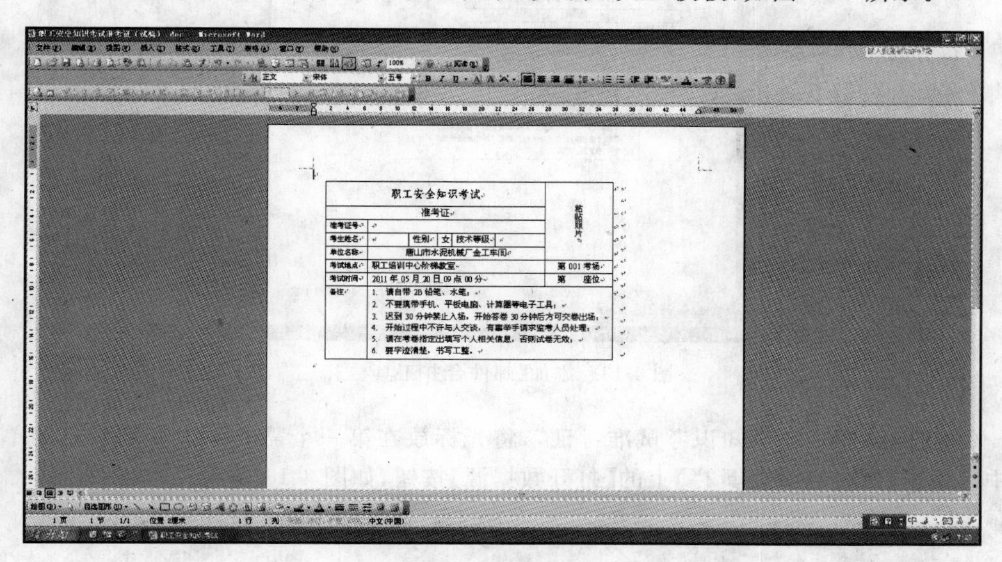


图 4-11　"职工安全知识考试准考证"模板

(2) 准备好"金工车间职工花名册",如图 4-12 所示。

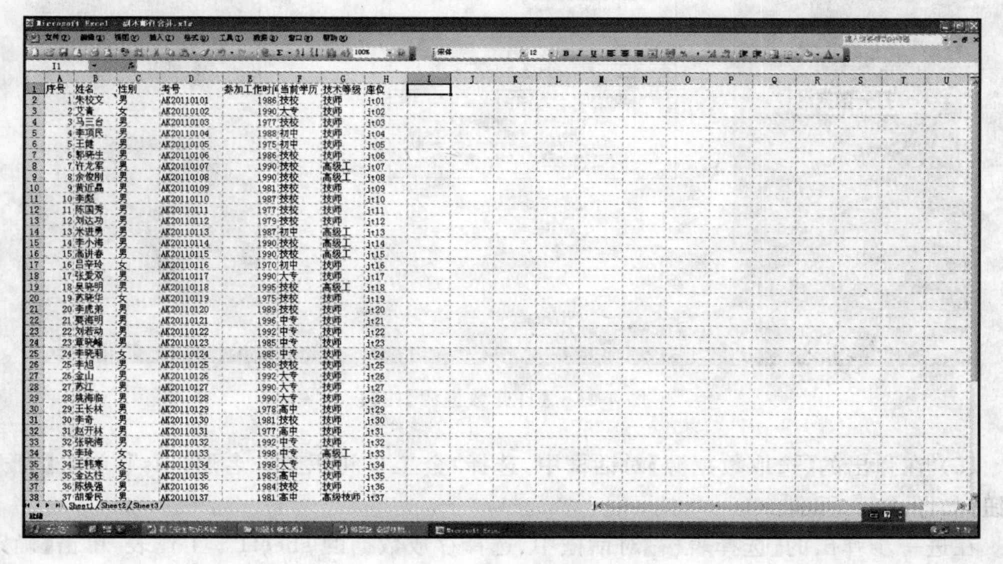

| 序号 | 姓名 | 性别 | 考号 | 参加工作时间 | 当前学历 | 技术等级 | 座位 |
|---|---|---|---|---|---|---|---|
| 1 | 朱校文 | 男 | AK20110101 | 1986 | 技校 | 技师 | jt01 |
| 2 | 艾青 | 女 | AK20110102 | 1990 | 大专 | 技师 | jt02 |
| 3 | 马三台 | 男 | AK20110103 | 1977 | 技校 | 技师 | jt03 |
| 4 | 李项民 | 男 | AK20110104 | 1988 | 初中 | 技师 | jt04 |
| 5 | 王健 | 男 | AK20110105 | 1975 | 初中 | 技师 | jt05 |
| 6 | 郭晓生 | 男 | AK20110106 | 1986 | 技校 | 技师 | jt06 |
| 7 | 许龙军 | 男 | AK20110107 | 1990 | 技校 | 高级工 | jt07 |
| 8 | 余俊刚 | 男 | AK20110108 | 1990 | 技校 | 高级工 | jt08 |
| 9 | 黄近晶 | 男 | AK20110109 | 1981 | 技校 | 技师 | jt09 |
| 10 | 李彪 | 男 | AK20110110 | 1987 | 技校 | 技师 | jt10 |
| 11 | 陈国秀 | 男 | AK20110111 | 1977 | 技校 | 技师 | jt11 |
| 12 | 刘达功 | 男 | AK20110112 | 1979 | 技校 | 技师 | jt12 |
| 13 | 米进勇 | 男 | AK20110113 | 1987 | 初中 | 高级工 | jt13 |
| 14 | 李小海 | 男 | AK20110114 | 1990 | 技校 | 高级工 | jt14 |
| 15 | 高讲春 | 男 | AK20110115 | 1990 | 技校 | 高级工 | jt15 |
| 16 | 吕辛玲 | 女 | AK20110116 | 1970 | 初中 | 技师 | jt16 |
| 17 | 张爱双 | 男 | AK20110117 | 1990 | 大专 | 技师 | jt17 |
| 18 | 吴晓明 | 男 | AK20110118 | 1995 | 技校 | 高级工 | jt18 |
| 19 | 苏晓华 | 女 | AK20110119 | 1975 | 技校 | 技师 | jt19 |
| 20 | 李虎弟 | 男 | AK20110120 | 1989 | 技校 | 技师 | jt20 |
| 21 | 聂海明 | 男 | AK20110121 | 1996 | 中专 | 技师 | jt21 |
| 22 | 刘若动 | 男 | AK20110122 | 1992 | 中专 | 技师 | jt22 |
| 23 | 章晓峰 | 男 | AK20110123 | 1985 | 中专 | 技师 | jt23 |
| 24 | 李晓莉 | 女 | AK20110124 | 1985 | 中专 | 技师 | jt24 |
| 25 | 李旭 | 男 | AK20110125 | 1980 | 技校 | 技师 | jt25 |
| 26 | 金山 | 男 | AK20110126 | 1992 | 大专 | 技师 | jt26 |
| 27 | 苏江 | 男 | AK20110127 | 1990 | 大专 | 技师 | jt27 |
| 28 | 姚海临 | 男 | AK20110128 | 1990 | 大专 | 技师 | jt28 |
| 29 | 王长林 | 男 | AK20110129 | 1978 | 高中 | 技师 | jt29 |
| 30 | 李奇 | 男 | AK20110130 | 1981 | 技校 | 技师 | jt30 |
| 31 | 赵开林 | 男 | AK20110131 | 1977 | 高中 | 技师 | jt31 |
| 32 | 张晓海 | 男 | AK20110132 | 1992 | 中专 | 技师 | jt32 |
| 33 | 李玲 | 女 | AK20110133 | 1998 | 中专 | 高级工 | jt33 |
| 34 | 王韩寒 | 女 | AK20110134 | 1998 | 大专 | 技师 | jt34 |
| 35 | 金达柱 | 男 | AK20110135 | 1983 | 高中 | 技师 | jt35 |
| 36 | 陈焕强 | 男 | AK20110136 | 1984 | 技校 | 技师 | jt36 |
| 37 | 胡爱民 | 男 | AK20110137 | 1981 | 高中 | 高级技师 | jt37 |

图 4-12　职工原始数据

(3) 选择【工具】菜单中的【信函与邮件】二级菜单下的【显示邮件合并工具栏】命令，在编辑区上方添加【邮件合并工具栏】，如图 4-13 所示。

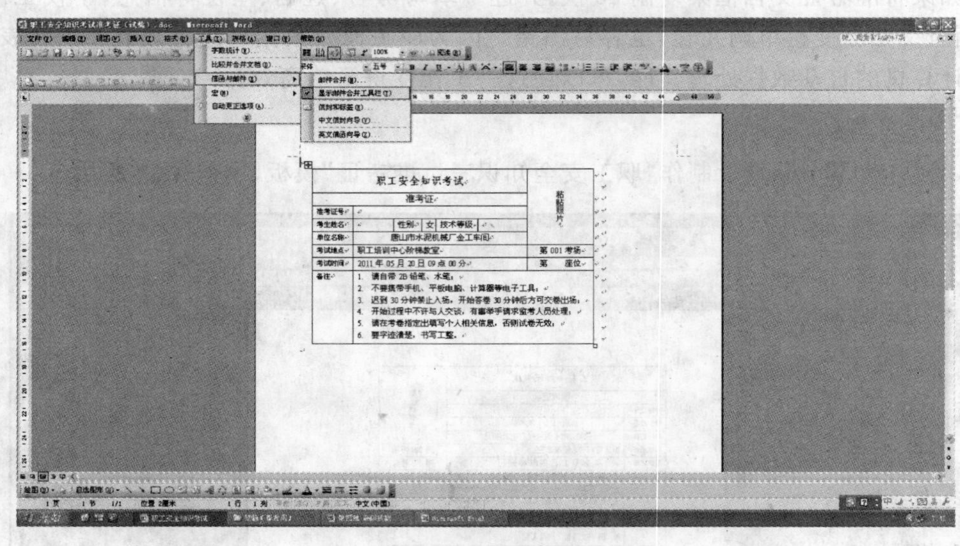

图 4-13　添加【邮件合并工具栏】

(4) 打开“职工安全知识考试准考证”，将光标放在第一个需要添加变动信息的单元格中。单击【邮件合并工具栏】上的【打开数据源】按钮，如图 4-14 所示。

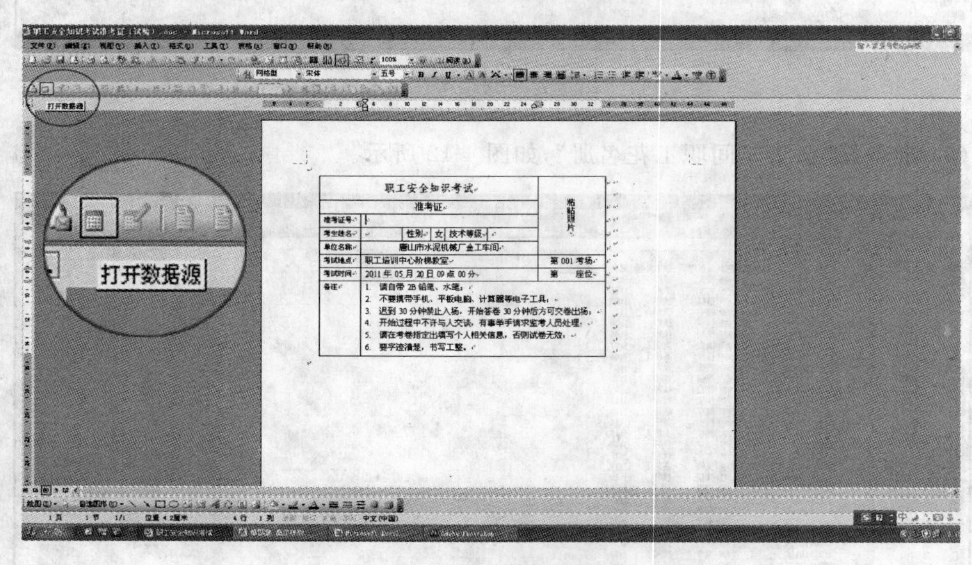


图 4-14　【打开数据源】按钮

(5) 在弹出的【选取数据源】对话框中，选择“金工车间职工花名册. xls”，单击【打开】按钮，如图 4-15 所示。

在进一步弹出的【选择表格】对话框中，选择存放数据的 sheet1 $ 工作表，单击【确定】按钮，如图 4-16 所示。

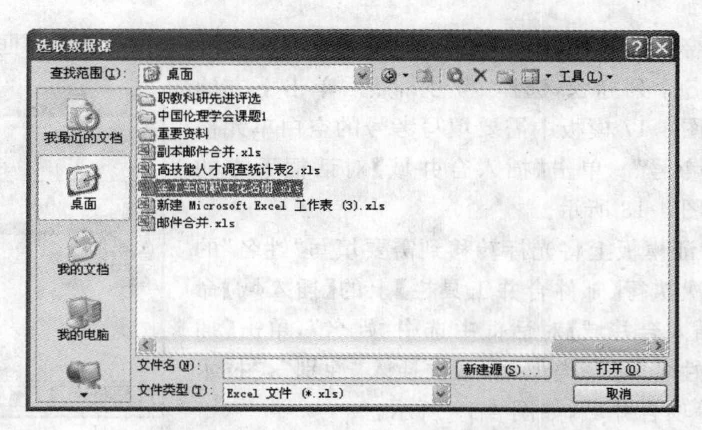


图 4-15　确定“金工车间职工花名册”为数据源

图 4-16　选择数据表

**注意**：在【选择表格】对话框中，一定要选中【数据首行包含列标题】复选框，否则，将无法建立数据关联。

(6) 此时，页面回到 Word 编辑区的“职工安全知识考试准考证”模板上，光标定位在刚刚设定的需要填写考号的空白单元格上，如图 4-17 所示。

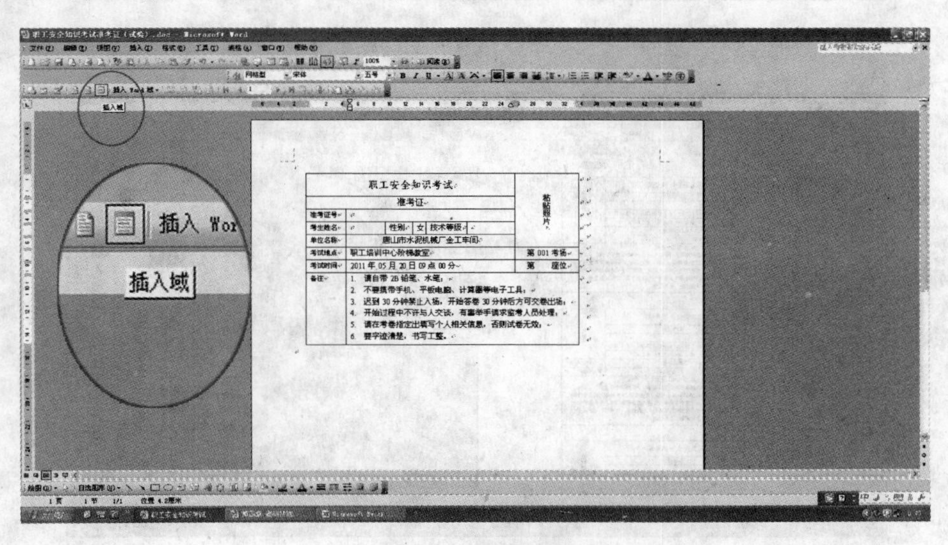


图 4-17　“插入域”操作

单击【邮件合并工具栏】上的【插入域】按钮，弹出【插入合并域】对话框中，显示出“职工花名册”中的各个列标题，选择“考号”，然后单击下方的【插入】按钮，在图 4-17 模板中需要填写考号的空白单元格中出现了域名“考号”；单击【插入合并域】对话框下方的【关闭】按钮，如图 4-18 所示。

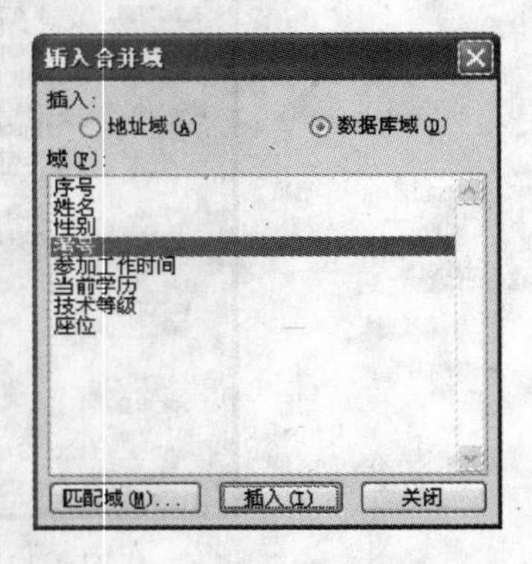


图 4-18 【插入合并域】对话框

(7) 在准考证模板上将光标转移到需要填写“姓名”的空白单元格，再次执行【邮件合并工具栏】上的【插入域】命令，在弹出的【插入合并域】对话框中选中“姓名”，单击【插入】按钮，插入“姓名”域。类似地，依次插入“性别”、“技术等级”、“座位”等项合并域，如图 4-19 所示。

(8) 单击【邮件合并工具栏】上的【合并到新文档】按钮，如图 4-20 所示。

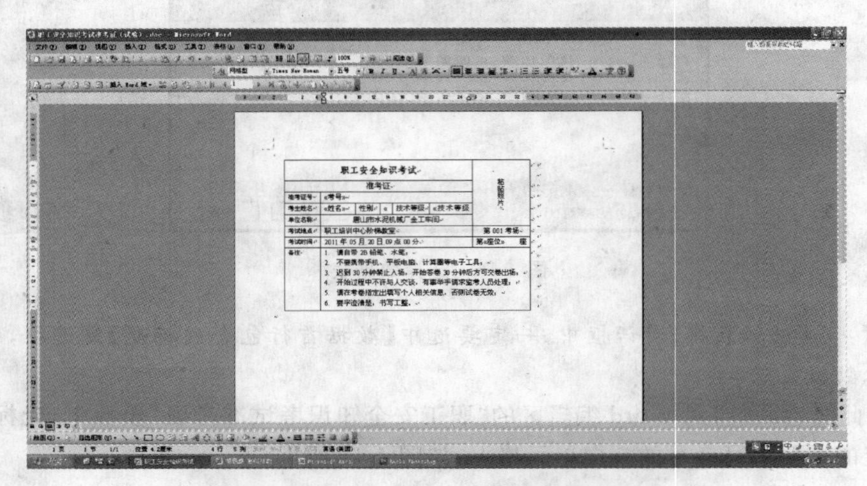

图 4-19 插入域后的准考证模板

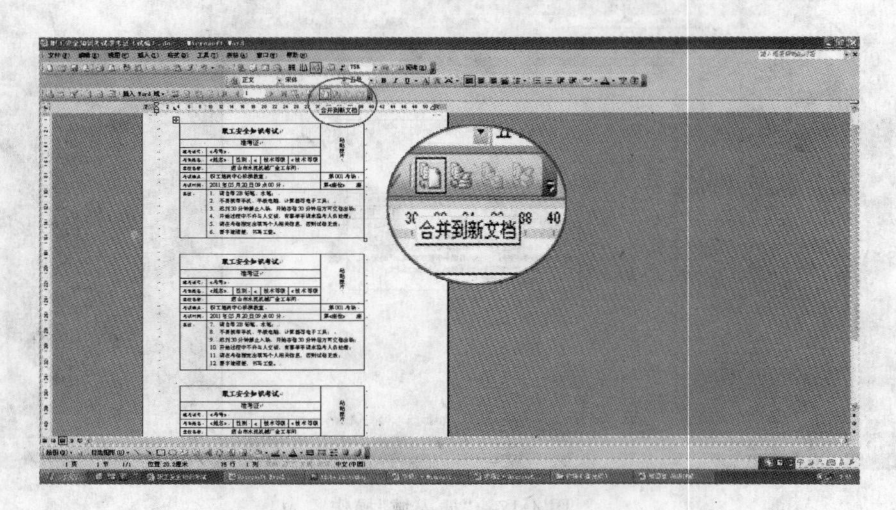


图 4-20 【合并到新文档】命令

在弹出的【合并到新文档】对话框中，选择合并记录的范围，默认为【全部】，如图 4-21 所示。

单击【合并到新文档】对话框中的【确定】按钮，开始执行合并操作，生成一个名为“字母 1”的新文档，该文档已经插入变动信息，实现了任务要求。

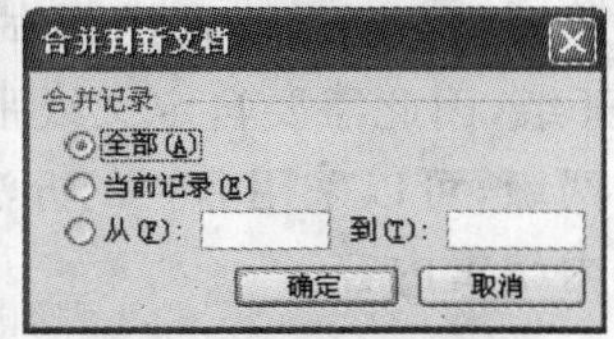


图 4-21　【合并到新文档】对话框

(9) 新生成文档中在每个准考证之间都有一个分节符，因此，每个页面只有一张准考证，既浪费纸张，又浪费时间。调整页面设置，将上下左右边距均设为 1 厘米。单击【编辑】菜单栏中的【替换】命令，将“字母 1”文档中所有分节符(^b)替换成段落标记(^p)，便可实现紧凑排版，如图 4-22 所示。

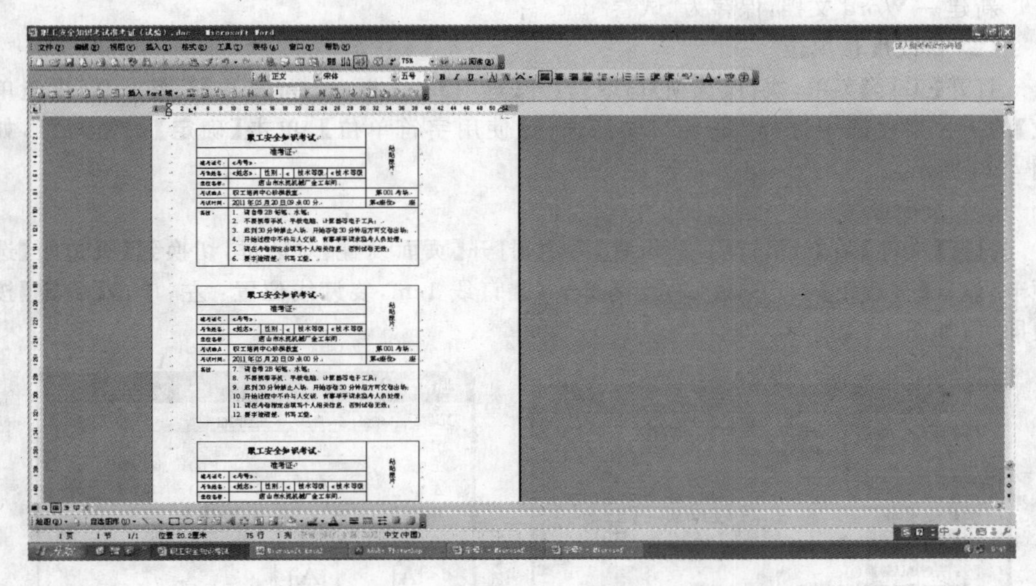

图 4-22　调整页面设置并做版面调整

**练习**

制作一份“成绩通知单”，发放到全班每位同学。

# 4.4　标准试卷的制作

编辑试卷是教师们经常性的工作，如果事先做好一个标准的试卷模板，就可节省大量的重复性的劳动，下面就详细介绍一下标准试卷的制作方法。

## 4.4.1　设置试卷版面

试卷一般为横向、分两栏打印，纸张一般比 8 开略大，奇偶页的页面编码不一样。

**任务要求**

新建一文档“试卷.doc”，设置页面为横向、大小为 390mm×270mm、上下左右页边距均为 20mm，装订线在左侧 10mm 处，分等宽的两栏，页眉/页脚“奇偶页不同”。

**分析**：经过认真的测试和仔细分析，试卷纸张为 390mm×270mm，而不是标准的 8 开纸，因此需要自定义纸张大小，为了便于装订要为装订线留出边距。将页面分成左、右两版，可以采用分栏的办法，也可以把两个文本框分别放在页面的左、右两边，再在文本框内编辑内容。

**操作步骤**

(1) 新建文档

新建一 Word 文档，保存为“试卷.doc”。

(2) 修改度量单位

打开【工具】菜单，执行【选项】命令，打开【选项】对话框，选择【常规】标签。从【度量单位】的下拉列表框中选择“毫米”，取消选中【使用字符单位】，单击【确定】按钮即可，如图 4-23 所示。

(3) 页面设置

打开【文件】菜单，执行【页面设置】命令，打开【页面设置】对话框，切换到【页边距】选项卡，设置【页边距】上、下、左、右均为 2cm，装订线 1cm，装订线位置：左，单击【确定】按钮即可，如图 4-24 所示。

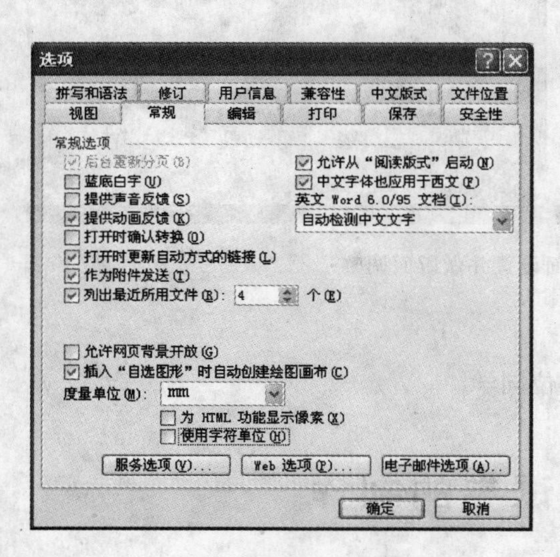


图 4-23 【选项】对话框之【常规】选项卡

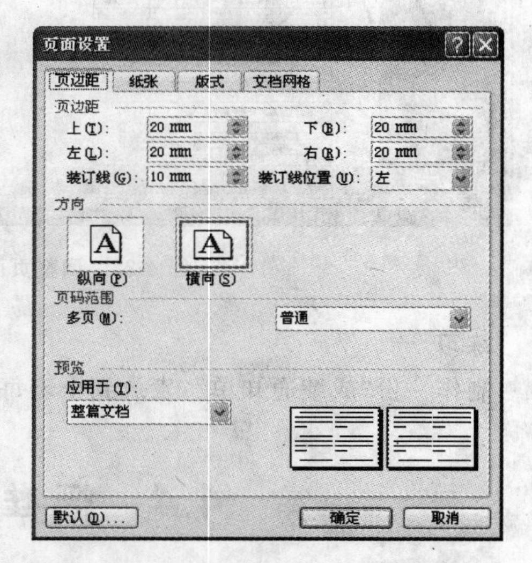


图 4-24 【页面设置】对话框之【页边距】选项卡

切换到【纸张】选项卡，如图 4-25 所示。

从【纸张大小】下拉列表框的最底部找到“自定义大小”项，将纸张的宽、高分别设置为 390mm、270mm，单击【确定】按钮即可。

切换到【版式】选项卡，选中【奇偶页不同】复选框，如图 4-26 所示。

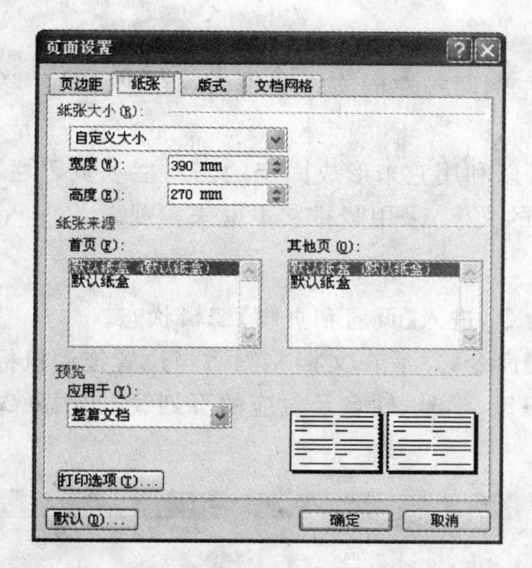


图 4-25　【页面设置】对话框之【纸张】选项卡

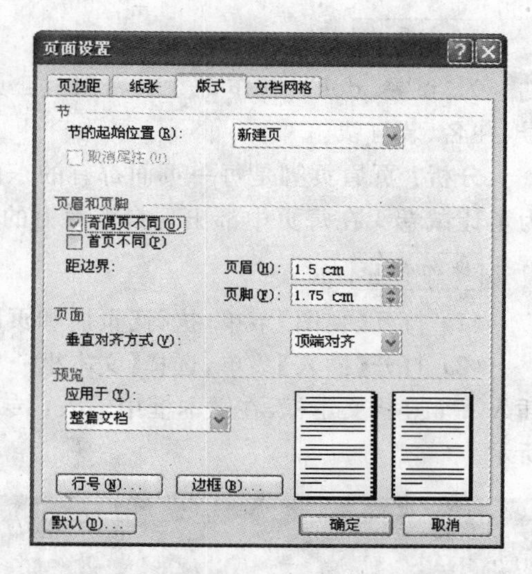


图 4-26　【页面设置】对话框之【版式】选项卡

(4) 分栏

打开【格式】菜单，执行【分栏】命令，在【分栏】对话框中，选择【预设】的“两栏”，单击【确定】按钮即可将页面分成两栏，如图 4-27 所示。

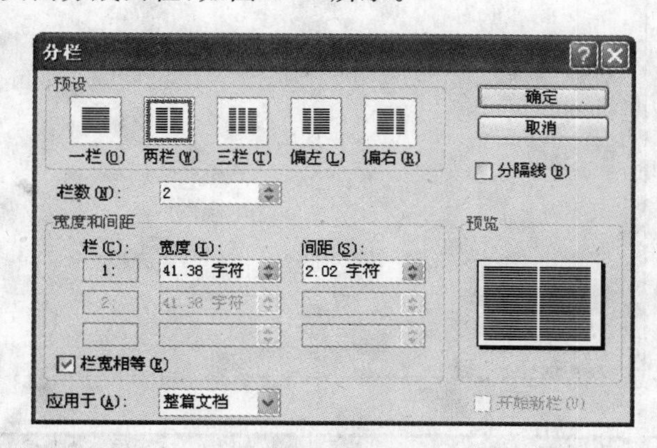


图 4-27　【分栏】对话框

可以将栏间距设置需要的值，不选中【分隔线】，否则试卷中间会出现一个竖长线。

**练习**

新建一文档“证书.doc”，设置页面为横向、大小为 350mm×240mm、上下左右页边距均为 20mm，装订线在左侧 10mm 处，分等宽的两栏。

## 4.4.2　制作密封栏

试卷左侧的试卷头，也就是包括了考生信息和密封线的那部分，应该是编排试卷必不可少的部分。

**任务要求**

为"试卷.doc",制作奇数页密封栏:页面左侧两排左向文本分别为:专业、班级、学号、姓名、装订线。

**分析**:页眉页脚是每一页面都有的东西,可以利用它来形成固定的密封栏和页码栏。为了让试卷头在每页中都出现自下而上的左向的文字,采用竖排文本框来实现。

**操作步骤**

(1) 打开【视图】菜单,执行【页眉和页脚】命令,进入【页眉和页脚】编辑状态。

(2) 打开【插入】菜单,选择【文本框→竖排】命令,然后在文档左侧适当位置拖动鼠标插入一个竖排文本框,在文本框中输入:专业、班级、学号、姓名及对应的下划线,如图 4-28 所示。

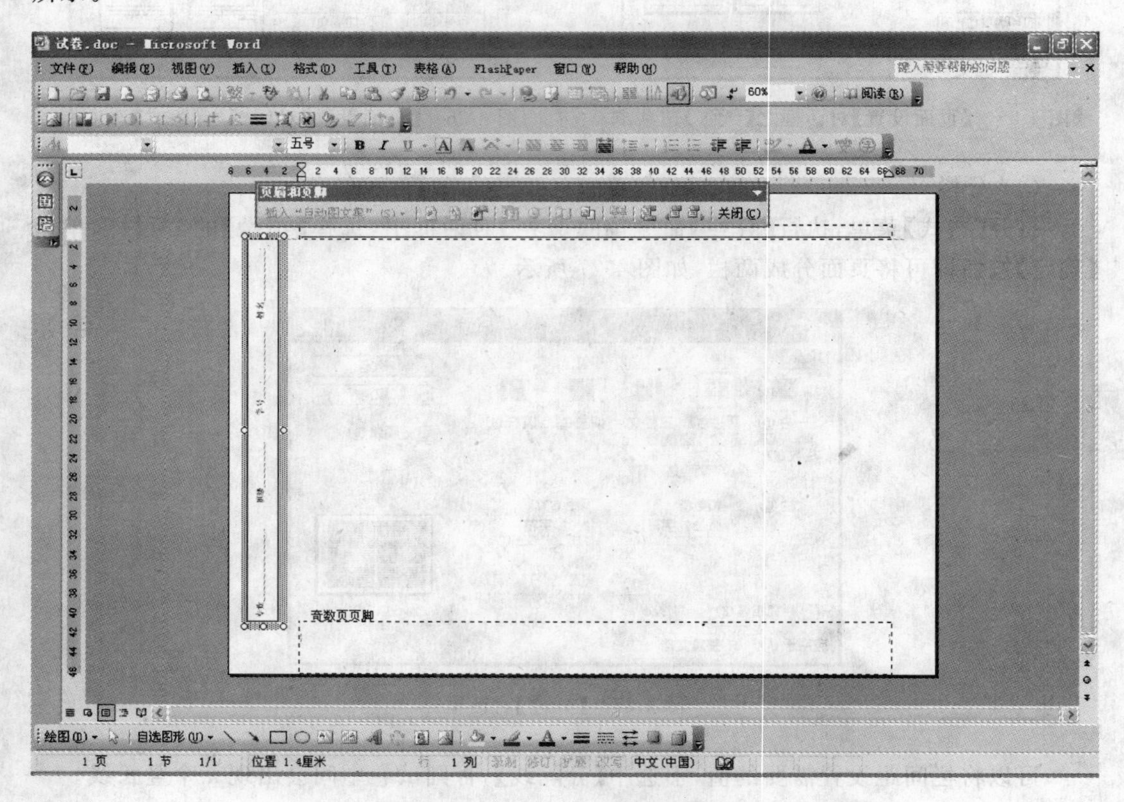


图 4-28 插入竖排文本框做卷头

(3) 确认光标在所插入的竖排文本框中,然后打开【格式】菜单,执行【文字方向】命令,在【文字方向】对话框的【方向】区域中选择"竖排左向"文字排列样式,如图 4-29 所示。

(4) 选中竖排文本框,右击,在快捷菜单中选择【设置文本框格式】命令,在【设置文本框格式】对话框的【颜色与线条】选项卡中,设置【填充】区域的颜色为"无填充色"、【线条】区域的颜色为"无线条颜色",单击【确定】按钮即可,如图 4-30 所示。

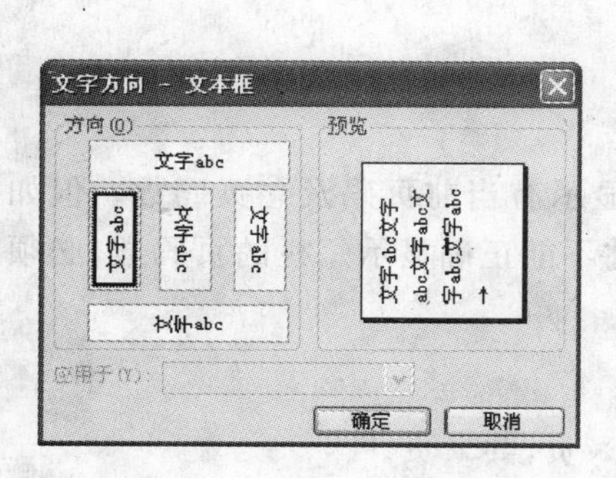


图 4-29　【文字方向】对话框

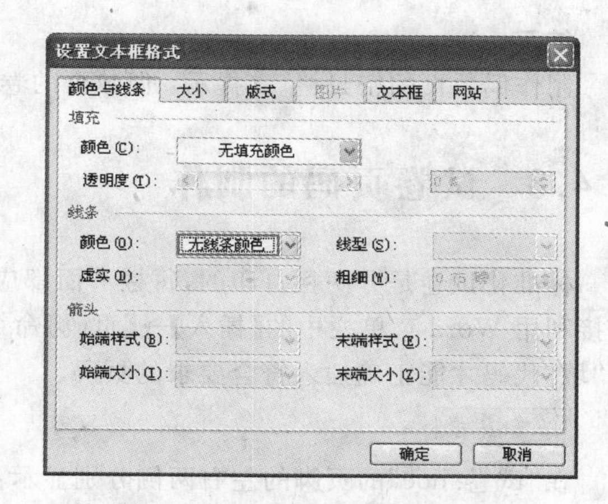


图 4-30　【设置文本框格式】对话框

(5) 调整好竖排文本框的大小、位置及所输入文字的位置。复制一份，放置于右侧，做装订线，删掉已有文本，输入"………………装…………订………………线………………"。设置效果如图 4-31 所示。

(6) 单击【页眉和页脚】工具栏上的【关闭】按钮，即可返回文档编辑状态。

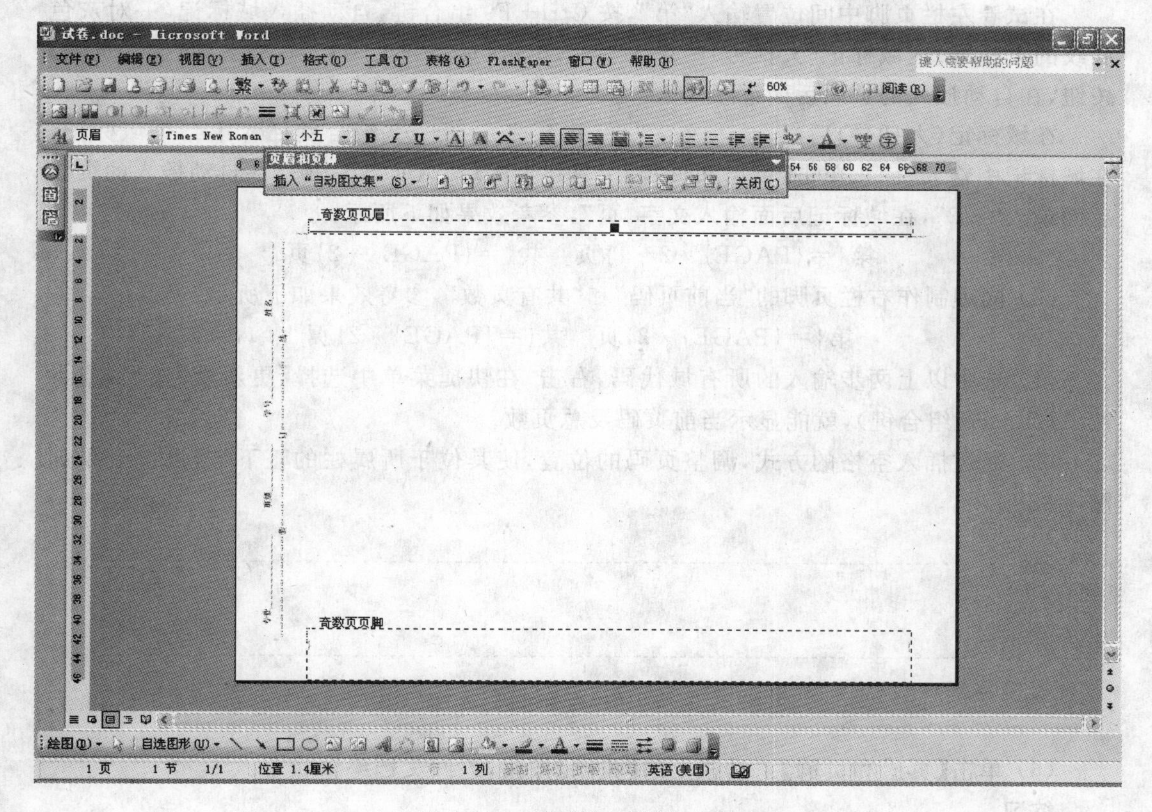


图 4-31　添加"装订线"文本框

**练习**

制作偶数页的密封栏。(提示:偶数页的卷头、装订线要放到页面的右侧。)

## 4.4.3 试卷页码的制作

标准化试卷是分两栏打印的,每栏下面都应该显示有当前页码及总页码数。但如果直接利用 Word 菜单栏中的【插入】→【页码】命令,并不能正确显示每栏的页码数,必须结合"域"代码才能正确插入符合要求的页码。

**任务要求**

在"试卷.doc"的页脚的左右两侧分别显示:第×页,共×页。

**分析**:为了让试卷头在每页中都出现自下而上的左向的文字,采用在"页眉和页脚"状态下竖排文本框来实现。

**操作步骤**

(1) 在"页眉和页脚"编辑状态,光标定位到"页脚"处。

(2) 制作左栏页脚的"当前页码"和"共有页数"。

在试卷左栏页脚中间位置输入"第",按 Ctrl+F9 组合键,自动插入域标记(一对灰色底纹的大括号)在域标记(大括号)中录入"=",单击【页眉和页脚】工具栏上的【插入页码】按钮,在自动插入的页码后面继续录入"*2-1"。

在域标记(大括号)后面,录入文字"页,共",按 Ctrl+F9 组合键插入第二个域标记,在域标记中输入"=",单击【页眉和页脚】工具栏上的【插入页数】按钮,在自动插入的页数后面录入"*2",在域标记后面输入文字"页",参考效果如下所示:

第{={PAGE}*2-1}页　共{={PAGE}*2}页

(3) 同理制作右栏页脚的"当前页码"和"共有页数",参考效果如下所示:

第{={PAGE}*2}页　共{={PAGE}*2}页

(4) 选中以上两步输入的所有域代码,右击,在快捷菜单中选择【更新域】选项(或者按 ALT+F9 组合键),就能显示当前页码及总页数。

(5) 通过插入空格的方式,调整页码的位置,使其位于所属栏的正下方,设置效果如图 4-32 所示。

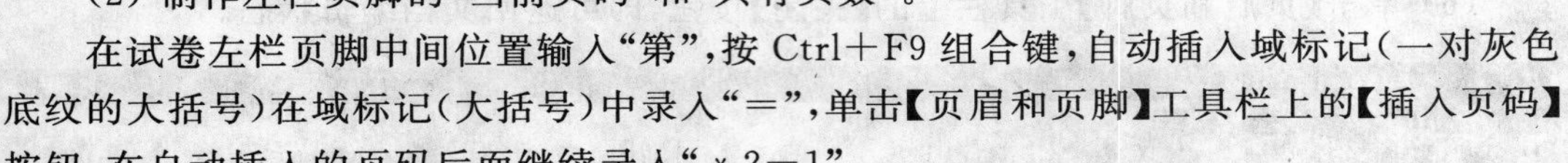

页脚

第1页 共2页　　第2页 共2页

图 4-32　页脚中的"当前页码"及"总页数"

(6) 单击【页眉和页脚】工具栏上的【关闭】按钮,返回文档编辑状态。

**练习**

制作"偶数页"页脚的页码,左侧栏为"本试卷共 2 页,第 1 页",右侧栏为"本试卷共

2 页,第 2 页”。

### 4.4.4　制作卷头及得分表

标准化试卷都要有卷头和得分表,下面添加。

**任务要求**

为“试卷.doc”添加卷头、评分表、得分表。

**分析**:卷头用“黑体”字显得比较庄重,利用表格做“评分表”,注意改变高宽时,直接拖动右下边框便能均匀改行、列。为了能让“得分表”放置在页面的任意位置,用文本框将“得分表”包起来,这样就可以任意移动位置了。

**操作步骤**

(1) 录入试卷卷头

输入试卷标题,设置好字体、字号,并让其居中,参考效果如图 4-33 所示。

××××学院×××系

201×—201×学年第×学期考试试题(A B)卷

课程名称________　　任课教师签名________

考试方式(闭 开)卷　　适用专业________

考试时间(90)分钟

图 4-33　试卷卷头

(2) 制作评分表

利用表格做评分表,直接拖动右下边框能均匀改行高、列宽,如图 4-34 所示。

(3) 制作得分表

使用文本框做容器,在文本框中插入一个 2 行 2 列的表格,录入相关文本,设置文本框格式为“无填充颜色、无线条颜色”。参考效果如图 4-35 所示。

| 题号 | 一 | 二 | 三 | 四 | 五 | 六 | 总分 |
|---|---|---|---|---|---|---|---|
| 得分 | | | | | | | |
| 阅卷人 | | | | | | | |

图 4-34　统一改变“评分表”的行高、列宽

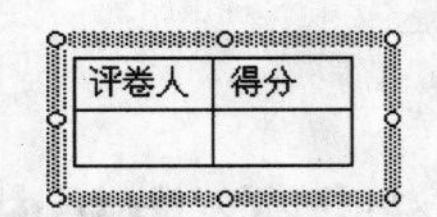

| 评卷人 | 得分 |
|---|---|
| | |

图 4-35　文本框中的“得分表”

多次复制该文本框,参考效果如图 4-36 所示。

**练习**

制作如图 4-37 所示的卷头、评分表和得分表。

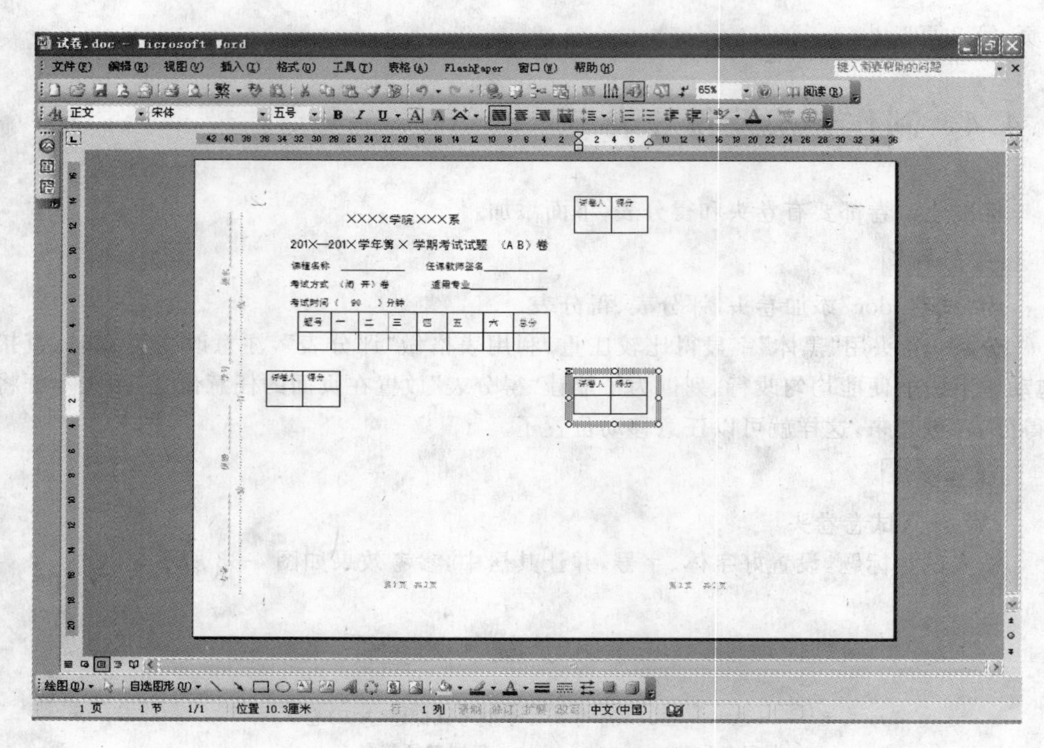


图 4-36 添加了“得分表”的试卷

**××××大学期末考试试卷**

**课程名称：**＿＿＿＿＿**学年学期：**2010—2011-1 **试卷类型：**＿＿＿＿＿

| 题号 | 一 | 二 | 三 | 四 | 五 | 六 | 合计 |
|---|---|---|---|---|---|---|---|
| 题分 | | | | | | | |
| 得分 | | | | | | | |

| 得分 | 评分人 |
|---|---|
| | |

图 4-37 期末考试试卷

## 4.4.5 保存为模板及应用

任何 Microsoft Word 文档都是以模板为基础的。模板决定文档的基本结构和文档设置，例如自动图文集词条、字体、快捷键指定方案、宏、菜单、页面布局、特殊格式和样式。Word 模板分共用模板、文档模板两种基本类型。共用模板包括 Normal 模板，所含设置适用于所有文档。文档模板（例如“新建”对话框中的备忘录和传真模板）所含设置仅适用于以该模板为基础的文档。例如，如果用备忘录模板创建备忘录，备忘录能同时使用备忘录模板和任何共用模板的设置。Word 提供了许多文档模板，也可以创建自己的文档模板。

**任务要求**

将"试卷.doc"保存为"标准试卷"模板，并应用"标准试卷"创建新文档。

**分析**：将自定义模板保存在 Templates 文件夹中，只有使用【文件】菜单的【新建】命令，打开【新建文档】任务窗格，选择【本机上的模板】命令，才能打开【模板】对话框，选择使用自定义的模板。

**操作步骤**

(1) 保存为模板

打开【文件】菜单执行【保存】命令，在【另存为】对话框中，将【保存类型】设置为"文档模板(＊.dot)"，命名为"标准试卷"，单击【保存】按钮即可，如图 4-38 所示。

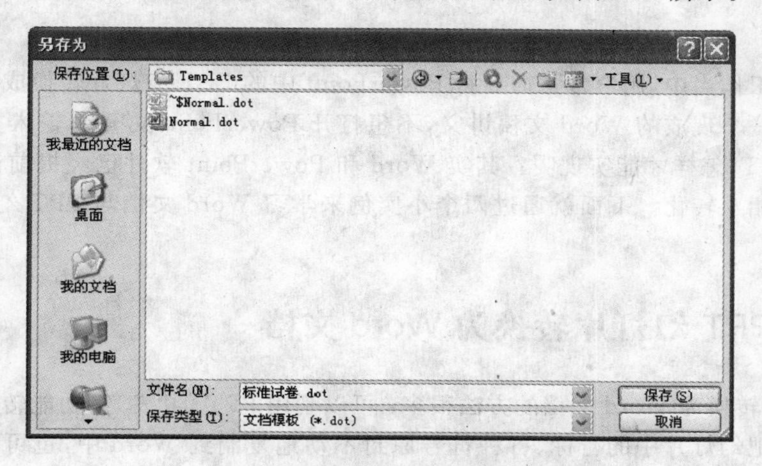


图 4-38　保存为"标准试卷"模板

(2) 应用模板

再需制作试卷时，打开【文件】菜单，执行【新建】命令，展开【新建文件】任务窗格，选中其中的【在本机上的模板】选项，打开【模板】对话框，如图 4-39 所示。

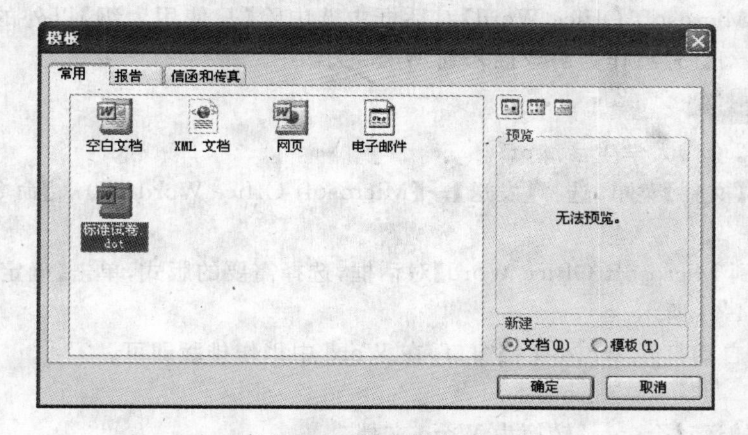


图 4-39　【模板】对话框

选择“标准试卷”模板文件，单击【确定】按钮，即可新建一份空白试卷文档。

(3) 备份模板

进入 Templates 文件夹，将“标准试卷. dot”文件备份到其他磁盘中，当重新安装系统后或到其他机器上，将该文件复制到 Templates 文件夹中，就可以继续调用了。

**练习**

将“试卷. doc”稍做调整，然后另存为“试卷. dot”，利用“试卷. dot”新建文档“新试卷. doc”。

# 4.5 Word 文档与 PPT 幻灯片的交互转换

在实际工作当中，用户常常需要将 PowerPoint 中的 PPT 幻灯片转换成 Word 文档，或者手头有一个现成的 Word 文稿讲义，不想打开 PowerPoint 再重新输入文字，而是直接转换成 PPT，怎样才能实现呢？其实 Word 和 PowerPoint 软件已经提前设计好了，它们之间可以相互转化。下面就通过两个小实例来学习 Word 文档与 PPT 幻灯片的交互转换。

## 4.5.1 PPT 幻灯片转换为 Word 文档

将 PPT 转换为 Word 文档的方法很多：可以利用 PPT 的“发送”功能转换，也可以在“大纲视图”把幻灯片中的行标、各种符号原封不动地复制到 Word 中，也可以另存为 rtf 文件格式，再进行简单编辑。

**任务要求**

用 PPT 的“发送”功能将“珍惜大学生活. ppt”转换为 Word 文档。

**分析**：如果 PPT 幻灯片中含有图片，并且希望将文字和图片同时转换成 Word 文档，则在【发送到 Microsoft Office Word】对话框中选中除【只使用大纲】以外的其他单选按钮，不过 PPT 幻灯片将作为对象插入到 Word 文档中。

**操作步骤**

(1) 打开“珍惜大学生活. ppt”。

(2) 打开【文件】菜单，选择【发送】→【Microsoft Office Word(W)...】命令。如图 4-40 所示。

在【发送到 Microsoft Office Word】对话框，选择需要的版式，单击【确定】按钮即可实现发送，如图 4-41 所示。

(3) 系统自动打开 Word 文档窗口，在 Word 中稍作排版即可。

**练习**

将“我们的运动会. ppt”转换为 Word 文档。

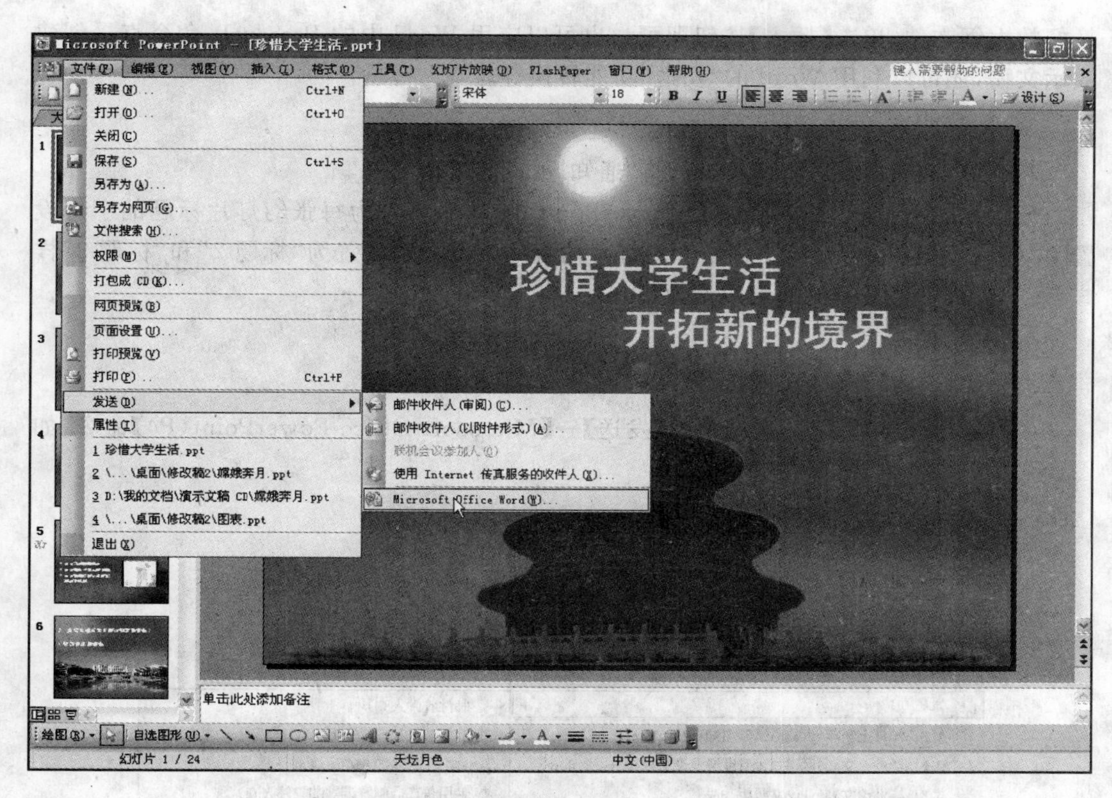


图 4-40　将 PPT 发送到 Microsoft Office Word 中

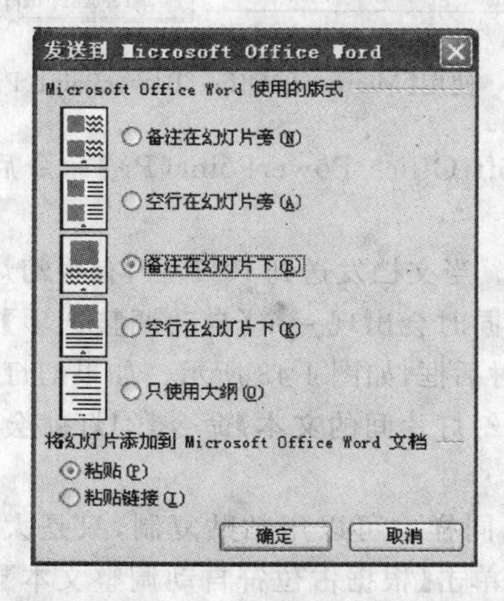


图 4-41　【发送到 Microsoft Office Word】对话框

## 4.5.2　Word 文档转换为 PPT 幻灯片

将 Word 文档转换为 PPT 的方法也有很多：可以将 Word 文档另存为 rtf 文档格式，在 PowerPoint 中，执行【插入】→【幻灯片(从大纲)】命令，打开【插入大纲】对话框，选中转换好的大纲文件，单击【插入】按钮即可。也可以应用 Word 中的 PresentIt 命令直接创建演示文稿，还可以利用 Word 的“发送”功能转换等。

**任务要求**

利用 Word 的“发送”功能转换，将“通知.doc”转换为 PPT。

**分析**：将 Word 文档“发送”到 PowerPoint 中，要对将作为每张幻灯片标题的字符设置为“标题 1”样式，将作为小标题和幻灯片内容的字符分别设置为“标题 2”和“标题 3”样式，在幻灯片中不显示的内容设置为“正文”。

**操作步骤**

(1) 打开“通知.doc”。

(2) 打开【文件】菜单，选择执行【发送】→【Microsoft Office PowerPoint(P)】命令，如图 4-42 所示。

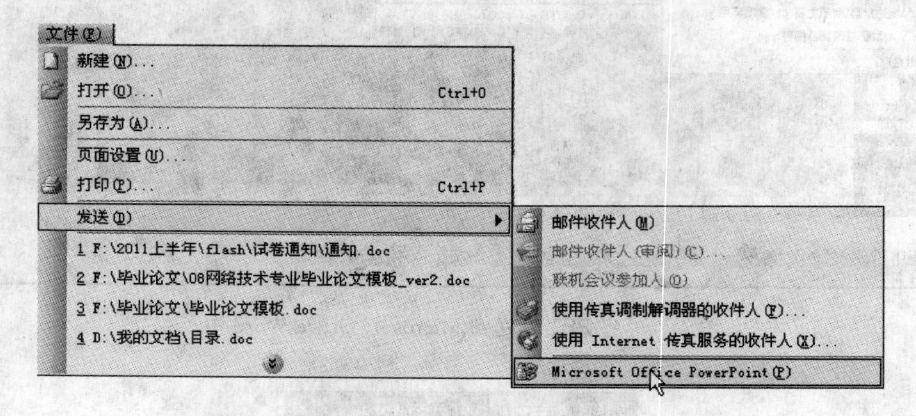


图 4-42 使用【Microsoft Office PowerPoint(P)】命令

执行【发送】→【Microsoft Office PowerPoint(P)】命令后，稍待数秒幻灯片会自动生成。

(3) 对幻灯片进行调整。当文档发送到 PPT 后，有些幻灯片中的内容很多、很拥挤。单击该文本框，文本被选中，同时会出现一个【自动调整选项】智能符号，单击后会出现一个对话框，如图 4-43 所示。如果幻灯片的内容很多，单击【拆分两个幻灯片间的文本】命令，幻灯就会自动调整。

在第 2 页上继续拆分。同样也可以用粘贴复制，只是太慢而已，如果幻灯片内容较少，单击【根据占位符自动调整文本】命令即可。

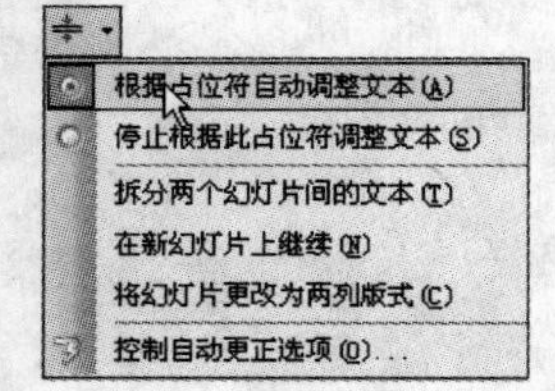


图 4-43 【自动调整选项】智能符号

**注意**：调整文档是关键，如果没有调整文档，就不会成功。

**练习**

将“劳动法全文排版.doc”转换为 PPT，并调整文本，应用一种幻灯片设计。

# 4.6　Word 文档中嵌入 Excel“活”表格

由于 Word 表格的计算功能不够强，所以有不少用户都是先用 Excel 处理表格，然后再复制到 Word 文档之中。这样做的麻烦之处在于，如果表格有变化，就得重复用 Excel 编辑，然后复制到 Word 文档中。而且，如果上次编辑的 Excel 表格被删除了，就更加恼人。该怎么办呢？以下以 Word 2003 为例介绍将 Excel“活”表格插入到 Word 文档中的两种方法。

## 4.6.1　从 Excel 文件插入嵌入对象或链接对象

使用前提：已经用 Excel 编辑好了表格、图表。

**任务要求**

将“图表练习. xls”中“2010—2011 学年第一学期期末考试五年级三班学生成绩分析明细表”的内容当成源数据，嵌入“活动表格. doc”中，并编辑。

**分析**：Excel 中整个工作表、单元格区域或图表都可以当工作表对象的源数据。“Microsoft Office Excel 工作表对象”插入 Word 中有“嵌入”和“链接”两种途径。链接数据存储在源文件中，Word 文件或目标文件只存储源文件的位置，并显示链接数据，占用的空间很少。如果要包含单独维护的信息，例如由其他部门收集的数据，并且需要让该信息在 Word 文档中保持最新，那么也适合使用链接。

**操作步骤**

(1) 打开“活动表格. doc”、“图表练习. xls”。

(2) 选中“图表练习. xls”中的数据源内容，如图 4-44 所示。按 Ctrl+C 组合键，将内容复制到“剪贴板”。

(3) 切换到 Word 文档，光标定位到要显示信息的位置。打开【编辑】菜单，选择【选择性粘贴】命令，在【形式】列表中，选择“Microsoft Office Excel 工作表对象”，如图 4-45 所示。

如果希望插入嵌入的对象，选中【粘贴】单选框，如果插入链接对象，选中【粘贴链接】单选框，单击【确定】按钮即可。

(4) 双击“活动表格. doc”中的工作表对象，进入数据表的编辑状态，如图 4-46 所示。

**说明**：在 Word 文档嵌入 Excel 工作表对象后，嵌入的对象会成为 Word 文件的一部分，并且在插入后就不再是源文件的组成部分，如果修改源 Excel 文件，Word 文件中的信息不会相应更改。在 Word 文档链接 Excel 工作表对象时，如果修改源文件，则会更新信息。如果数据不能更新，则在工作表对象上右击，在快捷菜单中选择【更新链接】命令，或按 F9 键即可实现更新。

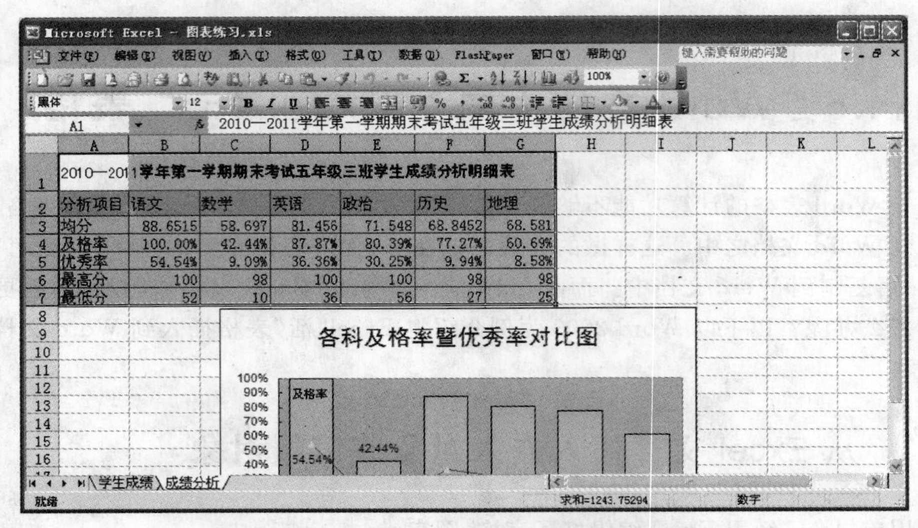

图 4-44 选择 Excel 中的“链接/嵌入”源数据

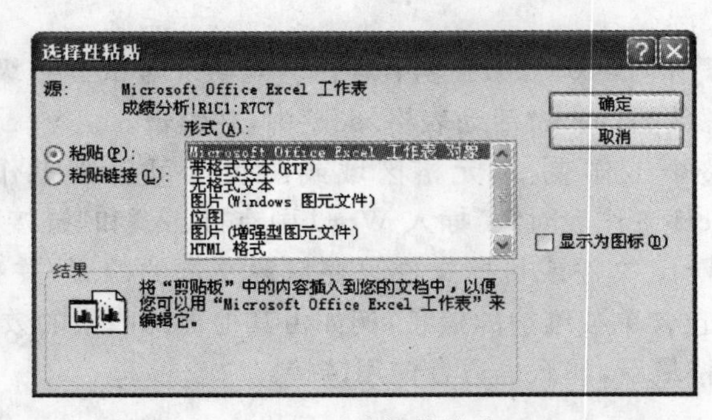

图 4-45 选择性粘贴

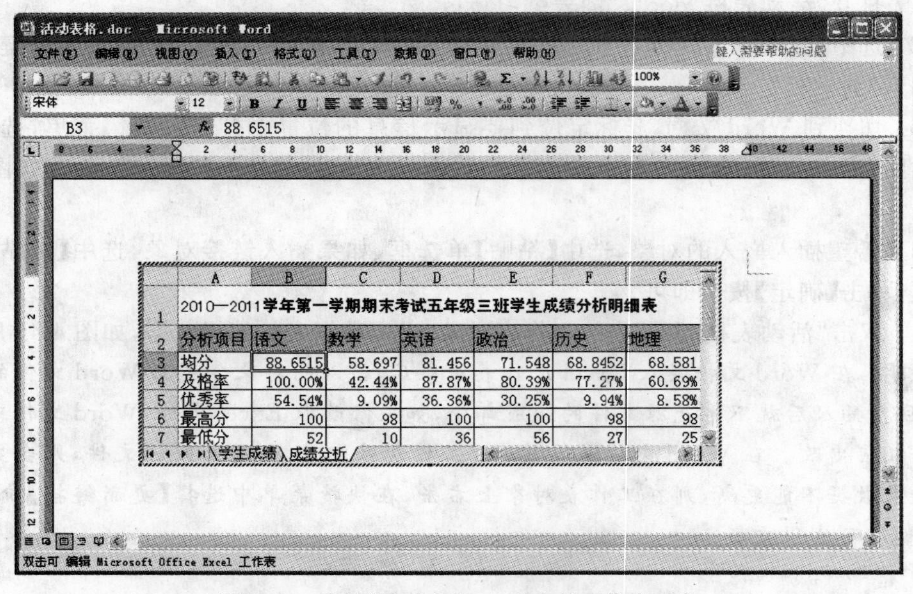

图 4-46 编辑“活动表格.doc”中的工作表对象

**练习**

将"图表练习.xls"中的图表当成"Microsoft Office Excel 图表对象"嵌入"活动表格.doc"中。

## 4.6.2 在 Word 文档内创建新 Excel 工作表

如果尚未将需要的表格用 Excel 编辑好,那么可以在 Word 文档内创建新工作表。

**任务要求**

在"活动表格.doc"嵌入一张新的 Excel 工作表,并进行简单编辑。

**分析**:Excel 中整个工作表、单元格区域或图表都可以作为工作表对象的源数据。"Microsoft Office Excel 工作表对象"插入到 Word 中有"嵌入"和"链接"两种途径。链接数据存储在源文件中,Word 文件或目标文件只存储源文件的位置,并显示链接数据,占用的空间很少。如果要包含单独维护的信息,例如由其他部门收集的数据,并且需要让该信息在 Word 文档中保持最新,那么也适合使用链接。

**操作步骤**

(1) 在"活动表格.doc"中要创建工作表的位置定位鼠标。

(2) 打开【插入】菜单,执行【对象】命令,在【对象】对话框中,选择"Microsoft Excel 工作表",如图 4-47 所示。

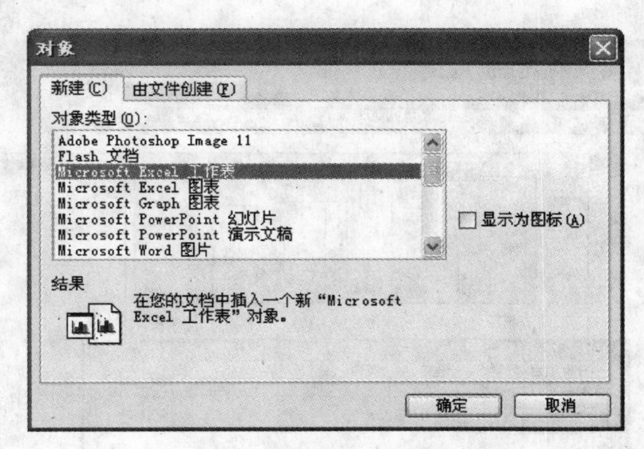


图 4-47 【对象】对话框

单击【确定】按钮,将 Excel 工作表作为嵌入对象插入到 Word 文档,如图 4-48 所示。

(3) 双击工作表对象,进入编辑状态,如同在 Excel 中一样使用"工作表"。简单编辑效果如图 4-49 所示。

**练习**

在"活动表格.doc"嵌入一张新的 Excel 工作表,并进行简单编辑,设置效果如图 4-50 所示。

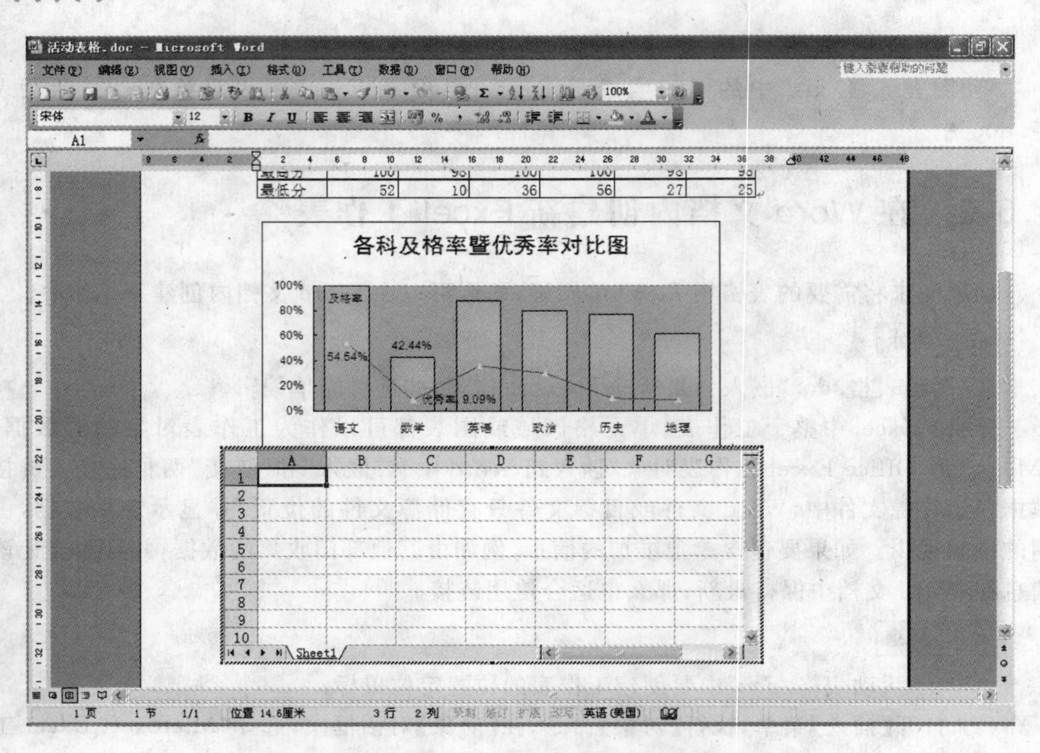


图 4-48　嵌入了“工作表对象”的“活动表格.doc”

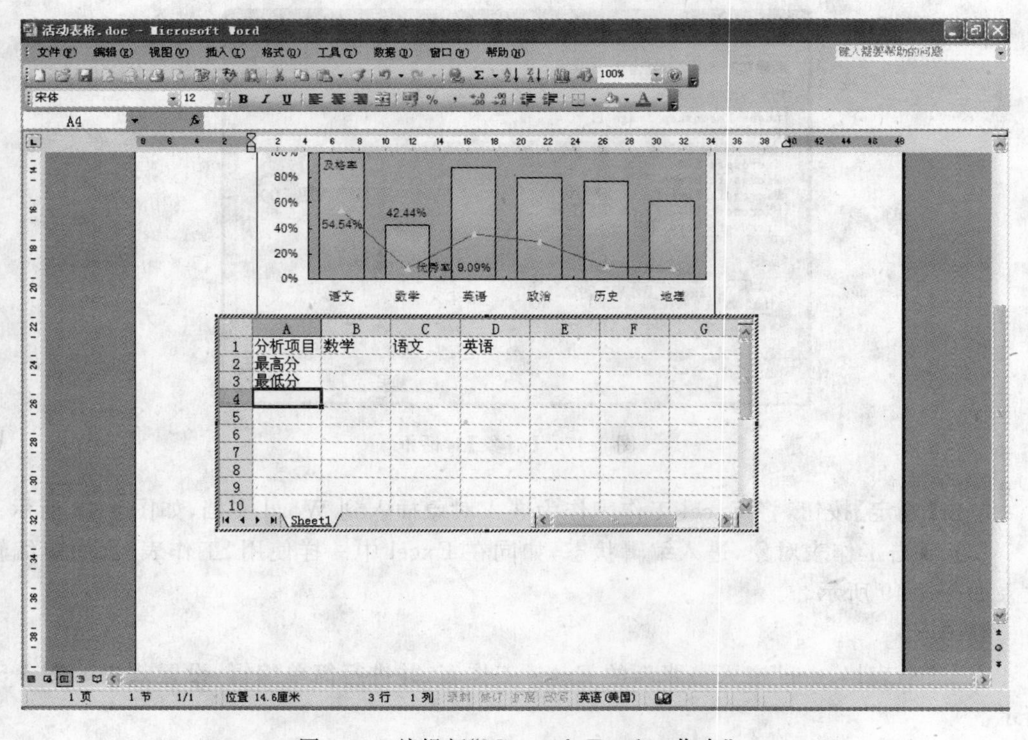


图 4-49　编辑新“Microsoft Excel 工作表”

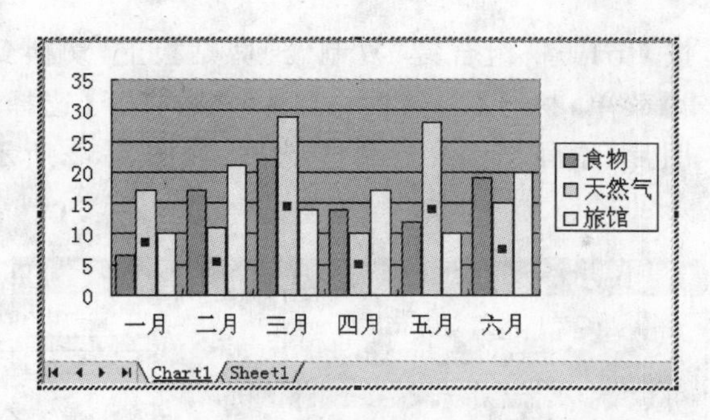


图4-50 编辑新"Microsoft Excel 图表"

# 4.7 联合使用Word和Excel实现多页打印大字

在Word中分多页打印一个大字(例如用4页A4纸打印一个大字)不易实现,而如果将Word和Excel配合使用则可以轻松完成。

**任务要求**

联合使用Word和Excel实现:4页A4纸打印楷体大字"家"。

**分析**:将Word中大字粘贴到Excel时,用"选择性粘贴——图片(增强型图元文件)"这一步很关键。因为贴到Excel中的大字已经是图片了,所以想做多大就拖多大。

**操作步骤**

(1) 在Word中,设置字体为"楷体"、字形为"加粗",输入汉字"家",选中"家",修改字号为450(在Word中一般设置为450号字就可以满屏显示),如图4-51所示。

图4-51 Word中的大字——"家"

(2) 选中该大字，按 Ctrl＋C 组合键“复制”到剪贴板上，切换到 Excel，光标定位到 A1 单元格。打开【编辑】菜单，执行【选择性粘贴】命令，打开【选择性粘贴】对话框。在【方式】列表框中选择“图片(增强型图元文件)”选项，如图 4-52 所示。单击【确定】按钮即可。

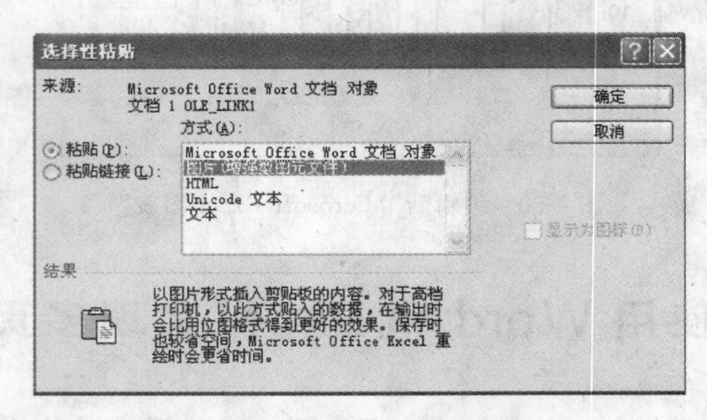


图 4-52 【选择性粘贴】对话框

(3) 在 Excel 中设置页面大小为 A4，并设置显示比例为 25%。然后拖动大字图片周围的控制块调整其大小，使其符合几张 A4 纸型的幅面，如图 4-53 所示。

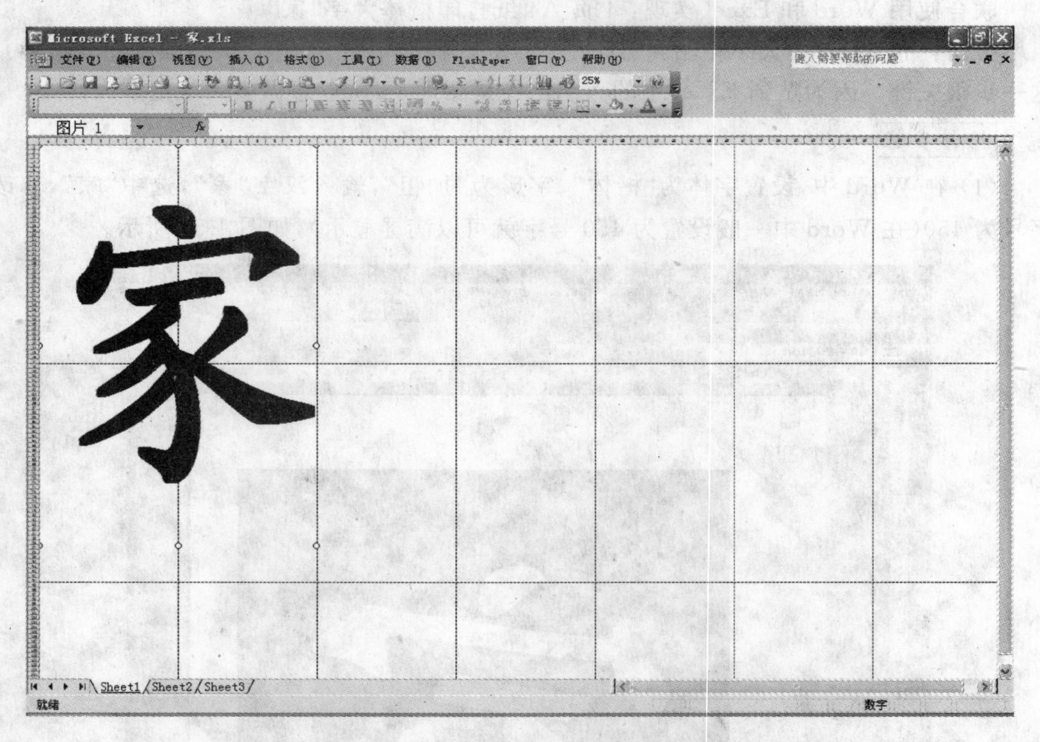


图 4-53 Excel 中的大字——“家”

(4) 单击【常用】工具栏上的【打印预览】按钮，进入“打印预览”状态，单击【分页预览】按钮，进入“分页预览”状态，如图 4-54 所示。确认无误后即可打印。

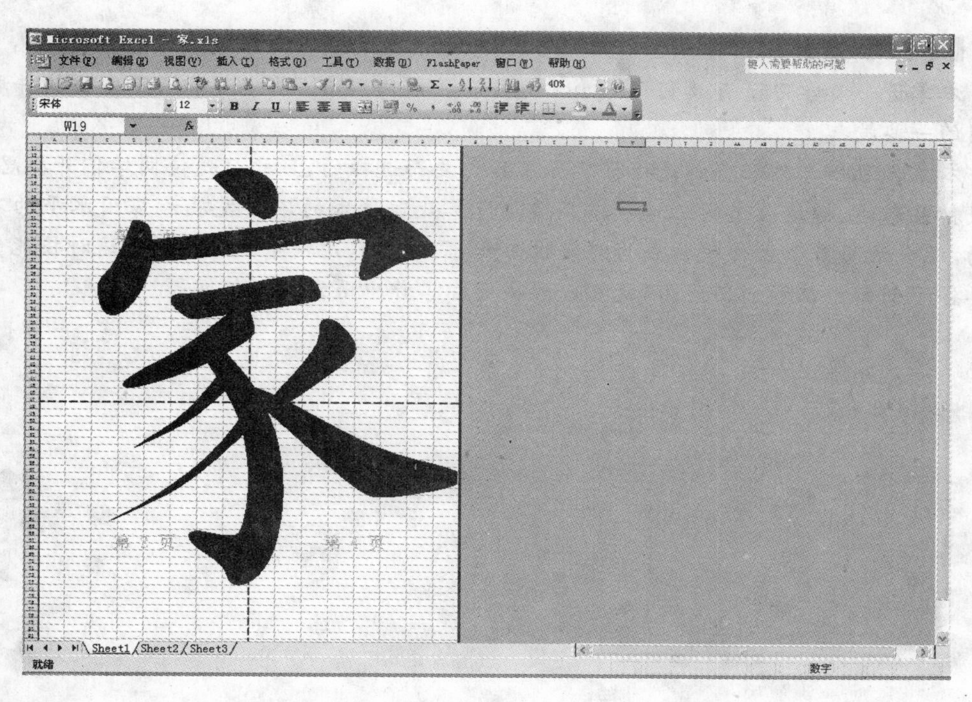


图 4-54　“分页预览”大字——“家”

**练习**

联合使用 Word 和 Excel 实现：4 页 A4 纸打印红色黑体大字“和”，如图 4-55 所示。

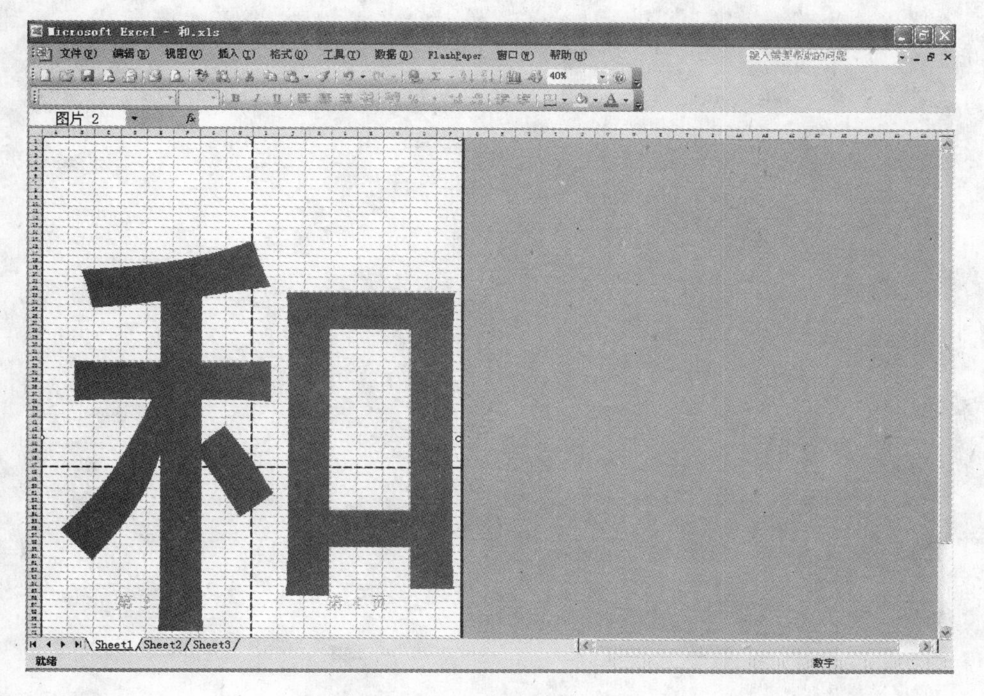


图 4-55　“分页预览”大字——“和”

**【本章小结】**

本章进一步学习了有效利用 Office 办公软件解决综合性问题，掌握了办公软件联合使用的一些技巧。

本章学习性工作任务都是根据实际工作需要而选择的，目的只是使同学们开拓思路，养成精益求精、持续改进的工作习惯。随着信息处理技术的不断发展和应用水平的不断提高，综合运用多个软件逐步成为经常性工作，同学们只是较早地接触到了这种技能。只要具备了创新意识和创新能力，就可以解决实际工作中遇到的任何问题。

# 第5章 扩展技能

**教学目标**

1. 学会使用Photoshop对图像进行简单处理。
2. 学会使用光影魔术手软件制作边框和水印。
3. 学会使用Movie Maker软件进行简单视频编辑。
4. 学会使用Visio 2003制作家居规划图。
5. 学会使用FrontPage 2003制作简单个人网站。
6. 掌握CNKI检索的基本方法和技巧。

生活在信息社会，人类每时每刻都在接收和传播着各式各样的信息，这些信息的交流直接影响着我们的工作和生活。信息是人们对社会、自然界事物运动状态、运动过程与规律的描述，需要通过各种形式的载体和传播通道才能将信息传递出去，才能被人们认识和利用。我们将传播信息、表示信息和存储信息的载体称作媒体。当信息载体不仅仅是数值和文字，而是包括图形、图像、声音、视频影像、动画等多种媒体及其有机组合时，就称为多媒体。实际上，多媒体就是含有两种以上媒体的具有交互功能的信息交流和传播复合媒体。多媒体作品中大都包含文本、图形、图像、声音信息、视频影像、动画等多种媒体素材。多媒体创作的前期工作就是要进行各种媒体素材的采集、设计、制作、加工、处理，完成素材的准备。这些工作需要使用众多的多媒体软件。以下各节简单介绍各种常用多媒体软件的使用和操作。

## 5.1 利用Photoshop CS3处理照片

### 5.1.1 Photoshop CS3简介

在众多图像处理软件中，Adobe公司推出的专门用于图形、图像处理的软件Photoshop以其强大的功能、集成度高、适用面广和操作简便而著称于世。Photoshop是目前PC上公认的最好的通用平面美术设计软件。它的功能完善，性能稳定，使用方便，所以在几乎所有的广告、出版、软件公司，Photoshop都是首选的平面工具。它不仅提供强大的绘图工具，可以直接绘制艺术图形，还能直接从扫描仪、数码相机等设备采集图像，并对它们自发进行修改、修复，调整图像的色彩、亮度，改变图像的大小，而且还可以对多幅图像进行拼接和增加特殊效果，使现实生活中很难遇见的景象十分逼真地展现，同时还可以改变图像的颜色模式等。其中 CS 是 Adobe Creative Suite 一套软件中后面两个单词的缩写，代表"创作集合"，是一个统一的设计环境。

启动 Photoshop CS3，如图 5-1 所示为 Photoshop CS3 的操作界面。操作界面主要包括菜单栏、选项栏、工具箱、调色板和图像窗口。

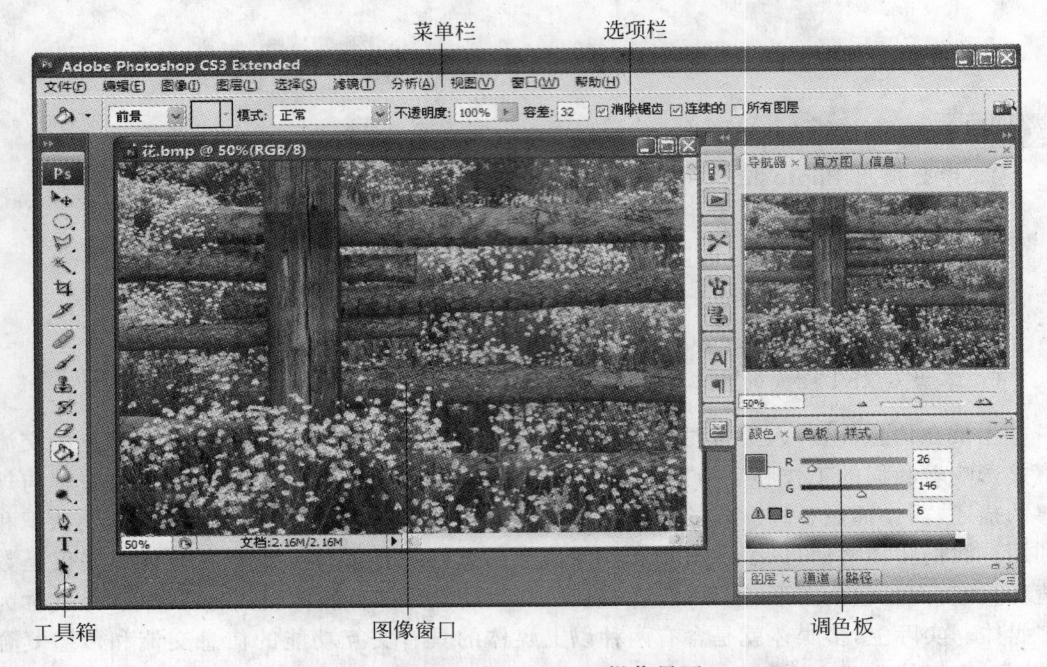


图 5-1 Photoshop CS3 操作界面

其中菜单栏上从左到右依次包括各种软件通用的文件、编辑、视图、窗口、帮助菜单。而中间的图像、图层、选择、滤镜和分析菜单则是 Photoshop 特有的。

Photoshop 工具箱包括选择工具、绘图工具、颜色设置工具以及显示控制工具等。如图 5-2 所示。要使用某种工具，只要单击该工具即可。在工具箱某些工具的右下角有一个小三角符号，这表示存在一个工具组，其中包括了若干隐藏工具，可通过单击并按住鼠标不放或者右击来弹出隐藏的工具。学习各种工具的操作和使用是学习 Photoshop 的关键。如在各种情况下如何使用相应的选取工具和编辑工具来对图像进行操作的关键步骤。

选项栏是一个非常重要的操作界面，它的功能是用来设置当前正在使用的工具的各种参数。通过设置参数，Photoshop 给用户提供了功能强大而又灵活的工具。

界面右下方是调色板对话框，它可以完成各种图像处理操作和工具参数的设置：可以用于显示信息、选择颜色、图层编辑、取消操作、制作路径、录制动作和历史动作等操作。调色板是 Photoshop 的一大特色。其最大的优点，就是需要时可以打开以便进行图像处理，不需要时可以将其隐藏，以免因调色板遮住图像而带来不便。

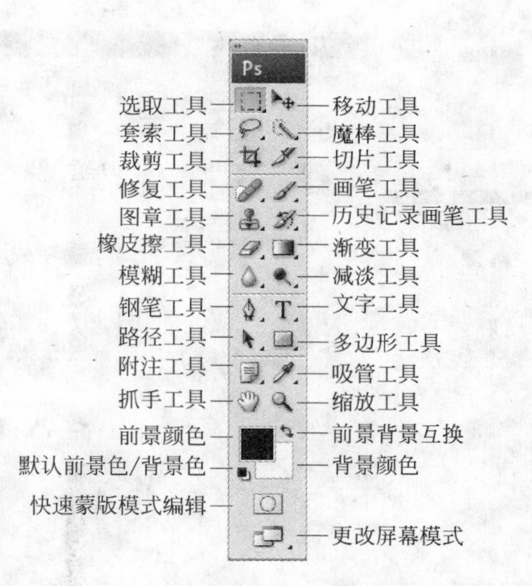


图5-2 Photoshop工具箱

作为最强大的图像处理软件，Photoshop可以完成从照片的扫描与输入，再到校色、图像修正，最后到分色输出等一系列专业化的工作。此外，Photoshop还提供了大量的色彩和色调调整工具、图像修复与修饰工具。不论是色彩与色调的调整、照片的校正、修复与润饰，还是图像创造性的合成，在Photoshop中都可以找到最佳的解决方法。以下通过一些实例任务来讲述Photoshop CS3对数码照片进行修正和制作动画的基本操作。

### 5.1.2 修改照片的大小

照片大小是指文件的大小，而照片尺寸是指照片的自身大小，即我们通常打印的照片大小，如5寸或6寸照片或一些证件的要求的1寸或2寸半身照。随着数码相机技术的发展，现在一般照出来的照片大小都会大于3MB，这么大的文件不易于在网络上进行上传和浏览，因此可以利用Photoshop中的图片大小功能来改变照片的大小。

**任务要求**

调整数码照片的图像大小，使照片易于通过电子邮件发送和上传到网页上。

**分析**：在照片尺寸不变时，照片大小和分辨率成正比关系，分辨率越高，文件越大。分辨率是指1寸×1寸的范围内包含的像素个数。如果长和宽都为1寸的图像分辨率为72，则该图像中包含的像素个数为5184(72×72)。像素是衡量分辨率的基准。分辨率越高，像素密度越大，图像越精细。降低分辨率时像素个数也会随之减少。修改照片大小一般可以通过减小分辨率和转换文件格式来实现。

**操作步骤**

(1) 启动Photoshop后，执行【打开】命令，通过单击【文件】菜单中的【打开】命令，如图5-3所示。

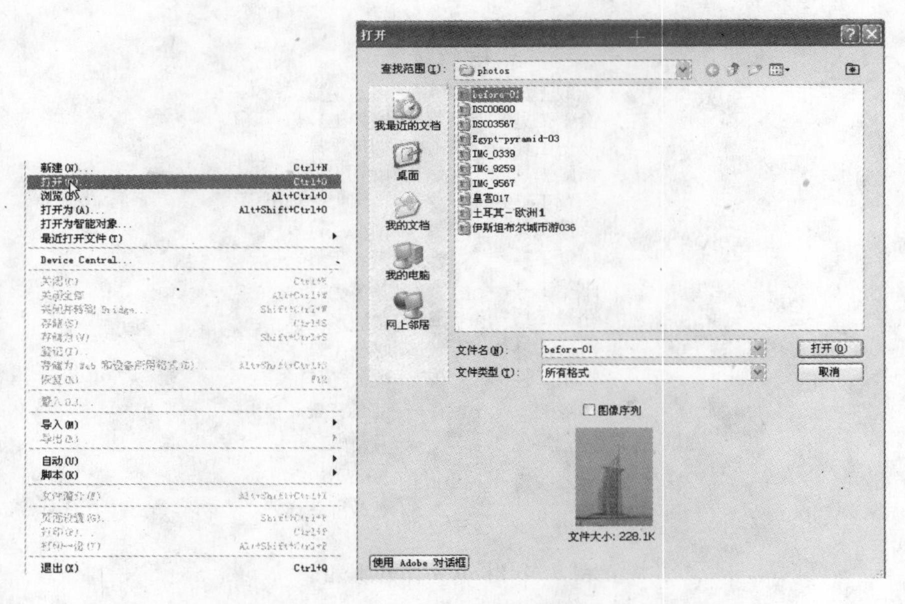


图 5-3 【打开】对话框

(2) 确认图像窗口，确认选择的照片文件是否显示在 Photoshop 界面上，如图 5-4 所示。

图 5-4 打开文件

(3) 打开改变图像大小的对话框。执行【图像】→【图像大小】命令,这时弹出用于显示当前图像的大小像素和分辨率的对话框,如图 5-5 所示。

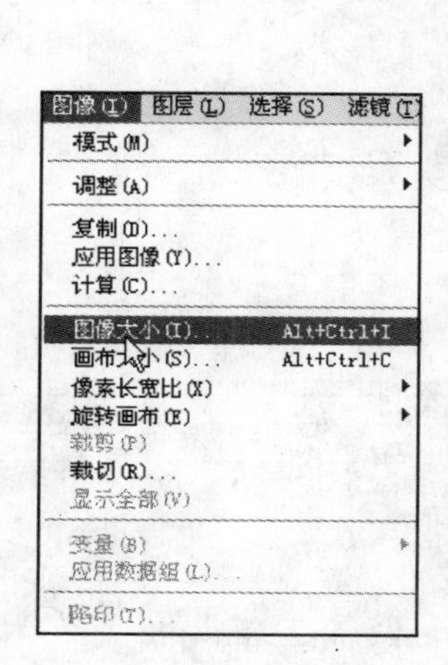


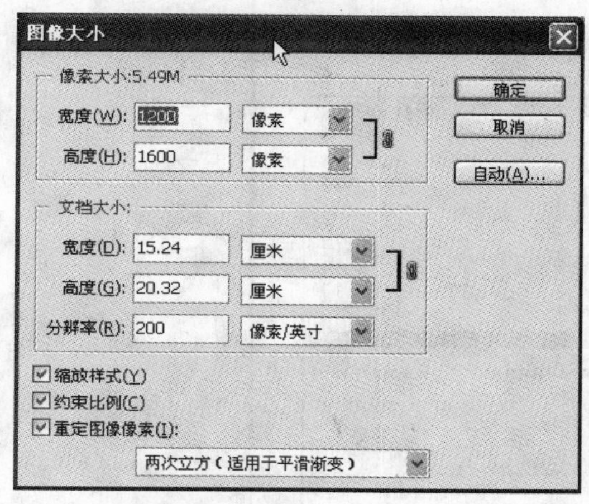


图 5-5　打开【图像大小】对话框

(4) 在对话框中输入数值。在分辨率后的文本框中输入 72,如图 5-6 所示。这时上端的宽度和高度的像素值会变小。单击【确认】按钮。如果设置的分辨率比原有图像的分辨率更高,则图像将失真。

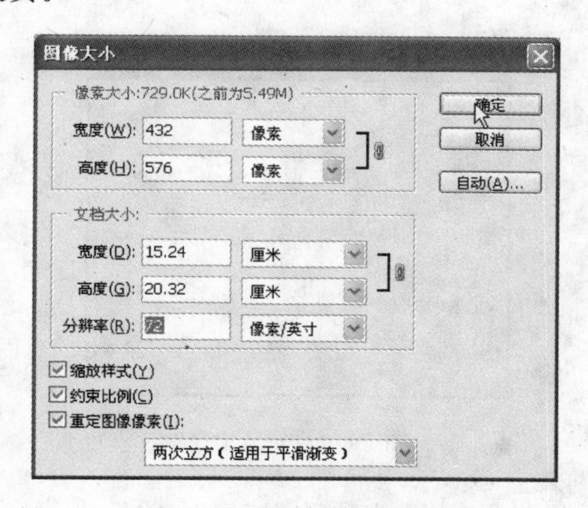


图 5-6　【图像大小】对话框的设置

(5) 另存为其他图像名。单击【文件】菜单中的【存储为】命令,在文件名中填写 after-01,并在【存储为】对话框中选择 JPEG 格式后,单击【确定】按钮,如图 5-7 所示。

(6) 设定压缩率。保存为 JPEG 格式时会弹出【JPEG 选项】对话框,在该对话框中可以设定压缩率。如果希望继续减小容量,则需要把滑块移向小文件一侧;而如果希望保持最优的状态,则需要把滑块移向大文件一侧,如图 5-8 所示。

(7) 比较原有图像和修改后的图像。确认修改后的图像,同时打开原有图像和修改后的图像后,进行比较。可以根据需要,试着改变图像的大小和分辨率,并由此了解图像

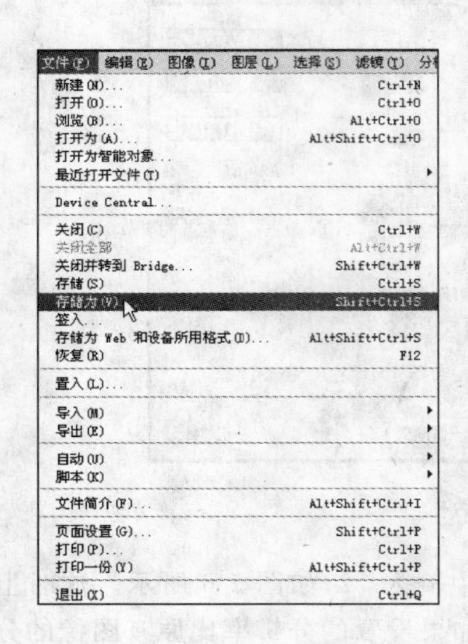


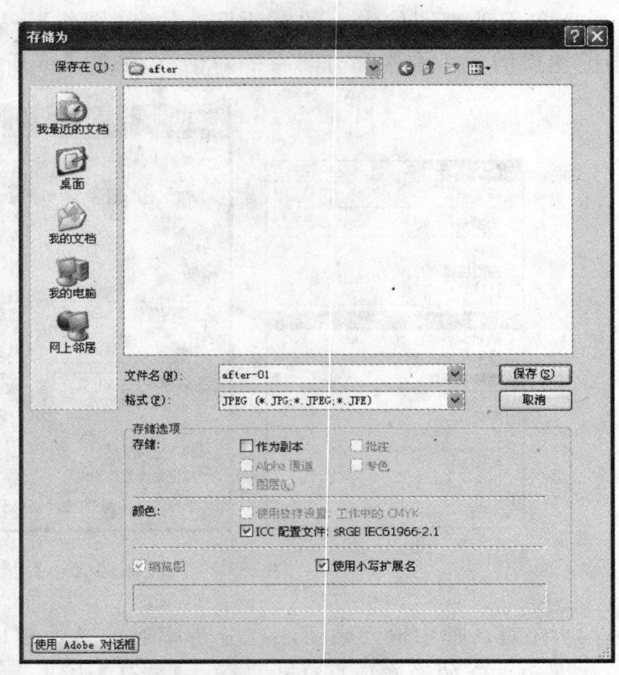


图 5-7　另存为其他图像名

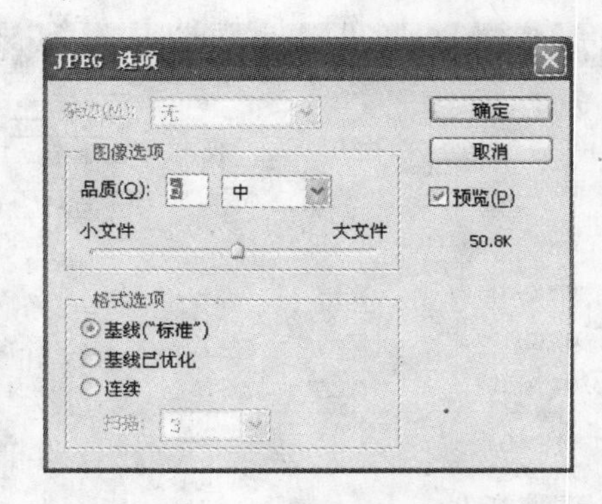


图 5-8　设定压缩率

的分辨率和大小。也可以改变 JPEG 选项后，比较各种设定情形下的图像效果。

**练习**

对数码相机里导出来的数码照片进行大小和尺寸调整。尺寸大小可根据需要进行设定。如可以把照片调整为 5 寸来进行打印。

## 5.1.3　图像的快速调整

在用 Photoshop 对图像进行一般处理时，可以有许多种调整图像的方法，然而最简单的方法就是最实用的方法，用得最多的是“自动色阶”、“自动对比度”和“色彩平衡”，使用这三个调整功能会在大多数情况下获得比较满意的图像效果。

**任务要求**

利用“自动色阶”、“自动对比度”和“色彩平衡”功能对照片进行调整。

**分析**：【自动色阶】和【色阶】对话框中的【自动(Auto)】按钮的功能相同。可自动定义每个通道中最亮和最暗的像素作为白和黑，然后按比例重新分配其间的像素值。它可以实现对不同阶调(亮、中、暗调)的颜色进行调节，而不会影响到其他阶调，同时还有亮度保护功能。“自动对比度”主要用来调节图像的明暗、层次和反差。

**操作步骤**

(1) 按照“5.1.2 节”中打开文件的步骤打开照片，如图 5-9 所示。

(2) 执行【图像】→【调整】→【自动色阶】命令，如图 5-10 所示。

(3) 执行【自动色阶】命令后出现如图 5-11 所示图形。从调整后的图形上可以看到图形变得更清楚，色彩更加漂亮，后面的背景更加自然。

**练习**

把自己以前的照片进行“自动色阶”、“自动对比度”和“色彩平衡”调整。对比处理前后的效果。

图 5-9　自动色阶前照片

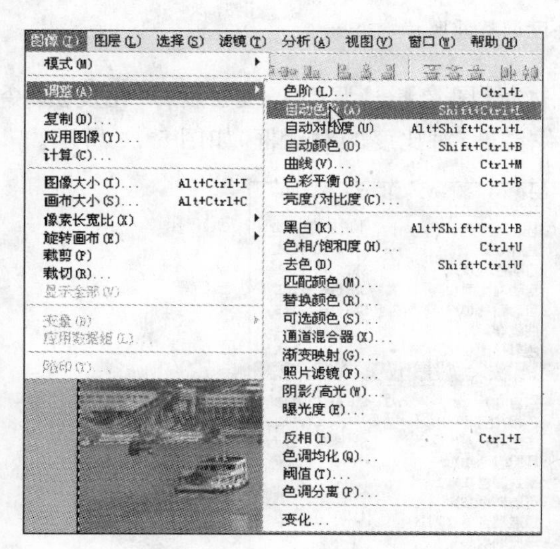


图 5-10　【自动色阶】菜单

图 5-11　自动色阶后图片

## 5.1.4　调整照片颜色的亮度

颜色区分的依据为色相、饱和度和亮度三要素。如果颜色具有三要素则该颜色称为有彩色，而只具有亮度则称为无彩色。根据颜色所拥有的三要素特征可以显示出各种各样的颜色。在 Photoshop 中可以通过改变颜色的三要素来修整照片的颜色。

**任务要求**

对图 5-12 照片进行亮度调整,根据照片的暗淡背景来还原真实环境,使照片变得清晰和明亮。

**分析**:亮度是显示颜色的明暗程度。亮度的阶段是白色到黑色的无彩色阶段。对肉眼来说最敏感的就是颜色的亮度,因此在 Photoshop 中可以通过调整亮度来改进照片的明暗度。

**操作步骤**

(1) 按照 5.1.2 小节中打开文件的步骤打开照片,如图 5-12 所示。

图 5-12 亮度调整前照片

(2) 打开改变【亮度/对比度】对话框。执行【图像】→【调整】→【亮度/对比度】命令,如图 5-13 所示。这时弹出用于调整当前图像亮度/对比度的对话框,如图 5-14 所示。

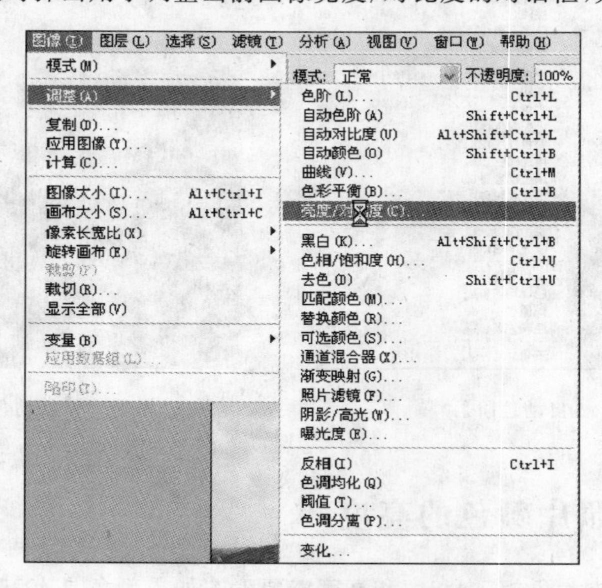


图 5-13 【亮度/对比度】菜单

（3）在弹出的对话框中可以分别设定亮度项和对比度项。首先把亮度项的滑块向右侧拖动，然后选择预览，通过预览结果调整到合适的数值，最后单击【确定】按钮。查看一下效果，背景和远处较清晰了，如图 5-15 所示。

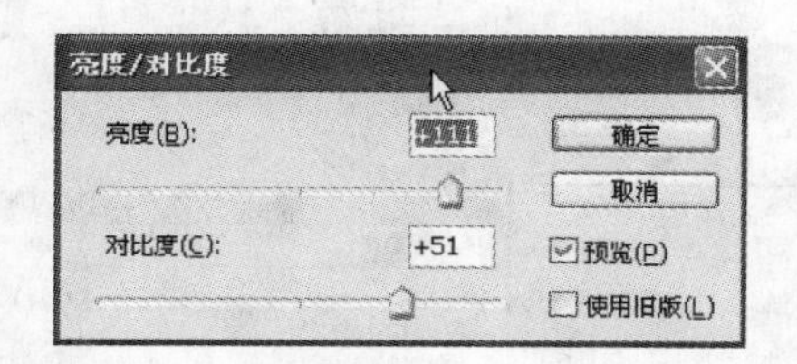


图 5-14　【亮度/对比度】对话框

图 5-15　调整亮度后的照片

**练习**

对以前拍摄的亮度不够的数码照片进行亮度调整。特别是一些强反射物体的照片，如黄金，对它进行调整后会有亮丽的光泽，从而突出物体的特性。

## 5.1.5　调整照片的曝光不足

由于光线的影响、侧光的失误或技术的欠缺等原因，都可能造成照片曝光不足，从而使照片总体比较黑暗。逆光是指从被拍摄对象的后方射向照相机的光线，因此在这种情况下被摄主体的光线将严重不足，以至于拍摄的主体显得黯淡，但背景却很亮。对于这两种情况，我们都可以用 Photoshop 进行处理。

**任务要求**

调整照片曝光不足的问题，从而使照片中的阴影变得清楚。

**分析**：在 Photoshop 下可以利用阴影/高光功能来对照片进行补光，从而提高照片的亮度。

**操作步骤**

（1）按照 5.1.2 小节中打开文件的步骤打开照片，如图 5-16 所示。

（2）打开改变【阴影/高光】对话框。执行【图像】→【调整】→【阴影/高光】命令，如图 5-17 所示。这时弹出用于调整当前图像阴影/高光的对话框，如图 5-18 所示。

（3）在弹出的对话框中可以分别设定阴影项和高光项。首先把阴影项的滑块向右侧拖动，然后选择预览，通过预览结果调整到合适的数值，最后单击【确定】按钮。查看一下效果可以看到建筑物和人物较清晰了，如图 5-19 所示。

**练习**

把自己以前用数码相机拍摄的一些曝光不足的照片在 Photoshop 下进行调整。

图 5-16　曝光不足的照片

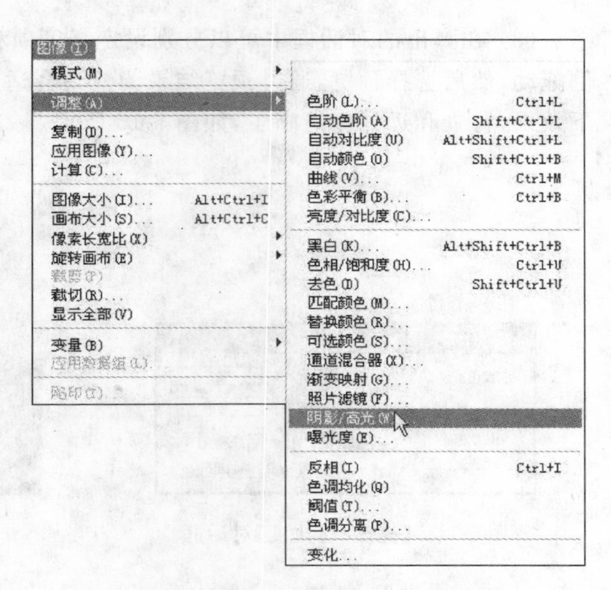


图 5-17　打开【阴影/高光】菜单

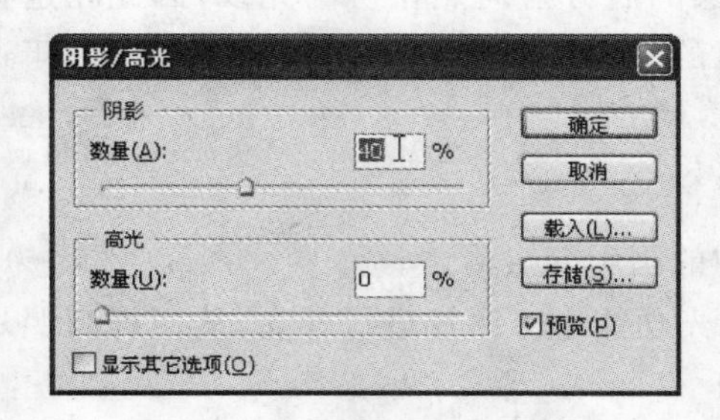


图 5-18　【阴影/高光】对话框

图 5-19　光线补偿后的照片

## 5.1.6　抠图

抠图是图形设计的基本功，学会抠图后通常能根据需要制作出非常漂亮的图片。Photoshop 抠图的方法有很多种，包括选取法、通道法和抽出法等多种方法。我们应根据照片的特点来选用相应的方法。

**任务要求**

将图 5-20 的图片背景换成红色背景。

**分析**：由于图 5-20 背景比较单一，只需要使用【魔棒】、【套索】等工具勾出主体的图形，把它选取出来，再复制到新的图层后换上其他背景图就可以进行背景的调整。

**操作步骤**

(1) 在 Photoshop 中打开图形文件，如图 5-20 所示。

图 5-20　抠图前图形

(2) 在工具箱中选择【套索】工具把图形的大致轮廓选择出来，如图 5-21 所示。

图 5-21　选取照片主体部分

(3) 对选择的区域进行羽化,如图 5-22 所示,从而使图形边缘没有那么尖锐。

图 5-22　羽化图形边缘

(4) 按 Ctrl+J 键,生成一个新图层,如图 5-23 所示。

图 5-23　复制选取的部分

(5) 生成一个新的背景图形,选择前景色为红色,然后新建一图层,再在工具箱里使用【油漆桶】对新建图层充填红色,如图 5-24 所示。

(6) 重新排列图层次序。把新建的图层放在所抠图的图层下面,并把其他两个图层前的眼睛去掉。这样就形成了换完背景后的抠图,如图 5-25 所示。

**练习**

对一些背景比较复杂的照片如主体是人物的照片进行背景调整。提示:由于人的头发不能简单地应用【魔棒】、【套索】来进行选取,需要到通道中进行选取主体后进行背景换取。

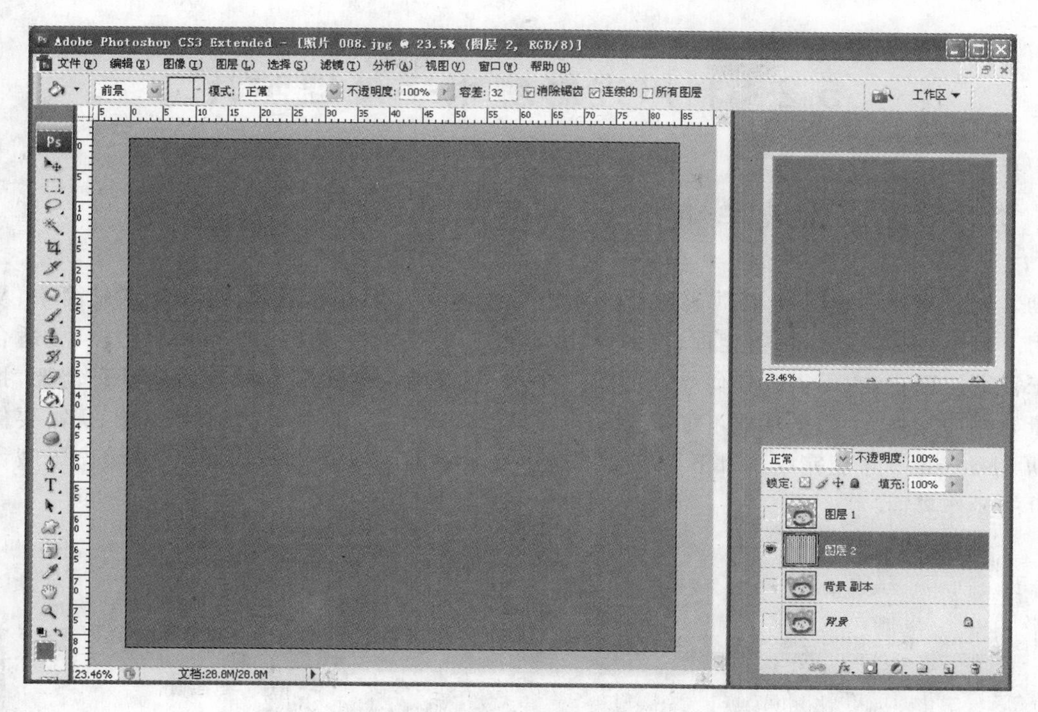


图 5-24　用【油漆桶】填充新图层

图 5-25　换背景后图形

# 5.2 利用光影魔术手处理照片

## 5.2.1 光影魔术手简介

光影魔术手是一个对数码照片画质进行改善及效果处理的软件，其特点是简单、易用。每个人都能制作精美相框、艺术照、专业胶片效果。它和 Photoshop 相比较，更适合于普通使用者，它不需要任何专业的图像技术，能够满足绝大部分照片后期处理需要，批量处理功能强大，但是功能不如 Photoshop 全面，部分复杂的图片处理，如抠图，仍需要借助 Photoshop 才能完成。以下简单介绍光影魔术手的基本功能。如图 5-26 为光影魔术手的操作界面。

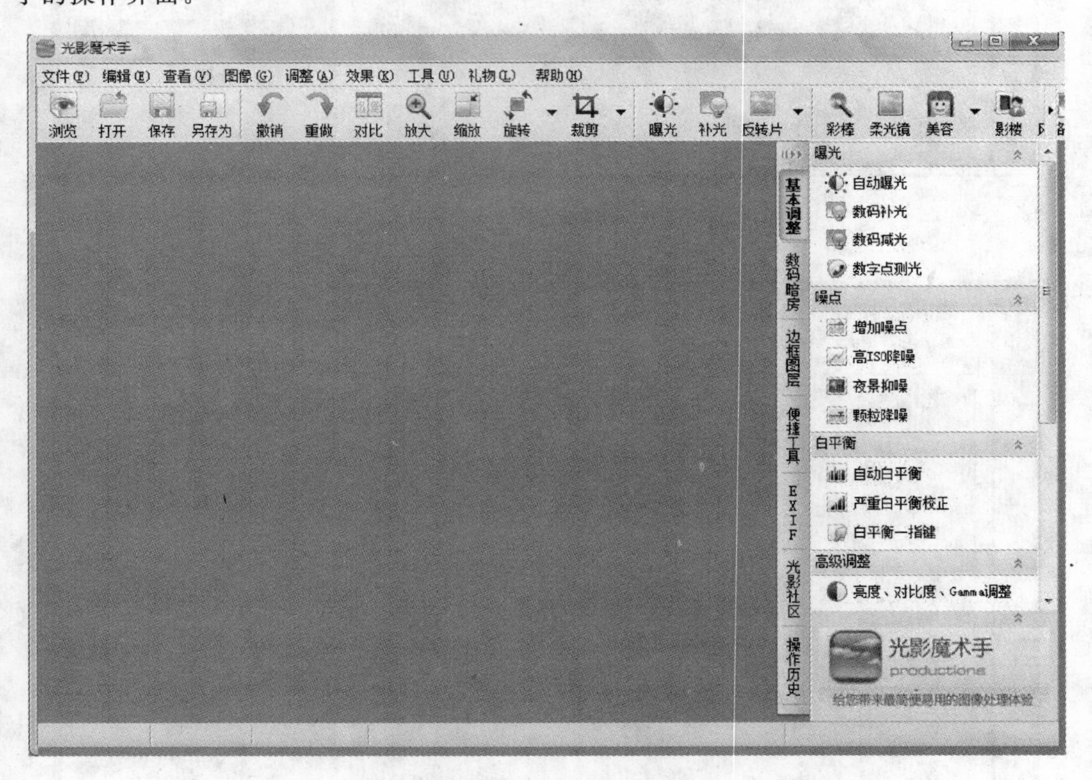


图 5-26 基本操作界面

## 5.2.2 快速修正照片

快速修正照片包括尺寸的调整和颜色的调整，相比之下光影魔术手操作比 Photoshop 更简单和快捷。

**任务要求**

对照片进行尺寸的调整和颜色的调整。

**分析**：在光影魔术手下可以对照片进行快速的调整。根据照片的不足在软件的右边界面上可以进行相应的调整。

**操作步骤**

(1) 单击【浏览】按钮，选择要处理的照片，如图 5-27 所示，双击打开，如图 5-28 所示。

图 5-27　照片

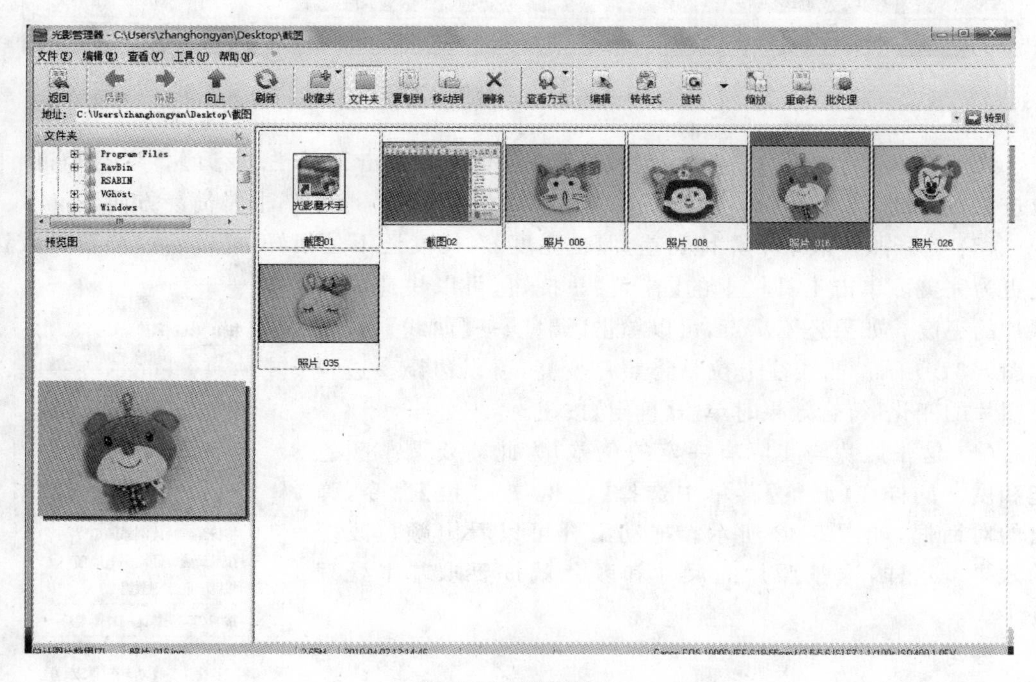


图 5-28　浏览照片

(2) 打开照片之后,发现尺寸和文件大小偏大,要对照片进行尺寸的调整。单击工具栏【裁剪】按钮,将照片裁成正方形,可以选择自由裁剪,或按固定宽高比例裁剪、固定变长裁剪等。这里设置照片为2000像素宽,2000像素高,如图5-29所示。

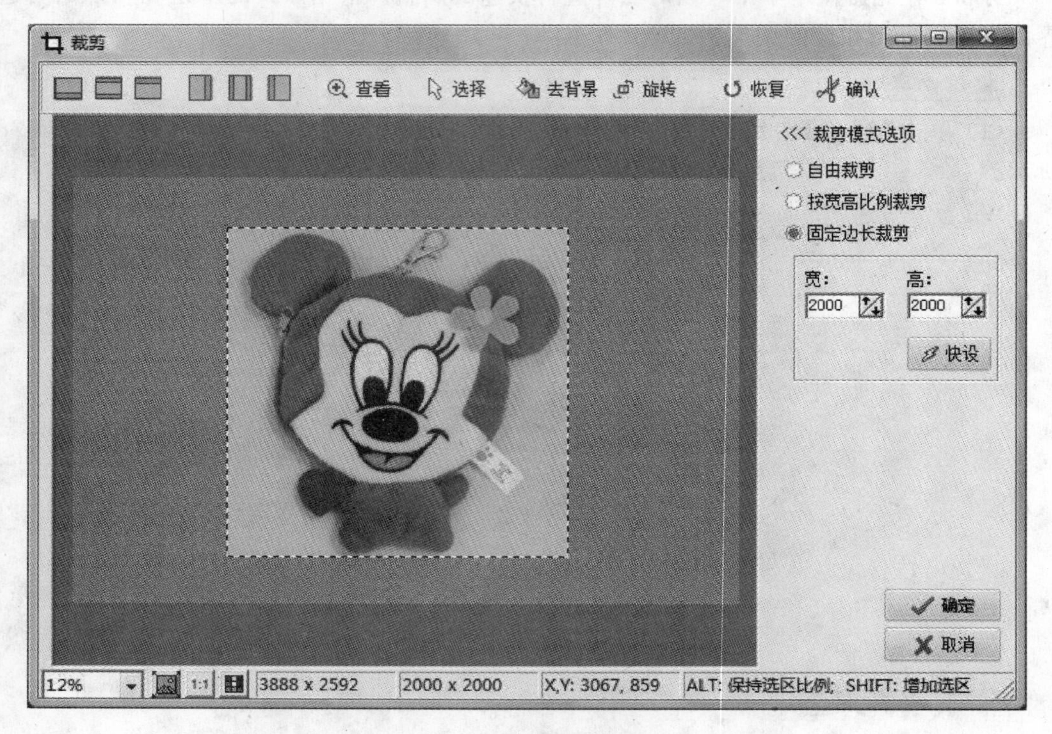


图 5-29 裁剪照片

光影魔术手还提供了常用比例裁剪功能,只需要单击工具栏【裁剪】按钮右侧下拉按钮,可以看到如图5-30所示下拉菜单,可以直接按比例裁剪,非常简易方便。

(3) 这张照片效果不算特别差,但是亮度、对比度还不是很好,可以通过调整参数让它更为完美。单击工具栏上的【补光】按钮,可以快速提高照片的亮度。如果还不满意,可以单击【调整】→【曲线】命令,如图5-31所示。曲线往上拉是将照片变亮,可以边调整边预览照片的变化,符合效果时单击【确定】按钮。

(4) 这张照片与实际有一定的色差,为此需要调整颜色饱和度。同样在【调整】菜单中选择【色相/饱和度】命令,弹出的对话框,如图5-32所示。拖动滑杆可以看出颜色改变的效果。这样,这张照片的尺寸和颜色就按要求基本处理好了。

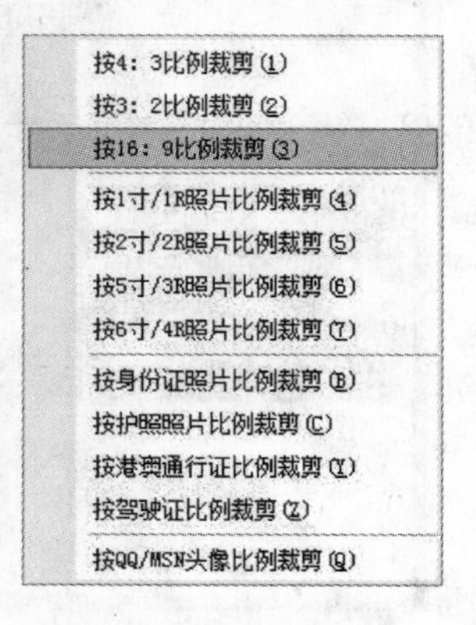


图 5-30 【裁剪】菜单

**练习**

用光影魔术手对数码照片进行基本调整,如自动曝光、补光等操作。

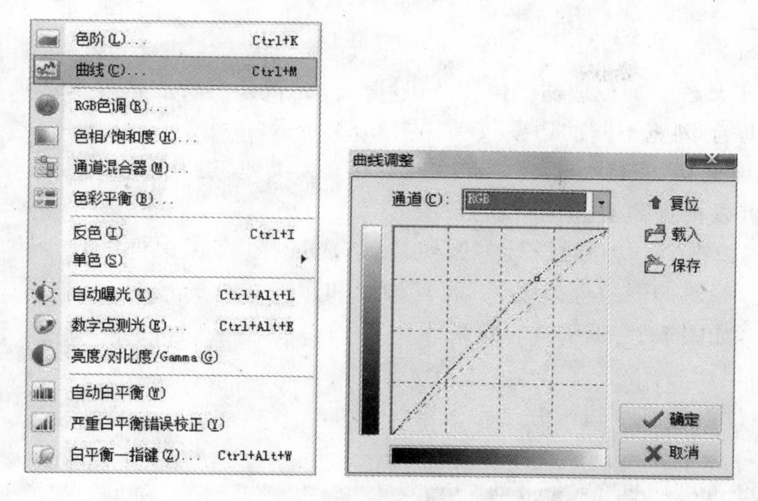


图 5-31　调整曲线

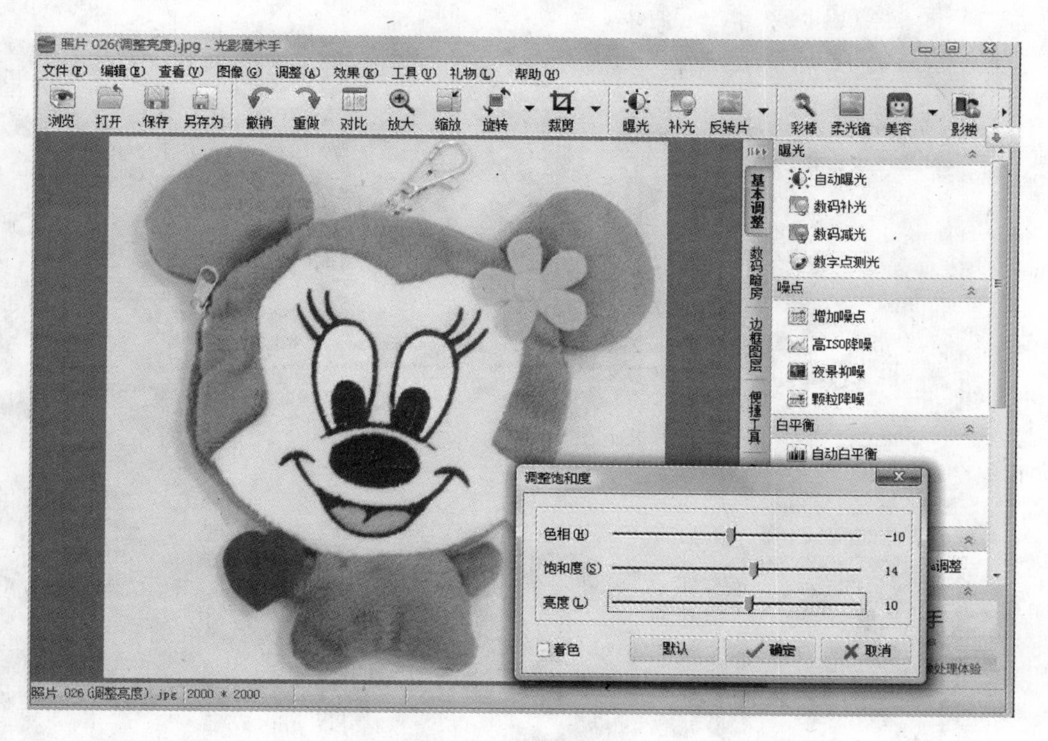


图 5-32　调整饱和度

## 5.2.3　给照片加边框

光影魔术手的一个特色是能给照片加上各种形状的边框，从而美化照片的视觉效果。

**任务要求**

对上一节处理完的照片加边框。

**操作步骤**

(1) 单击工具栏上加载边框的快捷按钮,单击之后,会出现边框效果选项(见图 5-33),选择“轻松边框”,浏览不同的边框效果如图 5-34 所示。

(2) 还可以选择“花样边框”、“撕边边框”等五大类,里边有很多漂亮的边框,可以根据需要选择一款。

(3) “多图边框”可以同时设计多张照片,首先选择“多图边框”选项,随意选择一款四图边框效果,下面有添加和删除照片的按钮,添加 4 张照片,如图 5-35 所示看看效果。

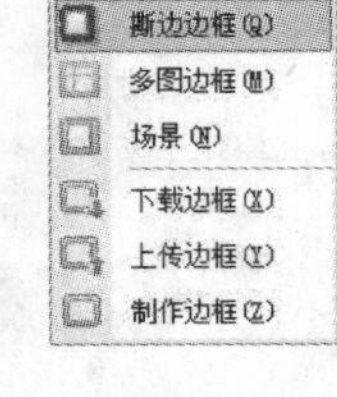


图 5-33 【边框】选项

**练习**

对数码照片设计多个边框并进行多图组合。

图 5-34 轻松边框

图 5-35 四图边框效果

## 5.2.4　给照片加水印

光影魔术手的另一个特色是对照片加水印，在光影魔术手里可以轻松地加上各种水印，从而为照片的所有权进行保护。

**任务要求**

为数码照片上加上水印。

**分析**：水印相当于一个标签和图章，或者是公司的图标等，把水印加到照片上有利于保护照片的所有权，同时也易于区分。在光影魔术手下，只要把已存在的水印照片直接加到专门水印功能模块就能在照片上生成水印。而水印照片一般需要在 Photoshop 下进行制作。

**操作步骤**

(1) 单击【水印】按钮，在弹出的【水印】对话框里，选择制作好的水印文件或者下载的水印文件，注意要使用背景透明的水印且文件格式是 PNG 或者 GIF 的照片，【水印】对话框和水印添加效果图如图 5-36 和图 5-37 所示。

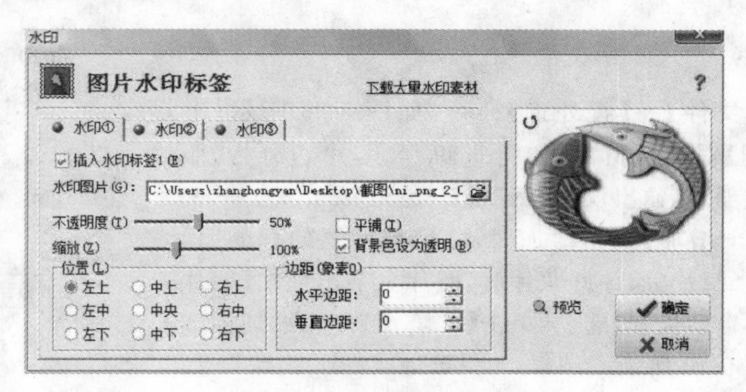


图 5-36　【水印】对话框

图 5-37　水印添加效果图

(2) 选中【插入水印标签】,在地址栏中选择水印文件,设置水印的【不透明度】、【缩放】、【位置】等选项,单击【确定】按钮,水印就显示在照片相应位置了。

**练习**

把学校的 Logo 作为水印加到自己的一些校园照片上。

## 5.2.5 批量处理照片

光影魔术手不仅操作简便易学,而且批量处理照片的功能十分强大。当有大量照片需要进行相同操作时,光影魔术手可以高效、快捷地处理照片和图片。

**任务要求**

对多张照片同时进行处理并保存在同一个目录下。

**分析**:在很多情况下,用同一数码相机的设置拍摄的照片会出现相同的问题,如曝光不足、照片分辨率太高而导致文件太大等。为了节省时间,通常需要对这些照片同时进行同样的处理,即批量处理。光影魔术手具有强大的批处理功能。

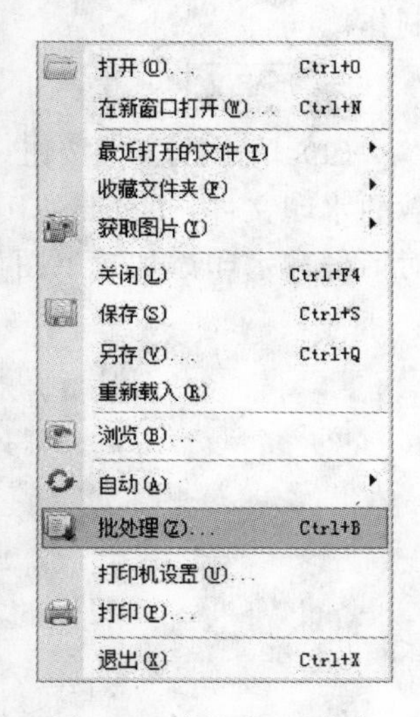


图 5-38 【批处理】命令

**操作步骤**

(1) 选择【文件】→【批处理】命令,如图 5-38 所示,出现【批量自动处理】对话框窗口,如图 5-39 所示,里边分为【照片列表】、【自动处理】、【输出设置】三项。

(2) 选择【十增加】按钮增加照片,选择好要处理的照片。这里选择了 5 张照片,添加好照片后,照片名字出现在【照片列表】里,再选择【自动处理】选项,单击【十增加】按钮添加预选动作的设置,如图 5-40 所示。

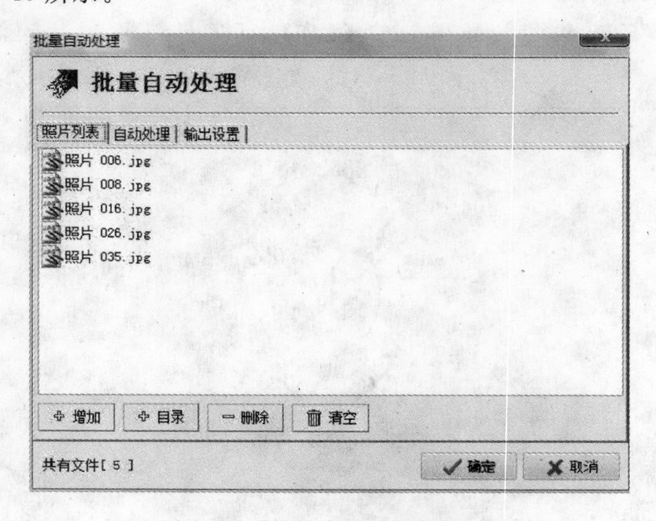


图 5-39 【批量自动处理】对话框

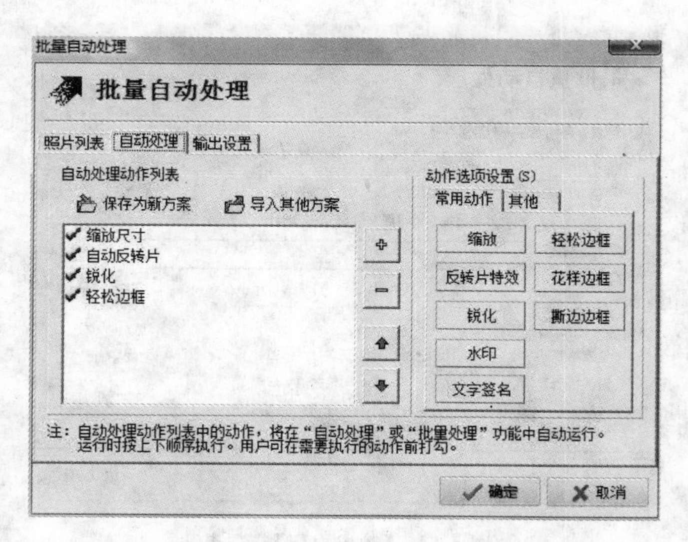


图 5-40 【批量自动处理】对话框

(3) 如果设置【自动处理】，单击【＋增加】按钮后会弹出一个【增加动作】对话框，如图 5-41 所示，依据这里讲到的制作照片的步骤，依次序添加用到的动作。动作全部加载好之后，要分别对每个动作进行设置，依据前面处理单张照片的步骤进行设置，如图 5-42 所示。

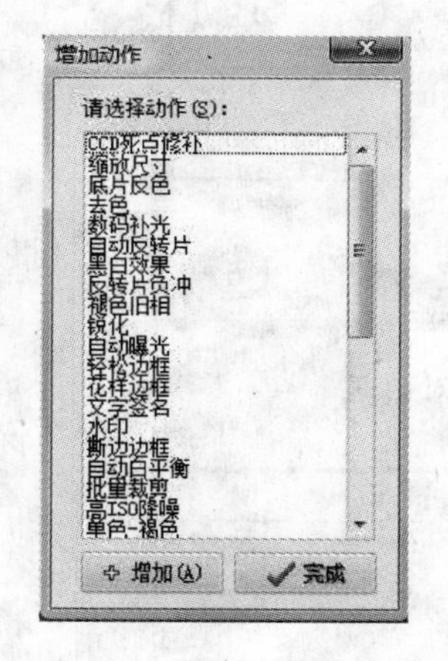


图 5-41 【增加动作】对话框

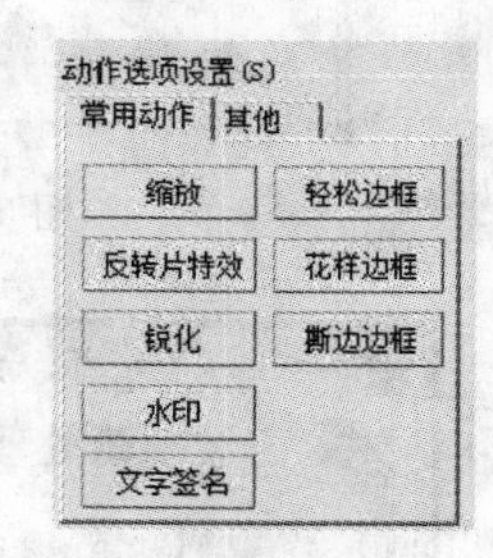


图 5-42 【动作选项设置】对话框

(4) 最后设置输出参数，处理完一批照片后，需要保存在一个特定的目录中，目录的名字可以自行设置，但是最好和原始文件存放的地方分开，防止覆盖原始文件。如图 5-43 所示，在对话框里设置文件存储路径、文件的格式，本例我们选用 JPEG 格式，单击【JPEG 选项】按钮，对照片大小进行统一的限制，这样就不用一张张存储了，如图 5-44 所示。

(5) 所有步骤设置完后，单击【确定】按钮，那么【批处理】命令就开始执行，如图 5-45 所示。

(6) 短短几秒钟就处理完 5 张照片，统一放在刚刚指定的存储路径里。图 5-46 是这 5 张照片的效果图。

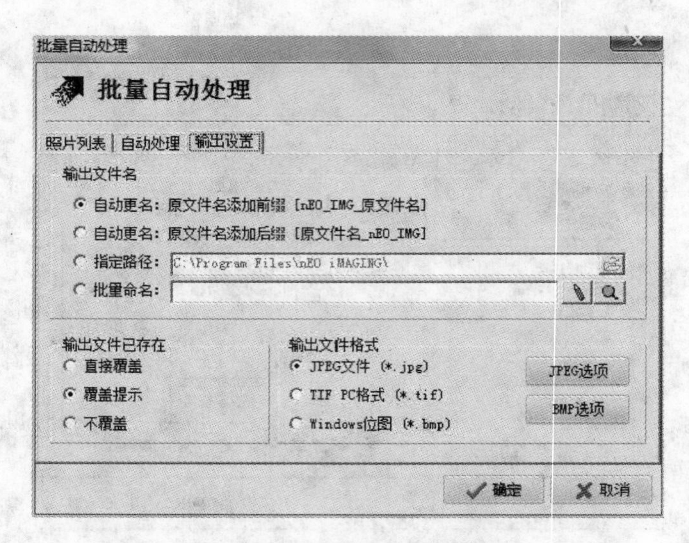


图 5-43 【输出设置】选项卡

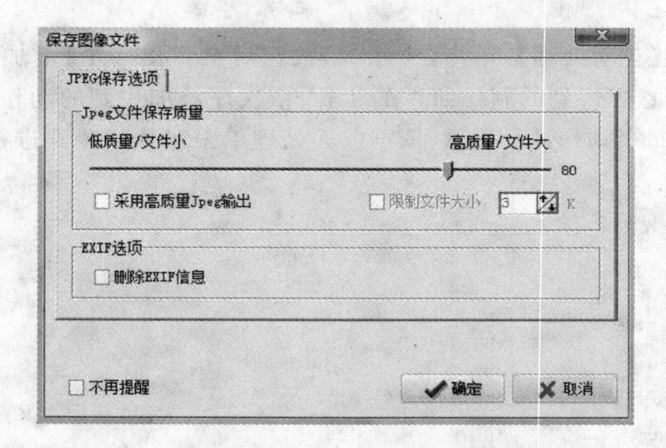


图 5-44 【JPEG 选项】对话框

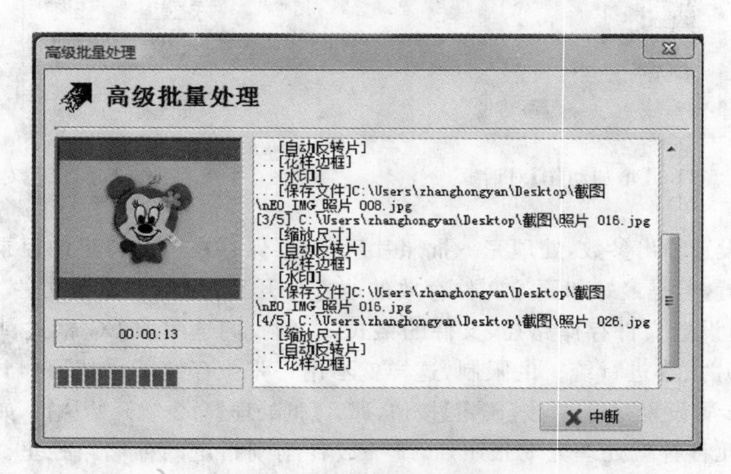


图 5-45 【高级批量处理】对话框

图 5-46　效果图

(7) 批处理制作过程较为复杂，耗时较多，所以光影魔术手在设置动作的面板上有一个【保存为新方案】和【导入其他方案】的设置，这个功能可以将刚刚设置好的批处理步骤导出，注意一定要设置好名称，如图 5-47 所示。

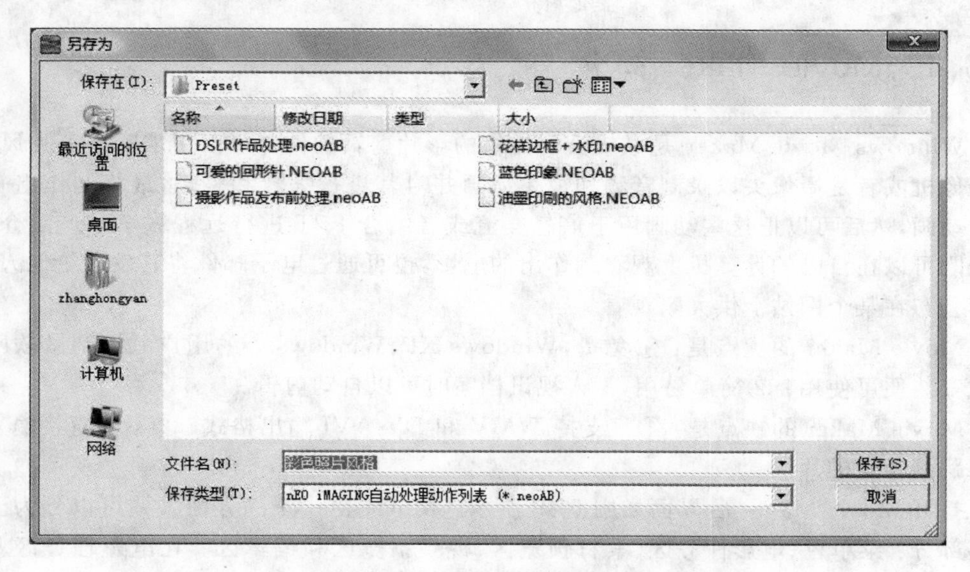


图 5-47　【保存为新方案】对话框

(8) 那么下次制图的时候，可以再通过【导入其他方案】将预设里面想要的效果导入，如图 5-48 所示，节省了大量时间。

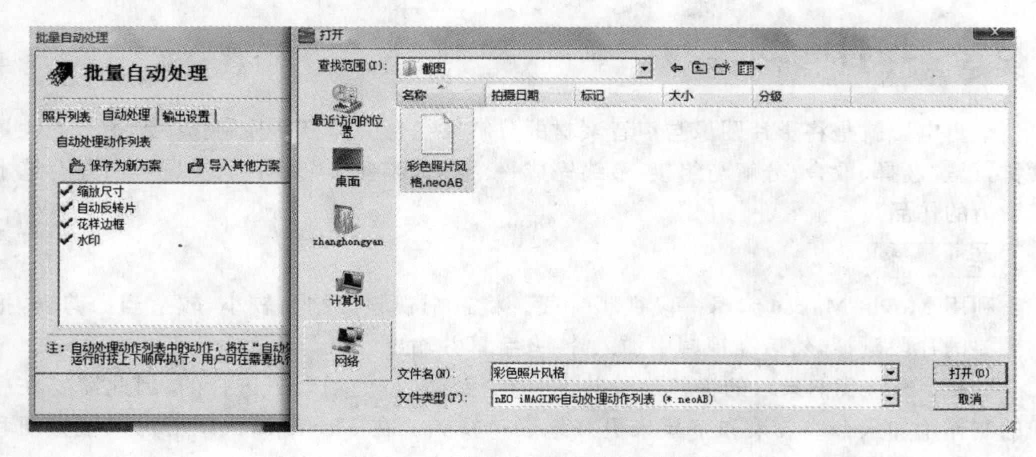


图 5-48　【导入其他方案】对话框

光影魔术手和 Photoshop 各有特色，无论选用哪一种软件，没有固定强制性的要求，建议可以两者兼用互相弥补对方的不足。

**练习**

在光影魔术手下设置一份批量处理方案后能修改多张照片大小并对所有照片加上水印。

## 5.3 利用 Movie Maker 处理视频资料

### 5.3.1 Movie Maker 简介

Windows Movie Maker 是微软公司提供的影片剪辑软件。可以用来配合麦克风、数码摄像机或者是摄像头以录制音频和视频动画并对其进行编辑和整理，最终制作出一段影像动画，然后可以把这些动画用于信息交流或者结合 PPT 进行远程教学和产品介绍。而且既可以在自己的计算机上观看制作出的电影，也可通过电子邮件将其发送给他人，或将其公布在某个网站上供大家观看。

Movie Maker 的优点是：①免费，Windows XP、Windows 7 的用户只需到微软网站下载安装便可使用；②简单易用，汇入视讯档案时可以自动剪辑。

Movie Maker 的缺点是：①只支持 WMV 和 DV-AVI 输出格式；②不能直接输入时间来跳到特定的片段。

打开 Movie Maker 后界面如图 5-49 所示。Movie Maker 的界面大致可以分为五个主要部分：菜单栏、电影任务区、素材预览区、视频预览区和编辑区。在电影任务区基本上包含了菜单栏中的命令，大部分操作都可以在这里进行。素材预览区主要用于对导入进来的图片或视频帧进行预览。视频预览区用来检查个别剪辑或整个项目。编辑区是对剪辑进行编辑的区域，包括对视频的过渡和时间的控制等。

### 5.3.2 编辑电影

编辑电影就是将影片图像与声音素材的分解与组合。即将影片制作中所拍摄的大量素材，经过选择、取舍、分解与组接，最终完成一个连贯流畅、含义明确、主题鲜明并有艺术感染力的作品。

**任务要求**

利用 Movie Maker 编辑一段视频片段。将这个视频分割为较小、较适当的剪辑，把不需要的片段删掉，然后在视频中加入片头、字幕并输出。

**分析**：通常我们录取的视频片段并不是在特意安排的场合下进行的，因此需要在后期的制作中加入一些效果和字幕来更好地表达视频。在 Movie Maker 下可以很方便和简捷地来对视频进行编辑。

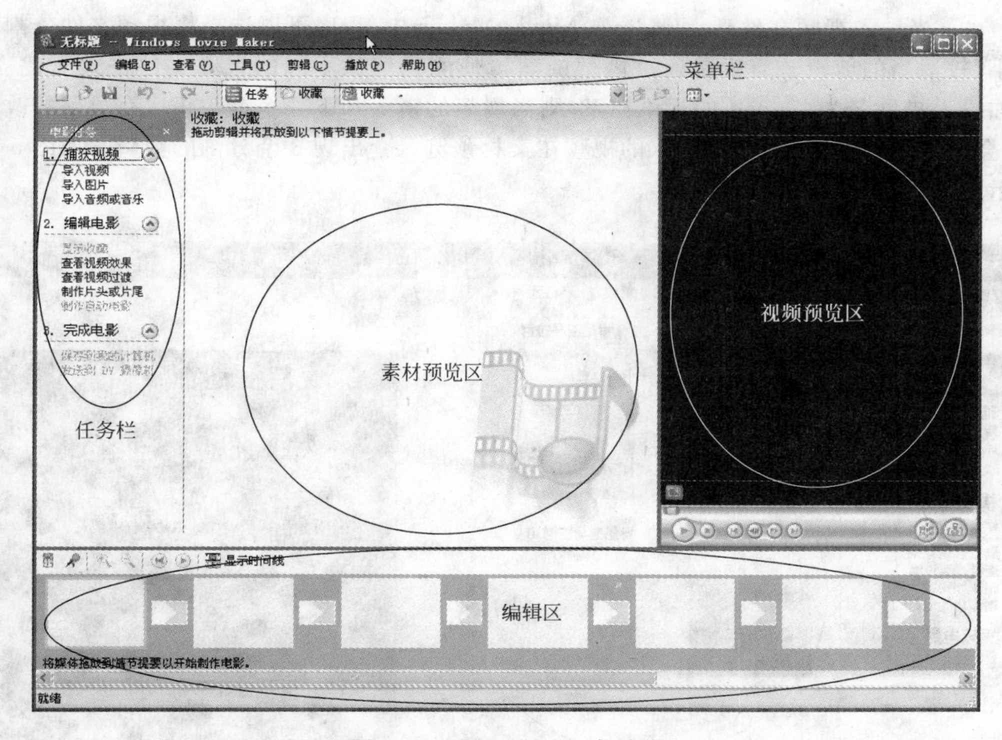


图 5-49 Movie Maker 主界面

**操作步骤**

(1) 导入视频，你可以导入 Windows Movie Maker 支持的现在的数字媒体文件以供电影编辑作为素材。在【电影任务】窗格中的【捕获视频】下，单击【导入视频】，在弹出的控制面板中到素材库目录中选择“肯尼亚马拉河”文件，如图 5-50 所示。

图 5-50 导入视频文件

（2）当导入视频文件到 Windows Movie Maker 中，程序可以选择将视频文件分割为较小、较适当的剪辑。剪辑是通过内部的剪辑侦测程序依不同的视频文件格式所建立。例如导入扩展名为 .mpeg 的视讯档案，则当视频的镜头和下一个镜头相比有显著的改变时，会建立一个剪辑。此例中导入的视频在素材预览区会出现 3 个分割的剪辑。如图 5-51 所示。

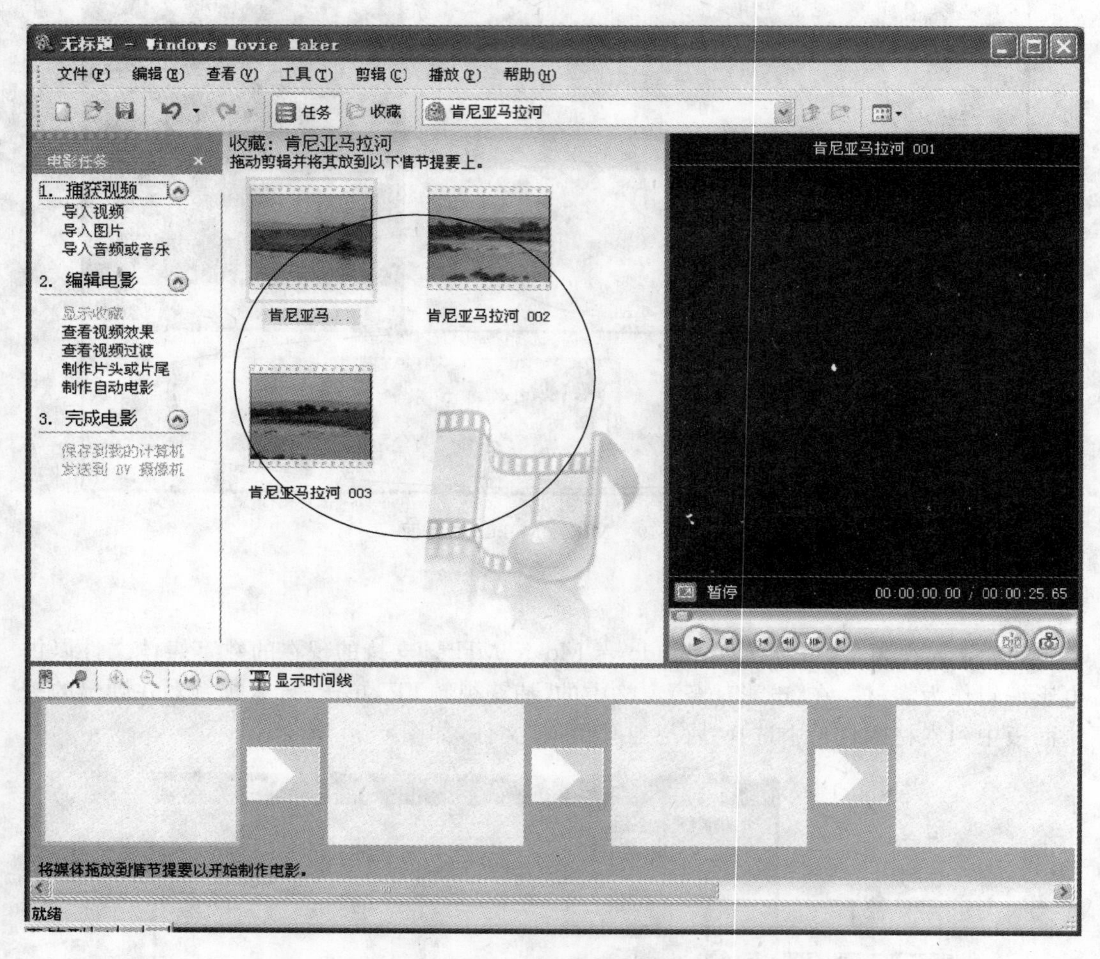


图 5-51　导入的剪辑

（3）分割剪辑。先在素材预览区中单击你想要分割的剪辑，然后在视频预览区将搜寻列上的播放指标移动需要分割剪辑的位置后在屏幕下的播放控制上单击【分割】按钮，如图 5-52 所示。在此剪辑中由于在画面中出现其他镜头干扰，因此当画面中出现镜头时进行分割，或者在时间表上单击你想要分割的剪辑，然后在时间表上将播放指标移动到需要分割剪辑的位置，再在屏幕下的播放控制上单击【分割】按钮，如图 5-53 所示。分割完后如图 5-54 所示，在素材区域多出来了一个剪辑。

图 5-52　在视频预览上分割剪辑

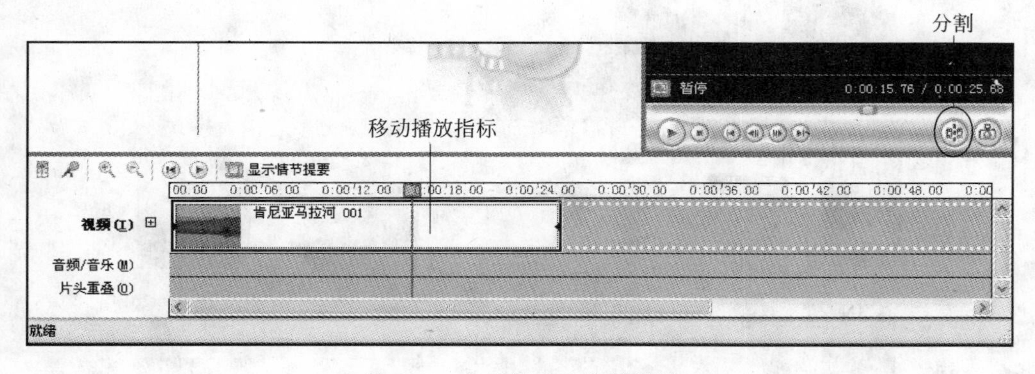


图 5-53　在时间表上分割剪辑

（4）组合剪辑，把不需要的视频部分剪掉后再将相邻的剪辑进行组合。在素材区按住 Ctrl 或 Shift 键，然后选取你想要合并的相邻的剪辑。在剪辑菜单上单击合并命令或右击选择【合并】命令。合并后如图 5-55 所示。

（5）在对视频剪辑完后需对电影进行编辑。先在剪辑中加入视频效果，单击任务栏中的【查看视频效果】，然后在素材区选择你想增加的视频效果图并把它拖曳到编辑区的图片或视频剪辑上，如图 5-56 所示。拖曳视频效果图到剪辑上后在剪辑图的左下角的五角星由灰变蓝了。这样在播放这个剪辑时会得到需要的视频效果。

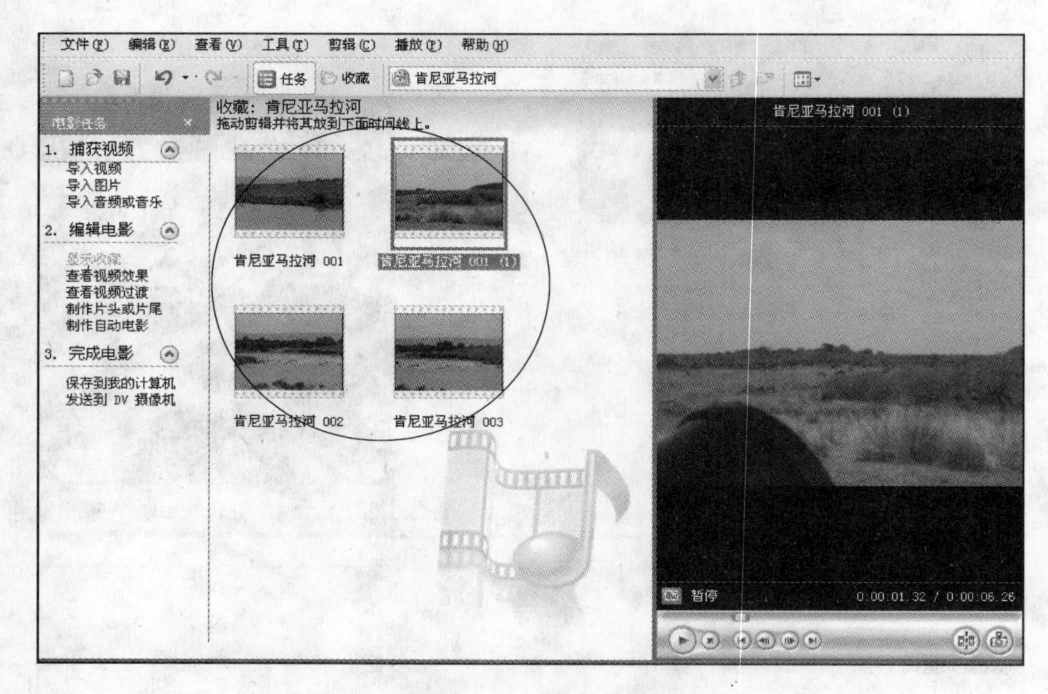


图 5-54　分割后的剪辑

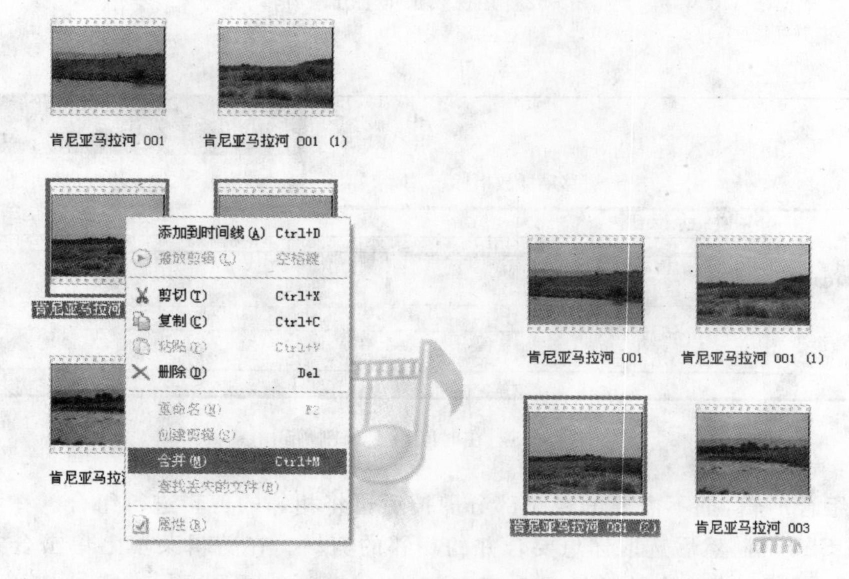


图 5-55　对剪辑进行合并

(6) 编辑视频过渡到剪辑中，视频过渡是指从一个视频剪辑或图片转换到下一个剪辑或图片的方式。单击任务栏中的【查看视频过渡】，然后在素材区选择你想增加的视频过渡形式图并把它拖曳到编辑区的图片或视讯剪辑上，如图 5-57 所示。编辑完后会在一个剪辑结束、另一个剪辑开始播放前播放视频过渡。

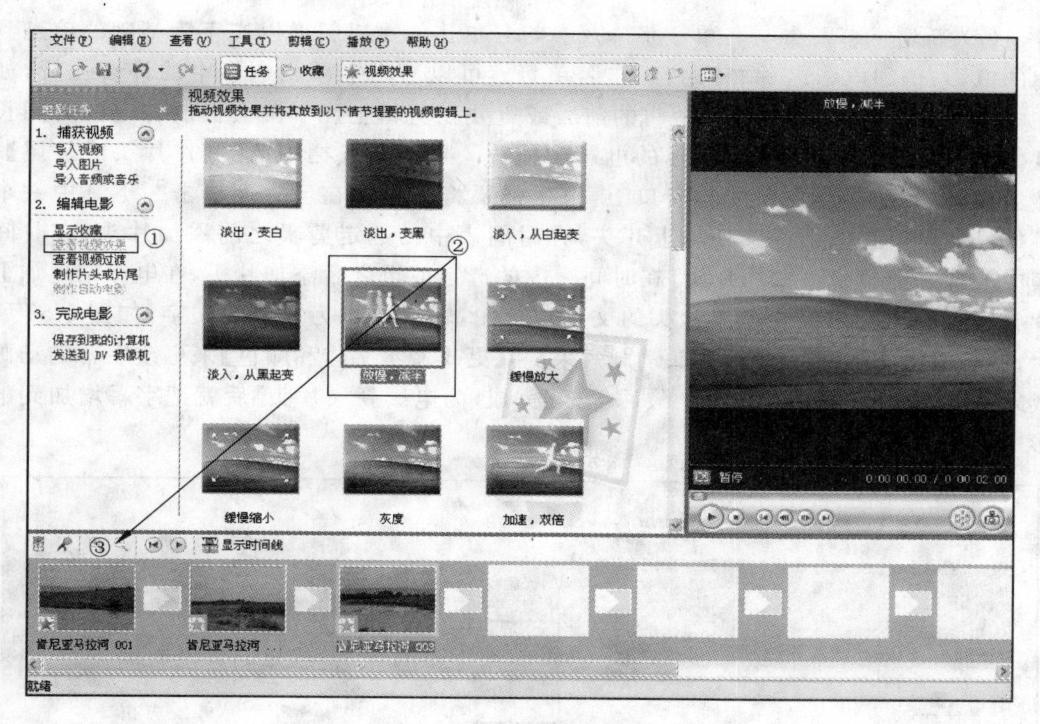


图 5-56　视频效果编辑

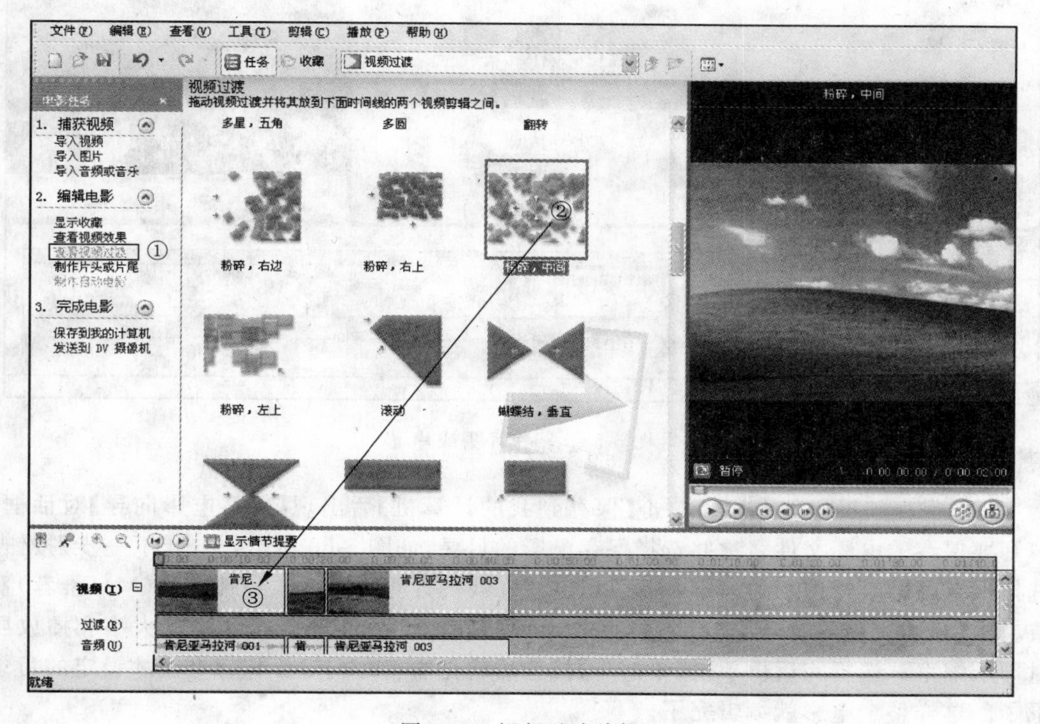


图 5-57　视频过渡编辑

(7) 新增字幕及参与名单。字幕及参与名单让你可以新增以文字为基础的信息到你的电影,例如电影名称、日期、制作名单等。可以新增字幕到电影中的许多位置,如在电影的开头处或结尾处、在剪辑的前后或重叠在剪辑上。字幕会播放特定的时间长度,然后视讯剪辑或图片会在你的电影中播放。单击任务栏中的【制作片头或片尾】,然后在【要将片头加在何处?】窗口上,根据你要将字幕加在何处而单击一下其中一个链接。如可以在电影开头处加上片头,在时间表中的选定剪辑之前添加片头,在时间表中的选定剪辑之上添加片头,在时间表中的选定剪辑之后添加片头,在电影结尾加上片头如图 5-58 所示。在输入片头的文字窗口中,输入要作为字幕的文字,如图 5-59 所示,然后根据需要单击【更改片头动画效果】和【更改文本字体和颜色】来更改字幕的动画效果和字体类型、大小和颜色。最后单击【完成,为电影新加片头】后就把字幕增加到电影中。

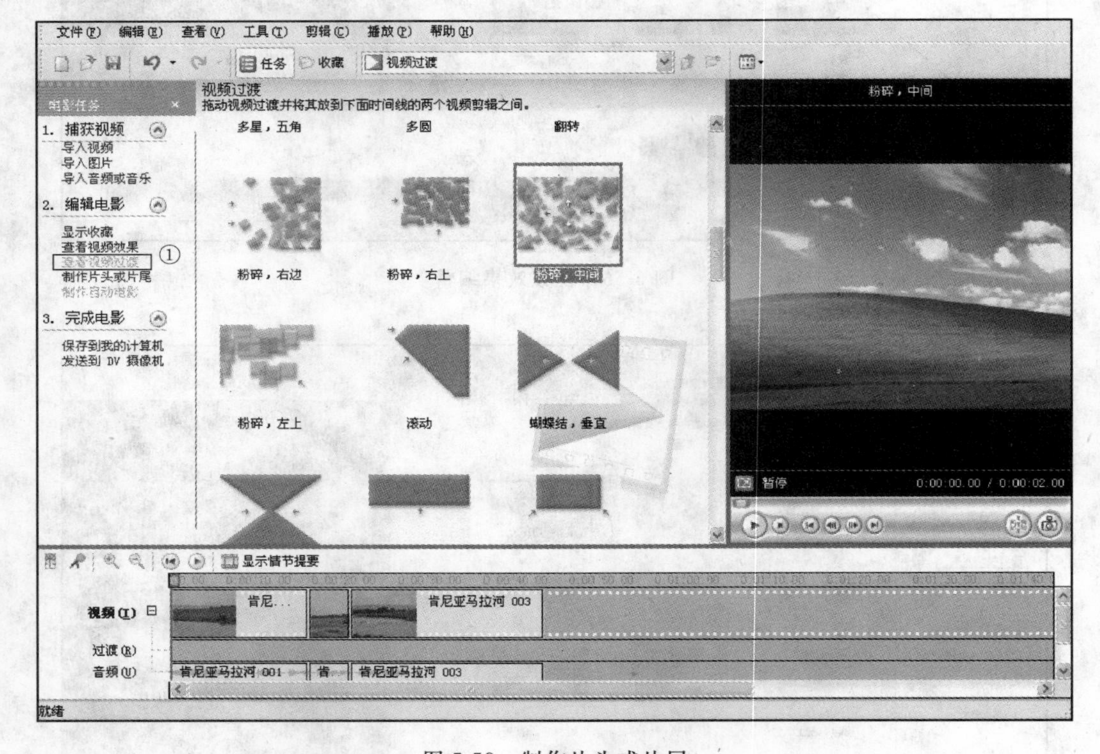


图 5-58 制作片头或片尾

(8) 保存编辑好的电影。单击【保存到我的计算机】后出现【保存电影向导】对话框,填写要保存的电影文件名称并选择保存电影的目录,如图 5-60 所示,单击【下一步】按钮。选择保存电影时要使用的设定,你可以选中【在我的计算机上播放最佳质量(M)(推荐)】,或单击【显示更多选择项】链接自行更改,如图 5-61 所示,用于选择文件的大小和播放质量即压缩率。选择完后再单击【下一步】按钮后就把编辑好的电影保存在刚才设定的目录下了。这样整个电影就编辑完了。

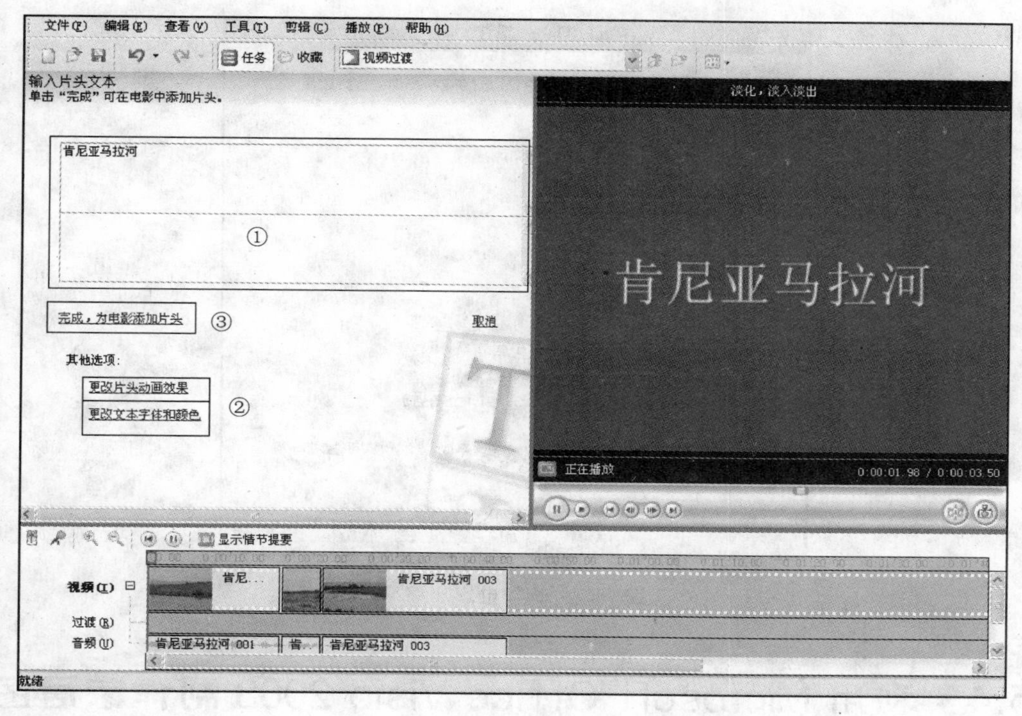


图 5-59　编辑字幕

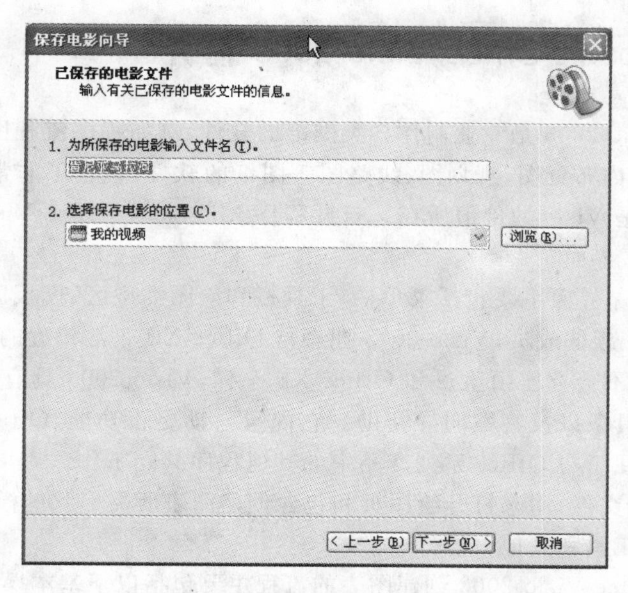


图 5-60　【保存电影向导】对话框

**练习**

用摄像机在校园里录制一段视频或用摄像头抓取一段学习视频，并对这段视频进行编辑，添加片头和中间字幕。

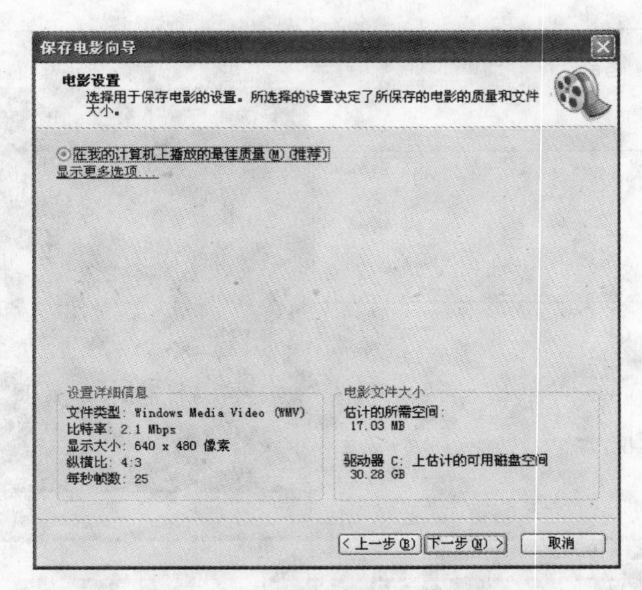


图 5-61　选择电影压缩率

## 5.4　利用 Microsoft Office Visio 2003 制作家居图

### 5.4.1　Microsoft Office Visio 2003 简介

Microsoft Visio 2003 是专业制作各类图纸的软件，例如程序流程图、网络拓扑图、数据分布图、地图、室内布置图、规划图、线路图等图纸的软件，包含了非常多的组件。省时省力、高效便捷正是 Visio 的价值所在。打开程序 Microsoft Office Visio 2003 后出现如图 5-62 所示的程序界面。

Visio 2003 程序界面主要包括菜单栏、工具栏和绘图类型区、模板区和帮助区。作为 Microsoft Office 家族的成员，Visio 2003 拥有与 Office XP 非常相近的操作界面，所以接触过 Word 的人都不会觉得陌生。和 Office XP 一样，Visio 2003 具有任务面板、个人化菜单、可定制的工具条以及答案向导帮助。它内置自动更正功能、Office 拼写检查器、键盘快捷方式，非常便于与 Office 系列产品中的其他程序共同工作。

模板是指一种文件，用来打开绘图页和包含创建图表所需形状的模具，还包括适合该绘图类型的样式、工具和其他设置。

Microsoft Office Visio 2003 创建图表的流程主要包括以下基本操作步骤。

(1) 通过打开模板开始创建图表。

(2) 通过将形状拖到绘图页上来向图表添加形状。然后重新排列这些形状，调整它们的大小和旋转它们。

(3) 使用连接线工具连接图表中的形状。

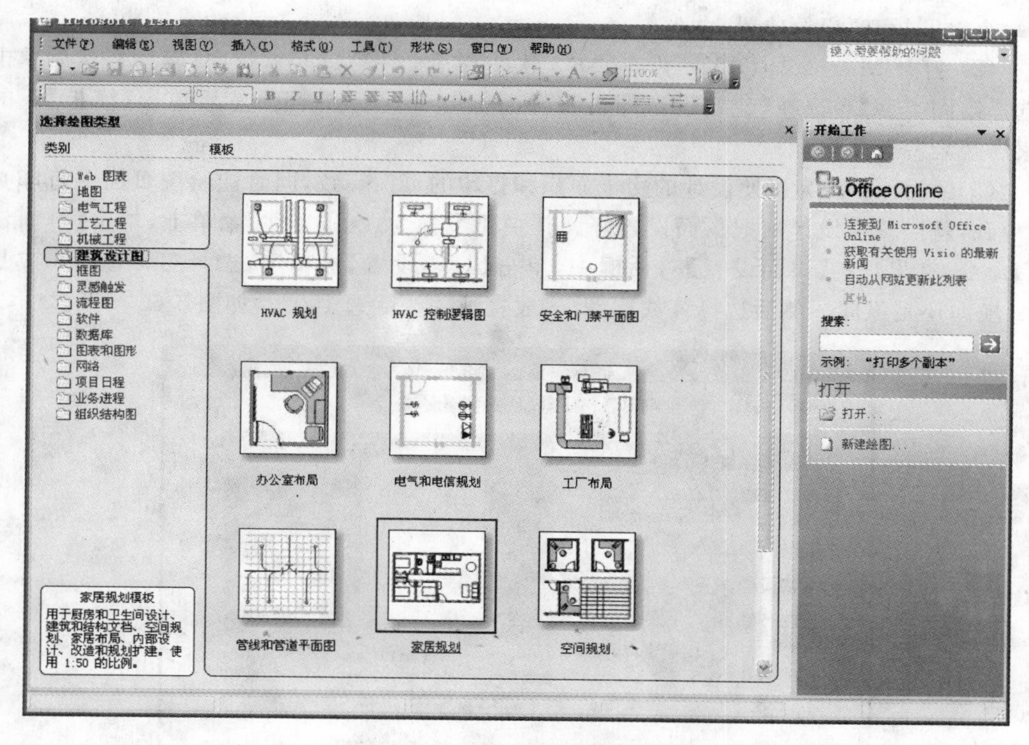


图 5-62　Visio 2003 程序界面

(4) 为图表中的形状添加文本并为标题添加独立文本。
(5) 使用格式菜单和工具按钮设置图表中形状的格式。
(6) 在绘图文件中添加和处理绘图页。
(7) 保存、打印和共享图表。

## 5.4.2　Microsoft Office Visio 2003 制作家居规划图

使用 Microsoft Office Visio 2003 中包含的建筑设计图模板，你可以自己绘制用于家居改造、内部设计或景观布置项目的家居规划图。

**任务要求**

使用 Microsoft Office Visio 2003 对一套两室两厅 75 平方米左右房子进行家居规划并绘制平面图形。

**分析**：在对房子进行装修前我们首先对房子进行一个规划和布置，并把大致图绘制出来给施工队从而有利于工程按自己预想的目标顺利进行。Visio 2003 能用来绘制专业的建筑规划图。以下只是讲述一些基本的操作。

**操作步骤**

(1) 准备工作，先对即将进行装修的房子进行测量，把房子的平面布局记录下来，包括每个墙、门和窗户的位置、大小。

(2) 打开 Microsoft Office Visio 2003 软件，在【文件】菜单上，指向【新建】，然后单击【选择绘图类型】后选择【建筑设计图】，打开如图 5-62 所示界面。然后单击【模板】下的“家居规划”。

(3) 页面设置，为了使设计的房子面积和打印的页面一致，同时让绘图页面跟打印页面一致，就应该在设计前把页面设置好。其主要步骤为：在【文件】菜单上，单击【页面设置】命令，在出现的【页面设置】对话框中，单击【打印设置】选项卡，选择打印纸 A3 或是 A4，横向还是纵向。然后选择缩放比例，一般直观一些就选 100%，如图 5-63 所示。

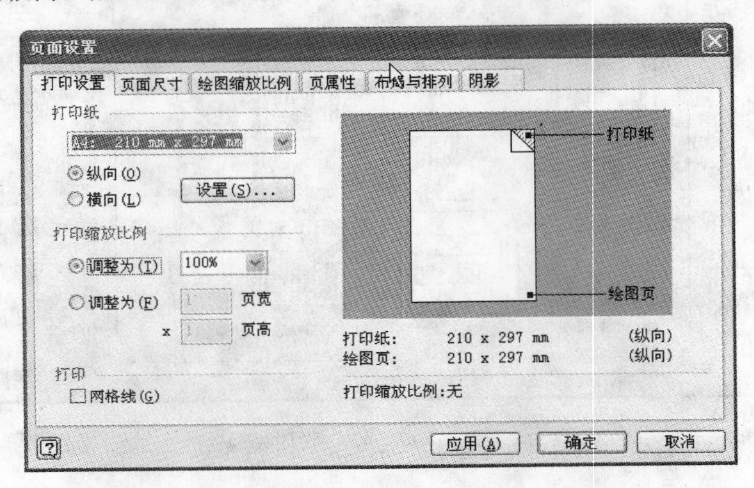


图 5-63　打印设置

然后单击【页面尺寸】选项卡，可以选择公制中的 A3 或 A4 和前面保持一致，这样打印出来不走样，如图 5-64 所示。再单击【绘图缩放比例】选项卡，单击【页属性】选项卡，如图 5-65 所示，主要对度量单位进行设置和对页面进行命名。

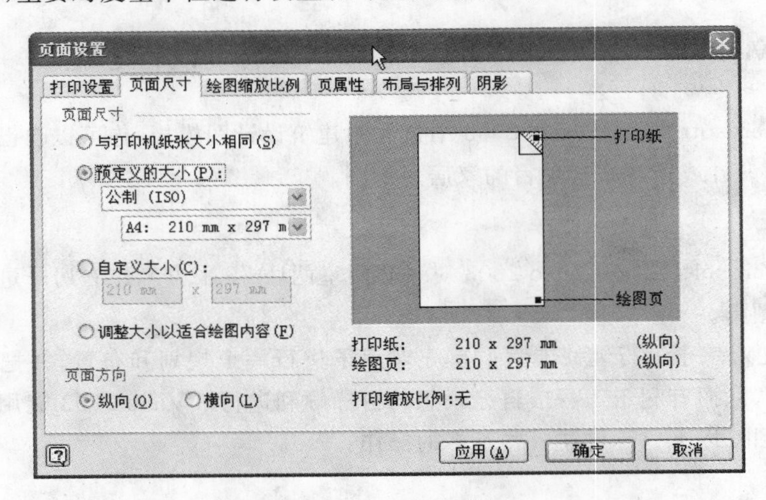


图 5-64　页面尺寸设置

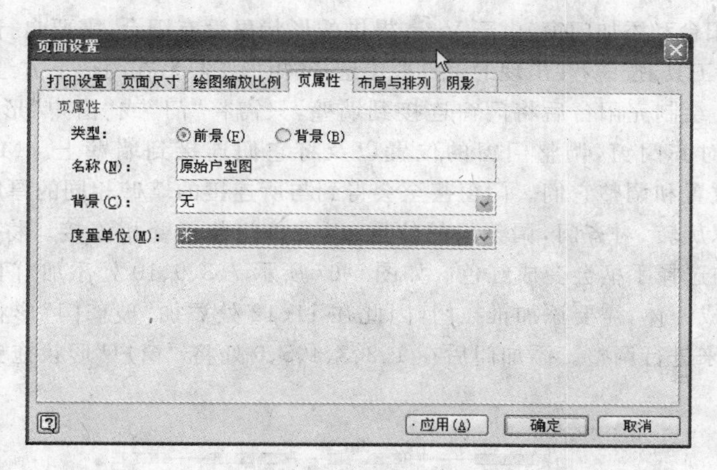


图 5-65 页属性设置

(4) 新建墙壁，单击【形状】区的【墙壁、外壳和结构】类目，拖曳 5 个“外墙”和 6 个“墙”到绘图区。墙分外墙和内墙。外墙一般为 24 墙，即 240mm，内墙为一般 12 墙，即 120mm。外墙是承重墙，根据装修房子的布局，调节墙壁两边的矩形控制点，以更改大小和旋转它的方向来适合实际，选择该形状后，将显示其尺寸。也可以在【属性】对话框中指定确切的尺寸，只需右击该形状，单击快捷菜单上的【属性】命令，然后输入需要的尺寸。如图 5-66 所示为新建墙壁后的房子框架。

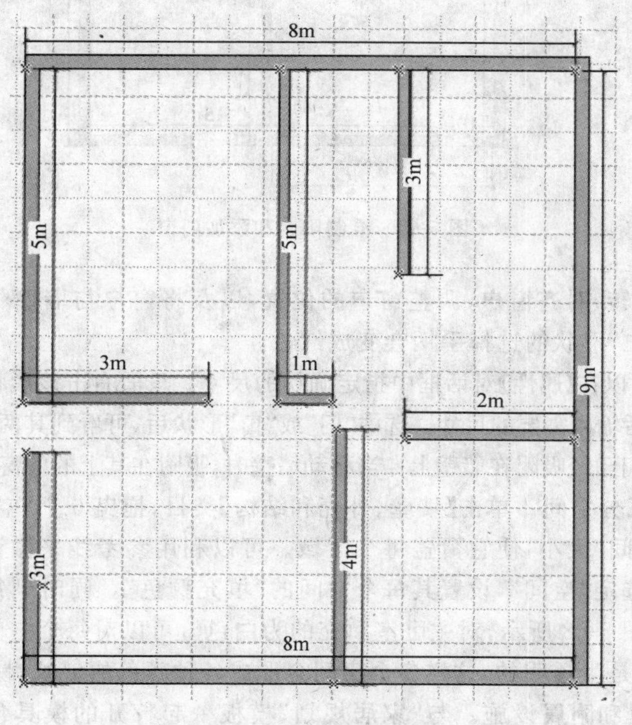


图 5-66 新建墙壁

(5) 绘制阳台和添加门窗,由于Visio提供的形状里没有阳台,需要自行绘制。单击工具栏上的【绘图工具】按钮,在出现的工具栏中选择【矩形工具】,在图形下方绘制宽4.2m、高0.6m的阳台。绘制完阳台后将门窗连接到墙壁,只需将"门"或"窗户"形状拖曳到墙壁上,便可旋转、对齐门窗,调整门窗的位置以及将它们连接到墙壁上。Microsoft Office Visio会自动放置和调整它们。门窗甚至会得到与所连接的墙壁相同的厚度。

Visio可以旋转、对齐门,调整门的位置,以及将门与墙壁相连接。将门连接到墙壁后,"门"形状的选择手柄会变成红色。如图5-67所示7、8、9、10处添加"门"形状,为了使厨房和餐厅连成一体,需要添加推拉门,因此在11、12处添加"玻璃门"形状,并根据实际的大小和方向来进行调整。添加门后在1、2、3、4、5、6处将"窗户"形状拖曳到墙壁上,如图5-67所示。

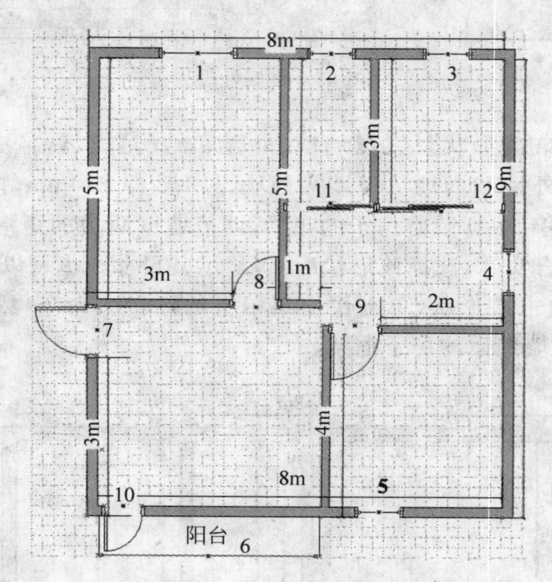


图5-67　绘制阳台和添加门窗

Visio可以旋转、对齐窗户,调整窗户的位置,以及将窗户与墙壁相连接。将窗户连接到墙壁后,"窗户"形状的选择手柄会变成红色。

对于门窗也可以在【属性】对话框中指定确切的尺寸。只需右击该形状,单击快捷菜单上的【属性】命令,然后输入需要的尺寸。选中"门"或"窗"形状后,可看到其两侧各有一个红色的控制手柄,表示它们已经吸附在墙壁上。当移动墙壁时,吸附在其上的门窗会一起移动。

(6) 用颜色区分空间。单击【墙壁、外壳和结构】类目,拖曳6个"空间"到每个功能区域位置。调节"空间"大小,使它覆盖每个区域。可以利用参考线来微调空间大小。调整空间大小后单击选定"空间",设置其每个空间的"填充颜色"。同时到每个空间的属性里更改其名字。如图5-68所示,对主卧室填充的为白色。可以对每个空间的填充颜色不一样,同时由于空间是半透明的,这样各个房间会形成各种颜色的斜纹,易于区分。

(7) 添加家具和附属设施。与"家居规划"模板一起打开的模具包含许多标准的家具、电器和厨房用具的模具,包括床、沙发、梳状台、椅子、餐桌、书桌、凳子、柜子、电视、洗衣机等。如图5-69所示，对每个房间进行家具、家电的配置，如从“家具”类目中，拖曳1张“可调床”、两个“床头柜”、一个“双联梳状台”和一个书桌到主卧室。然后从“家具”类目中，拖曳两个“长沙发椅”，两个“矩形桌”当电视柜和茶几，从“家电”类目中，拖曳一个“电视”到客厅。在餐厅放置一个方桌和四把椅子，由于空间有限，把洗衣机和洗脸池放置在餐厅的西边，在厨房放置冰箱、炊具、炉灶、微波炉和洗菜池，在厕所放置抽水马桶、淋浴间和洗手池，对书房放置书桌、床和一个柜子，最后再放置一盆花到主卧室和阳台。

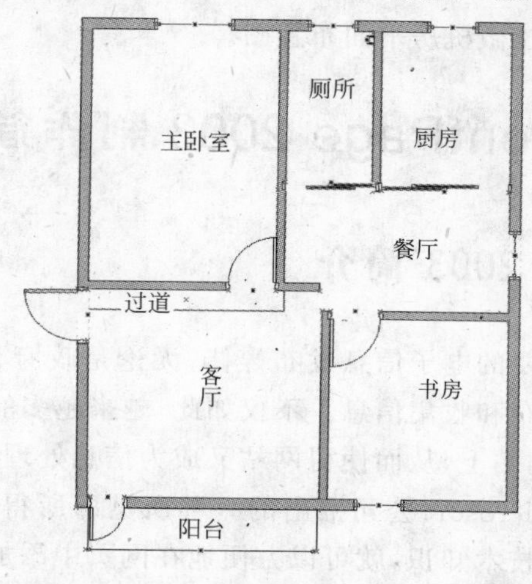


图5-68 空间区分

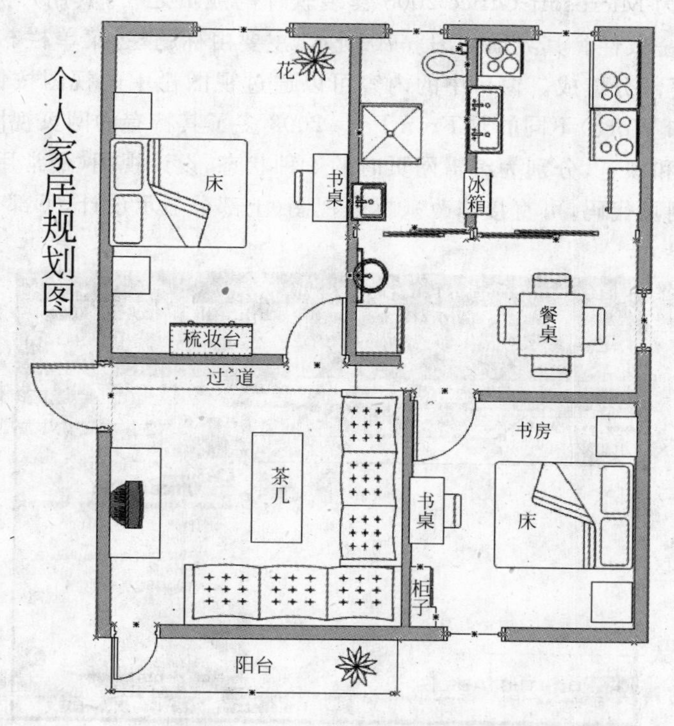


图5-69 最终家居规划图

(8) 家具说明和添加标题。为了使家具看上去更直观,我们需要加上说明文字,单击工具栏上的【文本工具】,为各家具和设施添加说明文字。按照前一节所讲的在图表中添加和更改文本的操作,可以根据家具的大小对文本设定不同的格式。

最后在家居规划图的左上角添加图的标题“个人家居规划图”。字体大小为 30,颜色为蓝色。最终的规划图如图 5-69 所示。

**练习**

用 Visio 2003 绘制学校微机房平面布置图。

# 5.5 利用 FrontPage 2003 制作简单个人网站

## 5.5.1 FrontPage 2003 简介

网络已成为目前最主要的电子信息发布媒体,无论是政府、公司、企业,还是个人,都纷纷建立自己的网站来发布和收集信息。不仅如此,越来越多的公司、企业和政府还将自己的商务、政务活动放到网站上,从而使得网站又成为信息处理的新平台。

FrontPage 2003 是 Microsoft 公司推出的一种所见即所得的网站创建和管理工具,不必掌握很深的网页制作技术知识,就可以方便地在网页中添加表格、图像、声音、动画和电影等,制作出满意的网页,因而深受用户的喜爱。FrontPage 使用方便简单,会用 Word 就能做网页。作为 Microsoft Office 2003 套装软件的成员之一,其用户界面和基本操作与其他成员具有一致性。其界面如图 5-70 所示,主要由标题栏、菜单栏、工具栏、工作区、任务栏、状态栏等部分组成。窗口中的内容可以通过视图栏中的视图按钮进行调整。与其他办公套件(如 Word)不同的是 FrontPage 2003 多了其特有的网页视图切换区。分为设计、拆分、代码和预览,分别为编辑网页时的 4 种状态,设计视图(最常用,所见即所得)、代码视图(显示网页代码,可直接修改)、拆分视图(上部分显示设计,下部分显示代码)、预览(显示最终结果)。

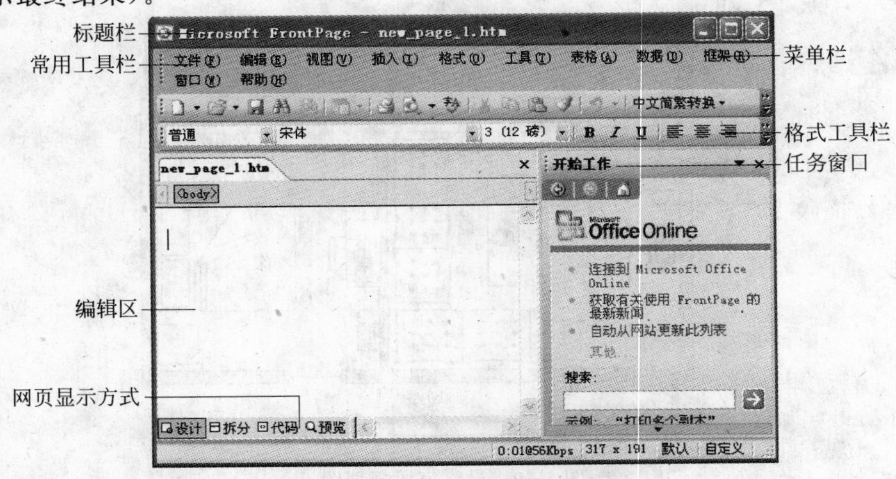


图 5-70 FrontPage 2003 的工作界面

## 5.5.2　FrontPage 2003 创建个人网站

Web 站点是一组相互关联的文档组合，这些文档通过超链接 Web 站点互相联系起来。一个 Web 站点通常由多个网页组成，网页中可以包含文字、图像、超链接以及表单、数据库等。网页是用 HTML 编写的基本文档，通常为站点的一部分。使用 FrontPage 2003 的向导和模板，用户可以轻松地创建出各种用途和风格的网站。

**任务要求**

使用 Microsoft Office FrontPage 2003 建立一个个人网站。掌握 FrontPage 2003 建立网页的基本方法和常用功能。

**操作步骤**

(1) 新建站点。单击【文件】菜单中的【新建】命令，在弹出的【新建】任务窗口中选择【新建网站】中的“由一个网页组成的网站”，打开如图 5-71 所示的【网站模板】对话框。在【指定新站点的位置】处输入“G:\旅游\肯尼亚之行”，双击“空白网站”图标，“肯尼亚之行”站点创建完毕。FrontPage 2003 自动创建了“_ private”和“images”两个文件夹。

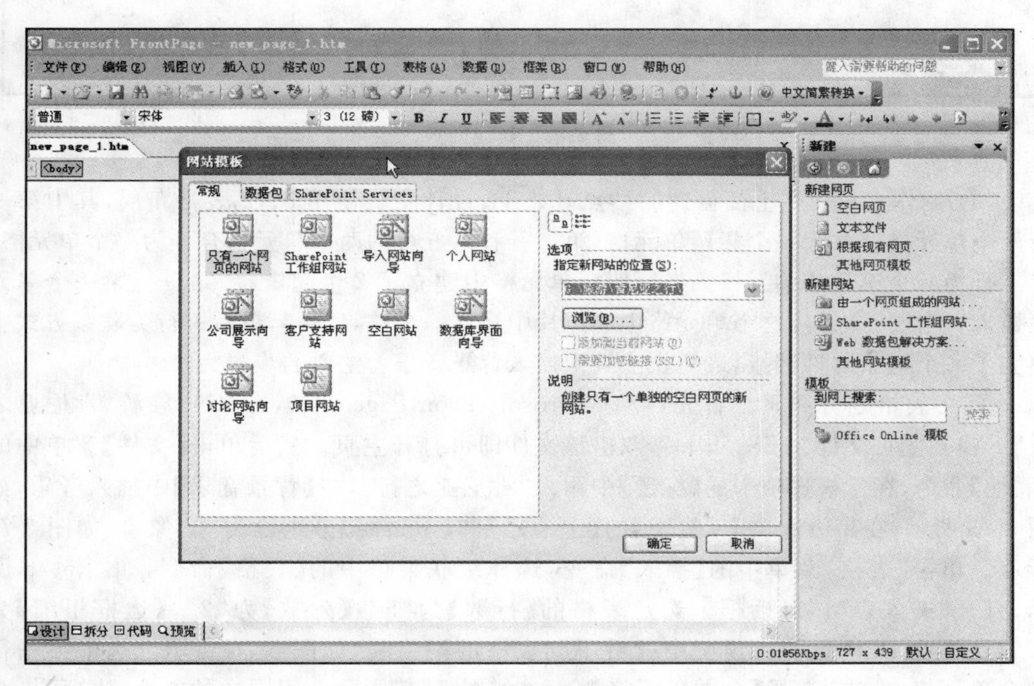


图 5-71　新建网站模板

(2) 单击【文件】菜单中的【新建】命令，在弹出的【新建】任务窗口中选择【新建网页】中的“空白网页”，创建一个名为“index. htm”的网页，由于新建的网页默认名称为“new_page_1. htm”，可以在保存时改为“index. htm”。单击【视图】菜单中的【文件夹】命令，可以发现右边窗口中增加了一个标题为"index. htm"的主页图标，如图 5-72 所示。双击"index. htm"的主页图标，单击【保存】按钮，保存新建网页。

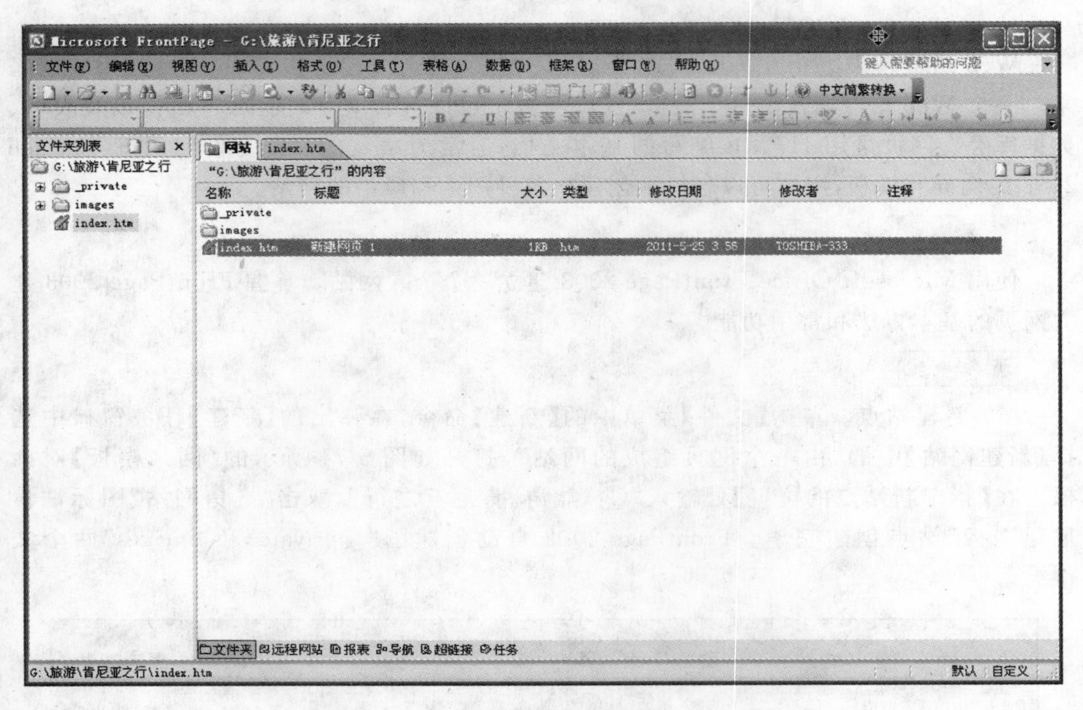

图 5-72　新建网页

(3) 制作主页。在上面创建的站点基础上，设计主页使用 5×2 表格布局，其中第一行两个单元格合并为一个标题单元格，第二行和第五行的两个单元格合并为一个单元格，第二行为一个滚动条单元格。在第四行单元格中建立了 2 个超链接，第三行第一个单元格插入一个图片，并且这个单元格中的图片中建立一个热点链接，最后一行为联系方式中建立了一个电子邮件链接，最后在主页中插入背景音乐。主要的步骤为：

① 用表格划分网页。首先启动 Microsoft FrontPage 2003，在"G:\旅游\肯尼亚之行"下找到主页文件"index. htm"，双击该文件即可打开主页。然后单击【文件】菜单中的【属性】命令，在常规选项卡的【标题】中添入"肯尼亚之行"，在【背景音乐】中插入音乐，如图 5-73 所示；在高级选项卡【边距】的【上边距】和【下边距】分别设为"0"像素，如图 5-74 所示。单击"表格"菜单中的【插入】命令，选择级联菜单中的【表格】命令，如图 5-75 所示，打开"插入表格"对话框。选定表格的【行数】为"5"，【列数】为"2"，【边框粗细】为"0"，这样在 IE 浏览器或预览中就看不到表格的网格线，如图 5-76 所示。选中第一行二个单元格，右击，选择【合并单元格】命令，如图 5-77 所示。用同样的方法将单元格合并第二行和第五行。最后调整各单元格的大小，在后期的制作中还会不断调整，如图 5-78 所示。

② 设置背景。单击【格式】菜单，选择【背景】命令，打开【网页属性】对话框。选中【背景图片】复选框，单击【浏览】按钮选择合适的图片，如图 5-79 所示。

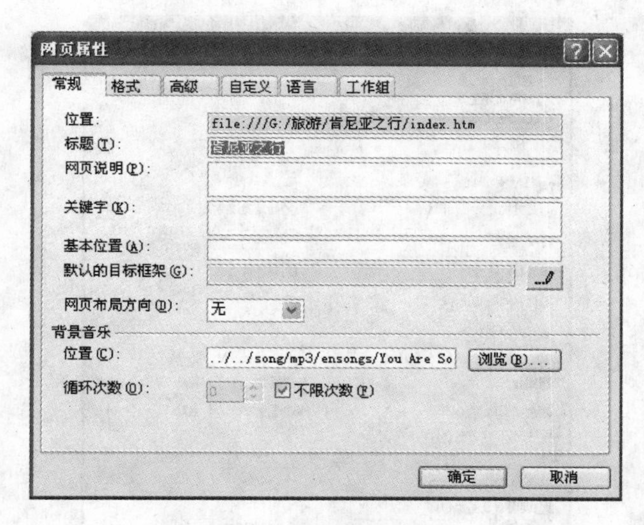


图 5-73　【常规】选项卡

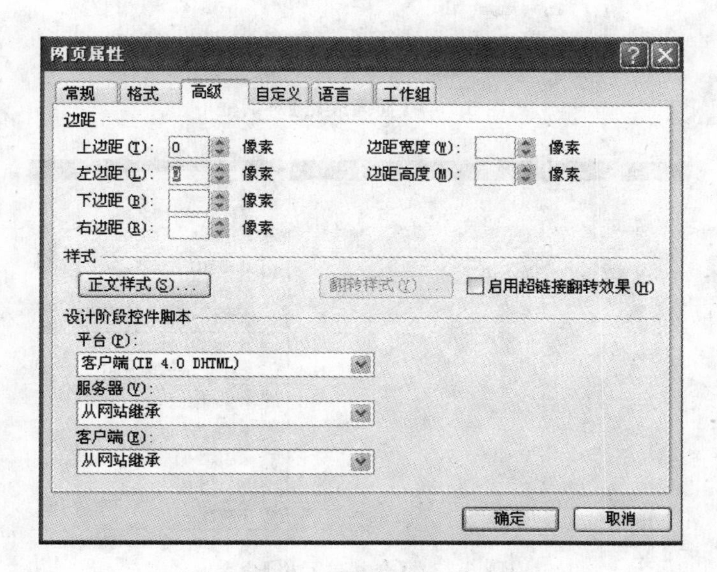


图 5-74　【高级】选项卡

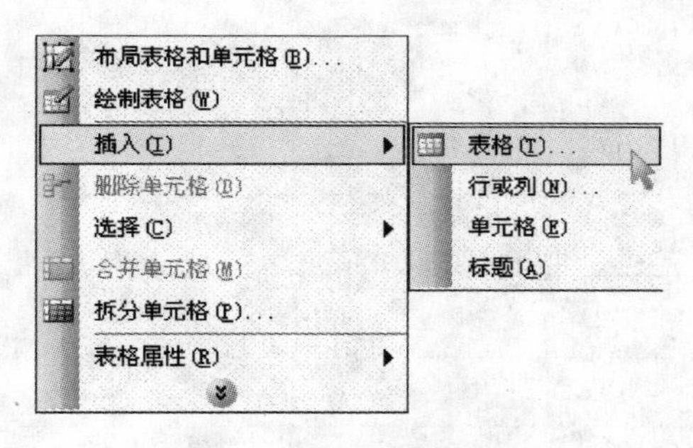


图 5-75　【插入表格】菜单

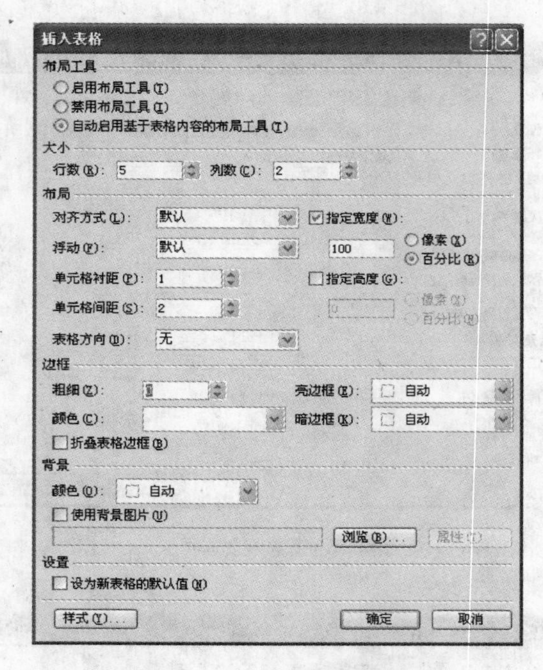


图 5-76 【插入表格】对话框

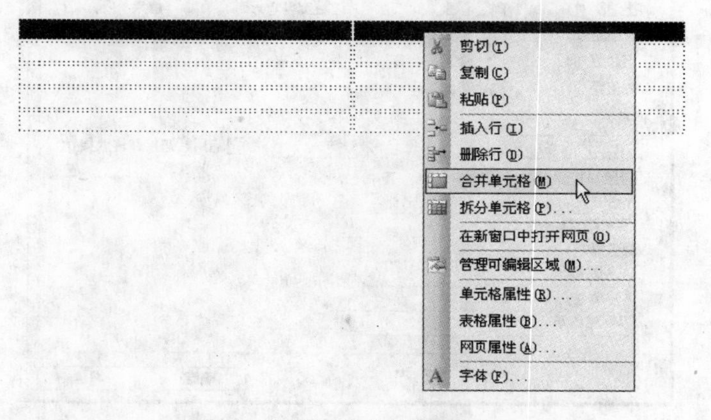


图 5-77 【合并单元格】命令

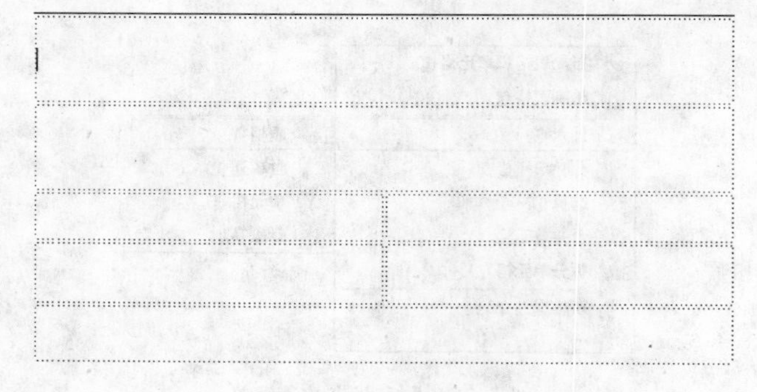

图 5-78 合并后的单元格

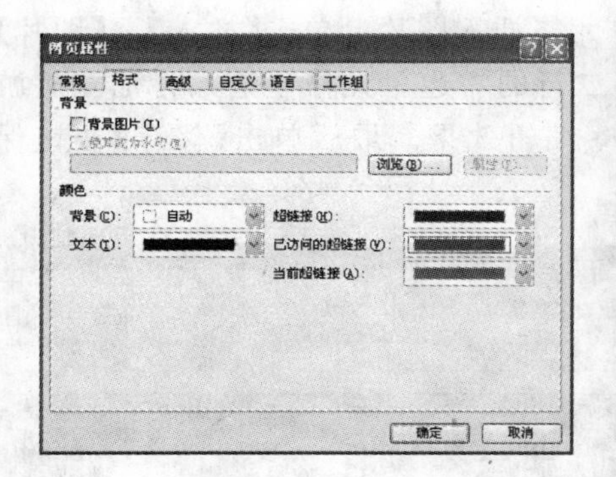


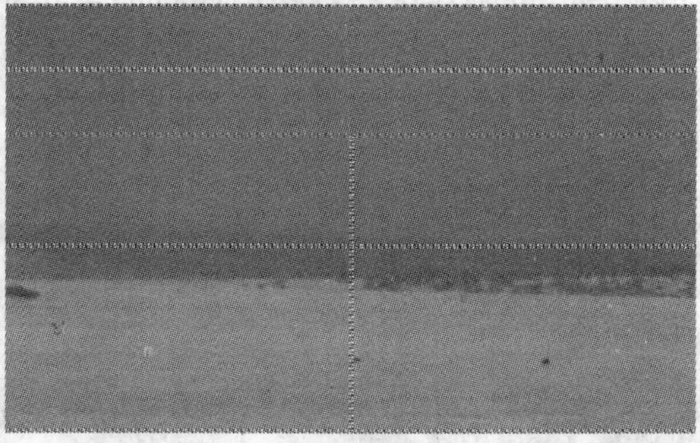

图 5-79　设置背景图片

③ 输入文本及插入图片。首先在第一行中输入“肯尼亚之行”，设置字体为“华文新魏”，大小为“7”，对齐方式为“居中”，如图 5-80 所示。然后在第二行中插入字幕。单击【插入】→【插入 Web 组件】命令，出现如图 5-81 所示对话框，选择“动态效果”和“字幕”后，单击【完成】按钮出现【字幕属性】对话框，如图 5-82 所示，在文本框中输入“欢迎来到肯尼亚之行主页”，【方向】为“左”，【背景色】为“绿色”，【表现方式】为“滚动条”，单击【确定】按钮。

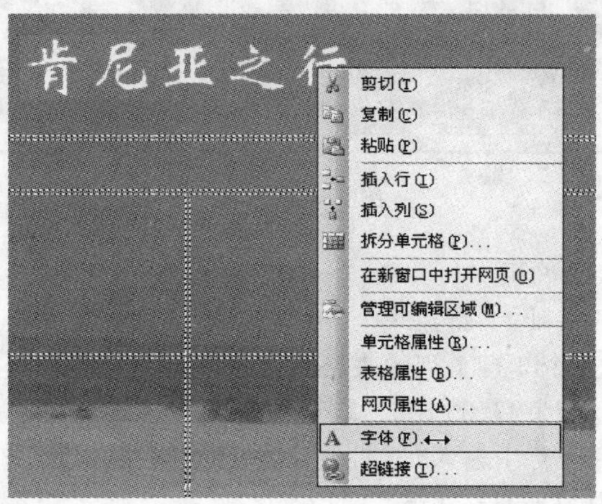


图 5-80　设置字体

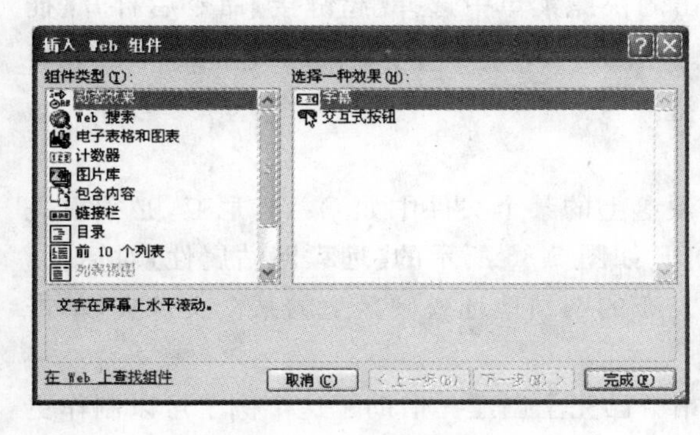


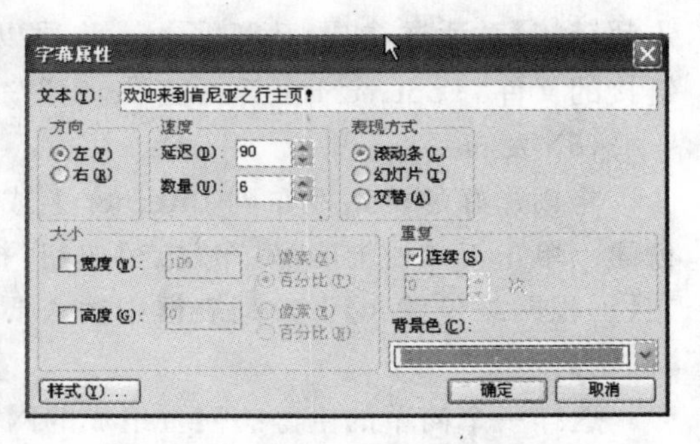


图 5-81　插入字幕　　　　　图 5-82　【字幕属性】对话框

如图 5-83 分别在第三行和第四行的左边单元格插入图片。单击【插入】→【图片】级联菜单中的【来自文件】选择相应的图片。在第二行的右边单元格里输入肯尼亚旅游的简单介绍。单击编辑窗口下的【预览】按钮，观察编辑效果。最后单击【保存】按钮保存主页。

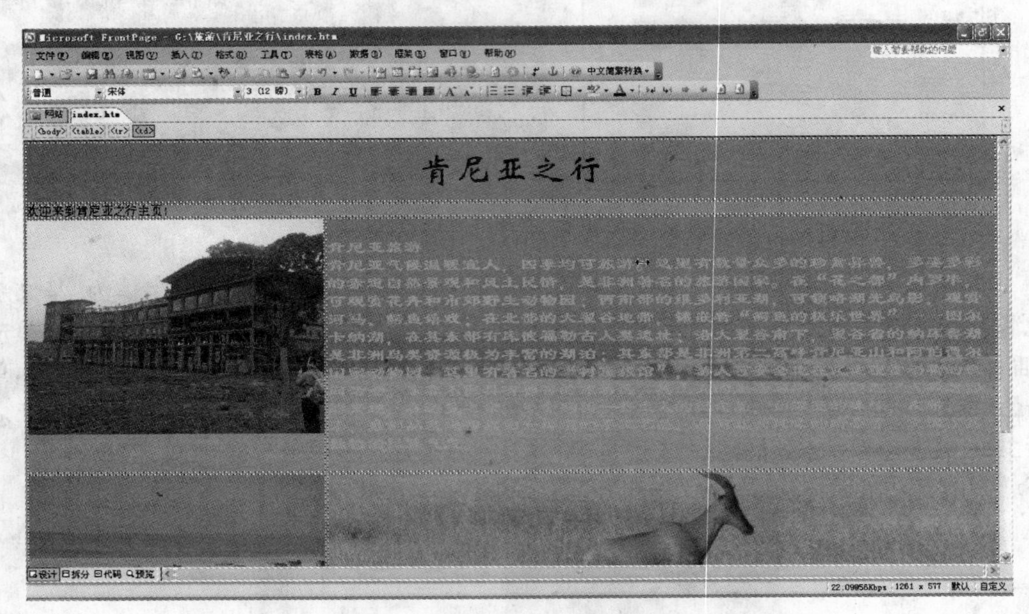


图 5-83　主页

（4）建立二级链接子网页

在上面新建网站的基础上，新建一个“树顶旅馆”的网页。先设置背景，其方法与主页里的一样，然后再插入一个 3 行 1 列的表格。在第一行里输入文本“树顶旅馆”，设置【字体】为“华文新魏”，【大小】为“7(36 磅)”，【颜色】为“蓝色”，【对齐方式】为“居中”。在第二行里插入图片。在最后一行中输入“返回主页”。预览效果如图 5-84 所示。最后单击【保存】按钮，保存文件名为“Toptree. htm”。

（5）建立主页与其他各网页的链接

在主页中选中“树顶旅馆”，右击，在弹出的快捷菜单中选择【超链接】命令后打开【插入超链接】对话框，如图 5-85 所示。也可以单击【插入超链接】按钮 。在名称中选择要链接的文件“Toptree. htm”，单击“确定”按钮。

（6）发布站点

将创建好的网站发布到 Internet 上或硬盘上的某个文件中如 G:\肯尼亚，必须事先创建。单击工具栏上的【发布站点】按钮，打开如图 5-86 所示的【远程网站属性】对话框。在【远程网站位置：】下拉列表框中输入要发布的网站地址或硬盘上的某个文件夹，单击【确定】按钮。

这样一个简单的由静态网页组成的网站就已完全创建。借助于这个例子可以制作更为丰富的网站。

图 5-84　树顶旅馆网页

图 5-85　【插入超链接】对话框

**练习**

利用 FrontPage 2003 建立自己的个人网站。把前几节在 Photoshop 和光影魔术手下处理的照片放到个人主页上。

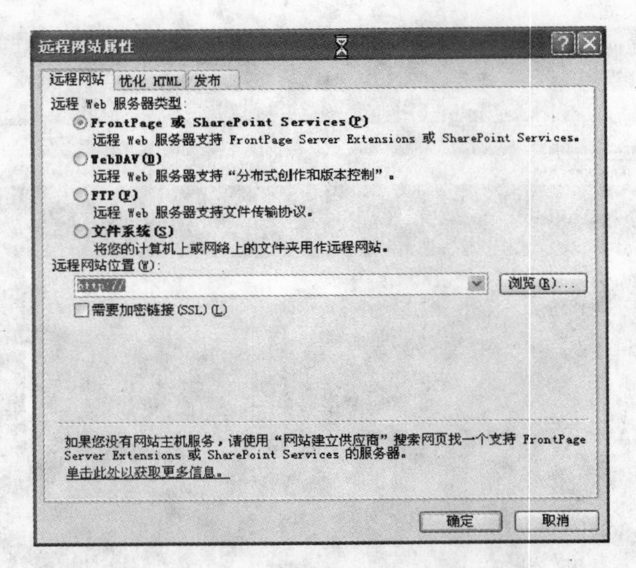


图 5-86 【远程网站属性】对话框

# 5.6 信息浏览与检索

## 5.6.1 信息检索的基本知识

信息检索主要研究信息的表示、存储、组织和访问。即根据用户的查询要求，从信息数据库中检索出与之相关的信息资料。信息检索的原理是将检索标识与存储在检索工具或系统中的标引标识(包括可检索的著录项)进行比较，两者一致或信息标引的标识包含着检索标识，则含有该标识的信息就从检索工具或系统中输出。按照检索手段的不同，检索工具可分为手工检索工具、机械检索工具和计算机检索系统。现在人们常用的为计算机检索，计算机检索是用计算机代替人工检索的匹配过程。计算机一方面接受检索提问表达式；另一方面从数据库中读取信息记录，然后在两者之间进行匹配运算，即将检索提问表达式与数据库中的信息标引标识进行比较，如果比较的结果一致，那么这条信息就算命中，如果比较的结果不一致，则这条信息就不被输出。计算机检索系统包括网络检索系统。网络检索系统是通过因特网提供网络数据库、出版物、书目、动态信息等网上信息资源查询和利用的检索系统。

由于网络上的信息散布在无数的服务器上，就像散乱在海滩上的珍珠没有被串起来，使你无法收集甚至无法发现它们。如果你想将所有的计算机上的信息作一番详尽的考察，就需要花费很大的精力。所以我们面临的一个突出问题是：如何在上百万个网站中快速有效地找到需要的信息？搜索引擎(Search Engine)正是为解决用户的查询问题而出现的。如果说 Internet 上的信息浩如烟海，那么搜索引擎就是海洋中的导航灯。只有通过搜索引擎的查询结果，用户才会知道信息所处的地点，再去该网站获得详细资料。从这个角度来说，搜索引擎是网络信息检索系统的核心。

搜索引擎是Internet上的一个网站，它的主要任务是在Internet上主动搜索Web服务器信息并将其自动索引，其索引内容存储于可供查询的大型数据库中。当用户输入关键字(Keyword)查询时，该网站会告诉用户包含该关键字信息的所有网址，并提供通向该网站的链接。

对于各种搜索引擎，它们的工作过程基本一样，包括以下三个方面：

(1) 派出“网页搜索程序”在网上搜寻所有信息，并将它们带回搜索引擎。每个搜索引擎都派出绰号为“蜘蛛”(Spider)或“机器人”(robots)的网页搜索软件在各网址中爬行，访问网络中公开区域的每一个站点并记录其网址，从而创建出一个详尽的网络目录。各搜索引擎工作的最初步骤大致都是如此。

(2) 将信息进行分类整理，建立搜索引擎数据库。在进行信息分类整理阶段，不同的系统会在搜索结果的数量和质量上产生明显的不同。有的系统是把“网页搜索软件”发往每一个站点，记录下每一页的所有文本内容；其他系统则首先分析数据库中的地址，以判别哪些站点最受欢迎(一般都是通过测定该站点的链接数量)，然后再用软件记录这些站点的信息。记录的信息包括从HTML标题到整个站点所有文本内容以及经过算法处理后的摘要。当然，最重要的是数据库的内容必须经常更新、重建，以保持与信息世界的同步发展。

(3) 通过Web服务器端软件，为用户提供浏览器界面下的信息查询。每个搜索引擎都提供了一个良好的界面，并具有帮助功能。用户只要把想要查找的关键字或短语输入查询栏中，并单击【Search】按钮(或其他类似的按钮)，搜索引擎就会根据用户输入的提问，在索引中查找相应的词语，并进行必要的逻辑运算，最后给出查询的命中结果(均为超文本链形式)。用户只需通过搜索引擎提供的链接，马上就可以访问到相关信息。有些搜索引擎将搜索的范围进行了分类，查找可以在用户指定的类别中进行，这样可以提高查询效率，搜索结果的“命中率”较高，从而节省了搜寻时间。

### 5.6.2 搜索语法与技巧

计算机检索技术主要是指检索词的组配技术和检索表达式的构成规则。检索词包括主题词、关键词、名称、分类号、分子式、专利号及各种号码等。检索表达式简称为检索式，是一个既能反映检索课题内容，又能为计算机识别的算式，是进行计算机检索的依据，又称为检索提问式。检索表达式主要是运用各种逻辑运算符号、位置逻辑算符、截词符和其他限制符号等，把检索词连接和组配起来，确定检索词之间的关系，准确表达检索的内容。

信息检索一般是通过搜索关键词来完成自己搜索过程的，即填入一些简单的关键词来查找包含此关键词的文章。这是使用搜索最简单的查询方法，但返回结果并不是每次都令人满意的。如果想要得到最佳的搜索效果，就要使用搜索的基本语法来组织要搜索的条件。以下为一些基本的检索语法和技巧。

(1) 使用“＋、－”连接号和通配符

需要搜索的单词：如果要求特定单词包含在索引的文档中，可以在它前面加一个“＋”号，如：“＋Internet”。并且在“＋”号和单词之间不能有空格。

需要排除的单词：如果要排除含有特定单词的文档，可以在它前面加一个“－”号。如果想查找联想的计算机产品且同时不含有“天琴”系列，应这样写：“＋联想 －天琴”。

通配符：进行简单查找的时候，可以在单词的末尾加一个通配符来代替任意的字母组合。通配符一般为“*”号，如：“Compu *”可以代表Computer、Compulsion、Compunication等。星号不能用在单词的开始或中间。

(2) 使用逗号、括号或引号进行词组查找

逗号的作用类似于或者(OR)，也是寻找那些至少包含一个指定关键词的文档。“越多越好”是它的原则。因此查询时找到的关键词越多，文档排列的位置越靠前。例如，查询关键字是：“计算机，多媒体，Windows 95”，则查询时同时包含“计算机”、“多媒体”和“Windows 95”的文档将出现在前面。

括号的作用和数学中的括号相似，可以用来使括号内的操作符先起作用。例如：输入“(网址 or 网站) and (搜索 or 查询)”，则实际查询时关键词就是“网址搜索”、“网址查询”，或者是“网站搜索”、“网站查询”。

使用引号组合关键词，可以告知搜索系统将关键词或关键词的组合作为一个字符串在其数据库中进行搜索。例如要查找关于电子杂志方面的信息，可以输入“electronic magazine”，这样就把“electronic magazine”当作一个短语来搜索。相反，如果不加双引号，搜索引擎就会查出包含“electronic”(电子)及“magazine”(杂志)的网页，会严重偏离主题。

(3) 不要滥用空格

在输入汉字作关键词的时候，不要在汉字后追加不必要的空格，因为空格将被认作特殊操作符，其作用与AND一样。比如，如果你输入了这样的关键词：“飞 机”，那么它不会被当作一个完整词“飞机”去查询，由于中间有空格，会被认为是需要查出所有同时包含“飞”、“机”两个字的文档，这个范围就要比“飞机”作关键词的查询结果大多了，更重要的是它偏离了本来的含义。所以关键词输入应为“飞机”。

### 5.6.3 CNKI的使用技巧

中国知识基础设施工程(China National Knowledge Infrastructure，简称CNKI工程)，是以实现全社会知识信息资源共享为目标的国家信息化重点工程。CNKI数字图书馆具有夯实的文献资源基础。目前共正式出版了22个数据库型电子期刊，使CNKI数字图书馆所囊括的资源总量达到全国同类资源总量的80%以上。

CNKI中的数字资源多是全文论文型和全文报纸型的资料，对于论文写作、学术研究等查找资料有很大帮助。CNKI系列源数据库是指以完整收录文献原有形态，经数字化加工，多重整序而成的专业文献数据库，包括《中国期刊全文数据库》、《中国优秀博硕士学位论文全文数据库》、《中国重要会议论文全文数据库》、《中国重要报纸全文数据库》、《中国年鉴全文数据库》等。其中《中国期刊全文数据库》也称中国期刊网，是中国知识基础设施(CNKI)工程的重要建设成果之一。内容覆盖自然科学、工程技术、农业、医药、哲学和人文社会科学等各个领域。并对4195种期刊回溯至创刊，回溯文献量达500多万篇，最早的回溯到1911年。数据库分为十大专辑，即理工A、理工B、理工C、农业、医药卫生、

文史哲、政治军事与法律、教育与社会科学、电子技术与信息科学、经济与管理专辑。十大专辑下分为 168 个专题文献数据库和近 3600 个子栏目。下面以任务形式讲述中国学术期刊全文数据库的使用技巧。

**任务要求**

在 CNKI 中国期刊全文数据库中查找与苯爆炸有关的水污染处理文章。

**分析**：要查找需要的信息首先应该确定好关键词，在这个例子中要找关于水污染的文章特别多，但我们需要查找苯爆炸而引起的水污染文章。因此可以先查找水污染的文章，再在水染污文章查找结果的基础上查找关于"苯爆炸"关键词的文章。

**操作步骤**

(1) 登录 www. cnki. net，自登录区登录，可以通过数据库列表直接进入中国学术期刊全文数据库进行检索，进入后界面如图 5-87 所示。

图 5-87　CNKI 检索界面

(2) 下载CAJ全文浏览器或Acrobat浏览器，有其中任何一个浏览器即可。因为CNKI数字图书馆的全文资源为CAJ格式和PDF格式两种格式，你可以选择任何格式。CAJ全文浏览器比Acrobat浏览器功能更强，建议使用CAJ全文浏览器。

(3) 我们可以通过检索词来检索需要的内容，提炼检索词。注意检索前可以先选择自己要进行检索的专辑栏目和检索项如篇名、作者、机构等。选择完导航选项后，开始输入基本的检索条件信息。在这个任务中我们应从产生水污染的根源入手。因此提炼出“苯爆炸”和“水污染治理”两个词汇。

(4) 一次检索，选择检索项并输入检索词，单击检索项的下拉列表框，选择其中一个字段，如“全文”、“篇名”、“关键词”、“作者”、“机构”等字段名来检索。输入检索词：在文本框中输入你所需的检索词。为了不遗漏有关“水污染治理”的任何办法，在检索项中选择“全文检索”，输入检索词“水污染治理”，单击【检索】，检索结果为25856篇文献。注：CNKI期刊库数据每日更新，该数据验证日期为2005年12月31日，如图5-88所示。

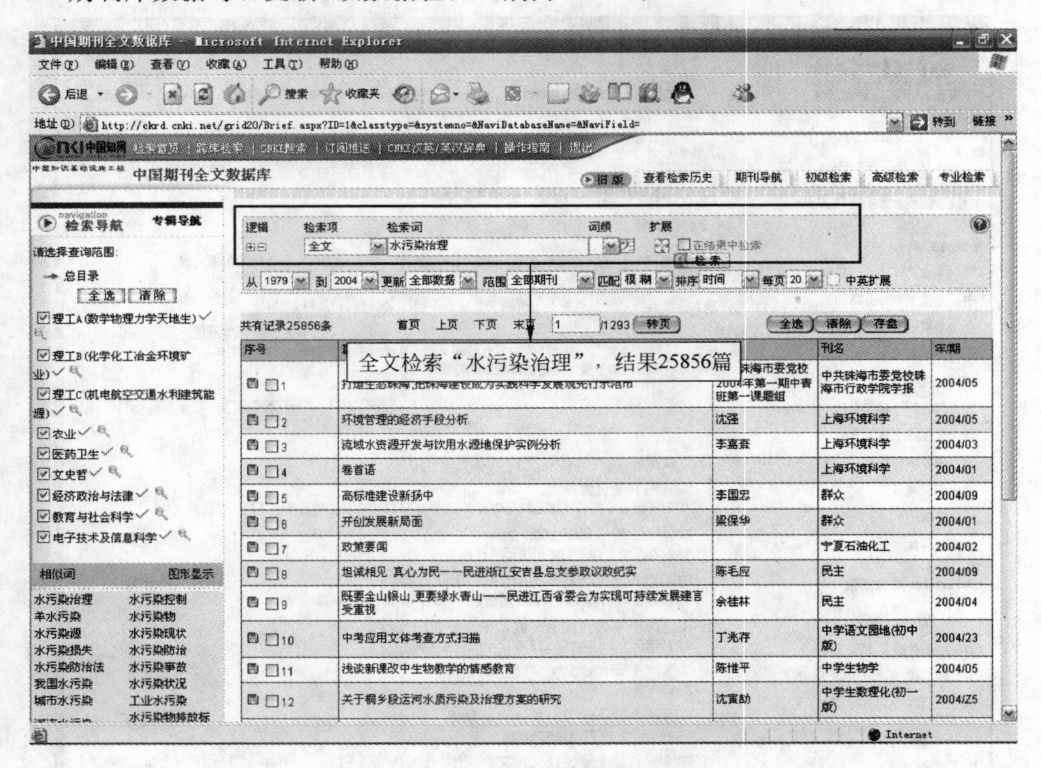


图5-88　CNKI一次检索结果

(5) 进行二次检索，在检索项中选择“全文”，在检索词中输入“硝基苯爆炸”，选中【在结果中检索】复选框，单击【检索】按钮进行二次检索。检索结果为14篇文献，如图5-89所示。

(6) 存盘输出，选择的检索结果可以单击 存盘 输出以备以后使用。保存结果的信息有“简单”、“详细”、“引文格式”和“自定义”四种格式，用户可以自己选择。保存形式可以通过网页保存直接以电子文件形式保存在电脑里，也可以打印出来。

图 5-89 CNKI 二次检索结果

(7) 检索结果细览，当查找到你感兴趣的文章后，可以单击题名查看细览信息，进一步了解文章的内容以确定是否下载此文章。在检索结果的细览区不仅有文章的详细信息如作者、机构、关键词、摘要等，还可以通过扩展链接找到其他你感兴趣的文章。

因此为了更全面准确地查询所需要的信息，我们需要仔细把检索词提炼好。同时需要利用好检索结果。

**练习**

在学校图书馆里利用 CNKI 库查找关于“提高高职学生学习动力研究”的文章，提示：检索词包括学习动力研究、高职学生。

## 【本章小结】

通过本章的学习，获得了多媒体信息处理和信息检索的一些基本技能，这对于提高信息处理质量具有重要作用。

纸质文档图文并茂可以传输更丰富的信息，在幻灯片中还需要插入一些视频资料，网页更是多媒体信息的集成。通过多媒体软件的使用，可以使 Office 软件发挥更好的作用。因此，同学们在学习中不能将多媒体处理软件与常用办公软件分隔开来，单纯地学习每一软件，而是应该将这些软件配合使用，如用 Photoshop 加工幻灯片中所需要的图片、用 Visio 加工 Word 文档中需要的插图等。

在信息社会中学会文献检索也是一项必备技能。中国知网是我国的一项重要知识工程，汇集了各种重要资料。同学们在以后的职业生涯发展中，要不断提升自身的职业能力,就必须借助中国知网等信息工具。本章只是学习了多媒体信息处理的一些基本技能,在将来的工作中需要不断扩展适用面、提高使用技巧,在工作过程中学会更好地工作。

# 习 题 5

**1. 单项选择题**

(1) Photoshop 图像的最小单位是(　　)。

A. 像素　　B. 位　　C. 路径　　D. 密度

(2) 下面的各种面板中不属于 Photoshop 的面板的是(　　)。

A. 图层面板　　B. 路径面板　　C. 颜色面板　　D. 变换面板

(3) Photoshop 常用的文件压缩格式是(　　)。

A. PSD　　B. JPG　　C. TIFF　　D. GIF

(4) 如果一个 100×100 像素的图像被放大到 200×200 像素,文件大小会如何改变?(　　)

A. 大约是原大小的两倍　　B. 大约是原大小的三倍

C. 大约是原大小的四倍　　D. 文件大小不变

(5) Microsoft Office Visio 2003 软件不能用来绘(　　)。

A. 一维形状　　B. 二维形状　　C. 三维形状　　D. 程序流程图

(6) Microsoft Office Visio 2003 不具有(　　)绘图功能。

A. 程序流程图　　B. 网络拓扑图　　C. 家居规划图　　D. 动画

(7) FrontPage 2003 的视图方式包括(　　)。

A. 网页视图　　B. HTML 视图　　C. 预览视图　　D. 文件夹视图

(8) 在 FrontPage 2003 中改变字体应使用(　　)菜单。

A. 插入　　B. 格式　　C. 视图　　D. 表格

(9) CNKI 不包括的数据库是(　　)。

A. 中国期刊全文数据库

B. 中国重要报纸全文数据库

C. 中国优秀博硕士学位论文全文数据库

D. 外文期刊数据库

**2. 问答题**

(1) Photoshop CS3 有哪几种工作模式?

(2) 颜色的三要素是什么?

(3) 动画的工作原理是什么?

(4) 光影魔术手与 Photoshop 的区别?

(5) Movie Maker 的程序界面主要包括哪几个方面?

(6) Microsoft Office Visio 2003 的主要功能?

(7) Microsoft Office Visio 2003 创建图表的流程主要包括哪些?

(8) 说明 FrontPage 2003 中表单的类型和作用。

(9) 在 FrontPage 2003 中建立一个站点的步骤是什么?

**3. 实训题**

(1) 启动 Photoshop CS3,熟悉工作界面和工具箱。

(2) 在 Photoshop CS3 中更改数码照片的尺寸和大小。

(3) 用光影魔术手对照片加边框和水印。

(4) 用 Movie Maker 编辑一段视频,要求加入视频效果、视频转换、电影名及片尾字幕。

(5) 用 Microsoft Office Visio 2003 对自己家房子绘制家居规划图。

(6) 在 FrontPage 2003 中创建一个站点,新建一个个人主页。

要求:

① 利用表格和框架创建网页布局,在网页中插入文本、图形图像等。

② 设置网页背景,在网页中插入背景图片和背景音乐。

③ 编辑网页,在网页中插入按钮、水平线和日期时间。

# 参考文献

[1] 赵志群.职业教育工学一体化课程开发指南[M].北京：清华大学出版社，2009.

[2] 赵志群.职业教育与学习培训新概念[M].北京：科学出版社，2003.

[3] 姜大源.职业教育学研究新论[M].北京：教育科学出版社，2007.

[4] 姜大源.当代德国职业教育主流教学思想研究——理论、实践与创新[M].北京：清华大学出版社，2007.

[5] 刘明生.大学信息技术基础[M].北京：中国科技出版社，2006.

[6] 崔发周.计算机应用基础[M].天津：天津科技出版社，2008.